Die direkte Einführung von Substituenten in den Benzolkern

Ein Beitrag
zur Lösung des Substitutionsproblems
in aromatischen Verbindungen

Kritische Literaturübersicht und experimentelle Untersuchungen

Von

Dr. A. F. Holleman
ord. Professor der Chemie an der Universitat Amsterdam

Mit zahlreichen Figuren

Leipzig
Verlag von Veit & Comp.
1910

Druck von Metzger & Wittig in Leipzig.

Vorwort.

Eine Übersicht der experimentellen Arbeiten und Spekulationen über die direkte Einführung von Substituenten in den Benzolkern ist meines Wissens bis jetzt noch nicht veröffentlicht worden. Da ich mich mehrere Jahre mit diesem Problem beschäftigt habe, entschloß ich mich zu diesem Unternehmen, das mir Gelegenheit bot, auch meine eigenen Untersuchungen an passender Stelle einzureihen. Für meine Arbeit war das Studium von über tausend Abhandlungen erforderlich, weil ich soweit wie möglich die einschlägige Literatur vollständig wiedergeben wollte. Hierbei bin ich nicht bloß kompilatorisch vorgegangen, sondern ich habe an die Abhandlungen, soweit dies ohne Wiederholung der darin beschriebenen Experimente möglich war, auch Kritik angelegt. Gegenüber der großen Menge Material, welche zu bearbeiten war, darf ich mich nicht der Hoffnung hingeben, daß mir nichts entgangen ist; trotz der von mir verwendeten Sorgfalt dürfte ich einzelne Abhandlungen übersehen haben. Für die Mitteilung von solchen wäre ich den Fachgenossen sehr dankbar.

Bei der Lektüre dieses Buches wird es auffallen, daß in den referierten Abhandlungen der Gegenstand mit sehr verschiedener Ausführlichkeit behandelt ist. Dies kann nicht wundernehmen, denn mehrere hundert Autoren haben dieselben verfaßt. Notwendigerweise hat dies auch zu einer Ungleichmäßigkeit in der Behandlung des Materials in diesem Buche geführt. Denn um das Material gewissenhaft zu verwerten, schien es mir für eine kritische Besprechung durchaus geboten, die Angaben der Autoren über ihre Arbeitsweise und ihre Resultate soweit wie möglich wörtlich wiederzugeben; nur insofern habe ich gekürzt, als alle Weitläufigkeit und Umständlichkeit prinzipiell verbannt wurde. Andere mögen beurteilen, inwiefern es mir geglückt ist, immer das Richtige herauszuschälen.

Eine flüchtige Durchsicht dieses Buches wird bereits erkennen lassen, daß sogar bei manchen ganz einfachen Reaktionen nicht einmal qualitativ genügend feststeht, welche Isomere sich unter bestimmten Umständen bilden, geschweige in welchen relativen Mengen diese Isomere gleichzeitig entstehen. Es drängt sich die Überzeugung auf, daß eine völlige Revision aller Arbeiten über die direkte Einführung von Substituenten in einfach oder mehrfach substituiertes Benzol, nicht nur in qualitativer, sondern vornehmlich auch in quantitativer Hinsicht, unabweisbar ist, wenn man in dieses Problem tiefer eindringen will.

Bei der quantitativen Bestimmung der Gemische von Isomeren, wie sie bei Nitrierungen, Sulfonierungen usw. entstehen, hat sich die Anwendung gewisser Folgerungen aus der Phasenlehre als äußerst nützlich erwiesen. Ich habe hier ein Wort herzlichen Dankes an meine Schüler zu richten, welche, aus der Roozeboomschen Schule hervorgegangen, mich nach mancher Richtung hin mit der Anwendung der Phasenlehre besser vertraut gemacht haben; auch sonst habe ich mit großer Dankbarkeit ihre experimentellen Arbeiten über das Substitutionsproblem zu erwähnen. Insbesondere möchte ich auch hier der Mithilfe meines ehemaligen ersten Assistenten, Herrn Dr. J. J. Polak, mit großer Anerkennung gedenken; derselbe hat mich nicht nur beim Lesen der Korrekturbogen unterstützt und das Register hergestellt, sondern mir oft auch sachgemäße Verbesserungen im Text vorgeschlagen, welche ich fast alle als zutreffend anerkennen konnte.

Schließlich ist es mir eine angenehme Pflicht, meinem Verleger, Herrn Hofrat Dr. H. Credner, dafür Dank zu sagen, daß er sich die Mühe genommen hat, die Korrekturbogen einer sprachlichen Revision zu unterziehen.

Amsterdam, April 1910.

A. F. Holleman

Inhalt.

Abkürzungen.

A. = Liebigs Annalen der Chemie; Spl. = Supplementband Annalen der Chemie.
A. ch. = Annales de chimie et de physique.
Am. = American chemical Journal.
Am. soc. = Journal of the American chemical society.
B. = Berichte der Deutschen chemischen Gesellschaft.
Bl. = Bulletin de la Société chimique de France.
C.Bl. = Chemisches Centralblatt.
C. r. = Comptes rendus de l'Académie des sciences de Paris.
Frdl. = Friedländers Fortschritte der Chemie der Teerfarbstoffe.
G. = Gazzetta chimica Italiana.
J. = Jahresberichte der Chemie von Kopp usw.
J. pr. = Journal für praktische Chemie.
M. = Monatshefte für Chemie.
P. = Poggendorffs Annalen der Physik und Chemie.
Ph. Ch. = Zeitschrift für physikalische Chemie.
Proc. = Proceedings of the Chemical society of London.
R. = Recueil des travaux chimiques des Pays-Bas et de la Belgique.
Soc. = Journal of the Chemical society of London.
Z. = Zeitschrift für Chemie.

Einleitung.

Wiewohl seit Aufstellung der Benzoltheorie durch Kekulé die Anzahl der Arbeiten, welche sich mit den Substitutionsprodukten des Benzols beschäftigen, sehr beträchtlich angewachsen ist, besitzen wir doch nur eine mangelhafte Einsicht in die Gesetzmäßigkeiten, welche die Substitution beherrschen. Dies ergibt sich sofort, wenn man an der Hand der vorhandenen Literatur versucht, solche Gesetzmäßigkeiten abzuleiten. Ich habe mir deshalb seit einer Reihe von Jahren die experimentelle Beobachtung dieses Gebiets angelegen sein lassen. Dabei habe ich mich jedoch nicht mit der Einführung eines ersten Substituenten in das unsubstituierte Benzol beschäftigt.

Dagegen habe ich experimentell die Einführung eines zweiten und dritten Substituenten in das einfach bzw. zweifach substituierte Benzol studiert. Bei der Durchmusterung der einschlägigen Literatur stellte ich vor allem den fast völligen Mangel an quantitativen Daten fest. Was zunächst die Bildung von bisubstituierten Benzolderivaten betrifft, so ist sie qualitativ ausführlich von verschiedenen Gelehrten erforscht worden. Ihre Resultate sind in der wohlbekannten Tabelle von Körner zusammengefaßt; obwohl dieselbe später ergänzt worden ist, sind auch heute noch viele Lücken darin auszufüllen. Ist dieses Problem deshalb qualitativ noch lange nicht zum Abschluß gebracht, quantitativ war hier, als ich meine Arbeiten begann, fast gar nichts darüber bekannt. Man wußte z. B., daß bei der Nitrierung sowohl der Benzoesäure wie des Nitrobenzols hauptsächlich Meta-Verbindungen entstehen. Ob aber aus beiden der gleiche Prozentgehalt an Meta-Produkt entsteht, und welche relativen Mengen von der Ortho- und Para-Verbindung in beiden Fällen als Nebenprodukte sich bilden, war nicht ermittelt. Und doch ist es augenscheinlich, daß für eine tiefere Einsicht in das Substitutionsproblem die Kenntnis der relativen Quantitäten, in welchen sich Isomere bilden, absolut unerläßlich ist.

Auch müssen die Umstände erforscht werden, welche die relativen Mengen der gleichzeitig sich bildenden Isomeren abändern können, wobei der Einfluß der Temperatur, fremder Substanzen und anderer Umstände studiert werden muß. Man wird auf diesem Wege ein experimentelles Material erhalten, welches weit geeigneter sein wird (weil viel genauer), als das bis jetzt vorliegende, um einerseits Gesetzmäßigkeiten nachzuweisen, anderseits um Hypothesen, welche unabhängig von diesem Material aufgestellt werden, auf ihre Stichhaltigkeit zu prüfen.

Ist erst einmal in dieser Weise die Bildung von bisubstituierten Benzolderivaten studiert, dann kann man bezüglich der Bildung von trisubstituierten Derivaten die Frage zu beantworten versuchen, in welcher Weise die Anwesenheit von zwei Substituenten den Eintritt eines dritten beeinflußt. Hat man ermittelt, welche Isomere C_6H_4AC und C_6H_4BC sich bilden, und in welcher Quantität, wenn C in C_6H_5A und in C_6H_5B eingeführt wird, so kann man den Versuch machen, daraus abzuleiten, welche Isomere C_6H_3ABC sich bilden, und in welcher Quantität, wenn C in C_6H_4AB eingeführt wird. Auch hierfür habe ich experimentelles Material gesammelt. Es stellte sich dabei heraus, daß hier bereits ziemlich komplizierte Verhältnisse vorliegen; deshalb habe ich mich vorläufig nicht mit den höher substituierten Benzolderivaten befaßt, weil zu erwarten stand, daß bei diesen die Sachlage noch viel verwickelter sein würde.

Ich bin noch weit davon entfernt — sogar für die Biderivate —, die Untersuchungen in der oben angedeuteten Richtung vollständig durchgeführt zu haben. Was die experimentelle Durchforschung der Triderivate anbelangt, so übersteigt sie weit die Kräfte eines Einzelnen. Wenn ich es bereits jetzt unternehme, meine Versuche (die fast alle im „Recueil des travaux chimiques des Pays-bas" publiziert sind) nebst einer kritischen Literaturübersicht zusammenzustellen, so geschieht dies in der Hoffnung, auch andere anzuregen, sich mit diesen zeitraubenden Untersuchungen zu beschäftigen, da dieselben nach meiner Meinung ebenso interessant in wissenschaftlicher, wie nützlich in technischer Hinsicht werden können.

Erster Abschnitt.

Direkte Einführung von einem Substituenten im unsubstituierten Benzolkern.

Die Reihenfolge, in welcher die Substituenten in diesem und in den folgenden Teilen dieses Buches besprochen werden sollen, ist folgende:

F, Cl, Br, J, NO_2, SO_3H, Alkyl, Aryl, CO_2H, NH_2 [NHC_2H_3O, $N(CH_3)_2$], $OH(OCH_3)$, CN, NO, CHO, $COCH_3$, COC_6H_5, Hg.

Manche dieser Substituenten sind in Benzol selbst nicht direkt einführbar; bei anderen gelingt dies nur, oder wenigstens nur glatt bei Anwendung von Katalysatoren. Bei der Nitrierung sind Versuche gemacht, die Geschwindigkeit der Substitution messend zu verfolgen.

Die direkte **Einführung von Fluor** ist nicht gelungen, weil die Reaktion zwischen Fluor und Benzol sowohl in Dampfform wie als Flüssigkeit so heftig ist, daß jede Gasblase sich entzündet unter Bildung von HF und Abscheidung von Kohlenstoff.[1]

Einführung von Chlor. Ohne Katalysator bilden sich bei der Einwirkung von Chlor auf Benzol Additionsprodukte und findet eine regelmäßige Substitution nicht statt. Mit Katalysatoren erreicht man dagegen eine glatte Substitution. Der Einfluß von Katalysatoren ist daher ausführlich studiert, namentlich von Page[2] und von Seelig[3] in Lothar Meyers Laboratorium. Es ergab sich bei einer systematischen Durchmusterung der Chloride (außer den Chloriden der Alkali- und Erdalkalimetalle, der seltenen Elemente und der Platingruppe), daß namentlich diejenigen zur Katalyse geeignet sind, welche in zwei (oder mehr) Verbindungsstufen existieren, so z. B. die Chloride des Eisens, des Molybdäns, des Zinns und des Thalliums, wobei aber bemerkt

[1] Moissan, Le Fluor, S. 241. [2] A. **225**, 199 (1884). [3] A. **237**, 178 (1887).

werden muß, daß auch $AlCl_3$ ein kräftiger Katalysator ist, wiewohl von Al nur ein Chlorid bekannt ist. Der ältest bekannte Katalysator, das Jod, welcher bereits 1862 von H. MÜLLER[1] angewandt wurde, verbindet sich bekanntlich mit Chlor auch in zwei Stufen; er hat den Nachteil, jodhaltige Produkte zu erzeugen.

SEYEWETZ und BIOT[2] fanden, daß Ammoniumbleichlorid, Am_2PbCl_6, auch chlorierend auf Benzol wirkt, wenn es damit auf 150° erhitzt wird. Es bildet sich nur Monochlorbenzol.

Bezüglich der Wirkungsweise der Katalysatoren sind von L. MEYER (als Anhang an der Abhandlung von PAGE) zwei Hypothesen aufgestellt. 1. Der Katalysator nimmt Chlor auf und gibt dies wieder an Benzol ab. 2. Der Katalysator verbindet sich mit der zu chlorierenden Substanz, und auf diese Verbindung wirkt das Chlor ein.

Beide scheinen den Sachverhalt in einzelnen Fällen wiederzugeben. So fand PAGE a. a. O., daß $MoCl_3$ und TlCl erst dann katalytisch wirksam werden, wenn sie beim Durchleiten von Chlor in die höhere Verbindungsstufe übergeführt sind. SEELIG fand, a. a. O., daß beim Zusammenbringen von 15 g Toluol mit 53 g $FeCl_3$ bei 60° Chlorierung eintritt unter Bildung von $FeCl_2$.

Anderseits sind nach Veröffentlichung der Abhandlung von SEELIG Verbindungen von Benzol mit $AlCl_3$ und $FeCl_3$ entdeckt worden, welche als Zwischenstufen betrachtet werden können.

Eine eigentliche „Erklärung" von der Wirkung der Katalysatoren ist durch diese Hypothesen natürlich nicht gegeben, gesetzt sogar, daß dieselben endgültig bewiesen wären. Denn es erhebt sich bezüglich der ersten sofort die Frage, aus welchem Grunde dann $FeCl_3$ usf. wohl einwirkt, Chlor allein jedoch nicht; und bezüglich der zweiten, weshalb solche Molekularverbindungen besser wie das freie Benzol chlorierbar sind.

Einführung von Brom. Auch hier erreicht man nur bei Anwendung eines Katalysators eine glatte Substitution, wofür $FeBr_3$ sehr geeignet ist. SCHEUFELEN[3] benutzte $FeCl_3$ als Katalysator; es wird dabei fast ganz in $FeBr_3$ verwandelt, unter Entwicklung von Chlorwasserstoff. Den Mechanismus der Reaktion würde man sich so vorstellen können, daß das Chlor mit Wasserstoff vom Benzol entweicht und nun Brom sich sowohl mit Eisen wie mit C_6H_5 vereinigt. Nun

[1] J. **1862**, 415. [2] Bl. (3) **29**, 221 (1903). [3] A. **231**, 186 (1885).

wurde aber nur sehr wenig (wasserfreies) $FeCl_3$ angewandt; auf 300 g Benzol nur „einige Gramme". Gemäß obenstehender Hypothese würde es dann aber notwendig sein, daß $FeBr_3$ sich mit Chlorwasserstoff wieder zu $FeCl_3$ und HBr umsetzt. In der Tat wurde konstatiert, daß dieser Prozeß „in nicht unbedeutender Weise" eintritt, wenn trocknes HCl auf in Benzol suspendiertes und gelöstes $FeBr_3$ einwirkt. Scheufelen stellte eigentlich mit $FeCl_3$ und Brom höher bromierte Benzole dar; weil sich aber Benzol bei Gegenwart von Eisen auch sehr gut in Monobrombenzol überführen läßt und die theoretischen Gesichtspunkte dabei dieselben sind, wurden seine Versuche bereits hier erwähnt.

Cohen und Dakin[1] benutzten bei der Bromierung von Benzol und bei manchen anderen Reaktionen Aluminiumamalgam als Katalysator, indem sie Aluminiumfeilspäne während kurzer Zeit mit einer wäßrigen Sublimatlösung in Berührung brachten und dieselben dann rasch mit Alkohol und Benzol vom Wasser befreiten. Auf 50 g Benzol fügten sie nur 0,5 g dieses Katalysators zu, welcher dabei zum größten Teil unangegriffen blieb, und ließen das Brom bei gewöhnlicher Temperatur zutropfen, wodurch Erwärmung des Reaktionsgemisches auftrat. Sie schreiben dieser Al–Hg-Koppel eine spezifische Wirkung zu, welche Al allein nicht zukommen soll. Sie motivieren dies dadurch, daß bereits sehr geringe Mengen dieses Katalysators genügen und derselbe fast unangegriffen bleibt. Van der Laan hat aber bei der Bromierung des Toluols (s. dort) gezeigt, daß bereits äußerst geringe Mengen $AlBr_3$ sehr kräftig katalysieren, so daß es doch wahrscheinlich ist, daß genannte Koppel nur deshalb so wirksam ist, weil das Al im Amalgam mit großer freier Oberfläche wirken kann.

Einführung von Jod. Für die unmittelbare Einführung von Jod in Benzol sind eine Anzahl Methoden vorgeschlagen worden, von denen indes keine einen glatten Reaktionsverlauf hat. Ohne Anwendung von Oxydationsmitteln oder von Katalysatoren gelingt die direkte Substitution nicht.

Kekulé[2] erhitzte Benzol mit Jod und Jodsäure in zugeschmolzenen Rohren auf 200—240°, wobei viel Kohlendioxyd und höher jodierte Produkte entstanden; wiewohl die Ausbeute an Jodbenzol nicht angegeben ist, läßt sich mutmaßen, daß dieselbe gering gewesen

---

[1] Soc. **75**, 893 (1899). [2] A. **137**, 162 (1866).

sein dürfte. L. MEYER benutzte Eisenchlorid als Katalysator, welches nach der Gleichung

$$3\,C_6H_6 + 5\,J + FeCl_3 = 3\,C_6H_5J + 3\,HCl + FeJ_2$$

wirkt. GREENE läßt Jodtrichlorid auf Benzol in Gegenwart von wenig $AlCl_3$ einwirken, welche Methode von BEILSTEIN[1] als Darstellungsmethode angeführt wird. NEUMANN[2] hat nicht Jodsäure benutzt, um die sich bildende Jodwasserstoffsäure unschädlich zu machen, sondern Schwefelsäure. Er benutzt einen großen Überschuß Benzol, um der Bildung von höher jodierten Produkten vorzubeugen und bekommt als günstigste Ausbeute in einer Reihe von systematisch durchgeführten Versuchen 54 % an C_6H_5J, auf das angewandte Jod berechnet. EDINGER und GOLDBERG[3] endlich haben Jodbenzol erhalten durch Zusammenbringen von Benzol, in Petroläther gelöst, mit „Jodschwefel" und Salpetersäure, spez. Gew. 1,34. Das Lösungsmittel soll die Reaktion günstig beeinflussen.

Einführung der Nitrogruppe. Wie allbekannt ist, läßt sich Benzol in Nitrobenzol überführen, wenn es mit konzentrierter Salpetersäure, oder praktischer, mit einer Mischung von Salpetersäure und Schwefelsäure zusammengebracht wird. Aus den Jahren 1884 und 1888 stammen zwei Abhandlungen, die eine von SPINDLER,[4] die andere von KESSLER und GIERSBACH,[5] welche sich mit dem physikalisch-chemischen Studium dieser Reaktion beschäftigen. Beide stammen aus dem Laboratorium von LOTHAR MEYER; sie sind geschrieben am Anfang der neueren Entwicklung der physikalischen Chemie; namentlich diejenige von SPINDLER kann jetzt nur noch wenig befriedigen, aber auch die andere hat grundsätzliche Fehler, wie hier nachgewiesen werden soll. SPINDLER stellte sich folgende Fragen:

1. In welchem Verhältnis stehen die in gleichen Zeiten durch verschieden starke Säuren gebildeten Mengen Nitroprodukt zueinander, oder wie ändert sich das Resultat mit wechselnden aktiven Massen?

2. Bis zu welchem Grade der Verdünnung von Salpetersäure darf man herabsteigen, um nach gewisser Zeit überhaupt nachweisbare Mengen Nitroprodukt zu erhalten?

Welchen Einfluß übt 3. die Zeit? 4. die Temperatur?

Zur Beantwortung dieser Fragen bestimmte SPINDLER im Reak-

---

[1] Handb. 3. Aufl. **II**, 72. [2] A. **241**, 82 (1887). [3] B. **33**, 2876 (1900).
[4] A. **224**, 283 (1884). [5] Ph. Ch. **2**, 676 (1888).

tionsgemisch das gebildete Nitrobenzol und wählte hierzu eine von Limpricht angegebene Titrationsmethode mittels Zinnchlorür. Diese Methode gibt keine genauen Resultate, wenn Dinitrobenzol gebildet ist, wie Spindler selbst nachwies. Da nun nach seiner Arbeitsweise in mehreren Fällen über 100% „Nitrobenzol" gefunden wurde (also gewiß Dinitrobenzol vorhanden war), in den anderen Fällen die Bildung von Dinitrobenzol als sicher anzunehmen ist, so sind sämtliche Zahlen in seinen Tabellen fehlerhaft, die höheren darin vorkommenden Prozentzahlen wahrscheinlich um viele Prozente. Demgegenüber macht es einen sonderbaren Eindruck, alle diese Prozentzahlen mit zwei Dezimalen figurieren zu sehen. In diesen Tabellen sind die Resultate zusammengefaßt, welche folgendermaßen erhalten wurden: Es wurden 10 ccm konzentrierte Salpetersäure (spez. Gew. 1,500) mit steigenden Mengen Wasser (0 – 20 ccm) und 5 ccm Benzol in Rohren eingeschmolzen; nach Ablauf von 1-, 10- und 150-tägiger Einwirkung bei gewöhnlicher Temperatur wurden dieselben geöffnet und die Menge des gebildeten „Nitrobenzols" bestimmt. Auch ist eine Versuchsreihe bei Wasserbadtemperatur gemacht. In der letzten Spalte der Tabelle ist angegeben, wieviel NO_2-Gruppen auf 100 Mol. Benzol aufgenommen sind. Dabei fällt auf, daß diese Mengen mit steigender Verdünnung der Salpetersäure anfangs wenig, dann aber stark abfallen. Dies wird dadurch bedingt, daß die Flüssigkeit in den Rohren entweder unhomogen wird oder es bereits von vornherein war. Spindler gibt aber nicht an, wann bei seinen Versuchen Unhomogenität eingetreten ist; seine Versicherung, daß in diesem Falle „möglichst täglich kräftig durchgeschüttelt" wurde, ist nicht imstande, das Ziffernmaterial der Tabellen sowohl jede für sich, als untereinander vergleichbar zu machen.

Der Fehler, welcher durch das Unhomogenwerden der Flüssigkeit bedingt wird, vermieden zwar Kessler und Giersbach, aber sie verfielen auf den unglücklichen Gedanken, Nitrobenzol als Lösungsmittel sowohl für Benzol als für Salpetersäure zu benutzen, die Reaktion zwischen beiden Stoffen also in homogener nitrobenzolischer Lösung vor sich gehen zu lassen. Da nun aber Nitrobenzol von konzentrierter Salpetersäure durchaus nicht langsam nitriert wird (wie aus der vorliegenden Abhandlung selbst zu entnehmen ist), so war gar nicht erlaubt vorauszusetzen, wie sie taten, daß nur das Benzol nitriert wird. Durch diesen Einwand ist eigentlich die ganze, sehr ausführliche Arbeit verurteilt. Es kann daher auch nicht verwundern (abgesehen von anderen Umständen), wenn L. Meyer bemerkt: „Die ... Beobachtungen „mit einer der für Massenwirkungen bisher theoretisch ermittelten und „experimentell geprüften Formeln in Einklang zu bringen, wollte, trotz „vielfach abgeänderter Berechnungen, in keiner Weise gelingen."

Ist daher die Untersuchung von Kessler und Giersbach für einen kinetischen Zweck wertlos, so muß doch anerkannt werden, daß sie durchaus systematisch durchgeführt ist durch Variierung der aufeinander einwirkenden Mengen von Benzol und Salpetersäure. Das Gesamtvolum der Lösung in Nitrobenzol war stets das gleiche. Der Fortschritt der Nitrierung wurde durch Titrieren der noch anwesenden Salpetersäure ausgeführt. Als Ergebnisse sind zu erwähnen, daß eine Vermehrung der Säuremenge im Reaktionsgemisch die Bildung von Nitrobenzol erhöht, eine Vermehrung der Benzolmenge dagegen erniedrigt. Zur Bestimmung der Anfangsgeschwindigkeit wurden eine Reihe Mischungen gemacht, welche bereits nach einer Viertelstunde titriert wurden. Hierbei wurde gefunden, daß sowohl Nitrobenzol wie Wasser die Anfangsgeschwindigkeit herabdrückt; in äquivalenter Menge wirkt Wasser weniger verzögernd als Nitrobenzol.

Daß eine größere Menge Salpetersäure mehr Nitrobenzol entstehen läßt, ist ganz natürlich; daß aber eine Vermehrung der Benzolmenge weniger Nitrobenzol erzeugt, läßt sich erstens durch die Änderung des Milieus deuten, in welchem die Reaktion verläuft. Zweitens durch die Erwägung, daß Vermehrung von Benzol gleichbedeutend ist mit einer relativen Verminderung der Säure. Wenn daher auch, auf das Benzol berechnet, prozentisch weniger davon nitriert ist, so wird doch die Säure durch die gebildete Wassermenge stärker verdünnt als bei Säureüberschuß und dadurch die Nitrierung verzögert.

Außer mit Salpetersäure oder Salpeter-Schwefelsäure ist Benzol zu nitrieren durch Diacetylsalpetersäure[1] und durch Benzoylnitrat[2]. Wir werden hierauf, wie auch auf die Reaktionskinetik bei der gewöhnlichen Nitrierung, im zweiten Abschnitt dieses Buches (bei der Nitrierung von Nitrobenzol) zurückzukommen haben.

Einführung der Sulfogruppe. Diese geschieht in bekannter Weise mit rauchender oder gewöhnlicher konzentrierter Schwefelsäure. Bei Anwendung der rauchenden Säure geht die Reaktion rasch und es ent-

[1] Pictet, B. **35**, 2526 (1902). [2] Francis, B. **39**, 3801 (1906).

steht teilweise Disulfosäure; wird konzentrierte, nicht rauchende Säure benutzt, so verläuft dieselbe noch bei Wasserbadtemperatur langsam. Geschwindigkeitsmessungen sind nicht angestellt.

Einführung von Substituenten mittels der Friedel-Craftsschen Reaktion. Diese Reaktion hat große Bedeutung für die Einführung von Alkyl- und Acylgruppen im Benzol erlangt, doch lassen sich mit ihrer Hilfe auch noch andere Substituenten einführen (OH, S, SO_2 usw.), obwohl sie dafür keine praktische Verwendung gefunden hat. Zunächst sei eine kurze Übersicht von den grundlegenden Abhandlungen von Friedel und Crafts selbst gegeben. Die erste Publikation datiert von 1877;[1] dann haben sie in zwei großen Abhandlungen[2] ihre Resultate zusammengefaßt.

Ihre ursprüngliche Absicht war, zu versuchen, ob mittels AlJ_3 sich in organischen Chloriden das Chlor durch Jod ersetzen ließ. Sie fügten deshalb zu Amylchlorid Aluminium und Jod und erhielten eine heftige Reaktion, die jedoch auch schon mit Spuren Jod eintrat, unter kräftiger Entwicklung von Chlorwasserstoff. Es wurden viel höher siedende Produkte erhalten; natürlich bildete sich auch Chloraluminium. Dies führte zum Versuch, ob nicht letzterer Körper das wirksame Agens war. Als nun $AlCl_3$ in Amylchlorid gebracht wurde, bildete sich eine zweite schwerere Flüssigkeitsschicht, und die Reaktion, welche unter HCl-Entwicklung eintrat, verlief hauptsächlich in der Berührungsfläche dieser beiden Schichten. Als Reaktionsprodukt wurden hauptsächlich höher siedende Kohlenwasserstoffe (polymere Amylene) erhalten. Zur Erklärung ihrer Bildung war die einfachste Annahme, daß Wasserstoff von einem Molekül Amylchlorid mit Chlor eines anderen Moleküls ausgetreten sei und in dieser Weise sich Moleküle mit längeren Kohlenstoffketten bilden. Dies führte Friedel und Crafts auf den Gedanken, einen Kohlenwasserstoff selbst mit Alkylchlorid in Gegenwart von $AlCl_3$ reagieren zu lassen. In der Tat entsprach der Versuch ihren Erwartungen, als Benzol angewandt wurde: unter HCl-Entwicklung entstanden Amyl- und Diamylbenzol.

Erwähnt muß hier werden, daß Zincke[3] mittels Zinkstaub ähnliche Synthesen ausgeführt hat. Er erhielt z. B. geringe Mengen Diphenylmethan, als ein Gemisch von Benzol und Benzylchlorid mit

[1] C. r. **84**, 1392 (1877). [2] A. ch. (6) **1**, 449 (1884) u. A. ch. (6) **14**, 433 (1888).
[3] B. **4**, 298; **5**, 809c; **6**, 137 (1871—73).

Zinkstaub versetzt wurde. Er mutmaßte, daß gebildetes Chlorzink die Ursache der Reaktion sei, was auch durch einen Versuch bestätigt wurde. Eine systematische Durchforschung dieser interessanten Reaktion hat ZINCKE nicht ausgeführt.

Dies haben FRIEDEL und CRAFTS für ihre Reaktion wohl getan. Sie konstatierten, daß die Reaktion mit Jodäthyl viel weniger glatt wie mit Chloräthyl verläuft, und daß auch Brommethyl nicht glatt reagiert. Dagegen ließ sich mittels Chlormethyl leicht Toluol synthetisieren; dazu wurde Benzol mit 20% seines Gewichts an $AlCl_3$ versetzt; beim Einleiten von Chlormethylgas bildeten sich bald zwei Flüssigkeitsschichten; das Gas wurde dann in die untere Schicht geleitet. Auch die Einwirkung von Benzol und Chloroform in Gegenwart von $AlCl_3$ wurde studiert. Sie fanden, daß hierbei als Hauptprodukt Triphenylmethan entsteht, daneben aber auch ansehnliche Mengen Diphenylmethan. Bei diesen Versuchen machten sie den wichtigen Befund, daß $AlCl_3$ auch abbauend wirken kann. Wenn nämlich Triphenylmethan mit einem Drittel seines Gewichts an $AlCl_3$ während 10 Minuten auf 120° erwärmt wurde, bildete sich viel Benzol neben einer pechähnlichen Substanz; wurde aber Triphenylmethan stark mit Benzol verdünnt (1 : 75), so wandelte unter dem Einfluß des Chloraluminiums ein Drittel sich um in Diphenylmethan.

Nicht nur Alkylhalogene reagieren mit aromatischen Kohlenwasserstoffen in Gegenwart von $AlCl_3$, auch Acylgruppen lassen sich dadurch einführen, wenn Säurechloride zur Einwirkung gelangen. So erhielten sie Benzophenon sowohl aus Benzoylchlorid + Benzol + $AlCl_3$, wie aus Phosgen + Benzol + $AlCl_3$. Schwefeldichlorid (SCl_2) reagiert lebendig mit $AlCl_3$ und Benzol unter Chlorwasserstoffentwicklung; die Reaktionsprodukte waren aber schwer zu isolieren; nur wird ein „Phenylendisulfid“ erwähnt (später unter dem Namen Thianthren bekannt).

In der zweiten, oben zitierten Abhandlung werden noch einige weitere Synthesen unter Beihilfe von $AlCl_3$ mitgeteilt. So fanden sie, daß trockne Luft, welche durch fast siedendes Benzol geleitet wird, in welcher sich $AlCl_3$ befindet, eine geringe Menge Phenol entstehen läßt; Toluol gab in dieser Weise Kresol. Benzol, mit 8% Schwefel und 13% $AlCl_3$, gab Thiophenol, Phenylsulfid und Thianthren. Kohlendioxyd, in siedendes Benzol + $AlCl_3$ geleitet, gibt Benzoesäure; viel kräftiger verläuft die Reaktion, wenn statt CO_2 Schwefeldioxyd eingeleitet wird, wobei Phenylsulfinsäure erhalten wurde.[1] Äthylen wird von Benzol und $AlCl_3$ sehr rasch absorbiert, wobei mono- und poly-Äthylbenzol entstehen.[2]

Friedel und Crafts haben am Schluß ihrer zweiten, oben zitierten Abhandlung ihre Ansichten über den Mechanismus der schönen von ihnen entdeckten Reaktion mitgeteilt; sie machen die Hypothese, daß aus dem aromatischen Kohlenwasserstoff und $AlCl_3$ sich, unter HCl-Entwicklung, eine Verbindung $C_6H_5Al_2Cl_5$ bildet, welche danach, unter Rückbildung von Al_2Cl_6, mit Halogenalkyl reagiert, wobei der am Halogen gebundene Rest in den Benzolkern tritt:

$$\text{I.} \quad C_6H_6 + Al_2Cl_6 = C_6H_5 \cdot Al_2Cl_5 + HCl;$$

$$\text{II.} \quad C_6H_5 \cdot Al_2Cl_5 + R \cdot Cl = C_6H_5 \cdot R + Al_2Cl_6.$$

Da nach dieser Auffassung $AlCl_3$ regeneriert wird, würde eine Spur dieser Verbindung genügen müssen, um die Reaktion im Gange zu halten. Wirklich wurde dies auch bei Benzylchlorid + Benzol beobachtet. In anderen Reaktionen war das aber durchaus nicht der Fall, sondern es mußte eine große Menge $AlCl_3$ verwendet werden, wovon sie keine Erklärung zu geben wissen. Es ist ihnen auch nicht gelungen, eine Verbindung $C_6H_5Al_2Cl_5$ abzusondern; wird Benzol mit $AlCl_3$ erwärmt, so entwickelt sich nur sehr wenig HCl; wenn die genannte Verbindung entsteht, ist dies also nur in untergeordneter Menge. Daß sie dieselbe dennoch als Zwischenprodukt annehmen, hat seinen Grund in der Analogie in den Reaktionen vom hypothetischen $C^9H_5Al_2Cl_5$ mit

[1] Knoevenagel und Kenner, B. **41**, 3315 (1908) arbeiteten diese Methode zu einer geeigneten Darstellung von Benzolsulfinsäure aus.

[2] Auch andere Gruppen sind noch mittels Aluminiumchlorid in Benzol eingeführt. Scholl (B. **32**, 3493 [1899]) erhielt Benzaldoxim aus Benzol, Knallquecksilber und Aluminiumchlorid, wobei es merkwürdig war, daß letzteres hierbei mit kristallisiertem $AlCl_3 \cdot 6H_2O$ und mit Aluminiumhydroxyd gemischt zur Verwendung gebracht werden mußte. Wasserfreies $AlCl_3$ gab Benzonitril (B. **36**, 10 [1903]) wohl durch primäre Bildung von Chlorcyan aus Knallquecksilber. — Graebe (B. **34**, 1778 [1901]) entdeckte, daß aus Benzol, Hydroxylamin und Aluminiumchlorid geringe Mengen Anilin gebildet werden. — Gattermann und Smirnoff (A. **347**, 351 [1906]) und ebenso Reformatzki (Centralbl. **1901**, I, 1226) stellten Benzaldehyd dar, indem sie $AlBr_3$, mit $^1/_5$ seines Gewichts an Kupferchlorür (Cu_2Cl_2) gemischt, mit Benzol überschichteten und darin Kohlenoxyd und Chlorwasserstoffgas leiteten. — Dewar und Jones (Soc. **85**, 212 [1904]) erhielten Benzaldehyd, als sie Benzol, $AlCl_3$ und Nickelcarbonyl bei gewöhnlicher Temperatur miteinander reagieren ließen. — Boedtker (Bl. (4) **3**, 727 [1908]) fand, daß Äthylnitrat, Benzol und $AlCl_3$ Nitrobenzol geben.

denen der Metallalkyle, so bei der Einwirkung von Sauerstoff, von Schwefel, von Kohlendioxyd, von Schwefeldioxyd und von Halogenen.

Mit der näheren Erforschung vom Mechanismus dieser Reaktion haben sich dann Gustavson und namentlich Boeseken beschäftigt. Betrachten wir die Untersuchungen von Gustavson zuerst näher. Sie gehen alle darauf aus, zu zeigen, daß $AlCl_3$ mit organischen Verbindungen sich zu vereinigen vermag zu ziemlich zusammengesetzten Körpern, welche wie „Fermente" in der Reaktion wirken. Anfangs[1] glaubte er, als solche Fermente Verbindungen wie $Al_2Cl_6 \cdot 6\,C_6H_6$, $Al_2Cl_6 \cdot 6\,C_7H_8$ ansehen zu müssen, welche er erhielt, wenn $AlBr_3$ z. B. in Toluol gebracht wurde; es löst sich in ganz trocknem Kohlenwasserstoff unverändert auf; werden jedoch in diese Lösung einige Blasen Bromwasserstoffgas geleitet, so scheidet sich die Flüssigkeit in zwei Schichten, wovon die untere die angegebene Zusammensetzung hat.

Friedel und Crafts[2] konnten diese Resultate insofern nicht bestätigen, daß sie nur zwei Schichten erhielten, wenn die angewandten Stoffe nicht ganz trocken waren. Sie fanden aber auch, daß die Zusammensetzung der unteren Schicht (der genannten Verbindungen) bei verschiedenen Darstellungen nicht konstant war, wie Gustavson behauptete, und nicht die von ihm angegebene Zusammensetzung hatte.

Dann erhielt Gustavson bei der Einwirkung von $AlCl_3$ auf Alkylhalogenen Verbindungen wie $AlBr_3 \cdot C_nH_m$, in welchen C_nH_m ein ungesättigter Kohlenwasserstoff ist.[3] Chlor- und Bromäthyl z. B. geben eine flüssige Verbindung mit $AlCl_3$; schüttelt man diese mit viel Benzol, so verbindet sich dieses teilweise damit, eine zweite flüssige Schicht bildend, welche im Überschuß von Benzol unlöslich ist. Die Analyse dieser Schicht führt zu der Formel $AlCl_3 \cdot C_4H_8 \cdot 3\,C_6H_6$ und $AlBr_3 \cdot C_4H_8 \cdot 3\,C_6H_6$. Beim Erwärmen im Vakuum entweicht Benzol und $AlCl_3 \cdot C_4H_8$ bzw. $AlBr_3 \cdot C_4H_8$ bleibt zurück. Bromäthyl mit $AlCl_3 \cdot C_4H_8 \cdot 3\,C_6H_6$ zusammengebracht, gibt sofort HBr und Äthylbenzol (oder poly-Äthylbenzol). Aus dem Reaktionsprodukt ist $AlCl_3 \cdot C_4H_8$ leicht abzusondern, welches aufs neue für Synthesen benutzt werden kann.

In zwei großen Abhandlungen hat Gustavson[4] noch andere „Fermente" beschrieben. Aus $AlCl_3$, Chloräthyl und Benzol erhielt er eine

[1] B. **11**, 1841, 2151 (1878); **16**, 784 (1883); **23**, 767 ref. (1890). [2] A. ch. (6) **14**, 466 (1888). [3] B. **13**, 157 (1880); C. r. **136**, 1065 (1903). [4] J. pr. (2) **68**, 209 (1903) und (2) **72**, 57 (1905).

Verbindung $Al_2Cl_6 \cdot C_6H_3(C_2H_5)_3$, eine ölige, nicht an Glas adhärierende Substanz von gelber Farbe. Durch Wasser wird dieselbe unter Bildung von s-Triäthylbenzol zersetzt; mit aromatischen Kohlenwasserstoffen verbindet sie sich in verschiedenen Verhältnissen, so z. B. mit 6 Molekülen Benzol, mit 5 Molekülen Toluol usf. Das Triäthylbenzol ist nicht durch andere Kohlenwasserstoffe substituierbar. Auf die Verbindungen wie $Al_2Cl_6 \cdot C_6H_3(C_2H_5)_3 \cdot 6\,C_6H_6$ reagieren Alkylhalogene unter Entwicklung von HCl und desto lebendiger, je weniger substituiert der addierte aromatische Kohlenwasserstoff ist. Die Einwirkung von Alkylhalogen beschränkt sich nicht auf den addierten Kohlenwasserstoff; auch der freie Kohlenwasserstoff, welcher als zweite flüssige Schicht oben treibt, beteiligt sich an der Reaktion, was wohl so gedeutet werden muß, daß der addierte und bereits substituierte Kohlenwasserstoff durch den freien verdrängt wird, welcher nun seinerseits für Substitution zugänglich geworden ist. Die fermentähnliche Wirkung von der Verbindung $Al_2Cl_6 \cdot C_6H_3(C_2H_5)_3$ geht auch daraus hervor, daß dieselbe mehrmals hintereinander für Synthesen benutzt werden kann. Das Ferment $Al_2Cl_6 \cdot C_6H_3(C_2H_5)_3$ hat stets diese Zusammensetzung, unabhängig davon, ob bei seiner Darstellung ein Überschuß von Benzol oder von Chloräthyl benutzt ist. Nur wenn ein sehr großer Überschuß dieses letzteren angewandt wird, entsteht höher äthyliertes Benzol und schließlich Hexaäthylbenzol, in Verbindung mit $AlCl_3$. Auch diese Körper üben fermentartige Wirkung aus. Wird $AlCl_3$ mit Äthylbenzol übergossen und Chlorwasserstoff eingeleitet, so bildet sich eine zweite Flüssigkeitsschicht, die wieder aus der Verbindung $Al_2Cl_6 \cdot C_6H_3(C_2H_5)_3$ besteht. Äthylbenzol + Chlorwasserstoff wirkt also hier wie Benzol + Chloräthyl. Die abbauende Wirkung von Chloraluminium tritt also hier zutage. Ein ganz ähnliches Ferment ist auch aus iso-Propylchlorid, $AlCl_3$ und Benzol zu erhalten, welches hier aber die Zusammensetzung $[Al_2Cl_6 \cdot C_6H_3(C_3H_7)_3]C_6H_3(C_3H_7)_3 \cdot HCl$ hat, also noch 1 Molekül Chlorwasserstoff gebunden enthält. Wird diese Verbindung mit Benzol behandelt, so wird Tripropylbenzol durch $6\,C_6H_6$ ersetzt. Durch Schütteln mit Petroleumäther lassen sich danach die 6 Moleküle Benzol entfernen und das eigentliche Ferment $[Al_2Cl_6 \cdot C_6H_3(C_3H_7)_3]$ bleibt zurück.

Aus den Untersuchungen Gustavsons ist ferner noch hervorzuheben, daß er zwei Typen von Reaktionen beim Friedel-Craftsschen Prozeß unterscheidet. In dem einen Typus ist die Menge des gebildeten Reaktionsprodukts äquivalent mit der Menge des angewandten Aluminiumchlorids; im anderen ist nur eine sehr kleine Menge davon erforderlich, um die Reaktion im Gange zu halten, d. h. die Reaktion nimmt einen katalytischen Charakter an. Die Ursache davon sieht er darin, daß der ursprünglich angewandte Kohlenwasserstoff in letzterem Falle imstande ist, den bereits substituierten, welcher an $AlCl_3$ gebunden ist, zu verdrängen und dadurch selbst substituierbar zu werden. Ist er dazu aber nicht imstande, so nimmt die Wirkung ein Ende, sobald alles $AlCl_3$ verbraucht ist.

Obwohl Gustavsons Ansichten über den Mechanismus der Reaktion in seinen Abhandlungen stark wechseln, geht aus seinen Untersuchungen jedenfalls hervor, daß bei der Synthese von Benzolhomologen die Friedel-Craftssche Reaktion einen komplizierten Verlauf hat, der auch noch dadurch bedingt ist, daß das Halogenalkyl an und für sich bereits durch $AlCl_3$ angegriffen wird. Es war daher ein glücklicher Griff von Boeseken, daß er für das nähere Studium der Reaktion zunächst die Synthese von Ketonen in Angriff nahm, als sich zeigte, daß hierbei ein glatter Verlauf des Prozesses zu erzielen war; auch tritt in diesem Falle nur eine Gruppe in den aromatischen Kohlenwasserstoff, während die Einführung von Alkylgruppen immer unter teilweiser Bildung von höher substituierten Produkten verläuft.

Boeseken[1] bewies zunächst, daß die Synthese des Benzophenons in drei Stufen verläuft. Erstens bildet sich eine Verbindung $C_6H_5 \cdot COCl \cdot AlCl_3$, wenn beide Komponenten derselben zusammengebracht werden. Dieser kristallisierte Körper reagiert nun mit Benzol unter HCl-Entwicklung und Bildung eines neuen kristallisierten Körpers $C_6H_5 \cdot CO \cdot C_6H_5 \cdot AlCl_3$. Beide sind sehr hygroskopisch. Wird letztgenannter in Wasser gebracht, so spaltet sich $AlCl_3$ unter Zersetzung ab, und man erhält eine quantitative Ausbeute an Benzophenon. Werden statt Benzoylchlorid seine Substitutionsprodukte benutzt, so verläuft die Reaktion ganz ähnlich, auch mit Benzolsulfochlorid, wobei Diphenylsulfon erhalten wird.

Perrier[2] hatte bereits derartige Verbindungen von $AlCl_3$ mit Propionyl- und Butyrylchlorid dargestellt und gezeigt, daß dieselben mit aromatischen Kohlenwasserstoffen reagieren. Boeseken bewies dies nun auch für Acetylchlorid; beim Zusammenbringen von $CH_3 \cdot COCl \cdot AlCl_3$ mit

[1] R. **19**, 19 (1900). [2] Thèse inaugurale 1896.

Benzol bildete sich wieder unter HCl-Entwicklung eine kristallisierte Verbindung $CH_3 \cdot CO \cdot C_6H_5 \cdot AlCl_3$, welche, in Wasser gebracht, quantitativ Acetophenon lieferte, wenn bei niedriger Temperatur gearbeitet wird.

Auch mit wasserfreiem Eisenchlorid läßt sich die Synthese der Ketone sehr gut ausführen,[1] wobei ganz analoge Zwischenprodukte isoliert werden konnten. Bei der Synthese von Benzophenon waren sowohl $C_6H_5 \cdot COCl \cdot FeCl_3$ wie $C_6H_5 \cdot CO \cdot C_6H_5 \cdot FeCl_3$ gut kristallisiert.

Da trocknes Chloroform durch $AlCl_3$ nicht angegriffen wird, versuchte nun Boeseken,[2] ob die Ersetzung der Chloratome des Chloroforms durch Phenyl unter dem Einfluß von $AlCl_3$ glatt zu erzielen war. Dies war nicht der Fall; bei diesem Prozeß trat starke Harzbildung ein und erwies sich derselbe auch sonst von komplizierter Natur. Die Harzbildung findet immer statt, wenn $AlCl_3$ auf Verbindungen einwirkte, welche Wasserstoff und Chlor am selben Kohlenstoffatom gebunden haben,[3] wie noch an Benzylchlorid und seinen parasubstituierten Halogenderivaten gezeigt wurde. Dagegen reagieren Benzophenonchlorid $C_6H_5 \cdot CCl_2 \cdot C_6H_5$, Benzol und $AlCl_3$ glatt unter Ersatz von einem Chloratom durch Phenyl. Sonach hätte auch p-Nitrobenzylchlorid mit $AlCl_3$ verharzen sollen. Dies war jedoch nicht der Fall; sie vereinigen sich im Verhältnis 1 : 1, und das Additionsprodukt, mit Benzol zusammengebracht, gibt quantitativ Nitrodiphenylmethan; das Benzol wirkt aber erst bei ca. 50^0 energisch ein, wobei eine partielle Dissoziation vom Additionsprodukt anzunehmen ist. Die Möglichkeit liegt daher vor, daß bei der Friedel-Craftsschen Reaktion die genannten Additionsprodukte keine Zwischenprodukte sind, sondern nur dadurch die theoretische Ausbeute möglich machen, daß nur ein kleiner Teil von Aluminiumchlorid frei als Katalysator wirkt, während der größte Teil, durch seine Bindung an Säurechlorid, in seiner destruktiven Wirkung auf die Reaktionsprodukte verhindert wird. Daß trotzdem 1 Molekül $AlCl_3$ auf 1 Molekül p-Nitrobenzylchlorid für die Reaktion notwendig ist, rührt daher, daß sich $AlCl_3$ auch mit 1 Molekül Nitrodiphenylmethan verbindet.

Während Gustavson zwei Typen für den Verlauf der Friedel-Craftsschen Reaktion annimmt, kommt Boeseken[4] durch seine fortgesetzten Untersuchungen dazu, fünf Typen zu unterscheiden.

[1] R. **22**, 315 (1903). [2] R. **22**, 301 (1903). [3] R. **23**, 98 (1903).
[4] R. **24**, 1 (1905).

I. $AlCl_3$ verbindet sich weder mit der Halogenverbindung (*A*) noch mit dem aromatischen Körper (*B*), noch mit dem Reaktionsprodukt (*C*). Man hat in diesem Falle eine rein katalytische Reaktion: geringe Mengen $AlCl_3$ müssen dann ausreichen, um die Reaktion vollständig verlaufen zu lassen. Beispiele sind: die Chlorierung oder Bromierung von Benzol mit sehr wenig zugefügtem $AlCl_3$; die Bildung von Diphenylmethan aus $C_6H_5 \cdot CH_2Cl + C_6H_6 + {}^1/_{50}$ Mol $AlCl_3$; die Bildung von sec-Butylbenzol aus n-Butylchlorid $+ C_6H_6 + {}^1/_6$ Mol $AlCl_3$.

II. $AlCl_3$ verbindet sich mit *A*. Dies ist der Fall bei der Synthese von Ketonen, wobei Verbindungen von $AlCl_3$ mit Säurechloriden isoliert worden sind. Wenn diese Verbindungen sehr stabil sind, bleibt die Synthese aus. So läßt sich z. B. die Verbindung $AlCl_3 \cdot POCl_3$ aus siedendem Benzol, ohne HCl-Entwicklung, umkristallisieren.

III. $AlCl_3$ verbindet sich mit *B*. Hierbei geht die Reaktion meistens sehr träge, weil das Halogenatom nicht unter dem unmittelbaren Einfluß von $AlCl_3$ steht. Ein Beispiel ist die Verbindung $C_6H_5 \cdot OCH_3 \cdot AlCl_3$. Bei gewöhnlicher Temperatur reagiert diese nicht mit CCl_4 und nur sehr langsam mit Benzylchlorid.

IV. $AlCl_3$ vereinigt sich sowohl mit *A* wie mit *B*. Da jetzt $AlCl_3$ wieder das Halogenatom aktivieren kann, wird es ganz von der Verbindung von $AlCl_3$ mit *B* abhängen, ob die Reaktion eintritt. So gelingt es nicht, Nitrobenzol zu acetylieren oder benzoylieren, dagegen wohl Nitro-anisol. Im Acetophenon läßt sich keine zweite Acetylgruppe einführen, wohl dagegen geben m-Xylol und Mesitylen Diacetylderivate.

V. $AlCl_3$ vereinigt sich nicht mit *A* oder *B*, sondern nur mit *C*. Dies ist der Fall bei der Bildung von Triphenylmethylchlorid aus $C_6H_6 + CCl_4 + AlCl_3$. Da Triphenylmethylchlorid sich mit 1 Mol $AlCl_3$ verbindet, ist diese Menge für die Reaktion erforderlich. Auch bei der Einwirkung von SCl_2 und S_2Cl_2 auf Benzol $+ AlCl_3$ bildet sich $(C_6H_5)_2S \cdot AlCl_3$, während diese Schwefelchloride selbst sich nicht mit $AlCl_3$ vereinigen. Die Ausbeute in diesen beiden Beispielen ist nahezu die theoretische.

Einführung von Quecksilber. Diese merkwürdige Reaktion ist von Dimroth[1] ausgeführt durch Erhitzen von Benzol mit Mercuriacetat, Sulfat oder Nitrat. Es entstehen dabei Verbindungen $C_6H_5 \cdot Hg \cdot X$. Auf diese Reaktion ist im dritten Abschnitt näher zurückzukommen.

[1] B. **31**, 2154; **32**, 758 (1899).

Zweiter Abschnitt.

Über die quantitative Bestimmung von Isomeren nebeneinander. Ortsbestimmung bei Biderivaten von Benzol.

Die Untersuchung der Produkte, welche bei der Einführung von einem neuen Substituenten in bereits substituiertes Benzol entstehen, ist bisher fast nur in qualitativer Richtung geschehen. Man begnügte sich mit der Feststellung, welche Isomeren sich bilden, ohne sich in den allermeisten Fällen um die relativen Mengen, in welchen sie entstehen, zu kümmern. Als ich nun vor etwa 10 Jahren beschloß, die relativen Mengen der Isomeren zu bestimmen, welche bei der Einführung von Substituenten in Benzol sich bilden, war es notwendig, quantitative Methoden dafür auszuarbeiten, da dieselben nicht existierten. Ich schicke die Beschreibung dieser Methoden hier voraus, um bei den Mitteilungen meiner Versuchsresultate nicht zu Wiederholungen genötigt zu sein.

Die Methoden sind zweierlei Art, welche ich mit den Namen Auslaugungsmethode und Erstarrungspunktmethode andeuten will.

1. Die Auslaugungsmethode.

Das Prinzip derselben lautet folgendermaßen: Wenn man in einem Gemenge der Substanzen a, b, $c \ldots n$ die einzelnen Bestandteile zu bestimmen hat, so sättigt man ein geeignetes Lösungsmittel mit $n-1$ dieser Bestandteile, so daß alle diese $n-1$ Verbindungen Bodenkörper sind, und bestimmt, wieviel Substanz im ganzen in Lösung sich befindet. Bei der so erhaltenen Lösung wird das zu analysierende Gemenge (alle n Bestandteile enthaltend) in genau bekannter Quantität gefügt und wieder bis zur Erreichung des Gleichgewichts geschüttelt. Die dadurch entstandene Änderung im Gehalt an Gelöstem wird die Menge des einen Bestandteils anzeigen, wenn man Sorge getragen hat, vom zu analysierenden Gemenge nicht so viel zuzufügen, daß auch der $n$te Bestandteil Bodenkörper bleibt. Hierbei ist dann aber noch der Einfluß dieses $n$ten Bestandteils auf die Löslichkeit der andern in Betracht zu ziehen, die empirisch ermittelt werden kann. Auf dieselbe Weise werden die übrigen Bestandteile bestimmt.

Wenn man es mit Säuren oder Basen zu tun hat, wird die Gehaltbestimmung am einfachsten durch Titration auszuführen sein. Wenn man dagegen mit indifferenten Substanzen zu arbeiten hat, so wird im Prinzip jede physikalische Konstante dazu verwendbar sein; es wird nur von praktischen Rücksichten abhängen, welche für den bestimmten Zweck am geeignetsten ist, wie die Bestimmung der Löslichkeit durch Verdampfen des Lösungsmittels, Bestimmen des spezifischen Gewichts der Lösung, ihres Brechungsexponenten usw.

Bei der Ermittlung der relativen Mengen, welche bei der Bildung eines disubstituierten Benzols aus einem monosubstituierten entstehen, sind höchstens drei Isomere nebeneinander zu bestimmen, wovon eins meistens nur in sehr untergeordneter Menge auftritt. Bei der Bildung eines trisubstituierten Benzols aus einem disubstituierten können vier Isomere entstehen; in den bis jetzt von mir untersuchten Fällen habe ich aber auch hier nicht mehr als drei Isomere nebeneinander zu bestimmen gehabt.

Die Löslichkeit einer Substanz in einem Lösungsmittel wird in den allermeisten Fällen durch die Gegenwart anderer Substanzen erheblich beeinflußt. Bald wird die Löslichkeit dadurch erhöht, bald auch erniedrigt. Wenn man daher eine Flüssigkeit mit einer Substanz a sättigt und nun eine Substanz b in solcher Menge B zufügt, daß die Flüssigkeit in betreff von b ungesättigt bleibt, enthält die Lösung nicht die Menge $A + B$ gelöst (wenn A den Sättigungsgrad von a vorstellt), sondern mehr oder weniger als diese Summe. Aus der Gesamtmenge, welche sich in Lösung befindet, läßt sich also, durch Abziehen vom Gehalt A, nicht ohne weiteres der Gehalt an b ermitteln. Man ist daher gezwungen, empirisch diesen Gehalt festzustellen, was in folgender Weise geschieht. Man sättigt eine abgewogene Menge Flüssigkeit mit a, gibt wachsende Mengen von b zu, welche genau gewogen sind, und bestimmt in jedem Falle die Gesamtmenge, die in Lösung gegangen ist. Gesetzt, man habe von b die Mengen B, $2\,B$, $3\,B$ usf. zugegeben, und als totale, in Lösung gegangene Quantitäten gefunden: $A_1 + B$, $A_2 + 2\,B$, $A_3 + 3\,B$ usf., so wird man umgekehrt, wenn man zu der gesättigten Lösung von a (erhalten durch Sättigung derselben abgewogenen Menge Flüssigkeit) eine unbekannte Menge x von b zufügt und nun die totale, in Lösung gegangene Menge bestimmt, aus derselben durch eine einfache Interpolation x finden können. Am einfachsten geschieht dies, indem man eine Kurve konstruiert, wobei man die Quantitäten $A_1 + B$ usf. auf der Abszissenachse, die damit korrespondierenden Mengen B, $2B$, $3B$ usf. auf der Ordinatenachse absetzt. Diese Kurve hat meistens einen sehr regelmäßigen Verlauf und nähert sich oft einer Geraden.

Ein Beispiel wird die hier beschriebene Methode am besten erläutern. Bei der Nitrierung der Phtalsäure[1] entstehen zwei Mononitrophtalsäuren, α und β genannt. Es wurden nun zu 100 g Wasser, bei der Temperatur von 25°, ein Überschuß von Säure α (welche daher als Bodenkörper bei der Sättigung in den Flaschen blieb) und wachsende Mengen der β-Säure hinzugefügt, jedoch so, daß die Lösung in bezug auf diese letztere stets ungesättigt blieb. Die Gesamtmenge am Gelösten wurde ermittelt und ist in folgender Tabelle angegeben, wovon Fig. 1 die graphische Darstellung ist:

Zugefügte β-Säure in mg	Total in Lösung gegangen in Proz.
0	2,048
100	2,138
200	2,261
300	2,387
500	2,605
1000	3,211
2000	4,428
3000	5,65
4000	6,92

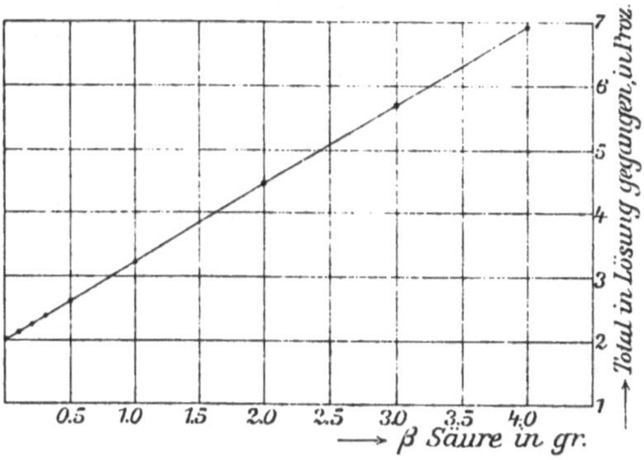

Fig. 1.

Zur Bestimmung der Zusammensetzung des Nitrierungsprodukts wurden in vier Versuchen zu 100 g Wasser bei 25° ein Überschuß von α-Säure und folgende Mengen des genannten Produkts zugegeben:

Nitrierungsprodukt in mg	Total in Lösung gegangen, in Proz.	Prozente β-Säure im Nitrierungsprodukt
500	2,324	50,2
1000	2,615	50,8
2000	3,230	50,8
4000	4,444	50,4
	Im Mittel also	50,5% β-Säure,

so daß das Nitrierungsprodukt aus 49,5% α-Säure und 50,5% β-Säure besteht.

[1] Huisinga, Inauguraldissert., Amsterdam 1906; auch R. **27**, 260 (1908).

Hierbei ist natürlich vorausgesetzt, daß das Nitrierungsprodukt nur aus den beiden Säuren besteht. In der Tat war dies hier der Fall.[1] Bei der Nitrierung der Benzoesäure dagegen war die Bildung von geringen Mengen gelb gefärbter Nebenprodukte nicht zu vermeiden. Dann müssen dieselben in Rechnung gebracht werden. Dies kann dadurch geschehen, daß man einerseits die Gesamtlöslichkeit bestimmt, wenn alle drei reinen Säuren Bodenkörper sind, anderseits noch Nitrierungsprodukt zufügt. So wurden z. B. in drei Versuchen gefunden, wenn 50 ccm dieser Lösungen mit $^1/_{9,9}$-norm. Lauge titriert wurden:

0,5000 g Nitrierungsgemisch + o + m + p Nitrobenzoesäure	o + m + p Nitrobenzoesäure allein
33,35 ccm	32,90 ccm
33,3 „	32,80 „
33,0 „	32,80 „

Diese kleinen Differenzen wurden von den totalen in Lösung gegangenen Mengen abgezogen und die so korrigierten Zahlen für die Berechnung verwendet.

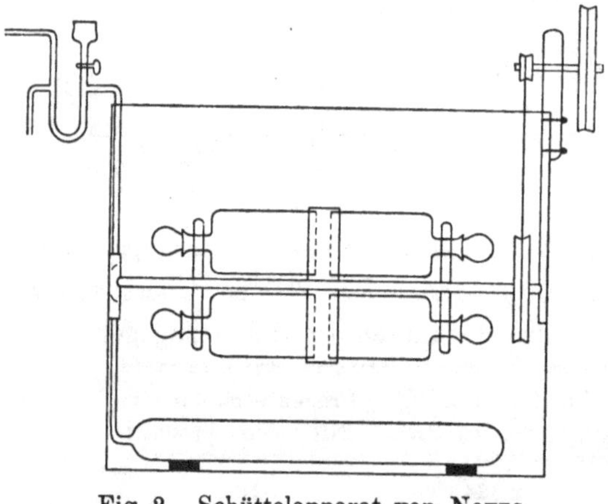

Fig. 2. Schüttelapparat von Noyes.

Die praktische Ausführung der Methode gestaltete sich so, daß in Flaschen von ca. 200 ccm Inhalt die abgemessene oder abgewogene Menge Flüssigkeit gebracht wurde mit den Substanzen, die für die Bestimmungen dienen mußten. Die Flaschen werden sodann verkorkt, mit einer Kautschukkappe versehen und in einen Schüttelapparat gestellt, welcher dem von Noyes[2] sehr ähnlich ist.

[1] Dies ergab sich durch Titrieren und auch dadurch, daß das Produkt fast völlig farblos war. Siehe weiter bei der Nitrierung der Phtalsäure im fünften Abschnitte dieses Buches.

[2] Ztschr. f. physik. Ch. 9, 606 (1892).

Das Wasser, welches den Apparat füllte, wurde mittels des bekannten OSTWALDschen Thermoregulators auf konstanter Temperatur gehalten; meist wurde bei 25° gearbeitet. Das Schütteln muß natürlich so lange fortgesetzt werden, bis Sättigung erreicht ist. Die dazu erforderliche Zeit wechselt für die verschiedenen Substanzen und Lösungsmittel sehr stark und muß daher jedesmal durch Ausprobieren festgestellt werden. Meistens genügten ein paar Stunden; in einzelnen Fällen dagegen mußte die Zeit bis auf 24 Stunden verlängert werden.

Ist die Sättigung erreicht, so werden die Flaschen auf einem Brett im Thermostaten vertikal gestellt, mindestens bis an die Kappe untergetaucht; um dies möglich zu machen, müssen sie mit einem Bleistück beschwert werden. Wenn die feinen schwebenden Teilchen sich abgesetzt haben, kann zur Probenahme der Lösung geschritten werden. Soll der Gehalt derselben durch Titrieren ermittelt werden, so versieht man eine Pipette an ihrer unteren Öffnung mit einem Wattebausch und saugt die Pipette vorsichtig voll, wobei man mit Vorteil von der Wasserstrahlluftpumpe Gebrauch macht. Die klare aufgesogene Flüssigkeit wird in ein gewogenes Gefäß abgelassen und durch Wägung ihr Gewicht bestimmt. Durch Titrieren erhält man ihren Gehalt an Gelöstem, woraus sich nun leicht berechnen läßt, wieviel in der ganzen Flüssigkeitsmenge, die in der Flasche anwesend war, sich befindet.

Wenn sich der Gehalt der Lösung nicht durch Titrieren finden läßt, so kann man ihn durch Bestimmung ihres spezifischen Gewichts ermitteln.

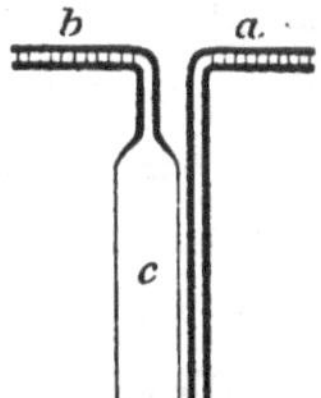

Fig. 3.
Pyknometer nach EIJKMAN.

Wenn die in Lösung gebrachte Substanz ein höheres spezifisches Gewicht hat als das Lösungsmittel, so hat auch die Lösung ein höheres spezifisches Gewicht als das Lösungsmittel. In manchen Fällen ist die Differenz der spezifischen Gewichte dieser Flüssigkeiten nahezu dem Gehalt an gelöster Substanz proportional.

Für die Bestimmung des spezifischen Gewichts von Lösungen habe ich mich eines Pyknometers von EIJKMAN bedient, welcher für diesen Zweck besonders geeignet ist. Derselbe besteht aus einem zylindrischen Teil *c*, ungefähr 20 ccm fassend, an welchem zwei Kapillaren, wie in der Figur 3 angegeben,

[1] Im ursprünglichen EIJKMANschen Apparat ist diese Skala nicht angebracht, sondern wird die Distanz der Menisken durch eine lose Skala gemessen.

angeschmolzen sind. Der horizontale Teil derselben ist mit einer Millimeterskala versehen.[1] Zur Eichung des Pyknometers und der Skala wird derselbe einige Male gefüllt gewogen, wobei man Sorge trägt, daß der Stand der Flüssigkeitsmenisken in den Kapillaren jedesmal ein verschiedener ist. Man findet hierdurch den Inhalt von *c* bis zum Anfang der Skala und von einer Einheit der Skala. Ein Pyknometer Nr. 1, welches Herr B. R. de Bruyn und ich benutzten, hatte z. B. einen Inhalt von

$$20{,}3395 + 0{,}00216\,x \text{ ccm},$$

wobei x die Summe der Skalenteile in cm auf *a* und *b* bedeutet, bis zu welchen die Flüssigkeit steht.

Wird nun das Pyknometer mit einer Flüssigkeit gefüllt, deren spezifisches Gewicht bestimmt werden soll, so liest man den Stand der Menisken ab und findet durch Benutzung der Formel des Pyknometers das Volum der Flüssigkeit. Durch Wägung wird ihr Gewicht bestimmt, wodurch man die erforderlichen Daten zur Berechnung des spezifischen Gewichts hat.

Dieser Apparat hat entschiedene Vorteile vor den gewöhnlich benutzten Formen von Pyknometern. In letzteren ist das Ende der Kapillare *b* meist ein wenig verjüngt, und auf *a* befindet sich nur eine Marke. Der Apparat wird dann gewogen, wenn die Flüssigkeit in *b* gerade an der Spitze, in *a* auf der Marke steht. Befindet sich nun eine Lösung im Pyknometer, namentlich eine alkoholische, so verdampft dieselbe fortwährend an der Spitze von *b*, wodurch sich daselbst eine Kruste bildet, die wie ein Schwamm Flüssigkeit aus dem Pyknometer aufsaugt, so daß es unmöglich ist, ein konstantes Gewicht zu erhalten. Dadurch, daß im Eijkmanschen Pyknometer die Menisken 1 cm oder mehr vom Ende der Kapillaren entfernt stehen, tritt Verdampfung, auch von alkoholischen oder benzolischen Lösungen, so langsam ein, daß bei gewöhnlicher Temperatur sogar nach 1 Stunde nur noch eine Gewichtsabnahme von einigen Zehntelmilligramm eingetreten ist.

Bei den Untersuchungen, um welche es sich hier handelt, muß das Pyknometer mit einer gesättigten Lösung gefüllt werden. Um dies zu erreichen, wird wie folgt gehandelt. Die Flasche (Fig. 4) wird mit einem doppelt durchbohrten Stopfen versehen, durch dessen eine Bohrung ein kurzes, durch dessen andere Bohrung ein langes Rohr geht, welches unten mit einem Wattebausch versehen ist. Dieses lange Rohr ist in Verbindung mit dem Pyknometer. Wenn man nun in *a* bläst (ich fand hierzu den durch ein Ventil auf etwa $^1/_4$ Atmosphäre reduzierten Druck einer Sauerstoffbombe sehr geeignet), so füllt sich das Pyknometer mit einer klaren Flüssigkeit. Man läßt den Druck fortdauern, bis sich auch das nicht kapillare Röhrchen *b c* gefüllt hat. Wenn man dann den Schlauch von der Bombe von *a* losmacht, welches natürlich eine Druckverminderung verursacht, so fließt ein wenig Flüssigkeit vom Pyknometer in die Flasche zurück, wird aber durch Flüssigkeit aus *b c* ersetzt, so daß das Pyknometer gefüllt bleibt.

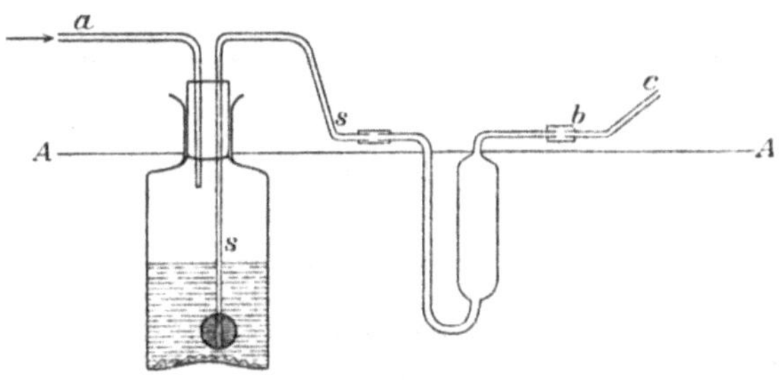

Fig. 4. Füllung des Pyknometers mit einer gesättigten Lösung.

Während dieser ganzen Operation hängt man das Pyknometer bis zur Linie *AA* im Thermostaten auf, wodurch die Temperatur konstant gehalten wird.

In gewissen Fällen ist es notwendig, die Lösung bei einer Temperatur darzustellen, welche unterhalb der gewöhnlichen Temperatur liegt, etwa bei 0°. Wenn man dann das Pyknometer gefüllt hat, so kann man es nicht wägen, weil durch die Ausdehnung der Lösung dieselbe aus den Kapillaren ausfließt. Alsdann kann man sich dadurch helfen, daß man das gefüllte Pyknometer in ein Bad von 25° bis an den horizontalen Teil der Kapillaren eintaucht und abwartet, bis dasselbe die Temperatur des Bades angenommen hat. — Bei einiger Übung erreicht man mit diesem Apparat leicht eine Genauigkeit von einer Einheit in der vierten Dezimale des spezifischen Gewichts.

Folgendes Beispiel soll diese Methode noch näher beleuchten:

Um die Zusammensetzung des Nitrierungsprodukts von Nitrobenzol[1] zu ermitteln, also die relativen Mengen o-, m-, und p-Dinitrobenzol, welche sich darin vorfinden, wurde zunächst Alkohol vom spez. Gew. 0,8195 (bei 19,7°) mit meta- und para-Dinitrobenzol gesättigt, wachsende

[1] Holleman und B. R. de Bruyn, Rec. **19**, 79 (1900).

Mengen o-Dinitrobenzol zugesetzt und jedesmal das spezifische Gewicht der erhaltenen Lösungen bestimmt, wie in untenstehender Tabelle angegeben ist:

Die Flaschen enthielten:	ortho in mg auf 100 g Alkohol	Spez. Gew. der Lösung, gesättigt bei 25,0°
4 g meta + 0,5 g para + 50 g Alkohol	0	0,8282
4 „ „ + 0,5 „ „ + 0,1936 g ortho + 50,95 „ „	379,9	0,8295
4 „ „ + 0,5 „ „ + 0,3976 „ „ + 55,38 „ „	717,9	0,8309
4 „ „ + 0,5 „ „ + 0,6014 „ „ + 53,52 „ „	1123,9	0,8324
4 „ „ + 0,5 „ „ + 0,7980 „ „ + 49,87 „ „	1600,2	0,8343
4 „ „ + 0,5 „ „ + 2,5 „ „ Lösung gesätt. mit o, m, p	—	0,8371

Fig. 5 gibt die graphische Darstellung dieser Tabelle:

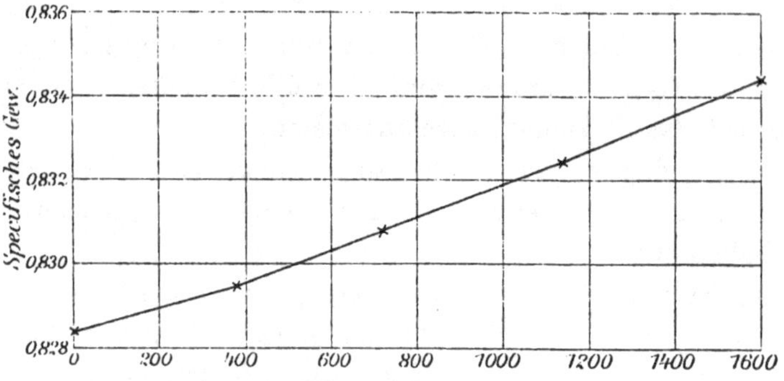

Fig. 5. Spez. Gewicht von alkoholischen Lösungen, gesättigt mit m- und p-Dinitrobenzol, mit wachsenden Mengen o-Dinitrobenzol versetzt.

In derselben Weise wurden bekannte Mengen p-Dinitrobenzol zur gesättigten Lösung von o- und m-Dinitrobenzol gegeben und jedesmal das spezifische Gewicht bestimmt:

Die Flaschen enthielten:	para in mg auf 100 g Alkohol	Spez. Gew.
4 g meta + 2,5 g ortho	—	0,8358
4 „ „ + 2,5 „ „ + 0,0254 g para + 46,60 g Alkohol	54,5	0,8360
4 „ „ + 2,5 „ „ + 0,0524 „ „ + 48,14 „ „	108,8	0,8364
4 „ „ + 2,5 „ „ + 0,0996 „ „ + 58,00 „ „	171,8	0,8366
4 „ „ + 2,5 „ „ + 0,0960 „ „ + 49,40 „ „	194,3	0,8366
4 „ „ + 2,5 „ „ + 0,1502 „ „ + 49,02 „ „	306,4	0,8370
Lösung gesättigt mit den drei Isomeren	—	0,8371

von welcher Tabelle untenstehend die graphische Darstellung:

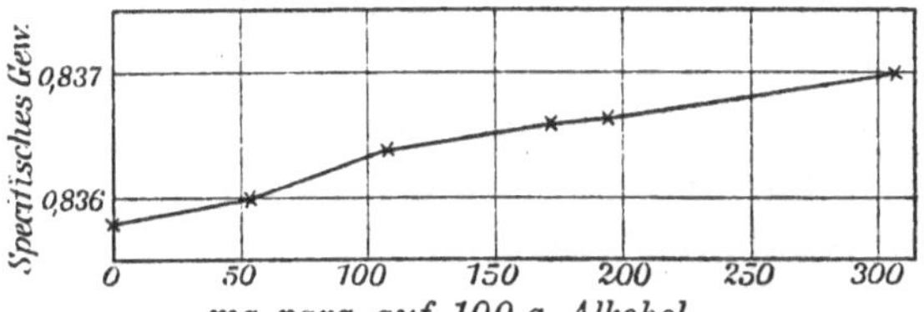

Fig. 6.

Man sieht aus diesen Tabellen, daß einer Einheit in der vierten Dezimale 26 mg o- oder p-Dinitrobenzol auf 100 g Alkohol entsprechen. Dies ist also die Grenze der Genauigkeit, welche zu erreichen ist, weil die spezifischen Gewichte nicht genauer zu bestimmen sind.

Um zu erproben, inwieweit man durch die Bestimmung der spezifischen Gewichte die Zusammensetzung eines Gemisches von o-, m- und p-Dinitrobenzol ermitteln kann, wurde ein künstliches Gemisch dieser drei Isomeren in folgender Weise untersucht: In eine Flasche wurde überschüssiges para, in die zweite überschüssiges ortho gebracht mit einer genau gewogenen Menge des Gemisches; meta brauchte nicht zugefügt zu werden, weil das Gemisch so gewählt war, daß dies darin stark vorherrschte, so daß bereits im Gemisch genügend meta zur Sättigung anwesend war. Es wurden folgende Resultate erhalten:

Die Flaschen enthielten:	Spez. Gew.	Gef. in 100 g Alkohol
0,5 g p + 4,254 g Gemisch + 50,74 g Alkohol	0,8312	820 mg o
2,5 „ o + 5,556 „ „ + 45,95 „ „	0,8366	194,3 „ p

Die Ziffern der letzten Kolumne sind aus den spezifischen Gewichten der zweiten Kolumne mittels obenstehenden Tabellen abgeleitet. In Prozentzahlen ergibt sich:

Isomer	Gefunden	Das Gemisch enthielt:
ortho	9,8	9,97
meta	88,6	88,55
para	1,6	1,48

Meta wurde aus der Differenz gegen 100 gefunden. Die Übereinstimmung ist, wie man sieht, vorzüglich.

Die Genauigkeit in der Bestimmung der Zusammensetzung eines wirklichen Nitrierungsproduktes von Nitrobenzol wurde dadurch etwas beeinträchtigt, daß außer den drei isomeren Dinitrobenzolen sehr geringe Mengen intensiv gelb gefärbte Körper entstehen, die auch im Alkohol in Lösung gehen und das spezifische Gewicht der alkoholischen Lösung um einige Einheiten der vierten Dezimale erhöhen, wie folgende Tabelle zeigt:

Nitrierung bei + 30° mit einer Säure von 95,9%.

Nr.	Die Flaschen enthielten:	Spez. Gew.	Gefunden in 100 g Alkohol	%
I	8,00 g Gemisch + 2,5 g ortho + 0,5 g para + 52,23 g Alkohol . . .	0,8373	Korrektion 0,0002	—
II	8,00 g Gemisch + 0,5 g para + 47,55 g Alkohol . . .	0,8338	1433 mg ortho	8,5 o
III	8,00 g Gemisch + 2,5 g ortho + 53,98 g Alkohol . . .	0,8363	70 mg para	0,5 p

Bei I war der Alkohol gesättigt an o, m und p; da das Nitrierungsgemisch hauptsächlich aus m besteht, brauchte dies nicht noch zugefügt zu werden. Das spezifische Gewicht wurde 0,8373 statt 0,8371 gefunden, wie es bei Sättigung mit den drei reinen Isomeren erhalten wurde. Von den spezifischen Gewichten, welche bei II und III gefunden wurden, wurde nun 0,0002 abgezogen und die so korrigierten Werte benutzt, um aus obenstehenden Tabellen den Gehalt aus o- und p-Dinitrobenzol zu berechnen.

2. Die Erstarrungspunktmethode.

Wenn mit einem Stoff *A* wachsende Mengen eines Stoffes *B* gemischt werden, so sinkt der Erstarrungspunkt von *A*; aus der Schmelze kristallisiert zunächst nur *A* aus. Nachdem eine gewisse Menge *B* zugesetzt worden ist, fängt die Ausscheidung von *B* neben *A* an. Der Erstarrungspunkt hat dann ein Minimum erreicht. Geht man von reinem *B* aus und fügt wachsende Mengen *A* zu, so sinkt auch wieder der Erstarrungspunkt und *B* scheidet sich aus der Schmelze aus, bis auch hier dieselbe Minimumtemperatur erreicht wird, wobei sich neben *B* auch *A* ausscheidet. Graphisch wird dies durch Fig. 7 dargestellt, wo auf der Abszisse die Prozente *B*, auf der Ordinate die Temperatur abgesetzt ist. In *A* hat man reines (100%) des Stoffes *A*, in *B* 100 % des Stoffes *B*. Entlang *aE* scheidet sich *A*, entlang *Eb* scheidet sich *b* aus; im Punkte *E* sowohl *A* wie *B*. Der Punkt *E* trägt den Namen eutektischer Punkt oder Eutektikum.

Kühlt man ein willkürliches Gemisch von *A* und *B*, nachdem es ganz geschmolzen war, ab, so geht man entlang einer Linie *PQ* hinunter, wobei der Punkt *Q* die Prozente *B* angibt. Alles bleibt geschmolzen, bis man den Punkt *a'* erreicht hat. Alsdann scheidet sich *A* aus der Schmelze ab, die dadurch reicher an *B* wird. Der noch geschmolzene Teil bekommt daher einen niedrigeren Erstarrungspunkt; man geht daher beim weiteren Abkühlen entlang der Kurve *a'E*, bis in *E* die Schmelze sich so mit *B* angereichert hat, daß nunmehr auch *B* zur Ausscheidung kommt und im Eutektikum alles erstarrt.

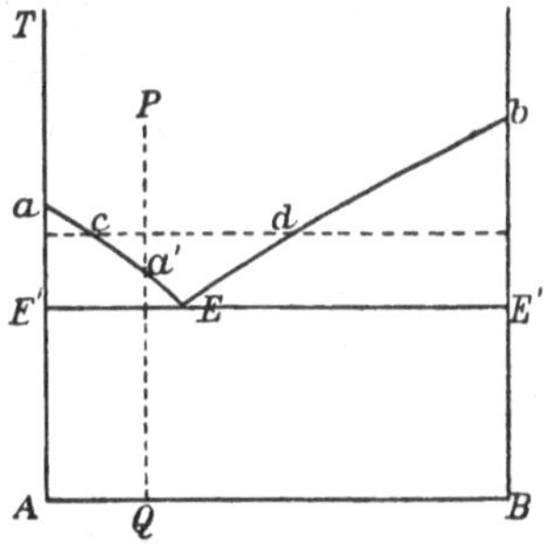

Fig. 7. Schmelzpunktskurve eines binären Gemisches.

Man wird daher beim Abkühlen eines Gemisches aus zwei Bestandteilen (binäres Gemisch genannt) — wenigstens theoretisch — zwei Erstarrungspunkte beobachten können: den Anfangserstarrungspunkt, der auf der Kurve *aEb* liegt und den Enderstarrungspunkt, der mit dem Eutektikum zusammenfällt und daher für jedes Gemisch von *A* und *B* durch die Punkte der geraden Linie *E'EE'*, welche parallel mit *AB* gezogen ist, angegeben wird.

Im obigen ist vorausgesetzt, daß die Stoffe *A* und *B* weder Mischkristalle noch eine Verbindung bilden; die Kurve hat dann den denkbar einfachsten Verlauf. In den bis jetzt von mir untersuchten Fällen von Mischungen von Isomeren hatte in der Tat die Kurve diesen Verlauf; denn Verbindungen zwischen isomeren Benzolderivaten der o-, m- oder p-Reihe sind sehr selten, und da dieselben fast niemals isomorph sind, kommen auch Mischkristalle äußerst selten vor.[1]

Hat man für zwei Stoffe *A* und *B* die Schmelzpunktskurve konstruiert, so läßt sich dieselbe umgekehrt benutzen, um mittels des Erstarrungspunktes die Zusammensetzung eines Gemisches zu bestimmen.

[1] Voerman, R. **26**, 293 (1907), entdeckte, daß die beiden Thiophensäuren Mischkristalle bilden, wodurch die Eigentümlichkeiten, welche die Säuren zeigen (V. Meyer, A. **236**, 200 [1886]) ihre Erklärung fanden. Auch Jaeger hat einige solche Fälle beobachtet.

Dem Erstarrungspunkt entsprechen bisweilen zwei Gemische, wenn derselbe nämlich unterhalb des Schmelzpunktes der niedriger schmelzenden reinen Substanz gelegen ist. In der Figur sind das die Mischungen, welche z. B. durch die Punkte *c* und *d* angegeben werden. Doch ist es leicht, zwischen ihnen zu entscheiden. Oft kann man bereits an der Art des Kristallisierens sehen, ob man sich auf dem Ast *aE* oder auf dem Ast *Eb* der Kurve befindet. Eine sichere Entscheidung kann man aber erst treffen, wenn man zu der Mischung einige Prozente *B* fügt. Je nachdem dadurch der Erstarrungspunkt sinkt oder steigt, ist man auf dem Ast *aE* oder auf dem Ast *Eb*.

Will man nun mittels dieser Methode die Zusammensetzung eines Gemisches von Isomeren bestimmen, wie es z. B. bei der Nitrierung von Chlorbenzol gewonnen wird, so muß man ganz sicher sein, daß das Gemisch nur die zwei Isomeren o- und p-Chlornitrobenzol enthält, also kein unverändertes Chlorbenzol, kein Dinitrochlorbenzol und kein m-Chlornitrobenzol. Denn jeder Fremdstoff erniedrigt den Erstarrungspunkt und würde deshalb zu ungenauen Resultaten führen. Um sich von der Abwesenheit dieser Stoffe zu überzeugen, kann man zunächst von der Bestimmung des Enderstarrungspunktes Gebrauch machen; wie oben auseinandergesetzt wurde, wird dieser für alle binäre Gemische bei derselben Temperatur, nämlich bei derjenigen des Eutektikums gefunden. Sind Fremdstoffe zugegen, so wird er auch erniedrigt; man hat also darin ein Anzeichen, ob Fremdstoffe sich im Gemisch vorfinden. Jedoch ist bisweilen der Enderstarrungspunkt etwas schwer genau zu bestimmen.

Ein zweites Hilfsmittel, um sich zu überzeugen, ob das Gemisch keine Fremdstoffe enthält, ist die Bestimmung seines spezifischen Gewichts. Die isomeren ortho-, meta- und para-Verbindungen haben immer spezifische Gewichte, die nur um wenig Einheiten in der dritten Dezimale voneinander abweichen. Dagegen ist die Differenz im spezifischen Gewicht zwischen mono-, di- und trisubstituierten Benzolderivaten meistens sehr erheblich und beträgt zwei bis drei Einheiten in der ersten Dezimale. Das spez. Gewicht der drei Chlornitrobenzole z. B. beträgt bei 80,05° (geschmolzen):

ortho 1,3052, meta 1,3112, para[1] 1,3092.

[1] Parachlornitrobenzol schmilzt erst bei 82,15°; das angegebene spez. Gewicht ist hergeleitet aus einem Gemisch von p- und o-Chlornitrobenzol, welches bei 80,05° flüssig ist (s. R. **19**, 190 [1900]).

Für Chlorbenzol wird das spez. Gew. 1,0443 bei 77,3° angegeben; für Dinitrochlorbenzol (fest) etwa 1,69 bei gewöhnlicher Temperatur. Da das spez. Gewicht vieler organischer Verbindungen etwa 0,001 variiert, wenn die Temperatur sich um 1° ändert, bekommt man annähernd für das spezifische Gewicht von Chlorbenzol bei 80° 1,041, für Dinitrochlorbenzol etwa 1,62 bei derselben Temperatur.

Nehmen wir an, daß die Differenz im spezifischen Gewicht von mono- und di- und von di- und tri-Substitutionsprodukten 0,3 beträgt, so wird eine Beimischung von 1°/₀ Mono- oder Triprodukt im spez. Gewicht des Gemisches der isomeren Disubstitutionsprodukte eine Erniedrigung bzw. Erhöhung von 0,0030, oder von 30 Einheiten in der vierten Dezimale bewirken. Da man mit der unten beschriebenen Methode von Eijkman das spez. Gewicht der Schmelzen bis auf eine Einheit in der vierten Dezimale genau bestimmen kann, so erhellt, daß man in der Bestimmung dieser Größe ein sehr empfindliches Hilfsmittel hat, um Beimischungen von mono- oder trisubstituierten Körpern zu entdecken.

Man hat dann folgendermaßen zu handeln: Man bestimmt von dem zu untersuchenden Gemisch den Anfangserstarrungspunkt und sieht auf der Erstarrungskurve des entsprechenden binären Systems nach, welche Zusammensetzung mit diesem Erstarrungspunkt übereinstimmt. Man bereitet nun ein Gemisch der reinen Substanzen und bestimmt das spez. Gewicht derselben. Sind keine Fremdstoffe zugegen, so muß dieses spez. Gewicht nahezu zusammenfallen mit dem des in Untersuchung genommenen Gemisches. Es könnte noch die Möglichkeit vorliegen, daß im disubstituierten Körper gerade so viel mono- einerseits und trisubstituiertes Produkt anderseits sich vorfinden, daß das spez. Gewicht mit dem der künstlichen Mischung zusammenfällt. Abgesehen davon, daß dies sehr unwahrscheinlich sein würde, kann man sich leicht davon überzeugen, daß dieser Fall nicht vorliegt, durch die Bestimmung des zweiten Erstarrungspunktes, welcher mit dem der künstlichen Mischung zusammenfallen muß, wenn das Produkt wirklich binär war.

Als Beispiel sei hier die Bestimmung der Zusammensetzung des Produktes angeführt, welches man durch die weitere Nitrierung von o-Nitranisol erhält.[1] Für seinen Anfangserstarrungspunkt wurde 76,45° und 76,40°, für seinen Enderstarrungspunkt 61,85° gefunden. Ersterem Punkt

[1] Holleman, R. **22**, 267 (1903).

entspricht eine Zusammensetzung von 13,8% Dinitranisol 1, 2, 6 ($OCH_3 = 1$) und 86,2% Dinitranisol 1, 2, 4, wie aus der Schmelzkurve dieser beiden Dinitranisole entnommen wurde. Es wurde nun ein künstliches Gemisch von dieser Zusammensetzung dieser beiden Dinitranisole dargestellt. Sein Anfangserstarrungspunkt lag bei 76,6°, sein Enderstarrungspunkt bei 61,8 und 61,85°, welche beide Zahlen also mit denen des Nitrierungsprodukts zusammenfallen. Für das spez. Gewicht bei 80,6° des letzteren wurden 1,3803, für das des künstlichen Gemisches 1,3810 gefunden; die geringe Differenz dieser Zahlen zeigt an, daß noch eine Spur o-Nitranisol der Nitrierung entgangen ist; da das spez. Gewicht des letzteren zu 1,192 bei 80,6° gefunden wurde, ergibt sich hieraus, daß diese Menge unverändertes o-Nitranisol unterhalb 0,3% liegen muß.

Ein zweites Beispiel gibt die Nitrierung des Chlorbenzols. Als 25 g desselben bei 0° in 50 ccm Salpetersäure vom spez. Gew. 1,52 gebracht wurden, entstand ein Nitrierungsprodukt, welches bei − 5° noch partiell flüssig war, während das Eutektikum vom System ortho- + para-Chlornitrobenzol bei + 14,7° liegt. Es mußte also Fremdstoffe enthalten; da das spez. Gewicht bei 22,0° zu 1,4260 gefunden wurde, dasjenige des o-Chlornitrobenzols (durch die Zufügung einiger Prozente para bei derselben Temperatur flüssig gehalten) nur 1,368 beträgt, müssen höher nitrierte Produkte anwesend sein. In der Tat siedete das Nitrierungsprodukt von 248° bis oberhalb 300°, während die Mononitrochlorbenzole bei ± 243°, die Dinitrochlorbenzole bei ± 315° sieden.

Wenn jedoch mit einer etwas verdünnteren Säure nitriert wurde (25 g Chlorbenzol bei 0° in einem Gemisch von 50 ccm Salpetersäure, spez. Gew. 1,48 mit 10 ccm einer Säure vom spez. Gew. 1,52), entstand ein Produkt, welches bei 15° nur eine sehr geringe Menge Öl gab. Das Produkt wurde nun ganz geschmolzen, teilweise erstarren gelassen, der flüssige Teil nach Trennung vom auskristallisierten para-Chlornitrobenzol wieder teilweise erstarren gelassen und diese Operation fünfmal wiederholt. Wenn im ursprünglichen Nitrierungsprodukt Fremdstoffe anwesend wären, so müßten sich dieselben in dem zuletzt übrig gebliebenen Öl angehäuft haben. Dieses Öl erstarrte bei 44,0°, welches 54% para-Verbindung entspricht. Das spez. Gewicht eines künstlichen Gemisches von 54% para- und 46% ortho-Chlornitrobenzol betrug 1,3073 bei 80,05°; und gerade diese Zahl wurde auch für das Öl erhalten, zum Beweise, daß es wirklich nur aus diesen beiden Chlornitrobenzolen besteht.

Die oben beschriebene Methode der Erstarrungspunkte ist für binäre Gemische sehr bequem und ist für solche fast immer anwendbar. Sie wird weniger brauchbar, wenn die Schmelzpunkte der Komponenten oberhalb etwa 150° oder bei sehr niedrigen Temperaturen liegen, etwa unterhalb — 40°. Im allgemeinen ist ihre Anwendbarkeit größer als die der Auslaugungsmethode, da es bei dieser manchmal Schwierigkeiten hat, ein geeignetes Lösungsmittel zu finden. Dasselbe soll die Bestandteile des Gemisches weder zu viel, noch zu wenig lösen; auch ist es vorteilhaft, wenn die Löslichkeit der verschiedenen Bestandteile in demselben ziemlich stark auseinander geht. Ist die Löslichkeit zu groß, so ist es schwierig, mit solchen starken Lösungen die oben beschriebenen Operationen auszuführen; auch ist dann viel Material nötig und ist es nicht leicht, Lösungen zu erhalten, welche wirklich gesättigt sind. Ist dagegen die Löslichkeit zu klein, so wird die Bestimmung der in Lösung gegangenen Substanz ungenau.

Wenn man mehr als zwei Isomere in einem Gemisch zu bestimmen hat, wird man jedoch meistens der Auslaugungsmethode den Vorzug geben, da dann die Bestimmung derselben durch die Erstarrungspunkte ziemlich kompliziert wird. Nur wenn einer der drei Komponenten in geringer Menge (höchstens einige Prozente) anwesend ist, kann die letztere Methode ohne Schwierigkeit benutzt werden. Um dies einzusehen, wollen wir das Schmelzpunktsdiagramm einer ternären Mischung betrachten.

Um die Zusammensetzung eines ternären Gemisches vorzustellen, denkt man sich in den Ecken eines gleichseitigen Dreiecks die reinen Substanzen Ortho, Meta und Para ausgesetzt. Die Punkte der Seiten geben dann die Zusammensetzung der drei binären Gemische $O—P$, $O—M$ und $M—P$ an. Die Punkte innerhalb des Dreiecks stellen die Zusammensetzung von ternären Gemischen vor; die relativen Mengen der drei Komponenten, welche durch einen willkürlichen Punkt A dargestellt werden, findet man, indem man von A aus die Linien Ab, Ac und Ad parallel den Seiten des Dreiecks zieht. Wie man sich leicht überzeugen kann, ist die Summe dieser

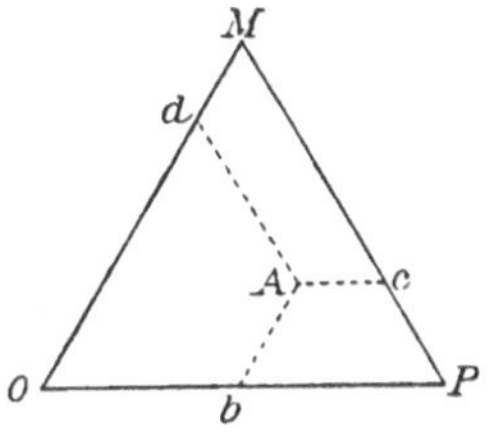

Fig. 8. Graphische Darstellung der Zusammensetzung eines ternären Gemisches.

Linien gleich der Länge einer Seite des Dreiecks. Es ist nun Ab der Menge M, Ac der Menge O und Ad der Menge P proportional.[1]

Die Schmelzkurven der binären Systeme O—M, O—P und M—P erhält man, indem man in den Ecken des Dreiecks die Temperaturachsen senkrecht zur Fläche des Dreiecks aufrichtet. Man bekommt so ein dreieckiges Prisma, in dessen Seitenwänden genannte Schmelzkurven liegen (s. Fig. 10). Die Schmelzpunkte der ternären Systeme bilden Flächen, wie sie in der Figur 10 dargestellt sind, welche durch die Schmelzkurven der binären Systeme begrenzt sind. Diese Flächen schneiden sich in den Linien EE_1, EE_2 und EE_3, wobei E_1, E_2 und E_3 die drei binären Eutektika sind.

Wenn ein völlig geschmolzenes ternäres Gemisch sich abkühlt, wird seine Erstarrung folgenden Verlauf haben (Linie I z. B.). Alles bleibt geschmolzen, bis die Temperatur auf a gesunken ist. In dem hier (willkürlich) gewählten Falle fängt P an, sich in diesem Punkte auszuscheiden, während O und M noch flüssig bleiben. In diesem flüssigen Teile sind also O und M noch im selben Verhältnis enthalten wie im ursprünglichen ternären Gemisch. Bei weiterer Abkühlung wird die Erstarrung daher entlang einer Linie ab fortschreiten, welche die Durchschneidung der Schmelzfläche E_1PE_2E ist, mit einer Fläche

[1] Dies läßt sich in folgender Weise beweisen: Punkt a_1 stellt ein binäres Gemisch von o und p dar, und zwar im Verhältnis $o : p = a_1P : a_1O$. Alle Punkte der Linie a_1M stellen ternäre Gemische dar, in welchen o und p in demselben Verhältnis vorkommen, nebst Mengen von M, welche von a_1 (0%) bis M (100%) fortwährend wachsen; denn für alle Punkte dieser Linie gilt die Beziehung $fA : cA = Oa_1 : Pa_1$. Dieselbe Betrachtung läßt sich für das binäre Gemisch a_2 (aus m und p bestehend) und die Punkte der Linie Oa_2 anstellen. Es ist dann einleuchtend, daß für das ternäre Gemisch, welches durch den Punkt A dargestellt wird, die folgenden Beziehungen gelten:

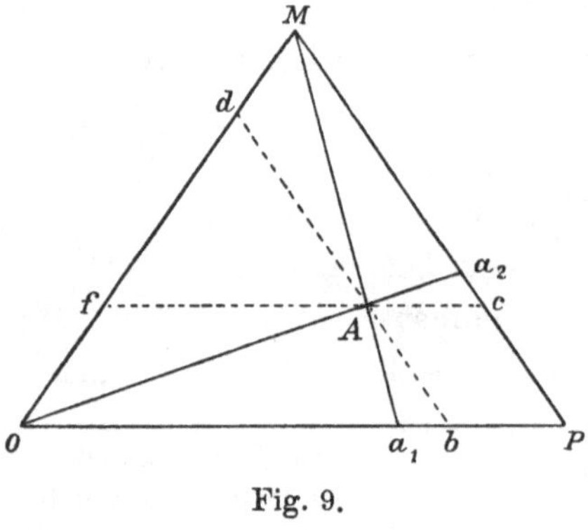

Fig. 9.

$$o : p = cA : fA; \qquad m : p = bA : dA;$$

und da

$$fA = dA \text{ ist: } o : p : m = cA : dA : bA.$$

durch die Prismenkante PP und den Punkt c gehend, welcher angibt, in welchem Verhältnis O und M anwesend sind. Bei b schneidet ab die eutektische Linie E_1E, d. h. die Schnittlinie der Flächen E_1EE_2P, auf welche sich nur P, und $E_1E_1E_3O$, auf welcher sich nur O ausscheidet. In b wird sich daher neben P auch O abscheiden, während M noch ganz in der Flüssigkeit bleibt. Die weitere Erstarrung geht nun, unter fortwährender Ausscheidung von P und O, entlang der eutektischen Linie von b zu E, das ternäre Eutektikum, wo sich auch M ausscheidet und alles zum Erstarren kommt.

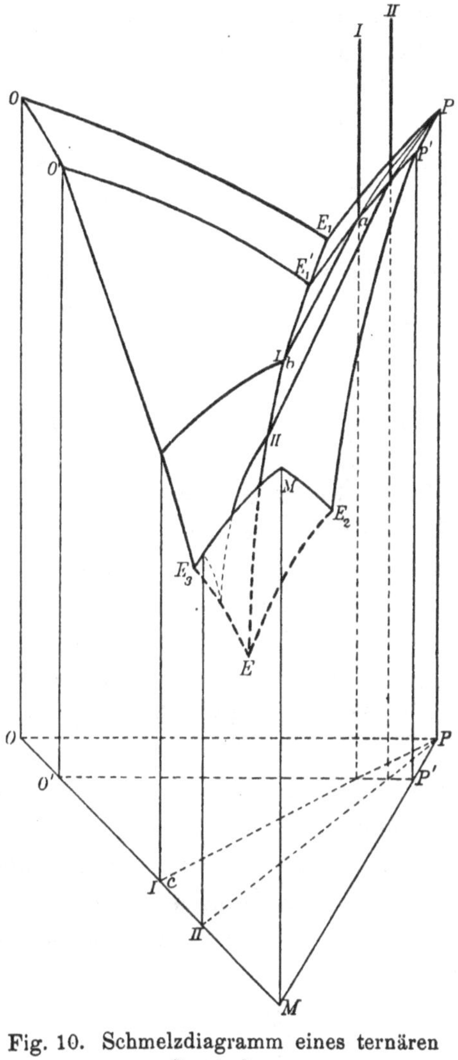

Fig. 10. Schmelzdiagramm eines ternären Gemisches.

Aus obenstehender Darlegung geht hervor, daß die Erstarrungserscheinungen eines ternären Gemisches viel verwickelter als die eines binären Gemisches sind. Aus dem Anfangserstarrungspunkt eines binären Gemisches läßt sich sofort seine Zusammensetzung entnehmen, oder wenn zwei Gemische damit korrespondieren, läßt sich leicht zwischen beiden entscheiden. Mit dem Anfangserstarrungspunkt eines ternären Gemisches aber korrespondieren noch unendlich viele Zusammensetzungen, wovon man sich leicht überzeugt, wenn man sich durch die Erstarrungsfigur 10 eine Fläche parallel OMP gelegt denkt. Alle Schnittlinien der Figur mit dieser Fläche geben die Zusammensetzungen von Gemischen, welche denselben Anfangserstarrungspunkt haben. Wenn man also nichts weiter als den Anfangserstarrungspunkt eines ternären Gemisches kennt, wird es unmöglich sein, daraus seine Zusammensetzung zu ermitteln. Nun kann man — theoretisch wenigstens — durch Bestimmung des ersten und des zweiten Erstarrungspunktes zur Kenntnis der Zusammensetzung ternärer Gemische gelangen, wenn man das ganze Schmelzdiagramm derselben bestimmt hat. Denn während mit dem ersten Erstarrungspunkt noch alle Zusammensetzungen übereinstimmen, welche auf den eben genannten Schnittlinien liegen, gehört zu jedem Punkt dieser Linien ein ganz bestimmter zweiter Erstarrungspunkt, welcher die Lage des ersten Erstarrungspunktes in der Schnittlinie fixiert. In der Praxis würde dies aber manche Schwierigkeiten haben. Abgesehen noch davon, ob die Lage der zwei Erstarrungspunkte immer ein eindeutiges Resultat liefern würde, wenn man mit den unvermeidlichen Versuchsfehlern in der Bestimmung dieser Punkte zu rechnen hat, so würde die Bestimmung des ganzen Schmelzdiagramms eine sehr langwierige Arbeit sein, da nicht nur die Grenzlinien der Flächen, sondern auch eine große Anzahl Punkte in denselben bestimmt werden müßten. Praktisch wird es daher in den meisten Fällen unausführbar sein, allein aus den Erstarrungserscheinungen eines ternären Gemisches seine Zusammensetzung zu ermitteln.

Bei den hier in Betracht kommenden ternären Gemischen von Isomeren, die bei einer Nitrierung, Sulfonierung usf. gewonnen werden, liegt die Sache günstiger durch den Umstand, daß in den allermeisten Fällen dabei nur zwei der Isomeren in erheblicher Menge, die dritte dagegen nur in kleiner Quantität entsteht. In diesem Falle ist eine Bestimmung der drei Isomeren in folgender Weise, ohne Kenntnis des genannten Diagramms, möglich.

Um dies näher zu beleuchten, wähle ich als Beispiel die Bestimmung der Zusammensetzung des Nitrierungsproduktes von Toluol, welche von Herrn van den Arend in meinem Laboratorium ausgeführt worden ist. Von diesem Produkt war bekannt, daß es hauptsächlich aus o- und p-Nitrotoluol besteht, aber auch geringe Mengen m-Nitrotoluol enthält. Zunächst wurde die Schmelzkurve $o-p$ bestimmt, wonach aus dem Anfangserstarrungspunkt des Nitrierungsproduktes die ungefähre Zusammensetzung desselben, was o und p betrifft, gefunden werden konnte. Es lag bei $+2,8^0$, wenn die Nitrierung bei 0^0 ausgeführt worden war. Wäre keine m-Verbindung vorhanden, so würde dieser Punkt einen

Gehalt von 40,5 % para und 59,5 % ortho anzeigen. Der zweite Erstarrungspunkt wurde bei − 16,8° gefunden. Durch die Anwesenheit von meta bestimmt man als ersten Erstarrungspunkt keinen Punkt der Schmelzkurve OE_1P des reinen binären Gemisches *o*—*p* (s. Fig. 10), sondern einen Punkt auf einer Schmelzkurve $O'E'P'$, welcher erhalten wird, wenn man die Figur durch eine Fläche $O'P'$ durchschneidet, parallel mit der Fläche OP und in solchem Abstand von der letzteren sich befindend, als der Menge m-Verbindung entspricht. Der erste Erstarrungspunkt liegt daher niedriger, als er ohne die Anwesenheit von *m* gefunden werden würde. Wo der zweite Erstarrungspunkt des hier betrachteten ternären Gemisches liegt, wird abhängen vom Verhältnis, in welchem *o* und *p* anwesend sind. Aus der Figur 10 ergibt sich sofort (durch Vergleichung der Linien *I* und *II*), daß im gegebenen Falle der zweite Erstarrungspunkt niedriger liegen wird, wenn mehr para zugegen ist.

Es wurde nun ein künstliches Gemisch von o- und p-Nitrotoluol dargestellt, welches ungefähr die Zusammensetzung hatte, welche aus dem Erstarrungspunkt des Nitrierungsproduktes abgeleitet war. Dasselbe hatte einen Anfangserstarrungspunkt von − 3,8° und einen Enderstarrungspunkt von − 14,9°. Zu diesem Gemisch wurde 2,9 % m-Nitrotoluol gesetzt, wodurch ersterer Punkt auf − 6°, letzterer auf − 16,7° sank. Der Enderstarrungspunkt wurde daher durch Zufügung dieser 2,9 % um 1,8° erniedrigt. Nun war der zweite Erstarrungspunkt des Nitrierungsproduktes bei − 16,8° gefunden, anstatt bei − 14,9° (das Eutektikum des reinen Systems *o*—*p*), also 1,9° niedriger. Nimmt man Proportionalität zwischen der Erniedrigung des zweiten Erstarrungspunktes und Gehalt an meta an, so ergibt sich, daß im Nitrierungsgemisch $\frac{1,9 \times 2,9}{1,8} = 3,1\,\%$ davon anwesend sein müssen. Der Anfangserstarrungspunkt des künstlichen Gemisches ist durch die Zufügung von 2,9 % meta von − 3,8° auf − 6,0°, d. h. um 2,2° gesunken. Nimmt man auch hier Proportionalität zwischen Gehalt an meta und Erniedrigung an, so müßte der Anfangserstarrungspunkt des Nitrierungsproduktes anstatt + 2,8° auf 5,2° gefunden worden sein, wenn meta nicht zugegen wäre. Diesem korrigierten Erstarrungspunkt entspricht aber die Zusammensetzung 42,2 % p- und 57,8 % o-Nitrotoluol.

Man gelangt also zum Resultat, daß im Nitrierungsgemisch 3,1 % meta-Nitrotoluol anwesend ist, und daß die übrigen 96,9 % auf p- und o-Nitrotoluol im eben angegebenen Verhältnis verteilt sind, so daß die Zusammensetzung des Nitrierungsproduktes 40,9 % o-, 56,0 % p- und 3,1 % m-Nitrotoluol wird. Aus einer Bestimmung des spezifischen Gewichts hatte sich ergeben, daß es weder unverändertes Toluol, noch Dinitrotoluole enthielt.

Die Annahme von obiger Proportionalität würde darauf hinauslaufen, daß der Teil bE_1 der eutektischen Linie $E_1 E$ (Fig. 10) als eine Gerade zu betrachten ist. Offenbar ist aber $E_1 E$ eine Kurve; wenn aber der Gehalt an meta gering ist, und das Verhältnis von o und p nicht zu weit abweicht von der Zusammensetzung im binären Eutektikum E_1, so liegt b dicht bei E_1; unter dieser Bedingung wird es erlaubt sein, das alsdann kurze Stück bE_1 als eine Gerade zu betrachten. Sind diese Bedingungen nicht erfüllt, so kann man sie selbstverständlich hervorrufen durch Zufügung von genau bekannten Mengen von einer der Komponenten.

Bei der Nitrierung des Jodbenzols[1] war es nicht gelungen, dieselbe so zu leiten, daß nicht ein wenig Dinitrojodbenzol entstand. Auf ganz analoge Weise wie eben beschrieben, konnte hier die Menge des dritten Körpers (des Dinitrojodbenzols) neben o- und p-Jodnitrobenzol bestimmt werden. Da sich weiter herausstellte, daß nur o-Nitrojodbenzol der weiteren Nitrierung unterliegt, wurde die gefundene Menge Dinitroprodukt auf o-Verbindung umgerechnet, und es konnte so gefunden werden, welche Zusammensetzung das Nitrierungsprodukt gehabt haben würde, falls es nur o- und p-Jodnitrobenzol enthalten hätte.

3. Bestimmung der Erstarrungspunkte.

Für die Bestimmung der Erstarrungspunkte habe ich mich meist des Roozeboomschen Apparats[2] bedient; er hat demselben später folgende Form gegeben (Fig. 11). Das Gefäß A von ca. 1 Liter Inhalt hat oben zwei ziemlich enge Röhren; durch das eine geht ein Rührer B, durch das andere ein Thermometer. Das Rohr C ist oben am Gefäß angeschmolzen. In dieses Rohr paßt ein Probierrohr D, welches die Substanz enthält, deren Erstarrungspunkt bestimmt werden soll; in dieselbe taucht ein Thermometer, in Zehntelgrade geteilt.

Man erwärmt das mit Öl gefüllte Gefäß A bis einige Grade oberhalb des Erstarrungspunktes, welcher in einem vorläufigen Versuch annähernd bestimmt worden ist, indem man die geschmolzene Substanz unter Schütteln an der Luft hat kristallisieren lassen, während auf

[1] Holleman u. B. R. de Bruyn, R. **20**, 352 (1901). [2] Ph. Ch **30**, 431 (1899).

einem $^1/_1$ Thermometer die Erstarrungstemperatur abgelesen wurde. Alsdann stellt man das Probierrohr *C*, die ganz geschmolzene Substanz enthaltend, in *D*. Mit dem eingetauchten Thermometer wird gerührt. Die Temperatur des Ölbades *A* sinkt rascher als die Temperatur in *C*; bald stellt sich eine ziemlich konstant bleibende Differenz zwischen diesen Temperaturen ein. Man liest etwa jede Minute die Temperatur an beiden Thermometern ab. Meist unterkühlt sich die Schmelze in *C* um eine Anzahl Zehntelgrade; sobald Kristallisation in *C* eintritt, sinkt das Quecksilber im inneren Thermometer nur noch wenig; und wenn dieselbe noch etwas weiter fortschreitet, steigt die Temperatur um mehrere Zehntelgrade. Den höchsten Punkt, welcher so erreicht wird, betrachtet man als den Anfangserstarrungspunkt. Die erste Bestimmung desselben gibt häufig einen niedrigeren Wert wie die späteren, weil sich dann winzige Kriställchen im Rohre *C* befinden, welche die Unterkühlung geringer machen. Man wiederholt daher die Bestimmung einige Male und findet dann meistens bis auf wenige Zehntelgrade denselben Wert; wobei aber zu beachten ist, daß die Temperaturdifferenz vom Ölbad und von der Schmelze immer ungefähr gleich groß genommen werden muß, da erhebliche Unterschiede hierin zu Fehlern von mehreren Zehntelgraden im Erstarrungspunkt Veranlassung geben können. Wie groß diese Temperaturdifferenz am besten zu wählen ist, damit man den Erstarrungspunkt scharf beobachten kann, muß von Fall zu Fall ausprobiert werden; gewöhnlich wird dieselbe 5—10°, bisweilen auch weniger, betragen. Zu kräftiges Rühren mit dem inneren Thermometer in die erstarrende Schmelze ist zu vermeiden. Während des Erstarrens verwandelt sich die Schmelze in einen steifen Brei. Sollte Rühren gar nicht mehr möglich sein, so ist die Zusammensetzung des Gemisches zu weit vom Eutektikum entfernt, um den Enderstarrungspunkt genau zu bestimmen, und muß einer der Komponenten in passender und genau abgewogener Menge zugegeben werden. Zur Beobachtung des zweiten Erstarrungspunktes läßt man den Apparat sich nun ruhig weiter abkühlen, die Temperatur wieder etwa jede Minute ablesend. Das innere Thermometer zeigt eine

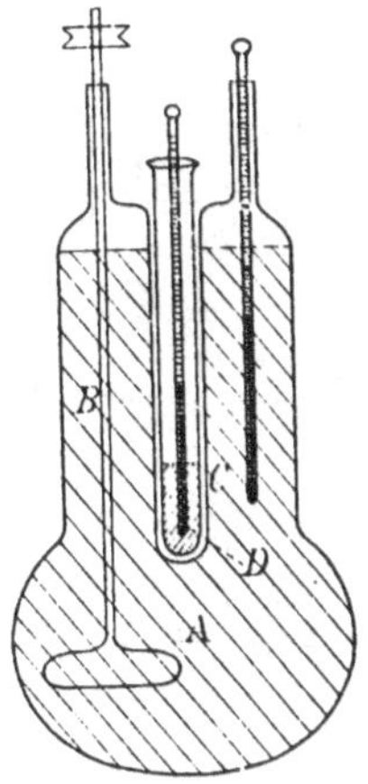

Fig. 11. Apparat von BAKHUIS-ROOZEBOOM-VAN EYK.

langsamere Temperaturerniedrigung an, welche bald einer Erhöhung der Temperatur Platz macht. Die höchste Temperatur, die so erreicht wird, ist der zweite Erstarrungspunkt. Auch seine Bestimmung wird einige Male wiederholt. Oft sieht man, wenn die zweite Komponente anfängt auszukristallisieren, in der Masse eine eigentümliche Änderung sich vollziehen, z. B. fängt sie an, weißere Stellen zu bekommen.

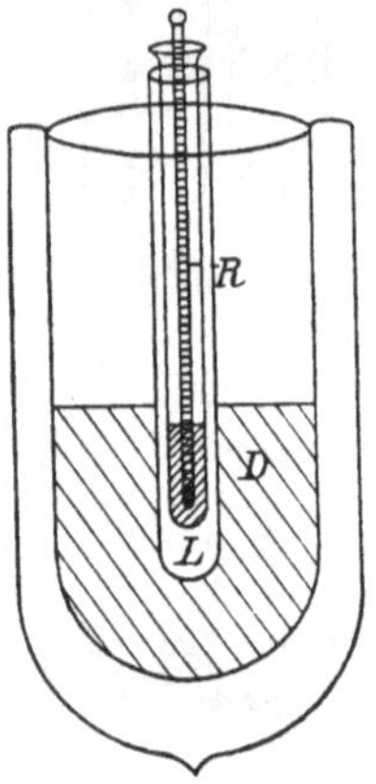

Fig. 12.
Dewarsches Gefäß.
L Luftmantel
R Reagenzrohr mit Substanz.

Liegt der Erstarrungspunkt nur wenig oberhalb oder unterhalb der gewöhnlichen Temperatur, so ersetzt man das Ölgefäß durch ein Dewarsches (Fig. 12), in welches man zur Abkühlung je nach den Umständen kaltes Wasser, Eiswasser oder Alkohol mit fester Kohlensäure bringt. Durch mehr oder weniger rasches Eintragen derselben in Alkohol läßt sich die Temperatur des Bades sehr bequem auf beliebige Temperaturen, bis etwa auf — 50°, hinab bringen und nötigenfalls konstant halten.

Ob sich ein Erstarrungspunkt scharf einstellt, hängt von der Kristallisationsgeschwindigkeit, von der latenten Schmelzwärme der Substanz und von der Geschwindigkeit des Abkühlens ab. Nimmt man letztere zu langsam, so geht die Kristallisation auch langsam vor sich und die in der Zeiteinheit frei werdende latente Wärme ist zu gering, um am Thermometer beobachtet werden zu können. Wird dagegen die Abkühlungsgeschwindigkeit zu groß genommen, so wird in jedem Zeitpunkte zwar eine viel größere Wärmemenge frei, aber diese geht dann durch die große Temperaturdifferenz zwischen dem Bade und der Schmelze größtenteils verloren, so daß man entweder keine Temperaturerhöhung in *D* beobachten kann, oder wenn dies doch wohl der Fall ist, die Erstarrungstemperatur erheblich zu niedrig gefunden wird. Doch ist es durch ein paar Vorversuche leicht, hierfür das richtige Maß zu treffen, wenigstens in weitaus den meisten Fällen. Bisweilen aber kommt es vor, zumal bei der Bestimmung des Enderstarrungspunktes, daß sich derselbe trotz aller darauf verwendeten Mühe nicht scharf genug beobachten läßt. Um sich in einem solchen Falle zu überzeugen, ob keine höher oder niedriger substituierten Produkte zugegen sind, ist die Bestimmung des Brechungsvermögens oft ein sehr geeignetes Hilfsmittel.

4. Bestimmung des spezifischen Gewichts.

Für die genaue Bestimmung des spez. Gewichts von Schmelzen, bei Temperaturen, ab der gewöhnlichen bis etwa zu 150°, hat EIJKMAN[1] einen Apparat beschrieben, welcher bei diesen Untersuchungen sich als sehr nützlich erwiesen hat.

EIJKMANS Pyknometer hat die in Fig. 13 angegebene Form.[2] Der kapillare Stiel *cb*, auf welchen eine Millimeterskala geätzt ist, hat

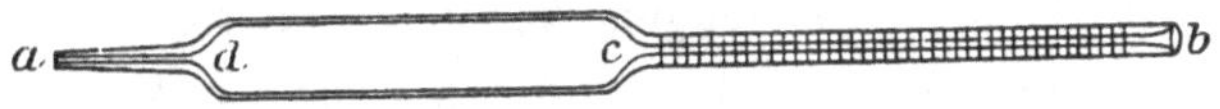

Fig. 13. Pyknometer nach EIJKMAN.

einen inwendigen Durchmesser von ca. 0,5 mm. Das Volum von 1 mm Länge desselben ist daher 0,2 cmm. Mit einer Lupe Zehntelmillimeter schätzend, kann man daher annähernd 0,02 cmm messen. Da die Öffnung *a* enger ist als das Lumen der Kapillare *cb*, stellt sich die Flüssigkeit im gefüllten Pyknometer stets so ein, daß sie bis an dem äußersten Ende von *a* steht. Für organische Flüssigkeiten von mittlerer Fluidität braucht die Spitze keinen weiteren Diameter als 0,15 mm zu haben, so daß das Instrument durch Blasen oder Aufsaugen leicht, wiewohl langsam, zu entleeren oder zu füllen ist.

Das Pyknometer wird geeicht, indem man es mit frisch ausgekochtem, destilliertem Wasser wiegt; das Volum eines Skalenteils wird in derselben Weise bestimmt, wie es oben bei dem auf S. 21 beschriebenen Pyknometer angegeben worden ist. Um die Temperatur konstant zu halten, bringt man es in den Raum *a* eines Apparats, wie

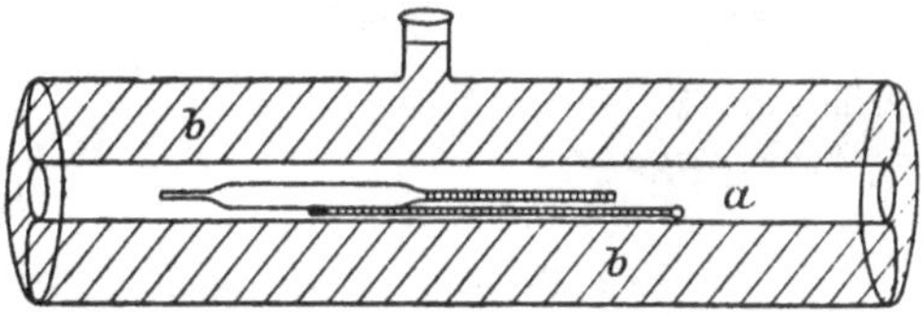

Fig. 14. Thermostat für gewöhnliche Temperatur nach EIJKMAN.

er in Fig. 14 dargestellt ist und dessen Raum *b* (etwa 1 Liter fassend) ganz mit Wasser angefüllt ist. Die beiderseitigen Öffnungen von *a*

[1] R. **13**, 24 (1894).

[2] Auch hier enthielt, wie in Fig. 3, der ursprüngliche EIJKMANsche Apparat keine eingeätzte Skala.

werden mit einem Wattebausch lose verschlossen, nachdem zuvor noch ein in Zehntelgrade geteiltes Thermometer in der Weise in *a* gelegt ist, daß seine Kugel etwa bei der Mitte des weiteren Teiles des Pyknometers liegt. Durch die große Wärmekapazität des Wassers schwankt die Temperatur in *a* fast gar nicht, auch wenn dieselbe in der Umgebung nicht ganz konstant ist. Man beobachtet nun etwa jede Minute den Stand des Meniskus im kapillaren Teile des Pyknometers und liest auch das Thermometer ab. Nach einiger Zeit bleiben beide bei aufeinander folgenden Ablesungen konstant; alsdann kann man zur Wägung schreiten. Zu beachten ist, daß das Pyknometer stets in nahezu horizontalem Stand gehalten werden muß, weil sonst leicht Flüssigkeit ausfließt.

Zur Bestimmung des spez. Gewichts einer Substanz bei gewöhnlicher Temperatur wird als Thermostat wieder der Apparat Fig. 14 benutzt. Soll das spezifische Gewicht aber bei höherer Temperatur bestimmt werden, so wird die Substanz zunächst ungefähr auf die Temperatur erwärmt, eventuell nach vorheriger Schmelzung, bei welcher das spez. Gewicht bestimmt werden soll, welches bequem im Roozeboomschen Apparat, Fig. 11, geschehen kann; dann wird das ebenfalls vorgewärmte Pyknometer damit gefüllt. Um es jetzt auf konstante Temperatur zu bringen und darauf zu erhalten, wird es in einen Apparat gebracht, der in Fig. 15 abgebildet ist. In *a* wird eine passende Heizflüssigkeit *b* (Chloroform, Benzol, Toluol, Chlorbenzol usf.) zum Sieden erhitzt, deren Dampf sich im Schlangenkühler *c* kondensiert.

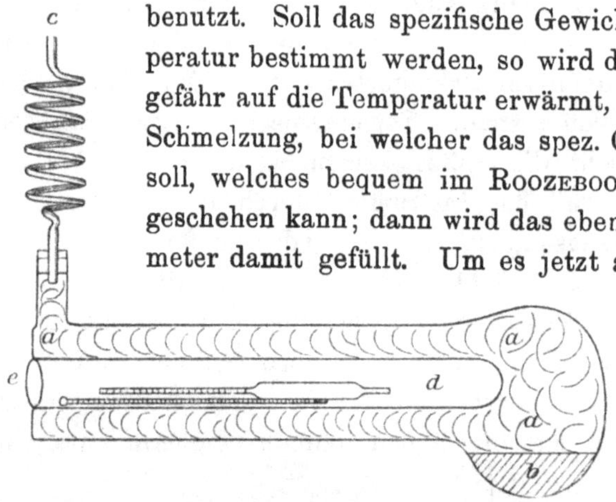

Fig. 15. Thermostat für höhere Temperatur nach Eijkman.

Durch Regulierung der Flamme, die man mit einem Schutzmantel umgibt, gelingt es sehr leicht, die Verdampfung und die Kondensation so zu regulieren, daß der Innenraum *d* eine ganz konstante Temperatur annimmt, welche beliebig lange erhalten werden kann, wenn keine schroffen Barometerschwankungen vorkommen. Man bringt das Pyknometer und neben ihm ein in Zehntelgrade geteiltes Thermometer in den Raum *d*, der ebenfalls wieder mit einem lose schließenden

Wattebausch an der Öffnung versehen wird. Anfangs sieht man den Meniskus der Flüssigkeit in der Kapillare sich verschieben. Wenn derselbe eine konstante Stellung angenommen hat, und auch das Thermometer keine Temperaturschwankungen mehr anzeigt, wird das Pyknometer aus *d* herausgenommen, völlig erkalten gelassen und danach gewogen.

Die Dimensionen des Apparates Fig. 15 werden zweckmäßig wie folgt gewählt: Länge des ganzen Apparats 40 cm; Durchmesser von *a* 5 cm; Durchmesser von *d* 3 cm.

Das Füllen des Pyknometers erfordert einige Übung. Zu diesem Zweck steckt man auf das Ende *b* desselben, Fig. 13, einen kleinen, sehr glatt durchbohrten Kork (damit keine Stückchen desselben in die Kapillare geraten), durch welchen ein Glasrohr mit daran befestigtem Kautschukrohr gesteckt ist. Man taucht dann das Pyknometer mit der Spitze *a* in die Flüssigkeit und saugt es langsam voll. Nun bringt man es rasch in horizontale Lage und sofort in *d*. Anfangs passiert es manchmal, daß bei diesen letzten Operationen eine Luftblase im Teile *cd* des Pyknometers entsteht; man muß dann aufs neue Flüssigkeit einsaugen; jedoch gelingt es bald, das Pyknometer richtig gefüllt in *d* hineinzubringen. Bisweilen dehnt sich die Flüssigkeit im Pyknometer während der Erwärmung in *d* so weit aus, daß dieselbe bis *b* zu stehen kommt. Man bläst dann sehr vorsichtig ins Kautschukrohr, indem man das Ende *a* des Pyknometers gegen ein Stückchen Filtrierpapier drückt, welches zuvor in *d* geschoben war. So gelingt es leicht, den Meniskus auf einer geeigneten Stelle sich einstellen zu lassen. Da das Pyknometer bei gewöhnlicher Temperatur geeicht worden ist, muß man bei Bestimmung der spez. Gewichte bei höherer Temperatur eine Korrektion für die Ausdehnung des Glases anbringen; wird bei 80° (kochendes Benzol) gearbeitet, so beträgt diese ein paar Einheiten in der dritten Dezimale, falls das Pyknometer einen Inhalt von 2—3 ccm hat, wie ich dasselbe gewöhnlich benutzt habe. Natürlich muß auch noch eine Korrektion für die Wägung in der Luft angebracht werden.

5. Die Vorbereitung der Reaktionsgemische für die Analyse.

Bei Nitrierungen geschieht dieselbe, wie folgt: Nachdem die Substanz bei der Versuchstemperatur in die Salpetersäure von geeigneter Konzentration eingetragen worden ist, wird in Wasser ausgegossen. In den meisten Fällen ist das Nitroprodukt in Wasser so wenig löslich (namentlich bei niederer Temperatur), daß man nach dem Abfiltrieren die wäßrige Flüssigkeit nicht näher zu berücksichtigen braucht. Es ist jedoch empfehlenswert, für jeden einzelnen Fall zu prüfen (durch Ausschütteln mit Benzol oder Äther), ob dies erlaubt ist. Bei der Nitrierung der Benzoesäure z. B. enthält das Wasser merkliche Mengen o-Nitrobenzoesäure, welche die leichtest lösliche von den drei Isomeren ist.

Das Nitrierungsprodukt wird mit Eiswasser ausgewaschen, wobei die oft darin befindlichen Klümpchen mit einem Pistill möglichst fein zerrieben werden müssen, da dieselben sehr hartnäckig Salpetersäure zurückhalten. Danach wird es an der Luft oder in einem Vakuumexsikkator getrocknet. Es wird dann vorsichtig geschmolzen und durch einen Wattebausch oder durch Glaswolle filtriert, wodurch alle Staubteilchen völlig entfernt werden, welche sonst die kapillaren Teile der Pyknometer sehr leicht verstopfen würden.

Wenn keine Zersetzung zu befürchten ist, wird das Produkt noch im Vakuum destilliert, nötigenfalls bei hohem Vakuum, wie es mit einer Öl- oder Quecksilberpumpe erreicht werden kann.

Wenn es irgendwie möglich ist, muß man vermeiden, das Produkt mit einem Lösungsmittel zusammenzubringen, da dasselbe oft in geringer Menge höher siedende Bestandteile enthält, welche nicht mehr zu entfernen sind. Umkristallisieren ist natürlich auch nicht statthaft. Wie in anderen Fällen die Vorbereitung der Gemische am besten stattfindet, ist im speziellen Teil dieses Buches beschrieben.

Ortsbestimmung bei Biderivaten von Benzol.

Einer systematischen Behandlung von der Einführung eines zweiten Substituenten im monosubstituierten Benzol lasse ich hier eine kurze Besprechung vorangehen, wie man zur Kenntnis der Struktur der Biderivate von Benzol gekommen ist, da dies besser hier im Zusammenhang, als bei jeder einzelnen Verbindung, geschehen kann.

Man hat dabei die a b s o l u t e und die r e l a t i v e Ortsbestimmung zu unterscheiden; durch erstere gelangt man zur Kenntnis der Stellung der Substituenten ohne die Mithilfe von anderen Benzolderivaten, für welche diese Stellung schon bekannt ist; durch letztere leitet man aus der bekannten Struktur einiger weniger Benzolderivate diejenige von einer Menge anderer durch Substitution ab, wobei vorausgesetzt wird, daß beim Ersatz von einem Substituenten durch einen anderen kein Platzwechsel stattfindet. In zahlreichen Fällen hat man gefunden, daß dies in der Tat zutrifft; nur bei der Kalischmelze wurde bisweilen Platzwechsel konstatiert.

Die absolute Ortsbestimmung muß notwendigerweise der relativen vorangehen; es wird also zunächst mitzuteilen sein, wie dieselbe für einige Ortho-, Meta- und Paraderivate ausgeführt worden ist.

Für die ortho-Reihe ist eine Abhandlung Graebes[1] grundlegend gewesen. Dieselbe handelt über Naphtalin. Er zeigte, daß Bichlornaphtochinon $C_{10}H_4O_2Cl_2$ durch Oxydation Phtalsäure liefert. Durch Einwirkung von Phosphorchlorid auf dieses Chinon werden die Sauerstoffatome durch zwei Chloratome ersetzt und gleichzeitig eines von den vier Wasserstoffatomen durch Chlor substituiert. Es entsteht also ein Pentachlornaphtalin. Wird dieses wieder der Oxydation unterworfen, so bildet sich Tetrachlorphtalsäure. Dies beweist, daß Naphtalin aus zwei Benzolkernen gebildet ist, die in der Art ineinander geschachtelt sind, wie es folgende Form zeigt:

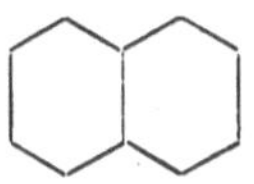

Die eben erwähnten Reaktionen werden durch folgende Schemata wiedergegeben:

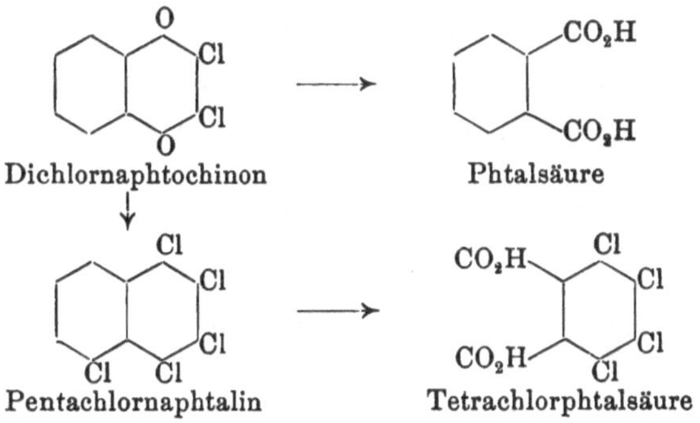

Durch diese Untersuchung war daher nachgewiesen, daß Phtalsäure eine ortho-Verbindung ist. Der Beweis ist später noch einfacher geführt worden; durch die Oxydation von α-Nitronaphtalin, entsteht α-Nitrophtalsäure, während α-Naphtylamin durch Oxydation in Phtalsäure übergeführt wird.

[1] A. **149**, 20 (1869).

Für die meta-Reihe erhält man durch den Strukturbeweis des Mesitylens eine absolute Grundlage. BAEYER[1] äußerte sich, anläßlich FITTIGS Entdeckung von der Oxydation des Mesitylens zu einer dreibasischen Säure, über die Bildung des Mesitylens aus Aceton, daß es so entstanden gedacht werden kann, daß von demselben das eine Methyl zwei Wasserstoffe verliert, während das andere unberührt bleibt. Denkt man sich in dieser Weise drei Acetone zu einer in sich geschlossenen Kette vereinigt, so bekommt man ein Benzol, in welches drei Methyle symmetrisch eingefügt sind. Erst nach mehreren Jahren aber hat LADENBURG[2] durch eine eingehende und vergleichende Untersuchung einiger Mesitylenderivate tatsächlich nachweisen können, daß dieser Kohlenwasserstoff symmetrisches Trimethylbenzol ist, indem er zeigte, daß die drei dem Benzol noch angehörenden Wasserstoffatome untereinander gleichwertig sind. In seiner „Theorie der aromatischen Verbindungen" (1876) beschreibt LADENBURG den Beweis wie folgt: „Nennen wir diese drei H-Atome *a*, *b* und *c*; nehmen wir an, in dem „von HOFMANN entdeckten Dinitromesitylen seien davon *a* und *b* durch „NO_2-Gruppen vertreten, und es werde bei dem Übergang dieser Körper „in das MAULEsche Nitromesidin die NO_2-Gruppe bei *b* reduziert, so „haben wir für letzteres die Formel:

$$C_6(CH_3)_3\underset{a}{NO_2}\,\underset{b}{NH_2}\,\underset{c}{H}$$

„Nun läßt sich aber daraus sehr leicht eine Acetverbindung ge- „winnen, die durch abermalige Behandlung mit Salpetersäure ein „Dinitroacetmesidin liefert, offenbar von folgender Formel:

$$C_6(CH_3)_3\overset{a}{NO_2}\;\overset{b}{NH}\cdot C_2H_3O\;\overset{c}{NO_2}.$$

„Dieses wurde durch Behandlung mit HCl in Dinitromesidin und „letzteres durch salpetrige Säure und Alkohol in Dinitromesitylen von „der Formel:

$$C_6(CH_3)_3\overset{a}{NO_2}\,\overset{b}{H}\,\overset{c}{NO_2}$$

„verwandelt. Da ich nun bestimmt zeigen konnte, daß das so ge- „wonnene Dinitromesitylen mit dem ursprünglichen identisch ist, so „war damit die Identität der H-Atome *a* und *c* erwiesen.

---

[1] A. **140**, 306 (1866). [2] A. **179**, 163 (1875).

„Ich zeigte nun weiter, daß das von FITTIG und STORER aus dem „Mesitylen durch Salpetersäure gewonnene Nitromesitylen auch aus dem „Nitromesidin darstellbar sei, indem man darin nach GRIESS' Methode „die NH_2-Gruppe durch H ersetzt. Daraus geht hervor, daß diesem „Mononitromesitylen die Formel zugehört:

$$C_6(CH_3)_3 \underset{a}{NO_2} \underset{b}{H} \underset{c}{H}.$$

„Durch Reduktion erhält man daraus Mesidin, und dieses geht „durch Eisessig in Acetmesidin über, welches durch Salpetersäure in „Nitroacetmesidin verwandelt wird. Diesem letzteren müssen wir eine „der beiden Formeln zulegen:

$$C_6(CH_3)_3 \underset{a}{NHC_2H_3O} \underset{b}{NO_2} \underset{c}{H} \quad \text{oder} \quad C_6H_3)_3 \underset{a}{NH\,C_2H_3O} \underset{b}{H} \underset{c}{NO_2},$$

„die aber der oben bewiesenen Gleichwertigkeit der H-Atome *b* und *c* „wegen identisch ist. Dieses Nitroacetmesidin geht beim Erhitzen mit „HCl in gewöhnliches MAULEsches Nitromesidin über, dessen Formel

$$C_6(CH_3)_3 \underset{a}{NH_2} \underset{b}{NO_2} \underset{c}{H}$$

„daher identisch sein muß mit der oben für diesen Körper gegebenen

$$C_6(CH_3)_3 \underset{a}{NO_2} \underset{b}{NH_2} \underset{c}{H},$$

„d. h. es müssen also auch die H-Atome *a* und *b* und daher alle drei „dem Benzolkern angehörigen H-Atome des Mesitylens gleichwertig sein."

Aus der symmetrischen Formel des Mesitylens läßt sich ableiten, daß das aus demselben entstehende Dimethylbenzol die meta-Struktur haben muß, welche auch der Isophtalsäure zukommt, da dieselbe durch Oxydation dieses Xylols darzustellen ist. Für die Terephtalsäure bleibt also nur die para-Struktur übrig.

Dadurch war also auch für die para-Reihe eine Grundlage geschaffen. Eine weitere ergab sich durch LADENBURGS Nachweis (a. a. O. S. 37), daß in der Oxybenzoesäure vom Schmelzp. 210° die beiden Gruppen OH und CO_2H in para-Stellung stehen.

Durch Nitrierung von Brombenzoesäure, welche durch direkte Bromierung der Benzoesäure erhalten wird, entstehen zwei isomere Nitrobrombenzoesäuren; dieselben gehen durch Reduktion unter gleichzeitiger Eliminierung des Bromatoms in eine und dieselbe Aminobenzoesäure, Anthranilsäure, über, welche durch Diazotierung in Salicylsäure überführbar ist. Aus den oben angeführten Tatsachen geht hervor, daß die Nitrogruppe in beiden Isomeren symmetrisch in bezug auf das Carboxyl, also an 2 oder 6, oder an 3 oder 5 gebunden ist, wenn die Carboxylgruppe an 1 steht. Ebenso muß dann die Stellung der Hydroxylgruppe in der Salicylsäure sein. Bezüglich der Stellung des Bromatoms in der oben erwähnten Brombenzoesäure ist aus dem Vorangehenden ersichtlich, daß es sich nicht in 4 befinden kann; denn von $Br\langle\quad\rangle CO_2H$ können nicht zwei isomere Nitroverbindungen abgeleitet werden, die bei der Reduktion ein und dieselbe Aminobenzoesäure geben. Das Bromatom muß also entweder in m- oder o-Stellung zum Carboxyl stehen. Eine der Brombenzoesäure entsprechende Oxybenzoesäure vom Schmelzp. 200° muß also auch m- oder o-Verbindung sein. Für die damit isomere Salicylsäure ist soeben bewiesen, daß auch sie nur m- oder o-Verbindung sein kann. So bleibt für die dritte Oxybenzoesäure vom Schmelzp. 210° nur die p-Struktur übrig.

Zu diesen absoluten Ortsbestimmungen kam dann 1874 das Prinzip von Körner[1]: ein disubstituiertes Benzolderivat mit gleichen Substituenten $C_6H_4X_2$ ist eine ortho-Verbindung, wenn zwei Verbindungen $C_6H_3X_2Y$ davon ableitbar sind; eine meta-Verbindung, wenn drei, und eine para-Verbindung, wenn nur ein Körper $C_6H_3X_2Y$ mit derselben korrespondiert.

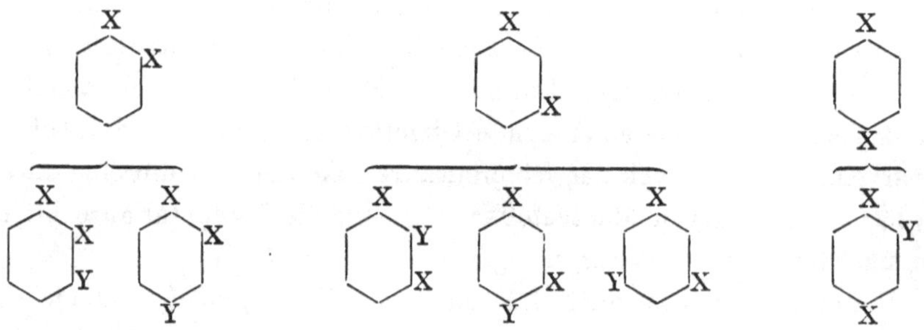

Weiter muß ein Triderivat $C_6H_3X_3$ die Struktur 1, 3, 4 haben, wenn es aus allen drei disubstituierten Verbindungen $C_6H_4X_2$ durch Einführung eines dritten X darstellbar ist:

[1] G. **4**, 305 (1874).

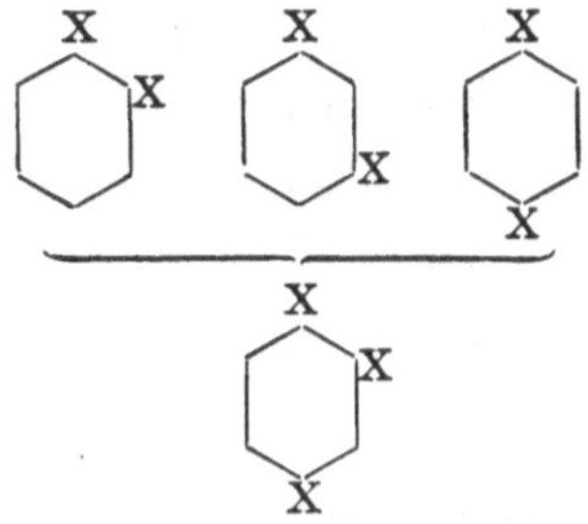

KÖRNER wandte dies in folgender Weise an, um die Struktur der drei Dibrombenzole zu bestimmen. Das Dibrombenzol, welches bei -7^0 erstarrt und ein spez. Gewicht von 1,9610 bei $17,5^0$ hat[1], gibt bei der Nitrierung zwei Mononitroderivate, welche bei $60^0,45$ und bei $82^0,6$ erstarren. Anderseits kann dieses Dibrombenzol aus einem dritten Dibromnitrobenzol (Schmelzp. $104^0,5$) durch Reduktion und Ersatz der Amidogruppe durch Wasserstoff gewonnen werden; dieses Dibrombenzol muß daher die meta-Verbindung sein.

Daß das bei $+5,6^0$ erstarrende Dibrombenzol[1] vom spez. Gew. 1,9940 bei 11^0 ortho-Dibrombenzol ist, wurde in folgender Weise bewiesen: Offenbar muß es entweder die ortho- oder die para-Verbindung sein. Wenn man annimmt, daß es die erste sei, so lassen sich folgende Umwandlungen zwanglos deuten. Durch Nitrierung wird ein bei 58^0 schmelzendes Dibromnitrobenzol erhalten, womit folgende Umwandlungen vorgenommen wurden[2]:

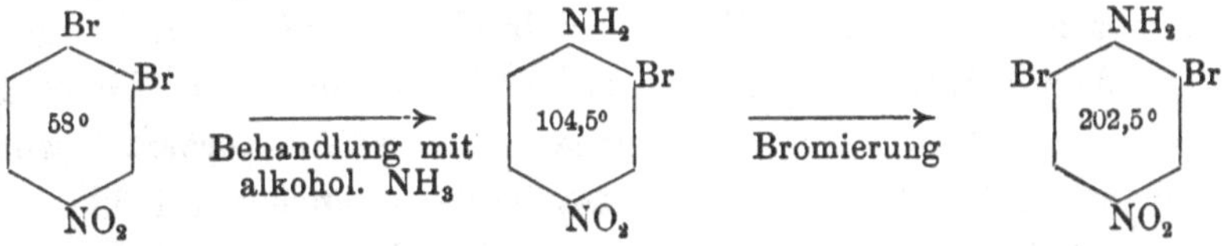

Daß in dieser letzten Verbindung die beiden Bromatome in meta-Stellung stehen, kann durch Entamidieren bewiesen werden, weil hierbei das Dibromnitrobenzol

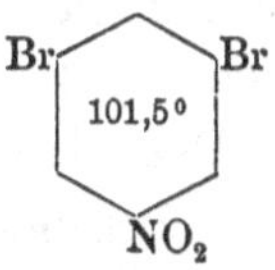

[1] Ich benutze hier die genauen Zahlen, wie dieselben von mir und meinen Mitarbeitern bestimmt worden sind. R. **25**, 190 (1906) und R. **27**, 159 (1907).

[2] Die Zahlen in der Mitte der Sechsecke sind die Schmelzpunkte der Verbindungen.

entsteht, welches (wie eben erwähnt) durch Reduktion und darauffolgende Entamidierung m-Dibrombenzol liefert. In

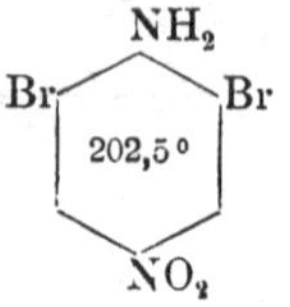

wird nun NH_2 durch Brom ersetzt und weiter wie folgt umgewandelt:

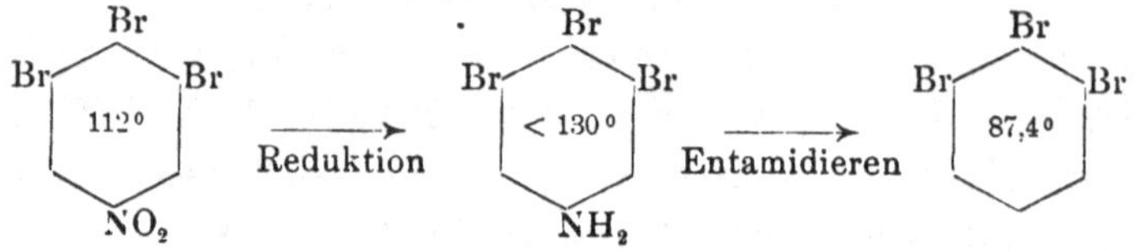

Das so erhaltene Tribrombenzol ist verschieden vom bei 44° schmelzenden Tribrombenzol, welches aus allen drei Dibrombenzolen erhalten werden kann und daher 1, 3, 4 ist. Symmetrisches Tribrombenzol kann es aber auch uicht sein, weil das Dibrombenzol, welches als Ausgangsmaterial diente, nur ortho oder para sein konnte. Es muß daher das vizinale Tribrombenzol sein. Dann aber muß das Ausgangsmaterial auch ortho-Dibrombenzol sein, weil aus p-Dibrombenzol kein vizinales Tribrombenzol gebildet werden kann, wenn die ursprünglich anwesenden Bromatome an ihrer Stelle gelassen werden. Zwar ist bei oben beschriebenen Umwandlungen ein Bromatom durch NH_2 ersetzt, später aber dieses NH_2 wieder durch Brom substituiert worden.

Für das dritte, bei 89,3° schmelzende Dibrombenzol bleibt also nur noch die p-Struktur übrig, welche auch dadurch erhärtet wurde, daß nur ein damit korrespondierendes Nitrodibrombenzol bekannt ist.

Griess[1] benutzte das Körnersche Prinzip zur absoluten Ortsbestimmung der drei Phenylendiamine. Bei der Nitrierung von o-Nitrobenzoesäure erhielt er von den vier theoretisch daraus darstellbaren Dinitrobenzoesäuren deren drei. Zwei von diesen, mit den Schmelzpunkten 179° und 202° lieferten durch Reduktion und Abspaltung von CO_2 ein bei 63° schmelzendes Phenylendiamin; dies konnte auch erhalten werden aus einer Dinitrobenzoesäure, welche durch weitere Nitrierung von m-Nitrobenzoesäure erhältlich ist. Da es also aus drei Dinitrobenzoesäuren darstellbar ist, muß dieses Phenylendiamin die

[1] B. 7, 1226 (1874).

meta-Verbindung sein. Die dritte, aus o-Nitrobenzoesäure dargestellte Dinitrobenzoesäure gab bei der Reduktion und Abspaltung von Kohlendioxyd ein bei 140° schmelzendes Phenylendiamin. Anderseits stellte GRIESS zwei Diamidosäuren dar, welche den oben genannten vier Dinitrosäuren nicht entsprechen; denn bei Abspaltung von CO_2 gaben beide ein bei 103° schmelzendes Phenylendiamin[1]; letzteres muß daher die o-Verbindung sein, und das bei 140° schmelzende Phenylendiamin, welches nur aus einer Dinitrosäure zu gewinnen war, kann nur die para-Verbindung sein.

Es waren durch diese Untersuchungen also für die Ortsbestimmung auf relativem Wege folgende Verbindungen verfügbar, deren Struktur nach absoluten Methoden bestimmt worden waren:

Drei Phtalsäuren, drei Dibrombenzole, drei Phenylendiamine, p-Oxybenzoesäure.

Wie eine Anzahl weiterer Biderivate des Benzols mit diesen verknüpft ist, läßt sich am besten in tabellarischer Form übersehen. Die hier angegebenen Umwandlungen sind alle experimentell durchgeführt.

Orthoreihe.

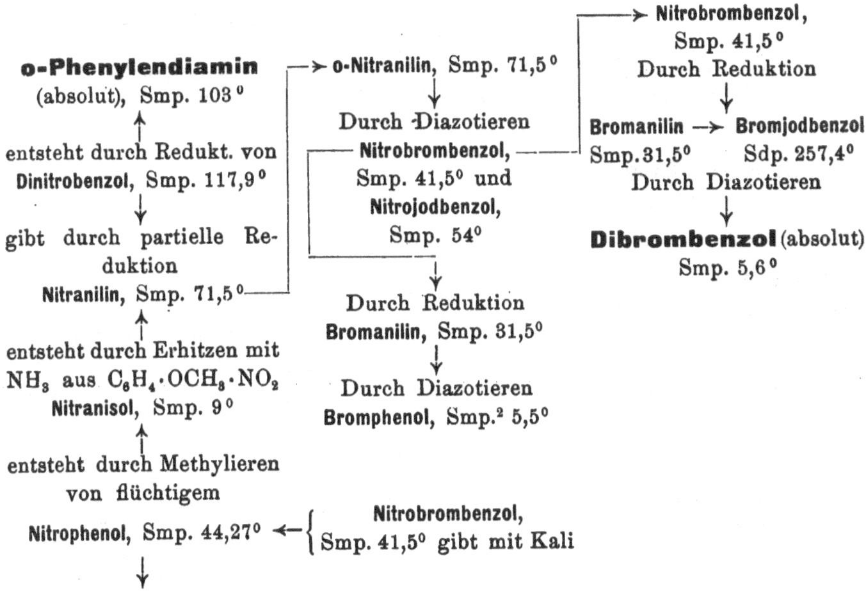

[1] HÜBNER, A. **209**, 360 (1881).

[2] In meinem Laboratorium bestimmt durch Herrn RINKES.

Orthoreihe (Fortsetzung).

Nitrophenol, Smp. 44°,27

↓

geht durch Reduzieren über in **Amidophenol**, Smp. 170°

↓

Gibt durch Diazotieren **Chlorphenol**, Smp. 7°

↓

Gibt mit PCl_5 **Dichlorbenzol**, Sdp. 179°, Smp.[1] −17,5°

Chlorphenol, Smp. 7°

Beim Schmelzen mit KOH: **Brenzkatechin**, Smp. 104°

Entsteht aus **Chloranilin**, Sdp. 207°

↓

Durch Diazotieren **Chlorjodbenzol**, Sdp. < 233°

Dibrombenzol (absolut) Smp. 5,6°, entsteht aus

↑

Bromanilin, Smp. 31,5°. Durch Diazotieren

↓

Bromphenol, Smp.[2] + 5,5° entsteht auch aus

↑

Amidophenol, Smp. 170° durch Diazotieren

↓

Jodphenol, Smp. 43° gibt durch Kalischmelze

↓

Brenzkatechin, Smp. 104°, welches auch aus

↑

Phenolsulfosäure durch Kalischmelze entsteht.

→ **Phenolsulfosäure** entsteht aus

↓

Amidobenzolsulfosäure, welche aus

↑

Nitrobenzolsulfosäure, Smp. Amid 186°, durch Reduktion entsteht.

→ **Amidobenzolsulfosäure** gibt durch Diazotieren

↓

Chlor- u. Brombenzolsulfosäure
Smp. Amid 188° — Smp. Amid 186°

Benzoldisulfosäure, Smp. Chlorid 142°

[1] In meinem Laboratorium bestimmt durch Herrn VAN DER LINDEN.
[2] Id. durch Herrn RINKES.

Orthoreihe (Fortsetzung).

Phtalsäure (absolut) entsteht durch Oxydation aus

↑

Toluylsäure, Smp. 102°, entsteht durch Oxydation aus

↑

Xylol, Sdp. 141° entsteht durch FITTIGS Reaktion aus

↑

Bromtoluol, Sdp. 182,5°, entsteht durch Diazotieren aus

↑

Toluidin, ← { Durch Reduktion von **Nitrotoluol**, Smp. – 9°,4

Sdp. 197°, gibt durch Diazotieren

↓

Chlortoluol, Sdp. 157°, und **Kresol**, Smp. 31,5°, und **Jodtoluol**, Sdp. 211°; gibt durch Oxydation

↓

Jodbenzoesäure, Smp. 157°.

→ **Bromtoluol**, Sdp. 182,5°, gibt durch Oxydation

↓

Brombenzoesäure, Smp. 150°, welche auch entsteht aus

↑

Anthranilsäure, (Amidobenzoesäure) Smp. 145°, welche durch Reduktion von

↑

Nitrobenzoesäure, Smp. 147°, erhalten wird.

→ **Anthranilsäure**, (Amidobenzoesäure) Smp. 145°, gibt durch Diazotieren

↓

Salicylsäure ← { entsteht aus **Toluolsulfosäure** durch Kalischmelze

(Oxybenzoesäure) gibt mit PCl_5 Smp. 156°

↓

Chlorbenzoesäure, Smp. 137°

(aus Toluolsulfosäure durch Kalischmelze:)

↓

Kresol, Smp. 31,5° durch Kalischmelze.

Metareihe.

Phenylendiamin (absol.), Smp. 63°, entsteht durch Red. von

↑

gew. **Dinitrobenzol**, Smp. 91°, welches durch partielle Reduktion

↓

Nitranilin, Smp. 114°, gibt. Durch Diazotierung entsteht

↓

{ **Chlornitrobenzol**, Smp. 44,4°, **Nitrophenol**, Smp. 96° und **Jodnitrobenzol**, Smp. 36° }
Durch Reduktion

↓

Jodanilin, Smp. 25°, durch Diazotierung

↓

Dijodbenzol, Smp. 40,4°

→ **Nitranilin**, Smp. 114° durch Diazot.

↓

Bromnitrobenzol, Smp. 56,4° Durch Reduktion

↓

Bromanilin, Smp. 18° Durch Diazotieren → **Bromphenol**, Smp. 33°, **Jodbrombenzol**, Sdp. 252°

↓

Dibrombenzol (absolut) Smp. – 7°,0

→ **Chlornitrobenzol**, Smp. 44,4° Durch Reduktion

↓

Chloranilin, Sdp. 230°, durch Diazotieren

↓

Chlorphenol, Smp. 28,5° und **Dichlorbenzol**, Smp.[1] – 24,8°

→ **Jodanilin**, Smp. 25°, durch Diazotieren

↓

Jodphenol, Smp. 40°, durch Kalischmelze

↓

Resorcin, Smp. 118°; entsteht auch aus

↑

Jodbenzolsulfosäure, durch Kalischmelze

→ **Isophtalsäure** (absolut), Smp. >300° entsteht aus } entsteht aus **Xylol**, Sdp. 139,8°; gibt

↓ ↓

Sulfobenzoesäure durch Schmelzen mit Na-Formiat; aus **Dinitril**, Smp. 161°, durch Verseifung

Toluylsäure, Smp. 110,5°, durch Oxydation

↑

entsteht aus **Benzoldisulfosäure** durch Schmelzen mit KCN.

Sulfobenzoesäure ← durch Kalischmelze

↓

Oxybenzoesäure, Smp. 200°

↑

auch aus **Kresol**, Smp. 4°, darstellbar und aus

↑

Amidobenzoesäure, Smp. 174°, welche durch Reduktion von

↑

Nitrobenzoesäure, Smp. 141°, erhalten werden kann.

↑

Aus **Nitrotoluol**, Smp. 16°, durch Oxydation.

↓

Gibt **Toluidin**, Sdp. 197°, durch Reduktion

↓

Durch Diazotieren **Jodtoluol**, Sdp. 204°, **Bromtoluol**, Sdp. 184,3°, **Chlortoluol**, Sdp. 156°.

Dinitril, Smp. 161°,

↑

entsteht aus **Brombenzolsulfosäure**, Smp. Amid 154°, durch Schm. mit KCN

↑

entsteht aus **Amidobenzolsulfosäure**, durch Diazotieren

↑

entsteht durch Reduktion von **Nitrobenzolsulfosäure**

→ **Amidobenzolsulfosäure** durch Diazotieren

↓

Chlorbenzolsulfosäure, Smp. Amid 148°; Benzoldisulfosäure, Smp. Chlorid 63°

Jodtoluol → **Jodbenzoesäure** Smp. 187°,

Bromtoluol → **Brombenzoesäure** Smp. 155°,

Chlortoluol → **Chlorbenzoesäure** Smp. 153°.

[1] In meinem Laboratorium bestimmt durch Herrn VAN DER LINDEN.

Parareihe.

Dibrombenzol (absolut), Smp. 89,3° entsteht aus ↑ **Bromanilin**, Smp. 66,4°, durch Diazotieren → {**Bromjodbenzol**, Smp. 92°; **Bromphenol** Smp. 64°}
↓
Chlorbrombenzol, Smp. 67,4°, entsteht aus ↑ **Chloranilin**, Smp. 69,7°, durch Diazotieren
↓
{**Chlorjodbenzol**, Smp. 56°; **Chlorphenol**, Smp. 37°}

Dibrombenzol → Mit Na und CH_3J ↓ **Xylol**, Smp. 15°, welches auch aus ↑ **Bromtoluol**, Smp. 28,5°, entsteht. ↓ **Brombenzoesäure**, Smp. 251°, durch Oxydation

Xylol → **Toluylsäure**, Smp. 180° durch Oxydation ↓ **Terephtalsäure** (absolut) entsteht auch aus ↑ {**Sulfobenzoesäure** durch Schm. mit Formiat; und aus **Dinitril**, Smp. 222°} letzteres entsteht aus ↑ **Benzoldisulfosäure**, Smp. Chlorid 140°,8 durch Schm. m. KCN

Toluylsäure → **Dinitril**, Smp. 222°, entsteht aus ↑ **Brombenzolsulfosäure** durch Destillation mit $K_4Fe(CN)_6$ ↑ entsteht aus **Amidobenzolsulfosäure** (**Sulfanilsäure**) ↑ entsteht durch Reduktion von **Nitrobenzolsulfosäure**

Oxybenzoesäure (absolut), Smp. 210°
↑
entsteht aus **Kresol**, Smp. 36°, durch Kalischmelze ← entsteht aus **Toluolsulfosäure**, Smp. Amid 137° durch Kalischmelze (→ **Oxybenzoesäure**)
↑
entsteht aus **Toluidin**, Smp. 45° durch Diazot.
↓
Chlortoluol Smp. 6,5° → **Chlorbenzoesäure** Smp. 236°
Jodtoluol Smp. 35° → **Jodbenzoesäure** Smp. 266°

entsteht aus **Amidobenzoesäure**, Smp. 187°, durch Diazotieren (→ **Oxybenzoesäure**) ← entsteht aus **Nitrobenzoesäure**, Smp. 238° ↑ entsteht aus **Nitrotoluol**, Smp. 54°
Amidobenzoesäure ↓ **Chlorbenzoesäure**, Smp. 236° (→ **Chlorbenzoesäure**)

Phenylendiamin (absolut), Smp. 140°
↑
entsteht durch Red. von **Dinitrobenzol**, Smp. 172°
↓
gibt durch part. Red. **Nitranilin**, Smp. 147°
↓
gibt durch Diazotieren **Chlornitrobenzol**, Smp. 83°
↓
gibt durch Reduktion **Chloranilin**, Smp. 69,7°
↓
gibt durch Diazotieren **Dichlorbenzol**, Smp. 53°
↑
entsteht aus **Phenolsulfosäure** mittels PCl_5

Nitranilin, Smp. 147° → **Nitranilin**, Smp. 147° Durch Diazotieren
↓
{**Bromnitrobenzol**, Smp. 127°, **Jodnitrobenzol**, Smp. 171,5°, **Nitrophenol**, Smp. 114°;} durch Reduktion
↓
Amidophenol, Smp. 184°, entsteht auch aus ← **Jodphenol**
↓
Durch Diazotieren **Hydrochinon**, Smp. 169°
↓
Durch Oxydation **Chinon**, Smp. 115,7°
↑
entsteht auch durch Oxydation von **Sulfanilsäure** (← **Sulfanilsäure**)

Jodnitrobenzol → **Jodnitrobenzol**, Smp. 171,5°
↓
Durch Reduktion **Jodanilin**, Smp. 60°
↓
Durch Diazotieren **Dijodbenzol**, Smp. 129,4°, **Jodphenol**

Dritter Abschnitt.

Direkte Einführung eines zweiten Substituenten in monosubstituiertes Benzol.

Zur systematischen Übersicht der disubstituierten Benzolderivate, soweit dies für das hier gesteckte Ziel notwendig ist, gehen wir von Benzol aus, in welches je ein Substituent in der auf S. 3 angegebenen Reihenfolge anwesend ist, und denken uns nun einen zweiten Substituenten in diesen monosubstituierten Benzolen wieder in derselben Reihenfolge eingeführt. Manche der so entstehenden Kombinationen konnten bis jetzt nicht experimentell verwirklicht werden. Dabei sind hauptsächlich folgende Punkte näher ins Auge zu fassen:

1. Unter welchen Umständen findet die Einführung des zweiten Substituenten statt?
2. Welche Biderivate des Benzols entstehen dabei?
3. In welchem Mengenverhältnis entstehen sie?

Anwesend Fluor.

Einführung der Nitrogruppe. Diese ist von A. F. Holleman und M. Holleman[1] untersucht worden. Wenn zur Nitrierung von 10 g Fluorbenzol ein auf 0° abgekühltes Gemisch von 25 ccm Salpetersäure spez. Gew. 1,48 und 5 ccm vom spez. Gew. 1,51 benutzt, und während des Einbringens des Fluorbenzols die Temperatur auf 0° gehalten wird, so bildet sich nur Mononitrofluorbenzol. Dies wurde erstens durch eine Stickstoffbestimmung bewiesen, zweitens dadurch, daß das Nitrierungsprodukt durch Natriummethylat in methylalkoholischer Lösung ($^1/_{1,93}$-normal) in 5 Minuten bei 15° gar nicht angegriffen wird, während Dinitrofluorbenzol unter diesen Bedingungen in Dinitroanisol verwandelt wird; drittens durch das spezifische Gewicht, s. unten.

[1] R. **23**, 261 (1903) und R. **24**, 140 (1905).

Das Nitrierungsprodukt enthält entweder gar kein, oder doch nur Spuren von m-Nitrofluorbenzol. Denn o- und p-Nitrofluorbenzol werden durch Erhitzen mit einer wäßrig-alkoholischen Ammoniaklösung während 48 Stunden im siedenden Wasserbad in die entsprechenden Nitraniline verwandelt, wogegen m-Nitrofluorbenzol unter diesen Bedingungen unangegriffen bleibt. Das Nitrierungsprodukt wurde nun zunächst auf 0° abgekühlt, wodurch etwa 60% reines p-Nitrofluorbenzol auskristallisierte. Der flüssig gebliebene Anteil müßte nun, neben o- und p- auch eventuell anwesendes m-Nitrofluorbenzol enthalten. Er wurde mit Ammoniaklösung behandelt, wobei sich ansehnliche Mengen Nitranilin bildeten, daneben aber etwa 1 ccm einer öligen Flüssigkeit zurückblieb, welche den Geruch der Nitrofluorbenzole hatte. Da der Erstarrungspunkt dieses Öles bei + 10° lag, konnte es jedenfalls nicht hauptsächlich m-Fluornitrobenzol sein, da dies bei + 1,7° erstarrt. In der Tat ergab sich, daß, wenn das Öl mit einer etwa halbnormalen Lösung von Na-Methylat in Methylalkohol eine Stunde lang im Wasserbade digeriert wurde, es für 87% in Nitranisole umgewandelt wurde, wogegen m-Nitrofluorbenzol unter diesen Umständen unangegriffen bleibt. Das bei 10° erstarrende Öl kann deshalb höchstens 13% m-Verbindung enthalten haben, was auf einen Gehalt von etwa 0,2% an meta-Verbindung im Nitrierungsprodukt hinweisen würde. Ein Kontrollversuch, wobei ein Gemisch von 10 g p- und 2 g m-Fluorbenzol ebenfalls mit wäßrig-alkoholischem Ammoniak eingeschmolzen wurde, lieferte neben p-Nitranilin ein Öl, welches bei — 9° noch nicht fest war und von halbnormalem Na-Methylat nur in geringem Maße angegriffen wurde, also ganz andere Eigenschaften besaß.

Die Anwesenheit von o-Nitrofluorbenzol im Nitrierungsprodukt wurde bewiesen durch Sieden desselben mit wäßriger Kalilösung, wodurch o-Nitrophenol erhalten wurde.

Das Nitrierungsprodukt hatte einen Erstarrungspunkt von 18,6°. Ein Gemisch von reinem o- und p-Nitrofluorbenzol von diesem Erstarrungspunkt hat die Zusammensetzung 12,6% o und 87,4% p. Ein solches Gemisch hat das spez. Gew. 1,2640 bei 79,79°; da das spez. Gewicht des Nitrierungsproduktes zu 1,2643 bei derselben Temperatur gefunden wurde, geht auch daraus hervor, daß dasselbe ein nahezu reines Gemisch von o- und p-Nitrofluorbenzol im angegebenen Verhältnis sein muß.

Einführung der Sulfogruppe. Fluorbenzol wurde von M. HOLLEMAN[1] sulfoniert, indem er 24 g desselben mit 100 g Schwefelsäure von 10% Anhydridgehalt mischte. Die Temperatur stieg dabei bis etwa 70°. Nach dem Neutralisieren mit Baryumkarbonat zeigte die erste und hauptsächlichste Kristallisation eine nicht so große Löslichkeit wie die letzte. Es ist daher möglich, daß noch eine zweite Sulfosäure in geringerer Menge neben dem Hauptprodukt entstanden ist. Letzteres ist p-Fluorbenzolsulfosäure, denn ihr Chlorid schmolz bei 36°, ihr Amid bei 123°; es sind dies dieselben Schmelzpunkte, die LENZ[2] angibt, welcher die Säure aus Sulfanilsäure darstellte.

Anwesend Chlor.

Einführung eines zweiten Chloratoms. BEILSTEIN und KURBATOW[3] beobachteten, daß beim Chlorieren von Benzol mit Jod als Katalysator neben festem p-Dichlorbenzol wenig eines flüssigen Isomeren entsteht. Erhitzt man dies mit käuflicher rauchender Schwefelsäure zwei Tage lang auf 210°, so bleibt alles p-Dichlorbenzol, welches noch in der Flüssigkeit gelöst war, zurück. Bei der Zerlegung der gebildeten Dichlorbenzolsulfosäure wurde ein Dichlorbenzol vom Siedepunkt 197° erhalten, welches ein Mononitroprodukt vom Schmelzpunkt 43° gab; es war demnach o-Dichlorbenzol. Zum Vergleich stellten sie auch m-Dichlorbenzol dar, welches aber ganz verschieden war.

Später haben sich THOMAS[4] und namentlich MOUNEYRAT[5] wieder mit der weiteren Chlorierung von Benzol und Monochlorbenzol befaßt. Die Angaben des ersteren sind sehr unvollständig; er erhitzte beide Verbindungen mit $FeCl_3$, wodurch auch höher chlorierte Benzolderivate entstanden. MOUNEYRAT brachte in 1000 g Monochlorbenzol 30 g $AlCl_3$ und leitete bei 60° so lange Chlor ein, bis die Gewichtszunahme der Einführung eines zweiten Chloratoms entsprach. Bei der fraktionierten Destillation des Rohproduktes erhielt er 200 g unverändertes Chlorbenzol und 769 g einer Fraktion, übergehend zwischen 168—182°. Durch wiederholte Abkühlung kristallisierten daraus 353 g p-Dichlorbenzol vom Schmelzp. 53°. Der flüssige Rest wurde von neuem mit

---

[1] R. **24**, 30 (1904).
[2] B. **10**, 1137 (1877); **12**, 581 (1879).
[3] A. **182**, 94 (1876).
[4] C. r. **126**, 1211 (1898); Bl. (3) **19**, 459 (1898).
[5] C. r. **127**, 1026 (1898).

einem LEBEL-HENNINGER-Apparat mit fünf Kugeln sorgfältig fraktioniert, wodurch 131 g einer Flüssigkeit erhalten wurden, welche bei 172° destillierte, und 235 g Flüssigkeit, welche bei 179° siedete. Da der Siedepunkt von o-Dichlorbenzol 178° bei 762,5 mm, von m-Dichlorbenzol 172° bei 767 mm, von p-Dichlorbenzol 173° bei 758 mm ist, letzteres überdies aber fest ist (Schmelzp. 52,7°), hält MOUNEYRAT seine beiden flüssigen Fraktionen für m- und o-Dichlorbenzol. Der Beweis, daß sie dies wirklich sind, ist aber ungenügend geliefert, weil sie nur durch ihren Siedepunkt, nicht aber durch Darstellung von Derivaten, sogar nicht einmal durch Analysen[1] identifiziert sind.

SEYEWETZ und BIOT[2] fanden, daß Ammoniumbleichlorid, Am_2PbCl_6, langsam auf siedendes Chlorbenzol einwirkt unter Bildung von p-Dichlorbenzol. COHEN und HARTLEY[3] fügten zu 15 g reines Chlorbenzol 0,2 g des Hg–Al-Koppels (S. 5) und leiteten Chlor ein, bis 4,6 g davon aufgenommen waren. Durch Ausfrieren und durch Behandeln des flüssig bleibenden Anteils mit rauchender Schwefelsäure trennten sie ortho- von para-Dichlorbenzol und von kleinen Mengen Trichlorbenzol. Sie bekamen 8 g para-, 4 g ortho-Dichlorbenzol und 2,5 g Trichlorbenzol. Die para- und ortho-Verbindung wurden durch die Schmelzpunkte ihrer Nitroderivate identifiziert. m-Dichlorbenzol wurde von ihnen nicht gefunden, was gewiß der Fall gewesen sein würde, wenn es in so ansehnlicher Menge, als es MOUNEYRAT angibt, entstanden wäre.

Einführung von Brom. KÖRNER[4] gibt an, daß durch Kochen von Chlorbenzol mit Brom p-Chlorbrombenzol entsteht. MOUNEYRAT[5] und COHEN und DAKIN[6] haben bei der Bromierung von Chlorbenzol als Katalysator $AlCl_3$ bzw. Al-Amalgam benutzt. Es wurden keine Isomere außer der p-Verbindung gewonnen.

Einführung von Jod. Diese ist MOUNEYRAT[7] gelungen, indem er 500 g Chlorbenzol mit 100 g $AlCl_3$ versetzte und hierzu 200 g Chlorjod (JCl) fügte. Er erhielt so p-Chlorjodbenzol. Die Temperatur wurde auf 55—60° gehalten. Weder bei der Einführung von Brom noch von Jod wird der Bildung von Isomeren Erwähnung getan, wiewohl es nach Analogie von dem, was bei der Einführung eines zweiten

[1] Diese sind wenigstens nicht mitgeteilt.
[2] Bl. (3) **29**, 225 (1903). [3] Soc. **87**, 1362 (1905).
[4] G. **4**, 342 (1874). [5] C. r. **129**, 606 (1899). [6] Soc. **75**, 895 (1899).
[7] C. r. **128**, 240 (1899).

Chlor- und Bromatoms in Chlorbenzol bzw. Brombenzol (siehe unten) beobachtet worden, sehr wahrscheinlich ist, daß auch bei jenen Prozessen Isomere sich bilden werden.

Einführung der Nitrogruppe. Nachdem durch ältere Arbeiten von SOKOLOFF[1], JUNGFLEISCH[2] und RICHE[3] bekannt geworden war, daß sich bei der Nitrierung von Chlorbenzol o- und p-Nitrochlorbenzol bilden, sind die relativen Mengen, in welchen diese Isomeren entstehen, durch eine erneute Untersuchung von HOLLEMAN und B. R. DE BRUYN[4] bestimmt worden. Dieselben wurden bereits S. 28 besprochen als Beispiel der quantitativen Bestimmung von Isomeren nebeneinander nach der Erstarrungspunktmethode. Hier ist aber noch folgendes zu ergänzen. 25 g Chlorbenzol wurden in ein Gemisch von 50 ccm Salpetersäure, spez. Gew. 1,48 und 10 ccm Säure, spez. Gew. 1,52, eingetragen, wenn bei 0° nitriert wurde; für die Nitrierung bei — 30° bestand das Säuregemisch aus 40 ccm Säure vom spez. Gew. 1,48, und 10 ccm Säure vom spez. Gew. 1,52. Daß wirklich im Nitrierungsprodukt ein nahezu reines Gemisch von o- und p-Chlornitrobenzol vorlag, wurde in der oben bereits beschriebenen Weise festgestellt. Der Erstarrungspunkt des bei 0° und — 30° erhaltenen Nitrierungsprodukts war 58,9° bzw. 61,75°, was einer Zusammensetzung von 30,1% o auf 69,9% p, bzw. 26,9% o auf 73,1% p entspricht. Die Temperatur hat daher nur einen geringen Einfluß auf das Verhältnis, in welchem beide Isomere entstehen.

Einführung der Sulfogruppe. OTTO[5] sulfonierte Chlorbenzol, indem er es nach und nach zu ungefähr dem doppelten Volumen eines Gemisches von gleichen Raumteilen gewöhnlicher und rauchender Schwefelsäure gab. Nach kurzer Zeit hatte sich unter beträchtlicher Temperaturerhöhung das Chlorbenzol aufgelöst. Die erhaltene Chlorbenzolsulfosäure verwandelte er in Bleisalz, dessen Lösung beim Eindampfen bis auf den letzten Tropfen fast chemisch reines chlorbenzolsulfosaures Blei lieferte. Es ist die p-Verbindung; ein Isomer wurde offenbar nicht gefunden. Auch GLUTZ[6] fand nur die p-Säure, als er Chlorbenzol 3—4 Stunden lang mit einem Überschuß von englischer Schwefelsäure auf dem Wasserbad erhitzte.

[1] Z. **1866**, 621. [2] J. **1868**, 343. [3] A. **121**, 357 (1862).
[4] R. **19**, 189 (1900). [5] A. **143**, 102 (1867).
[6] A. **143**, 184 (1867).

Anwesend Brom.

Einführung von Chlor. THOMAS[1] mischte gleiche Gewichtsteile Brombenzol und wasserfreies Eisenchlorid; bei wenig erhöhter Temperatur beobachtete er eine sehr regelmäßige Entwicklung von Salzsäure. Es war p-Chlorbrombenzol gebildet, wie aus der (nicht mitgeteilten) Analyse, aus dem Schmelzp. 67° und aus dem Siedep. 196° der Substanz hervorging. Die Ausbeute wird nicht angegeben. Bei Anwendung von Thalliumchlorür als Katalysator[2] in nicht angegebener Menge erhielt er, neben einem schwierig zu trennenden Gemenge der Bruttoformel $C_6H_3Cl_2Br$, die drei Chlorbrombenzole C_6H_3ClBr. Wie er dieselben nachgewiesen hat, ist nicht angegeben.

Einführung eines zweiten Bromatoms. RIESE[3] entdeckte, daß beim Bromieren von Benzol, welches er ausführte durch Kochen von Benzol mit überschüssigem Brom, neben p-Dibrombenzol als Hauptprodukt eine Flüssigkeit erhalten wird, welche die Zusammensetzung eines Dibrombenzols hat; durch Ausfrieren wurde sie soweit wie möglich vom p-Isomer befreit. Er reinigte dieselbe noch durch Fraktionieren und erhielt dann durch Nitrieren derselben ein Mononitrodibrombenzol vom Schmelzp. 58°, wodurch das Dibromprodukt als o-Verbindung erkannt war. Rein hat RIESE jedoch das o-Dibrombenzol nicht in Händen gehabt. LEROY[4], welcher Benzol unter der katalysierenden Wirkung von $AlCl_3$ bromierte, erhielt neben p- auch m-Dibrombenzol.[5]

COHEN und DAKIN[6] erhielten unter der Wirkung ihres Hg–Al-Koppels (S. 5) aus Brombenzol und Brom der Hauptsache nach p-Dibrombenzol; nach Isomeren haben sie offenbar nicht gesucht; auch ist ihre Arbeitsweise nicht angegeben, obwohl man mutmaßen kann, daß sie wie bei der Bromierung des Benzols vorgegangen sind (s. S. 5).

Einführung einer Nitrogruppe. HÜBNER und ALSBERG[7] tröpfelten Brombenzol zu gut abgekühlter rauchender Salpetersäure, bis das

[1] Bl. (3) **19**, 461 (1898). [2] C. r. **144**, 33. [3] A. **164**, 176 (1878).
[4] Bl. **48**, 218 (1887).
[5] Da die ursprüngliche Abhandlung LEROYS mir nicht zur Verfügung stand, kann ich nicht angeben, ob die Bildung von m-Dibrombenzol mit aller Schärfe bewiesen worden ist.
[6] Soc. **75**, 895 (1899). [7] A. **156**, 311 (1870).

Ganze zu einem Kristallbrei erstarrt war. Unter diesen Umständen bildeten sich zwei isomere Nitroverbindungen; über ihr Mengenverhältnis haben sie keine Angaben gemacht. Sie trennten die Isomeren durch Kristallisation aus Alkohol und erhielten sie nahezu rein, da sie den Schmelzpunkt des p-Nitrobenzols zu 125° (jetzt 126,5°), des o-Körpers zu 37° (jetzt 41,5°) angeben.

Walker und Zincke[1] fanden, daß, wenn man die Temperatur der rauchenden Säure (1,5) auf 90—95° hält, die Ausbeute an o-Bromnitrobenzol vergrößert wird, aber auch sie geben kein Mengenverhältnis an.

Das ist aber der Fall bei einer Untersuchung von Coste und Parry[2], welche der Nitrierung des Brombenzols ein genaueres Studium widmeten. Zur Trennung der o- von der p-Nitrobromverbindung benutzten sie ein Gemisch von 1 Teil holzgeisthaltigem Sprit mit 1 Teil Wasser, in welchem die p-Verbindung sich beim Erhitzen noch ziemlich leicht löst, in der Kälte jedoch nur 0,1 g auf 100 ccm. Die o-Verbindung ist darin viel mehr löslich. Obwohl sie nicht an künstlichen Gemischen der Isomeren von bekannter Zusammensetzung untersuchten, inwiefern dieses Lösungsmittel zum Zwecke der quantitativen Trennung brauchbar war, so ergibt sich doch aus ihrer Abhandlung, daß die Löslichkeit der p-Verbindung in diesem Weingeist, auch wenn derselbe bereits o-Verbindung gelöst enthält, nicht viel erhöht ist Denn nachdem das Para auskristallisiert war, zeigten die Kristallisationen aus den Mutterlaugen nahezu den Schmelzpunkt der reinen o-Verbindung. Die Nitrierung des Brombenzols wurde von ihnen unter verschiedenen Umständen ausgeführt. Erstens, indem 20 ccm rauchende Salpetersäure auf dem Wasserbade erhitzt wurden und Brombenzol (15 g) mittels eines Scheidetrichters bis unter die Oberfläche der Säure einfloß. Es entwickelten sich Ströme salpetriger Dämpfe; die Reaktion wurde weiter geführt, bis deren Entwicklung aufhörte. Die gesamte Ausbeute betrug nur 66,3 % der Theorie, was einer Verflüchtigung der Nitrobrombenzole zugeschrieben werden muß. Es waren im erhaltenen Produkt 34,7 % o- auf 65,3 % p-Bromnitrobenzol enthalten.

Die Nitrierung mit kalter, rauchender Salpetersäure wurde so aus-

[1] B. **5**, 114 (1872). [2] B. **29**, 788 (1896).

geführt, daß 15 g Brombenzol langsam in 20 ccm rauchender Säure flossen. Die Reaktion begann sofort und, indem sich die Mischung erhitzte, trat reichliche Entwicklung salpetriger Dämpfe ein. Als die Reaktion vollständig vorüber war, wurde in Wasser ausgegossen. Die Ausbeute betrug hier 95,2 % der Theorie und das Nitrierungsprodukt enthielt 39,4 % o auf 60,6 % p.

In einem dritten Versuch wurden 15 ccm Brombenzol in eine gut gekühlte Mischung von 15 ccm Salpetersäure (1,42) und 15 ccm Schwefelsäure einfließen gelassen. Die Reaktion ging viel weniger heftig vor sich als in dem vorhergehenden Falle und die Dampfentwicklung und Erhitzung verliefen langsamer. Als keine weitere Reaktion mehr eintrat, wurde die Mischung gelinde erwärmt, um die Reaktion sicher zu Ende zu führen, und darauf mit viel Wasser verdünnt. Die Ausbeute betrug 97,7 %; es waren im Nitrierungsprodukt 30,6 % o- auf 69,4 % p-Bromnitrobenzol enthalten. Die Gegenwart von Schwefelsäure erniedrigt also den Prozentgehalt an o-Nitroprodukt.

Der letzte Versuch wurde in Eisessiglösung folgendermaßen angestellt: 30 g Brombenzol, 20 ccm Eisessig und 20 ccm Salpetersäure wurden miteinander vermischt und die Mischung erwärmt, bis die trübe Flüssigkeit klar geworden war. Darauf wurden 20 ccm starke Schwefelsäure langsam einfließen gelassen. Als etwa die Hälfte der Säure zugesetzt war, begannen salpetrige Dämpfe zu entweichen und die Flüssigkeit erhitzte sich stark. Nach etwa 5 Minuten hatte die Reaktion vollständig aufgehört und die Flüssigkeit, welche sich in zwei Schichten getrennt hatte, wurde mit einem sehr großen Volum (ca. 1 Liter) kalten Wassers verdünnt. So wurde eine Ausbeute von 89,4 % der theoretischen erhalten, in welcher o- und p-Nitrobrombenzol im Verhältnis von 33,8 % ortho auf 66,2 % para anwesend war.

Die Untersuchung nach der Zusammensetzung des Nitrierungsproduktes von Brombenzol ist 1900 von neuem durch Holleman und B. R. de Bruyn[1] in die Hand genommen worden. Hierbei wurde die Temperatur während der Nitrierung (welche mit großer Wärmeentwicklung verläuft) durch sorgfältige Abkühlung konstant auf 0° und auf – 30° gehalten, was bei den Untersuchungen von Coste und Parry nicht geschehen war.

---

[1] R. **19**, 364.

Zur Erhaltung eines Produkts, welches frei von Dinitrobrombenzol ist, konnte nicht eine Säure vom spez. Gew. 1,52 benutzt werden; wohl aber gelang dies, als 20 g Brombenzol in ein Gemisch von 40 ccm Säure 1,48 und 10 ccm 1,52 langsam eingetröpfelt wurden. Hieraus ergibt sich, daß Coste und Parrys Nitrierungsprodukte jedenfalls Dinitrobrombenzol enthalten haben müssen. Da aus der Flüssigkeit jedoch während der Nitrierung bereits ein Teil des Nitroprodukts auskristallisierte, mußten noch zweimal 5 ccm Säure 1,48 zugegeben werden, um das Reaktionsgemisch flüssig genug zu erhalten. Um zu beweisen, daß das Produkt lediglich aus p- und o-Bromnitrobenzol besteht, wurde es mit Wasser von 65°—70° in Berührung gebracht, welches bloß als Wärmequelle zu fungieren hatte. Da der eutektische Punkt der Schmelzkurve o—p bei 33,5° liegt, schmolz es teilweise. Dieser ausgeschmolzene Teil hatte einen Erstarrungspunkt von 58,7° und ein spez. Gewicht von 1,6266 bei 80,05°. In demselben müßten sich die eventuell anwesenden anderen Substanzen (unverändertes Brombenzol oder Dinitrobrombenzol) befinden. Nun war aber das spezifische Gewicht eines Gemenges von 23,2 % para und 76,8 % ortho, welches dem Erstarrungspunkt 58,7° entspricht, 1,6260 bei derselben Temperatur, welches also sehr nahe mit dem spezifischen Gewicht des ausgeschmolzenen Teiles übereinstimmt. Letzteres ist 0,0006 höher, welche Differenz jedoch nur einen Gehalt von etwa 0,02 % an Dinitrobrombenzol im Nitrierungsprodukt anzeigen würde. Man darf daher das Nitrierungsprodukt als ein reines Gemisch von o- und p-Bromnitrobenzol ansehen. Da dasselbe einen Erstarrungspunkt von 98,2° zeigte, so leitet man aus der ortho-para-Schmelzkurve (s. siebenten Abschnitt) die Zusammensetzung 38,3 % o- auf 61,7 % p-Nitrobrombenzol ab.

Dieses Resultat wurde durch die Auslaugungsmethode kontrolliert; als Lösungsmittel benutzte man Alkohol vom spez. Gew. 0,8043 bei 25,0°. Da bei dieser Temperatur sich jedoch zwei Flüssigkeitsschichten bildeten, wenn o- + p-Bromnitrobenzol mit diesem Alkohol zusammengebracht wurden, so mußte bei 0° gearbeitet werden (s. S. 23). Eine gesättigte Lösung der drei reinen Bromnitrobenzole hatte dasselbe spezifische Gewicht wie eine Lösung, welche als Bodenkörper außerdem noch das Nitrierungsprodukt enthielt. Letzteres ist daher frei von Fremdkörpern. Aus dem spezifischen Gewicht der Lösungen ging hervor, daß das Nitrierungsprodukt, welches bei 0° dargestellt war, 37,2% o-Bromnitrobenzol enthielt; außerdem wurde eine geringe Menge (0,3%) m-Nitrobrombenzol konstatiert, wobei aber bemerkt werden muß, daß dies nicht einwandfrei bewiesen ist, weil eine solche Menge an der Grenze der Bestimmbarkeit steht.

Die nach zwei verschiedenen Methoden ermittelten Mengen o-Verbindung stimmen befriedigend überein, da sie 38,3% bzw. 37,2% davon angaben. Die Zusammensetzung des — 30° dargestellten Nitrierungsprodukts wurde daher nur nach der Auslaugungsmethode bestimmt, welche 34,4% an o-Verbindung ergab. Von den Versuchen von Coste und Parry ist nur der zweite mit den Versuchen von Holleman und B. R. de Bruyn einigermaßen vergleichbar. Erstgenannte fanden 39,4% ortho, als sie bei gewöhnlicher Temperatur nitrierten, letztgenannte im Mittel 37,7% ortho, als sie bei 0° nitrierten. Dies stimmt befriedigend, da bei niedrigerer Temperatur weniger ortho entsteht, wie die Nitrierung bei — 30° lehrt.

Einführung der Sulfogruppe. Dieselbe ist von Cooper[1], Garrick[2], Hübner und Alsberg[3] studiert worden. Sie lösten Brombenzol in schwach rauchender Schwefelsäure. Goslich[4] aber hat genauer untersucht, ob hierbei außer der p-Säure Isomere entstehen. Auch er befolgte die gleiche Sulfonierungsmethode. Das Baryumsalz wurde in acht Fraktionen kristallisiert und die Löslichkeit derselben bestimmt. Sie war bei allen die gleiche. 100 ccm Lösung bei 12° enthielten 2,7 g des trocknen Salzes. Und da auch in der Kristallform kein Unterschied wahrzunehmen war, so folgte daraus, daß er es mit einer einheitlichen Säure zu tun hatte.

Zum gleichen Resultat waren V. Meyer und Nölting[5] auch bereits gekommen; sie ließen mäßig rauchende Schwefelsäure auf Brombenzol bei der Temperatur des Wasserbades einwirken. Auch unter veränderten Bedingungen erhielten sie dasselbe Resultat. Zunächst untersuchte Nölting die Einwirkung des Schwefelsäureanhydrids auf Brombenzol. Beim Einleiten des Anhydrids in Brombenzol erwärmte sich die Reaktionsmasse, trotz Kühlung, ziemlich stark und wurde bald

---

[1] A. **104**, 266 (1858). [2] Z. **1869**, 549.
[3] A. **156**, 326 (1869). [4] B. **8**, 352 (1875).
[5] B. **7**, 1308 (1874); Nölting, B. **8**, 594 (1875).

fest. In bekannter Weise wurde das Bleisalz dargestellt und die erste und letzte Kristallisation desselben in das Natriumsalz und dieses in Chlorid übergeführt. Der Schmelzpunkt dieses letzteren lag beide Male genau bei 75—76°. Dem aus der letzten Fraktion gewonnenen Chlorid haftete eine kleine Menge Öl an, so daß vielleicht eine Andeutung vorliegt von einem in sehr geringer Menge anwesenden Isomer. Da die Schwefelsäure möglicherweise mit Brombenzol in der Kälte andere Verbindungen liefern konnte wie in der Wärme, so stellte NÖLTING einen Versuch an, bei welchem mit größter Sorgfalt jede Temperaturerhöhung vermieden wurde. Aber auch hier wurde, wie bei der Einwirkung von Chlorsulfonsäure, immer nur p-Brombenzolsulfosäure (zwar neben Sulfon) erhalten, was auf dieselbe Weise wie beim ersten Versuch bewiesen wurde.

Anwesend Jod.

Einführung von Chlor. KEPPLER[1] beobachtete, daß Phenyljodidchlorid, $C_6H_5JCl_2$, sich freiwillig beim Aufbewahren zersetzt unter Bildung von Salzsäure und p-Chlorjodbenzol (Schmelzp. 56°), und daß diese Zersetzung durch das Sonnenlicht sehr beschleunigt wird.

THOMAS[2] führte in Jodbenzol Chlor ein, indem er es mit wasserfreiem Eisenchlorid erhitzte. Er wandte gleiche Gewichtsteile beider Substanzen an und erhitzte allmählich bis zum Siedepunkt des Jodbenzols, und so lange, bis kein Chlorwasserstoff mehr entwich. Die Reaktion verläuft nicht glatt, da Jod abgespalten wird. Vom erhaltenen Produkt wird nur erwähnt, daß es bei 56° schmilzt, also wohl p-Chlorjodbenzol gewesen sein wird. Eine Ausbeute wird nicht angegeben. Später[3] hat er Jodbenzol bei Gegenwart von Thalliumchlorür mit Chlor behandelt bei einer Temperatur zwischen 60—100°, ohne die näheren Versuchsbedingungen anzugeben, z. B. wieviel TlCl benutzt wurde. Auch hier hatte die Reaktion einen sehr komplexen Verlauf. Isoliert wurden, unter anderen Produkten, die drei Chlorjodbenzole, aber ohne den Beweis dafür zu erbringen.

---

[1] B. **31**, 1136 (1898). [2] Bl. (3) **21**, 286 (1899).
[3] C. r. **144**, 32 (1907).

Einführung von Brom. Auf Veranlassung von V. Meyer untersuchte Hirtz[1] die Einwirkung von Brom auf aromatische Jodverbindungen und fand dabei, daß es im allgemeinen glatt substituierend wirkt. Wurde Jodbenzol „auf dieselbe Weise wie Benzol" (mit Fe als Katalysator?) bromiert, so resultierte ein schneeweißer Körper mit einem Schmelzpunkt von 92°, der sich identisch mit dem von Griess dargestellten p-Jodbrombenzol erwies.

Einführung von Jod. Bei dem Versuch Kekulés[2] (s. S. 5) zur Jodierung von Benzol mit Jod und Jodsäure in Gegenwart von Wasser erhielt er auch höher jodierte Produkte. Wurde von Jodbenzol ausgegangen, so erhielt er p-Dijodbenzol, verunreinigt mit Trijodbenzol.

Neumann[3] benutzte konzentrierte Schwefelsäure als Jodüberträger. Er bewies, daß die Reaktion nach der Gleichung

$$2\,C_6H_5J + H_2SO_4 = C_6H_4J_2 + C_6H_5SO_3H + H_2O$$

verläuft. Das Jod wird also durch den Sulfosäurerest aus einem Molekül vertrieben; es wirkt aber substituierend auf ein zweites Molekül Jodbenzol ein. Bei einer systematischen Untersuchung nach den günstigsten Bedingungen für diesen Prozeß ergab sich, daß 50% in Dijodbenzol übergehen, wenn Jodbenzol mit Schwefelsäure vom spez. Gew. 1,840 2 Stunden lang auf 170—180° erhitzt wird.

Bei der Einführung eines zweiten Halogenatoms in Monohalogenbenzol ist also in allen Fällen die para-Dihalogenverbindung Hauptprodukt. Daneben sind geringe Mengen der ortho-Verbindung in einigen Fällen mit Sicherheit konstatiert. Ob sich auch meta-Dihalogenverbindungen bilden, ist wohl von Mouneyrat und von Thomas behauptet, aber ungenügend bewiesen.

Einführung der Nitrogruppe. Kekulé[4] nitrierte Jodbenzol und erhielt die p-Nitroverbindung; Körner[5] zeigte, daß sich daneben noch o-Jodnitrobenzol bildet. Er gibt den Schmelzpunkt des letzteren auf 49,6° an; wenn es jedoch aus o-Nitranilin dargestellt wird[6], schmilzt es bei 54°. In der Tat ist es sehr schwierig, die o-Verbindung vom

[1] B. **29**, 1405 (1896). [2] A. **137**, 162 (1866). [3] A. **241**, 47 (1887).
[4] A. **137**, 168 (1866). [5] J. **1875**, 320.
[6] Holleman, R. **20**, 352 (1901).

p-Isomeren vollständig zu trennen, wiewohl die Löslichkeit dieser Verbindungen sehr verschieden ist.

Eine Untersuchung nach der quantitativen Zusammensetzung des Nitrierungsprodukts von Jodbenzol stellten HOLLEMAN und B. R. DE BRUYN[1] an. Die Schmelzwärme des p-Nitrojodbenzols (Schmelzp. 173,1°) scheint nicht groß zu sein; wenigstens gelang es nicht, auf dem para-Ast der Schmelzkurve die Anfangserstarrungspunkte scharf zu beobachten. Dagegen ließ sich sehr scharf das Verschwinden der letzten feinen verfilzten Nadeln des p-Nitrojodbenzols beobachten, wenn die Temperatur der Schmelze langsam erhitzt wurde. Der eutektische Punkt der genannten Kurve stellte sich dagegen bei 45,2° sehr gut ein. Das spezifische Gewicht von o- und p-Jodnitrobenzol wurde zu 1,8054 bei 155,0° gefunden[2]; es war für beide Isomere nahezu gleich.

Bei der Nitrierung des Jodbenzols (25 g) mit einem Gemisch von 50 ccm Salpetersäure 1,48 und 10 ccm 1,52 wurde sowohl bei 0° wie bei — 30° ein Produkt erhalten, dessen spezifisches Gewicht zu hoch und dessen Eutektikum zu niedrig war. Dies konnte nur durch die Gegenwart von Dinitrojodbenzol (J, NO_2, NO_2 = 1, 2, 4) verursacht sein; denn m-Jodnitrobenzol hat ein kleineres spez. Gewicht (1,8003 bei 155,0°).[3] Während p-Nitrojodbenzol durch Salpetersäure von derselben Konzentration in 2 Stunden nicht angegriffen wird, auch kaum davon gelöst wurde, ging o-Nitrojodbenzol unter Temperaturerhöhung rasch darin in Lösung. Der Schmelzpunkt der p-Verbindung war bei dieser Behandlung ungeändert geblieben, derjenige der o-Verbindung dagegen unscharf zwischen 45 und 50° geworden. Es war daher evident, daß während der Nitrierung des Jodbenzols nur die o-Verbindung einer weiteren Nitrierung unterlegen hat. Der Gehalt an Dinitrojodbenzol des Nitrierungsprodukts muß daher auf Rechnung von o-Jodnitrobenzol gesetzt werden. In der Weise, wie auf S. 36 beschrieben ist, wurden durch die Bestimmung der Erniedrigung des Eutektikums der Gehalt an Dinitrojodbenzol auf 1,1% bzw. 1,3% ermittelt in den bei — 30° und 0° dargestellten Nitrierungsprodukten.

Durch die Gegenwart dieser Mengen waren die Anfangserstarrungs-

---

[1] R. **20**, 352 (1901).

[2] Der in der Abhandlung angegebene Wert ist nicht korrigiert für die Ausdehnung des Pyknometerglases; nimmt man den kubischen Ausdehnungskoeffizient desselben zu 264 × 10^{-7} an, so bekommt man die obige Zahl.

punkte um 0,3° bzw. 0,35° zu niedrig gefunden worden. Nach Anbringung dieser Korrektur waren sie 149,7° für das Nitrierungsprodukt bei − 30° und 150,8° für das bei 0° gewonnene Produkt, woraus sich ein Gehalt von 34,7 % bzw. 33,5 % o-Verbindung ergibt. Diese müssen aber noch vermehrt werden mit 0,9 % bzw. 1,1 %, denn diese Mengen o-Verbindung sind äquivalent mit den auf 1,1 % bzw. 1,3 % gefundenen Gehalten an Dinitrokörpern. Man findet so, daß das Nitrierungsprodukt bei − 30° enthält:

$$34,7 + 0,9 = 35,6 \text{ Teile ortho auf } 100 - 34,7 = 65,3 \text{ Teile para;}$$

und daß das Nitrierungsprodukt bei 0° enthält:

$$33,5 + 1,1 = 34,6 \text{ Teile ortho auf } 100 - 33,5 = 66,5 \text{ Teile para,}$$

so daß schließlich die prozentische Zusammensetzung derselben, wenn kein Dinitrojodbenzol gebildet wäre, bei − 30°: 35,3 % o auf 64,7 % p; bei 0°: 34,2 % o auf 65,8 % p sein wird.

Die quantitative Bestimmung der isomeren Halogennitrobenzole in den Nitrierungsprodukten der Halogenbenzole hat also folgende Resultate gegeben:

	Nitrierung von				
	C_6H_5Fl	C_6H_5Cl	C_6H_5Br	C_6H_5J	
o	12,4	30,1	37,6	34,2	bei 0°
m	(0,2)	—	(0,3)	—	bei 0°
p	87,4	69,9	62,1	65,8	bei 0°
o	—	26,9	34,4	35,3	bei − 30°
m	—	—	—	—	bei − 30°
p	—	73,1	65,6	64,7	bei − 30°

Die zwischen ( ) gesetzten Werte für einen Gehalt an meta sind unsicher. Auf 100 Gew.-Teile p- berechnet, sind folgende Mengen o-Nitroverbindung in den Nitrierungsprodukten enthalten:

Temp.	Fl	Cl	Br	J
0°	14,3	42,1	60,5	51,9
− 30°	—	36,4	52,4	54,6

Man sieht aus diesen Tabellen, daß das Jodbenzol bei seiner Nitrierung in zweierlei Hinsicht von den übrigen Halogenbenzolen abweicht. Einerseits ergibt sich, daß die Menge der o-Verbindung zunimmt mit dem Steigen des Atomgewichts vom Halogen; anderseits nimmt der Gehalt an dieser Verbindung bei sinkender Temperatur ab, während beim Jodbenzol in beiden Fällen das Umgekehrte zum Vorschein kommt.

Einführung der Sulfogruppe. Körner und Paternò[1] ließen hierzu auf Jodbenzol ein Gemisch von gleichen Teilen rauchender ($^0/_0$ SO_3?) und gewöhnlicher Schwefelsäure einwirken. Die Jodbenzolsulfosäure kristallisierte sofort aus dem Sulfonierungsgemisch aus. Ob die Mutterlauge auf Isomere untersucht ist, wird nicht erwähnt. Wiewohl bei der Kalischmelze Resorcin erhalten wurde, ist doch nicht daran zu zweifeln, daß p-Jodbenzolsulfosäure vorliegt, da dieselbe auch aus Sulfanilsäure dargestellt werden kann. Langmuir[2] erhitzte Jodbenzol mit vier Teilen einer Mischung gleicher Teile rauchender ($^0/_0$ SO_3?) und gewöhnlicher Schwefelsäure im Wasserbade, bis eine Probe sich vollkommen klar im Wasser auflöste. Nach dem Erkalten wurde die Lösung mit dem gleichen Volumen Wasser verdünnt und dann unter häufigem Umschütteln in 3—4 Teile kalte, gesättigte Kochsalzlösung eingegossen. Nach kurzer Zeit schied sich das Natriumsalz der p-Jodbenzolsulfosäure in schönen weißen Blättchen aus. Auch bei dieser Darstellungsweise werden kleine Mengen von eventuell vorhandenen Isomeren übersehen sein. Vorläufig steht daher nur fest, daß beim Sulfonieren von Jodbenzol p-Sulfosäure entsteht.

Anwesend NO_2.

Einführung von Chlor. Laubenheimer[3] konstatierte, daß Nitrobenzol sich ohne Katalysator, auch nicht im Sonnenlicht, chlorieren läßt. Beim Hinzufügen von 10$^0/_0$ Jod gelingt die Chlorierung bei einer Temperatur von wenigen Graden oberhalb 0°. Er erhielt nur m-Nitrochlorbenzol.

Beilstein und Kurbatow[4] fanden im Antimonchlorid einen sehr wirksamen Katalysator beim Chlorieren von Nitrobenzol, wenn der-

[1] J. **1872**, 588; G. **2**, 448. [2] B. **28**, 90 (1895).
[3] B. 7, 1765 (1874). [4] A. **182**, 102 (1876).

selbe in $^1/_5$ des Gewichts vom Nitrobenzol angewandt wird. Das Chlor wird dann rasch absorbiert.[1] Sie leiteten in 200 g Nitrobenzol + 40 g $SbCl_5$ so lange Chlor ein, bis die Gewichtszunahme 68 g betrug, während für die Bildung von Monochlornitrobenzol 56 g berechnet sind. Nebst m-Chlornitrobenzol erhielten sie daher bedeutende Mengen höher chlorierte Produkte, um so mehr, da ein Teil des Nitrobenzols unverändert zurückgewonnen wurde. Es entstand also ein ziemlich kompliziertes Gemisch, wenig geeignet, um eventuell gebildete isomere Monochlorverbindungen daraus zu isolieren.

Varnholt[2] erhielt mit $SbCl_5$ keine guten Resultate, da er Schwierigkeiten mit der Entfernung des Antimonchlorids aus dem Reaktionsprodukt hatte, was ich nicht bestätigen kann. Er benutzte $FeCl_3$ als Katalysator und zwar in einer Menge von 2°/₀; Page[3] hatte bereits auf diesen Katalysator die Aufmerksamkeit gelenkt; alles muß vollkommen trocken sein. Das Rohprodukt wurde ohne besondere Reinigung destilliert. Aus 500 g Nitrobenzol erhielt er nach sechsmaliger Rektifikation 320 g m-Chlornitrobenzol. Nach Isomeren hat er nicht gesucht.

Einführung von Brom. Scheufelen[4] hat eine ausführliche Abhandlung über Eisenverbindungen als Bromüberträger publiziert. In derselben wird auch über die Bromierung von Nitrobenzol berichtet. Beim Erhitzen von 50 g Nitrobenzol mit der theoretischen Menge Brom und 3 g $FeBr_3$ im offenen Gefäße auf 100—110° bildeten sich nur 25°/$_0$ der theoretisch möglichen Menge an m-Bromnitrobenzol. Arbeitete er in zugeschmolzenen Röhren, so wirkte das HBr reduzierend auf einen Teil des Nitrobenzols und es bildete sich neben 65°/$_0$ m-Bromnitrobenzol Tetrabromanilin. Ein viel besseres Resultat gab die Bromierung mit Eisenchlorid. Wenn 10 g Nitrobenzol, 13 g Brom und 1 g $FeCl_3$ 12 Stunden auf 60—70° erhitzt wurden, erhielt er nahezu die theoretische Ausbeute an reinem m-Bromnitrobenzol. Isomere scheinen hierbei nicht zu entstehen.

Einführung der Nitrogruppe. Aus früheren Arbeiten von Zincke und Körner (s. unten) war bekannt, daß bei der Nitrierung von Benzol mit Salpeterschwefelsäure alle drei Dinitrobenzole entstehen. Eine

[1] Wendet man weniger $SbCl_5$, z. B. $^1/_{10}$ des Gewichts vom Nitrobenzol an, so verläuft die Chlorierung nach meinen Erfahrungen äußerst langsam.

[2] J. pr. (2) **36**, 25 (1887). [3] A. **225**, 201 (1884). [4] A. **241**, 152 (1885).

systematische Untersuchung nach den relativen Mengen, in welchen diese Isomeren bei der Nitrierung von Nitrobenzol unter verschiedenen Bedingungen entstehen, ist von HOLLEMAN und B. R. DE BRUYN[1] ausgeführt worden, wovon zunächst eine Übersicht gegeben werden soll. Die Nitrierung wurde bei 0° und bei + 30° mit dem fünffachen Volum reeller Salpetersäure vorgenommen. Bei 0° wurde die Reaktion nach 5 Stunden durch Ausgießen in Wasser unterbrochen; sie war dann nahezu vollständig. Sie verlief unter mäßiger Wärmeentwicklung; doch war es notwendig, mit Kochsalz-Eis zu kühlen, um die Temperatur konstant zu halten. Im Wasser blieben nur geringe Mengen Nitroprodukte gelöst; beim Eindampfen derselben blieb ein gelber Rest, welcher noch etwas Dinitrobenzol enthielt; auf 30 g nitriertes Nitrobenzol etwa 0,7 g. Da dies denselben Schmelzpunktstrajekt wie die Hauptmasse hatte, wurden diese 0,7 g nicht weiter berücksichtigt. Die Nitrierung bei + 30° wurde in derselben Weise ausgeführt; auch bei dieser Temperatur verlief die Reaktion langsam. Einmal wurde sie unterbrochen, bevor sie beendet war; ein zweites Mal ließ man sie 24 Stunden lang dauern; sie war dann (bei Anwendung etwas schwächerer Säure) vollständig geworden. Auch in schwefelsaurer Lösung ist die Nitrierung bei 0° und bei + 40° durchgeführt worden. Dazu wurden 30 g Nitrobenzol in 100 ccm konzentrierter Schwefelsäure gelöst und hierbei langsam 11 ccm Salpetersäure von 98,58 % zugefügt, d. h. die theoretische Menge (etwas mehr); bei der Nitrierung bei + 40° hatte die Salpetersäure einen Gehalt von 97,6 %.

Die Produkte, welche durch Wasser gefällt waren, wurden sorgfältig ausgewaschen, bis die saure Reaktion vollständig verschwunden war, danach bei 50—60° getrocknet, wodurch auch ein schwacher Geruch nach Nitrobenzol verschwand. Bei der unvollständigen Nitrierung wurde das Produkt auf glasierten Tellern so lange der Luft ausgesetzt, bis der Geruch nach Nitrobenzol, auch nach erneutem Pulverisieren, völlig verschwunden war, was erst nach einigen Wochen der Fall war. Ohne irgend eine weitere Reinigung kamen die Produkte dann zur Analyse nach der Auslaugemethode. Da gerade an diesem Beispiel diese Methode auf S. 23—26 näher beschrieben worden ist, kann hier sofort zur Mitteilung der mit ihr erhaltenen Resultate ge-

[1] R. **19**, 79 (1900).

schritten werden, welche am besten in folgender Tabelle geschehen kann:

Temperatur	Konz. d. Säure in Proz.	Prozente der gebildeten Isomeren o	m	p	Nitrierung vollst.	unvollst.
0°	98,58	6,4	93,2	< 0,25	vollst.	
30	94,50	8,1	91,2	0,7	—	unvollst.
30	95,90	8,5	91,0	0,5	—	"
30	97,6	8,1	90,9	1,0	vollst. [1]	
0	Schwefelsäure	4,8	93,5	1,7	"	
40	"	6,8	91,8	1,4	"	

Hierbei sind folgende Bemerkungen zu machen: Die Menge der Nebenprodukte (höher nitriertes Benzol, Nitrophenole usf.) ist bei den beschriebenen Nitrierungsweisen sehr gering, da die Differenz im spezifischen Gewicht zwischen einer Lösung, gesättigt mit den drei Isomeren, und einer Lösung, welche außerdem mit Nitrierungsprodukt geschüttelt war, sehr gering war (etwa 0,0001 bis 0,0005); nur bei der Nitrierung in Schwefelsäure bei + 40° erreichte diese Differenz 0,001, was auf eine weitere Nitrierung deutet, sei es dann auch nur in sehr geringem Maße. Die Nitrierung von Nitrobenzol zu Dinitrobenzol läßt sich daher quantitativ durchführen.

Temperaturerhöhung vermehrt die Menge von o- und p-Dinitrobenzol; Nitrierung in schwefelsaurer Lösung verringert die Menge ortho-, erhöht aber die Menge para-Verbindung.

Die Zeitdauer der Nitrierung ist sehr stark abhängig vom Wassergehalt der verwendeten Salpetersäure. Bei 30° wurden zwei unvollständige Nitrierungen ausgeführt; bei der einen dauerte die Reaktion $11^1/_2$ Stunden und gab eine Ausbeute an Dinitroprodukt vom 67,1%. Bei der zweiten dauerte die Reaktion 2 Stunden und gab eine Ausbeute von 73,2%. Aber die Konzentration der Salpetersäure wechselte nur von 94,50% zu 95,9%. Dieser Unterschied im Wassergehalt von 1,4% verursachte also, daß die erste Nitrierung in $11^1/_2$ Stunden noch nicht so weit vorgeschritten war, wie die zweite in 2 Stunden. Dennoch

[1] Ein Gemisch von dieser Zusammensetzung hatte einen Anfangserstarrungspunkt von 83,0°; dieser Punkt betrug für das Nitrierungsprodukt 82,4°, was also diese Zusammensetzung bestätigt, wenn man bedenkt, daß letzteres noch geringe Verunreinigungen enthält (R. **20**, 224).

bleibt das Verhältnis, in welchem die Isomeren entstehen, unverändert, sowie identisch mit dem, welches bei vollständiger Nitrierung sich bildet. Zwar ist die Menge der para-Verbindung im letzteren Falle etwas größer, aber durch seine geringe Löslichkeit ist dieses Isomer schwer genau bestimmbar; die Differenzen dürften noch gerade innerhalb der Versuchsfehler liegen. Man kann also sagen, daß das Verhältnis, in welchem die drei Isomeren entstehen, während des Ganges der Reaktion unverändert bleibt. Dieses Resultat war theoretisch zu erwarten. Die Tatsache, daß die Isomeren in verschiedenen Mengen entstehen, ist wohl darauf zurückzuführen, daß die Geschwindigkeit, mit welcher die o-, m- und p-Stellen substituiert werden, verschieden groß ist. Sie wird im allgemeinen irgend eine Funktion von der Konzentration x des Nitrobenzols in jedem Augenblick der Reaktion sein. Man kann daher die drei nebeneinander verlaufenden Reaktionen (Bildung der drei Isomeren) durch die Gleichungen

$$\frac{dx}{dt} = k_o f(x); \qquad \frac{dx}{dt} = k_m f(x); \qquad \frac{dx}{dt} = k_p f(x)$$

vorstellen, in welchen die k die Reaktionskonstanten sind. Da nun aber x auf jeden Augenblick in diesen Gleichungen denselben Wert hat, wird dies auch mit $f(x)$ der Fall sein, so daß die Geschwindigkeiten der drei Reaktionen in jedem Augenblick im konstanten Verhältnis $k_o : k_m : k_p$ stehen müssen, und dadurch auch die relativen Mengen der Isomeren, die sich während der Reaktion bilden.

Wie aus obiger Tabelle hervorgeht, ist der Gehalt des Nitrierungsproduktes an para-Dinitrobenzol am größten, wenn in schwefelsaurer Lösung nitriert wird. Damit sind die Befunde von Körner[1] und von Rinne und Zincke[2] im Einklang, welche gleichzeitig, aber unabhängig voneinander, fanden, daß bei der Nitrierung von Benzol mit einem Gemisch von gleichen Teilen rauchender Schwefelsäure und Salpetersäure, unter Erwärmung bis zum Sieden neben ortho- auch para-Dinitrobenzol entsteht, welches letztere durch seine Schwerlöslichkeit in Alkohol isoliert werden konnte. Da auch Temperaturerhöhung die Menge an para-Verbindung vermehrt, so ist es wahrscheinlich, daß im von ihnen erhaltenen Nitrierungsprodukt einige Prozente davon anwesend gewesen

[1] G. **4**, 356 (1874). [2] B. **7**, 870 (1874).

sind. Muspratt und Hofmann[1], welche in gleicher Weise Nitrobenzol nitrierten, isolierten nur die m-Verbindung.

Einführung der Sulfogruppe. Dieselbe ist wiederholt studiert worden; jedoch ist erst von Limpricht[2] nachgewiesen, daß hierbei drei Sulfosäuren entstehen. Was zunächst die älteren Arbeiten anbelangt, sei erwähnt, daß Schmitt[3] Nitrobenzol sulfonierte durch Digerieren desselben mit dem 5—6fachen Gewicht an Schwefelsäure „an einem mäßig warmen Orte". Rose[4] löste Nitrobenzol in etwa dem gleichen Volum Nordhäuser Schwefelsäure und bewahrte diese Lösung einige Wochen an einem warmen Orte. V. Meyer und Stüber[5] digerierten 50 g Nitrobenzol mit 200 g Nordhäuser Schwefelsäure. Das Barytsalz der gewonnenen Nitrobenzolsulfosäure wurde fraktioniert kristallisiert, wobei die Löslichkeit der ersten und der letzten Kristallfraktion als gleich gefunden wurde. Auch besaßen sämtliche Kristallisationen genau denselben Habitus.

Wie Limpricht a. a. O. die Sulfonierung des Nitrobenzols ausgeführt hat, ist in seiner Abhandlung nicht näher angegeben, doch ist es wahrscheinlich, daß auch er bei mäßiger Erwärmung gearbeitet hat. Seine Versuche sind aber in sehr viel größerem Maßstabe ausgeführt. Hauptprodukt von die m-Nitrobenzolsulfosäure; zur Trennung der Isomeren mußte er die Säuren in ihre Amide verwandeln, und diese sehr häufig aus heißem Wasser umkristallisieren. Die Menge der o- und p-Säure zusammen betrug nur wenige Prozente von der gesamten Masse; jedenfalls weniger wie 10%. Später hat Ekbom[6] sich von neuem mit der Trennung des Amidgemisches der drei Nitrobenzolsulfosäuren beschäftigt, diese auch verbessert, aber über die relativen Mengen der Isomeren keine näheren Angaben gemacht.

Einführung von Hydroxyl. Es ist hier eine interessante Untersuchung von Wohl[7] zu erwähnen. Er ließ Nitrobenzol von feingepulvertem Kali aufsaugen; bei gewöhnlicher Temperatur, rascher bei 60—70°, wurde die Masse rot und als einziges Reaktionsprodukt wurden 45% der theoretischen Ausbeute an o-Nitrophenol erhalten. Was aus dem Rest des Nitrobenzols geworden ist, ließ sich nicht ermitteln.

[1] A. **57**, 214 (1846). [2] A. **177**, 60 (1875). [3] A. **120**, 164 (1861). [4] Z. **1871**, 234. [5] A. **165**, 164 (1873). [6] B. **35**, 651 (1902). [7] B. **32**, 3487 (1899).

Einführung von Hg. DIMROTH und ILZHÖFER[1] erhitzten Merkuriacetat mit 5 Gewichtsteilen Nitrobenzol auf 150°, bis Lösung des Salzes eingetreten war und eine Probe, mit verdünnter Natronlauge versetzt, nicht mehr gelbes HgO abschied. Durch Behandlung mit Kochsalzlösung wurde aus dem Reaktionsprodukt o-Nitrophenylquecksilberchlorid $C_6H_4NO_2 \cdot HgCl$ erhalten vom Schmelzpunkt 182°. Durch Schütteln mit einer wäßrigen Lösung von Brom und Bromkalium bei gewöhnlicher Temperatur bildete sich o-Bromnitrobenzol. Daß hier das Quecksilber in o-Stellung zur Nitrogruppe tritt, ist auffallend, da dieselbe sonst eintretende Gruppen nach der m-Stellung dirigiert.

Anwesend SO_3H.

Einführung von Brom. GARRICK[2] konstatierte, daß Brom in der Kälte auf Benzolsulfosäure nur äußerst langsam einwirkt. Rascher erfolgt dies bei 100°; man muß aber das Gemenge von gleichen Molekülen beider Substanzen mit oder ohne Wasser mehrere Tage in zugeschmolzenen Röhren erhitzen, bevor die Farbe des Broms verschwindet. Die Reaktion ist nicht glatt. Ein Teil der Benzolsulfosäure bleibt unverändert, während ein anderer Teil sich in freie Schwefelsäure und feste kristallisierende Substitutionsprodukte des Benzols zersetzt. Isomere werden nicht erwähnt; die erhaltene Säure hat die meta-Struktur.

LIMPRICHT[3] benutzte zur Bromierung der Benzolsulfosäure ein Verfahren, welches bereits von PELIGOT[4], sowie kurz zuvor von NÖLTING[5] angewandt war, nämlich die Einwirkung von Brom auf benzolsulfosaures Silber. Er versetzte eine wäßrige Lösung dieses Salzes mit Brom, solange noch ein Niederschlag von Bromsilber erfolgte. Die erhaltene Säure wurde in Barytsalz verwandelt und dies durch mehrmaliges Umkristallisieren gereinigt. Nebenprodukte traten in geringer Menge auf und die Ausbeute an m-brombenzolsulfosaurem Ba war sehr befriedigend. LIMPRICHT mußte unentschieden lassen, ob in der Mutterlauge dieses Ba-Salzes Isomere vorkommen. Die letzten leicht löslichen, schuppigen Kristalle des Ba-Salzes enthielten noch

[1] B. **35**, 2036 (1902). [2] Z. **1871**, 549. [3] A. **186**, 134 (1876).
[4] J. pr. **8**, 257 (1836). [5] B. **8**, 819 (1875).

Brom; durch häufiges Umkristallisieren konnte aber ein reines Salz daraus nicht abgeschieden werden. Das aus dem Ba-Salz dargestellte Chlorid war ölförmig und lieferte mit Ammoniak ein Gemenge von Amiden, deren Trennung ebensowenig gelang. Jedenfalls können Isomere der m-Brombenzolsulfosäure sich nur in geringer Menge gebildet haben.

Einführung der Nitrogruppe. Diese ist bereits von LAURENT[1] ausgeführt, aber erst von LIMPRICHT[2] genauer studiert worden. Zur Darstellung der Nitrobenzolsulfosäuren verfuhr derselbe wie folgt: 200 g Benzol wurden mit 300 g rauchender Schwefelsäure gemischt. Nachdem das Benzol in Lösung gegangen war, wurde tropfenweise mit Salpetersäure spez. Gew. 1,5 versetzt. Zu Anfang trat sehr heftige Reaktion ein, weshalb Abkühlung mit kaltem Wasser und zeitweises Unterbrechen der Operation zu empfehlen war; zuletzt wurde die Erwärmung beim Eintropfen der Salpetersäure immer geringer und man hörte damit auf, wenn auch nach Zusatz einer größeren Menge eine Temperaturerhöhung nicht mehr wahrgenommen werden konnte. Eine Dinitrosäure bildete sich unter diesen Umständen nicht.

Eine Trennung der drei Säuren durch Kristallisieren der Ca- oder Ba-Salze gelang nicht. Dazu mußten die Säuren in ihre Amide umgewandelt werden, deren Trennung durch sehr häufiges Umkristallisieren aus heißem Wasser erzielt werden konnte. Die m-Säure war auch hier, wie bei der Sulfonierung von Nitrobenzol, Hauptprodukt. Doch entstehen bei der Nitrierung der Benzolsulfosäure etwas mehr der Isomeren. LIMPRICHT gibt an, daß ungefähr 90 % m-Säure entsteht und die o- und p-Säure sich in die übrigen 10 % teilen.

Einführung einer zweiten Sulfogruppe. Es gibt kaum eine Reaktion, dessen Studium zu so einander widersprechenden Resultaten geführt hat, wie die weitere Sulfonierung der Benzolmonosulfosäure oder die direkte Disulfonierung von Benzol. Zum Beweis dafür folgt auf nächster Seite eine tabellarische Übersicht der bisher erhaltenen Resultate.

Aus dieser Tabelle geht hervor, daß alle Autoren darüber einig sind, daß keine o-Disulfosäure entsteht, dagegen wohl meta- und para-Disulfosäure; aber über die relativen Mengen, in welchen diese beiden

---

[1] J. **1850**, 418. [2] A. **177**, 60 (1875).

Untersucher	Natur des Produkts	Sulfonierungsmethode
Garrick, Fittig[1]	Nur para-Säure	Methode von Buckton, Hofmann[2]: Monosulfosäure mit einem gleichen Volum rauchender Schwefelsäure zwei Stunden lang sieden lassen; das Flüssigkeitsvolum ist bis auf die Hälfte zurückgegangen.
Barth, Senhofer[3]	Nur meta-Säure	Methode von Buckton, Hofmann.
Barth, Senhofer[4]	Nebst meta- auch para-Säure	Monosulfosäure 1 Stunde lang mit rauchender Schwefelsäure erhitzen. Die Menge von para nimmt zu bei langem und hohem Erhitzen.
V. Meyer, Michler[5]	Viel meta-, wenig para-Säure	Benzolmonosulfosäure lang u. stark mit schwach rauchender Schwefelsäure erhitzen.
Egli[6]	Wenig meta, viel para	Benzoldampf einleiten in auf 240° erhitzte starke Schwefelsäure.
Körner, Monselise[7]	Viel meta, wenig para	Benzol mit überschüssiger, rauchender Säure 3—5 Stunden lang auf 200—245° erhitzen. Para nimmt zu bei langer und hoher Erhitzung.
Heinzelmann[8]	Meta, mit einer Spur para	Ein Volum Benzol mit zwei Volumen rauchender Schwefelsäure 3—4 Stunden lang erhitzen.
Tröger, Meine[9]	Meta, mit sehr wenig para	Methode von Barth, Senhofer (s. oben).

[1] Z. **1869**, 550; A. **174**, 112 (1874). [2] A. **100**, 157 (1856).
[3] A. **174**, 235 (1874). [4] B. **8**, 1477 (1875). [5] B. **8**, 817 (1875).
[6] B. **8**, 817 (1875). [7] G. **6**, 133 (1876). [8] A. **188**, 157 (1877).
[9] J. pr. (2) **68**, 314 (1903).

Säuren entstehen, gehen die Meinungen weit auseinander. Nun war bekannt, daß bei der Sulfonierung des Naphtalins je nach den Umständen, unter welchen gearbeitet wird, verschiedene Isomere entstehen (MERZ, WEITH; ARMSTRONG, WYNNE) und durch eine quantitative Untersuchung von EUWES[1] wurden die relativen Mengen, in welchen sich α- und β-Naphtalinmonosulfosäure bilden, unter verschiedenen Versuchsbedingungen, genau bestimmt. So war es von vornherein wahrscheinlich, daß die obigen sehr verschiedenen Resultate darin ihre Ursache hatten, daß die Bedingungen der verschiedenen Versuche nicht miteinander vergleichbar gewesen sind. Dabei sind diese Bedingungen sehr wenig präzisiert. In der Tat wird in keinem Falle der Anhydridgehalt der rauchenden Schwefelsäure angegeben, ebensowenig der Wassergehalt der benutzten Benzolmonosulfosäure. Auch geben nur KÖRNER und MONSELISE die Temperatur an, bei welcher sie gearbeitet haben; und doch ist in ähnlichen Fällen (wie bei Naphtalin) die Temperatur von einschneidender Bedeutung für die Natur der sich bildenden Substanzen.

Zum Teil werden die stark abweichenden Resultate auch auf Rechnung der mangelhaften Methoden gestellt werden müssen, welche zur Analyse des Sulfonierungsproduktes angewandt wurden. KÖRNER und MONSELISE benutzten zur Trennung der Isomeren die fraktionierte Kristallisation der Kaliumsalze. Da aber diese Salze sowohl der m- wie der p-Disulfosäure sehr leicht löslich sind, wird dies sehr schwierig und jedenfalls nicht quantitativ durchzuführen sein. Die anderen Autoren haben meist die Kaliumsalze, mit gelbem Blutlaugensalz gemischt, der trocknen Destillation unterzogen. Dadurch entstanden Dinitrile, die zu Phtalsäuren verseift wurden; letztere wurden schließlich in dem erhaltenen Gemenge identifiziert, und dann wurde abgeschätzt, in welchen relativen Mengen sie anwesend waren. Da aber noch dazu im günstigsten Falle nur 15 % der theoretischen Ausbeute an Nitrilen erhalten wurden, so ist klar, daß diese Methode sehr wenig geeignet ist, um die Zusammensetzung des Sulfonierungsgemisches zu bestimmen, auch wenn man mit NÖLTING annimmt, daß die trockne Destillation sich ohne Umlagerung vollzieht.

Zur Klärung der Sachlage war es daher notwendig, die Sulfonierung

[1] Dissertation. Amsterdam 1907.

unter genau bestimmten Bedingungen von Temperatur und Konzentration auszuführen, und eine analytische Methode auszuarbeiten, welche eine genaue Bestimmung der Isomeren im Sulfonierungsgemisch erlaubte. Eine solche Untersuchung ist von J. J. Polak[1] ausgeführt worden. Er hat zunächst die drei Benzoldisulfosäuren nach sehr verbesserten Methoden in ganz reinem Zustande dargestellt, worauf hier nicht näher einzugehen ist. Zur quantitativen Bestimmung eines Gemisches von m- und p-Disulfosäure eignete sich vorzüglich die Bestimmung des Erstarrungspunktes der Sulfochloridgemische, nach Feststellung der Erstarrungskurve von m- und p-Disulfochlorid. Polak verfuhr dann in folgender Weise: Nachdem das Sulfonierungsgemisch in Wasser ausgegossen war, wurden die Sulfosäuren in Bleisalze verwandelt, diese in Kaliumsalze, und letztere wieder in Sulfochloride durch Erhitzen mit überschüssigem PCl_5. Nach Abdestillieren des Phosphoroxychlorids wurden die Sulfochloride in Eiswasser gebracht, abgesaugt, getrocknet und bei sehr niedrigem Druck (unter 1 mm) destilliert. Das so dargestellte Gemisch der Sulfochloride wurde dann auf seinen Erstarrungspunkt untersucht. Die Brauchbarkeit dieser Methode wurde zunächst an künstlichen Gemischen der Kaliumsalze von m- und p-Säure von bekannter Zusammensetzung erprobt; daraus ging hervor, daß die größte Abweichung zwischen wirklichem und gefundenem Werte 1°/₀ betrug (gefunden 71,7, berechnet 70,7°/₀ p), während in drei anderen Fällen

gefunden wurde:	11,0	30,0	50,5°/₀ p,
berechnet war:	10,6	29,7	50,2 „ „.

Es mußte auch dem Umstande Rechnung getragen werden, daß das Sulfonierungsgemisch einerseits unveränderte Monosäure, anderseits Trisulfosäure enthalten konnte. Auch auf die Gegenwart von o-Disulfosäure mußte man gefaßt sein. Alle drei verursachen eine Erniedrigung des Enderstarrungspunktes, so daß man darin eine sehr scharfe Kontrolle auf die Gegenwart von Fremdstoffen hatte. Monosulfosäure zeigte sich außerdem durch Chlorbestimmung, und wenn sie in etwas größerer Menge vorhanden war, an einer weichen Beschaffenheit der Sulfochloride. Trisulfosäure wurde durch zu hohen Chlorgehalt angezeigt.

[1] Dissertation, Amsterdam 1908. Verslagen Kon. Acad. van Wetensch. Amsterdam 24. Dec. 1908.

Auch konnte es in gewissen Fällen aus dem Gemisch der Sulfochloride durch deren Behandlung mit Chloroform und Ligroin isoliert werden.

Um ein genau definiertes Ausgangsmaterial zu haben, wurden die Sulfonierungen immer mit wasserfreiem Baryumbenzolmonosulfonat ausgeführt.

Es wurden zwei Versuchsreihen angestellt. In der einen wurden 10 g dieses Salzes mit 20 ccm rauchender Schwefelsäure von 12,5% SO_3-Gehalt erhitzt. Diese Menge Säure ist so gewählt, daß das Reaktionsgemisch bis zum Ende des Prozesses immer noch freies SO_3 enthält, also wasserfrei ist. In der zweiten Versuchsreihe wurden dagegen 10 g des Salzes mit 24 ccm konzentrierter Schwefelsäure von 98% erhitzt; hierbei war also das Reaktionsgemisch von Anfang an wasserhaltig.

Die Temperatur wurde bei den Versuchen durch ein Bad in einer siedenden Flüssigkeit konstant gehalten, wozu der in Fig. 16 abgebildete Apparat benutzt wurde. In *a* befindet sich eine Flüssigkeit (Anilin, Nitrobenzol usf.), welche zum Sieden erhitzt wird. Das Reaktionsgefäß *c* ist mit dem Kühler *d* durch den Schliff *e* verbunden und befindet sich im Rohre *b*; *f* ist ein Chlorcalciumrohr. In *c* befindet sich ein Thermometer. Da es ziemlich lange dauerte, bis die Temperatur konstant geworden war, wenn *c* kalt in *b* gebracht wurde, hat POLAK zuvor das Reaktionsgefäß mit Inhalt auf freier Flamme bis nahe an die erwünschte Temperatur erhitzt. Die konstante Einstellung der Temperatur erfolgte dann in wenigen Minuten.

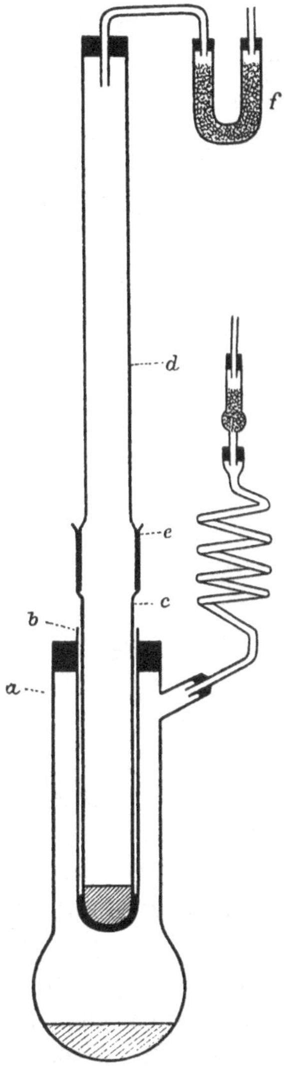

Fig. 16.
Sulfonierungsapparat.

Bei 183° (siedendes Anilin) war eine vollständige Überführung in Disulfosäure in beiden Versuchsreihen nur zu erzielen durch sehr lange andauerndes Erhitzen; dagegen bildete sich sogar nach 168stündiger

Versuchsdauer mit der Schwefelsäure von 98 % noch keine bestimmbare Menge Trisulfosäure.

Bei 209° (siedendes Nitrobenzol) war nach 4 Stunden in beiden Versuchsreihen keine Monosäure mehr anwesend und wuchs die Menge der para-Säure mit der Erhitzungsdauer. Hieraus muß geschlossen werden, daß die Vermehrung der p-Säure auf Kosten der m-Säure stattfindet. Es entstand somit die Frage, ob umgekehrt auch p-Säure durch Erhitzen mit Schwefelsäure in m-Säure umgewandelt werden kann. In der Tat war dies der Fall; beim Erhitzen von reinem Ba-p-disulfonat mit Schwefelsäure von 98 % auf 209° wurde folgende Umlagerung konstatiert:

Erhitzungsdauer in Stunden	Menge aus p- gebildeter m-Säure in %
12	6,9
24	11,0
168	± 67

Man hat deshalb anzunehmen, daß sich schließlich ein Gleichgewicht:

$$\text{meta-Disulfosäure} \rightleftarrows \text{para-Disulfosäure}$$

einstellt. Ausgehend von Monosulfosäure wurde nach 48 Stunden (bei 209°) 22,7 % p-, also 77,3 % m-Säure gebildet. Das Gleichgewicht bei dieser Temperatur muß daher zwischen ± 67 und 77 % m-Säure (33 und 23 % p-Säure) liegen. Die genaue Lage desselben konnte aber nicht bestimmt werden, weil die Bildung von Trisulfosäure störend eintrat.

Bei 233° (siedendes Chinolin) gab Erhitzung bis 4 Stunden noch keine, längere Erhitzung dagegen wohl Bildung von Trisulfosäure, wenn mit der rauchenden Schwefelsäure sulfoniert wurde. Mit Schwefelsäure von 98 % konnte aber die Erhitzungsdauer auf 48 Stunden gebracht werden ohne Bildung von Trisulfosäure.

Bei 268° (siedendes Bromnaphtalin) endlich war mit rauchender Säure bereits nach 4 Stunden viel Trisulfosäure gebildet; mit konzentrierter Schwefelsäure wurde bei dieser Temperatur ein Reaktionsprodukt erhalten, dessen Zusammensetzung mit der beschriebenen Methode nicht zu ermitteln war, so daß sich mutmaßlich Nebenreaktionen eingestellt haben.

In den folgenden Tabellen sind die Versuchsresultate zusammengestellt.

I. Sulfonierungen in einem bis zum Ende SO_3-haltigen Reaktionsgemisch.[1]

Erhitzungsdauer in Stunden	Temperatur		
	183°	209°	233°
4	(mono)	2,0 % p	4,7 % p
6	—	[2,0] „	(trisulfo)
12	—	3,0 „	(„)
18	—	3,0 „	(„)
24	6,1 % p	7,0 „	(„)
30	—	6,1 „	(„)

II. Sulfonierungen mit starker Schwefelsäure (98 %).

Erhitzungsdauer in Stunden	Temperatur		
	183°	209°	233°
3	—	—	11,2 % p
4	—	11,1 % p	—
6	(mono)	10,0 % [10,2 %] p	12,9 „
12	(„)	—	19,9 „
18	(„)	13,7 % p	—
24	(„)	16,1 „	22,0 „
30	—	15,1 „	—
48	14,6 % p	22,7 „	28,0 „
96	—	(trisulfo)	(trisulfo)
168	31,6 % p	(„)	(„)

Aus denselben geht hervor: 1. daß die weitere Sulfonierung von Benzolmonosulfosäure ein sehr langsam verlaufender Prozeß ist; 2. daß m-Disulfosäure bei den gewählten Versuchsbedingungen Hauptprodukt ist, sich dies aber langsam zu p-Disulfosäure umlagert, bis ein Gleichgewicht zwischen diesen Isomeren erreicht ist; 3. daß die Bildung von para-Säure direkt aus Monosulfosäure in wasserhaltiger Säure sehr viel rascher als in SO_3-haltiger Säure verläuft; 4. daß auch Temperaturerhöhung dieselbe beschleunigt.

[1] Die zwischen ( ) gestellte Substanz machte als dritten Bestandteil der Reaktionsprodukte die Bestimmung ihrer Zusammensetzung unmöglich; bei den zwischen [ ] stehenden Ziffern wurde von Benzol ausgegangen.

Bezüglich des Mechanismus dieser Umlagerungen kann man sich drei Vorstellungen machen:

1. Monosulfosäure gibt direkt meta- und para-Disulfosäure und zwischen diesen stellt sich durch intramolekulare Umlagerung ein Gleichgewicht ein.

2. Monosulfosäure gibt direkt nur meta-Disulfosäure; diese setzt sich durch intramolekulare Umlagerung teilweise in para-Disulfosäure um und zwischen beiden entsteht schließlich ein Gleichgewicht.

3. Die meta-Disulfosäure geht nicht direkt in para-Disulfosäure über, sondern wird erst wieder zu Monosulfosäure, welche dann in para-Disulfosäure übergeführt wird.

Man kann diese Hypothesen durch folgende Schemata darstellen:

I. Monosulfosäure → Meta-disulfosäure; Monosulfosäure → Para-disulfosäure; Meta-disulfosäure ⇄ Para-disulfosäure

II. Monosulfosäure → Meta-disulfosäure ⇄ Para-disulfosäure.

III. Monosulfosäure ⇄ Meta-disulfosäure; Monosulfosäure ⇄ Para-disulfosäure

Schema II ist, auf Grund der oben beschriebenen Versuche, zu verwerfen. Denn mit dieser Auffassung ist nicht in Übereinstimmung zu bringen, daß bei 209° (mit Schwefelsäure von 98%) nach 4 Stunden 11,1%, nach 48 Stunden 22,7% p-Säure; bei 233° nach 3 Stunden 11,2%, nach 24 Stunden 22% p-Säure gebildet ist. In dem sehr kurzen Zeitraum von 3 bzw. 4 Stunden hat sich ja sehr viel p-Säure gebildet im Vergleich mit der Menge, welche während derselben Zeit bei weiterer Erhitzung sich bildet. Zwar muß der Zuwachs vom Gehalt an p-Säure pro Zeiteinheit abnehmen, je mehr man sich dem Gleichgewicht nähert; aber in der Erwägung, daß die Einstellung des Gleichgewichts von beiden Seiten aus sehr langsam verläuft, ist die große Menge p-Säure bei kurzer Erhitzungszeit nach Schema II nicht zu erklären; es muß diese Säure durch primäre Bildung aus Monosulfosäure entstanden sein.

Dagegen ist eine endgültige Entscheidung zwischen Schema I und III auf Grund der Untersuchung Polaks noch nicht möglich, obwohl Schema I vorläufig die Versuche befriedigend zu erklären vermag. Bei Annahme von Schema III würde man daneben auch einen Reaktionsverlauf nach I annehmen müssen, weil die Umwandlung meta-Säure → para-Säure auch in einem Milieu von rauchender Schwefelsäure bewiesen ist.

Anwesend CH_3.

Einführung von Chlor und von Brom. Die Substitution von Wasserstoff durch Halogen kann beim Toluol sowohl im Benzolkern wie in der Seitenkette stattfinden. Wo das Halogen eintritt, hängt hauptsächlich von vier Umständen ab: 1. von der Temperatur; 2. von der Beleuchtung; 3. von der Anwesenheit von Katalysatoren; 4. von der Konzentration, in welcher das Halogen einwirkt. Wir werden jetzt diese Einflüsse sukzessive zu behandeln haben.

1. Einfluß der Temperatur. Beilstein und Geitner[1] zeigten, daß das chlorierte Toluol, welches Cannizzaro[2] durch Destillation von Toluol in einem Chlorstrom erhielt, nicht eine einheitliche Substanz ist, sondern ein Gemisch verschiedener Stoffe, dessen Zusammensetzung abhängt von der Temperatur, bei welcher chloriert wurde. Bei niedriger Temperatur bildet sich Chlortoluol, bei höherer Temperatur Benzylchlorid; dasselbe konstatierte Beilstein[3] bei der Einwirkung von Brom auf Toluol. Er erhielt aber beim Bromieren von siedendem Toluol nicht solch ein homogenes Produkt wie beim Chlorieren; immer bildete sich auch etwas Bromtoluol. Daß das Bromtoluol, welches durch direktes Bromieren von Toluol erhalten wird, nicht einheitlich ist, zeigten Hübner und Wallach;[4] sie bewirkten eine Trennung durch rauchende Schwefelsäure, in welcher nach ihnen nur die o-Verbindung löslich ist, die p-Verbindung nicht. Hübner und Post[5] konstatierten mittels einer nicht näher angegebenen Methode (vielleicht durch Sulfonierung), daß sich ungefähr gleiche Mengen o- und p-Bromtoluol bilden, während Miller[6] fand, daß entschieden mehr p- als o-Bromtoluol entsteht.

Es war daher in qualitativer Hinsicht die Halogenierung des Toluols genügend studiert; dagegen lagen in quantitativer Beziehung nur einige Andeutungen vor. Jackson und Field[7] versuchten, den Einfluß der Temperatur auf die Menge des gebildeten Brombenzyls zu bestimmen. Sie fügten deshalb Toluol, welches auf 95—100° oder auf 110—114° erhitzt war, langsam die berechnete Menge Brom zu. Ihre Parallelversuche zeigen aber sehr große Differenzen, über 10%

[1] A. **139**, 331 (1866). [2] A. **88**, 130 (1853). [3] A. **143**, 369 (1867).
[4] A. **154**, 293 (1869). [5] A. **169**, 1 (1873). [6] Soc. **61**, 1023 (1892).
[7] Proc. am. acad. of arts and sc. 12. June 1878; im Auszug B. **13**, 1215 (1880).

an Benzylbromid, so daß die Autoren nur im allgemeinen BEILSTEINS Befund bestätigen konnten, daß bei erhöhter Temperatur mehr Benzylbromid sich bildet. Sie schreiben die großen Divergenzen ihrer Versuche teilweise der mangelhaften Bestimmungsweise des Benzylbromids zu, teilweise der verschiedenen Zeitdauer des Zufügens von Brom (s. u.). Damals war aber der Einfluß des Lichtes auf den Prozeß noch nicht bekannt, und da aus ihrer Abhandlung nicht ersichtlich ist, daß sie ihre Versuche im Dunkeln angestellt haben, mögen die genannten Divergenzen zweifelsohne auch durch die Inkonstanz der Beleuchtung bei ihren Parallelversuchen bedingt sein.

Es blieb daher trotz dieser Versuche unbekannt, wie sich das Verhältnis Bromtoluol : Benzylbromid mit der Temperatur ändert, und welchem Verhältnis sich die beiden Bromtoluole bei verschiedenen Temperaturen bilden. Ich veranlaßte daher Herrn VAN DER LAAN,[1] die Bromierung des Toluols in dieser Richtung zu studieren; seine Resultate sind hier unten beschrieben.

Es war in erster Linie dazu notwendig, eine Methode zur quantitativen Bestimmung von o-Bromtoluol, p-Bromtoluol und Benzylbromid nebeneinander auszuarbeiten. Da VAN DER LAAN bei seinen Bromierungen, zur Vermeidung der Bildung von höher bromierten Produkten, immer einen großen Überschuß an Toluol nahm (50 ccm Toluol + 3 ccm Brom, d. i. etwa 1 Mol Brom auf 8 Mol Toluol), so war zunächst dieses überschüssige Toluol zu entfernen. Er arbeitete wie folgt: Die Bromierung des Toluols wurde im unten abgebildeten Apparat (Fig. 17) vorgenommen. Im Kolben *A*, stehend im Thermostat *B*, ist das Gemisch von Toluol und Brom. *A* ist mittels des Kühlers *C* mit den Flaschen *D* und *D'* verbunden, in welchen sich Wasser befindet; in *E* ist eine abgemessene Menge Kalilauge $^1/_{10}$ n. gebracht. Der Bromwasserstoff, welcher während der Reaktion entsteht, wird so in *D*, *D'* und *E* festgehalten. Wenn alles Brom verbraucht ist, wird *F* an eine Luftpumpe gebunden und ein langsamer Luftstrom durch den Apparat gesaugt, wodurch alles HBr in die Waschflaschen kommt. Durch Titrieren wird die Menge des Bromwasserstoffs bestimmt; äquivalent damit ist die Menge der Reaktionsprodukte, so daß man in dieser Weise ihre Gesamtmenge kennen lernt. Die Flüssigkeit in *A* wird nun mit Wasser gewaschen,

---

[1] R. **27**, 1 (1905).

getrocknet und das Toluol in einem Beckmannschen Siedemantel, welcher durch kochendes Amylalkohol geheizt wird, abdestilliert (s. Fig. 18).

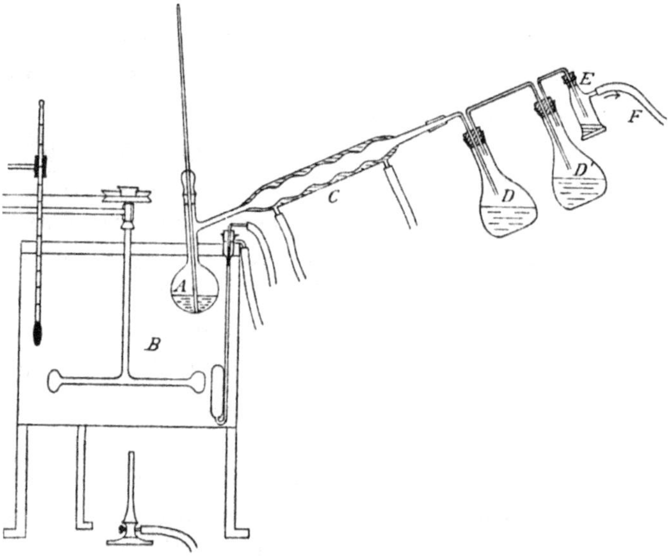

Fig. 17. Bromierung von Toluol.

Hierbei gehen keine nennenswerten Mengen Bromierungsprodukte mit über, denn das spezifische Gewicht des übergegangenen Toluols war

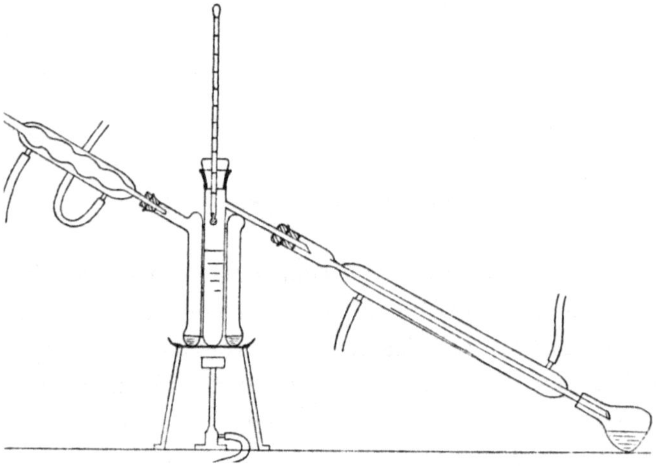

Fig. 18. Abdestillieren des unangegriffenen Toluols.

nahezu gleich dem von reinem Toluol (0,872 gegen 0,870 bei 16°). Man erhält so einen Destillationsrest, welcher aus den Bromtoluolen und Benzylbromid besteht und noch eine Spur Toluol enthält. Das Benzylbromid kann in demselben durch alkoholisches Silbernitrat bestimmt werden.

Um zu bestimmen, in welchem Verhältnis o- und p-Bromtoluol anwesend sind, muß das Benzylbromid aus dem Gemisch entfernt werden. Dies wird erreicht durch dessen Behandlung mit Dimethylanilin, wodurch Dimethylphenylbenzylammoniumbromid quantitativ gebildet wird, welches sich als Kristallmasse ausscheidet. Durch Waschen der übrig gebliebenen Flüssigkeit mit sehr verdünnter Salpetersäure wird der Überschuß des Dimethylanilins entfernt, so daß man noch eine Flüssigkeit übrig behält, welche nur aus Bromtoluolen besteht. Wenn dieselbe im Vakuum 1 Stunde lang auf 70° gehalten wird, und danach im Vakuum destilliert wird, verflüchtigt sich die Spur noch anwesenden Toluols und man bekommt so ein reines Gemisch von o- und p-Bromtoluol, dessen Zusammensetzung durch seinen Erstarrungspunkt gefunden werden kann. Zur Ausarbeitung dieser analytischen Methode studierte VAN DER LAAN alle diese Operationen an künstlichen Gemischen von bekannter Zusammensetzung. Daß dieselbe in der Tat zu genauen Resultaten führt, bewies er schließlich durch die Analyse von zwei künstlichen Gemischen; das Resultat war folgendes:

	Mischung I		Mischung II	
	Berechnet	Gefunden	Berechnet	Gefunden
p-Bromtoluol . .	57,8	57,8	62,3	62,6
o-Bromtoluol . .	22,0	22,2	21,1	21,1
Benzylbromid . .	20,2	20,0	16,6	16,3

Beide Gemische waren in Toluol gelöst (etwa 10 g auf 50 ccm Toluol).

VAN DER LAAN bromierte, zu alleiniger Bestimmung des Temperatureinflusses, in vollständiger Dunkelheit das Toluol, indem er auf 50 ccm desselben 3 ccm Brom bei Temperaturen von 25°, 50°, 75° und 100° einwirken ließ, und analysierte die erhaltenen Reaktionsprodukte nach obenstehender Methode. Bei 25° verlief der Prozeß sehr langsam; nach einer Woche war das Brom noch nicht völlig verschwunden; bei 50° war dies bereits nach 3 Tagen der Fall. Folgende Tabelle gibt die Resultate der Analysen; die Zahlen sind die Mittel aus drei bis vier gut unter sich übereinstimmenden Einzelbestimmungen.

Temp.	Zusammensetzung des Bromierungsproduktes			Zusammensetzung des Gemisches von ortho + para Bromtoluol	
	ortho Bromtoluol	para Bromtoluol	Benzylbromid		
25	35,5	53,9	10,6	39,7	60,3
50	23,5	32,8	43,7	41,8	58,2
75	6,2	7,5	86,3	45,3	54,7
100	—	—	100	—	—

Man ersieht hieraus, daß im Dunkeln bei steigender Temperatur eine regelmäßige Steigerung des Gehaltes an Brombenzyl stattfindet, und daß diese pro Grad größer wird bei Erhöhung der Temperatur. Durch graphische Extrapolation ergibt sich, daß unterhalb 17° kein Benzylbromid, oberhalb 83° kein Bromtoluol sich mehr bildet. Letzteres war in der Tat der Fall;[1] bei 84° wurde im Mittel von drei Versuchen 100,2 % Brombenzyl gefunden. Das Verhältnis, in welchem sich o- und p-Bromtoluol bilden, verschiebt sich etwas zugunsten der o-Verbindung bei Erhöhung der Temperatur. Aus dem spezifischen Gewicht des Gemisches dieser Isomeren ergab sich, daß es keine höher bromierte Substanzen enthielt.

2. Einfluß des Lichtes. Dieser wurde von Schramm[2] entdeckt. Im direkten Sonnenlicht erhielt er, auch bei sorgfältiger Abkühlung, ausschließlich Brombenzyl. Da aber das von ihm erhaltene Produkt einen Siedetrajekt von 195° bis 205° hatte, ist Zweifel an der Richtigkeit dieses Resultates nicht ganz ausgeschlossen. Im diffusen Tageslicht soll nach Schramm Bromtoluol entstehen. Erdmann[3] behauptet dagegen, daß dabei auch Brombenzyl entsteht. Seelig[4] ließ im diffusen Lichte unter Eiskühlung 1 Mol Brom auf 1 Mol Toluol einwirken; der Teil des Bromierungsproduktes, welcher bei 180° bis 205° überging, war etwa 70 % der Gesamtmenge und enthielt ca. 13 % Brombenzyl. van der Laan[5] bestätigte das Resultat Erdmanns. Im diffusen Lichte eines Arbeitszimmers vollzieht sich die Bromierung bereits bei 25° sehr rasch; wenn wieder 50 ccm Toluol und 3 ccm Brom verwendet wurden, war die Reaktion in 10 Minuten beendigt. Die Analyse des Reaktionsproduktes gab 99 % Brombenzyl; ein zweiter Versuch bei 50° gab 100 % Brombenzyl.

[1] R. **27**, 441 (1908).
[2] B. **18**, 606 (1885).
[3] A. **272**, 150 (1893).
[4] J. pr. (2) **39**, 179 (1889).
[5] a. a. O.

Über den Einfluß von verschieden gefärbtem Licht auf die Substitution von Brom in Toluol haben SCHRAMM und ZAKRZEWSKI[1] einige orientierende Versuche angestellt, aus welchen sich ergab, daß diejenige Lichtart, welche am meisten von der Lösung von Brom in Toluol absorbiert wurde, auch die Wirkung des Broms am meisten beschleunigte.

3. Einfluß von Katalysatoren. Dieser ist vielfach untersucht worden. MÜLLER,[2] sowie MILLER[3] konstatierten, daß Jod den Eintritt von Halogen im Kern sehr begünstigt; auch ARONHEIM[4] fand, daß $MoCl_5$ die Bildung von Benzylchlorid vollkommen verhindert. GUSTAVSON[5] entdeckte in $AlCl_3$ und $AlBr_3$ ausgezeichnete Halogenüberträger, wobei aber nur der Wasserstoff des Kernes substituiert wird. PAGE[6] und SCHEUFELEN[7] fanden, daß Eisenverbindungen die Substitution im Kern sehr befördern. COHEN und DAKIN[8] fanden dasselbe für ihre Al-Hg-Koppel (S. 5). Nur PCl_5 wirkt nach ERDMANN[9] halogenübertragend auf die Seitenkette.

Da bei manchen dieser früheren Untersuchungen das Tageslicht wohl nicht ausgeschlossen war, stellte VAN DER LAAN seine Versuche über den Einfluß von Katalysatoren wieder in vollkommener Dunkelheit an; Zweck war, zu erfahren, wie wachsende Mengen verschiedener Katalysatoren die Reaktion beeinflussen. Als Versuchstemperatur wurde 50° gewählt. Die Versuche wurden alle bis zum völligen Verschwinden des Broms fortgesetzt.

Antimonbromid ist nur ein schwacher Katalysator, wie untenstehende Tabelle zeigt:

Temp. 50°; 50 ccm Toluol + 3 ccm Brom. Dunkel.

Mol $SbBr_3$ auf 1 Mol Br_2	Zusammensetzung des Gemisches: ortho Bromtoluol	para Bromtoluol	Zusammensetzung des Bromierungsproduktes: ortho Bromtoluol	para Bromtoluol	Benzylbromid
0,00	41,8	58,2	23,5	32,8	43,7
0,0017	40,1	59,9	22,4	33,4	44,2
0,0084	38,9	61,1	24,0	37,8	38,2
0,016	38,3	61,7	26,0	42,0	32,0
0,034	38,9	61,1	28,0	44,1	27,9
0,089	—	—	—	—	18,7

[1] M. **8**, 303 (1887). [2] Z. **1862**, 99. [3] Soc. **1892**, 1023. [4] B. **8**, 1400 (1875). [5] B. **10**, 97 (1877). [6] A. **225**, 196 (1884). [7] A. **231**, 152 (1885). [8] Soc. **75**, 893 (1899). [9] A. **272**, 150 (1893).

Die relative Menge des Benzylbromids vermindert bei wachsender Menge des Katalysators, doch bleibt bis zuletzt erstere Menge beträchtlich. Das Verhältnis o-:p-Bromtoluol bleibt nahezu konstant.

In Aluminium- und Eisenbromid, namentlich in letzterem, wurden äußerst kräftig wirkende Katalysatoren gefunden, wie sich aus folgenden Tabellen ergibt:

Temp. 50°; 50 ccm Toluol + 2,5 ccm Brom. Dunkel.

Mol $AlBr_3$ auf 1 Mol Br_2	Benzylbromid	Zusammensetzung des Gemisches ortho Bromtoluol	para Bromtoluol
0	43,7	41,8	58,2
0,002	43,1	43,9	56,1
0,004	0,5(?)	44,6	55,4
0,006	0	44,3	55,7
0,017	0	49,2	50,1

Temp. 50°; 50 ccm Toluol + 2,5 ccm Brom. Dunkel.

Mol $FeBr_3$ auf 1 Mol Br_2	Benzylbromid	Zusammensetzung des Gemisches ortho Bromtoluol	para Bromtoluol
0	43,7	41,8	58,2
0,0007	40,8	36,9	63,1
0,001	7,8	—	—
0,002	0	36,0	64,0
0,006	0	37,9	62,1
0,01	0	37,0	63,0

Zwei Sachen fallen bei der Betrachtung dieser letzten Tabellen ins Auge: erstens, daß sehr geringe Mengen des Katalysators keine Wirkung ausüben, eine geringe Erhöhung derselben jedoch die Bildung des Brombenzyls völlig hemmt. Vielleicht wird dies durch Spuren Wasser verursacht, welche sich im Reaktionsgemisch befinden können, und welche die im ersten Versuch zugegebenen sehr kleinen Mengen des Katalysators unwirksam machen. Zweitens, daß $AlBr_3$ die Bildung von o-Bromtoluol ziemlich stark begünstigt, $FeBr_3$ dagegen die Menge p-Bromtoluol zunehmen läßt. THOMAS[1] hat Toluol chloriert durch Erwärmung desselben mit seinem gleichen Gewicht Eisenchlorid; es wäre interessant, die nähere Zusammensetzung dieses Reaktionsproduktes zu bestimmen; THOMAS selbst erwähnt nur, daß dasselbe kein Chlorbenzyl enthält.

Mit PBr_5 als Katalysator hat VAN DER LAAN nur einen Versuch angestellt, welcher ERDMANNs Befund bestätigte:

Temp. 51°; 50 ccm Toluol + 3 ccm Brom. Dunkel.

Mol PBr_5 auf 1 Mol Br_2	Benzylbromid	Bromtoluol	
		ortho	para
0	45,4	41,8	58,2
0,02	54,7	41,4	58,6

Die Menge des Brombenzyls ist vermehrt, dagegen ist das Verhältnis o:p ungeändert geblieben.

Auffallend in diesem Verband ist noch eine Untersuchung von SEYEWETZ und BIOT.[2] Sie erhitzten Ammoniumbleichlorid, $AmPbCl_6$, mit Toluol zum Sieden; hierbei zersetzt sich dieses Salz, was daran kenntlich ist, daß seine zitronengelbe Farbe in Weiß übergeht. Als Einwirkungsprodukt wurde ausschließlich o-Chlortoluol erhalten (Siedepunkt 156—158°), welches durch eine Chlorbestimmung und durch Oxydation zu o-Chlorbenzoesäure, Schmelzp. 137°, identifiziert wurde.

In der Literatur liegen auch einige Angaben über die gemeinsame Wirkung von Temperatur, Licht und Katalysatoren vor; eine systematische Untersuchung dieses interessanten Gegenstandes ist aber noch nicht ausgeführt worden. BEILSTEIN und GEITNER[3] fanden, daß bei Anwesenheit von Jod, auch bei Siedehitze, Chlor und Brom nur im Benzolkern auftreten; JACKSON und FIELD[4] behaupten dagegen, daß sogar bei Zufügung von 40% Jod noch Brombenzyl entsteht.

SCHRAMM[5] teilt mit, daß bei Zufügung von 2% Jod, sogar im direkten Sonnenlicht, die Substitution von Brom ausschließlich im Kern stattfindet. VAN DER LAAN[6] konstatierte, daß im diffusen Licht bei Gegenwart von $AlBr_3$ kein Brombenzyl entsteht.

[1] Bl. (3) **19**, 461 (1898).
[2] Bl. (3) **29**, 222 (1903).
[3] A. **139**, 331 (1866).
[4] B. **13**, 1215 (1880).
[5] B. **18**, 606 (1885).
[6] l. c.

4. Einfluß der Konzentration. Dieselbe wurde von Bruner und Dluska[1] entdeckt, als sie Brom auf Toluol einwirken ließen zur Bestimmung der Geschwindigkeitskonstante dieser Reaktion. Eine Andeutung davon findet sich allerdings schon in der oben zitierten Abhandlung von Jackson und Field (S. 83). Sie beobachteten nämlich, daß mehr Brombenzyl entsteht, wenn Brom langsamer zum Toluol gefügt wurde; d. h. mit wachsender Verdünnung steigt der Gehalt an Brombenzyl im Reaktionsprodukt. Doch muß, aus den oben angegebenen Ursachen, die gefundene Differenz vielleicht auf andere Weise gedeutet werden. Da Bruner und Dluska mit zugeschmolzenen Röhren arbeiteten, der gebildete Bromwasserstoff daher nicht entweichen konnte, und dieser vielleicht erheblichen Einfluß auf die Reaktion haben konnte, veranlaßte ich die Herrn Polak, Euwes und van der Laan,[2] diese Versuche im Apparat des letzteren zu wiederholen, und dann auch bei verschiedener Temperatur den Einfluß der Verdünnung zu bestimmen. Folgende Tabellen geben eine Übersicht über die erhaltenen Resultate; die Analyse der Reaktionsprodukte wurde nach der Methode van der Laans ausgeführt. Die Versuche wurden in völligem Dunkel ausgeführt und fortgesetzt, bis alles freie Brom verschwunden war.

Temp.	Mol Toluol auf 1 Mol Br_2	Benzylbromid im Reaktionsprodukt
50°	4,26	24,1 %
	8,00	42,3
	8,47	45,3
	10,47	56,2
	13,40	67,0
	20,60	82,5
	28,55	95,3
25°	4,7	7,9
	8,0	10,6
	16,6	20,1
	25,5	36,5

Man sieht aus obiger Tabelle, wie bedeutend die Verdünnung die Bildung von Benzylbromid befördert. Dagegen übt sie auf das Ver-

[1] Bull. de l'Acad. de sc. de Cracovie, Juillet 1907.

[2] R. **27**, 435 (1908).

hältnis, in welchem o- und p-Bromtoluol sich bilden, nur geringen Einfluß aus, wie folgende Tabelle zeigt:

Temp.	Mol Toluol auf 1 Mol Br_2	Erstarrungspunkt des Gemisches o + p	Bromtoluol ortho	Bromtoluol para
50°	8,00	1°,1	42 %	58 %
	10,47	0°,1	43,7	56,3
25°	4,7	2°,4	39,8	60,2
	8,0	2°,5	39,7	60,3

Es erhebt sich schließlich die Frage, wie die komplexen Erscheinungen, welche sich bei der Einwirkung von Halogenen auf Toluol zeigen, zu erklären sind. In dieser Hinsicht ist noch sehr wenig erreicht; es wäre wohl verfrüht, hier auf einige dieser Erklärungsversuche näher einzugehen, da dieselben entweder rein hypothetisch, oder ihre Grundlagen ungenügend gestützt sind.

Cohen, Dawson und Crosland[1] glaubten konstatiert zu haben, daß elektrolytisch entwickeltes Chlor, auch bei Siedehitze, nur substituierend auf den Benzolkern des Toluols einwirkt. Sie brachten eine Schicht Toluol auf konzentrierte Salzsäure, und kochten das Gemisch, während ein elektrischer Strom durch die Säure geschickt wurde. Sie beobachteten, daß so nur Chlortoluol, aber kein Chlorbenzyl entsteht. Wurde anderseits gewöhnliches Chlor durch eine siedende Mischung von Toluol und konzentrierter Salzsäure geführt, so bildeten sich große Mengen Chlorbenzyl wie immer, wenn Toluol in der Siedehitze mit Chlor behandelt wird.

Dieses Resultat muß aber, gesetzt daß es richtig wäre, ganz anders gedeutet werden, als durch die Annahme, daß elektrolytisches Chlor nur substituierend auf den Kern einwirken kann. Denn außer Chlor entwickelt sich auch Wasserstoff bei der Elektrolyse von Salzsäure. Dieser naszierende Wasserstoff muß das Chlorbenzyl reduzieren, das sich gebildet hat. Das so zurückgebildete Toluol wird von neuem durch Chlor angegriffen unter Bildung der viel schwieriger reduzierbaren Chlortoluole einerseits und des leicht reduzierbaren Chlorbenzyls anderseits usf., bis alles Toluol in Chlortoluol umgewandelt ist.

Die genauere Lektüre der genannten Abhandlung läßt aber auch

---

[1] Soc. **87**, 1034 (1905).

Zweifel daran aufkommen, ob die Autoren wirklich chlorbenzylfreies Chlortoluol bei ihren Versuchen bekommen haben. Durch fraktionierte Destillation verteilten sie nämlich ihr Rohprodukt in zwei Teile, der eine vom Siedep. 150—155°, der andere — der Destillationsrest — von höherem Siedepunkt. Letzterer müßte das Chlorbenzyl enthalten, falls es sich gebildet hätte, denn sein Siedepunkt liegt bei 176°. Sie haben nun beide Fraktionen oxydiert; hierbei gab die niedriger siedende Fraktion Säuren vom Schmelzp. 214—225° oder 208—226°, während die höher siedende Fraktion Säuren vom Schmelzp. 128—170° oder 115—175° gab. Dieses sehr große Schmelztrajekt, gefügt bei dem sehr viel niedrigeren Schmelzpunkt, kann durch die Gegenwart von Benzoesäure verursacht worden sein, beweist jedenfalls nicht, daß nur Chlorbenzoesäuren vorliegen.

Als Holleman und Polak[1] die Versuche Cohens[2] mit Bromwasserstoffsäure anstatt mit Salzsäure wiederholten, konnten sie in der Tat im Rohprodukt mittels alkoholischen Silbernitrats sehr bedeutende Mengen Brombenzyl nachweisen. Eine spezifische Wirkung des elektrolytisch freigemachten Halogens besteht deshalb, nach den vorliegenden Versuchen, nicht, oder ist wenigstens ungenügend bewiesen.

Einführung von Jod. Edinger und Goldberg[3] ließen auf 15 g Toluol, in 50 ccm „Benzin" (spez. Gew. 0,7) gelöst, 30 g „Jodschwefel" und 180 ccm Salpetersäure (spez. Gew. 1,34) durch Erhitzen auf dem Wasserbade einwirken. Es bildete sich so in einer Ausbeute von 60—70% der Theorie ein Gemisch von o- und p-Jodtoluol, welches durch Ausfrieren getrennt wurde; beide Verbindungen wurden durch ihre Schmelz- und Siedepunkte, sowie durch Oxydation zu Jodbenzoesäuren als solche erkannt. Eine Angabe über die relativen Mengen o- und p-Jodtoluol im Gemische fehlt.

Einführung der Nitrogruppe. Die Nitrierung des Toluols ist eine sehr häufig untersuchte Reaktion. Beilstein und Kuhlberg[4] geben eine Übersicht über die älteren Versuche, aus welcher das Folgende entlehnt ist. Der erste Nitrierungsversuch rührt von Deville[5] her, welcher dabei eine farblose, bei 225° siedende Flüssigkeit vom spez. Gew. 1,18 bei 16° erhielt. Jaworsky[6] beobachtete, daß sich aus dem

[1] R. **27**, 447 (1908). [2] a. a. O. [3] B. **33**, 2877 (1900).
[4] A. **155**, 1 (1870). [5] A. **44**, 306 (1842). [6] Z. **1865**, 222.

rohen Nitrotoluol durch Destillation ein festes Nitrotoluol (Schmelzp. 54°) gewinnen ließ von erheblich höherem Siedepunkt (238°); er vermutete, das reine Nitrotoluol sei fest, und durch flüssige Beimengungen werde ihm für gewöhnlich die Fähigkeit, zu kristallisieren, geraubt und auch sein Siedepunkt erniedrigt.

Das aus rohem flüssigen Nitrotoluol dargestellte Toluidin wurde zunächst stets flüssig erhalten und nahm erst durch fortgesetzte Reinigung den festen Zustand an. Durch ein eingehendes Studium fand nun Rosenstiehl,[1] daß das rohe flüssige Toluidin ein Gemenge ist von festem Toluidin und einer flüssigen, isomeren Modifikation, die er Pseudotoluidin nannte. Demzufolge betrachtete Rosenstiehl das flüssige Nitrotoluol als eine isomere Form des festen, und gab daher zuerst an, daß beim Nitrieren des Toluols zwei Nitrotoluole entstehen. Da jedoch hierbei die Möglichkeit nicht ausgeschlossen war, daß das Toluol selbst ein Gemenge zweier isomerer Kohlenwasserstoffe sei, und nur deshalb zwei isomere Nitroderivate liefere, so untersuchte Rosenstiehl das Verhalten von Toluol von verschiedenstem Ursprung gegen Salpetersäure; stets wurden zwei Nitrotoluole erhalten, womit also der Einwand beseitigt war.

Beilstein und Kuhlberg[2] haben eine sehr geeignete Vorschrift ausgearbeitet, um Toluol zu nitrieren; sie fanden, daß es nicht vorteilhaft war, eine allzu starke Säure anzuwenden. Die Ausbeute an Mononitroprodukt wird dadurch vermindert infolge gleichzeitiger Oxydation und namentlich durch weiter gehende Nitrierung. Sie wendeten eine Säure vom spez. Gew. 1,475 an, welche sie tropfenweise in das kalt gehaltene Toluol gossen, bis keine erhebliche Einwirkung mehr stattfand, d. h. bis sich eine homogene Flüssigkeit bildete. Hat man in obiger Weise das Toluol nitriert, so darf man dreist bis zu Ende destillieren, ohne die Möglichkeit einer Explosion befürchten zu müssen; mit anderen Worten, das Nitrierungsprodukt ist frei von höher nitrierten Produkten. Durch 15 bis 20 malige fraktionierte Destillation gelang es, zwei Hauptportionen zu erhalten, von denen die eine bei 222—223° siedet; sie ist reines o-Nitrotoluol; die andere siedet bei 235—236°, sie ist p-Nitrotoluol. Letzteres kann auch durch Ausfrieren aus dem Rohprodukt gewonnen

[1] Z. 1868, 557. [2] a. a. O.

werden. Zur Erkennung der Reinheit des o-Nitrotoluols reduzierten sie es zu Toluidin, welches in Oxalat verwandelt wird; dieses Salz wird dann mit Äther behandelt. Die kleinste Menge festen Nitrotoluols gibt sich durch die absolute Unlöslichkeit des entsprechenden Oxalates kund. Zur Auffindung und quantitativen Bestimmung von geringen Mengen p-Toluidin in o-Toluidin hat HOLLEMAN später[1] eine andere Methode ausgearbeitet; sie besteht in der Überführung von Toluidin in Acettoluid und der Bestimmung seines Erstarrungspunktes.

MONNET, REVERDIN und NÖLTING[2] bewiesen, daß das Nitrierungsprodukt auch geringe Mengen m-Nitrotoluol enthält. Da letzteres bei 228° siedet, während die Siedepunkte der o- und p-Verbindung bei 222° bzw. 235° liegen, mußte die m-Verbindung hauptsächlich in den zwischen 225—230° siedenden Portionen des Rohprodukts enthalten sein; diese wurden mit Permanganat oxydiert. Neben großen Mengen o- und p-Nitrobenzoesäure ließ sich eine geringe Quantität m-Nitrobenzoesäure vermittelst ihres schwer löslichen Baryumsalzes isolieren. Sie schätzen dieselbe auf 1—2 %. In einem flüssigen Nebenprodukt, welches sich in einer Menge von etwa 7 % der Gesamtausbeute bei der Darstellung des Dinitrotoluols bildet, konnten NÖLTING und WITT[3] auch m-Nitrotoluol nachweisen. Durch Wasserdampfdestillation erhielten sie etwa 40 % des Gesamtproduktes an Mononitrotoluolen, welches Gemenge zu fast gleichen Teilen aus p- und m-Nitrotoluol bestand. Nimmt man an, daß das primär gebildete m-Nitrotoluol nicht weiter nitriert wird, weil es schwieriger zu nitrieren ist als seine Isomere, so geben obenstehende Zahlen wieder einen Gehalt von etwa 1—2 % m-Nitrotoluol im Nitrierungsprodukt an.

Da sowohl o- wie p-Nitrotoluol erhebliches technisches Interesse haben, ist versucht worden, durch Änderung der Versuchsbedingungen die Nitrierung so auszuführen, daß entweder die eine oder die andere dieser beiden Verbindungen Hauptprodukt wird. Diese Versuche haben aber keinen Erfolg gehabt. Eine Angabe von R. PICTET,[4] daß bei — 55° die Nitrierung mit Salpeter–Schwefelsäure 5,5 mal soviel para-Verbindung geben solle als bei 0°, ist wohl unrichtig (s. unten). HOLDERMANN[5] versuchte, das Mengenverhältnis p : o durch Katalysa-

---

[1] R. **27**, 458 (1908). [2] B. **12**, 443 (1879). [3] B. **18**, 1336 (1885).
[4] C. r. **116**, 815 (1893) oder B. **26**, 362 Ref. [5] B. **39**, 1256 (1906).

toren zu verschieben; zu diesem Zweck fügte er zu der Salpeterschwefelsäure, mit welcher er nitrierte, eine ganze Reihe Metallsalze zu. Die Menge des o-Nitrotoluols wechselte aber nur zwischen 57,16 und 60,85 °/₀. Wie er dies bis auf zwei Dezimale genau bestimmen konnte, hat er nicht mitgeteilt. Die Temperatur wurde bei diesen Versuchen zwischen 0° und + 10° gehalten. Als er mit Salpetersäure von 1,52 spez. Gew. bei 0° nitrierte, erhielt er 52,7 °/₀ ortho-Nitrotoluol; beim Zufügen von verschiedenen Metallsalzen (in welcher Quantität dieselben zugesetzt wurden, erwähnt er auch hier nicht) sank diese Menge etwas; am meisten bei Zusatz von Nickelsulfat, wobei diese Zahl auf 45,5 °/₀ ortho-Verbindung kam. FRISWELL[1] nitrierte Toluol unter nicht näher angegebenen, vielfach variierten Versuchsbedingungen, in der Hoffnung, die Ausbeute an p-Nitrotoluol zu erhöhen; er erhielt aber stets 60 bis 65 °/₀ ortho- und 40—35 °/₀ para-Verbindung. Auch er beschreibt nicht, wie er diese Bestimmungen ausgeführt hat.

Wie man sieht, laufen die erhaltenen Zahlen für den Gehalt an o- und p-Nitrotoluol, welche bisher ermittelt wurden, ziemlich stark auseinander; auch ist der Gehalt an m-Verbindung nicht berücksichtigt. Ich veranlaßte daher Herrn VAN DER AREND,[2] den Gehalt dieser Mononitrotoluole im Nitrierungsprodukt aufs neue unter genau einzuhaltenden Versuchsbedingungen zu bestimmen. Er benutzte hierzu die Methode des Erstarrungspunktes, nachdem er die Schmelzkurve ortho-para mit vollkommen reinem Material bestimmt hatte. Da die Methode, welche er anwandte, um auch die geringe Menge m-Nitrotoluol im Nitrierungsprodukt zu bestimmen, schon S. 34—36 ausführlich beschrieben ist, genügt es hier, sein Nitrierungsverfahren und die erhaltenen Resultate kurz zu erwähnen. Die Methode von BEILSTEIN und KUHLBERG[3] wurde benutzt und zwar in folgender Weise: 75 g Toluol wurden auf die Temperatur gebracht (— 30°, 0°; + 30°, 60°), bei welcher die Nitrierung vorgenommen werden sollte; indem mechanisch gerührt wurde, tropften 200 ccm Salpetersäure 1,475 in das Toluol; die Temperatur wurde durch ein passendes Bad konstant gehalten. Sofort nach Zufügung der ersten Tropfen Salpetersäure

[1] Centralbl. **1908**, I, 2092.

[2] Verslagen Kon. Acad. v. Wetensch. Amsterdam. Sitzung vom 26. Sept. 1908, S. 208.

[3] A. **155**, 1 (1870).

färbte sich die Flüssigkeit intensiv braunrot; schließlich wurde sie jedoch hell und homogen. Das Nitrierungsprodukt wurde in üblicher Weise (S. 41) gewonnen und durch Vakuumdestillation (wobei sehr wenig eines schwarzen Restes zurückblieb) für die Bestimmung der Erstarrungspunkte und des spezifischen Gewichts vorbereitet. Die erhaltenen Resultate sind in der folgenden Tabelle zusammengefaßt:

Nitrierung bei		para %	ortho %	meta %	spez. Gew.	spez. Gew. ber.
– 30°	Anfangserstarrungspunkt + 4°,1	41,7	55,6	2,7	1,1026	1,1027
	Enderstarrungspunkt – 16°,6					
0°	Anfangserstarrungspunkt + 2°,8	40,9	56,0	3,1	1,1026	1,1027
	Enderstarrungspunkt – 16°,8					
+ 30°	Anfangserstarrungspunkt + 1°,4	39,9	56,9	3,2	1,1027	1,1028
	Enderstarrungspunkt – 16°,9					
+ 60°	Anfangserstarrungspunkt – 0°,8	38,5	57,5	4,0	1,1028	1,1030
	Enderstarrungspunkt – 17°,4					

Die berechneten spezifischen Gewichte sind in folgender Weise erhalten: Das spezifische Gewicht des m-Nitrotoluols wird jedenfalls nur sehr wenig von dem seiner Isomeren abweichen. Wenn man also aus dem beobachteten Anfangserstarrungspunkte den scheinbaren Gehalt an ortho und para aus der Schmelzkurve dieser Verbindungen ableitet und dann ausrechnet, welches spezifische Gewicht zu diesem Gehalt gehört (S. 28), so wird man eine Zahl bekommen müssen, welche sehr wenig vom spezifischen Gewicht des Nitrierungsproduktes abweicht, falls dies keine höher nitrierten Produkte enthält.

Aus den erhaltenen Zahlen sieht man, daß dies in der Tat der Fall ist; sogar bei + 60° in der angegebenen Weise nitrierend, enthält das Produkt noch keine Dinitrokörper. Weiter sieht man, daß in einem Temperaturintervall von 90° die Zusammensetzung des Nitrierungsproduktes sich sehr wenig ändert, so daß R. Pictets Befund (S. 95) unmöglich richtig sein kann.

A. Pictet und Khotinsky[1] fanden, daß die Nitrierung von Toluol mit Acetylnitrat bei tiefer Temperatur und starker Verdünnung in Tetrachlorkohlenstoff oder Essigsäureanhydrid 88% o- und 12% p-Nitrotoluol lieferte, also eine sehr erhebliche Verschiebung des Ver-

[1] B. **40**, 1163 (1907).

hältnisses, in welchem die Isomeren bei der gewöhnlichen Nitrierung entstehen.

Boedtker[1] teilt mit, daß Toluol mit Äthylnitrat und $AlCl_3$ Nitrotoluol gibt; er ließ auf 200 g Toluol 50 g Äthylnitrat und 30 g $AlCl_3$ einwirken und erhielt so 20 g ortho- und nur 4 g para-Nitrotoluol. Die Trennung geschah aber ziemlich unvollständig; der Gehalt an para-Verbindung wird ohne Zweifel höher gewesen sein.

Einführung von SO_3H. Nachdem anfänglich durch eine Untersuchung Jaworskys[2] nur eine Sulfonsäure bei der Einwirkung von Schwefelsäure auf Toluol gefunden war, wurde durch Engelhardt und Latschinoff gefunden, daß zwei Säuren entstehen, wenn gleiche Volumina Toluol und rauchende Schwefelsäure (Gehalt an SO_3 nicht angegeben) während 2 Tagen auf dem Wasserbade erhitzt werden. Wolkow glaubte, daß die zwei Säuren meta und para seien, jedoch wurde von Fittig und Ramsay[3] bewiesen, daß nicht meta-, sondern ortho-Säure neben para-Säure entsteht. Bezüglich der relativen Mengen der Säuren, welche man vergeblich durch Kristallisation ihrer Kaliumsalze zu trennen versuchte, wurde gefunden, daß die p-Säure jedenfalls überwiegt.

Chrustschoff[4] ließ in siedendes Toluol konzentrierte Schwefelsäure fließen (wieviel?) und glaubte in dieser Weise ausschließlich p-Säure erhalten zu haben, weil dieselbe ein bei 137° schmelzendes Amid gab. Bourgeois[5] konnte dies nicht bestätigen; sowohl bei der Einwirkung von gewöhnlicher, wie von rauchender (spez. Gew. 1,875) Schwefelsäure, welche mit dem gleichen Volum gewöhnlicher Schwefelsäure gemischt war, auf siedendes Toluol (gleiche Volumina) fand er Bildung von ortho-Säure, etwa 4—5 % nach seiner Schätzung.

Durch eine Untersuchung von Beckurts[6] wurde die Frage angeregt, ob bei der Sulfonierung von Toluol auch meta-Säure entsteht. Beim Einleiten von SO_3 in eisgekühltes Toluol, oder wenn Toluol in rauchende Schwefelsäure floß, solange es sich noch auflöste (wahrscheinlich bei gewöhnlicher Temperatur), bildete sich fast ausschließlich p-Toluolsulfosäure; denn wenn die K-Salze mit PCl_5 behandelt wurden, bildete sich nebst dem bei 69° schmelzenden Chlorid dieser

[1] Bl. (4) **3**, 728 (1908). [2] Z. **1**, 272 (1857). [3] A. **168**, 242 (1873).
[4] B. **7**, 1167 (1874). [5] R. **18**, 435. (1899). [6] B. **10**, 943 (1877).

Säure nur sehr wenig flüssiges Chlorid. Löste er dagegen Toluol in gewöhnlicher oder rauchender Schwefelsäure auf dem Wasserbade auf, so konnte aus dem Reaktionsgemisch ein Chloridgemenge dargestellt werden, welches ca. 8 % flüssiges Chlorid gab. Durch Ausfrieren wurde hieraus das feste p-Chlorid noch tunlichst entfernt, danach der flüssig gebliebene Anteil in Amid umgewandelt. Bei der fraktionierten Kristallisation dieses Amids aus Weingeist zerfiel es in zwei Verbindungen, eine mit dem Schmelzp. 153—154° (Amid der ortho-Säure), die zweite mit dem Schmelzp. 104°. Ein bei 137° schmelzendes Amid (der p-Säure) war nicht zu isolieren. BECKURTS glaubte also, daß in der Verbindung vom Schmelzp. 104° das Amid der meta-Säure vorliegt. Dieses Amid hat den Schmelzp. 107—108°, wie später NOYES und WALKER[1] fanden.

FAHLBERG[2] erhielt durch fraktionierte Kristallisation des Amidgemisches zwar auch eine Verbindung vom Schmelzp. 108°; bei Oxydation derselben entstand jedoch ein Gemisch von ortho- und para-Sulfamidbenzoesäure. Und umgekehrt, wenn reines o- und p-Toluolsulfamid miteinander gemischt wurden, konnte durch fraktionierte Kristallisation eine bei 108° schmelzende Masse erhalten werden, aus welcher durch weiteres Fraktionieren die Komponenten nicht mehr rein abzusondern waren.

Aus dieser Untersuchung geht also hervor, daß m-Toluolsulfosäure beim Sulfonieren von Toluol nicht, oder nur in sehr untergeordneter Menge entsteht. Eine Untersuchung aus demselben Jahre von CLAESSON und WALLIN,[3] wobei wieder eine bei 108° schmelzende Amidfraktion erhalten wurde, ist, trotzdem sie mit ziemlich viel Material ausgeführt wurde, nicht imstande, Zweifel an der Richtigkeit dieser Behauptung aufkommen zu lassen. Sie sulfonierten 1119 g Toluol mit 2800 g Chlorsulfonsäure und erhielten so über 50 % sofort als Chlorid, den Rest als Sulfosäure, welche auch in Chlorid umgewandelt wurde. Der totale Verlust bei diesen Operationen war 8,1 %. Das Gemisch der Chloride wurde stark abgekühlt, wodurch sich festes p-Chlorid ausschied (630 + 568 g). Die flüssigen Sulfochloride (656 + 275 g) wurden in Amide umgewandelt. Wieviel von der Fraktion (Schmelzp. 108°) erhalten wurde, ist nicht erwähnt.

[1] Am. **8**, 188 (1886). [2] B. **12**, 1048 (1879). [3] B. **12**, 1848 (1879).

Die Schwierigkeit der Feststellung, ob dieselbe einheitlich ist, wird hauptsächlich dadurch bedingt, daß die bei 108° schmelzende Masse viel löslicher in Wasser und Alkohol ist, wie die reinen ortho- und para-Amide; auch bei den Salzen, welche durch Umwandlung dieses Amids erhalten wurden, war dies der Fall. Dadurch bleiben in einer Lösung, welche aus der festen Masse dargestellt wird, in den meisten Fällen auch noch die schwerer löslichen Begleiter enthalten, wovon sie praktisch oft nicht zu befreien ist. Hier scheint der Fall vorzuliegen, daß die Anwesenheit des einen Amids die Löslichkeit des anderen ansehnlich erhöht, denn nach den Versuchen FAHLBERGs kann kaum noch die Einheitlichkeit der bei 108° schmelzenden Fraktion behauptet werden.

NOYES[1] hat später noch durch Oxydation der Amidfraktion (Schmelzp. 108°) gezeigt, daß dabei nur o- und p-Sulfamidbenzoesäure erhalten werden.

Nach einer Untersuchung von KLASON[2] enthält das Sulfonierungsprodukt von Toluol dennoch ein wenig m-Säure. Als er nämlich die Toluol-m-sulfosäure weiter sulfonierte, durch Erhitzen mit dem $2^1/_2$fachen ihres Gewichtes an stark rauchender Säure während 3 bis 4 Stunden auf etwa 180°, so erhielt er zwei Toluoldisulfosäuren, von denen die eine ein Chlorid vom Schmelzpunkt 96° und ein Amid vom Schmelzpunkt 224° hatte. Aus der Mutterlauge des α-toluoldisulfosauren Kaliums (erhalten durch weitere Sulfonierung sowohl von roher o- als von roher p-Toluolmonosulfosäure) konnte aber HAKANSON[3] eine β-Toluoldisulfosäure darstellen, deren Chlorid und Amid nach seinen Angaben die Schmelzpunkte 94° bzw. 216° haben, die durch weitere Kristallisation von KLASON aber auf 94°,5° bzw. 222° gebracht werden konnten. Da es daher wahrscheinlich ist, daß diese β-Säure identisch ist mit der einen Disulfosäure aus m-Toluolsulfosäure, wurde letztere (Umwandlungen ausgeschlossen) auch unter den Toluolmonosulfosäuren sich befinden müssen.

Die Sulfonierung des Toluols ist später mit Rücksicht auf die Darstellung des Saccharins von technischer Seite studiert worden. Es war dabei um die Gewinnung einer möglichst großen Ausbeute an o-Toluolsulfonsäure zu tun. BEILSTEIN[4] erwähnt, daß beim Sulfonieren

[1] Am. **8**, 177 (1886). [2] B. **19**, 2887 (1886). [3] B. **5**, 1088 (1872).
[4] Handbuch, Ergänzungsbd. II, 75.

mit gewöhnlicher Schwefelsäure unter 100° und bei starkem Rühren 40—50% Orthosäure entstehen.

Überblickt man die vorliegende Literatur in bezug auf die Mengenverhältnisse, in welchen o- und p-Säure sich bilden, so gelangt man zu keinem ganz klaren Ergebnis. Beim Zufügen von Schwefelsäure bei siedendem Toluol erhielt Bourgeois 4—5% ortho-Säure; Beckurts bei etwas niedrigerer Temperatur ca. 8% (auf dem Wasserbade); die neueren Untersuchungen dagegen gaben unter diesen Umständen 40 bis 50% ortho-Säure. Die Sulfonierung mit Chlorsulfonsäure bei gewöhnlicher Temperatur gab viel ortho-Säure (flüssiges Chlorid). Bei der Beurteilung der älteren Versuche muß aber im Auge behalten werden, daß die damaligen Trennungsmethoden der beiden Säuren durch die Kaliumsalze oder durch Ausfrieren der Chloride sehr unvollkommen waren. Dieselben sind durch die technischen Untersuchungen sehr verbessert. Beim Zufügen von einer ganz bestimmten Wassermenge zum rohen Sulfonierungsgemisch kristallisiert die para-Säure zum größten Teil aus; weiter hat man mit den Magnesiumsalzen durch fraktionierte Kristallisation eine Trennung erzielen können.

Eine nähere Untersuchung nach den Mengenverhältnissen, in welchen beide Isomere unter verschiedenen Umständen entstehen, wäre jedenfalls erwünscht.

Holdermann[1] untersuchte, ob die Gegenwart von Quecksilber Einfluß auf das Verhältnis ausübt, in welchem die o- und p-Verbindung entstehen. Die Menge der o-Verbindung beträgt günstigenfalls nach D.R.P. 35211 von Fahlberg und List 40—50%, nach Lange, D.R.P. 57391 und 137935 40% der erhaltenen Sulfosäure. Holdermann sulfonierte nun 180 g Toluol mit 340 g Oleum von 8% Anhydridgehalt unter Zusatz von 15 g fein verteiltem Merkurosulfat. Die Versuchstemperatur wird nicht angegeben. Er erhielt 335 g = 82% der Theorie an toluolsulfosaurem Kalium. Dieses Salz wurde in Sulfochlorid verwandelt und hieraus durch wiederholtes Ausfrieren das p-Sulfochlorid gewonnen. Es wurden 69% davon erhalten, so daß 31% o-Verbindung gebildet sein sollte. Hierbei muß in Betracht gezogen werden, daß der flüssig gebliebene Teil jedenfalls noch p-Verbindung, vielleicht sogar noch ziemlich viel, in Lösung gehalten haben wird.

[1] B. **39**, 1252 (1906).

Da keine Temperaturangabe gemacht ist, und diese ohne Zweifel einen großen Einfluß auf das Mengenverhältnis der Isomeren haben wird, verliert der Versuch viel von seinem Werte.

Einführung der Sulfingruppe. Knoevenagel und Kenner[1] leiteten trocknes Schwefeldioxyd in Toluol, welches mit Aluminiumchlorid versetzt war, und in welche Mischung zuvor bei niedriger Temperatur trockner Chlorwasserstoff geleitet war. Es wurde hierbei in einer Ausbeute von 94% p-Toluolsulfinsäure erhalten, so daß Isomere nicht oder nur in sehr untergeordneter Menge hierbei entstehen.

Einführung einer zweiten Methylgruppe in Toluol. Dieselbe ist von Ador und Rilliet[2] und von Jacobson[3] ausgeführt worden; beide Male ist unter denselben Umständen gearbeitet worden, jedoch sind die Resultate scheinbar ganz verschieden gewesen. In Wirklichkeit dürften dieselben wohl identisch gewesen sein, doch haben Ador und Rilliet eine sehr mangelhafte Methode angewandt, um das von ihnen erhaltene Produkt zu identifizieren.

Toluol wurde bei beiden Untersuchungen bei 75—80°, unter Zufügen von 15—20% $AlCl_3$ mit Chlormethyl behandelt; ein kleiner Überdruck wurde im Kolben durch eine 5—6 cm hohe Quecksilberschicht hergestellt. Es bildeten sich Xylole und höher methylierte Produkte; durch fraktionierte Destillation wurden erstere von letzteren getrennt. Was zwischen 130—145° überging, mußte die Xylole enthalten (Siedepunkt o-Xylol 141°, m- 139°, p- 138°). Von Ador und Rilliet wurde weiter fraktioniert und dadurch zwei Flüssigkeiten gewonnen, welche bei 135—138° und bei 138—141° übergingen. 30 g dieser letzteren Flüssigkeit wurden mit verdünnter Salpetersäure am Rückflußkühler gekocht. Nach 36 Stunden waren aber noch 28 g unangegriffen. Trotzdem wurde die wäßrige Flüssigkeit verarbeitet. Durch Ausziehen mit Äther wurde eine Toluylsäure erhalten, welche bei 105° schmolz und mit Permanganat weiter zu Phtalsäuren oxydiert wurde. (o-Toluylsäure schmilzt bei 102°, m- bei 111°, p- bei 179°.) Ador und Rilliet glaubten durch eine ungenügende Identifizierung dieser Säuren Iso- und Terephtalsäure erhalten zu haben. Aber auch wenn dieselben exakt nachgewiesen worden wären, würde dieses Resultat

[1] B. **41**, 3318 (1908). [2] B. **11**, 1627 (1879). [3] B. **14**, 2624 (1882).

nicht bestimmend gewesen sein, weil ja weitaus das meiste Xylol unoxydiert geblieben war. Aus der Flüssigkeit, welche zwischen 135 bis 138° überging, glaubten sie durch Oxydation mit Kaliumbichromat und Schwefelsäure ebenfalls Tere- (wenig) und Isophtalsäure erhalten zu haben. Auch hierbei war Xylol (nicht angegeben wieviel) unoxydiert geblieben. Sie kommen daher zum Resultat, daß hauptsächlich m-Xylol entstanden ist. Die Abwesenheit von o-Xylol haben sie auch dadurch zeigen wollen, daß sie Xylol in Schwefelsäure lösten, und die gebildete o-Xylolsulfosäure in ihr Na-Salz umwandelten; die charakteristischen Kristalle dieses Salzes konnten sie aber beim Eindampfen nicht erhalten, was in der Tat schwierig gelingt, wenn das o-Xylol erheblich verunreinigt ist; auch der Umstand ist hindernd, daß das Salz rasch verwittert.

Jacobson[1] hat dagegen bewiesen, daß bei der Einführung einer zweiten Methylgruppe in Toluol nach der Friedel-Craftsschen Methode o-Xylol als Hauptprodukt erhalten wird. Dieser Beweis wurde geliefert durch Sulfonieren der Fraktion des Reaktionsgemisches, welche die Xylole enthalten mußte. Beim Eindampfen der Ba-Salze der gebildeten Xylolsulfonsäuren schied sich eine geringe Menge eines schwer löslichen Salzes aus, aus welcher der Kohlenwasserstoff zurückgewonnen wurde, der bei Oxydation Terephtalsäure gab. Es waren höchstens 2—3% des ganzen Xylols. Die Hauptmasse der Ba-Salze wurde in Na-Salze umgewandelt, welche beim Eindampfen fast nur die großblättrige Kristallmasse des o-xylolsulfonsauren Natriums (CH_3, CH_3, SO_3H = 1, 2, 4) gab. Zur näheren Kontrolle wurde das Amid dargestellt, welches bei 142—144° schmolz. Dies wurde mit $KMnO_4$ oxydiert und danach mit Salzsäure auf 210° erhitzt, wodurch die SO_2NH_2-Gruppe eliminiert und eine Toluylsäure vom Schmelzpunkt 100° erhalten wurde. Bei weiterer Oxydation gab dies reine Phtalsäure, identifiziert durch den Schmelzpunkt des Anhydrids, welches bei 125—130° gefunden wurde.

Da in dem höher siedenden Produkte Mesitylen nachgewiesen werden konnte, muß auch wohl primär m-Xylol gebildet sein. Das Resultat ist also, daß o-Xylol als Hauptprodukt entsteht, und nur wenige Prozente p- und m-Xylol.

[1] a. a. O.

Einführung von Äthyl. Hierüber liegt nur eine sehr dürftige Angabe vor. Defren[1] hat mittels der Friedel-Craftsschen Reaktion Äthyl in Toluol einzuführen versucht, wobei er die Temperatur unter 30° hielt. Er bekam ein Gemenge von Kohlenwasserstoffen, deren Trennung er nicht durchgeführt hat.

Einführung von Propyl. Nach älteren Untersuchungen von Silva[2] würde bei der Einwirkung von n-Propylchlorid auf Toluol + $AlCl_3$ p-Methylpropylbenzol entstehen; nach Genvresse[3] würde sich in dieser Weise hauptsächlich die m-Verbindung neben wenig para bilden. Da unter dem Einfluß von $AlCl_3$ n-Propylchlorid in iso-Propylchlorid übergeht, werden die gebildeten Verbindungen die iso-Propylgruppe enthalten haben.

Kelbe[4] ließ auf überschüssiges Toluol iso-Propyljodid und $AlCl_3$ einwirken (500 g Toluol, 100 g C_3H_7J, 20 g $AlCl_3$) und fügte noch zweimal 10 g $AlCl_3$ zu. Er erhielt einen Kohlenwasserstoff $C_{10}H_{14}$, welcher bei Oxydation eine Säure gab, welche er für iso-Phtalsäure hielt, jedoch ungenügend identifizierte. Es wird nämlich weder ein Schmelzpunkt, noch eine Analyse mitgeteilt. Nur wird gesagt, daß die Säure in Wasser schwer löslich ist und ein leicht lösliches Bariumsalz gibt. Daß die iso-Propylgruppe in meta-Stellung gekommen ist, geht aber daraus hervor, daß der synthetische Kohlenwasserstoff in ein bei 73° schmelzendes Sulfamid umgewandelt werden konnte. Ein Sulfamid von demselben Schmelzpunkt konnte aber auch aus einem Cymol erhalten werden, welches Kelbe aus Harzeszenz gewann und für welches er bewies, daß es bei Oxydation iso-Phtalsäure gibt; denn diese Säure wurde durch Schmelzpunkt, Analyse und Methylester identifiziert.

Einführung von iso-Butyl. Goldschmidt[5] hat Toluol (5 g) mit Butylalkohol (4 g) und Chlorzink (20 g) einige Tage auf 300° erhitzt. Er erhielt ein Butyltoluol, wovon jedoch keine Ortsbestimmung getan wurde.

Kelbe[6] hat mittels der Friedel-Craftsschen Reaktion ein Butyltoluol dargestellt, wobei iso-Butylbromid verwendet wurde. Bei der Fraktionierung erhielt er ein Produkt, welches zwischen 140—200°

[1] B. **28**, 2848 (1895). [2] Bl. **43**, 322 (1885). [3] Bl. (3) **9**, 225 (1893).
[4] A. **210**, 25 (1881). [5] B. **15**, 1066 (1882). [6] B. **19**, 1725 (1886).

destillierte, also in sehr weiten Grenzen. Dieses wurde mit verdünnter Salpetersäure oxydiert, wobei zwei Säuren erhalten wurden, beide von der Zusammensetzung einer Butylbenzoesäure. Durch weitere Oxydation gab die eine Terephtalsäure, die andere iso-Phtalsäure, beide durch den Schmelzpunkt ihrer Methylester und Analyse derselben identifiziert. Bei der Destillation mit Kalk gaben beide erstgenannten Säuren ein Butylbenzol. Die Butylgruppe tritt daher auf der m- und der p-Stelle in Toluol ein. Über die relativen Mengen, in welchen beide Säuren gebildet werden, wird keine Mitteilung gemacht. Daß die Butylgruppe unter dem Einfluß von $AlCl_3$ in tertiäres Butyl umgewandelt wird, ist durch Baur[1] bewiesen. Auch er findet, daß die Butylgruppe in m-Stellung tritt.

Der Ort, wo die tertiäre Butylgruppe eintritt, wird durch den Katalysator bestimmt. Bialobrzewski[2] benutzte nämlich sublimiertes Eisenchlorid anstatt Aluminiumchlorid und erhielt hierbei ein tertiäres Butyltoluol, welches bei seiner Oxydation Terephtalsäure lieferte (durch den Methylester identifiziert). Und auch Verley[3] erhielt p-Butyltoluol, als er Toluol (1 kg) mit 250 g iso-Butylalkohol mischte und dabei langsam unter fortwährendem Rühren 1 kg rauchende Schwefelsäure (mit 25 $^0/_0$ SO_3) zufließen ließ.

Einführung der Amylgruppe. Essner und Gossin[4] erhielten aus Toluol, optisch aktivem Amylchlorid und $AlCl_3$ als Hauptprodukt eine bei 207—209° siedende Flüssigkeit, welche die Zusammensetzung eines Amyltoluols hatte. Bei der Oxydation mit Kaliumpermanganat erhielten sie hauptsächlich Isophtalsäure mit kleinen Mengen von Tere- und Spuren von ortho-Phtalsäure. Wie sie dies bestimmt haben, wird aber nicht angegeben. Auch bei Verwendung von inaktivem Amylchlorid, sowie wenn eine Mischung von Amylen und Toluol mit $AlCl_3$ behandelt wurde, entstand ein Amyltoluol von demselben Siedepunkt, welches auch bei der Oxydation dasselbe Resultat ergab. Die Amylgruppe wird auch hier unter dem Einfluß des Katalysators in die tertiäre Form umgewandelt sein.

Da Essner und Gossin bei der Einführung von Acetyl in Toluol auch angeben, daß hauptsächlich die m-Verbindung entsteht, später

[1] B. **24**, 2833 (1891). [2] B. **30**, 1773 (1897). [3] Bl. (3) **19**, 67 (1898).
[4] Bl. **42**, 213 (1884).

sich aber herausstellte, daß dies unrichtig ist und das p-Keton gebildet wird, so ist es nicht unwahrscheinlich, daß das von ihnen erhaltene Amyltoluol auch die p-Verbindung ist.

Bei der Einführung von Alkyl mittels $AlCl_3$ in Toluol kommt also die Methylgruppe auf ortho, die Propylgruppe auf meta, das Butyl auf meta und para, Amyl wahrscheinlich auf para. Wird aber $FeCl_3$ als Katalysator benutzt oder rauchende Schwefelsäure (wobei dann Alkohol verwendet wird), so geht die Butylgruppe nach para, statt nach meta.

Dieses Resultat ist auffallend; siehe weiteres hierüber im vierten Abschnitt.

Einführung der Aminogruppe. Dies gelang Graebe[1] durch Erwärmen von 10 g salzsaurem Hydroxylamin, 12 g Aluminiumchlorid und 50 g Toluol während 5 Stunden auf dem Wasserbade. Er erhielt 1—1,1 g einer Base, welche aus 90% p-Toluidin und 10% o-Toluidin bestand. Diese Mengen wurden durch Fällung der ätherischen Lösung mit Oxalsäure bestimmt, wobei das Oxalat des p-Toluidins sich vollständig abscheidet.

Einführung von CN. Scholl[2] brachte wasserfreies Aluminiumchlorid in Toluol und fügte Knallquecksilber allmählich hinzu. Hierbei bildet sich ein Gemenge von para- und ortho-Tolunitril (wohl durch primäre Bildung von Chlorcyan aus dem Knallquecksilber), in welchem ersteres vorwiegt.

Einführung von CHO. Diese ist Gattermann und Koch[3] gelungen. Sie fanden, daß in Toluol (und seinen Homologen) eine Gruppe CHO eingeführt werden kann, wenn der Kohlenwasserstoff (30 g Toluol z. B.) mit einem Überschuß an $AlCl_3$ (45 g) und 4 g reinem Kupferchlorür zusammengebracht wird. In diese Mischung wird ein Gemenge von Kohlenoxyd und Chlorwasserstoffgas geleitet, welches sich wie das (nicht bekannte) Formylchlorid in dieser Reaktion verhält:

$$CH_3 \cdot C_6H_4H + Cl\,COH = CH_3 \cdot C_6H_4 \cdot COH + HCl .$$

Ohne Kupferchlorürzusatz versagt die Reaktion. Nach Ablauf derselben wird das Tolylaldehyd mit Wasserdampf überblasen. Aus 30 g

[1] B. **34**, 1778 (1901). [2] B. **36**, 10 (1903).
[3] B. **30**, 1622 (1897); A. **347**, 352 (1906).

Toluol gewinnt man mindestens 22 g reines Tolylaldehyd (Siedep. 204°), welches ausschließlich die para-Verbindung ist, denn bei seiner Oxydation wurde nur p-Toluylsäure erhalten. REFORMATZKY[1] erhielt, wenn er statt $AlCl_3$ $AlBr_3$ anwandte, p-Tolylaldehyd in einer Ausbeute von 75%.

DEWAR und JONES[2] stellten p-Tolylaldehyd mittels Nickelcarbonyl $Ni(CO)_4$ dar. Als sie 1 Mol dieses letzteren mit 4 Mol Toluol und 4 Mol $AlCl_3$ zusammenbrachten, entwickelten sich sofort Ströme Chlorwasserstoff, und diese Gasentwicklung dauerte langsam während mehrerer Tage fort. Durch Einbringen in Eiswasser und Behandlung mit Wasserdampf wurden 16% des angewandten Toluols als p-Tolylaldehyd erhalten, welches durch Oxydation zu Terephtalsäure und Darstellung ihres Methylesters identifiziert wurde. Ein großer Teil des Toluols war unangegriffen geblieben; neben p-Tolylaldehyd erhielten sie ein wenig eines höher siedenden Öles, das aber nicht näher untersucht wurde.

Einführung von C = NOH. Diese ist von SCHOLL und KAČER[3] durch Knallquecksilber und Aluminiumoxychlorid ausgeführt. Neben Toluylaldoxim bildet sich auch Tolunitril. Ortho- und para-Aldoxim entstehen in etwa gleichen Mengen.

Einführung von $COCH_3$. Diese ist auf verschiedenen Wegen erreicht, welche alle ausschließlich eine Substitution auf para-Stellung ergeben haben. MICHAELIS[4] hat 100 g Essigsäureanhydrid mit 400 g Toluol und 60 g $AlCl_3$ am Rückflußkühler längere Zeit erhitzt. Nach Versetzung der Reaktionsmasse mit Wasser wurde das gebildete Keton mit Wasserdampf übergetrieben. Die Ausbeute an Keton war ungefähr gleich dem Gewicht des verwendeten Anhydrids. Bei der Oxydation wurde p-Toluylsäure erhalten.

CLAUS[5] hat die Acetylierung von Toluol mit $AlCl_3$ und Acetylchlorid in Schwefelkohlenstofflösung ausgeführt und bekam auch ausschließlich p-Tolylmethylketon.

FREY und HOROWITZ[1] haben das Keton dargestellt durch Erhitzen von Eisessig, Toluol und $ZnCl_2$, wozu (nach Auflösung dieses Salzes) noch $POCl_3$ gefügt wurde. Außer dem Keton bildet sich auch p-Toluyl-

[1] Centralbl. **1901** I, 1226. [2] Soc. **85**, 216 (1904).
[3] B. **36**, 322 (1903). [4] B. **15**, 185 (1882). [5] B. **19**, 234 (1886).
[6] J. pr. (2) **43**, 114 (1891).

säure, und zwar um so mehr, je weniger Keton erhalten wurde. Da Chlormethyl entwich, stellen sie sich die Bildung der Säure aus primär gebildetem Keton folgendermaßen vor:

$$CH_3 \cdot C_6H_4 \cdot CO \cdot CH_3 + POCl_3 = CH_3 \cdot C_6H_4 \cdot CO \cdot POCl_2 + CH_3 \cdot Cl,$$

wobei dann die Phosphorverbindung, beim Einbringen in Wasser, die Säure erzeugt. Die Entstehung der p-Toluylsäure beweist daher die p-Struktur des Ketons.

Verley[1] änderte die Darstellungsweise des Ketons aus Toluol, Chloracetyl und $AlCl_3$; ebenso Sorge,[2] wodurch die Ausbeute viel besser wurde. Auch sie erhielten nur das p-Keton.

Einführung von COC_6H_5. Kollaritz und Merz[3] studierten die Einführung von Benzoyl in Benzol. Ohne ein wasserentziehendes Mittel gelang dies nicht, wenn sie Benzoesäure oder ihr Anhydrid mit Benzol erhitzten; bei Zufügung von P_2O_5 dagegen wurde eine gute Ausbeute erhalten; auch mit Metaphosphorsäure gelang die Reaktion.

Toluol und Benzoesäure reagieren leichter als Benzol bei Gegenwart von P_2O_5; immerhin mußte doch etwa 12 Stunden auf 200° erhitzt werden. Aus 100 g Säure, 150 g Toluol und 150 g P_2O_5 wurden 100 g eines flüssigen Ketons erhalten, welches langsam zu kristallisieren anfing; es blieb aber noch viel Flüssiges übrig. Beim Erhitzen des festen Ketons (Schmelzp. 56,5—57°) mit Natronkalk auf 250—270° wurde es in Benzol und p-Toluylsäure gespalten, welche durch ihren Schmelzpunkt und Ba-Bestimmung des Barytsalzes identifiziert wurde. Der flüssig gebliebene Anteil gab bei derselben Einwirkung ebenfalls p-Toluylsäure; die daneben vermutete o-Toluylsäure konnte nicht mit Sicherheit konstatiert werden.

Bei einem Versuch von Grucarevic und Merz,[4] um Tolylphenylketon aus Toluol, Chlorbenzoyl und Zinkstaub darzustellen, wobei die Temperatur viele Stunden auf 180—200° gehalten wurde, ergab sich nur eine geringe Ausbeute eines oberhalb 300° siedenden Öles, welches nach Impfung das p-Keton ausschied. Dieselbe gestaltete sich aber sehr gut, als Elbs[5] Benzophenon und seine Homologen mittels der

[1] Bl. (3) **17**, 909 (1897). [2] B. **35**, 1069 (1902). [3] B. **6**, 538 (1873).
[4] B. **6**, 1243 (1873). [5] J. pr. (2) **33**, 181 (1880).

Friedel-Craftsschen Reaktion darstellte, da er viel $AlCl_3$ anwendete (S. 16) und durch Zufügen von CS_2 die Temperatur niedrig hielt. Elbs[1] stellte u. a. Tolylphenylketon dar, welches er in einer Ausbeute von 90—95 % erhielt. Nach ihm ist das erhaltene Keton eine Mischung von 80—95 % para- und 5—20 % ortho-Verbindung; die meta-Verbindung kommt darin nicht vor. Es wird aber nicht mitgeteilt, wie diese Zahlen erhalten sind. Auch sollte das Verhältnis zwischen para- und ortho-Keton — wie diese Zahlen ausdrücken — stark wechselnd sein.

Thörner[2] gibt ein ganz anderes Verhältnis der Isomeren bei der Darstellung des Tolylmethylketons nach der Methode von Kollaritz und Merz an; er erhielt nämlich auf 330 g festes (para) Keton, 402 g „flüssiges, meistens ortho-Keton". Nach den Angaben der letztgenannten ist es aber sehr zweifelhaft, ob dem so ist. Bewiesen hat Thörner es nicht.

Während alle Autoren darüber einig sind, daß in den verschiedenen Darstellungsweisen neben dem para-Keton als Hauptprodukt sich ortho-Keton bildet (was aber nicht endgültig bewiesen ist), behauptet Bourcet,[3] daß er nach der Friedel-Craftsschen Reaktion bis 92 % der Theorie an p-Keton erhalten hat, die Mutterlaugen beim Umkristallisieren aus Petroleumäther dagegen das meta-Keton enthalten; freilich hat er keinen Strukturbeweis gegeben.

Einführung von Quecksilber. Der leichten Einführung von der Gruppe HgX (X = Säurerest) in Benzol wurde bereits auf S. 16 Erwähnung getan. Hier ist darauf etwas näher einzugehen, weil sich durch Dimroths Untersuchungen gezeigt hat, daß aromatische Verbindungen überhaupt leicht „merkurierbar" sind, ebenso allgemein, wie sie nitrierbar, bromierbar, sulfonierbar usw. sind.[4] Die Reaktion verläuft nach der Gleichung:

$$X \cdot Hg \cdot X + H \cdot C_6H_5 = X \cdot Hg \cdot C_6H_5 + HX.$$

Glatt reagieren Merkuriacetat, -sulfat und -nitrat, also diejenigen Salze, welche durch Wasser so weitgehend zersetzt werden, daß sie ohne überschüssige Säure nicht in Lösung zu bringen sind. Queck-

[1] J. pr. (2) **35**, 466 (1887). [2] A. **189**, 84 (1877).
[3] Bl. (3) **15**, 945 (1896).
[4] B. **31**, 2154 (1898); **32**, 758 (1899); **35**, 2032, 2853 (1902).

silberchlorid reagiert dementsprechend nur schlecht, Quecksilbercyanid überhaupt nicht mit aromatischen Verbindungen. Es ist also eine gewisse Analogie vorhanden zwischen dieser Reaktion und der hydrolytischen Spaltung der Merkurisalze:

$$X \cdot Hg \cdot X + HOH = X \cdot Hg \cdot OH + HX.$$

Die Merkurierung von Toluol gelingt leicht, wenn 1 Teil Quecksilberacetat und 5 Teile Toluol am Rückflußkühler miteinander gekocht werden, wobei fast alles in Lösung geht. Durch Kochsalzlösung läßt sich das Produkt im Chlorid $CH_3 \cdot C_6H_4 \cdot HgCl$ umsetzen. Bei der fraktionierten Kristallisation des Rohprodukts ergab sich, daß zwei Isomere gebildet sind; die p-Verbindung, welche schwerer löslich ist, und die o-Verbindung, welche in den Mutterlaugen bleibt. Die Ortsbestimmung der aromatischen Quecksilberverbindungen ist eine sehr einfache und sichere: durch Einwirkung der Halogene wird das Quecksilber schon bei gewöhnlicher Temperatur herausgenommen und durch Halogene ersetzt; so entstand hier durch Einwirkung von Brom o- und p-Bromtoluol.

Anwesend CH_2Cl.

Einführung von Chlor. Beilstein und Kuhlberg[1] chlorierten reines, bei 176° siedendes Benzylchlorid in Gegenwart von etwas Jod mit der erforderlichen Menge Chlor. Hierbei entsteht p-Chlorbenzylchlorid, da derselbe Körper, und zwar leichter, durch Chlorieren von p-Chlortoluol bei Siedehitze erhalten werden konnte.

Die Chlorierung mit $AmPbCl_6$ (s. S. 4) nach Seyewetz und Biot[2] gibt nur Benzalchlorid und ein wenig Benzotrichlorid.

Einführung einer Nitrogruppe. Beilstein und Geitner[3] nitrierten Chlorbenzyl mit rauchender Salpetersäure und erhielten Kristalle vom Schmelzpunkt 71°, die sie durch Oxydation zu „Nitrodracylsäure" (p-Nitrobenzoesäure) als para-Verbindung erkannten; neben den Kristallen wurde stets viel Öl gewonnen, welches von ihnen nur oberflächlich untersucht wurde. Strakosch[4] fand, daß die Menge dieses Öls verringert werden kann, wenn bei —15° nitriert wird; Beilstein und Geitner haben nicht angegeben, bei welcher Temperatur sie

[1] A. **146**, 320 (1868).
[2] Bl. (3) **29**, 224 (1903).
[3] A. **139**, 337 (1866).
[4] B. **6**, 1056 (1873).

nitrierten. NÖLTING[1] unterwarf dieses Öl, dessen Zusammensetzung sich dem des Nitrobenzylchlorids nähert, der Oxydation und erhielt neben p- reichliche Mengen o-Nitrobenzoesäure; nach der isomeren m-Säure suchte er vergebens. Auch er fand, daß bei der Nitrierung bei —15° fast nur p-Nitrobenzylchlorid entsteht.

Die Anwesenheit von m-Nitrobenzylchlorid im Nitrierungsprodukt wurde aber sowohl von ABELLI,[2] als von KUMPF[3] bewiesen. Erstgenannter destillierte das Öl, welches bei der Nitrierung entsteht, mit Wasserdampf, wonach es die Zusammensetzung eines Nitrobenzylchlorids hatte. Bei der Oxydation mit Kaliumpermanganat erhielt er alle drei Benzoesäuren, die durch ihre Barytsalze getrennt wurden.

KUMPF[4] setzte das ölige Gemisch der Nitrobenzylchloride mittels alkoholischer Jodkaliumlösung in die entsprechenden Jodide um, da diese fest und daher leichter zu trennen sind. In der Tat erhielt er bei der fraktionierten Kristallisation neben p-Nitrobenzyljodid (Schmelzpunkt 127°) platte dicke Nadeln vom Schmelzpunkt 74—76° und feine Nädelchen vom Schmelzpunkt 50—70°, wodurch der Beweis geliefert war, daß das Nitrierungsprodukt isomere Nitrobenzylchloride enthält. Um größere Mengen öliges Produkt bei der Nitrierung von Benzylchlorid zu erhalten, wurde bei 20—30° nitriert. Das Nitrierungsprodukt wurde so oft in die Kälte gestellt, als daraus nach dem Absaugen noch etwas erstarrte. Durch fraktionierte Kristallisation aus Äther von diesen Kristallmassen wurde neben p-Nitrobenzylchlorid das o-Isomere erhalten, wie sich aus seiner Oxydation zu o-Nitrobenzoesäure (Schmelzp. 147°, süßer Geschmack) ergab. Das Öl, aus dem sich keine weiteren Kristalle mehr absetzten, wurde ebenfalls oxydiert, und das Gemisch der Nitrobenzoesäuren nach WIDNMANN getrennt, wobei alle drei Nitrobenzoesäuren erhalten wurden. Über ihre Mengenverhältnisse wird nichts mitgeteilt.

ALWAY[5] versuchte, auf welche Weise er die größte Ausbeute an p-Nitrobenzylchlorid erhalten konnte und nitrierte dazu Benzylchlorid mit rauchender Salpetersäure und mit einem Gemisch von Schwefelsäure und Salpetersäure, von letzterer etwas mehr als die theoretische Menge. Die Temperatur wurde auf —15 bis —10° gehalten. Er

[1] B. **17**, 385 (1884). [2] G. **13**, 98 (1882). [3] A. **224**, 98 (1884).
[4] a. a. O. [5] Am. Soc. **24**, 1060 (1902).

fand bei beiden Nitrierungsmethoden etwa 50 % an para-Verbindung, jedoch ist seine Bestimmungsmethode sehr mangelhaft. Er saugte nämlich das weiche rohe Nitrierungsprodukt stark ab und bekam so eine feste Masse, und ein Öl. Das Gewicht der ersteren betrachtete er als Ausbeute an para-Verbindung. Offenbar wird aber das Öl davon auch noch ansehnliche Mengen enthalten haben.

PICTET und KHOTINSKY[1] teilen mit, daß die Nitrierung von Benzylchlorid mit Acetylnitrat bei tiefer Temperatur und in starker Verdünnung mit Tetrachlorkohlenstoff oder Essigsäureanhydrid, 60 % o- und 40 % p-Nitrobenzylchlorid liefert.

Anwesend $CH_2 \cdot SO_3H$.

Einführung von Chlor. Die Farbwerke vorm. MEISTER, LUCIUS & BRÜNING[2] chlorieren Benzylsulfonsäure $C_6H_5 \cdot CH_2SO_3H$, indem sie in eine kalte wäßrige Lösung des Natriumsalzes Chlor einleiten. Die Na-Salze der o- und p-Chlorbenzylsulfonsäure scheiden sich dann kristallinisch aus.

Anwesend $CHCl_2$.

Einführung von Chlor. BEILSTEIN und KUHLBERG[3] erhielten p-Chlorbenzylidenchlorid $C_6H_4Cl \cdot CHCl_2$, indem sie in mit Jod versetztes Benzalchlorid Chlor leiteten; durch Chromsäure wird es leicht in p-Chlorbenzoesäure übergeführt. Jedoch schmilzt das rohe Oxydationsprodukt viel zu niedrig (206° anstatt 236°), obwohl die Analyse genau auf die Zusammensetzung der Säure auskam. Erst durch wiederholtes Lösen in Ammoniak und Fällen mit Salzsäure wurde die Säure vom richtigen Schmelzpunkt erhalten. Man muß daher schließen, daß eine geringe Menge von isomerer Chlorbenzoesäure sich im Rohprodukt vorfindet, so daß sich nicht ausschließlich die p-Verbindung beim Chlorieren von Benzalchlorid bildet.

Einführung der Nitrogruppe. BEILSTEIN und KUHLBERG[4] nitrierten Benzalchlorid aus folgender Überlegung: Da sich beim Nitrieren des Chlorbenzyls ein Derivat der p-Nitrobenzoesäure bildet, Benzotrichlorid

---

[1] B. **40**, 1165 (1906).
[2] Centralbl. **1904** I, 66.
[3] A. **146**, 327 (1868).
[4] A. **146**, 334 (1868).

aber ein Derivat der gewöhnlichen (m) Nitrobenzoesäure liefert, so war es interessant, die Wirkung der Salpetersäure auf das zwischen beiden stehende „Bittermandelölchlorid" $C_6H_5 \cdot CHCl_2$ zu untersuchen. Weil BEILSTEIN und KUHLBERG beim Chlorieren dieses Körpers ein Derivat der p-Chlorbenzoesäure erhalten hatten, erwarteten sie hier ein Derivat der p-Nitrobenzoesäure. Indessen zeigte der Versuch, daß sich ein Abkömmling der gewöhnlichen Nitrobenzoesäure (m) gebildet hatte.

Reines Benzalchlorid wurde tropfenweise in höchst konzentrierte Salpetersäure eingetragen. Es trat eine lebhafte Reaktion ein, die durch Abkühlung gemäßigt wurde. Es gelang ihnen nicht, das Nitrobenzalchlorid vollkommen rein zu gewinnen. Das gebildete Öl wurde daher sofort mit Chromsäurelösung behandelt, wodurch m-Nitrobenzoesäure erhalten wurde, welche durch Analyse ihres Ba-Salzes sowie durch ihre anderen Eigenschaften identifiziert wurde.

Wir haben daher den interessanten Fall vor uns (sagen BEILSTEIN und KUHLBERG), daß in den Substitutionsprodukten eines und desselben Körpers das Chlor und die Nitrogruppe verschiedene Stellen einnehmen. Bis jetzt galt es als Regel, daß die Substitution stets an ein und derselben Stelle erfolgt, d. h. also die Nitrobenzoesäure die Nitrogruppe genau an derselben Stelle enthält, wie die Chlorbenzoesäure das Chlor usf.

Siehe aber unten über eine Erklärung dieser Ausnahme.

Anwesend CCl_3.

Einführung von Chlor. Das p-Chlorbenzotrichlorid $Cl \cdot C_6H_4 \cdot CCl_3$ bildet sich, nach einer Untersuchung von BEILSTEIN und KUHLBERG,[1] beim Chlorieren von Benzotrichlorid unter Anwendung von Jod als Katalysator.

Einführung der Nitrogruppe. Auch diese ist von BEILSTEIN und KUHLBERG[2] ausgeführt worden. Höchst konzentrierte Salpetersäure wirkte bei gewöhnlicher Temperatur sehr heftig auf Benzotrichlorid ein. Dabei bildete sich aber m-Nitrobenzoesäure, offenbar weil das primär gebildete Nitrobenzotrichlorid sofort durch Wasser angegriffen wird. Die Säure wurde durch ihr Ba-Salz identifiziert.

[1] A. **146**, 334 (1868); auch BEILSTEIN, **2**, 49, 3. Aufl.

[2] A. **146**, 333 (1868).

Man hat also beim Benzotrichlorid dasselbe wie beim Benzalchlorid, daß Chlor auf para, Nitro auf meta im Kern eintritt. BROWN und GIBSON[1] haben die Meinung geäußert, daß die Reihenfolge der Reaktionen bei dieser Nitrierung gerade umgekehrt sei, als BEILSTEIN und KUHLBERG mutmaßen, indem primär Benzoesäure entstehe und diese erst nitriert werde; eine analoge Erklärung wäre dann bei der Nitrierung des Benzalchlorids zu geben, wobei sich primär Benzaldehyd bilden kann; denn letztgenannte haben das Nitrierungsprodukt des Benzalchlorids auch nicht rein in Händen gehabt, sondern es sofort oxydiert. Wiewohl die Ansicht wahrscheinlich richtig sein wird, harrt dieselbe noch des experimentellen Beweises.

Anwesend CO_2H.

Einführung von Chlor. Die Bildung von Chlorbenzoesäure durch Chlorieren von Benzoesäure ist eine sehr häufig studierte Reaktion.

FIELD[2] stellte Chlorbenzoesäure dar, indem er Benzoesäure während einiger Tage mit Salzsäure und Kaliumchlorat siedete. OTTO[3] folgte dieser selben Darstellungsweise, erhielt aber ein Produkt, dessen Schmelzpunkt in verschiedenen Darstellungen zwischen 105° und 127° wechselte; trotzdem fand er für den Baryumgehalt des Ba-Salzes den richtigen Wert; ebenso stimmte die Wasserbestimmung in diesem Salz auf 2 aq. Er teilt nicht mit, welchen Schmelzpunkt die Säure hatte, aus welcher das Barytsalz dargestellt wurde.

DEMBEY[4] erhielt Chlorbenzoesäure durch Einwirkung von siedendem Antimonpentachlorid auf Benzoesäure.

HÜBNER und WEISS[5] haben Benzoesäure chloriert durch Erhitzung derselben im zugeschmolzenen Rohre mit Salzsäure und Braunstein auf 150°. Sie erwähnen von ihrem Produkt weder Schmelzpunkt noch Analyse. Daß bei den verschiedenen Verfahren immer m-Chlorbenzoesäure entsteht, wird auf Grund einer Abhandlung von BEILSTEIN und SCHLUN[6] angenommen. Sie haben die verschiedenen Darstellungsweisen der Chlorbenzoesäure wiederholt, mit dem Zwecke, um zu bestimmen, ob dabei eine und dieselbe Säure resultiert. In der Tat konstatierten

---

[1] Soc. **61**, 367 (1892). [2] A. **65**, 55 (1848). [3] A. **122**, 157 (1861).
[4] A. **148**, 222 (1868). [5] B. **6**, 175 (1873). [6] A. **133**, 239 (1864).

sie die Identität der Chlorbenzoesäuren, welche aus Benzoesäure mit Salzsäure und Kaliumchlorat, mit Antimonchlorid und mit Chlorkalk dargestellt wurden, sowie der Säure, welche aus Zimtsäure erhalten werden kann.

Namentlich obige Untersuchung von OTTO ließ aber auch die Gegenwart von anderen Chlorbenzoesäuren mutmaßen. Wirklich fanden CLAUS und BÜCHER,[1] daß beim Chlorieren von Benzoesäure mit Salzsäure und Kaliumchlorat o-Chlorbenzoesäure (Schmelzp. 137°) entsteht; die Menge der so erhältlichen o-Säure war aber nicht immer die gleiche, sondern die Ausbeute an ihr konnte unter Umständen eine äußerst geringe werden.

LOSSEN[2] hat diese Sache weiter verfolgt. Es gelang ihm, ein Verfahren zu ermitteln, bei welchem durch Chlorierung der Benzoesäure die drei Monochlorbenzoesäuren nebeneinander erhalten werden, und zwar vorzugsweise die ortho-Säure, die meta-Säure dagegen in geringer Menge. Dazu behandelte er die Benzoesäure in verdünnter Lösung mit Alkali und Chlor in molekularem Verhältnis oder mit der entsprechenden Menge Hypochlorit bei einer 50° nicht übersteigenden Temperatur. Mit diesen Bedingungen gelingt es, die Chlorierung der Benzoesäure so zu leiten, daß von den drei möglichen Chlorbenzoesäuren die ortho-Verbindung in technisch verwertbaren Mengen erhalten wird. Bezüglich der Mengenverhältnisse, in welchen die Isomere sich bilden, finden sich in der Patentschrift folgende Angaben. Bei der Chlorierung mit Chlorkalk in der berechneten Menge bildeten sich aus 100 Teilen Benzoesäure 30 Teile fast reine p-Säure. Dieselbe enthielt etwas Benzoesäure und m-Chlorbenzoesäure. Das Filtrat hiervon wurde mit Kalk neutralisiert und die Ca-Salze durch fraktionierte Kristallisation getrennt. Dabei wurde neben Benzoesäure o-Chlorbenzoesäure erhalten. Daß noch unveränderte Benzoesäure in ziemlich großen Mengen anwesend ist, schreibt LOSSEN der Bildung von Chlorat zu. Die Bildung von Dichlorbenzoesäuren wird nicht erwähnt.

Beim Chlorieren von Benzoesäure mit der berechneten Menge Natriumhypochlorit wurden die Säuren durch fraktionierte Fällung getrennt. Erhalten wurden aus 100 Teilen Benzoesäure 26 Teile nahezu reiner p-Chlorbenzoesäure. Die Mittelfraktionen enthielten viel Benzoe-

[1] B. **20**, 1623 (1887). [2] Frdl. VII, 115 (1903).

säure, doch die letzten Fraktionen lieferten 29 Teile nahezu reine ortho-Chlorbenzoesäure. Da beide Trennungsmethoden sehr roh sind, geben diese Gewichtsverhältnisse auch nur in erster Annäherung die Mengen der gebildeten Isomeren an.

Es sei schließlich noch erwähnt, daß PISANI in GERHARDTS Laboratorium 1847 Benzoesäure nach ST. EVRES Methode chlorierte, indem er in eine Lösung von Benzoesäure in überschüssiger Kalilauge Chlor leitete und hierbei eine Säure erhielt, welche identisch mit CHIOZZAS Chlorsalylsäure, also o-Chlorbenzoesäure, war.

Durch diese sämtlichen Untersuchungen bekommt man den Eindruck, daß in saurer Lösung hauptsächlich die m-Chlorbenzoesäure entsteht, in neutraler oder basischer die ortho- und para-Säure. Eine erneute Untersuchung wäre notwendig, um hierüber Klarheit zu bringen.

Einführung von Brom. Bei der direkten Einführung dieses Elements ist die Bildung von m-Brombenzoesäure Hauptsache. Ob keine Isomere entstehen, ist nicht mit vollkommener Sicherheit ausgemacht.

PELIGOT[1] erhielt zuerst eine Brombenzoesäure bei der Einwirkung von Bromdampf auf Silberbenzoat. Er fand aber den Schmelzpunkt bei 100° anstatt bei 155° (Schmelzpunkt der m-Brombenzoesäure); es fehlen alle analytischen Belege.

ANGERSTEIN[2] fand den Schmelzpunkt 152—153° und bewies, daß es die meta-Säure ist, durch Überführung in die scharf gekennzeichnete Nitrobrombenzoesäure vom Schmelzpunkt 139—140°. FRIEDBURG,[3] ebenfalls in HÜBNERS Laboratorium, stellte dann eine ausführliche Untersuchung an, ob die Brombenzoesäure, welche durch Einwirkung von Brom und Wasser auf Benzoesäure in zugeschmolzenen Röhren entsteht, noch andere Säuren beigemischt enthält. Diese Bromierungsmethode war früher[4] bereits von HÜBNER, OHLY und PHILIPP nach einer Vorschrift von REINECKE[5] erprobt worden. Zunächst wurde das Hauptprodukt durch öfteres Umkristallisieren rein, vom Schmelzp. 155° erhalten; als Lösungsmittel wurden sowohl Wasser wie Alkohol verwendet. Diese reine Säure wurde in Barytsalz umgewandelt, dieses wieder einigemal umkristallisiert und die Säure daraus zurückgewonnen; dieselbe hatte wieder den Schmelzpunkt 155°. An ihrer Einheitlichkeit

---

[1] A. **28**, 246 (1838). [2] A. **158**, 1 (1871). [3] A. **158**, 19 (1871).
[4] A. **143**, 233 (1867). [5] Z. **1865**, 116.

kann daher nicht gezweifelt werden. Es waren jedoch neben der bei 155° schmelzenden Brombenzoesäure oft sehr niedrig schmelzende Säuremengen entstanden. Diese hält Friedburg für Brombenzoesäure, welche mit Benzoesäure verunreinigt ist. In der Tat ging bei der Destillation mit Wasserdampf dieser niedrig schmelzenden Anteile eine Säure über, welche er ohne näheren Beweis für Benzoesäure hielt. Er mischte nun seine reine Brombenzoesäure mit verschiedenen Mengen Benzoesäure und zeigte, daß diese Mischungen erheblich niedriger schmelzen als die Brombenzoesäure, womit er den Beweis für seine Annahme für erbracht hält.

Dies ist jedoch keineswegs der Fall. Eine Schmelzpunktserniedrigung würde sowohl durch Isomere als durch Benzoesäure bewirkt werden. Dann ist zu bemerken, daß m-Brombenzoesäure auch mit Wasserdämpfen flüchtig ist, wiewohl schwer. Die überdestillierte Säure hätte also untersucht werden sollen, ob dieselbe wirklich Benzoesäure war. Dann wäre zu untersuchen gewesen, ob der Rückstand, nach dem Abblasen der „Benzoesäure", bei der Analyse (oder einfacher durch Titration) die Zusammensetzung einer Monobrombenzoesäure hatte, und ob sein Schmelzpunkt nun scharf auf dem der m-Brombenzoesäure stimmte; denn auch auf die Bildung von Dichlorbenzoesäure hätte Rücksicht genommen werden müssen. So wie die Untersuchung jetzt vorliegt, beweist sie nicht die Abwesenheit von isomeren Monobrombenzoesäuren.

Beim Schmelzen der reinen m-Brombenzoesäure vom Schmelzpunkt 155° mit Kali bilden sich Salizylsäure und p-Oxybenzoesäure. Dies kann jedoch so erklärt werden, daß bei diesem Prozeß Phenol entsteht, welches durch die (Karbonat haltende) Schmelze in beide genannte Säuren verwandelt wird.

Wheeler und Mc Farland[1] bromieren Benzoesäure in einem offenen Gefäß, indem sie 20 g der Säure mit 6 g Eisendraht auf 170° bringen und dann 47 g Brom langsam zufließen lassen unter gleichzeitiger Erhöhung der Temperatur auf 260°. Auch hierbei entsteht m-Brombenzoesäure, welche aber nach meinen Erfahrungen einen zu niedrigen Schmelzpunkt hat (150—152°), was durch die Gegenwart einiger Prozente s-Dibrombenzoesäure verursacht wird, welche äußerst

[1] Am. **19**, 364.

schwierig zu entfernen ist. Ob hierbei auch isomere Monobromsäuren entstehen, ist nicht näher untersucht worden.

Einführung von Jod. Diese ist von PELTZER[1] ausgeführt worden durch Erhitzung von Benzoesäure mit K-Jodat und verdünnter Schwefelsäure in zugeschmolzenen Röhren. BIRNBAUM und REINHERZ[2] haben Silberbenzoat mit 1 Mol. Jod erhitzt. In beiden Fällen wurde m-Jodbenzoesäure erhalten; Isomeren sind nicht konstatiert.

Einführung der Nitrogruppe. Die Nitrierung der Benzoesäure ist zu wiederholten Malen studiert, wodurch die Kenntnis der Zusammensetzung ihres Nitrierungsproduktes vollständiger ist als die der Produkte, welche bei Einführung anderer Atome oder Gruppen in diese Säure entstehen.

GRIESS[3] nitrierte die Benzoesäure nach einer von ERNST modifizierten Methode von GERLAND, darin bestehend, daß ein Gemisch von 1 Gewichtsteil Benzoesäure und 2 Gewichtsteilen Salpeter in 3 Gewichtsteile konzentrierte Schwefelsäure langsam eingetragen wird. Er beobachtete, daß neben der m-Nitrobenzoesäure, welche als Hauptprodukt erhalten wird, auch die ortho-Säure entsteht, deren Menge er jedoch nur auf 2 % schätzte. Die Anwesenheit der ortho-Säure wurde dadurch bewiesen, daß das Rohprodukt mit heißem Wasser behandelt wurde, wobei dieselbe in Lösung geht, da sie viel löslicher als die m-Säure ist. Das in Lösung gegangene Gemisch von ortho- und meta-Säure wurde durch fraktionierte Kristallisation der Bariumsalze getrennt.

Daß die Trennung früher nicht einfach war, beweisen die Publikationen von FITTICA,[4] welcher glaubte, eine vierte und fünfte Nitrobenzoesäure aus dem Nitrierungsgemisch isoliert zu haben. GRIESS,[5] LADENBURG[6] und SALKOWSKI[7] zeigten aber, daß FITTICA sich geirrt hat. Ersterer bewies durch häufige fraktionierte Kristallisation, daß die m-Nitrobenzoesäure, welche FITTICA für ein Gemisch von zwei Säuren, von den Schmelzpunkten 125° und 178°, hielt, durchaus einheitlich ist; er entdeckte aber im Nitrierungsprodukt eine kleine Menge p-Nitrobenzoesäure, was LADENBURG bestätigte. SALKOWSKI bewies, daß FITTICAS Nitrobenzoesäure vom Schmelzpunkt 178° ein Gemisch von p-Nitrobenzoesäure und Benzoesäure ist.

---

[1] A. **136**, 200 (1865). [2] B. **15**, 456 (1882). [3] A. **166**, 129 (1873). [4] B. **8**, 252, 710, 741 (1875). [5] B. **8**, 526 (1875). [6] B. **8**, 535 (1875). [7] B. **8**, 636 (1875).

WIDNMANN[1] hat dann das rohe Nitrierungsgemisch einem sorgfältigen neuen Studium unterworfen und namentlich eine gute Trennungsmethode der drei Säuren ausgearbeitet. Er nitrierte auch nach der GERLAND-ERNSTschen Methode. Eine Trennung der Säuren selbst durch Wasser gelingt nicht; dagegen läßt sie sich leicht durch die Baryumsalze erreichen. Auch GRIESS[2] hatte sich bereits dieser Salze zur Trennung der Säuren bedient. Das m-Baryumsalz ist nämlich in Wasser schwer löslich, die Ba-Salze der Isomeren sind dagegen leicht löslich. Durch Umkristallisieren des rohen Ba-Salzes läßt sich das m-Ba-Salz bald in völlig reinem Zustand erhalten. Beim Eindampfen der Mutterlaugen tut sich eine eigentümliche Erscheinung vor. Anfangs kristallisieren noch die feinen Nadeln des m-Salzes, dann folgt die Ausscheidung von warzigen Aggregaten, welche aus einem Gemisch der drei Ba-Salze bestehen; endlich erhält man die honiggelben, sehr leicht löslichen Kristalle des o-Ba-Salzes. Letztere können durch Auslesen und Behandlung mit wenig kaltem Wasser leicht von den viel schwerer löslichen Warzen getrennt werden; durch Umkristallisieren ist dann das o-Ba-Salz leicht rein zu erhalten. Um schließlich aus den Warzen die p-Säure rein zu erhalten, hat HOLLEMAN[3] aus denselben die Säuren freigemacht und dieselben mit Chloroform behandelt. In dieser Flüssigkeit ist die meta-Säure (welche auch hier wieder quantitativ überwiegt) sehr viel löslicher als die ortho- und namentlich als die para-Säure.[4] Ist erstgenannte in dieser Weise größtenteils entfernt, so ist die p-Säure durch Wasser leicht von der sehr viel löslicheren o-Säure und der noch anwesenden m-Säure zu trennen. WIDNMANN kommt durch seine Trennungsmethode zum Ergebnis, daß etwa 25 % o-Säure im Nitrierungsprodukt anwesend sind; über die Menge der p-Säure teilt er nichts mit.

GRIESS[5] hat die Trennungsmethode durch die Ba-Salze in großem Maßstabe durchgeführt, indem er sie auf das Nitrierungsprodukt von 2 kg Benzoesäure anwandte; er erhielt so 347 g o-Nitrosäure und 35 g p-Nitrosäure, oder 17,4 bzw. 1,3 %. Da 2 kg Benzoesäure 2738,8 g

---

[1] A. **193**, 202 (1878). [2] B. **8**, 528 (1875). [3] R. **17**, 257 (1898).

[4] 100 g Wasser lösen bei 25°: 0,744 g ortho; 0,305 g meta; 0,0235 g para; 100 g Chloroform lösen bei 25°: 1,13 g ortho; 4,70 g meta; 0,114 g para.

[5] B. **10**, 1871 (1877).

Nitrobenzoesäure entsprechen, würde das Nitrierungsprodukt 12,7 % o-Säure und 1,3 % p-Säure enthalten haben. Er findet also nur die Hälfte der o-Säure, die WIDNMANN erhalten hat.

Die Ursache der schwierigen Trennbarkeit der freien Nitrobenzoesäuren ist später von HOLLEMAN[1] zum Gegenstand einer eingehenden Untersuchung gemacht. Dabei ergab sich, daß die Löslichkeit von Säuregemischen, bestehend aus o + p-, und m- + p-Säure, gemäß der NERNSTschen Theorie, geringer ist als die Summe der Löslichkeiten der beiden abgesonderten Säuren; daß dagegen die Löslichkeit vom Säuregemisch o + m größer anstatt kleiner ist als diese Summe. Wenn die Säuren o + m zusammen aus der Lösung ihrer Alkalisalze niedergeschlagen werden, oder gemischt aus Wasser oder Äther kristallisieren, oder zusammengeschmolzen werden, und von den so erhaltenen Gemischen die Löslichkeit bestimmt wurde, war dieselbe noch bedeutend viel größer als die Summe der Löslichkeiten der einzelnen Säuren. Die schwierige Trennbarkeit dürfte also in diesen Verhältnissen ihre Ursache haben.

Eine erneute Bestimmung der relativen Mengen der drei Säuren, welche sich bei der Nitrierung der Benzoesäure bilden, wurde von HOLLEMAN[2] ausgeführt, wobei die Auslaugungsmethode benutzt wurde. Es war erstens eine geeignete Nitrierungsmethode zu suchen, welche so zu wählen war, daß sich möglichst wenig Nebenprodukte bilden und keine Benzoesäure unangegriffen blieb. Zweitens war eine Methode auszuarbeiten, um das Nitrierungsprodukt quantitativ zu gewinnen. Die Nitrierung mit FRANCHIMONTS reeller Salpetersäure gab die besten Resultate; der Prozeß verläuft damit nicht momentan, aber doch ziemlich rasch und auch vollständig. Doch sogar mit dieser vorzüglichen Methode gelingt es nicht, Nebenprodukte völlig auszuschließen; bei anderen Nitrierungsmethoden (z. B. nach GERLAND-ERNST mit Schwefelsäure und Salpeter) oder mit einem Gemisch von Schwefel- und Salpetersäure war die Quantität der Nebenprodukte wesentlich größer.

Die Nitrierung der Benzoesäure und die quantitative Gewinnung der Nitrierungsprodukte wurde wie folgt ausgeführt. 3 g Benzoesäure

[1] R. **17**, 247, 329 (1898).

[2] R. **18**, 267; auch Ph. Ch. **31**, 79 (1899).

wurden langsam in die fünffache Menge reeller Salpetersäure eingetragen. Das Gefäß mit der Salpetersäure wurde so weit als möglich auf konstanter Temperatur gehalten. Da aber der Nitrierungsprozeß eine ansehnliche Wärmemenge entwickelt, waren Temperaturschwankungen bis 5° nicht zu vermeiden, doch waren sie nur sehr selten so groß. Nachdem alles eingetragen war, wurde die Lösung etwa $^1/_4$ Stunde sich selbst überlassen und danach in ca. 120 ccm eiskaltes Wasser ausgegossen. Sogleich entsteht ein Niederschlag. Damit sich so viel wie möglich vom Nitrierungsprodukt direkt aus der Lösung abschied, wurde dieselbe einige Stunden in Eis gestellt. Dann wurde der Niederschlag abgesogen und mit Eiswasser einige Male nachgewaschen. Offenbar genügt es in diesem Falle nicht, den so gesammelten Niederschlag für die quantitative Bestimmung der drei Säuren zu verwenden, denn das Filtrat enthält noch ziemlich viel Nitrierungsprodukt und, wegen der sehr verschiedenen Löslichkeit der drei Säuren, in anderer Proportion als es im Niederschlag vorhanden ist; es enthält in der Tat fast alle gebildete o-Säure. Aus dem Filtrat und Waschwasser werden die Säuren gewonnen durch dreimaliges Ausschütteln mit viel Äther, welcher frisch über Natrium destilliert war; eine vierte Wiederholung des Ausschüttelns mit Äther entzog dem Wasser nichts mehr. Wenn anderseits die dreimal extrahierte wäßrige Lösung zur Trockne verdampft wurde, blieb nur ein sehr geringer gelber Rückstand von einigen Milligramm Gewicht.

Mit den Nitrosäuren ist auch die Spur der gelb gefärbten Nebenprodukte und eine ziemlich bedeutende Quantität Salpetersäure in Äther übergegangen. Man kann daher die ätherische Lösung nicht direkt abdestillieren, denn dabei treten bald nitrose Dämpfe auf, welche das Nitrierungsprodukt angreifen. Um die Salpetersäure zu entfernen, wird der Äther wiederholt mit kleinen Quantitäten Wasser durchgeschüttelt. Der Äther wird nun mit wasserfreiem Natriumsulfat getrocknet und abdestilliert; es tritt dabei keine Spur nitroser Dämpfe mehr auf, zum Zeichen, daß alle Salpetersäure in Wasser übergegangen ist. Auch der gelbe Farbstoff ist größtenteils dem Äther entzogen, aber natürlich auch ein wenig von den Nitrosäuren. Um diese zurückzugewinnen, wird das Waschwasser eingedampft. Der Rückstand ist sehr gering; in zwei Fällen betrug sein Gewicht 66 mg und 44 mg und war er gelb gefärbt. Er wurde mit wenig Wasser in einen kleinen Scheidetrichter gebracht und dreimal mit Äther geschüttelt. Der gelbe Farbstoff ist in Wasser viel löslicher als in Äther und bleibt deshalb nahezu völlig zurück. Beim Trocknen des Äthers mit Na_2SO_4 entzieht dies aufs neue den Farbstoff der Lösung, so daß dieselbe oft völlig farblos wird. Was nach Verdampfung der ätherischen Auszüge zurückbleibt, wird schließlich mit der Hauptmasse, welche direkt beim Eingießen in Wasser präzipitiert war, vereinigt. Bisweilen war das so erhaltene Nitrierungsprodukt noch nicht ganz farblos; um es dann noch weiter zu reinigen, wurde es mit sehr wenig eiskaltem Wasser in einem Mörser sorgfältig verrieben und scharf abgezogen; der Farbstoff ist jetzt in Lösung übergegangen. Der Verlust an Nitrosäure kann dabei nur sehr gering sein; um denselben noch geringer zu machen, wurde das Filtrat noch zweimal mit Äther ausgeschüttelt, wobei wieder der gelbe Farbstoff zurückblieb, mit Na_2SO_4 getrocknet und abdestilliert. Auf diese Weise gelingt es, ein völlig oder wenigstens fast völlig farbloses Gemenge der Nitrosäuren quantitativ zu gewinnen.

Ich habe versucht, ob die reelle Salpetersäure auf ortho-, meta- und para-Nitrobenzoesäure noch weiter einwirkt, ob also die Verwandlung dieser Säuren in höher nitrierte nicht schon merklich unter den Versuchsbedingungen eintrat, unter denen nitriert wurde. Dazu wurden die reinen mono-Nitrosäuren in Salpetersäure bei gewöhnlicher Temperatur gelöst und diese Lösung in Wasser ausgegossen. Es war keine Spur von Färbung entstanden; die Schmelzpunkte der Säuren waren unverändert geblieben; und als die Filtrate auf dem Wasserbade eingedampft wurden, blieben auch dann die Säuren fast völlig farblos zurück. Bei der meta-Nitrobenzoesäure wurde noch eingehend auf die Bildung von m,m-Dinitrosäure geachtet, aber es wurde keine gefunden. Aus diesen Versuchen kann man schließen, daß die Spuren gelbgefärbter Nebenprodukte bei der Nitrierung reiner Benzoesäure nicht sekundär aus bereits gebildeter Nitrosäure entstehen, sondern primäre Einwirkungsprodukte darstellen.

Das Gewicht der Nitrosäuren, welches auf obige Weise gewonnen wird, kommt sehr nahe dem theoretisch berechneten. 122 Teile Benzoesäure müssen theoretisch 167 Teile Nitrobenzoesäure geben, oder 2,500 g müssen 3,4235 g Nitrosäure liefern. Als in einigen Fällen die verschiedenen oben beschriebenen Operationen so genau wie möglich durchgeführt wurden, wurden aus dieser Quantität Benzoesäure erhalten:

Nitrierung bei	Benzoesäure
— 5— 0°	3,2875 g
20—25	3,252
30	3,303
30	3,379

Hieraus geht also hervor, daß die Menge der Nebenprodukte nur sehr gering ist; denn namentlich beim Ausäthern sind kleine Verluste fast unvermeidlich.

Die erhaltenen Nitrierungsprodukte wurden noch untersucht auf die Anwesenheit von Spuren von Salpetersäure mittels der Diphenylaminreaktion; auf Benzoesäure durch Titration; 0,1000 g Mononitrobenzoesäure brauchen zur Neutralisierung 11,98 ccm $^1/_{20}$-norm. Barytwasser, die gleiche Menge Benzoesäure 16,4 ccm, so daß 0,1 ccm mehr bereits 2,26 $^0/_0$ Benzoesäure entsprechen. Ich habe mich daher für den Nachweis von Benzoesäure auch noch seiner größeren Flüchtigkeit mit Wasserdämpfen bedient. 1 g des Nitrierungsprodukts wurden während einer Viertelstunde in einem kräftigen Dampfstrahl abgeblasen, und zur Kontrolle 1 g eines Gemenges der drei reinen Nitrosäuren in ähnlicher Weise behandelt. Das Destillat hatte aber in beiden Fällen denselben Titer: 0,3 gegen 0,25 ccm $^1/_{20}$-norm. Baryt. Man darf daher schließen, daß das Gemenge frei von Benzoesäure war.

Drittens wurde auf symm.-Dinitrobenzoesäure untersucht, zunächst auch durch Titration, dann aber auch mikrochemisch. Die m,m-Dinitrosäure läßt sich nämlich dadurch in folgender Weise nachweisen: Zu einem Gemenge von 0,75 g ortho-, 0,2 g meta- und 0,05 g para-Säure wurden 40 mg der genannten Dinitrosäure hinzugefügt. Alles wird durch Erwärmen in wenig heißem Wasser gelöst; man läßt es darauf völlig erkalten. Die Dinitrosäure befindet sich fast völlig in der Mutterlauge, während die Mononitrosäuren größtenteils auskristallisiert sind. Wenn man jetzt einen Tropfen dieser Mutterlauge auf einem Objektglas verdampfen läßt, so bekommt man neben den stark verästelten Kristallen der Mononitrosäuren scharf begrenzte Trapeze oder Doppeltrapeze der Dinitrosäure in großer Anzahl. Daraus läßt sich schließen, daß auch noch wesentlich geringere Quantitäten Dinitrosäure als 4 %, wie in obigem Gemenge, in dieser Weise sich genau werden nachweisen lassen. In der beschriebenen Weise war keine der drei Säuren (Salpetersäure, Benzoesäure und Dinitrobenzoesäure) nachzuweisen.

Zur Kontrolle der oben beschriebenen Methode zur Gewinnung des Nitrierungsprodukts und der Auslaugungsmethode, wurden beide an einem Gemisch der drei reinen Nitrobenzoesäuren erprobt; es wurden 0,060 g p-Nitrobenzoesäure, 0,450 g ortho- und 2,490 g meta-Säure gemischt (in Prozenten ausgedrückt 2 % para, 15 % ortho und 83 % meta) und in reeller Salpetersäure gelöst, was sehr schnell eintrat. Diese Lösung wurde in ca. 120 ccm Wasser ausgegossen und weiter gerade so verfahren, wie oben für die quantitative Gewinnung der Säuren beschrieben worden ist. Von den angewandten 3,000 g wurden 2,933 g zurückerhalten.

Die Bestimmung der drei Säuren gab folgendes Resultat:

	Angewandte Quantitäten	Gefunden
ortho-Säure . . .	15,0 %	14,4
meta-Säure . . .	83,0	83,8
para-Säure . . .	2,0	1,8

Die Genauigkeit ist also etwas größer als 1 %.

Es wurde nun die Benzoesäure bei drei verschiedenen Temperaturen nitriert, um den Einfluß der Temperatur auf die Zusammensetzung des Nitrierungsprodukts kennen zu lernen; bei der Analyse — durch die Auslaugemethode — ergab sich folgende prozentische Zusammensetzung:

Nitrierung bei	– 30°	0°	+ 30°
ortho-Säure . . .	14,4	18,5	22,3
meta-Säure . . .	85,0	80,2	76,5
para-Säure . . .	0,6	1,3	1,2

Es ist also vornehmlich die Menge der ortho-Säure am meisten mit steigender Temperatur gewachsen. Bei der para-Säure sieht man, daß ihre Quantität zwar verdoppelt ist, aber immerhin sehr gering bleibt. Doch in einem Intervall von 60° ist insoweit die Zusammensetzung der Nitrierungsprodukte wenig verändert, daß die quantitative Überlegenheit der meta-Säure erhalten bleibt.

Auch die Nitrierung des Methyl- und Äthylesters der Benzoesäure wurde bei drei verschiedenen Temperaturen quantitativ durchgeführt:

I. Methylester. Beim Einbringen kleiner Mengen des sorgfältig gereinigten Esters in die fünffache Menge reeller Salpetersäure löste er sich zwar momentan, doch stieg die Temperatur noch während einiger Minuten, woraus man schließen darf, daß die Nitrierung nur langsam vor sich geht. Verwandt wurden ca. 3 g. Nachdem alles eingetragen war, wurde die Lösung noch eine Viertelstunde sich selbst überlassen und darauf in ca. 120 ccm Wasser ausgegossen. Da sich hierbei ein teilweise erstarrendes Öl abschied, wurde mit Äther ausgeschüttelt und diese ätherische Lösung wieder durch Schütteln mit Wasser von Salpetersäure befreit. Dieses Waschwasser hinterließ beim Verdampfen keinen Rückstand. Der Äther wurde abdestilliert, und der Rückstand, welcher fast ganz kristallinisch erstarrte, mit normaler Kalilösung im Wasserbad verseift. Danach wurde eine mehr als äquivalente Quantität normaler Salzsäure hinzugefügt und die sich abscheidenden Säuren in Äther aufgenommen. Es erwies sich dies als praktischer, als die Hauptmenge der Säuren erst durch Filtration zu sammeln, weil sie alsdann sehr schwierig aschefrei zu bekommen war. Weiter wurde die Mutterlauge auf ganz dieselbe Weise bearbeitet wie oben beschrieben worden ist.

II. Äthylester. Es wurde hier ganz ähnlich verfahren, wie beim Methylester. Das Nitrierungsprodukt erstarrte hier, nach Entfernung des Äthers, nur zum kleinen Teil; die Verseifung ging etwas langsamer vor sich wie beim Methylester.

Die Resultate sind folgende:

Methylester.

Nitrierung bei	-30°	0°	$+30^{\circ}$
ortho-Säure . . .	23,6	21,0	25,7
meta-Säure . . .	74,4	73,2	69,8
para-Säure . . .	2,0	5,8[1]	4,5

[1] Ich bin nicht ganz sicher hinsichtlich dieser Zahl; wahrscheinlich ist dieselbe etwas zu hoch, was zur Folge haben würde, daß die Zahl 21,0 für die ortho-Säure etwas zu niedrig wäre.

Äthylester.

Nitrierung bei	− 40°	0°	+ 30°
ortho-Säure . . .	25,5	28,3	27,7
meta-Säure . . .	73,2	68,4	66,4
para-Säure . . .	1,3	3,3	5,9

Aus diesen Zahlen geht zunächst hervor, daß bei der Nitrierung des benzoesauren Methyl- und Äthylesters auch ein Paranitroprodukt entsteht, was in der Literatur nicht erwähnt wird. Ich habe diese para-Nitrobenzoesäure in folgender Weise abscheiden können: 1 g des Säuregemenges wurde in siedendem Wasser gelöst und diese Lösung mit Barytwasser neutralisiert. Dieselbe wurde dann während einiger Stunden in Eis gesetzt, wodurch die Hauptmenge des schwer löslichen Bariumsalzes der meta-Säure abgeschieden wurde. Aus der Mutterlauge wurden die Säuren durch Salzsäure präzipitiert, auf ein Filter gesammelt, mit Eiswasser ausgewaschen und aufs neue in Bariumsalze verwandelt. Es kristallisierte wieder das Salz der meta-Säure aus. Das Filtrat davon wurde nur partiell mit Salzsäure präzipitiert. Der Niederschlag, schwachgelb gefärbt wie die para-Säure, wurde auf einem sehr kleinen Filter sorgfältig mit Eiswasser ausgewaschen und bei 110° getrocknet. Er war aschefrei und hatte den Schmelzpunkt 235°. Reine para-Säure schmilzt bei 240°.

Wenn man die entstandenen Quantitäten ortho- und para-Säure auf 100 Teile meta-Säure umrechnet, so bekommt man folgende Zusammensetzung:

Nitrierung bei		− 30°	0°	+ 30°
m-	Benzoesäure	100	100	100
o-	Benzoesäure	16,9	23,1	29,2
p-	Benzoesäure	0,7	1,6	1,6
m-	Methylester	100	100	100
o-	Methylester	31,7	28,7	41,7
p-	Methylester	2,7	7,9	6,4
m-	Äthylester	100	100	100
o-	Äthylester	34,8	41,4	36,8
p-	Äthylester	1,8 (bei − 40°)	4,8	8,9

Man sieht hieraus, daß bei steigender Temperatur die Nebenprodukte o + p-Säure in größerer Menge sich bilden; auch entstehen dieselben bei den Estern in erheblich größerer Quantität als bei der freien Benzoesäure.

Später hat HOLLEMAN[1] dann noch den Einfluß einer großen Menge Schwefelsäure auf die Zusammensetzung des Nitrierungsprodukts ermittelt. Es wurde in folgender Weise vorgegangen:

10 g Benzoesäure wurden in 33 ccm konzentrierter Schwefelsäure gelöst und 4 ccm Salpetersäure von 97,6% sehr langsam zugegeben, so daß sich die Temperatur nicht erhöhte. Die Analyse des Nitrierungsprodukts gab folgende Zahlen:

Temperatur + 30°: 19,6% ortho, 75,5% meta, 4,9% para;

oder auf 100 Teile m-Säure:

25,9% ortho, 6,5% para.

Die Menge der o-Säure hat dabei abgenommen, dagegen ist viel mehr p-Säure gebildet.

FRANCIS[2] stellte Benzoylnitrat, $C_6H_5 \cdot CO \cdot ONO_2$, durch Vermischen von Silbernitrat mit Benzoylchlorid bei niedriger Temperatur dar. Wird dieses Produkt in Nitrobenzol gelöst, so lagert es sich langsam (in 6 Monaten etwa 60%) in m-Nitrobenzoesäure um. Es würde dies das erste Beispiel sein, wobei eine Gruppe in m-Stellung aus einer Seitenkette in den Benzolkern tritt, da dies sonst immer in ortho-para-Stellung stattfindet. Es ist aber fraglich, ob es sich hier um eine wirkliche intramolekulare Umwandlung handelt, denn beim Aufbewahren von Benzoylnitrat spaltet es sich in Benzoesäureanhydrid und Salpetersäureanhydrid, so daß die Bildung von m-Nitrobenzoesäure erst aus diesen Spaltungsstücken sich vollzogen haben kann. Auffallend ist die Mitteilung, daß die erhaltene m-Nitrobenzoesäure völlig frei von ihren Isomeren war.

Bei der Einwirkung von Gemischen von Salpetersäure (oder ihr Anhydrid) und Essigsäureanhydrid auf Benzoylchlorid, erhielten KARSLAKE und HUSTON[3] unter verschiedenen Umständen nur o- und m-Nitrobenzoesäure, neben anderen Substanzen.

---

[1] B. **39**, 1715 (1906). [2] B. **39**, 3798 (1906).
[3] Am. Soc. **31**, 479 (1909).

Einführung von SO_3H. Mitscherlich[1] hat Sulfobenzoesäure durch Behandlung von Benzoesäure mit „wasserfreier Schwefelsäure“ dargestellt. Barth[2] behandelte Benzoesäure mit Dampf von Schwefeltrioxyd, bis dieses im Überschuß anwesend war und sich eine braune dickflüssige Masse gebildet hatte. Auch er erwähnt die Bildung von nur einer Säure. Ador und Oppenheim[3] bewiesen die m-Stellung der Sulfogruppe in der gewöhnlichen Sulfobenzoesäure, indem beim Schmelzen ihres Kaliumsalzes mit Formiat Isophthalsäure erhalten wurde (Schmelzp. 275° angegeben) und beim Schmelzen mit Kali eine Oxybenzoesäure (Schmelzp. auf 182° angegeben), welche mit Eisenchlorid keine Färbung gab.

Remsen[4] zeigte, daß die rohe Sulfobenzoesäure, dargestellt nach der Methode von Barth, oder auch durch Erhitzen von Benzoesäure mit rauchender Schwefelsäure, neben m-Säure als Hauptprodukt, auch p-Säure enthält. Der Beweis wurde wieder geführt durch Schmelzen mit Kali, wobei m- und p-Oxybenzoesäure erhalten wurden. Reine m-Sulfobenzoesäure, mit Kali geschmolzen, gab nur m-Oxybenzoesäure. Die Darstellung der reinen p-Säure aus dem Gemisch, auch in Form seiner Salze, erwies sich aber als sehr schwierig.

Offermann[5] erhitzte 500 g Benzoesäure mit 1 kg rauchender Schwefelsäure von 20% Anhydridgehalt während 5 Stunden auf 210°, doch erwähnt er nicht die Bildung von Isomeren neben der m-Verbindung.

Meine eigenen Erfahrungen (nicht publiziert) sind folgende: Wenn Benzoesäure während einer Stunde mit seinem zweifachen Gewicht rauchender Schwefelsäure (mit 20% SO_3) auf 200° erhitzt wird, so bekommt man ein nahezu farbloses Produkt, welches, in saures Barytsalz umgewandelt, als Hauptmasse das schön kristallisierte Salz der m-Sulfobenzoesäure gibt, nebst wenig einer krümeligen Masse, welche (wie bereits Remsen zeigte) durch die Gegenwart von saurem Ba-Salz der p-Säure bedingt wird. Hat man dagegen wesentlich höher und länger (4—5 Stunden) erhitzt, so wird die Flüssigkeit schwarz; die sauren Barytsalze kristallisieren dann sehr schlecht. Es gelingt dann nur, ein wenig vom reinen Ba-Salz der p-Sulfobenzoesäure zu isolieren,

[1] P. **32**, 227 (1834). [2] A. **148**, 33 (1868). [3] B. **3**, 738 (1870).
[4] A. **178**, 275 (1875). [5] A. **280**, 6 (1894).

während die Hauptmasse grau und krümlich ist und keine gut kristallisierte Portionen sich daraus gewinnen lassen. Es scheint daher, daß bei Steigerung der Temperatur die Menge der p-Säure sich auf Kosten von der der m-Säure vermehrt. Ob o-Sulfobenzoesäure bei der direkten Sulfonierung von Benzoesäure entsteht, ist nicht näher erforscht.

Dimroth und Schmaedel[1] haben eine Untersuchung über den Einfluß von Quecksilber auf die Sulfonierung von Benzoesäure veröffentlicht. Bei dem Studium der Merkurierung aromatischer Verbindungen war von Dimroth und seinen Mitarbeitern[2] als interessantestes Ergebnis ihrer Versuche gefunden worden, daß der Ersatz von Wasserstoff durch den Quecksilberrest HgX sich von anderen Substitutionsvorgängen dadurch unterscheidet, daß die gewöhnlichen Substitutionsregeln oft nicht gelten. Gruppen, welche sonst im wesentlichen nach der m-Stellung dirigieren (NO_2, CO_2H, CO·R), dirigieren das Quecksilber in die o-Position. Bei der Sulfonierung von Benzoesäure bei Gegenwart von Merkurisulfat fanden sie, daß dadurch nicht nur die Sulfonierung erheblich beschleunigt wird, sondern daß neben m- und p- auch o-Sulfobenzoesäure entsteht.

Nun hatte Holdermann[3] bereits die Sulfonierung von Benzoesäure mit Merkurisulfat als Katalysator versucht, dabei aber nur m- und p-Sulfobenzoesäure erhalten und zwar in demselben Mengenverhältnis, wie ohne Quecksilber. Dies erklärt sich jedoch aus der Verschiedenheit der Versuchsbedingungen. Holdermann arbeitete mit Oleum von 20% Anhydridgehalt bei einer Temperatur von 210°. Unter diesen Umständen verläuft die Bildung der Sulfobenzoesäuren auch ohne Quecksilber sehr rasch. Dimroth und Schmaedler haben dagegen Bedingungen gewählt, unter denen die Benzoesäure nur sehr langsam sulfoniert wird, d. h. sie haben mit konzentrierter Schwefelsäure ohne Anhydrid und viel niedrigerer Temperatur, nämlich bei 135° gearbeitet. Zwei Kolben mit je 30 g Benzoesäure und 180 g konzentrierter Schwefelsäure wurden nebeneinander in demselben Ölbad 45 Stunden auf 135° erhitzt. Der einen Portion waren 3 g Quecksilbersulfat zugesetzt worden. Die gebildeten Sulfobenzoesäuren wurden mit Ätznatron verschmolzen, um sie in Oxybenzoesäuren überzuführen, deren

[1] B. **40**, 2411 (1907).
[2] B. **31**, 2154 (1898); **32**, 758 (1899); **35**, 2032, 2853 (1902).
[3] B. **39**, 1250 (1906).

Trennung in der Weise geschah, daß die Salicylsäure durch Digerieren mit Chloroform ausgezogen wurde, das übrig bleibende Gemisch von m- und p-Säure in soda-alkalischer Lösung mit der äquivalenten Menge Benzoldiazoniumchlorid zusammengebracht und mit Äther überschichtet wurde. Die m-Oxybenzoesäure bleibt dann als benzolazoxybenzoesaures Natrium in der wäßrigen Lösung, während die p-Oxybenzoesäure durch Diazobenzol bekanntlich unter Abspaltung der Karboxylgruppe in Soda unlösliches p-Oxyazobenzol umgewandelt wird, das in den Äther geht. Die Benzolazo-m-oxybenzoesäure wurde durch Säure gefällt und gewogen. Aus der Abhandlung ist nicht zu ersehen, ob diese Trennungsmethode zuvor an künstlichen Gemischen der drei reinen Sulfobenzoesäuren auf ihre Genauigkeit erprobt war.

Die Resultate sind in folgender Tabelle niedergelegt:

	Ohne Hg	Mit Hg
Unveränderte Benzoesäure	10,4 g = 35,7 %	1,95 g = 6,5 %
Gemisch der Oxybenzoesäure bestand aus:		
o } in Proz.	0	5
m } in Proz.	84	83
p } in Proz.	16	12

In zwei anderen Versuchen bei Gegenwart von Quecksilber wurden 5,5 und 7,5 % o-Verbindung erhalten. Wie man sieht, bleibt aber durch die Gegenwart des Quecksilbers der Charakter des Sulfonierungsproduktes erhalten, indem meta-Säure als Hauptprodukt entsteht.

Dimroth und Schmaedel bemerken dann weiter, daß es leicht zu verstehen ist, daß auch bei Zusatz von Quecksilber nur ein relativ geringer Bruchteil der Benzoesäure in o-Stellung sulfoniert wird. Es spielen sich nämlich zwei Reaktionen nebeneinander ab; in einem Teile der Benzoesäure wird Wasserstoff direkt durch die Sulfogruppe ersetzt, und es entstehen m- und p-Sulfobenzoesäure; gleichzeitig reagiert die Benzoesäure auch mit Merkurisulfat und bildet o-Sulfatomerkuribenzoesäure $C_6H_4 \cdot CO_2H \cdot HgSO_4H = 1,2$, die dann weiter mit Schwefelsäure unter Regeneration von Quecksilbersulfat in o-Sulfobenzoesäure übergeht. Das Verhältnis der Geschwindigkeiten dieser beiden Sulfonierungsprozesse ist maßgebend für die relativen Ausbeuten an den isomeren Substitutionsprodukten. Vergrößert man die Geschwindigkeit der direkten Sulfonierung (ohne Hg), indem man, wie HOLDERMANN, mit rauchender Schwefelsäure und bei hoher Temperatur arbeitet, so tritt die o-Sulfobenzoesäure so zurück, daß sie sich dem Nachweis entzieht.

DIMROTH und SCHMAEDEL konstatierten noch, daß o-Anhydro-oxymerkuribenzoesäure durch Schwefelsäure in o-Sulfobenzoesäure umgewandelt wird:

$$C_6H_4{<}^{CO}_{Hg}{>}O + 2\,H_2SO_4 = C_6H_4 \cdot CO_2H \cdot SO_3H + HgSO_4 + H_2O.$$

Außer dem Versuch unter Zufügung von Merkurosulfat, hat HOLDERMANN[1] auch noch eine zweite Sulfonierung ausgeführt unter Anwendung von 100 g Benzoesäure, 200 g Oleum von 20% und unter Zufügung einer Mischung von je 4 g Kupfersulfat, Kadmiumsulfat, Cerisulfat, Am-Vanadinat und Molybdänsäure, wahrscheinlich auch wieder bei 210°. Die Sulfobenzoesäuren wurden vermittelst ihrer sauren Baryumsalze getrennt. 186 g des erhaltenen Ba-Salzes lieferten 156 g reines m-Salz, 8 g reines p-Salz und 22 g eines schwer trennbaren Gemisches, welches je zur Hälfte aus den beiden Salzen bestanden haben dürfte; im ganzen waren 18—20 g, d. h. etwa 10% p-Verbindung entstanden. Bei der Anwendung von 15 g Merkurosulfat auf 150 g Benzoesäure und 250 g Oleum von 20% Anhydridgehalt, bei einer Erhitzungsdauer von 5 Stunden auf 210° waren 12% p-Sulfobenzoesäure gebildet. Obwohl die Zusammensetzung des Sulfonierungsprodukts ohne Zusatz von Katalysatoren nicht bestimmt wurde, kommt HOLDERMANN zum Schluß, daß die Sulfonierung von Benzoesäure durch Zusätze von Metallsalzen in keiner Weise beeinflußt wird.

Einführung von CO_2H. CARIUS[2] hat Benzoesäure (und auch Benzol) mit Schwefelsäure und Braunstein erwärmt, wobei er eine kleine Menge Phtalsäure erhielt, welche durch die Analyse des Ba-Salzes und durch ihr Anhydrid identifiziert wurde. Die Bildung der Phtalsäure ist so zu erklären, daß sich durch Oxydation der Benzoesäure Ameisensäure bildet, welche, zusammen mit Benzoesäure oxydiert, die zweibasische Säure liefert. Wenigstens wurde aus Ameisensäure und Benzol, auf dieselbe Weise oxydiert, Benzoesäure erhalten.

OUDEMANS fand, daß bei der Oxydation von Benzoesäure auch Terephtalsäure entsteht.

---

[1] a. a. O. [2] A. **148**, 72 (1868).

v. RICHTER[1] erhitzte Kaliumbenzoat mit Natriumformiat in einer silbernen Schale auf freier Flamme, bis die Wasserstoffentwicklung beendet war. Hierbei wurden 10—15% der Benzoesäure in Dikarbonsäure, Iso- und Terephtalsäure umgewandelt. Erstgenannte war Hauptprodukt. CONRAD[2] zeigte, daß auch bei der Erhitzung von Na-Benzoat allein bis zur Verkohlung Iso- und Terephtalsäure gebildet werden. Jedenfalls erleichtert aber die Anwesenheit eines Formiats diese Bildung, denn obwohl auch v. RICHTER ziemlich hohe Temperatur anwenden mußte, brauchte er doch nicht bis zur Verkohlung der Masse zu gehen.

Einführung von Hydroxyl. Eine direkte Oxydation der Benzoesäure unter Bildung von Oxybenzoesäuren ist von ETTLING[3] bei der Erhitzung von Kupferbenzoat auf 275° beobachtet worden, wobei ein wenig Kupfersalizylat gebildet wurde; BARTH und SCHREDER[4] fanden Oxybenzoesäuren unter den Produkten, welche beim Schmelzen von Benzoesäure mit Kali entstehen.

DAKIN und HERTER[5] fanden, daß die Überführung von Benzoesäure in Oxybenzoesäuren auch durch Wasserstoffperoxyd geschehen kann. Sie lösten 1 Mol Benzoesäure in einem geringen Überschuß von Ammoniak und fügten eine neutrale 3%ige Wasserstoffperoxydlösung ($1^1/_2$ Mol) zu. Die Reaktion vollzieht sich bei gewöhnlicher Temperatur, wird jedoch durch Erhitzen bis zum gelinden Sieden wesentlich beschleunigt. Etwa 15—20% der theoretischen Ausbeute an Oxybenzoesäure wurde so erhalten. Merkwürdig ist, daß hierbei die drei mono-Oxybenzoesäuren in ungefähr gleichen Mengen gebildet werden, da sonst die Karboxylgruppe neu eintretende Gruppen hauptsächlich nach der meta-Stelle dirigiert. Die Salicylsäure wurde durch ihre Löslichkeit in Chloroform, die Eisenchloridreaktion und durch die Überführung in Tribromphenolbromid (Schmelzp. 131°) identifiziert. Die p-Oxybenzoesäure wurde durch ihr sehr schwer lösliches Ba-Salz abgeschieden und hatte den Schmelzpunkt 211°; auch gab sie mit Bromwasser Tribromphenolbromid; die m-Oxybenzoesäure endlich war schwer ganz rein zu erhalten, doch wurde sie in 2, 4, 6-Tribrom-m-Oxybenzoesäure vom Schmelzpunkt 146° verwandelt und so identifiziert.

Einführung von Benzoyl. Da Benzoesäure bei der Behandlung

[1] B. **6**, 876 (1873). [2] B. **6**, 1395 (1873). [3] A. **53**, 83 (1845).
[4] M. **3**, 802 (1882). [5] Journ. of biol. chem. **3**, 419 (1907).

mit Benzoylchlorid zunächst Benzoesäureanhydrid gibt, ging DÖBNER[1] von letzterem zur Einführung einer Benzoylgruppe in genannter Säure mittels dieses Chlorids aus. Er erhitzte ein Gemisch von 1 Mol des Anhydrids und 2 Mol Benzoylchlorid, wozu 1 g Chlorzink gegeben war, auf 180—200° etwa 8 Stunden lang (für 30 g Benzoeanhydrid). Chlorzink rief dann keine weitere Chlorwasserstoffbildung hervor. Die gebildete Benzoylbenzoesäure wurde durch Auskochen mit Wasser von einer Harzmasse getrennt. Ihr Schmelzpunkt war 160°. Da sie identisch mit einem Produkt war, welches ADOR[2] aus Isophtalsäurechlorid, Benzol und Chloraluminium erhielt, ist die Benzoylgruppe an meta-Stellung zum Karboxyl getreten.

Einführung von Quecksilber. DIMROTH[3] erhitzte wasserfreies Merkuribenzoat so lange auf 170°, bis eine Probe sich in verdünnter Natronlauge klar löste. Es vollzog sich dabei folgende Reaktion:

$$C_6H_5\cdot COO\cdot Hg\cdot OOC\cdot C_6H_5 = C_6H_4\langle{}^{CO}_{Hg}\rangle O + C_6H_5\cdot CO_2H,$$

d. h. es entsteht ein salzartiges Anhydrid der Oxymerkuribenzoesäure $C_6H_4\langle{}^{CO_2H}_{HgOH}$. Gemäß dieser Formel besitzt diese Substanz zugleich basische und saure Eigenschaften. Das Quecksilberatom ist in ortho-Stellung zum Karboxyl getreten, wie daraus hervorgeht, daß beim Schütteln mit Brom-Bromkaliumlösung o-Brombenzoesäure gebildet wird. Es ist dies sehr auffallend, weil sonst Substituenten immer in m-Stellung zum Karboxyl treten. Siehe hierüber den vierten Abschnitt

Anwesend $NH_2(NHC_2H_3O)$.

Einführung von Chlor. HAFNER[4] hat Chlor auf Anilin, gelöst in einem großen Überschuß von konzentrierter Schwefelsäure oder Salzsäure von verschiedenen Konzentrationen, einwirken lassen, dabei aber immer, soweit es Monochlorprodukte betrifft, p-Chloranilin erhalten. In den verdünnteren Säuren (40%ige Schwefelsäure und 20%ige Salzsäure) bildeten sich sehr viel teerartige Massen.

Dagegen hat LÖB[5] ortho- und para-Chloranilin in nicht angegebenem Verhältnis erhalten, als er Nitrobenzol, in rauchender Salzsäure

[1] A. **210**, 278 (1881). [2] B. **13**, 320 (1880). [3] B. **35**, 2871 (1902).
[4] B. **22**, 2524 (1889). [5] B. **29**, 1896 (1896).

suspendiert, in den Kathodenraum einer elektrischen Zelle brachte. Hierbei ist als Zwischenprodukt C_6H_5NHCl anzunehmen; denn bekanntlich wird bei der Reduktion des Nitrobenzols Phenylhydroxylamin C_6H_5NHOH erhalten; und BAMBERGER[1] bekam ortho- und para-Chloranilin beim Sieden von Phenylhydroxylamin mit Salzsäure.

CHATTAWAY und ORTON[2] zeigten, daß man mittels der Anilidchloride auch freies Anilin chlorieren kann. Sie brachten z. B. 4 mol. Acetylchloramidodichlorbenzol $CH_3CONCl \cdot C_6H_3Cl_2$ in Chloroformlösung mit 5 mol. Anilin zusammen. Hierbei bildeten sich ortho- und para-Chloranilin in ungefähr gleichen Mengen. Mit Monomethylanilin war das Resultat ebenso. Dieses Resultat ist in Übereinstimmung mit dem, welches JONES und ORTON[3] erhielten, welche bei der Umwandlung von Acetanilidchlorid etwa 55 °/₀ p-Chloracetanilid und etwa 45 °/₀ ortho-Verbindung bekamen.

Daß bei der Reduktion von Nitroverbindungen mittels Zinn und Salzsäure sich chlorhaltige Basen bilden, ist sehr oft beobachtet worden. PINNOW[4] hat davon eine Literaturübersicht gegeben, wozu noch die Versuche von KOCH[5] zu fügen sind, welcher eine Reihe von Nitrokörpern mit Zinkstaub und Salzsäure reduzierte und dabei auch die Einführung von Chlor im Kern konstatierte.

Man hat diese Tatsache in verschiedener Weise zu erklären versucht. Nach BEILSTEIN und KUHLBERG[6] bildet sich wahrscheinlich die gechlorte Basis durch Einwirkung von Zinnchlorid auf das gebildete Reduktionsprodukt. HÜBNER[7] meint, daß die Salzsäure teilweise durch den Nitrokörper oxydiert wird, und daß das so frei werdende Chlor auf die Amidoverbindung einwirkt. JÄGER,[8] der auf BAEYERS Veranlassung das Verhalten des Nitrosophenols gegen Salzsäure studierte und dabei Dichloramidophenol erhielt, ist der Meinung, daß bei der Einwirkung von Zinn und Salzsäure vorübergehend eine Nitrosoverbindung entstehe, welche sich mit der Salzsäure dann wie das Nitrophenol zersetze, aber wegen der Gegenwart des Reduktionsgemisches nicht die zweifach-gechlorte, sondern die einfach-gechlorte Base liefere. FITTIG und BÜCHNER,[9] welche der Sache auch experimentell näher traten und dabei bemerkten, daß die Menge der chlorhaltigen Basis

[1] B. **31**, 1504 (1898), Fußnote. [2] Soc. **79**, 461 (1901). [3] Soc. **95**, 1056 (1909). [4] J. pr. (2) **63**, 352 (1901). [5] B. **20**, 1567 (1887). [6] A. **156**, 83 (1870). [7] A. **188**, 17 (1877). [8] B. **8**, 896 (1875). [9] A. **188**, 14 (1877).

größer wird, wenn durch zu raschen Zusatz von zu großen Quantitäten des Nitrokörpers die Reaktion sehr heftig wird, kommen zum Resultat, daß die gechlorte Basis nur der vereinten Wirkung des Reduktionsmittels und der Salzsäure ihre Bildung verdankt. Koch endlich nimmt eine Art Chlorübertragung durch das Chlorzink an.

Blanksma[1] ist es gelungen, die richtige Einsicht in dieser Reaktion zu finden. Er bemerkt, daß man durch die Untersuchungen von Haber, Bamberger u. a. weiß, daß bei der Reduktion von Nitroverbindungen intermediäre Produkte entstehen, und gibt nun folgende Erklärung:

$$C_6H_5NO_2 \rightarrow C_6H_5 \cdot NHOH \rightarrow C_6H_5 \cdot NHCl \rightarrow C_6H_4 \cdot Cl \cdot NH_2;$$

d. h. das anfangs sich bildende Phenylhydroxylamin wird durch Salzsäure in Phenylchloramin verwandelt, und letzteres lagert sich zu o- und p-Chloranilin um, wie aus den oben zitierten Untersuchungen von Bamberger[2] und Löb[3] hervorgeht.

Um zu beweisen, daß seine Interpretation der Reaktion die richtige ist, hat Blanksma die Versuchsbedingungen so gewählt, daß nach dieser Hypothese sich eine größtmögliche Menge Chloranilin bilden muß, und gezeigt, daß dies wirklich der Fall war. Dazu war es notwendig, daß das Phenylhydroxylamin nicht sofort weiter reduziert wird, sondern daß es in Phenylchloramin umgewandelt wird. Die Umlagerung des letzteren in Chloranilin ist wegen seiner Zersetzlichkeit nicht untersucht; doch ist die Umlagerung von Acetanilidchlorid $C_6H_5N{<}^{Cl}_{COCH_3}$ in p-Chloracetanilid von Blanksma studiert (s. unten), wobei er fand, daß dieselbe durch Temperaturerhöhung und Überschuß von Salzsäure beschleunigt wird. Man darf daraus wohl ableiten, daß ein Maximum an Chloranilin entstehen wird: 1. Durch langsame Reduktion oder Zufügung von Zinn in kleinen Mengen auf einmal, um nicht sofort das Phenylhydroxylamin in Anilin überzuführen; 2. durch Zufügung von einem Überschuß an Salzsäure; 3. durch Arbeiten bei Siedehitze.

Blanksma fand nun wirklich unter diesen Bedingungen die Bildung von etwa 55 % Chloranilin auf 45 % Anilin; wurde in bromwasserstoffsaurer Lösung gearbeitet, so erhielt er 25 % Bromanilin auf 75 % Anilin.

[1] R. **25**, 365 (1906). [2] B. **28**, 251 (1895); **31**, 1504 (1898).
[3] B. **29**, 1896 (1896).

Über die Chlorierung von Acetanilid sind folgende Versuche veröffentlicht:

WITT[1] versetzte eine Lösung von Acetanilid in einem Gemisch von Eisessig, Alkohol und Wasser mit der für die Einführung von einem Chloratom berechneten Menge Chlorkalk; er erhielt ein Chloracetanilid, welches bei 162° schmolz (nach einmaligem Umkristallisieren), während para-Chloracetanilid bei 172°,5 schmilzt. Es ist möglich, daß diese Schmelzpunktsdifferenz von der Anwesenheit von Isomeren herrührt. Eine Analyse ist nicht angeführt. Auch CASTORO[2] erhielt bei der Einwirkung von KClO auf eine essigsaure Lösung von Acetanilid das para-Chlorderivat. HENTSCHEL[3] behandelte Acetanilid mit einer Lösung von Chlorstickstoff in Benzol (7,5 % NCl_3 enthaltend) und erhielt ebenfalls die para-Chlorverbindung.

BLANKSMA[4] konstatierte, im Anschluß an die Untersuchungen von CHATTAWAY und ORTON,[5] daß Acetanilidchlorid $C_6H_5NCl \cdot COCH_3$ sich in p-Chloracetanilid $ClC_6H_4 \cdot NHCOCH_3$ umlagert, und daß diese Reaktion durch das Licht beschleunigt wird. In verdünnter, wäßrig-essigsaurer Lösung, unter Zufügung von Salzsäure, verläuft diese Reaktion monomolekular, wie sich aus der Messung ihrer Geschwindigkeit ergab, ist daher als eine wirkliche intramolekulare Umlagerung zu betrachten.

Einführung von Brom. KEKULÉ[6] konstatierte, daß nebst der Bildung von Tribromanilin auch mono- und Dibromanilin entstehen, wenn Brom auf in Benzol gelöstes Anilin einwirkt oder wenn Bromdampf mit Luft gemischt durch reines Anilin streicht.

HAFNER[7] hat auf dieselbe Weise, wie oben für die Chlorierung angegeben wurde, auch die Bromierung von Anilin in saurer Lösung untersucht und dabei, sofern es Monosubstitutionsprodukte betrifft, nur p-Bromanilin erhalten.

FRIES[8] hat sich in einer sehr ausführlichen Arbeit eingehend mit der Bromierung von aromatischen Aminen beschäftigt. Er konnte in vielen Fällen kristallisierte Additionsprodukte erhalten, als er in Eisessig das Amin mit Brom und Bromwasserstoffsäure zusammenbrachte. Auf Zusatz von Wasser gingen dieselben rasch in Substitutionsprodukte

---

[1] B. **8**, 1226 (1875). [2] G. **28** II, 312 (1898). [3] B. **30**, 2645 (1897).
[4] R. **21**, 366 (1902). [5] Soc. **79**, 278 (1901). [6] Z. **1866**, 687.
[7] B. **22**, 2524 (1889). [8] A. **346**, 128 (1906).

über, wobei immer para- und ortho-Verbindungen erhalten wurden. Diese Perbromide können daher als Zwischenprodukte betrachtet werden.

Was speziell das Anilin betrifft, versetzte er eine Lösung von 18,6 g Anilin in 50 ccm Eisessig unter Kühlung tropfenweise mit 32 g Brom, wobei das Brom rasch verbraucht wurde. Er erhielt so 6,5 g Monobromanilin, 11,5 g Dibromanilin und 5,8 g Tribromanilin. Setzte er die auf das Anilin bezogene äquivalente Menge konzentrierter Schwefelsäure zur Eisessiglösung, so wurde das Brom nur außerordentlich langsam verbraucht. Die Ausbeute war dann 10 g Mono-, 11,7 g Di- und 2,8 g Tribromanilin. Auch in alkoholischer Lösung ließ sich Anilin durch eine Lösung von Brom in Natronlauge bromieren. Für das „Monobromanilin“ ist nicht weiter die Stelle des Bromatoms angegeben.

Remmers[1] führte die Bromierung bis zum Monobromprodukt in essigsaurer Lösung aus, erwähnt jedoch keinen Schmelzpunkt vom erhaltenen Einwirkungsprodukt.

Gürcke[2] hat bei einer in größerem Maßstabe durchgeführten Untersuchung der rohen Bromacetanilide, durch Bromierung von Acetanilid erhalten, die Bildung von Isomeren neben p-Bromacetanilid nicht konstatieren können. Sicher entstehen keine größeren Mengen derselben. Er suspendierte Acetanilid in viel Wasser und fügte langsam Bromwasser zu. Das Rohprodukt wurde aus Alkohol umkristallisiert, wobei reines Monobromprodukt erhalten wurde; nur die letzten Kristallisationen (9 $^0/_0$ der ganzen erhaltenen Menge) erwiesen sich durch anderes Aussehen, gelbliche Färbung, niedrigeren und unscharfen Schmelzpunkt (143—156^0) als ein Gemenge. Ob dies aber ein Gemenge von Mono- und Dibromacetanilid oder von isomeren Monobromkörpern ist, ist aus der Abhandlung nicht zu ersehen.

Bei der Bromierung des Acetanilids in Eisessiglösung mit der äquimolekularen Menge Brom fand Fries a. a. O., daß die Substitution nur sehr langsam vonstatten ging. Es bildete sich auch hier primär ein Perbromid. Wurde der Eisessig mit Wasser verdünnt, so fand glatt Substitution unter Bildung von p-Bromacetanilid statt.

Einführung von Jod. Hierbei scheint auch nur die Bildung der para-Verbindung beobachtet zu sein. Hofmann[3] erhielt p-Jodanilin beim Lösen von Jod in Anilin; er fand als Schmelzpunkt 63^0.

[1] B. 7, 346 (1874). [2] B. 8, 1114 (1875). [3] A. 67, 64 (1849).

Rabe[1] dagegen fand den Schmelzpunkt 83° eines Jodanilins, welches er durch Einwirkung von Jodcyan auf Anilin erhielt; dieser Punkt verdient nähere Aufklärung. Ein o- oder m-Jodanilin ist Rabes Produkt nicht, da ihre Schmelzpunkte bei 56°,5 bzw. bei 25° liegen.

Michael und Norton[2] haben in eine Lösung von Acetanilid in Essigsäure JCl-Dampf geleitet, welcher durch einen Luftstrom mitgeführt wurde. Die Ausbeute an para-Jodacetanilid war 80—90% der Theorie; von der Bildung von Isomeren wird nichts erwähnt.

Einführung von NO_2. Die Nitrierung von Anilin selbst oder von Anilinnitrat durch konzentrierte Salpetersäure ist zu wiederholten Malen versucht worden, das letzte Mal von Tingle und Blanck.[3] Die Einwirkung ist sehr heftig und führt zur Bildung stark gefärbter Produkte. Will man daher die Nitrierung ausführen, so muß die Amidogruppe des Anilins „geschützt" werden, welches entweder durch einen großen Überschuß von Schwefelsäure oder durch Acetylieren oder Benzoylieren erreicht wird. Die Resultate der Nitrierung sind stark davon abhängig, in welcher der eben angegebenen Weisen gearbeitet wird.

Hübner und Frerichs[4] lösten Anilin in viel kalter konzentrierter Schwefelsäure auf und fügten dann rauchende Salpetersäure zu, welche ebenfalls in viel Schwefelsäure gelöst war. Sie erhielten para- und meta-Nitranilin „sehr reichlich", ortho-Nitranilin „in verhältnismäßig geringer Menge", was dieselben dem zuschreiben, daß die ortho-Verbindung am leichtesten zersetzbar ist, sich leicht weiter nitrieren läßt und in Wasser am leichtesten löslich ist, deshalb aus der Lösung nicht gut zu isolieren ist.

Noelting und Collin[5] versuchten, ob es möglich sei, die Nitrierung von Anilin so auszuführen, daß nur meta-Nitranilin gebildet wird. Dazu lösten sie Anilin in sehr viel Schwefelsäure (bis zu 50 Gewichtsteilen), welches von verschiedenem Gehalt an SO_3 war und setzten 1 Molekül Salpetersäure zu. Es wurde aber auch immer p-Nitranilin gebildet, wenn auch in untergeordneter Menge. Auf o-Nitranilin wurde nicht geprüft.

Bruns[6] kam zu demselben Resultat wie Hübner und Frerichs. Er löste Anilin in der zehnfachen Menge konzentrierter Schwefelsäure und nitrierte mit der berechneten Menge Salpetersäure, gelöst in ihrem

[1] B. **10**, 1717 (1877). [2] B. **11**, 107 (1878). [3] Am. **36**, 605 (1906).
[4] A. **208**, 299 (1881). [5] B. **17**, 261 (1884). [6] B. **28**, 1954 (1895).

gleichen Volumen Schwefelsäure. Die Temperatur wurde durch Abkühlen mit Kochsalz-Eis niedrig gehalten. Wird dann auf Eis gegossen und langsam Eiswasser zugefügt, so scheidet sich zunächst nur ortho-Nitranilin ab. Dessen Menge betrug ca. 10—15%. Beim vorsichtigen Neutralisieren des Filtrates mit Soda fällt dann erst gelbbraunes p-Nitranilin aus, danach gelbes meta-Nitranilin. Dieser Farbumschlag des Niederschlags ist sehr scharf zu sehen. Von para- und meta-Nitranilin bilden sich nahezu gleiche Mengen.

Daß m-Nitranilin in steigender Menge gebildet wird, wenn mehr Schwefelsäure benutzt wird, kann folgendermaßen erklärt werden. Wenn Anilin mit einem Gemisch von Salpetersäure und Schwefelsäure in Berührung kommt, wird sich die Base zwischen diesen zwei Säuren teilen müssen; es wird desto mehr Sulfat entstehen, je mehr Schwefelsäure zugegen ist. Bildet sich daher bei der Nitrierung in viel Schwefelsäure hauptsächlich m-Nitranilin, so ist anzunehmen, daß Salpetersäure das Sulfat in der meta-Stelle angreift. Ist weniger Schwefelsäure zugegen, so wird in der Flüssigkeit auch Nitrat zugegen sein. Durch die wasserentziehende Wirkung der Schwefelsäure kann dies in Phenylnitramin übergeführt werden, welches sich in saurer Lösung, nach Untersuchungen BAMBERGERS,[1] leicht in o- und p-Nitranilin umlagert.

Formanilid gibt nach TINGLE und BLANCK[2] p-Nitroformanilid durch Nitrierung mit Salpetersäure allein. In Gegenwart von Schwefelsäure erhielten sie das m-Derivat. Ob Isomere sich bilden, wird von ihnen nicht erwähnt.

Die Nitrierung von Acetanilid ist sehr oft Gegenstand von Untersuchungen gewesen. Die Beobachtungen von BEILSTEIN und KURBATOW[3] und von GRETHEN,[4] welche von ihnen angeführt werden, stehen im Widerspruch mit den Beobachtungen von anderen. Indem sie nämlich für die „Darstellung" von o- und p-Nitranilin die Nitrierung von Acetanilid empfehlen, fanden andere Forscher, daß dabei nur sehr geringe Mengen der ortho-Verbindung entstehen. BEILSTEIN und KURBATOW brachten Acetanilid in die dreifache Menge Salpetersäure vom spez. Gew. 1,50, fällten die Lösung mit Schnee und entzogen dem Niederschlag, sowie

[1] B. **28**, 399 (1895). [2] Am. **36**, 609 (1906). [3] A. **197**, 83 (1879).
[4] B. **9**, 775 (1876).

der Lösung die ortho-Verbindung mit Chloroform. LELLMANN[1] beobachtete dabei aber nur sehr geringe Mengen ortho-Nitracetanilid; die Hauptmenge war para-Nitracetanilid. NOELTING und COLLIN,[2] welche 1 kg Acetanilid in 4 kg Schwefelsäure von 66° B. lösten und mit der berechneten Menge Salpetersäure vom spez. Gew. 1,478 unter Abkühlung mit Eis und Kochsalz nitrierten, erhielten 95% p-Nitracetanilid, neben wenig ortho. Wenn Acetanilid in sehr viel Schwefelsäure (20 Teilen) nitriert wurde, konnte auch m-Nitracetanilid in geringen Mengen erhalten werden; es wurde durch Reduktion zu m-Phenylendiamin, mittels der charakteristischen Reaktionen dieses Körpers, nachgewiesen. Mutmaßlich war primär etwas Anilinsulfat gebildet worden; das Anilid wenigstens wurde nicht isoliert, sogar nicht einmal das m-Nitranilin, sondern dies direkt reduziert.

TINGLE und BLANCK[3] geben an, daß sie bei der Nitrierung von Acetanilid in schwefelsaurer Lösung hauptsächlich m-Nitracetanilid erhielten; doch ist es zweifelhaft, ob sie diese Verbindung wirklich in Händen hatten, denn sie teilen nur mit, daß sie beim Ausgießen in Wasser einen gelben Niederschlag erhielten, welcher nach Umkristallisieren aus heißem Wasser bei 139—141° schmolz. Der Schmelzpunkt von m-Nitracetanilid ist aber 154—156° (PAWLEWSKY[4]); auch ist die Verbindung weiß. Mutmaßlich haben TINGLE und BLANCK unreines p-Nitranilin (Schmelzp. 147°) erhalten.

Vorläufig ist deshalb anzunehmen, daß die Nitrierung von Acetanilid, auch in Schwefelsäure, nur ortho- und para-Verbindung, aber keine meta-Verbindung gibt, wie bei Anilin. Will man für die Substitution nach o—p die analoge Erklärung wie bei Anilin geben, so wäre hier zu unterstellen, daß in Schwefelsäure das Phenylacetylnitramin zwar in kleiner Menge entsteht, dies sich aber sehr leicht in ortho- und para-Nitracetanilid umlagert.

KÖRNER[5] hat mitgeteilt, daß die relativen Mengen o- und p-Nitracetanilid, welche sich beim Nitrieren von Acetanilid bilden, abhängig sind von der Konzentration der angewandten Salpetersäure. Je stärker die Säure ist, desto mehr ortho-Verbindung soll sich bilden. Da sonst

---

[1] A. **221**, 6 (1883). [2] a. a. O.
[3] Am. **36**, 609 (1906) und Am. Soc. **30**, 1407 (1908).
[4] B. **31**, 661 (1898). [5] G. **4**, 305 (1875).

die relativen Mengen, in welchen sich die isomeren bilden, von der Konzentration der angewandten Salpetersäure sehr wenig abhängig ist, müssen hier spezielle Ursachen wirksam sein, welche diese Verschiebung im Verhältnis der Isomeren bewirken, falls dieselbe hier wirklich vorliegt, da KÖRNERS Behauptung ohne jeden näheren Beweis dasteht.

Die weiteren Untersuchungen über die Nitrierung des Acetanilids scheinen nun geeignet zu sein, in diese Angelegenheit Klarheit zu bringen. Bei denselben wurde eine sehr ansehnliche Verschiebung des Verhältnisses o:p konstatiert. WITT und UTERMANN[1] lösten 45 g Acetanilid und 34 g Essigsäureanhydrid in 22 g Eisessig und nitrierten mit 23 g Salpetersäure vom spez. Gew. 1,5, gelöst in 23 g Eisessig, wobei an Gesamtprodukt 52 g oder 87 % der Theorie erhalten wurde. Das Rohprodukt wurde, nachdem es ausgewaschen war, mit einem auf 0° abgekühlten Gemisch von 1 Volum Kalilauge von 50 %, 4 Volum Wasser und 1 Volum Alkohol angerieben, wodurch nur o-Nitracetanilid in Lösung geht und p-Nitracetanilid zurückbleibt. Aus der alkalischen Lösung scheidet sich in 24 Stunden durch Verseifung reines ortho-Nitranilin aus. Da die genannten Autoren dafür keinen Beweis geben, habe ich ihren Versuch wiederholt und in der Tat konstatiert, daß das erhaltene ortho-Nitranilin rein ist. Immerhin findet bei der Nitrierung nach dieser Methode ziemlich viel Harzbildung statt; hierdurch wird die Differenz zwischen theoretischer und wirklicher Ausbeute erklärt.

Es stellte sich nun heraus, daß — entgegen anderen Verfahren der Nitrierung — hier unter dem Einfluß des Essigsäureanhydrids als Hauptprodukt die ortho-Verbindung entsteht, und zwar etwa 3 Teile derselben auf 1 Teil para-Verbindung.

Eine noch weitere Verschiebung nach ortho erreichten FRANCIS[2] und A. PICTET.[3] Ersterer fand, daß Acetanilid, in Tetrachlorkohlenstoff gelöst bzw. suspendiert, bei der Behandlung mit Benzoylnitrat $C_6H_5 \cdot CO \cdot ONO_2$ eine sehr explosive Verbindung lieferte, mutmaßlich das Nitramin $C_6H_5N\langle{}^{NO_2}_{C_2H_3O}$, welche sich aber in o-Nitracetanilid vom Schmelzpunkt 79° umlagerte. A. PICTET erhielt mit Acetylnitrat $CH_3 \cdot CO \cdot O \cdot NO_2$ ebenfalls ausschließlich o-Nitracetanilid, als er dies zu der

[1] B. **39**, 3901 (1906). [2] B. **39**, 3806 (1906). [3] B. **40**, 1165 (1907).

stark verdünnten Lösung von Acetanilid in Tetrachlorkohlenstoff oder in Essigsäureanhydrid bei tiefer Temperatur fügte.

Dagegen erhielt A. Pictet[1] wesentlich p-Nitracetanilid, als er Acetylsalpetersäure $(CH_3 \cdot CO_2)_2N(OH)_3$ (erhalten durch Destillation eines Gemisches von Essigsäureanhydrid und Salpetersäure) auf Acetanilid einwirken ließ.

Der Schlüssel zur Erklärung der Tatsache, daß unter verschiedenen Bedingungen das Verhältnis, in welchem o- und p-Nitracetanilid sich bei der Nitrierung von Acetanilid bilden, von fast reiner ortho- bis zu fast reiner para-Verbindung wechseln kann, scheint mir in der primären Bildung von Phenylacetylnitramin zu liegen. Wo dieses entsteht, wie bei der Nitrierung mit Benzoylnitrat und deshalb sicher auch durch die Einwirkung von Acetylnitrat, wird fast reines o-Nitracetanilid erhalten. Die Bildung von p-Nitracetanilid wäre dann als eine direkte Substitution des Benzolkerns an p-Stelle aufzufassen.

Offenbar steht dies mit den Untersuchungen von Bamberger[2] in Beziehung. Derselbe zeigte, daß Anilinnitrat durch Essigsäureanhydrid sehr leicht in Phenylnitramin $C_6H_5 \cdot NH \cdot NO_2$ übergeführt wird und dieses — wie bereits oben gesagt — sich durch Säuren in o- und p-Nitranilin umlagert; und zwar liefert die Umlagerung des fertigen Phenylnitramins ortho- und para-Nitracetanilid im Mengenverhältnis $o : p = 8 : 1$. Daß hierbei nicht reines o-Nitracetanilid entsteht, wäre dann auf die Rückbildung von etwas Salpetersäure und die direkte Nitrierung an para-Stelle durch dieselbe zurückzuführen.

Mears[3] nitrierte Benzanilid mit einem Gemisch von 1 Teil gewöhnlicher und 3 Teilen rauchender Salpetersäure unter guter Kühlung. Das erhaltene Nitroprodukt wurde mit Chloroform ausgezogen, wobei Benz-ortho- und Benz-meta-nitranilid sich leicht lösen, die para-Verbindung zurückbleibt. Auffallend war der Umstand, daß das Benz-meta-nitranilid sich oft nur in sehr kleinen Mengen bildet; ortho und para entstehen in „ziemlich gleichen Gewichtsmengen".

Lellmann,[4] welcher Benzanilid in derselben Weise nitrierte, fand dabei 25—30% ortho- neben para-Verbindung. Über die Bildung vom meta-Isomer wird nichts erwähnt.

---

[1] CBl. **1903** II, 1109.

[2] B. **28**, 399 (1895) u. A. **311**, 101 (1899).

[3] B. **9**, 774 (1876); s. auch A. **208**, 292, 296 (1881).

[4] A. **221**, 6 (1883).

Tingle und Blanck[1] nitrierten Benzanilid in schwefelsaurer Lösung unter Kühlung und erhielten nach mehrfachem Umkristallisieren des Reaktionsproduktes einen bei 196—197° schmelzenden Körper, welchen sie, ohne weiteren Beweis dafür als den Schmelzpunkt, für p-Nitrobenzanilid $C_6H_5CO·NH·C_6H_4·NO_2$ ansehen. Wenn sie in essigsaurer Lösung nitrierten, bekamen sie, nachdem die Reaktion sich bei 90° vollzogen hatte, einen gelben Niederschlag beim Ausgießen in Wasser, welcher nach Umkristallisieren aus Alkohol und Chloroform bei 151—155° schmolz und aus diesem Grunde für m-Nitrobenzanilid erklärt wurde.

Man sieht aus obiger Übersicht, daß bei der Nitrierung von Anilin und von seinen Säurederivaten nur in roher Annäherung die relativen Mengen, in welchen die Isomeren sich bilden, bekannt sind. Das Problem ist hier besonders interessant, weil diese Mengenverhältnisse hier mehr als bei anderen Nitrierungen von den Versuchsbedingungen abzuhängen scheinen. Eine systematische experimentelle Bearbeitung dieser Materie wird notwendig sein, um die Unklarheiten und Widersprüche, welche dieselbe jetzt zeigt, zu beseitigen.

Einführung von SO_3H. Buckton und Hofmann[2] erhitzten Anilin mit rauchender Schwefelsäure und erhielten dabei p-Amidobenzolsulfosäure, Sulfanilsäure. Der Mechanismus dieses Prozesses ist viel später von Bamberger und Hindermann[3] und von Bamberger und Kunz[4] näher studiert worden. Sie fanden, daß folgende Zwischenprodukte dabei entstehen:

$$\underset{\text{Anilinsulfat}}{C_6H_5NH_2·H_2SO_4} \rightarrow \underset{\text{Phenylsulfaminsäure}}{C_6H_5·NHSO_3H} \rightarrow \underset{\text{Orthanilsäure}}{C_6H_4\left\langle\begin{matrix}NH_2 & ^1\\ SO_3H & _2\end{matrix}\right.} \rightarrow \underset{\text{Sulfanilsäure}}{C_6H_4\left\langle\begin{matrix}NH_2 & ^1\\ SO_2H & _4\end{matrix}\right.}.$$

Traube[5] hatte schon nachgewiesen, daß Anilin durch Chlorsulfonsäure oder rauchende Schwefelsäure in der Kälte in Phenylsulfaminsäure umgewandelt wird; denn wenn man die Säure in Baryumsalz umsetzt und dieses in wäßriger Lösung mit einigen Tropfen Salzsäure oder Salpetersäure kocht, scheidet sich Baryumsulfat aus. Dieses Verhalten unterscheidet sie vollständig von den isomeren Anilinsulfonsäuren. Wird nun phenylsulfaminsaures Kali mit Eisessig und einigen Tropfen Schwefelsäure 80 Stunden lang auf 0° gehalten, so wurde aus

[1] Am. soc. **30**, 1409 (1908). [2] A. **100**, 163 (1857). [3] B. **30**, 655 (1897). [4] B. **30**, 2274 (1897). [5] B. **23**, 1654 (1890).

9 g desselben 4 g o-Anilinsulfosäure erhalten, welche durch Überführung in o-Chlorbenzolsulfosäure, deren Chlorid und Amid identifiziert wurde. Nun wurde o-Anilinsulfosäure (Orthoanilsäure) während 7 Stunden mit konzentrierter Schwefelsäure auf 180—190° erhitzt; sie hatte sich danach in Sulfanilsäure umgewandelt. Es hängt also von der Temperatur ab, ob die Sulfogruppe ortho- oder paraständig wird.

Armstrong und Berry[1] teilen mit, daß Anilin teilweise in m-Anilinsulfonsäure übergeht, wenn Anilinsulfat in stark rauchender Schwefelsäure gebracht wird.

Einführung von Alkyl. Bekanntlich hat Hofmann[2] gefunden, daß beim Erhitzen der salzsauren Salze von alkylierten Anilinen die Alkylgruppen vom Stickstoffatom in den Benzolkern wandern; für HCl-Methylanilin gelingt dies, wenn es auf 335° erhitzt wird. Wenn HCl-Anilin und Methylalkohol verwendet werden, entsteht bis 250° nur HCl-Methylanilin. Bei höherer Temperatur (bis 350° während eines Tages) erhält man eine Kristallmasse, welche mit Alkalilösung versetzt bei der Destillation im Dampfstrom ein Öl lieferte, welches schon im Kühler erstarrte und nach Umkristallisieren aus Wasser bei 45° schmolz. Es war daher p-Toluidin. Wurde aber HJ-Methylanilin erhitzt, so bildete sich ein flüssiges Toluidin, welches nicht näher untersucht wurde, also ein Gemisch von Isomeren sein konnte.

Einführung von Hydroxyl. Hierzu kann man die Untersuchungen von Gattermann[3] über die elektrische Reduktion von Nitroverbindungen in schwefelsaurer Lösung rechnen, denn intermediär entsteht hierbei ein Phenylhydroxylamin, welches sich danach in der sauren Lösung in ein Amidophenol umlagert. Die Hydroxylgruppe tritt hierbei in p-Stellung zur Amidogruppe. Gattermann isolierte nicht die Hydroxylaminderivate; doch ist dies später durch Bamberger, Haber u. a. geschehen.

Was speziell die elektrische Reduktion von Nitrobenzol betrifft, ist zu erwähnen, daß aus 20 g Nitrobenzol, in 150 g Schwefelsäure gelöst, 20—25 g p-Amidophenolsulfat erhalten wurden, woraus die freie Basis vom Schmelzpunkt 186° isoliert wurde, welche außerdem noch durch Überführung in das bereits bekannte Dibenzoat vom richtigen Schmelzpunkt und durch dessen Analyse (N-Bestimmung) identifiziert wurde.

[1] Beilstein, Spl. II, 322. [2] B. **5**, 720 (1872). [3] B. **26**, 1847 (1893).

Einführung von Acetyl. Durch die Untersuchungen von CHATTAWAY und seine Mitarbeiter hat sich ergeben, daß Derivate primärer aromatischer Amine, welche verschiedene Atome oder Gruppen an den Stickstoff gebunden enthalten, leicht intramolekulare Umlagerung erleiden unter Bildung von Isomeren, in welchen das betreffende Atom oder die Gruppe in p- oder o-Stellung an den Kern gebunden ist (s. S. 135 und 136). CHATTAWAY[1] beschrieb auch Experimente über die Umwandlung von Diacetanilid in Aceto-p-aminoacetophenon, bei welchen also die Acetylgruppe in normaler Weise vom Stickstoff an den Kern wandert.

Einführung von Benzoyl. Zur Einführung von diesem Säureradikal in den aromatischen Kern fand DÖBNER[2] es erforderlich, von einem Säureanilid auszugehen, in welchem beide Wasserstoffatome der NH_2-Gruppe substituiert sind. Zur Benzoylierung von Anilin erwies sich als ganz besonders das Phthalanil $C_6H_4<\substack{CO\\CO}>N\cdot C_6H_5$ geeignet. Gleiche Moleküle hiervon und von Benzoylchlorid wurden auf 180° erwärmt und 1 g Chlorzink auf 1 Mol zugesetzt. Es wurde so zunächst das Phthalylbenzoanilid

$$C_6H_5CO\cdot C_6H_4N<\substack{CO\\CO}>C_6H_4$$

erhalten, welches durch Behandlung mit alkoholischem Kali in Benzoanilin

$$C_6H_5CO\cdot C_6H_4\cdot NH_2$$

übergeht (Schmelzp. 124°). Ersatz der NH_2-Gruppe durch OH lieferte bei 134° schmelzendes Oxybenzophenon, wofür die p-Struktur bewiesen ist.

Einführung von Quecksilber. PESCI[3] hat sich eingehend mit dem Studium der Einwirkung von Quecksilbersalzen auf Anilin und seine Derivate beschäftigt, hat aber die Struktur der von ihm dargestellten Verbindungen nicht richtig gedeutet. Es gelang DIMROTH,[4] die Konstitution dieser Verbindungen aufzuklären.

Wird Anilin mit einer Lösung von Quecksilberacetat in Wasser

[1] C.Bl. **1902** II, 355. [2] A. **210**, 266 (1881).
[3] Ztschr. f. anorg. Ch. **15**, 208 (1897) und **17**, 276 (1898).
[4] B. **35**, 2037 (1902).

bei Zimmertemperatur gemischt, so entstehen gleichzeitig zwei Verbindungen: o- und p-Aminophenylquecksilberacetat

$$NH_2 \cdot C_6H_4 \cdot HgO \cdot COCH_3.$$

Von diesen ist die p-Verbindung von PESCI erhalten worden; die leichter lösliche und schwerer zu isolierende o-Verbindung wurde von demselben übersehen. Aus 31,8 g Merkuriacetat und 18,6 g Anilin entsteht von der p-Verbindung 40 g, von der o-Verbindung 3 g. Die Verbindungen haben basische Eigenschaften, was gegen eine Formel wie die von PESCI spricht, in welcher Quecksilber an Stickstoff gebunden ist. Auch spalten dieselben in der Kälte mit Schwefelammon kein Quecksilbersulfid ab, während es durchaus charakteristisch ist für alle Stickstoffquecksilberverbindungen, sich momentan mit diesem Reagens unter Bildung von Schwefelquecksilber zu schwärzen.

Ein weiterer Beweis für die angegebene Struktur ist noch folgender: Aus dem aus Dimethylanilin und Quecksilberacetat erhältlichen merkurierten Acetat kann man durch Umsetzung mit Chlornatrium ein Chlorid darstellen, welches durchaus identisch ist mit dem von MICHAELIS und RABINERSON[1] aus p-Quecksilberdimethylanilin und Quecksilberchlorid dargestellten p-Dimethylaminophenylquecksilberchlorid:

$$(CH_3)_2N \cdot C_6H_4 \cdot Hg \cdot C_6H_4 \cdot N(CH_3)_2 + HgCl_2 = 2(CH_3)_2N \cdot C_6H_4 \cdot HgCl.$$

Da diese Darstellungsweise durchaus der Bildung von Phenylquecksilberchlorid aus Quecksilberdiphenyl und Sublimat entspricht:

$$C_6H_5 \cdot Hg \cdot C_6H_5 + HgCl_2 = 2C_6H_5 \cdot HgCl,$$

so kann über die Konstitution der Verbindung kein Zweifel bestehen.

Die Acetylverbindung von o-Aminophenylquecksilberacetat

$$CH_3CO \cdot NH \cdot C_6H_4 \cdot HgO \cdot COCH_3$$

gibt durch Schütteln mit Brom-Bromkaliumlösung o-Bromacetanilid, wodurch die o-Stellung des Quecksilbers bewiesen ist.

Anwesend $NHCH_3$.

Einführung von Brom. In derselben Weise, auf welche er Anilin bromierte, hat FRIES[2] auch Monomethylanilin mit Brom behandelt.

---

[1] B. **23**, 2342 (1890). [2] A. **346**, 173 (1906).

Er löste 21,4 g Methylanilin in 60 ccm Eisessig und versetzte allmählich unter Kühlung mit 32 g Brom, das mit 10 ccm Eisessig verdünnt war. Das Brom wurde rasch aufgenommen. Das Einwirkungsprodukt bestand aus 11 g Dibrom- und 19 g p-Monobrommethylanilin, Siedepunkt 137—138° bei 14 mm Druck. Es wird kein näherer Beweis dafür gegeben, daß wirklich die p-Verbindung vorlag.

Einführung von CO_2H. Houben[1] hat auf verschiedene Weise versucht, die Kolbesche Salizylsäuresynthese auf Anilin zu übertragen, in der Hoffnung, auf diese Weise zu Anthranilsäure gelangen zu können. Beim Methylanilin ist ihm die Einführung von Karboxyl gelungen, allerdings an p-Stelle. Er tropfte dazu Monomethylanilin in eine ätherische Lösung von Methylmagnesiumjodid. Alsdann wurde scharf getrocknetes CO_2 eingeleitet, das heftig absorbiert wurde. Nach Beendigung der Absorption wurde ein schwer flüssiges Öl, welches sich aus dem Äther abgeschieden hatte, im Einschmelzrohr auf 140—200° 20 Stunden lang erhitzt. Der Inhalt wurde aufgearbeitet und gab eine Verbindung vom Schmelzpunkt 229°, welche vollkommen den Charakter einer Amidosäure zeigte, indem sie sowohl mit Alkalien wie mit Mineralsäuren Salze bildete. Die Analyse ergab, daß eine Methylamidobenzoesäure vorlag. Houben erteilt ihr, ohne Angabe seiner Gründe, die p-Struktur zu.

Außer dieser Säure entsteht in kleiner Menge eine andere Amidosäure, welche eine starke Fluoreszenz ihrer alkoholischen Lösungen zeigt; es konnte dies die Methylanthranilsäure sein

Anwesend $N(CH_3)_2$.

Einführung von Brom. Weber[2] hat Dimethylanilin in Eisessiglösung bromiert und hierbei ein Monobromderivat erhalten, in welchem die Stellung des Broms von ihm nicht ermittelt wurde. Merz und Weith[3] haben ebenfalls in Eisessiglösung bei gewöhnlicher Temperatur gearbeitet und erhielten ein bei 55° schmelzendes Monobromprodukt, welches beim Erhitzen mit Salzsäure auf 180—200°, außer Chlormethyl, ein Monobromanilin gab, welches bei 16° schmolz und bei 240° siedete; es war daher identisch mit dem Reduktionsprodukt aus

[1] B. **37**, 3978 (1904). [2] B. **8**, 715 (1875). [3] B. **10**, 763 (1877).

m-Bromnitrobenzol (Schmelzp. 56°). Merz und Weith bemerken, daß die Bromierung hier anders verläuft, als bei Acetanilid, wobei die para-Bromverbindung erhalten wird.

Das Resultat ihrer Untersuchung ist indes von späteren Forschern nicht bestätigt worden. Folin,[1] welcher Dimethylanilin mit Bromcyan und $AlCl_3$ behandelte, erhielt para-Bromdimethylanilin; und Fries,[2] welcher die Bromierung von Dimethyl- und Diäthylanilin in schwach mit Wasser verdünnter Eisessiglösung studierte, also fast in derselben Weise wie Merz und Weith arbeitete, erhielt ebenfalls die para-Verbindung rein (Schmelzpunkt 55°) und in quantitativer Ausbeute, wenn die Base mit der äquivalenten Menge Brom versetzt wurde. Arbeitete er bei niederer Temperatur in Chloroformlösung, sättigte er dieselbe zuvor mit Bromwasserstoff und fügte dann Brom zu, so erhielt er auch hier (wie bei Anilin, S. 136) ein Perbromid $C_6H_5N(CH_3)_2 \cdot HBr \cdot Br_2$, welches sich schon bei kurzem Stehen an der Luft, sowie momentan beim Versetzen mit Wasser in p-Bromdimethylanilin umwandelte. Daß hier wirklich die para-Verbindung vorlag, folgte daraus, daß die Verbindung identisch mit dem Methylierungsprodukt von p-Bromanilin war.

Endlich hat Hill[3] eine Reihe tertiärer aromatischer Amine mit zwei verschiedenen Alkylgruppen, ebenfalls in Eisessiglösung bromiert und für das so erhaltene Brommethyläthylanilin dargetan, daß das Brom an para-Stelle steht. Durch Behandlung dieser Verbindung mit Jodmethyl, Überführung in die freie Ammoniumbasis und trockene Destillation derselben erhielt er nämlich para-Bromdimethylanilin. Nach alledem ist wohl anzunehmen, daß Merz und Weiths Angabe auf einem Irrtum beruht.

Einführung von Jod. Sowohl durch Behandlung von Dimethylanilin mit Jodcyan, wie durch Vermischen der Schwefelkohlenstofflösungen von Jod und Dimethylanilin entsteht nach Weber[4] ein Monojodprodukt vom Schmelzpunkt 79°, wovon die Stelle des Halogens nicht bestimmt worden ist.

Einführung von NO_2. Diese gibt verschiedene Resultate, je nach

---

[1] Am. **19**, 332 (1897). [2] A. **346**, 187 u. 208 (1906).
[3] Proc. Cambr. phil. soc. **14**, 166 (1907).
[4] B. **10**, 757, 765 (1877).

der Art der Nitrierung. WEBER[1] löste Dimethylanilin in der 10- bis 12-fachen Menge Eisessig und fügte langsam die theoretische Menge Salpetersäure zu. Das gebildete Nitroprodukt wurde aus Alkohol umkristallisiert und gab so gelbe Nadeln, zwischen welchen sich eine kleine Menge einer zinnoberroten Substanz eingestreut befand. Letztere (die nicht weiter untersucht wurde) konnte durch abwechselndes Umkristallisieren aus Alkohol und Benzol entfernt werden. Die dadurch rein erhaltenen gelben Nadeln schmolzen bei 163° und erwiesen sich bei der Analyse als ein Mononitroprodukt. Die Nitrogruppe befand sich in derselben an para-Stelle, denn durch Reduktion und nachheriger Entmethylierung mit Salzsäuregas wurde p-Phenylendiamin (Schmelzpunkt gefunden 139° anstatt 140°) erhalten. Merkwürdigerweise stimmten aber die Eigenschaften von diesem Nitrodimethylanilin nicht mit denen des Oxydationsprodukts von Nitrosodimethylanilin überein, welches gewiß die Substituenten in para-Stellung hat. Denn so dargestelltes Nitrodimethylanilin schmilzt bei 169° und ist imstande, Salze zu bilden, besitzt also basische Eigenschaften, welche dem direkten Nitrierungsprodukt durchaus abgehen. Eine Erklärung dieser Verschiedenheiten wurde nicht versucht.

NOELTING und COLLIN[2] lösten Dimethylanilin in 20 Teilen Schwefelsäure und erhielten bei der Nitrierung nur para-Nitroprodukt; Isomeren waren nicht nachzuweisen. Dagegen teilt GROLL[3] mit, daß er bei der Nitrierung von Dimethylanilin unter sehr verschiedenen Umständen (die jedoch nicht näher angegeben sind) nie mehr als 50—60 g para-Nitroderivat aus 200 g Dimethylanilin erhalten hat. Es müssen also andere Nitroverbindungen gebildet sein; wirklich konnte er das meta-Derivat in großer Menge gewinnen, wenn auf folgende Weise gehandelt wurde: 200 g Dimethylanilin wurden in 4 kg Schwefelsäure von 66° B. gelöst und in einer Kältemischung abgekühlt. Hierbei floß ein abgekühltes Gemisch von 193 g Salpetersäure (38° B.) und 600 g Schwefelsäure so langsam, daß die Temperatur nicht über + 5° stieg. Danach wurde die Mischung 4—6 Stunden sich selbst überlassen und dann in 10 Liter Eiswasser ausgegossen. Hierdurch fiel die para-Nitroverbindung in gelben Flocken aus. Durch Zufügen von Soda wurde zunächst noch mehr para-Verbindung ausgefällt, bis plötzlich die Farbe

[1] B. 10, 761 (1877). [2] B. 17, 268 (1884). [3] B. 19, 198 (1886).

des Niederschlags von Gelb in Rot umschlug. Die rote Substanz (mutmaßlich dieselbe, welche WEBER[1] beobachtete) schmolz bei 60—61° und war meta-Nitrodimethylanilin. Die Ausbeute an dieser war 160—170 g. Diäthylanilin, gerade so nitriert, gab auch als Hauptprodukt den meta-Körper.

PINNOW[2] nitrierte Dimethylanilin in der Absicht, ein Dinitrodimethylanilin zu erhalten; er löste dazu die Basis in verdünnter Schwefelsäure (7 g in 70 ccm Säure von 1 Vol.: 3 Vol. Wasser), füllte auf bis 100 ccm und nitrierte durch Zufügen von 150 ccm Salpetersäure von 35%, also ein großer Überschuß. Dabei erhielt er aber viel weniger als die theoretische Ausbeute an Dinitroprodukt. Dies wurde durch die Bildung von erheblichen Mengen ortho-Nitrodimethylanilin verursacht; aus 49 g Dimethylanilin entstanden 41,9 g Dinitro- und 25,5 g (roher; gereinigt 22 g) ortho-Nitrokörper. Letzterer war unter den obwaltenden Umständen nicht weiter zu nitrieren. Daß wirklich ortho-Nitrodimethylanilin vorlag, wurde bewiesen durch Reduktion und Acetylieren des Amidodimethylanilins, welches beim Erhitzen mit der doppelten Menge Essigsäureanhydrid auf 160° N-α-Dimethylbenzimidazol

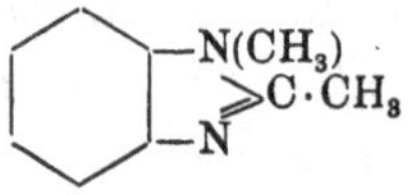

lieferte.

BAMBERGER[3] erhielt aus 45 g Dimethylanilinoxyd 21,5 g para- und 25 g ortho-Nitrodimethylanilin, als er auf erstgenannte Verbindung bei 0° in wäßriger Lösung salpetrige Säure einwirken ließ. Die o-Verbindung wurde dadurch als solche erkannt, daß sie identisch mit dem Methylierungsprodukt von o-Nitranilin war.

Während also in essigsaurer Lösung als Hauptprodukt para-Nitrodimethylanilin zu entstehen scheint, bildet sich in viel Schwefelsäure viel meta- neben weniger para-Verbindung, und in verdünnter Schwefelsäure erhebliche Mengen ortho-Verbindung (neben Dinitro-2, 4-Dimethylanilin, also durch weitere Nitrierung von para-Nitroverbindung entstanden).

---

[1] a. a. O. [2] B. **29**, 1053; **30**, 2851; **32**, 1666 (1899).
[3] B. **32**, 1896 (1899).

Auch hier scheint die primäre Bildung von Nitrat oder eines Nitramins:

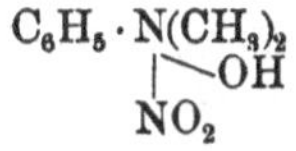

die Bedingung für die Bildung von para- und ortho-Derivat zu sein. In essigsaurer Lösung und in der verdünnten Schwefelsäure kann reichlich Nitrat entstehen; dagegen nicht in der Lösung in konzentrierter Schwefelsäure in 20-facher Menge; hierbei bildet sich dann auch hauptsächlich die m-Verbindung. Bei BAMBERGERS Versuch ist die primäre Bildung von Nitrat auch anzunehmen:

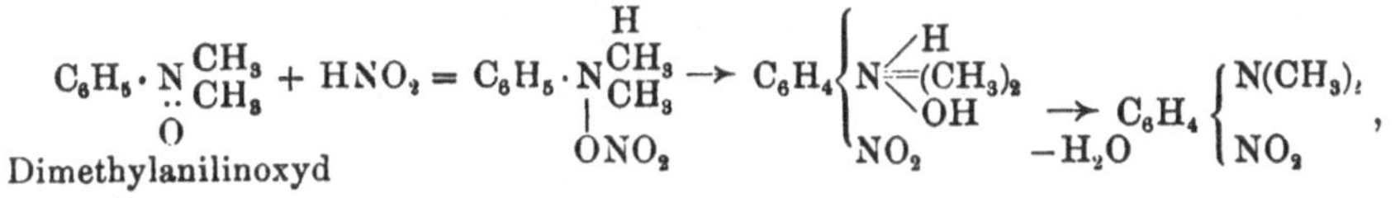

welches sich nach obenstehendem Schema unter den Umständen des Versuchs in die ortho- und para-Verbindung umlagert. BAMBERGER nimmt hierbei als Zwischenprodukt die Bildung von obenstehendem Nitramin an, was insofern vor der Annahme eines Nitrats vorzuziehen ist, daß dann die Analogie mit der Umlagerung von Phenylnitramin (S. 142) besser zum Ausdruck kommt.

Einführung von SO_3H. Hiermit haben sich SMYTH[1] und ARMSTRONG[2] beschäftigt. Dimethylanilin wurde mit etwas mehr als die äquivalente Menge Schwefelsäure auf 180—190° erhitzt. Weder die Ausbeute noch die Stellung der Sulfogruppe wird erwähnt. Auch von einer Säure, welche WENGHÖFFER[3] bei der Behandlung von Dimethylanilin mit Äthylsulfochlorid $C_2H_5OSO_2Cl$ erhielt, bestimmte er die Stellung der Sulfogruppe nicht; ebenfalls ist nicht zu ersehen, ob diese Säure identisch mit derjenigen von ARMSTRONG und SMYTH ist.

MICHAELIS und GODCHAUX[4] haben Thionylchlorid als Sulfonierungsmittel angewandt und fanden den Reaktionsverlauf:

$$3\,C_6H_5N(CH_3)_2 + 2\,SOCl_2 = S[C_6H_4N(CH_3)_2]_2 + ClSO_2\cdot C_6H_4N(CH_3)_2,$$

welch letzterer Körper eine Sulfonsäure gab, welche identisch mit der Säure von ARMSTRONG und SMYTH war, wie die direkte Vergleichung

---

[1] B. **6**, 344 (1873); **7**, 1237 (1874).
[2] B. **6**, 663 (1873).
[3] J. pr. (2) **16**, 463 (1877).
[4] B. **23**, 554 (1890).

der Säuren ergab. Später haben MICHAELIS und SCHINDLER[1] diese Reaktion nochmals studiert. Sie fanden, daß beim Zusammenbringen von Dimethylanilin und Thionylchlorid, in Petroläther gelöst und mit einer Kältemischung abgekühlt, sich erst schöne rote Kristalle von der Zusammensetzung:

$$2\,C_6H_5N(CH_3)_2 + SOCl_2$$

bilden, an welchen sie die Struktur

$$ClSO \cdot C_6H_4N(CH_3)_2 + C_6H_5N(CH_3)_2 \cdot HCl$$

zuschreiben, weil bei ihrer Zersetzung mit Wasser einerseits die entsprechende Sulfinsäure und salzsaures Dimethylanilin entsteht, anderseits Thiodimethylanilin und Dimethylanilinsulfosäure:

$$3\,ClSO \cdot C_6H_4N(CH_3)_2 + 2\,H_2O = S[C_6H_4N(CH_3)_2]_2 + \\ HO \cdot SO_2 \cdot C_6H_4N(CH_3)_2 + SO_2 + 3\,HCl.$$

Die Sulfogruppe ist an para-Stellung getreten, denn bei der Einwirkung von wäßriger salpetriger Säure entsteht p-Nitrodimethylanilin neben Nitrodimethylanilinsulfosäure.[2]

BAMBERGER und TSCHIRNER[3] haben Schwefeldioxyd auf eine auf 0^0 abgekühlte wäßrige Lösung von Dimethylanilinoxyd einwirken lassen. Sehr rasch entstanden (neben 22 % regeneriertem Dimethylanilin und einer Spur Dimethylamido-o-phenolsulfosäure) etwa 60 % Dimethylanilin-o-sulfosäure und etwa 20 % der entsprechenden p-Säure. Als primäres Produkt (welches jedoch nicht isoliert wurde) betrachten sie eine Sulfaminsäure:

$$C_6H_5NO(CH_3)_2 + H \cdot SO_3H = C_6H_5N\left\langle\begin{array}{l}(CH_3)_2\\ OH\\ SO_3H\end{array}\right.,$$

welche sich in die beiden genannten Sulfosäuren umwandelt, wie dies bei der Bildung der Anilinsulfonsäuren (S. 143) auch stattfindet. Die Annahme von solch einem primären Anlagerungsprodukt hat große Analogie mit der Einwirkung von SO_2 auf Phenylhydroxylamin, wenn man die Reaktionen in folgender Weise formuliert:

$$H_5N\left\langle\begin{array}{l}(CH_3)_2\\ OH\\ OH\end{array}\right. + SO_2 = C_6H_5N\left\langle\begin{array}{l}(CH_3)_2\\ OH\\ SO_2OH\end{array}\right.; \quad C_6H_5 \cdot N^{H}_{OH} + SO_2 = C_6H_5 \cdot N^{H}_{SO_2OH} \cdot$$

Die gebildete p-Säure wurde verglichen mit einem Präparat von

[1] A. **310**, 137 (1899). [2] BEILSTEIN II, 575. [3] B. **32**, 1883 (1899).

ARMSTRONG; die o-Säure hatte einen etwas höheren Schmelzpunkt (229—230°, gegen 225°), doch sonst stimmten ihre Eigenschaften mit den über o-Dimethylanilinsulfosäure vorliegenden Literaturangaben überein,[1] auch in kristallographischer Beziehung.

Einführung von NO. BAEYER und CARO[2] haben Nitrosodimethylanilin zuerst aus salzsaurem Dimethylanilin und Amylnitrit dargestellt; sie sagen, daß die Ausbeute so gut wie quantitativ ist, so daß kein (oder nur sehr wenig) Isomer sich zu bilden scheint. Die p-Stellung bewiesen sie dadurch, daß beim Sieden mit Lauge Nitrosophenol entsteht, welches durch Oxydation p-Nitrophenol gibt (Schmelzp. 114°). Die Darstellungsweise des Nitrosodimethylanilins ist später wiederholt abgeändert worden (z. B. von SCHRAUBE[3] und von MELDOLA[4]), doch sind Isomere niemals beobachtet worden.

Einführung von CHO. Für die Einführung der Aldehydgruppe in Dimethylanilin wurde 1885 eine Methode durch BOESSNECK[5] ausgearbeitet, wobei von Chloralhydrat ausgegangen wird. Diese Verbindung wird in einem Überschuß von Dimethylanilin gelöst und Chlorzink als kondensierendes Mittel zugefügt. Wenn die Mischung einige Wochen bei gewöhnlicher Temperatur sich selbst überlassen wird, so bildet sich ein Kondensationsprodukt

$$(CH_3)_2N \cdot C_6H_4 \cdot C\frac{H}{OH}CCl_3,$$

welches in Form seines schwer löslichen salzsauren Salzes gewonnen werden kann. Beim Behandeln dieses Produkts mit der berechneten Menge Kali in wäßriger Lösung spaltet sich Chloroform ab und es wird p-Dimethylamidobenzaldehyd gebildet. Daß hier die p-Verbindung vorliegt, wurde dadurch bewiesen, daß sie sich mit Dimethylanilin unter der Einwirkung von Salzsäuregas zu Hexamethyl-p-leukanilin kondensieren läßt, in welches die p-Stellung der sämtlichen Dimethylamidogruppen zum verbindenden Methankohlenstoff bewiesen ist.

Die Einführung der Aldehydgruppe in Dimethylanilin mittels Form-

[1] BAMBERGER zitiert hier aber nur BRERETON-EVANS, Studies on the chemistry of nitrogen, London 1897, S. 38; BEILSTEIN, Spl. II, 323, zitiert nur die hier besprochene Abhandlung BAMBERGERS.

[2] B. **7**, 963 (1874). [3] B. **8**, 616 (1875). [4] Soc. **39**, 37 (1881).

[5] B. **18**, 1516 (1885); **19**, 365 (1886); **20**, 3193 (1887); **21**, 782 (1888).

aldehyds ist auf zwei Arten realisiert. KALLE[1] benutzte dazu Phenylhydroxylamin. Formaldehyd vereinigt sich damit in neutraler Lösung zu einer Formylenverbindung von der Zusammensetzung $C_{14}H_{14}O_2N_2$ (Schmelzpunkt 104°). Läßt man jedoch Formaldehyd (1 Mol) auf Phenylhydroxylamin (1 Mol) in saurer Lösung einwirken, so bilden sich im ersten Moment weiße Flocken dieser Verbindung; dieselben wandeln sich jedoch sehr rasch und vollständig in ein ziegelrotes Pulver um, welches auch entsteht, wenn man die Formylenverbindung in der Kälte mit Säuren behandelt. Dieses Kondensationsprodukt ist ein polymeres Anhydroprodukt des p-Hydroxylaminobenzylalkohols

$$(C_6H_4 \cdot NHOH \cdot CH_2OH - H_2O)_x,$$

wie aus seiner Identität mit Derivaten des p-Nitrobenzylalkohols folgt. Wird die Verbindung mit Wasser gekocht, so lagert dieselbe sich in p-Amidobenzaldehyd um:

$$HOH \cdot N \cdot C_6H_4 \cdot CH_2OH \xrightarrow[- H_2O]{} H_2N \cdot C_6H_4 \cdot C{\genfrac{}{}{0pt}{}{H}{O}}.$$

Weiter hat GEIGY & Co.[2] ein Verfahren beschrieben, welches ermöglicht, in irgend ein aromatisches primäres, sekundäres oder tertiäres Amin mit unbehinderter p-Stelle die Aldehydgruppe direkt einzuführen. Die hier zugrunde liegende Reaktion beruht auf der gleichzeitigen Einwirkung von Formaldehyd und einem aromatischen Hydroxylaminderivat auf ein aromatisches Amin, wobei sich direkt ein dem Amin entsprechendes Aldehyd in Verbindung mit einem dem Hydroxylamin entsprechenden Amin bildet, nach der Gleichung:

$$(CH_3)_2N \cdot C_6H_4 \cdot H + CH_2O + HOHN \cdot C_6H_3{<}{\genfrac{}{}{0pt}{}{SO_3H}{CH_3}} =$$

$$(CH_3)_2N \cdot C_6H_4 \cdot CH_2 \cdot \underset{\displaystyle OH}{N} \cdot C_6H_3{<}{\genfrac{}{}{0pt}{}{SO_3H}{CH_3}} + H_2O =$$

$$(CH_3)_2N \cdot C_6H_4 \cdot CH : N \cdot C_6H_3{<}{\genfrac{}{}{0pt}{}{SO_3H}{CH_3}} + 2\,H_2O.$$

Die so gebildeten Anhydroverbindungen werden sodann durch Erhitzen ihrer Lösungen mit Alkalien oder Säuren in ihre Komponenten gespalten und man erhält einerseits den betreffenden Amidoaldehyd, anderseits ein Amin:

[1] Frdl. IV, 49 u. 139 (1895—96). [2] Frdl. V, 101 (1898).

$$(CH_3)_2N\cdot C_6H_4\cdot \underset{+}{C}H : \underset{O\ \ H_2}{N}\cdot C_6H_3\!<\!\begin{smallmatrix}SO_3H\\CH_3\end{smallmatrix} =$$

$$(CH_3)_2N\cdot C_6H_4\cdot CHO + H_2N\cdot C_6H_3\!<\!\begin{smallmatrix}SO_3H\\CH_3\end{smallmatrix}.$$

Das Verfahren ist von sehr allgemeiner Anwendbarkeit; der Aldehydrest stellt sich stets para zu der Amidogruppe.

Auch kompliziertere Aldehyde, wie z. B. Gentisinaldehyd (Votoček und Kranz[1]) kondensieren sich an p-Stelle mit Dimethylanilin. Im gegebenen Falle gelingt dies schon durch Erhitzen beider Substanzen mit rauchender Salzsäure und etwas Alkohol auf 120°.

Bei all diesen Prozessen zur Einführung der Aldehydgruppe in Dimethylanilin wurde niemals anders als die para-Verbindungen erhalten.

Einführung von Quecksilber. Ganz in derselben Weise wie beim Anilin (S. 133) beschrieben worden ist, läßt sich nach Dimroths Methode auch Dimethylanilin merkurieren.[2] Hierbei entsteht jedoch ausschließlich die p-Verbindung

$(CH_3)_2N\cdot C_6H_4\cdot HgOCOCH_3$, Schmelzpunkt 165°.

Einführung verschiedener anderer Gruppen. Die Beweglichkeit des p-Wasserstoffatoms in Dimethylanilin ergibt sich weiter darin, daß noch viele andere Substanzen, wie $COCl_2$, Phtalylchlorid usf., mit dieser Base in Reaktion zu bringen sind.

Anwesend OH.

Einführung von Chlor. Über die Produkte, welche bei der Chlorierung von Phenol zu Monochlorphenol entstehen, herrscht noch viel Unklarheit; m-Chlorphenol ist dabei niemals beobachtet, aber die Versuchsresultate gehen weit auseinander, was das Verhältnis betrifft, in welchem ortho- und para-Chlorphenol unter verschiedenen Bedingungen sich bilden. Dies geht aus nachfolgender Literaturübersicht hervor.

Dubois[3] erhielt Monochlorphenol bei der Einwirkung von Sulfurylchlorid SO_2Cl_2 auf Phenol bei gewöhnlicher Temperatur. Der Siedepunkt des Reaktionsprodukts war 220°, wonach es hauptsächlich p-Chlorphenol (Siedep. 217°) gewesen sein muß. Es war identisch mit

[1] B. **42**, 1605 (1909). [2] B. **35**, 2044 (1902). [3] Z. **1866**, 705.

Chlorphenol, welches beim direkten Chlorieren von Phenol erhältlich ist.[1]

Petersen und Baehr-Predari[2] fügten zu Phenol ein wenig Wasser, kühlten auf 0° ab und leiteten die für die Bildung von Monochlorphenol berechnete Menge Chlor ein. Da es ihnen um die Darstellung von p-Chlorphenol zu tun war, haben sie die Nebenprodukte nicht beachtet; doch geht aus ihrer Abhandlung hervor, daß dieses Chlorphenol das Hauptprodukt der Reaktion war.

Die Untersuchung von Faust und Müller,[3] welche zuerst die Bildung von o- neben p-Chlorphenol bei dem Einleiten von Chlor in „geschmolzenes Phenol" konstatiert haben, gibt keinen näheren Aufschluß, da über die relativen Mengen der gebildeten Chlorphenole von ihnen nichts mitgeteilt wird. Daß wirklich o-Chlorphenol entsteht, wurde dadurch nachgewiesen, daß in der Kalischmelze Brenzkatechin erhalten wurde, und daß das Chlorphenol identisch mit einem Chlorphenol war, welches durch Reduktion und Diazotieren aus dem flüchtigen Nitrophenol erhalten wurde.

Hasse[4] konnte nach der Vorschrift von Faust und Müller, wonach trocknes Chlor in Phenol geleitet wird, bis die berechnete Gewichtszunahme sich eingestellt hat, weder durch Arbeiten auf 20° noch auf 80° eine erhebliche Menge o-Chlorphenol erhalten.

Chandelon[5] ließ zu einer 3prozentigen Phenollösung eine Hypochloritlösung in berechneter Menge zufließen, von welcher jeder Kubikzentimeter 4,5—5 ccm Pennotscher chlorometrischer Lösung entsprach. Wird die Mischung sich selbst überlassen, so hört schließlich ihre Fähigkeit auf, KJ-Stärke zu bläuen. Die Reaktion ist dann beendet und man braucht nur noch mit Salzsäure zu neutralisieren, wodurch das Produkt der Einwirkung sofort gefällt wird. Was in der wäßrigen Lösung hinterblieb, wurde nicht berücksichtigt. Die Reaktion verlief um so schöner, je alkalischer die Hypochloritlösung gehalten wurde. Beim Neutralisieren der nach für Monochlorphenol bestimmtem Mengenverhältnis vorgenommenen Mischung von Phenol und Hypochlorit durch Salzsäure, scheidet sich ein gelbbraunes Öl aus. Daraus wurde in ziemlich erheblicher Menge eine Fraktion erhalten, welche bei 176°

[1] Z. **1867**, 205. [2] A. **157**, 122 (1870). [3] A. **173**, 303 (1874).
[4] B. **10**, 2192 (1877). [5] B. **16**, 1749 (1883).

bis 177° sott und deren Chlorgehalt auf Monochlorphenol stimmte. Mit Kali bei möglichst niederer Temperatur geschmolzen, gab sie ein Gemenge von Brenzkatechin und Resorcin. Bei der Nitrierung konnte ein Dinitrochlorphenol vom Schmelzpunkt 111° isoliert werden. Das Chlorphenol ist daher die o-Verbindung. Ob bei diesem Verfahren auch andere Monochlorphenole entstehen, konnte nicht mit Sicherheit nachgewiesen werden. Wiewohl die Ausbeute nicht angegeben ist, bekommt man von dieser Abhandlung doch den Eindruck, daß ortho-Chlorphenol Hauptprodukt war.

Varnholt[1] machte die Beobachtung, daß man bei Anwendung großer Abkühlung während des Chlorierens (so daß eben eine Erstarrung vermieden wurde) eine größere Bildung von o-Chlorphenol erzielen kann, welche sich bei Eiskühlung sogar bis zu 30% des gebildeten Chlorphenols steigert; dagegen wird in einem Patent von Merck[2] als Darstellungsmethode von fast reinem o-Chlorphenol die Chlorierung mit der theoretischen Menge Chlor bei 150—180° angegeben.

Peratoner und Condorelli[3] haben, wie Dubois a. a. O., mit Sulfurylchlorid Phenol chloriert und behaupten, daß reines p-Chlorphenol entsteht, wenn SO_2Cl_2 auf überschüssiges Phenol (mutmaßlich bei gewöhnlicher Temperatur) einwirkt. Das überschüssige Phenol wurde nachher durch fraktionierte Destillation entfernt. Da aber Phenol bei 180°, o-Chlorphenol bei 176° siedet, besteht die Möglichkeit, daß vorhandenes o-Chlorphenol bei der genannten Destillation ebenfalls entfernt worden ist. Eine Ausbeute aus p-Chlorphenol wird nicht angegeben.

Schließlich konnte Lossen[4] die Beobachtung von Varnholt bestätigen, daß bei niedriger Temperatur sich mehr (oder sogar hauptsächlich) die ortho-Verbindung bildet. Er löst 94 Gewichtsteile Phenol in etwa 750 Gewichtsteilen Tetrachlorkohlenstoff und fügt zu der stark abgekühlten Lösung eine solche von 71 Gewichtsteilen Chlor in etwa 1200 Gewichtsteile Tetrachlorkohlenstoff langsam und unter Vermeidung von Temperaturerhöhung. Die Reaktion verläuft dann schnell und fast glatt nach der Gleichung:

$$C_6H_6O + Cl_2 = C_6H_5ClO + HCl.$$

[1] J. pr. (2) **36**, 22 (1887).
[2] Frdl. III, 846 (1893).
[3] G. **28** I, 210 (1898).
[4] Frdl. VII, 89 (1904).

Nach dem Verjagen des Lösungsmittels wurde durch fraktionierte Destillation ein Produkt erhalten, von welchem 82 % einen Siedepunkt von 176—187° und einen Chlorgehalt von 27,5 % (ber. für C_6H_5ClO 27,6 %) hatten. Der Siedepunkt des Restes (18 %) lag zwischen 187—210°; der Chlorgehalt betrug 30 %, demnach bestand auch dieser Rest vorzugsweise aus Monochlorphenol. Daß o-Chlorphenol vorlag, geht aus seinem Siedepunkt hervor. Noch beweisender ist, daß durch Nitrieren die beiden bekannten kristallisierenden Mononitroderivate des o-Chlorphenols erhalten wurden. Der Benzoylester war flüssig; derjenige des p-Chlorphenols ist fest.

Es läßt sich vorläufig nichts über diese einander widersprechenden Angaben sagen; namentlich sehr auffallend ist, daß nach VARNHOLT bei sehr niedriger Temperatur viel ortho-Chlorphenol entstehen soll, bei gewöhnlicher Temperatur (nach mehreren Untersuchern) hauptsächlich die para-Verbindung, dann aber bei höherer Temperatur wieder fast ausschließlich die ortho-Verbindung (MERCK). Diese Verhältnisse bedürfen einer eingehenden Nachprüfung, nachdem zuvor Methoden ausgearbeitet sind, um o- und p-Chlorphenol quantitativ nebeneinander zu bestimmen. Mutmaßlich wird hier die Schmelzkurve von ortho + para-Chlorphenol gute Dienste leisten können.

Anisol und Phenetol sind von PERATONER und CONDORELLI[1] mittels Sulfurylchlorid chloriert worden. Beide Flüssigkeiten wurden dazu langsam unter Abkühlung gemischt. Es bildeten sich nur die para-Chlorverbindungen. Dies war auch der Fall, als AUTENRIETH und MÜHLINGHAUS[2] mittels PCl_5 oder PBr_5 in Phenoläther direkt Chlor einführten. Bei gewöhnlicher Temperatur ist die Einwirkung des Halogenphosphors träge, doch wird dieselbe bereits bei 40° recht lebhaft. Die Reaktion verläuft nach der Gleichung:

$$C_6H_5\cdot OR + PCl_5(Br_5) = C_6H_4Cl(Br)\cdot OR + PCl_3(Br_3) + HCl(Br);$$

die Ausbeute ist meistens sehr gut und beträgt manchmal 70 % und mehr von der Theorie.

Phenetol und PCl_5 gaben mit guter Ausbeute ein Chlorphenetol (Siedep. 212—214°), welches durch Spaltung mit konzentrierter Salzsäure p-Chlorphenol gab.

Einführung von Brom. KÖRNER[3] leitete Luft, mit Bromdampf

[1] G. **28** I, 226 (1898). [2] B. **39**, 4098 (1906). [3] A. **137**, 200 (1866).

gemischt, in Phenol ein und erhielt so ein flüssiges Bromphenol. HÜBNER und BRENKEN[1] lösten 100 g kristallisiertes Phenol in 300 g Eisessig und ließen hierbei die berechnete Menge Brom, in 200 g Eisessig gelöst, fließen. Durch Nitrieren des so erhaltenen Bromphenols erhielten sie ein Dinitrobromphenol vom Schmelzpunkt 115°. KÖRNER[2] hatte aber auch sein Monobromphenol nitriert, dabei aber ein Dinitrobromphenol erhalten, welches bei 78° schmilzt; es ist demnach möglich, entweder daß bei der Bromierung zwei isomere Monobromphenole entstehen, wovon HÜBNER und BRENKEN das eine, KÖRNER das andere als Dinitroverbindung erhalten haben, oder daß ein und dasselbe Bromphenol zwei isomere Dinitroderivate gegeben hat. Um hierzwischen zu entscheiden, haben HÜBNER und BRENKEN von neuem Phenol in Eisessiglösung bromiert, nun aber den gebildeten Bromwasserstoff durch einen Strom von Kohlendioxyd verjagt. Es schieden sich dann aus der Lösung Kristalle ab, welche sich durch starke Abkühlung sehr vermehrten. Da, wenn nichts mehr auskristallisierte, die Lösung doch noch Bromphenol enthielt, welches mutmaßlich flüssig war, ist hierdurch die Bildung von zwei Isomeren bei der Bromierung von Phenol wahrscheinlich gemacht.

Nach einem MERCKschen Patent[3] läßt sich, wie bei der Chlorierung, auch hier hauptsächlich o-Bromphenol gewinnen, wenn man in auf 150—180° erhitztes Phenol die berechnete Menge Bromdampf leitet. Eine Untersuchung dieses MERCKschen o-Bromphenols, welche Herr RINKES in meinem Laboratorium ausführte, zeigte aber, daß durchaus kein reines o-Bromphenol vorlag.

Eine ausführlichere Untersuchung über die Bromierung von Phenol haben MELDOLA und STREATFEILD[4] publiziert. Anlaß dazu war, daß bei der Bromierung in essigsaurer Lösung HÜBNER und BRENKEN die Bildung von zwei Isomeren wahrscheinlich machten, GORDON[5] dagegen behauptete, daß man, in dieser Weise arbeitend, „practically püre p-Bromphenol“ bekommt. Bei ihren Versuchen hielten MELDOLA und STREATFEILD die Temperatur unter 21°; das Phenol wurde mit seinem eigenen Gewicht, das Brom mit seinem eigenen Volum Eisessig verdünnt. Es ergab sich, daß eine direkte Trennung der gebildeten Produkte nicht möglich war; jedoch konnten durch Nitrieren des Roh-

[1] B. **6**, 171 (1873). [2] a. a. O. [3] Frdl. III, 846 (1893).
[4] Soc. **73**, 681 (1898). [5] Proc. **1891**, 64.

produkts (wieder in Eisessig) drei Nitroderivate isoliert werden, nämlich 4-Br-2-Nitrophenol als Hauptprodukt, 2-Br-4,6-Dinitrophenol und 2-Br-4-Nitrophenol als Nebenprodukte, wodurch also die Bildung von ortho- neben para-Bromphenol festgestellt war.

Hantzsch und Mai[1] teilen mit, daß p-Bromphenol weit glatter (mindestens zu 85 $^0/_0$ der Theorie) entsteht, wenn man nicht in essigsaurer Lösung, sondern in Verdünnung von Schwefelkohlenstoff bromiert. Dies wird wohl dahin zu verstehen sein, daß unter diesen Umständen sich die p-Verbindung leichter isolieren läßt; denn es wäre zwar nicht unmöglich, jedoch sehr auffallend, wenn in CS_2-Lösung mehr p-Verbindung entstehen würde als in essigsaurer Lösung. Ich veranlaßte deshalb Herrn Rinkes, die Sachlage durch vergleichendes Bromieren in Eisessig und in CS_2 nachzuprüfen. Er hat gefunden, daß in Eisessiglösung die Bromierung dasselbe Produkt wie in CS_2-Lösung gibt, nämlich sehr überwiegend para-Bromphenol.

Scholl und Nörr[2] haben dann noch 100 g Phenol mit 136 g Bromcyan in zugeschmolzenen Röhren 12 Stunden auf 130° erhitzt und bei der fraktionierten Destillation des Rohprodukts als Hauptfraktion (110 g) p-Bromphenol erhalten. Es waren auch Nebenprodukte entstanden; unter diesen wird aber o-Bromphenol nicht erwähnt.

Hewitt, Kenner und Silk[3] haben feststellen wollen, in welchem Verhältnis ortho- und para-Bromphenol beim Bromieren von Phenol unter verschiedenen Umständen entsteht. Sie lösten dazu Phenol in Eisessig und fügten hierzu Brom, mit Eisessig verdünnt, wobei die Temperatur unter 25° gehalten wurde. In zwei anderen Versuchen wurde einmal Natriumacetat zugegeben (um die freiwerdende Bromwasserstoffsäure sofort zu binden), andermal konzentrierte Schwefelsäure. Nachdem alles Brom eingetragen war, welches augenblicklich verschwand, wurde die Menge des gebildeten para-Bromphenols in folgender Weise bestimmt: Die Lösung wurde in Wasser gebracht, mit Soda neutralisiert und mit Äther ausgeschüttelt. Der Destillationsrest vom Äther wurde nach der (etwas abgeänderten) Methode von Meldola und Streatfeild nitriert (s. oben). Nun wurde im Dampfstrom das 4-Brom-2-Nitrophenol abgeblasen und aus dessen Gewicht die Menge

[1] B. **28**, 978 (1895). [2] B. **33**, 1555 (1900). [3] Soc. **85**, 1225 (1904).

des para-Bromphenols berechnet. Sie fanden so, daß die Bromierung von Phenol ohne Zusatz 64% para-Verbindung lieferte, die Bromierung mit Zusatz von Natriumacetat 55%, mit Zusatz von Schwefelsäure 70%.

Diese Zahlen verdienen wenig Vertrauen, weil bei den verschiedenen Operationen teils nicht erhebliche, teils aber auch sehr große Verluste stattfanden. Die 47 g Phenol, welche in jedem Versuch benutzt wurden, können theoretisch 86,5 g Bromphenol geben; anstatt dessen wurden beim Versuch mit Na-Acetat 76 g, bei den beiden anderen Versuchen 84 und 83 g erhalten. Bei der Nitrierung sollen 40,2 g Bromphenol 50,6 g Nitrobromphenol liefern, doch wurden beim ersten der genannten Versuche nur 36,5 g gewonnen; bei den anderen Versuchen gaben 36 g auch 36 g Nitroverbindung und 40 g nur 34,5 g. Weiter wurde bei der Nitrierung ein Überschuß an Salpetersäure benutzt (1,13 Mol. anstatt 1 Mol. auf 1 Mol. Bromphenol), so daß auch Dinitroverbindung entstanden sein muß, wobei sich jedoch nicht angeben läßt, ob dieselbe hauptsächlich aus ortho- oder aus p-Bromphenol entstanden ist.

Auch hier wird die exakte Bestimmungsmethode mittels der Schmelzkurve erst die nötige Klarheit bringen können.[1]

In der auf S. 158 beschriebenen Weise haben AUTENRIETH und MÜHLINGHAUS[2] Anisol und Phenetol mittels PBr_5 bromiert, wodurch die para-Bromverbindungen in guter Ausbeute erhalten wurden. Die Struktur dieser Verbindungen wurde durch Abspaltung von Alkyl mittels konzentrierter Salzsäure bewiesen, wodurch p-Bromphenol erhalten wurde.

Einführung von Jod. SCHÜTZENBERGER und SENGEWALD,[3] welche Phenol mit „Chlorjod" behandelten, sowie KÖRNER,[4] der Jod und Jodsäure in verdünnter Lauge löste, Phenol zufügte und nun langsam mit Salzsäure ansäuerte, konstatierten nicht die Bildung von Isomeren.

HLASIWETZ und WESELSKY[5] ließen auf eine alkoholische Lösung von Phenol Jod und Quecksilber nach der Gleichung

$$2C_6H_5OH + HgO + 4J = 2C_6H_4 \cdot J \cdot OH + HgJ_2 + H_2O$$

einwirken; es bildete sich aber immer auch Dijodphenol.

[1] Herr RINKES ist in meinem Laboratorium damit beschäftigt.
[2] B. **39**, 4098 (1906). [3] J. **1862**, 413. [4] A. **137**, 213 (1866).
[5] B. **2**, 523 (1869).

Das Monojodphenol wurde als bräunliches Öl erhalten. Beim Schmelzen mit Kali bildete sich neben viel Resorzin ein wenig Brenzkatechin, welches vom ersteren durch eine Bleizuckerlösung zu trennen war. Jedoch wurde das Brenzkatechin nur durch qualitative Reaktionen nachgewiesen. Demnach sollte bei der Jodierung von Phenol in dieser Weise die o- und die m-Verbindung entstehen, da Körner[1] konstatierte, daß p-Jodphenol, mit Kali geschmolzen, Hydrochinon gibt. Noelting und Wrzezinsky[2] fanden aber. daß bei höherer Temperatur diese Kalischmelze Resorzin liefert.

Offenbar ist es Lobanoff[3] nicht gelungen, die Monojodphenole, welche er nach Körners Jodierungsmethode erhielt, zu trennen. Er behandelte das Rohprodukt mit Wasserdampf, wobei erst flüssiges Jodphenol mit überdestillierte, danach festes. Von letzterem glaubte er zwei Isomere erhalten zu haben von den Schmelzpunkten 64—66° und 89° (reines p-Jodphenol schmilzt bei 94°). Das flüssige wurde bei — 23° nicht fest (reines o-Jodphenol schmilzt bei + 43°). Dies wird seinen niedrigen Schmelzpunkt wohl der Anwesenheit von Di- und Trijodphenolen verdanken; letzteres wurde bei der Wasserdampfdestillation am Ende der Destillation auch erhalten.

Schließlich ist dann noch die Untersuchung Schalls[4] zu erwähnen. Derselbe suspendierte Phenolnatrium in Schwefelkohlenstoff und fügte langsam trockenes Jod zu. Auf 20 g des ersteren benutzte er 45 g Jod. Er erhielt ein Gemenge von unverändertem Phenol, Mono-, Di- und Trijodphenol, vom letzteren sehr wenig. Bei der Wasserdampfdestillation wurde eine Fraktion erhalten, welche den Jodgehalt eines Monojodphenols hatte, flüssig war, aber bei längerem Stehen ($^1/_2$ Jahr) Kristalle von o-Jodphenol (Schmelzp. gef. 42—43° anstatt 43°) absetzte. Wenn die flüssige Fraktion mit Kali geschmolzen wurde, entstand Brenzkatechin, nachgewiesen durch seinen Schmelzpunkt 104° und seine grüne Eisenchloridreaktion. Wenn die Temperatur bei der Kalischmelze niedrig gehalten wurde, konnte nur Brenzkatechin nachgewiesen werden. Eine höhere Temperatur beim Jodieren hatte keinen Einfluß auf das Resultat, wie sich ergab, als in siedendem Toluol anstatt in Schwefelkohlenstofflösung gearbeitet wurde.

---

[1] Z. **1868**, 322. [2] B. **8**, 820 (1875). [3] B. **6**, 1251 (1873).
[4] B. **16**, 1897 (1883) und **20**, 3362 (1887).

BRAUNS[1] löste Anisol in Alkohol und fügte eine alkoholische Lösung von 2 Mol. Jod nebst Quecksilber hinzu. Er erhielt so p-Jodanisol, Schmelzp. 51°.

Einführung von NO_2. Die Nitrierung von Phenol ist auf sehr verschiedene Weisen ausgeführt worden, wobei immer o- und p-Nitrophenol erhalten wurde, während m-Nitrophenol dabei nicht beobachtet worden ist.

HOFMANN[2] nitrierte Phenol durch Vermischen von kleinen Mengen Phenol und konzentrierter Salpetersäure, beide in einer Kältemischung abgekühlt. Sofort wurde dann in Wasser ausgegossen und destilliert. Oder Phenol wurde in viel Wasser gelöst, gewöhnliche Salpetersäure zugesetzt und destilliert. Die erste Arbeitsweise gelang nicht immer wegen der heftigen Einwirkung beider Substanzen in konzentriertem Zustande, gab aber, wenn sie durchgeführt werden konnte, eine bessere Ausbeute.

FRITZSCHE[3] hat ausführlich die Darstellung und Trennung der Mononitrophenole beschrieben, aber ebensowenig wie HOFMANN die Ausbeuten mitgeteilt. Dagegen erwähnen COOK und SCHMITT,[4] daß beim Eintragen von 1 Teil kristallisierten Phenols in 2 Teile Salpetersäure (spez. Gew. 1,34), verdünnt mit 4 Teilen Wasser, 30% vom Phenol als ortho-, 32% als para-Nitrophenol erhalten werden.

WESELSKY[5] leitete N_2O_3 (erhalten aus Salpetersäure und Stärke) in eine ätherische Lösung von Phenol (200 g in 1 Liter) und erhielt dabei eine kristallinische Ausscheidung von Diazophenolnitrat, während die Mutterlauge so reichlich o- und p-Nitrophenol enthielt, daß die Methode zur Darstellung dieser Verbindungen verwendbar sein würde. Den Verlauf der Reaktion stellt er durch folgende Gleichungen dar:

$$C_6H_6O + 2N_2O_3 = C_6H_4N_2O + N_2O_5 + H_2O;$$

$$2C_6H_6O + N_2O_5 = 2C_6H_4{<}^{OH}_{NO_2} + H_2O.$$

In welchen relativen Mengen die beiden Nitrophenole entstehen, wird nicht erwähnt.

NATANSON[6] behandelte Phenol mit Äthylnitrat und Schwefelsäure nach einer schon von FITTICA angewandten Methode und erhielt ein

[1] Bl. (3) **25**, 819 (1901). [2] A. **103**, 347 (1857). [3] A. **110**, 150 (1859).
[4] Lehrb. KEKULÉ **3**, 40. [5] B. **8**, 98 (1875). [6] B. **13**, 416 (1880).

Öl, welches über der Natriumverbindung gereinigt wurde; nach der Zersetzung mit Salzsäure wurden 22% o-Nitrophenol und 0,5% p-Nitrophenol erhalten.

SCHALL[1] suspendierte Phenolnatrium in Schwefelkohlenstoff und fügte unter Abkühlung flüssiges N_2O_4 zu. Er erhielt o- und p-Nitrophenol, letzteres im Zustande verhältnismäßiger Reinheit gegenüber den gewöhnlichen Nitrierungsmethoden. Ausbeuten sind nicht erwähnt.

NEUMANN[2] fand, daß es vorteilhafter für die Bildung von o-Nitrophenol ist, wenn eine verdünnte Salpetersäure allmählich zu Phenol fließt; in BEILSTEIN[3] findet sich noch erwähnt, daß, je mehr das Gemisch von Phenol und verdünnter Salpetersäure sich erhitzt, desto mehr o-Nitrophenol entsteht (GOLDSTEIN).

Bei der Nitrierung von Phenol in Tetrachlorkohlenstofflösung mit Benzoylnitrat fand FRANCIS[4], daß sich ein Gemenge von o- und p-Nitrophenol bildet, in welchem das erstere überwiegt. Bei den Phenoläthern Anisol und Phenetol tritt die Nitrierung noch leichter ein, und zwar erhielt er hierbei eine theoretische Ausbeute an den entsprechenden o-Nitroderivaten. Die Beobachtung, daß sich bei dieser Nitriermethode ausschließlich die ortho-Derivate bilden, ist wichtig, da die bisher bekannten Methoden gewöhnlich in überwiegender Menge die p-Verbindungen liefern. Allerdings ist für Anisol und Phenetol die direkte Nitrierung mit Salpetersäure zu Mononitroderivaten bis jetzt nicht ausführbar gewesen, so daß man nicht weiß, ob dabei auch nicht vorwiegend die o-Verbindungen entstehen.

Bei der Nitrierung von Phenol mit Acetylnitrat $CH_3CO \cdot ONO_2$ (aus Essigsäure- und Salpetersäureanhydrid dargestellt) erhielt PICTET[5] unter nicht näher angegebenen Bedingungen 52% o- und 48% p-Nitrophenol.

RAPP[6] hat sich damit beschäftigt, nicht freies Phenol, sondern seine phosphorsauren Ester zu nitrieren. Monophenylphosphorsäure wurde in gut gekühlte konzentrierte Salpetersäure 1,5 langsam eingetragen, wobei sich eine Mononitroverbindung bildet. Durch Erwärmen mit Kali verseift, gab sie nur p-Nitrophenol (Schmelzp. 114°). Dasselbe Resultat gab die Nitrierung der Diphenylphosphorsäure. Der

---

[1] B. **16**, 1901 (1883). [2] B. **18**, 3320 (1885). [3] II, 681.
[4] B. **39**, 3801 (1906). [5] B. **40**, 1165 (1907). [6] A. **224**, 159 (1884).

Triphenylphosphorsäureester zeichnete sich durch eine vorzügliche Nitrierungsfähigkeit aus und gab bei der verschiedensten Behandlung mit kalter Salpetersäure 1,5 ohne jede Zersetzung die theoretische Ausbeute an Nitroprodukt; jeder Phenolrest hatte eine Nitrogruppe aufgenommen, welcher wieder ausschließlich an p-Stelle eingetreten war.

Die relativen Mengen, in welchen die beiden Mononitrophenole o und p bei der Nitrierung von Phenol unter verschiedenen Versuchsbedingungen entstehen, sind also noch sehr ungenügend bekannt. Dieses Mengenverhältnis dürfte im vorliegenden Fall auch schwer festzustellen sein, weil bei der Nitrierung immer bedeutende Mengen harzartiger Körper entstehen. Auch vom Nitrierungsprodukt von Anisol ist die Zusammensetzung nicht näher bekannt.

Einführung von SO_3H. Mit der Bildung und der Unwandlung der Phenolsulfosäuren ineinander hat sich Kekulé[1] eingehend beschäftigt; er hat die Bildung von zwei Sulfosäuren bei der Einwirkung von Schwefelsäure auf Phenol beobachtet, sowie die Umwandlung der ortho-Säure in die para-Säure. Zur Trennung der beiden Säuren hat er ihre Kaliumsalze benutzt; das Kalium-o-Salz war am leichtesten rein zu erhalten. Zur Bestimmung, welche Isomeren er erhalten hat, schmolz er die beiden Sulfosäuren mit Kali und erhielt aus der einen Säure Brenzkatechin, aus der anderen Resorcin, doch gelang ihm die Darstellung des letztern in reinem Zustande nicht; wenigstens konnte er keine für die Analyse genügende Menge rein erhalten; aber die Eigenschaften des Produkts ließen über seine Natur wohl keinen Zweifel.

Die weitere Untersuchung ergab, daß ein Gemisch von Phenol mit Schwefelsäure, wenn es bei gewöhnlicher Temperatur sich selbst überlassen bleibt, anfangs fast ausschließlich, und selbst nach Wochen vorzugsweise ortho-Säure[2] enthält. Wird das Gemenge erwärmt, so nimmt die Menge der p-Säure stets zu, und wenn man längere Zeit auf 100—110° erhitzt, so ist schließlich nur p-Säure vorhanden. Daraus folgt zunächst (sagt Kekulé), daß die beiden Modifikationen nicht eigentlich unter verschiedenen Bedingungen erzeugt werden, sondern daß die anfangs vorhandene o-Säure sich in p-Säure verwandelt. Weitere

---

[1] Z. 1867, 199; 643; B. **2**, 330 (1869).

[2] Nach unserer jetzigen Bezeichnung; im Original steht meta.

Versuche haben ihm dann gezeigt, daß reine, aus Salzen abgeschiedene o-Säure schon beim Eindampfen im Wasserbade zum Teil, bei längerem Erhitzen vollständig in p-Säure übergeht. KEKULÉ hat sich besonders bemüht, eine dritte Phenolsulfosäure im Reaktionsgemisch nachzuweisen, doch hat er dieselbe nicht mit Sicherheit gefunden. SALOMONOFF[1] behauptet dagegen, solch eine dritte Säure erhalten zu haben. Er brachte 100 Teile Phenol mit 90 Teilen reiner Schwefelsäure zusammen (theoretisch müssen auf 94 Teile Phenol 98 Teile Schwefelsäure genommen werden) und ließ das Gemisch bei gewöhnlicher Zimmertemperatur einige Tage stehen. Dann wurde in Wasser gelöst, in Kaliumsalze umgesetzt und diese fraktioniert kristallisiert. Die Fraktionen, welche denselben Gehalt an Kristallwasser hatten, wurden vereinigt und wieder aus Wasser umkristallisiert. Er erhielt so drei Salze. Das α-Kaliumsalz, das schwierigst lösliche, enthielt kein Kristallwasser und schmolz nicht bei 240°. Das β-Kaliumsalz schmolz bei 235—240° und wurde mit verschiedenen Mengen Kristallwasser erhalten; es verwitterte rasch an der Luft. Das γ-Kaliumsalz, welches nur in sehr geringer Menge erhalten wurde, war leicht löslich in Wasser, hatte $2^1/_2$ Mol. Kristallwasser und schmolz nicht bei 240°. Es ist natürlich durchaus nicht ausgeschlossen, daß sich neben Phenolsulfosäuren auch Phenylschwefelsäure gebildet hat, und daß dies in einem der Salze, die SOLOMANOFF erhielt, vorliegt.

BARTH und SENHOFER[2] haben die Frage nach der Gegenwart von m-Phenolsulfosäure im Sulfonierungsgemisch von Phenol durch vergleichendes Studium der drei Phenolsulfosäuren und ihrer Salze zu entscheiden gesucht. Sie fanden, daß das K-Salz der o-Säure bei 240° schmilzt und 2 Mol. Kristallwasser enthält; das der m-Säure bei 200 bis 210° schmilzt und mit 1 Mol. Wasser kristallisiert; das der p-Säure bei 260° noch nicht schmilzt und kein Kristallwasser enthält. Diese Angaben über das K-Salz der reinen m-Phenolsulfosäure stimmen daher nicht mit denen SOLOMANOFFS überein, so daß danach sein Produkt kein K-m-Phenolsulfonat gewesen ist.

Trotzdem kann das Sulfonierungsgemisch m-Phenolsulfosäure enthalten, da KEKULÉ bei der Kalischmelze ein wenig Resorcin erhielt, und BARTH und SENHOFER zeigten, daß o- und p-Phenolsulfosäure bei

[1] Z. 1869, 294. [2] B. 9, 973 (1876).

dieser Operation kein, m-Phenolsulfosäure dagegen 70—80% der Theorie an Resorcin lieferte.

Post[1] bewies, daß der Übergang der o- in die p-Säure dadurch zustande kommt, daß erstere sich bei verhältnismäßig niedriger Temperatur mit Wasser in Phenol und Schwefelsäure umsetzt, und daß darauf die Schwefelsäure von neuem substituierend auf das Phenol einwirkt. Wird bei gesteigerter Temperatur gearbeitet, so entsteht nur p-Säure. Er fand, daß es nicht richtig ist, daß sich bei niedriger Temperatur nur o-Säure bildet. Es ist ihm auch bei sehr langsamer und mit Kühlung durch Eis vorgenommener Sulfonierung nicht gelungen, die Entstehung der p-Verbindung ganz auszuschließen. Ein Urteil über die Menge der entstandenen p-Verbindung wird dadurch erschwert, daß das K-Salz derselben in erheblichen Mengen von Lösungen des o-K-Salzes gelöst wird und seiner Kristallform nach nicht so verschieden von ihm ist, um eine Verwechslung unmöglich zu machen. Post fand ferner, daß die Umwandlung der o- in die p-Verbindung um so rascher vonstatten geht, je höher man erhitzt und je konzentrierter die aufeinander einwirkenden Lösungen sind. Aber auch in starker Verdünnung ist sie mit Sicherheit zu erkennen. Die vollständige Verwandlung kann bei verhältnismäßig niedriger Temperatur durch langandauernde Erwärmung vollzogen werden.

Daß Phenol primär abgespalten wird, bewies Post durch Erhitzen von o-K-Salz mit überschüssiger Schwefelsäure im zugeschmolzenen Rohr. Hierbei bildete sich eine Ölschicht, welche Phenol war, wie durch den Geruch und durch die Überführung in Tribromphenol bewiesen wurde. Wurde das Phenol nicht aus der Röhre entfernt, sondern in derselben mit dem übrigen Inhalt weiter und zwar hoch erhitzt, so verschwand es in konzentrierten Lösungen wieder vollständig; die Flüssigkeit enthielt dann neben Kaliumsulfat und freier Schwefelsäure nur p-Phenolsulfosäure.

Degener[2] hat, anläßlich ähnlicher Versuche, wie sie Barth und Senhofer anstellten, um durch Kalischmelze aus den Phenolsulfosäuren die entsprechenden Dioxybenzole darzustellen, auch die Sulfonierung von Phenol studiert. Beim allmählichen Mischen von reiner Schwefelsäure und Phenol und mehrtägigem Stehenlassen bei gewöhnlicher Temperatur erhielt er der Hauptmenge nach p-Säure.

[1] B. **8**, 1547 (1875). [2] J. pr. (2) **20**, 309 (1879).

Versuche mit anderen Sulfonierungsmethoden sind nur von ENGELHARDT und LATSCHINOFF[1] ausgeführt, welche Phenol mit Chlorsulfonsäure, SO_3HCl, behandelten. Die Mischung erwärmte sich. Nach dem Verjagen der gebildeten Salzsäure wurde die Phenolsulfosäure in Kalisalz umgewandelt. Die Untersuchung dieses Salzes zeigte, daß es vollständig reines p-Salz war. Wurden 47 g Phenol mit nur 26,5 g SO_3HCl zusammengebracht (also mit viel weniger als die theoretische Menge), so waren o- und p-Salz entstanden. Eine Angabe der Temperatur, wobei gearbeitet wurde, fehlt.

Aus dieser Übersicht geht hervor, daß die Meinungen über die Zusammensetzung des Sulfonierungsprodukts von Phenol, wenn bei gewöhnlicher Temperatur gearbeitet wurde, sehr auseinandergehen. Während KEKULÉ mitteilt, daß hierbei hauptsächlich die o-Säure entsteht, glaubt DEGENER, daß p-Säure dabei das Hauptprodukt ist; POST sagt, daß er, bei 0° arbeitend, die Bildung von p-Säure nicht ganz ausschließen konnte. Einig sind darüber alle Autoren, daß bei höherer Temperatur die p-Säure vorherrscht oder sogar ausschließlich entsteht. Die Reaktion scheint nur einseitig zu verlaufen; doch fehlen Versuche, um p-Säure in o-Säure umzuwandeln. Die Gegenstreitigkeiten, welche hier herrschen, müssen wohl größtenteils auf Rechnung der schwierigen Trennung der o- und p-Säure geschoben werden. Auch die Kalischmelze konnte kein befriedigendes Resultat liefern, weil der Nachweis der Dioxybenzole, und ihre quantitative Bestimmung nebeneinander nicht ohne Schwierigkeiten ist.

Eine erneute Untersuchung war daher wünschenswert. Dieselbe hat OBERMILLER[2] in die Hand genommen; doch hat auch er nur in roher Annäherung die relativen Mengen bestimmen können, in welchen o- und p-Säure entsteht. Die Trennung der beiden Säuren hat er anscheinend sehr verbessert durch Benutzung ihrer Baryum- und Magnesiummonosalze anstatt der Kaliumsalze; doch ließ sich mit dieser verbesserten Methode doch eine quantitative Bestimmung der Säuren nicht erreichen. Bei dieser Trennung wurden auch Anzeichen gefunden für die Anwesenheit eines dritten Salzes (oder anderen Salzen), welche das der m-Säure sein konnte; doch war das verarbeitete Phenol nicht chemisch rein, so daß die geringen Mengen dieser Salze, welche in

[1] Z. **1869**, 298. [2] B. **40**, 3623 (1907).

Lösung blieben, als die o- und p-Säure in der Form von basischen Barytsalzen niedergeschlagen war, auch von Verunreinigungen des Phenols herrühren konnten.

Um einen ungefähren Einblick in die relativen Mengen zu bekommen, in welchen die o- und p-Säuren bei variierten Sulfonierungsweisen entstehen, wurde folgendermaßen verfahren. Je 200 g Phenol wurden anfangs mit einer kleineren Menge Schwefelsäure vermischt, um das Phenol flüssig zu erhalten, dann wurde ein Überschuß von Schwefelsäure von verschiedener Konzentration zugegeben und in verschiedenen Versuchen während 6 Stunden auf verschiedenen Temperaturen gehalten. Bisweilen wurde dem Phenol von vornherein Wasser zugesetzt. Am nächsten Morgen wurde das Reaktionsgemenge weiter verarbeitet; die Temperatur wurde während der Nacht nicht konstant gehalten. Die Säuren wurden in ihren Ba-Salzen verwandelt und ihre Lösung durch Eindampfen konzentriert. Dabei kristallisiert das o-Ba-Salz aus. Obermiller bestimmte nun die Menge dieses direkt auskristallisierten Ba-Salzes sowie die Anzahl Kubikzentimeter der Mutterlauge, nachdem dieselbe auf ein spezifisches Gewicht von 1,160 (keine Temperaturangabe) gebracht war. Schätzungsweise enthält eine solche Mutterlauge noch etwa 20 % o-Salz; der Rest ist fast nur p-Salz. Wie diese Schätzung möglich war, ist nicht erwähnt; wohl, daß 100 ccm der Mutterlauge etwa einem Gesamtgehalt von 30 g wasserfreien monosulfosauren Salzes entsprechen. Immerhin gibt die Methode einige Anhaltspunkte. So geht daraus hervor, daß es Obermiller in keinem Falle gelungen ist, auch nur annähernd so orthoreiche Gemenge zu erhalten, wie man sie nach den Angaben von Kekulé erwarten sollte; weiter, daß die ortho-Substitution begünstigt wird, sowohl durch niedrige Temperatur wie auch durch Verwendung einer möglichst schwachen Schwefelsäure. Bei der Beurteilung dieser Resultate muß man aber bedenken, daß die Mutterlauge sehr verschiedene Mengen an o-Salz enthalten haben kann, wenn die relativen Mengen o- und p-Salz in den verschiedenen Versuchen stark gewechselt haben, da die Löslichkeitsbeeinflussung der beiden Salze aufeinander durch ihre große Löslichkeit sehr groß sein wird. Die „Schätzung“ wird dadurch sehr unsicher.

Aus der Abhandlung sind dann ferner noch folgende Daten, bezüglich der relativen Mengen, in welchen die Isomeren entstehen, zu entnehmen. 200 g Phenol wurden bei 40—35° mit 100 g Schwefelsäure von 100% vermischt; dann nach dem Abkühlen auf 20° weitere 200 g dieser Schwefelsäure zulaufen gelassen. Die Temperatur wurde noch 6—8 Stunden auf derselben Höhe gehalten. Durch fraktionierte Kristallisation der Ba- und Mg-Salze wurden auf etwa 2 Teile o-Säure 3 Teile p-Säure erhalten, wobei bemerkt werden muß, daß gegen 10% der Salze sicher noch in den Mutterlaugen geblieben sind. — Wird 200 g Phenol mit 220 g etwa 95prozentiger Schwefelsäure 6—8 Stunden auf 90—100° erhitzt, so erzielt man die Bildung von jedenfalls über 80% an p-Säure, wogegen die o-Säure in immerhin erheblichen Mengen noch zugegen ist.

Wenn bei 0—5° sulfoniert wurde und die Einwirkung nach drei Stunden unterbrochen wurde, enthielt das Reaktionsprodukt Phenylschwefelsäure. Daß diese Säure als das primäre Einwirkungsprodukt von Schwefelsäure auf Phenol angesehen werden muß, hat seinerzeit bereits Baumann[1] gezeigt, indem er durch Erhitzen von phenylschwefelsaurem Kalium im zugeschmolzenen Rohr auf 150—160° p-phenolsulfosaures Kalium erhielt. Daß hierbei keine ortho-Verbindung entstand, wird wohl der hohen Versuchstemperatur zugeschrieben werden müssen.

Obermiller[2] hat diese Versuche noch durch zwei neue Versuchsreihen vervollständigt. Bei der einen wurde die Temperatur entweder bei 0—5° oder bei 15—20° gehalten, wobei aber die anfängliche Mischung von Phenol mit einem Teil der Schwefelsäure bei 40—35° geschah. Bei der anderen Versuchsreihe wurde die Temperatur auf 60—70° in einem Versuch, bei den vier andern auf 90—100° gehalten. Die Bestimmung (oder richtiger gesagt die Schätzung) der relativen Menge o- und p-Phenolsulfosäure geschah auf die oben beschriebene Weise.

Es ergab sich, daß bei niedriger Temperatur, je nach den Versuchsbedingungen, 35—43% ortho-Säure in den Gesamtsulfonsäuren enthalten waren. Hierbei variierte die Menge der Schwefelsäure (von 100% Gehalt) von 1,1 bis 1,5 Teilen, die Einwirkungsdauer von $1\frac{1}{2}$ Stunden bis zu 3 Tagen.

Bei der Temperatur von 90—100° bildete sich bereits Disulfosäure, welche durch die Eisenchloridreaktion nachgewiesen wurde, welche

---

[1] B. **11**, 1909 (1878). [2] B. **41**, 696 (1908).

bei den Monosulfosäuren des Phenols violett, bei Polysulfosäuren rot ist. Es bildete sich gegen 90% p-Phenolsulfosäure. Auch bei dieser Untersuchung sind die gefundenen Zahlen nur als rohe Annäherungen zu betrachten.

Die Sulfonierung von Anisol ist mehrfach untersucht worden. Aus der älteren Literatur über diesen Gegenstand sei erwähnt, daß CAHOURS[1] und KEKULÉ[2] dabei zwei Sulfosäuren erhielten, und zwar ortho- und para-Anisolsulfosäure. MOODY[3] dagegen erhielt aus Anisol durch Behandlung mit seinem gleichen Volum Schwefelsäure bei gewöhnlicher Temperatur nur eine Sulfosäure, deren Amid bei 108° schmolz. Ebenso FRANKLIN[4]; er behandelte Anisol mit seinem dreifachen Gewicht an gewöhnlicher konzentrierter Schwefelsäure; bei einem Versuch erhitzte er das Gemisch während zwei Stunden auf dem Wasserbad, beim zweiten Versuch eine Stunde auf 80°. Das Amid der so dargestellten Sulfosäure schmolz bei 112°.

Zu dem Zwecke, in diese Angelegenheit Klarheit zu bringen, stellte SHOBER[5] eine Reihe von neun Versuchen an, in welchen er Anisol unter verschiedenen Bedingungen sulfonierte, wozu er immer gewöhnliche konzentrierte Schwefelsäure benutzte. Die Untersuchungsmethode bestand darin, daß die Sulfosäuren zunächst in Ba-Salze, dann in Na-Salze verwandelt wurden und diese durch sukzessive Behandlung mit PCl_5 und mit Ammoniak in Amide. Letztere wurden dann durch fraktionierte Kristallisation getrennt. SHOBER erwähnt bei allen seinen Versuchen das Gewicht der erhaltenen Na-Salze und der Amide, wobei es auffällt, daß letztere oft nur in geringer Ausbeute aus ersteren gewonnen wurden. Am schlimmsten ist dies beim letzten Versuch (IX.), wobei die Na-Salze 49 g wogen, aber nur 0,6 g Amid erhalten wurden. Da auch das Gewicht der trocknen Na-Salze meist das für monosulfosaures Salz berechnete sehr erheblich überstieg und doch nur wenige Prozente Disulfamid isoliert wurden, muß offenbar bei den Operationen irgend ein Fehler begangen worden sein; jedenfalls sind dadurch die quantitativen Resultate wertlos und ihre Anführung erübrigt sich daher.

Von den mehr qualitativen Resultaten sei erwähnt, daß Anisol-

[1] A. **52**, 333 (1844). [2] Z. **1869**, 201. [3] Proc. **1892—93**, 90.
[4] Dissertation 1894. [5] Am. **18**, 858 (1896).

disulfosäure sich bei 92° bei variierten Mengen von Schwefelsäure immer bildet; dagegen soll es sich nicht bei 125° oder bei höherer Temperatur bilden; ebenfalls ein sehr befremdendes Resultat. Para-Anisolsulfosäure bildete sich immer; bei steigender Temperatur, längerer Erhitzungsdauer und größerem Überschuß an Schwefelsäure in geringerer Menge(?). Ortho-Anisolsulfosäure bildete sich in der relativ größten Menge, als bei gewöhnlicher Temperatur sulfoniert wurde. Schließlich muß noch bemerkt werden, daß das Amid, welches bei 169° schmolz, ohne weiteres für das ortho-Sulfamid angesehen wurde.

Die Sulfonierung von Phenetol wurde von Shober und Bowers[1] in analoger Weise studiert. Früher war von Opel und Lippmann[2] bereits konstatiert worden, daß sich dabei zwei isomere Sulfosäuren bilden. Moody[3] erhielt dagegen nur p-Phenetolsulfosäure.

Shober und Bowers führten auch hier die Sulfosäure in ihre Amide über und trennten dieselben durch Kristallisation aus Wasser. Die Schmelzpunkte dieser Amide lagen bei 149° und 128°; beide gaben bei der Analyse die richtigen Zahlen für Monosulfamide. Die Verbindung vom Schmelzpunkt 149° ist das para-Isomer. Die andere mit dem Schmelzpunkt 128° wird von Shober und Bowers für Phenetol-m-sulfamid gehalten, weil Franklin (Dissertation) und Delisle und Lagai[4] dafür den Schmelzpunkt 131° angeben und die Autoren selbst in einer früheren Abhandlung den Schmelzpunkt des Phenetol-m-sulfamids auf 126° bestimmten. Weitaus wahrscheinlicher ist, daß bei der Sulfonierung von Phenetol, wie bei der des Phenols und des Anisols, neben para- die ortho-Verbindung entsteht. Auch haben Shober und Bowers unterlassen, irgend einen weiteren Beweis dafür beizubringen, daß ihr Amid vom Schmelzpunkt 128° wirklich die meta-Verbindung war.

Da auch hier die quantitativen Bestimmungen mangelhaft waren, kann die Mitteilung derselben wegbleiben; nur sei erwähnt, daß in allen Versuchen von der para-Verbindung sehr viel mehr als von der angeblichen meta-Verbindung erhalten wurde.

Einführung der Sulfingruppe. Auf die bei Toluol (S. 102) beschriebene Weise haben Knoevenagel und Kenner[5] auch in Anisol die

---

[1] Am. **25**, 69 (1901). [2] Z. **1869**, 470.
[3] Proc. **1892**, 90 und 214. [4] B. **23**, 3392 (1890).
[5] B. **41**, 3315 (1908).

Sulfingruppe eingeführt. Es genügte hier, Anisol in CS_2 zu lösen und mit $AlCl_3$ und SO_2 zu behandeln, ohne daß HCl eingeleitet zu werden brauchte. Neben Sulfinsäure bildete sich Di p-Anisylsulfoxyd (Schmelzpunkt 96°). Die gewonnene Sulfinsäure schmolz bei 73° statt bei 98° (Kreuder[1]), so daß ein Gemisch von Isomeren vorliegen dürfte.

Einführung von CH_2OH. Manasse[2] hat durch Kondensation von Phenolen mit Formaldehyd aromatische Oxyalkohole gewonnen. Als Kondensationsmittel, welche die Reaktion in diesem Sinne leiten, eignen sich eine ganze Reihe anorganischer Basen, wie Kali- und Natronlauge, Kalium- und Natriumkarbonat, Kali, Zinkoxyd, Bleioxyd und andere; auch Zinkstaub, Natriumacetat und Cyankalium sind verwendbar. Wählt man von diesen Kondensationsmitteln Natronlauge, so verfährt man in der Weise, daß man das Phenol in etwas mehr als 1 Mol. verdünnter Natronlauge löst, 1 Mol. der käuflichen (etwa 40prozentigen) Formaldehydlösung hinzufügt und stehen läßt, bis der Geruch nach Formaldehyd verschwunden ist. Aus Phenol selbst bilden sich p-Oxybenzylalkohol und Saligenin.

Auwers,[3] welcher die Wirkung der Kondensationsmittel näher präzisierte, teilt weiter noch mit, daß nach diesem Verfahren immer nur ortho- und para-Derivate, keine meta-Derivate entstehen. Welches von den beiden Isomeren, wenn sie gleichzeitig gebildet werden, in größerer Menge auftritt, soll nach Lederer,[4] welcher diese Reaktion fast zur selben Zeit wie Manasse entdeckte, lediglich von der Wahl des Kondensationsmittels abhängen. Lederer hat aber seine diesbezüglichen näheren Angaben nicht mitgeteilt. Nach Auwers begünstigen starke Alkalien, wie Natronlauge, wenigstens bei den homologen Phenolen, die Bildung von para-Verbindungen.

Einführung von Karboxyl. Außer den gewöhnlichen Gruppen, welche sich direkt in den meisten Benzolderivaten einführen lassen, ist bei den Phenolen auch die direkte Einführung der Karboxylgruppe möglich, wodurch also Oxybenzoesäuren entstehen. Dieser Prozeß ist wiederholt, auch in technischer Hinsicht, studiert; trotzdem ist man über den Mechanismus der Reaktion noch nicht einig geworden.

R. Schmitt[5] hat eine ausgezeichnete Übersicht betreffend die

---

[1] B. **27**, 2542 (1894). [2] B. **27**, 2409 (1894). [3] B. **40**, 2524 (1907).
[4] J. pr. (2) **50**, 223 (1894). [5] J. pr. (2) **31**, 397 (1885).

älteren Untersuchungen über die Salicylsäuresynthese gegeben, aus welcher folgendes entlehnt ist. KOLBE ließ im Jahre 1859, von der Ansicht ausgehend, die Salizylsäure sei als Phenylkohlensäure aufzufassen und habe dieselbe Konstitution wie die Äthylkohlensäure, Natrium auf Phenol einwirken, durch welches gleichzeitig ein Strom von Kohlendioxyd geleitet wurde. Er gelangte in der Tat auf diese Weise zu der gesuchten Säure. Er nahm an, daß die drei Ingredienzien sich unter Entbindung von Wasserstoff unmittelbar zu salicylsaurem Natrium vereinigten. Besonders hebt KOLBE aber hervor, die Säure entstehe nicht durch Einleiten von Kohlendioxyd in fertiges Phenolnatrium. Aber schon im Jahre 1860 kam er zu Resultaten, welche bewiesen, daß die gewonnene Säure eine Oxyphenylkarbonsäure (Oxybenzoesäure) sei. Er mußte also seine frühere Ansicht über die Struktur der Salicylsäure fallen lassen und damit auch die Erklärung des Verlaufs der Reaktion. Bei eingehenderer Untersuchung fand nun KOLBE, daß durch Einwirkung von Natrium auf Phenol in Gegenwart von Kohlendioxyd neben Na-Salicylat auch, und zwar in größerer Menge, das Na-Salz der Phenylkohlensäure entsteht. Er schloß auf die Existenz derselben, weil das feste Produkt der Reaktion, in Wasser gelöst, nach Zusatz einer Mineralsäure eine große Menge von CO_2 entwickelte, unter Abscheidung von Phenol (und Salicylsäure). Vierzehn Jahre später glaubte er aber festgestellt zu haben, daß phenylkohlensaures Na sich bei der Reaktion überhaupt nicht bildet, sondern daß statt dessen Na-Bikarbonat entsteht; die Entwicklung von CO_2 aus dem Reaktionsprodukt bei der Neutralisation sei also auf dieses Salz zurückzuführen. Bei dieser wieder aufgenommenen Untersuchung konstatierte er auch die Bildung von Phenolnatrium bei seiner Reaktion, sowie daß dieses Salz abnahm und größere Mengen Salicylsäure erzielt wurden, sobald er bei höherer Temperatur das Einleiten von CO_2 fortsetzte. Da er gleichzeitig die Stabilität des Phenolnatriums bei hoher Temperatur erkannt hatte, so ließ er trocknes CO_2 nunmehr auf über 100° erhitztes Phenolnatrium einwirken. In einem gewissen Stadium der Reaktion tritt freies Phenol auf, und der schließliche Rückstand besteht aus Dinatriumsalicylat. Der Prozeß verläuft demnach nach der Gleichung:

$$2\,C_6H_5ONa + CO_2 = C_6H_4\begin{matrix}ONa\\CO_2Na\end{matrix} + C_6H_5OH\,.$$

Eine bemerkenswerte Ansicht sprach E. BAUMANN[1] aus. Gestützt auf die Tatsache, daß das von ihm zuerst dargestellte Na-Phenylsulfat beim Erhitzen in einer zugeschmolzenen Röhre sich fast quantitativ in p-phenolsulfosaures Na umsetzt, schloß dieser Forscher, daß auch bei der Einwirkung von CO_2 auf Na-Phenolat zunächst phenylkohlensaures Natrium entstehe und dieses dann bei höherer Temperatur sich in Na-Salicylat umsetze:

$$C_6H_5ONa + CO_2 = \begin{matrix}C_6H_5O\\NaO\end{matrix}{>}CO \rightarrow C_6H_4{<}\begin{matrix}OH\\CO_2Na\end{matrix}.$$

Das Auftreten des Dinatriumsalicylats und des freien Phenols stand aber mit dieser Annahme nicht in Einklang. Daher nahm HENTSCHEL an, daß phenylkohlensaures Natrium mit einem Molekül Phenolnatrium in Wechselwirkung tritt und sich dabei freies Phenol und Dinatriumsalizylat bilden, entsprechend der Gleichung:

$$\begin{matrix}C_6H_5O\\NaO\end{matrix}{>}CO + C_6H_5ONa = C_6H_4{<}\begin{matrix}ONa\\CO_2Na\end{matrix} + C_6H_5OH.$$

Um diese Ansicht zu prüfen, war es notwendig, Na-Phenolat und phenylkohlensaures Natrium in vollkommen reinem Zustande darzustellen. Ersteres wurde erreicht durch Lösen von Natrium in Phenol und Erhitzen des Produkts in einem Wasserstoffstrom auf 200°. Wenn dieses Na-Phenolat bei gewöhnlicher Temperatur unter schwachem Druck mit trocknem Kohlendioxyd behandelt wurde, nahm es quantitativ ein Molekül davon auf und das erhaltene Produkt war reines phenylkohlensaures Natrium. Dies erhellte aus seiner Analyse; aus den Reaktionen ging hervor, daß es unzweifelhaft diese Verbindung war. Denn mit verdünnten Säuren entwickelte es 1 Mol. Kohlendioxyd, mit Wasser die Hälfte, da die andere Hälfte als Bikarbonat gebunden blieb und bei Zusatz von Säuren frei wurde.

Wurde nun dieses reine phenylkohlensaure Natrium mit 1 Mol. Phenolnatrium im Wasserstoffstrom längere Zeit auf 180—190° erhitzt, so destillierte die nach obiger Gleichung berechnete Menge Phenol ab und ein Kuchen von Dinatriumsalicylat blieb zurück, aus welchem, nachdem er in Wasser gelöst war, durch Salzsäure die berechnete

[1] B. 11, 1910 (1878).

Menge Salicylsäure gefällt wurde. Hierdurch war also die Salicylsäuresynthese, wie dieselbe in ihrer ursprünglichen Form ausgeführt wurde, aufgeklärt.

Weiter entdeckte SCHMITT[1] die wichtige Tatsache, daß das phenylkohlensaure Na, beim Erhitzen im zugeschmolzenen Rohr auf 120—130°, sich glatt in salicylsaures Natrium umwandelt; das heißt, wenn das Rohprodukt in Wasser gebracht und Säure zugefügt wird, erhält man fast quantitativ Salicylsäure.

Daß Phenylkohlensäure bei der Salicylsäuresynthese eine Rolle spielt, wurde indirekt durch HENTSCHEL[2] dadurch bewiesen, daß er Phenyläthylkarbonat in Na-Salizylat durch Destillation mit Natriumphenolat umwandelte:

$$CO\begin{matrix} \diagup OC_6H_5 \\ \diagdown OC_2H_5 \end{matrix} + C_6H_5ONa = C_6H_4\begin{matrix} \diagup OH \\ \diagdown CO_2Na \end{matrix} + C_6H_5OC_2H_5$$

oder aber Diphenylkarbonat mit Na-Äthylat destillierte:

$$CO(OC_6H_5)_2 + C_2H_5ONa = C_6H_4\begin{matrix} \diagup OH \\ \diagdown OC_2Na \end{matrix} + C_6H_5OC_2H_5\,.$$

LOBRY DE BRUYN und TYMSTRA[3] machten nun aber eine Beobachtung, welche der Annahme von phenylkohlensaurem Natrium als Zwischenprodukt widersprach. Sie fanden nämlich, daß beim Erhitzen von phenylkohlensaurem Natrium bereits bei ca. 85° die Dissoziationsspannung des Kohlendioxyds eine Atmosphäre erreicht. Unter gewöhnlichem Druck ist daher diese Verbindung bei höherer als dieser Temperatur nicht existenzfähig; da bei der Synthese nach KOLBE bis 180 bis 200° erhitzt wird, kann also phenylkohlensaures Na kein Zwischenprodukt gewesen sein. Man findet oft die Vorschrift, daß anfangs bei einer Temperatur von 110—120° Kohlendioxyd über Phenolnatrium zur Bildung von phenylkohlensaurem Natrium geleitet werden muß und erst nachher die Temperatur erhöht werden soll zur Umlagerung dieser Verbindung. L. DE BRUYN und TYMSTRA zeigten aber, daß bei 110—130° Phenolnatrium kein Kohlendioxyd aufnimmt, wenn es auch stundenlang darüber geleitet wird, das heißt keine Gewichtsvermehrung

[1] a. a. O. [2] J. pr. (2) **27**, 43 (1883). [3] R. **23**, 385 (1904).

erfährt; ob aber etwa Phenol abgegeben, CO_2 aufgenommen wird, haben sie nicht untersucht. Bei der Methode von SCHMITT, wo in geschlossenen Gefäßen erhitzt wird, das Kohlendioxyd also unter Druck einwirkt, bleibt die Annahme von phenylkohlensaurem Na als Zwischenprodukt wahrscheinlich, weil es wenigstens teilweise in seiner Dissoziation verhindert sein wird. SCHMITT hatte auch schon konstatiert, daß phenylkohlensaures Na, bei langsamer Erwärmung auf 120°, alles Kohlendioxyd wieder verliert, dagegen rasch auf 180—200° gebracht Salicylsäure liefert.

Diese Beobachtungen brachten L. DE BRUYN und TYMSTRA dazu, anzunehmen, daß bei der KOLBEschen Synthese das Kohlendioxyd sich zwischen ein Kohlenstoff- und Wasserstoffatom schiebt, anstatt mit ONa zu reagieren, so daß das direkte Einwirkungsprodukt Phenolnatrium-o-Karbonsäure $C_6H_4\langle{}^{ONa}_{COOH}$ sein sollte, welches, in Wasser gelöst, mit Säure natürlich auch Salicylsäure bildet. Um dies zu beweisen, wurde phenylkohlensaures Natrium 4×24 Stunden auf 100° erhitzt, in Versuchen von TYMSTRA allein[1] auf 110—120°, und es wurde versucht zu beweisen, daß das primäre Produkt kein salicylsaures Na, sondern Phenolnatrium-o-Karbonsäure ist. Leider ist diese Sache nicht zur Klarheit gekommen, indem experimentelle Widersprüche zwischen den Beobachtungen von L. DE BRUYN und TYMSTRA einerseits und anderen Beobachtern anderseits bestehen, die erst durch weitere Untersuchungen gelöst werden können. So behaupten die erstgenannten, daß in den Röhren, nach dem Erhitzen, kein Druck wahrgenommen wurde, während MOLL VAN CHARANTE, welcher diese Untersuchungen wiederholte,[2] beim Öffnen seiner Röhren einen starken Druck beobachtete, auch wenn er dieselben nach Abkühlung mehrere Tage ungeöffnet liegen ließ. Auch finden sich Widersprüche zwischen der ursprünglichen Abhandlung von L. DE BRUYN und TYMSTRA[3] und der ausführlicheren Abhandlung von TYMSTRA allein,[4] welche letzterer nach dem Tode DE BRUYNS veröffentlicht hat.[5]

Man bekommt schließlich den Eindruck, als ob auch bei höherer

[1] B. **38**, 1375 (1905). [2] R. **27**, 58 (1907).
[3] a. a. O. [4] a. a. O.
[5] Siehe auch FRANCHIMONT, Verslagen Kon. Acad. van Wetenschappen, Amsterdam. Sitzung vom 25. Sept. 1909.

Temperatur das phenylkohlensaure Na existenzfähig sein kann, vielleicht, wie MOLL VAN CHARANTE[1] meint, verbunden mit 1 Mol. Na-Phenolat zu

$$C \begin{cases} OC_6H_5 \\ (ONa)_2 \\ OC_6H_5 \end{cases},$$

und daß dieser Körper sich zu Salicylsäure umlagert. Denn alle, oder wenigstens weitaus die meisten Reaktionen, welche L. DE BRUYN, TYMSTRA und MOLL vom primären Produkt beschrieben haben, lassen sich durch die Annahme von phenylkohlensaurem Natrium im genannten Produkt deuten.

Ob diese Verbindung auch Zwischenprodukt ist bei der technischen Darstellung von Salicylsäure nach dem Patent von MARASSE,[2] ist zweifelhaft, da bei dieser Darstellung Wasser entsteht, welches phenylkohlensaures Natrium sofort zersetzt. MARASSE mischt nämlich Phenol innig mit einem solchen Überschuß an Pottasche (K_2CO_3), daß das Gemenge auch in der Wärme seine pulvrig trockne Beschaffenheit behält. Auf dieses Gemenge läßt er in einem geschlossenen Gefäß Kohlendioxyd bei 130—160° einwirken; schon nach wenigen Minuten ist die Hauptmenge des Kohlendioxyds absorbiert. Öffnet man nach dem Erkalten das Gefäß, so findet man kein Phenol mehr vor; es ist vollständig in salicylsaures Kalium übergeführt. Die Reaktion, bei der Zwischenprodukte nicht nachweisbar sind, verläuft nach der Gleichung:

$$2\,C_6H_5OH + K_2CO_3 + CO_2 = 2\,C_6H_4<\begin{matrix}OH\\CO_2K\end{matrix} + H_2O\,.$$

Mit kohlensauren Verbindungen anderer Alkalien als des Kaliums gelingt die Darstellung der Salicylsäure auf dem beschriebenen Wege nicht. Sie gelingt auch, wenn man kleine Wassermengen zugibt. Phenolkalium ist hier kein Zwischenprodukt, denn wenn man darauf bei Gegenwart von Wasser im geschlossenen Gefäß wenig Kohlendioxyd einwirken läßt, so wird unter Bildung von kohlensaurem Kalium Phenol in Freiheit gesetzt, sowohl bei niedriger, wie bei erhöhter Temperatur. Es wäre immerhin möglich, daß phenylkohlensaures Kalium gegen Wasser resistenter ist als das entsprechende Na-Salz.

Schon KOLBE und HARTMANN[3] haben gefunden, daß bei der Einwirkung von Kohlendioxyd auf Phenolkalium bei höherer Temperatur

[1] a. a. O. [2] Frdl. **3**, 821 (1893). [3] J. pr. (2) **10**, 98 (1874).

p-Oxybenzoesäure, bei niedrigerer Temperatur Salicylsäure entsteht. 90 g Phenolkalium wurden während 4 Stunden im Wasserbade mit Kohlendioxyd behandelt; es waren nur wenige Tropfen Phenol übergegangen. Die in einem Strom von Kohlendioxyd erkaltete Masse wurde in Wasser gelöst: auf Zusatz von Salzsäure entwickelte sich reichlich Kohlendioxyd und schied sich zugleich viel Phenol ab. Das Vorhandensein von Salicylsäure ließ sich deutlich erkennen, doch war die Menge derselben gering. Derselbe Versuch, bei 145° ausgeführt, gab bei Zusatz von Salzsäure Phenol in beträchtlicher Menge, aber auch Salicylsäure in großer Menge. Wurde derselbe Versuch bei 200—210° angestellt, so war nach vierstündiger Reaktion ungefähr die Hälfte des zu dem Kaliumphenolat verwandten Phenols abdestilliert. Der Retorteninhalt, nach dem Erkalten in Wasser gelöst und mit Salzsäure übersättigt, gab wenig Kohlendioxyd, wohl aber immer Phenol aus. Nachdem dieses durch Kochen vertrieben war, setzte sich aus der heiß filtrierten Lösung eine reichliche Menge p-Oxybenzoesäure ab, die fast absolut frei von Salicylsäure war. Nach diesen Versuchen konnte man geneigt sein zu vermuten, es hänge von der Temperatur allein ab, ob bei der Einwirkung von Kohlendioxyd auf ein Metallphenolat Salicylsäure oder p-Oxybenzoesäure entsteht. Kolbe ließ aber Mohr Natriumphenolat bei Temperaturen von 200—220° und bei einem zweiten Versuch von 240—280° während vier Stunden im Kohlendioxydstrom behandeln; hierbei destillierte wieder die Hälfte der zur Darstellung des Phenolats angewandten Menge Phenol ab. Der Rückstand war Dinatriumsalicylat, welches keine Spur von p-Oxybenzoesäure beigemengt enthielt.

Ost[1] bewies, daß die p-Oxybenzoesäure aus primär gebildeter Salicylsäure entsteht; als er nämlich trocknes Kaliumsalicylat auf 220° erhitzte und so lange auf dieser Temperatur erhalten hatte, bis kein Phenol mehr überging, so enthielt die rückständige Salzmasse keine Spur Salicylsäure mehr, sondern bestand lediglich aus Dikalium p-oxybenzoat. Natriumsalizylat, in gleicher Weise behandelt, gab Phenol und Dinatriumsalicylat, ebenso die Br-, Sr- und Mg-Salze der Salicylsäure. Auf diese Umlagerung hat von Heyden[2] ein Patent genommen zur Darstellung von p-Oxybenzoesäure.

Ost[3] hat später noch mitgeteilt, daß auch bei der Einwirkung

[1] J. pr. (2) **11**, 214 (1875). [2] Frdl. **2**, 132.

[3] J. pr. (2) **20**, 208 (1879).

von Kohlendioxyd auf Natriumphenolat, namentlich bei niederer Temperatur, sehr kleine Mengen p-Oxybenzoesäure neben Salicylsäure entstehen können.

Brunner[1] änderte die Darstellungsweise von ortho- und para-Oxybenzoesäure dahin ab, daß er 1 Teil Phenol in zwei Teilen Glyzerin löste und diese Lösung mit zwei Teilen Kaliumbikarbonat mischte. Beim Erhitzen auf 180°, während Kohlendioxyd eingeleitet wurde, bildete sich gegen 50% einer Säure, die, wie die Behandlung mit Chloroform und die Eisenchloridreaktion erkennen ließ, neben Salizylsäure p-Oxybenzoesäure enthielt. Diese Methode, beide Säuren nebeneinander nachzuweisen, ist allgemein benutzt worden. Chloroform löst Salicylsäure leicht, p-Oxybenzoesäure fast nicht; erstgenannte Säure gibt allein die intensiv violette Farbenreaktion mit Eisenchlorid.

In dieser Abhandlung entwickelt Brunner noch eine andere Ansicht bezüglich des Mechanismus der Reaktion. Er nimmt an, daß das Natrium vom Phenolat mit Kohlendioxyd die Gruppe —COONa gibt. Gleichzeitig tautomerisiert sich der Rest C_6H_5O des Phenols in folgendem Sinne:

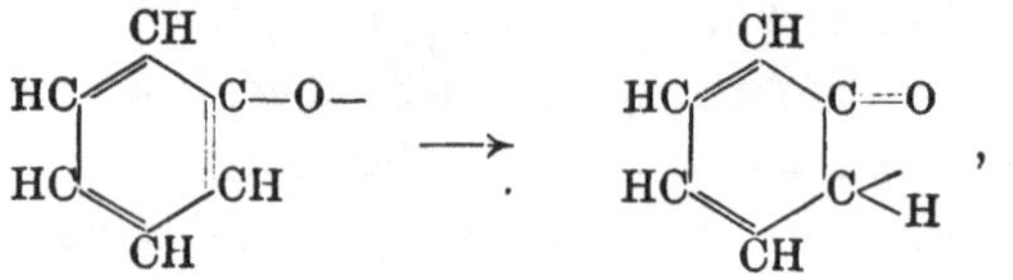

wobei jetzt die Gruppe —COONa sich an der freien Valenz des o-ständigen Kohlenstoffatoms anlagert:

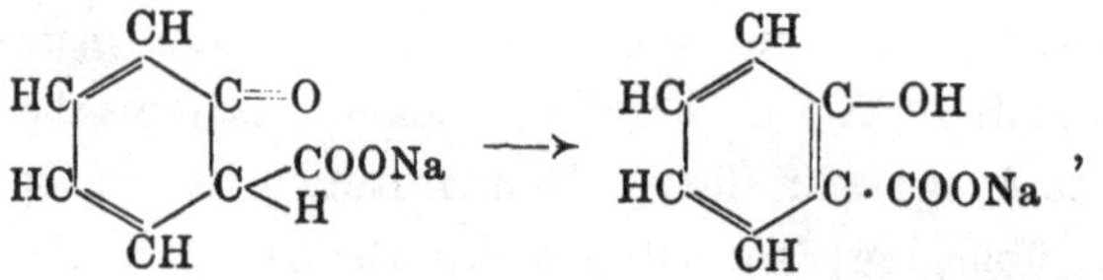

welches primäre Produkt sich dann in salizylsaures Natrium umwandelt. Diese Erklärung würde zu der Annahme führen, daß Salicylsäure in einer tautomeren Form reagieren kann. Der Beweis dafür ist aber bis jetzt nicht erbracht.

Es ist Reimer und Tiemann[2] noch auf einem anderen Wege gelungen, in Phenol die Karboxylgruppe einzuführen. Sie erhitzten

[1] A. **351**, 319 (1906). [2] B. **9**, 1285 (1876).

nämlich Phenol und Kalium- oder Natriumhydroxyd mit Tetrachlorkohlenstoff in alkoholischer Lösung während 2—3 Tage im zugeschmolzenen Rohr auf 100°. Es wurden Salicylsäure und p-Oxybenzoesäure erhalten, aber keine m-Oxybenzoesäure. Von der p-Säure entsteht mehr als von der Salicylsäure, wie Hasse[1], welcher den Versuch wiederholte, bestätigte. Auf die vorwiegende Bildung der einen oder anderen Verbindung üben die verschiedenen Alkalien, wie es scheint, keinen Einfluß aus. Die Gesamtausbeute an Säure wird nicht mitgeteilt.

Einführung von OH. Diese ist auf physiologischem Wege zu erreichen. Baumann und Preusse[2] teilen mit, daß Phenol, einem Hunde auf die Haut gepinselt, in den Harn als Hydrochinonschwefelsäure übgergeht. Wurden Hunde mit Benzol gefüttert, so wurden in ihrem Harn Brenzkatechin und Hydrochinon gefunden (Baumann[3]).

Nach einem Patent der chemischen Fabrik Schering[4] gelingt die Einführung auch durch Oxydation von Phenol mit Kaliumpersulfat. Bei der Einwirkung von Persulfat auf alkalische Phenollösung bildet sich hydrochinonschwefelsaures Salz nach folgender Gleichung:

$$C_6H_5OK + K_2S_2O_8 + KOH = C_6H_4{<}{OK \atop O\cdot SO_2OK} + K_2SO_4 + H_2O.$$

Kocht man die wäßrige Lösung dieses Salzes mit verdünnter Salzsäure und schüttelt mit Äther aus, so erhält man in dem Äther das gebildete Hydrochinon, welches nach Verjagung des Lösungsmittels als strahlig-kristallinische Masse zurückbleibt. Dieselbe enthält Spuren von Brenzkatechin.

Bamberger[5], welcher 8 g Phenol mit 200 ccm neutralisierter Sulfomonopersäurelösung (= 1,35 g aktiven Sauerstoff) bei Zimmertemperatur 15 Stunden lang durchschüttelte, gewann neben 4 g unangegriffenem Phenol 1,2 g analysenreines, bei 105° schmelzendes Brenzkatechin und Chinhydron, welches mit schwefliger Säure 0,5 g reines Hydrochinon (Schmelzp. 169°) gab.

Einführung von CN und C:NOH. Mittels der Knallquecksilbermethode (s. S. 11 und 107) haben Scholl, Hilgers und Kremper[6] in

---

[1] B. **10**, 2186 (1877). [2] H. **3**, 156 (zitiert aus Beilstein II, 938).
[3] H. **6**, 190. [4] Frdl. **4**, 126 (1897). [5] J. pr. (2) **68** (1903).
[6] B. **36**, 648 (1903).

Anisol und Phenetol die Nitril- und die Aldoximgruppe eingeführt. Aus ersterem Äther bildeten sich ortho- und para-Anisaldoxim, aber nur p-Anisnitril. Phenetol dagegen gab nur die entsprechenden para-Verbindungen.

Einführung von NO. BAEYER und CARO[1] erhielten Nitrosophenol durch Behandlung einer wäßrigen Lösung von Phenol und Natriumnitrit mit Essigsäure. Die Nitrosogruppe kommt in para-Stellung, weil sich das Nitrosophenol zu p-Nitrophenol oxydieren läßt. Die Bildung von Isomeren ist weder von den Genannten, noch von anderen bemerkt, wiewohl das ursprüngliche Rezept zur Darstellung mehrfach geändert worden ist. So fanden STENHOUSE und GROVES,[2] daß die Darstellung besser gelingt, wenn Phenol in wäßriger Lösung mit der berechneten Menge Bleikammerkristalle $HSO_4 \cdot NO$ behandelt wird. WURSTER[3] fügte zu einer wäßrigen Phenollösung ein Hydroxylaminsalz und Wasserstoffperoxyd und erhielt braune Kristalle, welche er für Nitrosophenol hält, weil sie die LIEBERMANNsche Reaktion geben. Die Ausbeute wird nicht angegeben. BRIDGE[4] hat eine verbesserte Vorschrift zur Darstellung von Nitrosophenol aus Phenol, Natriumnitrit und Schwefelsäure gegeben, erwähnt aber auch nicht die Bildung von Isomeren; er erhielt 75—80% der theoretischen Ausbeute.

Einführung von CHO. Diese ist in der REIMER-TIEMANNschen Synthese[5] verwirklicht. Die Genannten ließen Chloroform auf eine stark alkalische Lösung von Phenol einwirken. Nach Ablauf der Reaktion wurde angesäuert und Salicylaldehyd mit Wasserdampf übergeblasen. Eine schwach gelbrote Flüssigkeit und ein dunkelrotes Harz blieben zurück. Man filtrierte vom letzteren ab und extrahierte das Filtrat mit Äther, wodurch p-Oxybenzaldehyd erhalten wurde. REIMER und TIEMANN sehen in dieser Synthese ein Analogon von KOLBES Synthese der Salicylsäure. Deshalb durften sie erwarten, daß die verschiedenen Alkalien auf die vorwiegende Bildung entweder von p- oder von o-Oxybenzaldehyd von bestimmendem Einfluß sein würden. Ihre Versuche haben diese Voraussetzung jedoch nicht bestätigt. Bei Anwendung sowohl von Natron- als auch von Kalihydrat entsteht neben Salicylaldehyd p-Oxybenzaldehyd, und die Bildung einer größeren oder

[1] B. **7**, 967 (1874). [2] A. **188**, 360 (1877). [3] B. **20**, 2631 (1887).
[4] A. **277**, 85 (1893). [5] B. **9**, 824 (1876).

geringeren Menge der einen oder der anderen Verbindung ist nach den bis jetzt gemachten Beobachtungen weit mehr von bestimmten Temperatur- und Konzentrationsverhältnissen als von der Natur der bei der Reaktion in Anwendung kommenden Alkaliverbindung abhängig. Eine weitere Präzisierung dieser Verhältnisse ist von ihnen aber nicht gegeben. Die Ausbeute bei dieser Synthese ist ziemlich niedrig. Tiemann und Herzfeld[1] fanden als beste Ausbeute an p-Oxybenzaldehyd, daß aus 100 g Phenol 10 g in reinem Zustande erhalten werden können. Wieviel Salicylaldehyd hierbei gewonnen wurde, ist nicht erwähnt. Gattermann teilt in seiner „Praxis" eine verbesserte Vorschrift mit, wobei er aus 25 g Phenol 10—12 g Salicylaldehyd und 2—3 g p-Oxybenzaldehyd erhält.

Gattermann hat sich mit seinen Schülern überhaupt mehrfach mit der Darstellung von aromatischen Aldehyden durch direkte Einführung der CHO-Gruppe beschäftigt. Wir sahen davon bei der Synthese des Tolylaldehyds (S. 106) bereits ein Beispiel. Er versuchte nun die dort beschriebene Reaktion auch auf Phenoläther anzuwenden,[2] aber zunächst ohne Resultat, was er dem Umstande zuschreibt, daß Kupferchlorid, welches bei dieser Reaktion angewandt wird, von diesem Äther bei Gegenwart von $AlCl_3$ nicht gelöst wird. Die Synthese von Oxyaldehyden gelang ihm aber mittels Blausäure und Salzsäure, wobei er annimmt, daß primär ein Additionsprodukt $C\begin{smallmatrix}\diagup H \\ \diagdown Cl\end{smallmatrix}{=}NH$ entsteht. Seine Arbeitsweise war folgende: Wasserfreie Blausäure wurde mit dem Phenoläther gemischt, in diese Mischung unter Abkühlung Chlorwasserstoffgas geleitet und danach $AlCl_3$ zugefügt. Es bildet sich zunächst das salzsaure Salz eines Aldoxims, z. B.

$$CH_3OC_6H_4\cdot CH:NH\cdot HCl,$$

welches bei Erwärmung mit einer verdünnten Säure Salmiak und das gewünschte Aldehyd gibt. Es entstehen so ausschließlich p-Oxyaldehyde. Kurz darauf fanden Gattermann und Berckelmann,[3] daß die Reaktion auch auf freie Phenole anwendbar ist, wobei ebenfalls immer p-Substitution eintritt. Phenol gab nur eine Ausbeute von 30% der Theorie an p-Oxybenzaldehyd; die Bildung von Salicylaldehyd konnte mit

[1] B. 10, 63 (1877). [2] B. 31, 1149 (1898). [3] B. 31, 1765 (1898).

Sicherheit nicht festgestellt werden. Auch in manchen anderen Fällen war die Ausbeute nur etwa 40% der Theorie.[1]

Eine sehr fruchtbare Synthese von Oxyaldehyden ist in einem Patent von GEIGY[2] beschrieben. Sie beruht auf demselben Prinzip, wonach ihm die Einführung der Gruppe CHO in aromatische Amine gelungen ist (S. 154), also auf der gleichzeitigen Einwirkung von Formaldehyd und von einem aromatischen Hydroxylamin auf Phenole:

$$HO\cdot C_6H_4\cdot H + CH_2O + HOHN\cdot C_6H_3\begin{matrix}\diagup SO_3H\\ \diagdown CH_3\end{matrix} =$$

$$HO\cdot C_6H_4\cdot CH_2\cdot \underset{\underset{OH}{\cdot}}{N}\cdot C_6H_3\begin{matrix}\diagup SO_3H\\ \diagdown CH_3\end{matrix} = HO\cdot C_6H_4\cdot CH : N\cdot C_6H_3\begin{matrix}\diagup SO_3H\\ \diagdown CH_3\end{matrix} + H_2O,$$

aus welcher Anhydroverbindung sich das Oxyaldehyd $HO\cdot C_6H_4\cdot CHO$ in guter Ausbeute abspalten läßt. Auch hierbei wird ausschließlich p-Oxybenzaldehyd erhalten.

Einführung der Aldoximgruppe. Diese ist bei Anisol und Phenetol ausgeführt; siehe oben bei der Einführung von CN in diese Verbindungen.

Einführung von Benzoyl. DOEBNER und STACKMANN[3] versuchten, nach Analogie von REIMERS Synthese, in Phenol mittels Benzotrichlorid die Benzoylgruppe einzuführen, welches ihnen folgendermaßen gelungen ist. Je 30 g Phenol wurden mit 20 g Zinkoxyd gemischt und dem Gemisch ganz allmählich 20 g Benzotrichlorid zugefügt. Jeder Tropfen bewirkte eine heftige Reaktion; durch Erwärmen im Wasserbade wurde diese schließlich zu Ende geführt. Aus der rotbraunen Masse ließ sich außer Phenylbenzoat Benzoylphenol $C_6H_5CO\cdot C_6H_4OH$, Schmelzp. 134°, isolieren. Es ist die p-Verbindung (s. unten).

HEIBER[4] hat auf Veranlassung TIEMANNS diese Reaktion wieder studiert. Eine heiße Lösung von 61,5 g Natriumhydrat und 144 g Phenol in 84,5 Teilen Wasser wurde mit 100 g Benzotrichlorid behandelt und die Mischung so lange auf dem Wasserbad digeriert, bis der Geruch des Benzotrichlorids verschwunden war. Das erhaltene Produkt, eine dunkelviolette, zähflüssige Masse, wurde mit Wasserdampf behandelt, wodurch Phenylbenzoat und Oxybenzophenon übergingen und

[1] Siehe auch GATTERMANNS ausführliche Abhandlungen A. **347**, 347 (1906) und A. **357**, 313 (1908).

[2] Frdl. V, 109 (1898). [3] B. **9**, 1918 (1876). [4] B. **24**, 3685 (1891).

ein rotgelber Harzkuchen zurückblieb. Die Ausbeute an Oxybenzophenon betrug nur 3,5 g; sein Schmelzpunkt wurde bei 41° gefunden. Aus dem Umstande, daß die Verbindung sich unschwer mit Wasserdämpfen verflüchtigen läßt, schloß HEIBER, daß sie die ortho-Verbindung ist.

DOEBNER[1] zeigte, daß die Einführung der Benzoylgruppe in Phenol sich auch mittels Benzoylchlorid und Chlorzink vollziehen läßt. Werden molekulare Mengen Phenol und Benzoylchlorid miteinander erwärmt, so bildet sich zunächst Phenylbenzoat. Nun wird abermals 1 Mol Chlorbenzoyl zugefügt, die Temperatur auf 180° gebracht und von Zeit zu Zeit eine Messerspitze Chlorzink hinzugefügt, bis die Chlorwasserstoffentwicklung aufhört. Es wurde so dasselbe Produkt vom Schmelzp. 134° erhalten (zunächst als Benzoat), welches sie mittels Benzotrichlorid bekamen; GRUCAREVIC und MERZ[2] hatten es bereits aus Benzoylchlorid, Phenol und Zink erhalten, aber nicht näher untersucht. Da es beim Schmelzen mit Kali in Benzol und p-Oxybenzoesäure gespalten wird, so muß p-Oxybenzophenon vorliegen.

Einführung von Quecksilber. DIMROTH[3] zeigte, daß Phenol sich leicht „merkurieren" läßt, wenn Quecksilbernitrat, -sulfat oder -acetat mit einer Auflösung von Phenol in Wasser versetzt werden. Nach kurzem Stehen in der Kälte, oder auch nach Erwärmen, fällt Natronlauge kein HgO mehr aus; es sind drei Quecksilberverbindungen gebildet, in welchen die Gruppe HgX in ortho- und para-Stellung zum Phenolhydroxyl, bzw. gleichzeitig in diese beiden Positionen eingetreten ist. Man erhält aus 300 g HgO, in Essigsäure gelöst und 150 g Phenol 140 g der Dimerkuriverbindung, 70 g o-Oxyphenylquecksilberchlorid und 170 g eines Gemenges der entsprechenden p-Verbindung und der Dimerkuriverbindung, aus welchem durch ein ziemlich mühsames Reinigungsverfahren etwa 30 g reiner p-Verbindung erhalten werden. Die Struktur dieser Verbindungen geht daraus hervor, daß sie sich ohne Zersetzung in Natronlauge auflösen; die gebildeten Natriumsalze geben, mit Jodmethyl und Alkohol zusammengebracht, o- bzw. p-Anisylquecksilberjodid, die von MICHAELIS[4] bereits aus den Bromanisolen mit Natriumamalgam und Umsetzung der so entstehenden Quecksilber-

---

[1] A. **210**, 249 (1881). [2] B. **6**, 1245 (1883).
[3] B. **31**, 2154 (1898); **32**, 761 (1899); **35**, 2853 (1902).
[4] B. **23**, 2345 (1890); **27**, 257 (1894).

dianisyle mit Quecksilberjodid erhalten wurden. Dies beweist, daß in den Reaktionsprodukten von Phenol und Quecksilbersalzen die freie Hydroxylgruppe des Phenols anwesend ist. Der Ort, wo das Quecksilber eingetreten ist, wird durch Behandlung der Reaktionsprodukte mit ätherischer Jodlösung bestimmt. Unter fast momentaner Entfärbung bilden sich o- bzw. p-Jodphenol. Anisol und Phenetol lassen sich mittels Quecksilberacetat bei Wasserbadtemperatur merkurieren; beim Anisol entsteht aber neben der para- nur wenig ortho-Verbindung, beim Phenetol letztere überhaupt nicht, sondern nur para-Verbindung.

Anwesend CN.

Einführung der Nitrogruppe. Beilstein und Kuhlberg[1] nitrierten Benzonitril, wobei m-Nitrobenzonitril entsteht, weil dieselbe Verbindung auch aus m-Nitrobenzoesäure dargestellt werden konnte. Isomere haben sie nicht gefunden, auch Schöpff[2] nicht, der übrigens danach auch nicht gesucht hat. Ich habe bei einem Handversuch bei der Nitrierung von Benzonitril auch keine Isomere beobachtet.

Anwesend CHO.

Einführung von Chlor. Gnehm und Bänziger[3] chlorierten Benzaldehyd durch Behandlung mit Jod und Antimonchlorid, ohne nähere Mitteilungen über diese Methode zu geben.[4] Als Hauptprodukt wurde 2,5-Dichlorbenzaldehyd erhalten. Von den Monochlorverbindungen waren ortho- und meta-Chlorbenzaldehyd entstanden. Ihr Gemenge wurde als solches durch Überführung in die entsprechenden Chlorbenzoesäuren erkannt; es gelang, o-Chlorbenzoesäure (Schmelzp. 137°) neben m-Chlorbenzoesäure (Schmelzp. 152°) nachzuweisen. Über die Mengenverhältnisse dieser Säuren wird nichts mitgeteilt.

Einführung von NO_2. Alle Autoren sind darüber einig, daß bei der Nitrierung von Benzaldehyd die m-Nitroverbindung als Hauptmenge entsteht. Nur Bertagnini[5] hat auch mit rauchender Salpetersäure nitriert, alle anderen Forscher mit Mischungen von Salpetersäure und

---

[1] A. **146**, 336 (1868). [2] B. **18**, 1063 (1885). [3] B. **29**, 875 (1896).

[4] Sie verweisen auf die Dissertation von Bänziger, welche mir leider nicht zugänglich ist.

[5] A. **79**, 259 (1851).

Schwefelsäure in sehr wechselndem Verhältnis. BERTAGNINI (welcher auch mit einer solchen Mischung nitrierte) oxydierte das feste Nitroprodukt (dessen Schmelzpunkt er bei 46° angibt anstatt 58°) und konstatierte hierbei die Bildung von „Nitrobenzoesäure", d. h. der m-Nitrosäure. Neben der festen Nitroverbindung haben alle Autoren ein Öl beobachtet; LIPPMANN und HAWLICZEK[1] versuchten, es in eine Bisulfitverbindung umzusetzen, was ihnen aber nicht gelang. Da aber das Öl ungefähr die Zusammensetzung von mononitriertem Benzaldehyd hatte, vermuteten sie, daß Nitrobenzoyl $C_6H_5 \cdot CONO_2$ vorlag. Auch FITTICA,[2] welcher mit Schwefelsäure und Äthylnitrat nitrierte, beobachtete ein Öl von der genannten Zusammensetzung.

RUDOLPH,[3] der sein Nitrierungsprodukt im Dampfstrom überdestillierte, behandelte es danach mit Bisulfit, wodurch es teilweise in Lösung ging. Der ungelöst gebliebene Teil des Öls wurde oxydiert und dabei o-Nitrobenzoesäure erhalten; er kommt also zum Resultat, daß bei der Nitrierung auch o-Nitrobenzaldehyd entsteht, welches sich aber nicht mit Bisulfit zu vereinigen vermag. Bezüglich der relativen Menge, welche von diesem Öl entsteht, stimmen die Angaben ziemlich gut miteinander überein, trotzdem unter verschiedenen Umständen nitriert wurde. So teilt WIDMAN[4] mit, daß man bei der Nitrierung von 1 Vol. Benzaldehyd mit 5 Vol. rauchender Salpetersäure und 10 Vol. Schwefelsäure unterhalb 15° leicht das Gewicht des angewandten Benzaldehyds an reinem kristallisierten Nitrobenzaldehyd erhält, also 70% der Theorie, so daß demnach 30% an Öl erhalten worden war.

Zu ungefähr dem gleichen Verhältnis kommen FRIEDLÄNDER und HENRIQUES.[5] Sie nitrierten mit einer Mischung von Schwefelsäure und etwas mehr als die berechnete Menge Salpetersäure, wobei die Temperatur unterhalb 30—35° gehalten wurde. Aus 100 g Benzaldehyd erhielten sie 100—105 g festen, nach einmaligem Umkristallisieren aus Benzol und Ligroin vollständig reinen m-Nitrobenzaldehyd neben 25 g öliger Nitroverbindung, welche durch scharfes Abpressen des Rohprodukts vom ersteren getrennt wird. Nimmt man an, daß alles, was nicht festes m-Nitrobenzaldehyd ist, an Öl im Rohprodukt anwesend war, so hatte sich auch hier etwa 30% davon gebildet. Die 25 g,

---

[1] B. **9**, 1463 (1876). [2] B. **10**, 1630 (1877). [3] B. **13**, 310 (1880).
[4] B. **13**, 678 (1880). [5] B. **14**, 2801 (1881).

welche in Wirklichkeit gewonnen wurden (theoretisch hätten etwa 40 g erhalten werden müssen), gaben bei Oxydation o-Nitrobenzoesäure, jedoch war es nicht möglich, aus dem Öl o-Nitrobenzaldehyd rein darzustellen. Reines o-Nitrobenzaldehyd, auf andere Weise dargestellt, vereinigt sich mit Bisulfit; das Nitrobenzoyl von LIPPMANN konnten sie nicht nachweisen.

EHRLICH,[1] welcher nach FRIEDLÄNDERS Rezept nitrierte, die Temperatur aber auf etwa 5° hielt, bekam 95% (der Theorie?) an m-Nitroprodukt, aus Benzol und Ligroin umkristallisiert. Beziehen sich die 95% auf angewandtes Benzaldehyd, dann wäre seine Ausbeute ungefähr die gleiche wie die von WIDMAN und von FRIEDLÄNDER erhaltene. Natürlich ist die Ausbeute an o-Nitroprodukt erheblich niedriger wie die 30%, welche an Öl gewonnen werden, da dies sicher noch m-Verbindung gelöst enthalten wird.

Einführung von SO_3H. Diese ist geschehen durch ENGELHARDT[2] und durch WALLACH;[3] letzterer benutzte rauchende Schwefelsäure (Gehalt an SO_3 nicht erwähnt), ersterer „wasserfreie Schwefelsäure". Von der gebildeten Sulfosäure, deren Salze gut kristallisierten, wird die Stellung der Sulfogruppe nicht angegeben; auch von Isomeren ist keine Rede.

Anwesend $COCH_3$.

Einführung von Chlor. Soweit dies untersucht ist, scheint die Art der Einwirkung von Chlor und Brom auf Acetophenon durch dieselben Umstände beherrscht zu werden wie beim Toluol. So erhielt GRAEBE[4] beim Einleiten von Chlor in siedendes Acetophenon Substitution in der Seitenkette, denn die gebildete Chlorverbindung gab bei Oxydation Benzoesäure. Auch griff sie, wie die Benzylhalogenverbindungen, die Schleimhäute der Augen stark an. STAEDEL[5] bestätigte diese Angaben, nur fand er den Schmelzpunkt von $C_6H_5 \cdot CO \cdot CH_2Cl$ zu 58—59° anstatt 41°, wie GRAEBE angibt. H. GAUTIER[6] erhielt dieselbe Verbindung, als er im hellen Tageslicht Chlor in eine mit Eis gekühlte Lösung von 1 Gewichtsteil Acetophenon in 1 Gewichtsteil Schwefelkohlenstoff leitete; nahezu dieselbe Vorschrift geben SCHOLL und

[1] B. **15**, 2010 (1882). [2] J. **1864**, 350. [3] B. **16**, 150 (1883).
[4] B. **4**, 35 (1871). [5] B. **10**, 1830 (1877). [6] A. ch. (6) **14**, 379 (1888).

KORTEN.[1] Isomere werden bei diesen Untersuchungen nicht erwähnt. Wohl spricht STAEDEL[2] von einem Öl, welches in ziemlich großer Menge entsteht; dies ist aber nicht näher untersucht, so daß es unbekannt (wiewohl wahrscheinlich) ist, daß hierin kernsubstituierte Produkte anwesend sind. Sehr auffallend ist noch GAUTIERS Mitteilung,[3] daß die Substitution von Chlor unter den verschiedensten Umständen immer im Methyl stattfindet; so auch bei völliger Dunkelheit und bei Abkühlung, wobei das Toluol kernsubstituierte Produkte liefert.

Einführung von Brom. EMMERLING und ENGLER[4] ließen gleiche Moleküle Brom und Acetophenon bei gewöhnlicher Temperatur aufeinander einwirken und erhielten zwei Produkte: $C_6H_4Br \cdot COCH_3$, Schmelzp. 50°, welches bei Oxydation Brombenzoesäure (welche?) gibt und $C_6H_5 \cdot COCH_2Br$, wovon sie keinen Schmelzpunkt angeben. Die Bromierung im Kern ist von späteren Untersuchern nicht gefunden. HUNNIUS[5] erhielt nur $C_6H_5 \cdot COCH_2Br$, als er Acetophenon, in Schwefelkohlenstoff gelöst, auch in der Kälte bromierte; STAEDEL[6] teilt mit, daß die Ausbeute an Bromacetylbenzol besser wird (94 °/₀ der Theorie), wenn der gebildete Bromwasserstoff durch einen Strom von Kohlendioxyd entfernt wird; dies wird wohl dadurch bedingt sein, daß das Reaktionsprodukt dann leichter zu isolieren war. MÖHLAU,[7] der in Eisessiglösung bromierte, erhielt 80 °/₀ der theoretischen Ausbeute. In allen Fällen bildete sich neben dem kristallisierten Hauptprodukt $C_6H_5 \cdot COCH_2Br$ ein Öl, welches nicht näher auf Isomere untersucht ist. Mutmaßlich haben alle Untersucher im Tageslicht gearbeitet.

Einführung von NO_2. Die Nitrierung von Acetophenon ist zuerst von EMMERLING und ENGLER[8] studiert worden, welche bei Anwendung von kalter, rauchender Säure ein kristallisiertes Produkt, beim Nitrieren bei 45—50° dagegen ein Öl erhielten. EMMERLING[9] hat später durch Oxydationsversuche bewiesen, daß das feste m-Nitroacetophenon Hauptprodukt ist, das Öl aber auch viel o-Nitroacetophenon enthält.

Eine genaue Untersuchung der Nitrierung von Acetophenon, welche in viel größerem Maßstabe ausgeführt wurde, ist von CAMPS[10]

---

[1] B. **34**, 1902 (1890). [2] a. a. O. [3] a. a. O.
[4] B. **4**, 148 (1871). [5] B. **10**, 2007 (1877). [6] B. **13**, 837 (1880).
[7] B. **15**, 2464 (1882). [8] B. **3**, 886 (1870). [9] B. **18**, 2238 (1885).
[10] Arch. d. Pharm. **240**, 1 (1901).

publiziert worden. Derselbe hat die Nitrierung systematisch zwischen -15^0 und $+35^0$ durchgeführt, und soviel wie möglich die entstandenen Produkte quantitativ bestimmt. Er verarbeitete jedesmal 200 g Acetophenon in je vier Portionen von 50 g. Dabei ergab sich, daß bis etwa $+15^0$ die Nitrierung unter Bildung von o- und m-Nitroacetophenon, sowie einer Spur p-Nitroacetophenon glatt verläuft, daß aber oberhalb dieser Temperatur Oxydation zu Nitrobenzoesäuren, anderseits die Bildung von m-Nitrobenzoylformoxim $NO_2 \cdot C_6H_4 \cdot CO \cdot CH:NOH$ in großer Menge stattfindet. Die beste Ausbeute an Nitroacetophenon erhielt er, wenn die Salpetersäure anfangs stark abgekühlt (bis -15^0 oder auch nur zu 0^0) und nun unter Eisküblung rasch das Acetophenon zugegeben wurde, so daß die Nitrierung in etwa $^1/_4$ Stunde beendet war. Das Verhältnis, in welchem o- und m-Nitroacetophenon entstanden, wechselte mit der Temperatur wenig und betrug ca. $45^0/_0$ o- und $55^0/_0$ m-Produkt bei einer Gesamtausbeute von $96^0/_0$.

Die Arbeitsweise war folgende: Nach der Nitrierung wurde die Flüssigkeit auf viel Eis gegossen, wobei sich eine plastische Masse abschied. Hiervon wurde abfiltriert und das Filtrat ohne Verzug neutralisiert, danach mit Äther extrahiert, wodurch eine große Menge Öl erhalten wurde, welches zum größten Teil aus o-Nitroacetophenon besteht. Die plastische Masse wurde scharf abgesaugt, wobei noch mehr von diesem Öl gewonnen wurde. Der feste Rückstand war m-Verbindung.

Das auf beide Arten gewonnene Öl enthält natürlich noch m-Verbindung gelöst, etwa $10^0/_0$, wie durch Reduktion zu Aminoacetophenon $H_2N \cdot C_6H_4 \cdot CO \cdot CH_3$ bewiesen wurde. Wird nämlich das Reduktionsprodukt mit Wasserdampf destilliert, so bleibt eine feste Masse mit den Eigenschaften des m-Aminoacetophenons zurück. Bei der fraktionierten Kristallisation dieser Masse aus Alkohol wurde ein wenig p-Amidoacetophenon erhalten. Das o-Nitroacetophenon, sowie sein Reduktionsprodukt wurden mit synthetischem o-Nitroacetophenon, aus o-Nitrobenzylchlorid und Acetessigester, verglichen und dabei Identität der Siedepunkte bei verschiedenen Drucken festgestellt.

Die Nitrierung von Acetophenon verläuft also ähnlich wie die der Benzoesäure; nur entsteht beim Acetophenon viel mehr o-Nitroverbindung, wie bei der genannten Säure.

Auch die Nitrierung von Acetophenonbromid $C_6H_5 \cdot CO \cdot CH_2Br$ liefert nach HUNNIUS[1] die meta-Nitroverbindung (Schmelzp. 96°), da dieselbe bei Oxydation m-Nitrobenzoesäure gab. Zur Nitrierung des genannten Bromids wurde es langsam, unter Abkühlung, in rauchende Salpetersäure eingetragen.

Anwesend COC_6H_5.

Einführung von Quecksilber. o-Benzophenonquecksilberchlorid wurde von DIMROTH[2] in folgender Weise dargestellt. Trocknes Merkuriacetat wurde mit einem Überschuß von Benzophenon (3 Mol.) fein zerrieben, in ein auf 120° vorgewärmtes Ölbad gebracht und die Temperatur rasch auf 155° gesteigert. Durch Behandlung mit Brombromkaliumlösung wurde o-Brombenzophenon, Schmelzp. 35°, erhalten. Daß wirklich die o-Verbindung vorlag, wurde durch Überführung in Oxim und Behandlung desselben mit Kali bewiesen, da hierbei Phenylindoxazen

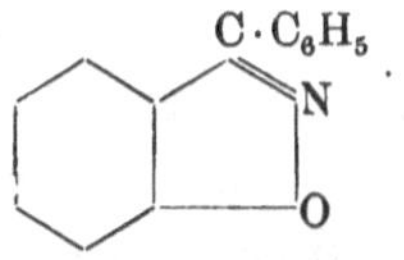

(V. MEYER, CATHART[3]) gebildet wird.

[1] B. **10**, 2008 (1877).
[2] B. **35**, 2868 (1902).
[3] B. **25**, 3293 (1892).

Vierter Abschnitt.

I. Besprechung der Resultate.

Wenn wir zunächst nur die qualitativen Resultate von der Einführung eines zweiten Substituenten im monosubstituierten Benzol ins Auge fassen, also nur darauf achtgeben, welche Isomere sich bilden, so läßt sich die Sachlage am leichtesten durch folgende tabellarische Übersicht darstellen. Die ersten Zahlen geben das Hauptprodukt an, die darauf folgenden die Nebenprodukte, und zwar in abnehmender Menge geordnet. Wenn die Ziffern übereinander gestellt sind, so bedeutet dies, daß je nach den Umständen das eine oder das andere Produkt gebildet wird, oder daß keine Angaben über die Mengenverhältnisse vorliegen.

Der erste Eindruck, welchen man von der Tabelle empfängt, ist wohl, daß darin noch sehr viele Lücken vorhanden sind. Dies wird durch zweierlei Ursachen bedingt. Erstens dadurch, daß es bis heute für eine große Anzahl Substituenten noch keine Methoden gibt, dieselben direkt im Benzolkern einzuführen. Bei den Halogenen gelingt dies meist mit Chlor und Brom; mit freiem Fluor dürften noch keine Versuche gemacht sein, und Jod direkt einzuführen, hat auch oft Schwierigkeiten. Dagegen läßt sich alles nitrieren und fast alles sulfonieren. Die direkte Einführung von allen anderen Gruppen aber ist nur in speziellen Fällen möglich gewesen. Es ist natürlich durchaus nicht ausgeschlossen, daß dafür Methoden gefunden werden. Die zweite Ursache ist, daß manche der bekannten Reaktionen nur in gewissen Fällen Anwendung gefunden haben, in vielen anderen dagegen nicht, wiewohl sie darauf aller Wahrscheinlichkeit nach ebensogut hätten angewandt werden können. So dürfte z. B. die direkte Einführung von Chlor in Fluorbenzol, in Benzolsulfosäure, in Dimethylanilin, in Benzonitril voraussichtlich ebensogut zu erzielen sein, als in Chlorbenzol, in Anilin, in Benzoesäure usf.

In der Tabelle sieht man weiter, daß manchmal die drei möglichen Isomeren gleichzeitig entstehen, aber noch öfter, daß nur ein oder zwei derselben nachgewiesen sind. Ohne Zweifel hat dies oft

Fl	—	—	—	4, 2; 3?	4	—	—	—	—	—	—	—	—	—	—	—	—
Cl	4, 2; 3?	4	4	4, 2	4	—	—	—	—	—	—	—	—	—	—	—	—
Br	4 2? 3?	4, 2; 3?	—	4, 2; 3?	4	—	—	—	—	—	—	—	—	—	—	—	—
J	4 2? 3?	4	4	4, 2	4	—	—	—	—	—	—	—	—	—	—	—	—
NO_2	3	3	—	3, 2, 4	3, 2 4	—	—	—	—	2	—	—	—	—	—	—	2
SO_3H	—	3	—	3 2 4	3, 4	—	—	—	—	—	—	—	—	—	—	—	—
CH_3	4, 2	4, 2	4, 2	2, 4, 3	4, 2; 3?	2 3 4	—	—	4, 2	—	4, 2	—	4	2 4	4	4; 2?; 3?	2 4
CH_2Cl	4	—	—	4 2; 3	—	—	—	—	—	—	—	—	—	—	—	—	—
CH_2SO_3H	2 4	—	—	—	—	—	—	—	—	—	—	—	—	—	—	—	—
$CHCl_2$	4	—	—	3?	—	—	—	—	—	—	—	—	—	—	—	—	—
CCl_3	4	—	—	3?	—	—	—	—	—	—	—	—	—	—	—	—	—
CO_2H	3 4 2	3	3	3, 2, 4	3, 4	—	—	2 3, 4	—	—	—	—	—	—	—	—	2
NH_2	4, 2	—	4	3, 4, 2 4, 3, 2	2 4	4	—	—	—	—	—	—	—	—	—	—	—
NH ac	4	4	4	4, 2, 3	2, 4 4, 2, 3	—	—	—	—	—	—	—	—	—	—	—	—
NH benz	—	—	—	4, 2, 3	4, 2, 3	—	—	—	—	—	—	—	—	—	—	—	—
$N(CH_3)_2$	—	3 4	—	2, 4 3, 4	—	—	—	—	—	—	—	4	4	—	—	—	—
OH	4 2	4 2	4, 2	2 4	2 4; 3?	—	2 4	2 4	—	4, 2	—	4	4 2, 4	—	—	2 4	2 4
O Alk.	—	4	4	2 4	4, 2, 3?	—	—	—	—	—	4, 2	—	—	4, 2	—	—	—
CN	—	—	—	3	—	—	—	—	—	—	—	—	—	—	—	—	—
NO	—	—	—	—	—	—	—	—	—	—	—	—	—	—	—	—	—
CHO	2 3	—	—	3, 2	?	—	—	—	—	—	—	—	—	—	—	—	—
$COCH_3$	?	—	—	3, 2, 4	—	—	—	—	—	—	—	—	—	—	—	—	—
COC_6H_5	—	—	—	—	—	—	—	—	—	—	—	—	—	—	—	—	2
Hg	—	—	—	—	—	—	—	—	—	—	—	—	—	—	—	—	—

seine Ursache darin, daß der Bildung von Isomeren keine Beachtung geschenkt worden ist; in dem vorhergehenden Abschnitt sind eine große Anzahl Fälle angeführt, wobei die ersten Untersucher nur ein Isomer isolierten, während eine spätere Wiederholung der Versuche ergab, daß alle drei Isomere, oder doch zwei entstanden sind.

Dies führt zu der Frage, ob man annehmen darf, daß bei jeder Einführung eines zweiten Substituenten in monosubstituiertes Benzol alle drei möglichen Isomere gebildet werden, sei es auch in sehr verschiedener Menge. Theoretisch ist nichts gegen diese Möglichkeit einzuwenden. Die Bildung von ortho-, meta- und para-Verbindungen wird durch drei nebeneinander verlaufende Reaktionen von verschiedener Geschwindigkeit bedingt; entsteht ein Isomer nicht, so kann dies auch so ausgedrückt werden, daß die Geschwindigkeit der Reaktion dann null wird. Es ist nun nicht einzusehen, weshalb dieselbe null werden muß; freilich kann umgekehrt keine Ursache angegeben werden, weshalb dieselbe in bestimmten Fällen nicht null sein könnte. Will man behaupten, daß stets alle drei möglichen Isomere sich bilden, so ist es damit ganz ähnlich bestellt, wie mit der Behauptung, daß jeder feste Stoff in jeder Flüssigkeit löslich sei; beide Sätze sind Verallgemeinerungen, welche nicht streng bewiesen werden können. Gerade so, wie man in manchen Fällen gefunden hat, daß ein „unlöslicher" Stoff dennoch bei genauerer Prüfung eine gewisse Löslichkeit zeigt, hat man in einer Anzahl Fälle, wobei anfangs nur ein oder zwei Isomere gefunden wurden, durch verbesserte Trennungsmethoden noch geringe Mengen der anderen Isomere nachweisen können. Dabei ist zu bedenken, daß man in der Feststellung der Gegenwart von geringen Mengen eines Isomers, neben großen Mengen der anderen, noch nicht weit gekommen ist. Meistens sind Gemische der Isomere schwer zu trennen, und nur unter besonders günstigen Bedingungen lassen sich Mengen von nur wenigen Prozenten noch mit Sicherheit auffinden. Dies war z. B. der Fall beim Nachweis von kleinen Mengen p-Nitrobenzoesäure im Nitrierungsgemisch der Benzoesäure (S. 126), weil die p-Säure außerordentlich viel weniger löslich als ihre Isomere ist. Im allgemeinen ist eine p-Verbindung fast immer viel weniger löslich wie die entsprechenden o- und m-Verbindungen; ist sie Hauptprodukt, so ist sie meistens leicht rein zu erhalten; aus der Mutterlauge aber beide o- und m-Körper zu isolieren, ist manchmal fast unmöglich. Fraktionierte Kristallisation ist oft sehr schwierig; fraktionierte Destillation leistet meistens auch nicht viel Dienste, weil die Siedepunkte von Isomeren in vielen Fällen einander sehr nahe liegen. Man ist also vielfach auf die Bildung von Derivaten und deren Trennung angewiesen. Mit den quantitativen Methoden der Auslaugung oder des Erstarrungspunktes kann man in den meisten Fällen viel weiter kommen, indem es mit ihnen möglich ist, Mengen von etwa 1 % eines zweiten oder dritten Isomers noch ganz scharf im Isomerengemisch nachzuweisen (nicht zu isolieren). Hier liegt aber in den meisten Fällen die Grenze. Ein zweites oder drittes Isomer, welches nur in wenigen Zehntelprozenten anwesend sein sollte, ist mit den jetzigen Methoden nur in seltenen Ausnahmsfällen noch zu finden.

In den horizontalen Reihen der Tabelle findet man die Stellen angeführt, welche die verschiedenen Substituenten gegenüber ein und denselben, bereits anwesenden Substituenten bei direkter Einführung einnehmen. Da tritt vor allem der Gegensatz zwischen der Substitution nach der para-ortho- und nach der meta-Stelle hervor. Die vorhandene Gruppe dirigiert m. a. W. ein neu eintretender Substituent unabhängig von seiner Natur, entweder hauptsächlich nach den para-ortho-Stellen oder nach der Metastelle. Ausnahmen von diesem Gesetze sind wenig zahlreich.

Nach den vorliegenden Literaturangaben sind sie folgende:

1. In Nitrobenzol erfolgt die Substitution durch Halogen, durch die Nitro- und die Sulfogruppen nach meta; dagegen treten Hydroxyl und Quecksilber an ortho-Stelle ein.

2. In Benzoesäure findet die Substitution nach meta statt, außer bei der Einführung von Quecksilber, welches an ortho-Stelle eintritt.

3. Beim Anilin und seinen Derivaten hängt es von den Versuchsbedingungen in der auf S. 139 angegebenen Weise ab, ob die Nitrogruppe hauptsächlich an meta- oder an para-Stelle eintritt.

4. Bei der Einführung von Methyl in Toluol soll dies hauptsächlich an ortho-Stelle treten, Propyl an meta-Stelle, Butyl an meta- und para-Stelle, Amyl wahrscheinlich an para-Stelle. Übrigens findet die Einführung von Substituenten in Toluol immer an para-ortho-Stelle statt.

Dafür, daß in Benzalchlorid und in Benzotrichlorid Chlor an der para-, NO_2 an der meta-Stelle eintreten soll, ist, wie auf S. 114 gezeigt wurde, der Beweis nicht geliefert.

Die Resultate, welche bei der Einführung von Alkyl in Toluol erhalten wurden, sind aber kaum als eine Ausnahme zu betrachten. Denn die Einführung von Alkyl in Toluol mittels der FRIEDEL-CRAFTSschen Reaktion ist ein sehr komplizierter Prozeß, wobei meistens vom disubstituiertem Produkt relativ wenig erhalten wird; daneben entstehen ansehnliche Mengen von höher substituierten Produkten. Dadurch wird es unmöglich, festzustellen, ob nicht auch bei der Einführung von Propyl und Butyl primär die para- und ortho-Verbindungen überwiegend gewesen sind und die meta-Verbindungen nur deshalb isoliert werden können, weil sie weit weniger rasch als die anderen weiter alkyliert wurden.

Was die anderen Ausnahmen angeht, so läßt sich bei ihnen zeigen, daß bei der Substitution nach para-ortho-Stelle der Substituent zunächst in die Seitenkette tritt, und erst dann nach dem Kern wandert; daß also, wie BLANKSMA[1] es genannt hat, indirekte Substitution stattfindet, im Gegensatz zu der direkten Substitution, wo der Substituent unvermittelt im Benzolkern eintritt, welches zu meta-Derivaten führt. Am ausgeprägtesten findet man diesen Unterschied zwischen direkter und indirekter Substitution bei Anilin. Wie auf S. 139 auseinandergesetzt ist, gelangt man am besten zur Erklärung der Substitutionserscheinungen beim Anilin, wenn man die Nitrierung in stark schwefelsaurer Lösung, wobei hauptsächlich meta-Nitranilin entsteht, als direkte Substitution auffaßt; bei allen anderen Substitutionen, durch Halogene, durch die Sulfogruppe, durch die Nitrogruppe (wenn in salpetersaurer Lösung gearbeitet wird), ist experimentell bewiesen, daß man es mit indirekten Substitutionen zu tun hat.

Bei Nitrobenzol ist kaum daran zu zweifeln, daß bei der Einwirkung von festem Kali, wobei die Masse sich rot färbt und ortho-Nitrophenol entsteht (S. 73), die Nitrogruppe und nicht der Benzolkern es ist, der primär von Alkali angegriffen wird.

Bei der Einführung von Quecksilber in Nitrobenzol und in Benzoesäure hat DIMROTH wenigstens im letzten Falle gezeigt, daß dabei auch indirekte Substitution stattfindet.

Man kommt daher zum Schluß, daß bei einem meta-dirigierenden Substituenten, der im Kern anwesend ist, dennoch Substitution nach

[1] R. **21**, 281 (1902); **23**, 202 (1904).

para-ortho-Stellen stattfinden kann, wenn die Substitution eine indirekte ist.

Man könnte hiernach zur Annahme neigen, daß immer, wenn Substitution nach para-ortho eintritt, indirekte Substitution stattfindet. BLANKSMA[1] lenkte z. B. die Aufmerksamkeit darauf, wie leicht Anilin und Methylanilin, sowie Phenol und ihre Derivate chloriert, bromiert und nitriert werden. Das symm. Dinitrophenol wird durch Bromwasser leicht in Tribromdinitrophenol, durch Salpetersäure in Pentanitrophenol übergeführt. Meta-Dinitrobenzol dagegen wird durch beide gar nicht angegriffen. Auch das symm. Dinitroanisol ließ sich nicht bromieren oder nitrieren. Es muß daher der Wasserstoff des Hydroxyls sein, welcher die leichte Substituierbarkeit bewirkt.

Ich glaube jedoch, daß obige Annahme nicht zweckmäßig ist. Bei der Chlorierung und Bromierung von Chlor- bzw. Brombenzol tritt das neue Halogenatom an p-o-Stelle; ebenso die Nitrogruppe; bei Anisol findet sich dasselbe. In diesen Fällen ist eine direkte Substitution viel wahrscheinlicher, als eine indirekte. Beim Toluol habe ich in Gemeinschaft mit Herrn EUWES[2] geradezu bewiesen, daß die Bildung von o- und p-Bromtoluol nicht durch die primäre Bildung von Brombenzyl bedingt wird, denn letztere ließ sich unter den Umständen, unter welchen die Bromtoluole sich bilden, absolut nicht in diese umlagern. Neben der indirekten Bildung von p-o-Derivaten muß daher unbedingt die direkte Bildung derselben angenommen werden. Meta-Derivate entstehen wahrscheinlich immer durch direkte Substitution; man kennt wenigstens nicht mit Sicherheit Fälle, wo sie durch indirekte Substitution gebildet werden, denn der Fall von Benzoylnitrat, welches sich in m-Nitrobenzoesäure umlagern soll, muß wahrscheinlich anders gedeutet werden (S. 127). Die Regel: Bei der indirekten Substitution treten die Substituenten an para-ortho-Stellen, läßt sich nicht umkehren. Dabei ist aber wohl zu bedenken, daß es bisweilen schwer zu entscheiden sein wird, ob eine Substitution direkt oder indirekt stattgefunden hat. Bei der Nitrierung der Halogenbenzole z. B., namentlich auch bei derjenigen des Fluorbenzols, nimmt man, wenn bei niedriger Temperatur gearbeitet wird, anfangs eine intensive Braunfärbung wahr, die mehr oder weniger rasch verschwindet; es bildet

[1] a. a. O. [2] R. **27**, 443 (1908).

sich daher ein Zwischenprodukt, welches ich mehrmals versuchte zu isolieren, bis jetzt aber ohne Erfolg. Es wäre nun möglich, daß hier ein Produkt von der Formel $C_6H_5X{<}^{OH}_{NO_2}$ vorliegt (X-Halogen); dann würde die Nitrierung der Halogenbenzole eine indirekte Substitution sein. Es wäre aber auch denkbar, daß das gefärbte Produkt sich durch Anlagerung von Salpetersäure direkt am Benzolkern bildet, wodurch die Substitution zu einer direkten wird.

In weitaus den meisten Fällen findet die Substitution nach p-o- statt; von den 24 in der Tabelle angegebenen Monosubstitutionsprodukten sind es nur sechs, welche bei Einführung eines zweiten Substituenten vorwiegend meta-Verbindungen geben; nur die Nitro-, die Sulfo-, die Karboxyl-, die Cyan-, die Aldehyd- und die Acetylgruppe dirigieren den zweiten Substituenten hauptsächlich nach meta, alle übrigen hauptsächlich nach para-ortho. Hierbei ist dann noch zu bemerken, daß von drei dieser sechs Gruppen (Cyan, Aldehyd und Acetyl) bis jetzt nur in sehr wenig Fällen untersucht ist, wohin dieselben eine neu eintretende Gruppe dirigieren, obwohl zu erwarten ist, daß dies auch wohl nach meta der Fall sein wird.

Findet nun auch die Substitution, unter dem Einfluß eines schon vorhandenen Substituenten, entweder nach para-ortho, oder nach meta statt, so ist man doch noch weit davon entfernt, daß das Produkt der Einführung des zweiten Substituenten die Isomere immer im selben Verhältnis enthält. Qualitativ geht das schon aus der Tabelle hervor. Bei der Bromierung von Toluol ist p-Bromtoluol Hauptprodukt; bei der Nitrierung dagegen ortho-Nitrotoluol. Bei der Bromierung von Benzoesäure ist nur die m-Brombenzoesäure konstatiert; bei der Nitrierung entsteht auch eine ansehnliche Menge o-Nitrobenzoesäure. Beim Halogenieren von Phenol ist die p-Verbindung Hauptprodukt; bei der Sulfonierung je nach der Temperatur para- oder ortho-Phenolsulfosäure usf.

Einen viel besseren Einblick in diese Verhältnisse bekommt man durch die quantitative Untersuchung der Substitutionsprodukte.

Folgende Tabelle (S. 199) gibt eine Übersicht.

Man ersieht hieraus, wie ganz verschieden die einzelnen schon vorhandenen Stubstituenten, unter Beibehaltung desselben Typus der Substitution, auf den neu eintretenden Substituenten einwirken. Allerdings ist nur in einem Fall bis jetzt quantitativ die Einführung von

Anwesend →	Fl	Cl	Br	J	NO_2	SO_3H	CH_3	CO_2H	$CO_2 \cdot CH_3$	$CO_2C_2H_5$
Eingeführt Br. Temp. 25°.	—	—	—	—	—	—	39,7 o	—	—	—
	—	—	—	—	—	—	60,3 p	—	—	—
Eingeführt NO_2. Temp. 0°	12,4 o	30,1 o	37,6 o	34,2 o	6,4 o	—	56,0 o	18,5 o	21,0 o	28,3 o
	(0,2) m	—	(0,3) m	—	93,2 m	—	3,1 m	76,5 m	73,2 m	68,4 m
	87,4 p	69,9 p	62,1 p	65,8 p	—	—	40,9 p	1,2 p	5,8 (?) p	3,3 p
Eingeführt SO_3H. Gleichgewicht bei 183° ±	—	—	—	—	--	68 m	—	—	—	—
	—	—	—	—	—	32 p	—	—	—	—

zwei verschiedenen Substituenten in dasselbe monosubstituierte Benzol studiert, nämlich beim Toluol, wobei das Verhältnis, in welchem die Isomere entstehen, bei der Bromierung ganz anders, wie bei der Nitrierung ist, überdies bei letzterer auch etwas meta-Verbindung entsteht. Bei der Nitrierung der Halogenbenzole variiert die Menge des ortho-Isomers von 12,4 bis 37,6 %; bei der Nitrierung des Nitrobenzols und des benzoesauren Äthyläters, die beide die Nitrogruppe hauptsächlich nach meta dirigieren, wechselt die Menge ortho-Verbindung sogar von 6,4 bis 28,3 %. Es scheint daher möglich zu sein, Übergangstypen zwischen der para-ortho- und meta-Substitution zu erhalten, die allerdings bis jetzt noch nicht entdeckt sind.

In betreff der Art der Nebenprodukte findet man fast immer, daß neben der para- als Hauptprodukt die ortho-Verbindung auftritt und wenig oder gar keine meta-Verbindung; neben ortho als Hauptprodukt para mit sehr wenig meta; und neben meta als Hauptprodukt entweder ortho oder para mit geringen Mengen des dritten Isomers.

Die Fälle, daß ortho Hauptprodukt ist, sind nicht zahlreich; wenn meta Hauptprodukt ist, wird in der Mehrzahl der Fälle daneben hauptsächlich ortho gebildet; in folgenden Fällen ist dies aber nicht so: Die Sulfonierung von Benzolsulfosäure gibt unter sehr verschiedenen Versuchsbedingungen immer para-Disulfosäure als Nebenprodukt; ortho-Disulfosäure konnte nicht gefunden werden. Die Sulfonierung von Benzoesäure gibt — soweit bis jetzt untersucht — neben meta-Sulfobenzoesäure als Hauptprodukt auch ausschließlich para-Sulfobenzoesäure als Nebenprodukt.

Immer aber findet man, daß neben einem Hauptprodukt noch ein zweites Isomer in ziemlicher Menge auftritt, das dritte aber entweder nicht oder in sehr untergeordneter Menge. Fälle, wobei die drei möglichen Isomere in etwa gleichen Mengen entstehen, sind bis jetzt nicht bekannt.

Nur die Nitrierungen sind an einer größeren Anzahl von Fällen quantitativ untersucht worden. In der Tabelle sind die bei 0^{0} erhaltenen Resultate verzeichnet, um vergleichbare Zahlen zu haben. Es kann übrigens noch fraglich sein, ob die Nitrierungen, bei derselben Temperatur für verschiedene Stoffe angeführt, vergleichbar unter sich sind; es könnte sein, daß wirklich vergleichbare Zahlen erst erhalten werden, wenn die Nitrierungen vorgenommen werden bei Temperaturen, welche gleiche Bruchteile der kritischen Temperaturen der betreffenden Sustanzen darstellen.

Wir werden auf diese Zahlen im sechsten Abschnitt näher zurückzukommen haben, wenn der Einfluß von zwei im Benzolkern anwesenden Substituenten an der Stelle, wo ein dritter eintritt, diskutiert wird.

Über den Einfluß, welche geringe Modifikationen an einer vorhandenen Gruppe auf die Art des Eintretens eines zweiten Substituenten ausüben, liegen in der Literatur einige Angaben vor. Quantitativ sind die Nitrierungsprodukte von Benzoesäure, ihre Methyl- und Äthylester untersucht (S. 125). Dabei ergab sich, daß durch die Veresterung der Charakter des Nitrierungsprodukts nicht geändert wird; das meta-Isomer bleibt vorherrschend, doch die Menge vom ortho- und para-Isomer wird größer. Bei der Nitrierung von Benzonitril dagegen sind bis jetzt keine o- und p-Verbindung gefunden, doch wurde nur m-Nitrobenzonitril erhalten. Die Nitrierung von Toluol gibt o- und p-Nitrotoluol als Hauptprodukte, m-Nitrotoluol in sehr geringer Menge; wird Benzylchlorid nitriert, so bildet sich — wenigstens bei niedriger Temperatur — hauptsächlich para-, aber auch ortho- und meta-Nitrobenzylchlorid in nicht näher angegebenem Mengenverhältnis; Benzylsulfosäure gibt die para- und ortho-Nitroverbindungen.

Sehr stark ist der Einfluß von Substitutionen in der Aminogruppe des Anilins auf die Art der Isomere. Während Anilin selbst, je nach den Versuchsbedingungen, m- oder m- und p-Nitranilin als Hauptprodukte und nur wenig o-Nitranilin gibt, und dies auch beim Dimethylanilin der Fall ist, gibt letzteres, als Dimethylanilinoxyd mit salpetriger Säure behandelt wird, hauptsächlich die o- und p-Verbindung. Die

Nitrierung von Acetanilid gibt je nach den Umständen die o- oder die p-Verbindung als Hauptprodukt, letzteres mutmaßlich auch als Produkt der direkten Substitution; die Nitrierung von Benzanilid gibt auch para-Verbindung in überwiegender Menge. Wie man sieht, sind diese Verhältnisse bis jetzt fast ausschließlich für die Nitrierung näher untersucht worden. Eine weitere Ausdehnung der Untersuchungen auf andere Substituenten wäre ohne Zweifel sehr interessant.

Zum Schluß dieses Kapitels muß noch etwas gesagt werden über den allgemeinen Charakter der Halogenierungen, Nitrierungen usf., wobei speziell auf den Einfluß der Temperatur und den von Katalysatoren acht zu geben ist.

1. **Die Halogenierung.** Ist einmal ein Halogenatom in monosubstituiertes Benzol im C_6H_5X eingetreten, so behält es seine Stelle bei Änderung der Temperatur und bei der Einwirkung von Katalysatoren; eine Substitution aus der Seitenkette im Kern findet bei Benzylbromid nicht statt, dagegen ist dies bei Anilinderivaten ziemlich allgemein konstatiert. Der Einfluß der Temperatur bei der Halogenierung auf die Art des Reaktionsproduktes ist bei der Halogenierung (speziell die Bromierung) des Toluols ausführlich studiert (S. 83ff.) und zeigte, daß dieser bei dem Verhältnis o : p-Bromtoluol nicht groß ist; in anderen Fällen fehlen darüber genauere Angaben. Nur bei der Halogenierung des Phenols scheint dieser Einfluß sehr groß zu sein, da nach den vorliegenden Angaben bei gewöhnlicher Temperatur hauptsächlich para-, bei 180° dagegen hauptsächlich ortho-Halogenphenol entstehen soll.

Katalysatoren scheinen auf den Ort, wo das zweite Halogenatom in monohalogeniertes Benzol eintritt, einen bedeutenden Einfluß ausüben zu können; beim Halogenieren von Toluol ist dies auch der Fall, da dieselben den Eintritt des Halogens im Methyl völlig verhindern können; in anderen Fällen ist ihre Wirkung nicht untersucht.

2. **Die Nitrierung.** Auch hierbei sind keine Änderungen der Stelle zu verzeichnen, wenn eine Nitrogruppe einmal eingeführt ist. Der Ort, wo die Nitrogruppe eintritt, wird durch die Temperatur nur wenig beeinflußt; zwar ändert sich das Verhältnis, in welchem die Isomere entstehen, mit der Temperatur, und zwar meistens zugunsten der Neben-

produkte, doch beträgt dies nur wenige Prozente und in keinem Fall wird dadurch das Hauptprodukt zum Nebenprodukt. Einen erheblicheren Einfluß auf die Natur des Nitrierungsproduktes übt das Milieu aus, in welchem nitriert wird; dies ist namentlich für die Nitrierung in schwefelsaurer Lösung konstatiert, welche oft angewandt wurde. Bei Brombenzol scheint unter dem Einfluß von Schwefelsäure weniger o-Bromnitrobenzol zu entstehen. Die weitere Nitrierung von Nitrobenzol in schwefelsaurer Lösung gibt ungefähr dieselbe Menge Nebenprodukte als in Salpetersäure allein, aber die Menge ortho-Dinitrobenzol ist verringert, p-Dinitrobenzol hat zugenommen. Bei der Benzoesäure gibt Schwefelsäure ebenfalls Veranlassung zur Bildung von weniger ortho-, aber von mehr para-Nitrobenzoesäure als Nebenprodukt. Bei der Nitrierung von Anilin entsteht desto mehr m-Nitranilin je mehr Schwefelsäure angewandt wird, ohne daß es jedoch dadurch möglich ist, die Bildung von p-Nitranilin ganz hintan zu halten. Bei der Nitrierung des Dimethylanilins endlich ist in essigsaurer Lösung die para-Verbindung Hauptprodukt, in konzentrierter Schwefelsäure die meta-Verbindung; während in verdünnter Schwefelsäure ziemlich viel ortho-Verbindung entstehen soll. Wir sahen bereits auf S. 139, wie dies zu erklären ist.

3. **Sulfonierungen.** Diese zeigen dadurch ein ganz anderes Bild, daß häufig Platzwechsel einer bereits eingetretenen Sulfogruppe konstatiert worden ist, meistens unter dem Einfluß der Temperatur. Wie bei der weiteren Sulfonierung von Benzolsulfosäure bewiesen wurde, hat man es hier bisweilen mit wirklichen Verschiebungen der Sulfogruppe zu tun; in anderen Fällen spaltet aber Wasser bei höherer Temperatur die Sulfogruppe ab, so daß sie dann an anderer Stelle eintreten kann. Das klassische Beispiel dafür ist die Umlagerung der o- und p-Phenolsulfosäure. Überhaupt ist die Sulfogruppe im monosubstituierten Benzolkern weniger fest gebunden wie die Halogene oder die Nitrogruppe, indem sich dieselbe durch Wasser auf höherer Temperatur oft entfernen läßt, so z. B. aus Toluolsulfosäure.

Die Geschwindigkeit, womit die verschiedenen Substituenten im Benzolkern eintreten, wechselt stark. Nitrierungen, wobei die Nitrogruppe auf o und p zu stehen kommt, verlaufen meist mit sehr großer Geschwindigkeit und mit viel Wärmeentwicklung; tritt die NO_2-Gruppe auf den m-Platz, so ist die Reaktion oft langsamer und sogar gut zu verfolgen, wie bei der Nitrierung des Nitrobenzols oder der Benzoesäure. Sulfonierungen gehen dagegen meistens sehr langsam vor sich, und erfordern dazu noch hohe Temperatur, während Nitrierungen sogar bei -30^0 noch sehr rasch verlaufen können.

Auch die Geschwindigkeit, womit Halogene eintreten, ist oft langsam, wie bei der Bromierung experimentell geprüft wurde. Doch ist dieselbe sehr stark von Katalysatoren abhängig.

Von den drei Hauptsubstitutionen, der Halogenierung, der Sulfonierung und der Nitrierung, scheint die letztere, nach den bis jetzt vorhandenen Tatsachen, am geeignetsten, ein reines Bild von den Gesetzen zu geben, welche die Substitution beherrschen, weil zwar durch Einflüsse der Temperatur oder von Katalysatoren das relative Verhältnis, in welcher die Isomere entstehen, mehr oder weniger verschoben werden kann, aber der Typus der Substitution dadurch nicht geändert wird, während dies bei Sulfonierungen und bei Halogenierungen in mehreren Fällen (wenn auch für letztere bisweilen nicht endgültig) konstatiert worden ist.

II. Theoretische Betrachtungen.

Wie wir im vorigen Kapitel gesehen haben, tritt in den meisten Fällen ein zweiter Substituent entweder an ortho- und para-Stelle, oder hauptsächlich an der meta-Stelle in den Benzolkern ein. Diese Regel wird nur durch die indirekte Substitution in meta-dirigierenden Benzolabkömmlingen, und auch dann nur in wenigen Fällen, durchbrochen. Bei den ortho-para-Substitutionen und ebenso bei den meta-Substitutionen läuft die relative Menge, in welcher die Isomere entstehen, stark auseinander, wie ein Blick auf die Tabelle von S. 199 zeigt. Während letzterer Umstand bis jetzt wenig berücksichtigt ist, sind desto mehr Versuche zur Erklärung der qualitativen Seite dieses Problems angestellt worden, um nämlich obengenannten Gegensatz zwischen ortho-para-Substitution einerseits und meta-Substitution anderseits zu deuten. Dabei hat man zu unterscheiden zwischen der Aufstellung von empirischen Regeln, die erlauben sollen, vorauszusagen, wo ein zweiter Substituent in einem gegebenen Falle eintreten wird, und zwischen Hypothesen, welche diesen Gegensatz erklären sollen.

Fangen wir mit der Betrachtung der ersteren an. Hübner[1] äußert sich wie folgt: „Bei der Vertretung der Wasserstoffatome zur „Darstellung der mehrfach substituierten Benzole fügen sich die ein- „tretenden negativen (sauren) Substituenten zu dem wenigst negativen „oder sauren Substituenten, der bereits in das Benzol eingetreten ist, „in die para-, und wohl ebenso leicht, daher meist gleichzeitig, in die „ortho-Stelle ein. Aus dieser Annahme folgt sogleich, daß, wenn ein „saurer (negativer) Substituent sich im Benzol befindet und ein zweiter „ebenfalls saurer Substituent tritt hinzu, dieser zweite Substituent die „ortho- und para-Stelle möglichst vermeiden, also hauptsächlich in die „meta-Stelle eintreten wird."

Noelting[2] formuliert diesen Gedanken in folgender Weise etwas schärfer: „Wenn sich an der mit 1 bezeichneten Stelle eine neutrale, „basische oder schwach saure Gruppe befindet, wie CH_3, Cl, Br, J, „NH_2, OH, so entstehen durch Einwirkung von Cl, Br, J, HNO_3 und „H_2SO_4 als Hauptprodukt para-1,4-Derivate, neben wechselnden, aber „immer geringeren Mengen von ortho-1,2-Derivaten. Befindet sich „jedoch in 1 eine saure Gruppe NO_2, CO_2H, SO_3H, so entstehen durch „Einwirkung derselben Agenzien, hauptsächlich meta-1,3-Derivate, „neben kleinen Mengen von solchen der ortho-1,2- und para- „1,4-Reihe."

Im allgemeinen soll also ein vorhandener, stark negativer Substituent eine neu eintretende zweite Gruppe nach der meta-Stelle, ein positiver, neutraler oder schwach negativer Substituent eine zweite nach den para-ortho-Stellen dirigieren. Ohne Zweifel drückt diese Regel den Tatbestand ziemlich richtig aus. Für die Prognose, wo ein zweiter Substituent in einem unbekannten Falle eintreten wird, ist sie aber in vielen Fällen zu unsicher, weil die Grundlage, auf welche sie sich stützt, die Unterscheidung von Gruppen in positive und negative, nicht streng durchführbar ist. Das geht bereits aus Noeltings Formulierung hervor, welcher die Halogene zu den „schwach sauren", die Nitrogruppe zu den „stark sauren" Substituenten rechnet, ohne daß hierfür ein triftiger Grund anzuführen wäre.

Durch die Untersuchungen Ostwalds über die Ionisationskonstanten der Säuren schien es, als ob man ein scharfes Merkmal zur Unterscheidung

[1] B. 8, 873 (1875). [2] B. 9, 1797 (1876).

von positiven und negativen Gruppen in Händen hatte. Wird die genannte Konstante einer Säure erhöht durch die Einführung eines Substituenten, so ist dieser negativ, im entgegengesetzten Fall dagegen positiv. VORLÄNDER[1] hat aber in überzeugender Weise gezeigt, daß dies nicht der Fall ist: „Methyl und Äthyl — sagt er a. a. O. — deren stark positive „Natur man auf Grund der Dissoziationskonstante der alkylierten Basen „folgern könnte, haben beim Eintritt in Säuren bald positive, bald „negative Wirkungen. Mit demselben Rechte, mit welchem man die „negative Natur des Chlors aus dem Verhalten der Chloressigsäuren ab„leitet, kann man die negative Natur von Methyl und Äthyl als bewiesen „hinstellen, wenn man die Konstanten der o-Toluylsäure mit der Benzoe„säure, oder die methylierten bzw. äthylierten Bernsteinsäuren und „Glutarsäuren mit ihren Stammsubstanzen vergleicht. Methyl und Äthyl „sind hier negative Radikale. Auch bei anderen Radikalen ergeben „sich Wiedersprüche: Phenyl, gewöhnlich für negativ geltend, erscheint „in der Phenylakrylsäure beim Vergleich mit Akrylsäure positiv; es „vermindert das Leitvermögen, statt es zu vermehren. Benzoesäure ist „schwächer als Ameisensäure, während man das umgekehrte Ver„hältnis erwarten müßte, wenn das negative Phenyl den Platz des „Wasserstoffs der Ameisensäure einnimmt."

Eine zweite Substitutionsregel rührt von ARMSTRONG[2] her, welcher bemerkt, daß para-ortho-Substitution erfolgt, wenn bereits entweder ein Element anwesend ist oder eine Gruppe, in welcher das am Kern gebundene Atom nur univalente Atome trägt. Bei meta-Substitution dagegen trägt dieses Atom mehrwertige Atome. Diese Regel ist nicht ohne Ausnahme: Anilin wird nach meta nitriert, dagegen Azobenzol nach para-ortho; zweifellos werden sich noch mehrere Ausnahmen finden lassen.

BROWN und GIBSON[3] haben eine sehr merkwürdige Regel gefunden, welche wie folgt lautet: Man denke sich den anwesenden Substituenten an Wasserstoff gebunden. Ist nun diese Wasserstoffverbindung der direkten Oxydation zugänglich, so stellt sich ein zweiter Substituent auf meta; im umgekehrten Fall auf para-ortho. So kann HCl nicht direkt zu HClO oxydiert werden; dagegen kann $H\cdot CO\cdot CH_3$ direkt in $HO\cdot CO\cdot CH_3$ übergeführt werden. In Übereinstimmung damit dirigiert

---

[1] A. **320**, 99 (1902). [2] Soc. **51**, 258 (1887). [3] Soc. **61**, 367 (1892).

Chlor nach ortho-para, die Acetylgruppe nach meta. Sie geben untenstehende Tabelle, welche wohl ohne weiteres verständlich ist:

C_6H_5Cl	$\cdot Cl$	HCl*	HOCl	o—p
C_6H_5Br	$\cdot Br$	HBr*	HOBr	o—p
$C_6H_5CH_3$	$\cdot CH_3$	HCH_3*	$HOCH_3$	o—p
$C_6H_5NH_2$	$\cdot NH_2$	HNH_2*	$HONH_2$	o—p
C_6H_5OH	$\cdot OH$	HOH*	HO·OH	o—p
$C_6H_5NO_2$	$\cdot NO_2$	HNO_2	$HONO_2$*	m
$C_6H_5CCl_3$	$\cdot CCl_3$	$HCCl_3$*	$HOCCl_3$	o—p
$C_6H_5\cdot COH$	·COH	HCO·H	HO·CO·H*	m
$C_6H_5CO\cdot OH$	·CO·OH	H·CO·OH	HO·CO·OH*	m
$C_6H_5\cdot SO_2\cdot OH$	$\cdot SO_2\cdot OH$	$HSO_2\cdot OH$	$HO\cdot SO_2\cdot OH$*	m
$C_6H_5\cdot CO\cdot CH_3$	$\cdot CO\cdot CH_3$	$HCO\cdot CH_3$	$HO\cdot CO\cdot CH_3$*	m
$C_6H_5\cdot CH_2\cdot CO\cdot OH$	$\cdot CH_2\cdot CO\cdot OH$	$HCH_2\cdot COOH$*	$HO\cdot CH_2\cdot CO_2H$	o—p

Brown und Gibson bemerken ausdrücklich, daß diese Regel kein „Gesetz“ ist, weil der Substituent in keiner ersehbaren Beziehung zum Mechanismus steht, wodurch die Substitution entweder in der einen oder in der anderen Richtung verläuft.

Wie man sieht, gibt die Regel in der Tat einen befriedigenden Ausdruck für viele Tatsachen. Bemerkt muß aber werden, daß zwar NH_3 nicht direkt zu NH_2OH oxydiert werden kann, daß aber auch die Substitution in Anilin als nach p-o verlaufend ziemlich willkürlich angesehen wird; wie wir sahen (S. 139), hat man sogar anzunehmen, daß die direkte Substitution in Anilin nach der meta-Stelle erfolgt. Ferner ist es durch neuere Untersuchungen von Bone und seinen Mitarbeitern sehr wahrscheinlich geworden, daß das erste Oxydationsprodukt des Methans der Methylalkohol ist, und dürfte es auch durch Nernsts Arbeiten als bewiesen betrachtet werden, daß Wasser direkt zu Peroxyd oxydierbar ist. So wird es mutmaßlich auch in anderen Fällen gehen. Man kann zwar jetzt Chlorwasserstoff nicht direkt zu unterchloriger Säure oxydieren, aber es liegt kein einziger Grund vor, weshalb dies unmöglich sein sollte. Die Regel konnte daher seinerzeit ziemlich allgemein anwendbar scheinen; es dürfte aber sicher sein, daß dieselbe mit dem Fortschritt der Wissenschaft unhaltbar werden wird.

Eine vierte Regel hat Vorländer[1] aufgestellt: „Bei der Bromierung, „Sulfonierung und Nitrierung der Benzolsubstitutionsprodukte C_6H_5E

[1] A. **320**, 122 (1902).

„haben die Substituenten einen verschiedenen Einfluß, je nachdem das „Element der Seitenkette gesättigt, oder ungesättigt ist. Chlor- und „Brombenzol, Phenol, Phenetol, Toluol, Benzylchlorid und Phenyl- „essigsäure gaben fast nur para- und ortho-Substitutionsprodukte, „während aus Nitrobenzol, Benzolsulfosäure, Benzaldehyd, Benzonitril, „Acetophenon u. a. hauptsächlich metasubstituierte Derivate entstehen. „Die Gruppen, welche den Eintritt der Nitrogruppe in meta-Stellung „veranlassen, sind neben dem Benzolkern ungesättigt:

$$—NO_2, \ —CN, \ —CHO, \ —COOH, \ —SO_3H;$$

„die den Eintritt in para-ortho-Stellung begünstigenden Gruppen sind „neben den Benzolkohlenstoff gesättigt:

$$—Cl, \ —Br, \ —OH, \ —CH_3, \ —CH_2Cl, \ —CH_2 \cdot CO_2H.$$

„Anilin verhält sich ähnlich wie Phenol.“ Aber auch diese Regel teilt das Los der übrigen: sie ist nicht allgemein anwendbar. Ihr Autor selbst hat bereits auf die Zimtsäure als Ausnahme hingewiesen; weiter werden auch ω-Nitrostyrol, Azobenzol usw. trotz doppelter Bindung am Atom, das direkt an den Benzolkern gebunden ist, nach para-ortho, anderseits Phenylnitromethan, in welchem die CH_2-Gruppe mit einfachen Bindungen vorkommt, nach meta nitriert.

Aus dieser Übersicht ergibt sich, daß keine dieser Regeln imstande ist, die Tatsachen ganz zu umfassen; ihre Unzulänglichkeit kommt noch deutlicher zum Vorschein, wenn man mit ihrer Hilfe versucht, vorauszubestimmen, wo ein zweiter Substituent eintritt, wie jetzt an ein paar Beispielen gezeigt werden mag.

In der Phenylessigsäure ist die Gruppe $—CH_2 \cdot CO_2H$ entschieden als sauer anzusehen; nach Hübner-Nölting soll also meta-Substitution stattfinden; da in dieser Gruppe an CH_2 noch ein vierwertiges C-Atom gebunden ist, soll nach Armstrong meta-Substitution eintreten; $CH_3 \cdot CO_2H$ ist nicht direkt oxydierbar zu $HOCH_2 \cdot CO_2H$; nach Brown und Gibson muß die Phenylessigsäure daher ortho-para substituiert werden. Da in $—CH_2CO_2H$ das C-Atom der CH_2-Gruppe gesättigt ist, muß nach Vorländer die Substitution nach ortho-para geschehen. In Wirklichkeit findet die Substitution nach ortho-para statt.

Ob im Phenylnitromethan die Gruppe $—CH_2NO_2$ negativ ist, läßt sich schwer entscheiden, da in das positive CH_3, in das negative NO_2

eingetreten ist. Jedenfalls wird die Gruppe nicht „stark sauer“ sein, muß daher nach ortho-para dirigieren; ARMSTRONGS Regel dagegen sagt Substitution nach m voraus; Nitromethan ist nicht direkt oxydierbar zu $HO \cdot CH_2NO_2$, deshalb muß $—CH_2NO_2$ nach ortho-para dirigieren; nach VORLÄNDER wäre auch Substitution nach ortho-para zu erwarten. Das Experiment ergibt Substitution nach meta.

Die Cyangruppe ist nur sehr schwach sauer, sollte daher nach ortho-para dirigieren; nach ARMSTRONGS Regel dagegen nach meta; HCN ist nicht direkt oxydierbar zu HOCN, so daß BROWN und GIBSON Substitution nach ortho-para prognostizieren, VORLÄNDER aber wiederum meta, während das Experiment Substitution nach meta ergibt.

Bei der Zimtsäure sagen alle vier Regeln meta-Stubstitution voraus, auch die HÜBNER-NÖLTINGsche, da $—CH:CH \cdot CO_2H$ entschieden sauer ist, einmal durch die Anwesenheit von Karboxyl, dann noch durch die doppelte Bindung, welche den negativen Charakter verstärkt; trotzdem findet die Substitution noch ortho-para statt.

Demgegenüber steht das Acetanilid, welches nach ortho-para nitriert wird, während nur ARMSTRONGS Regel Substitution nach meta, die übrigen Regeln dagegen nach ortho-para voraussagen. Die Unzulänglichkeit der empirischen Regeln geht aus diesen Beispielen klar hervor.

Was nun in zweiter Linie die Hypothesen angeht, durch welche man den Gegensatz zwischen der Bildung von ortho-para-Derivaten einerseits und meta-Derivaten anderseits hat erklären wollen, so ist versucht worden, durch die Annahme von Additionsprodukten oder von Zwischenkörpern eine Einsicht in die Substitutionsgesetze zu bekommen. ARMSTRONG[1] stützte sich dabei auf KEKULÉS Hypothese, daß jeder Substitution eine Addition vorausgeht, und behauptete, daß bei der ortho-para-Substitution primär eine Addition am Kohlenstoffatom stattfindet, welches den bereits vorhandenen Substituent trägt; daß dagegen bei der meta-Substitution primär eine Addition an diesem Substituent selbst stattfindet, weil in diesem Falle dieser Substituent oft sehr additionsfähig ist, wie CN, CHO usf. Die ortho-Substitution wäre danach sehr begreiflich, aber mit der para-Substitution gerät er in Schwierigkeiten.

[1] Soc. 51, 258 (1887).

Nach den schönen Arbeiten von BAMBERGER und von CHATTAWAY, welche in einer Anzahl von Fällen nachwiesen, daß bei primärer Substitution in der OH- oder in der NH_2-Gruppe immer Umlagerung nach ortho-para stattfindet, ist ARMSTRONGs Hypothese für die Bildung von meta-Derivaten nicht mehr haltbar. Übrigens hat er auch selbst bereits ausgesprochen, daß keine ersichtliche Ursache dafür anzugeben ist, weshalb die Substitution dann nach meta erfolgen würde.

FLÜRSCHEIM[1] glaubt, daß sich die Substitutionsvorgänge für alle organische Verbindungen in ungezwungener und rein mechanischer Weise einheitlich erklären lassen, wenn man sich mit A. WERNER von der Annahme einzelner, gleich großer, gerichteter Valenzkräfte frei macht und bezüglich des Wesens der Affinität nichts weiter voraussetzt, als daß dieselbe für jedes Atom ein Maximum besitzt und von dessen Zentrum gleichmäßig nach allen Teilen seiner Oberfläche ausstrahlt. Wenn daher am Kohlenstoff eine Gruppe sehr fest sitzt, also viel Affinität in Anspruch nimmt, so wird für die anderen, am gleichen C-Atom befindlichen Atome weniger Bindekraft übrig bleiben, und umgekehrt. Bei der Betrachtung, welche Substituenten nach para-ortho und welche nach meta dirigieren, kommt er zum Schluß: Alle Gruppen, in welchen die Affinität des direkt am Benzolkern haftenden Atoms stark in Anspruch genommen ist, orientieren nach meta; diejenigen dagegen, in welchen das direkt am Benzolkern haftende Atom ungesättigt erscheint, d. h. noch freie Affinität aufweist, orientieren nach para-ortho.

Nach FLÜRSCHEIM läßt sich dies auf Grund der WERNERschen Anschauung leicht verstehen: haftet ein Substituent, z. B. Halogen, stark an einem Benzolkohlenstoffatom, d. h. stärker als Wasserstoff, so kann dieser an die beiden ortho-C-Atome weniger Affinität abgeben, als wenn es mit Wasserstoff verbunden wäre; die ortho-Atome werden daher mehr freie Affinität besitzen und mit einem Teile derselben die m e t a-Atome fester binden, welche dadurch weniger Affinität für das para-C-Atom übrig behalten; letzteres muß demzufolge auch freie Affinität aufweisen. Tritt nun ein neuer Substituent an das Molekül heran, so wird derselbe von den Stellen größter freier Affinität, d. h. von den ortho-Atomen und dem para-Atom, angezogen werden;

[1] J. pr. (2) **66**, 321 (1902).

es erfolgt dort zunächst Addition, sofort darauf Abspaltung von Wasser, resp. Halogenwasserstoff und Bildung eines ortho- resp. para-Disubstitutionsproduktes. Haftet dagegen ein Substituent, z. B. die Sulfogruppe, schwach am Benzolkohlenstoff, so wird dieser die ortho-Atome stark binden. Letztere binden dann die meta-Atome schwach, diese dagegen das para-Atom stärker, die Reaktion erfolgt in meta.

Flürscheim verdeutlicht seine Hypothese durch untenstehende Schemata, wobei die starken Striche die stärkeren Bindungen und freien Affinitätsbeträge, die schwachen Striche die schwächeren Bindungen und die Pfeile die Richtung der sich vom Substituenten aus fortpflanzenden Kraftwirkungen veranschaulichen:

Chlorbenzol

Benzolsulfosäure

Diese Anschauungen Flürscheims sind gegründet auf folgende, aus Werners Theorie entlehnte Sätze:

1. Es gibt keine gerichteten Valenzen; die Affinität ist eine anziehende Kraft, welche vom Zentrum des Atoms gleichmäßig nach allen Teilen der Kugeloberfläche des Atoms wirkt.

2. Die Gesamtvalenz der Atome ist für jedes Element konstant; wenn für andere Bindungen bereits viel davon verbraucht ist, bleibt für die weitere Bindung nur wenig mehr zur Verfügung.

Dann hat er aber weiter hinzugefügt:

3. die Unterscheidung zwischen losen und festen Bindungen.

Um seine Anschauungen beurteilen zu können, haben wir also diese drei Sätze zu prüfen.

Ob man in der Kohlenstoffchemie mit der Annahme einer gleichmäßig von der ganzen Oberfläche auf die Atome wirkenden Anziehungskraft besser auskommt, als mit den gerichteten Valenzen, möge hier dahingestellt bleiben; dieser Satz hat hier nur Bedeutung in Verbindung mit Satz 2, weil dadurch die Art dieser Anziehung näher bestimmt wird. Man findet nämlich oft die Wirkung der Affinität mit der der allgemeinen Gravitation verglichen; in der Tat würde dann die Anziehung gemäß Satz 1 wirken. Wenn aber Satz 2 richtig ist, so können die beiden Arten von Anziehungskräften nicht identisch sein; denn die Anziehung, welche zwei Körper nach dem Gravitationsgesetz aufeinander ausüben, ist ganz unabhängig davon, ob noch ein dritter oder mehrere Körper angezogen werden. Hätte z. B. die Erde anstatt eines zwei Monde, so würde jeder derselben gerade so stark angezogen werden, als wenn nur einer da wäre.

Eine Anziehung, welche gleichmäßig von einer Kugeloberfläche aus wirkt, könnte aber auch eine elektrische sein; damit ist oft und mit Recht die Wirkung der Affinität verglichen worden. Kommt eine zweite geladene Kugel in der Nähe der ersten und haben die Ladungen entgegengesetztes Vorzeichen, so verschieben sich die Ladungen auf beide Kugeloberflächen und in der Tat bleibt dann nur noch wenig Elektrizität verfügbar für weitere Attraktionen. Scheinbar stimmt dies also mit Satz 2 überein. In Wirklichkeit ist dies aber gar nicht der Fall. Nähert sich nämlich eine dritte Kugel *C* dem System *A B*, so tritt auf *B* eine ganz andere Verteilung der Elektrizität auf als vorher, und die Anziehung von *B* zu *A*, die vorher durch *A* „stark in Anspruch" genommen ward, kann nun sehr gut ganz erheblich geschwächt sein; dies ist z. B. der Fall, wenn *C* eine stark positive Ladung hat, wodurch sogar die Bindung zwischen *A* und *B* unterbrochen werden kann. Mit anderen Worten, die Festigkeit der Bindung zwischen zwei Atomen ist sehr stark abhängig von den Atomen, die sich sonst noch im Molekül befinden. In dieser Form ist dies jedermann geläufig; es ist leicht davon eine ganze Reihe von Beispielen zu geben: ich erinnere an die Existenz von methantrikarbonsauren Ester, wogegen die freie Säure sofort CO_2 abstößt; an Nitrobenzol, in welches die Nitrogruppe „sehr fest" gebunden ist, wogegen in Tetranitrophenol[1] die Bindung so „lose" ist, daß dieser Körper beim Eintragen in Wasser sich sofort in Styphninsäure und salpetrige Säure spaltet, usf.

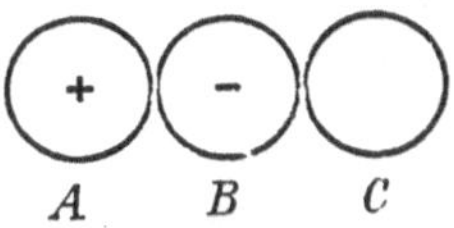

Aus dieser Analogie folgt, daß die Affinität eine gewisse Ähnlichkeit mit der elektrischen Anziehung haben muß; daß die Anziehung zwischen den Atomen elektrischer Art ist, wird auch durch die neueren

[1] Blanksma, R. **21**, 256 (1902).

Untersuchungen über Kathoden- und Anodenstrahlen und was damit zusammenhängt, sehr wahrscheinlich gemacht. Dann aber ist Satz 2 nicht haltbar. Nach ihm sollen die verschiedenen Anziehungen sich einfach summieren lassen: wenn viel verbraucht ist, bleibt nur wenig übrig. Solch eine Summierung ist aber nicht gestattet, weil durch die Gegenwart anderer Atome die Anziehung zwischen zwei Atomen gänzlich modifiziert wird. Hierbei ist noch ganz abgesehen von der Anziehung, welche diese anderen Atome unter sich ausüben und welche auf den schließlichen Gleichgewichtszustand einen großen Einfluß ausüben können. Es ergibt sich also, daß die Grundanschauung FLÜRSCHEIMS unrichtig ist, also auch die darauf basierten Schlüsse.

Auch sonst ist gegen die Anschauungen FLÜRSCHEIMS manches einzuwenden,[1] wovon ich nur noch folgendes hervorhebe. Wenn man seine Schemata betrachtet, ist durchaus nicht einzusehen, weshalb die Substitution so verlaufen soll, wie er daraus ableitet; denn nach seiner Vorstellung kommen sowohl in den meta- wie in den ortho-Stellen eine starke und eine schwache Bindung zusammen; in beiden muß also gleich viel Affinität zur Verfügung stehen. Man würde daraus schließen müssen, daß entweder hauptsächlich para-Verbindung sich bildet nebst nahezu gleichen Mengen ortho- und meta-Verbindung, oder nahezu gleiche Mengen ortho- und meta-Körper entstehen müssen, was offenbar nicht zutrifft.

In dritter Linie ist hervorzuheben, daß die Begriffe einer „losen“ oder „festen“ Bindung sehr schwankend sind und deshalb unmöglich als Grundlage für eine Hypothese über die Substitution dienen können. FLÜRSCHEIM macht, wie mir scheint, den Fehler, welcher übrigens sehr viel gemacht wird, die Begriffe lose oder fest im absoluten Sinne zu nehmen. Dies ist aber durchaus nicht gestattet. Ob ein Substituent lose oder fest haftet, hängt nur ab von den Verbindungen, womit er in Reaktion gebracht wird. Eines der frappantesten Beispiele hierfür ist das Monohalogenbenzol. Allgemein herrscht die Ansicht, daß das Halogen hier „sehr fest“ gebunden ist, und in der Tat widersteht es der Einwirkung von manchen Reagentien, die Halogen leicht aus Halogenalkyl herausnehmen. Dagegen sieht man, daß in ätherischer Lösung das Halogen im Benzolkern gerade so leicht durch Magnesium

[1] HOLLEMAN, J. pr. (2) **74**, 158 (1906).

ersetzt wird, als in Halogenalkyl. In diesem Fall ist also das Halogen gerade so „lose“ am Benzolkern als am Alkyl gebunden. Überhaupt fehlt es bis jetzt völlig an einer quantitativen Methode, um die Festigkeit einer Bindung zu messen. Niemand kann sagen, ob z. B. die Nitrogruppe oder ein Halogenatom im Benzol am stärksten gebunden ist. Alles ist hier rohe Schätzung, um nicht zu sagen, völlige Willkür.

Der Versuch FLÜRSCHEIMS zur Lösung des Substitutionsproblems muß daher als völlig mißlungen angesehen werden.

Nicht besser ist es mit einer Theorie bestellt, welche OBERMILLER[1] ausführlich entwickelt hat. Er führt zunächst den Begriff „Valenzbedürfnis“ ein: „eine Valenz wird, bei eingehender Bindung, einen um „so größeren Affinitätszuschuß von seiten einer anderen Valenz nötig „haben, je schwächer sie sich selbst betätigen kann, und umgekehrt. „Diesen Affinitätszuschuß, welchen die Valenz des Atoms *A* von der „Valenz des Atoms *B* bekommen muß, zur Ermöglichung der Ver„bindung *A B* möchte ich das Valenzbedürfnis nennen. Das Valenz„bedürfnis eines Atoms ist um so größer, je weniger Affinität seiner „eigenen Valenz zur Verfügung steht.“

„Ein Wasserstoffatom scheint nun das kleinste Valenzbedürfnis —C „zu haben; für jeden anderen Substituenten muß daher mehr Affinität „beigeschafft werden, als es vorher dem Wasserstoffatome gegenüber „der Fall war, und dies geschieht in erster Linie durch Schwächung „der Wasserstoffbindungen der direkt mit dem Kohlenstoffatome, welches „den Substituenten trägt, in Beziehung stehenden ortho- und para„Stellungen. Von diesen beteiligt sich dann die ortho-Stellung in „höherem Maße als die para-Stellung an der Beischaffung der nötigen „Affinität.“

„Nur die mehr oder weniger große Lockerung der Wasserstoff„bindungen ist der Grund für die Reaktionsbegünstigung der ent„sprechenden Stellen. Echte Orientierungen, d. h. Reaktionsbegünsti„gungen, sind deshalb nach dieser meiner Erklärung nur in ortho- und „para-Stellungen zu erwarten.“

Zur Erklärung der meta-Orientierung nimmt OBERMILLER an, daß mit der orientierenden Wirkung, d. h. Reaktionsbegünstigung eines

[1] J. pr. (2) **75**, 1 (1907) und **77**, 65 (1908).

Substituenten, eine Reaktionshemmung Hand in Hand geht, welche dieser Substituent ausübt und welche hervorgerufen wird, durch „sterische Verhältnisse (Platzversperrung)".

Diese Theorie, welche mit derjenigen FLÜRSHEIMs einige Ähnlichkeit hat, ist ebensowenig wie diese haltbar; der Begriff „Valenzbedürfnis" ist entschieden falsch, denn er sagt doch wohl nichts anderes aus, als daß ein Atom *A* ein anderes Atom *B* stärker anziehen soll, als *B* umgekehrt *A* anzieht, was nach dem Gesetz der Gleichheit von Wirkung und Rückwirkung unmöglich ist. Weiter ist klar, daß offenbar ein Zirkelschluß vorliegt: Wenn die Orientierung nicht nach para-ortho stattfindet, geschieht dies durch eine sterische Behinderung; aber auf die Existenz dieser sterischen Behinderung wird wieder geschlossen durch die Tatsache, daß die Substitution nach meta erfolgt.

Das Endergebnis unserer theoretischen Betrachtungen ist kein erfreuliches; alle Versuche, welche bis jetzt gemacht sind, um die Gesetzmäßigkeiten, welche den Ort bestimmen, wo ein zweiter Substituent im Kern eintritt, zu ergründen, sind vollkommen fehlgeschlagen; ja selbst ist es nicht möglich gewesen, die Tatsachen in empirische Regel zusammenzufassen. Noch viel weiter ist man davon entfernt, die Ursache der sehr auseinanderlaufenden quantitativen Verhältnisse zu erkennen. Es fehlt bis jetzt an jedem Einblick darin, wie es z. B. kommt, daß bei der Nitrierung des Nitrobenzols so viel weniger ortho-Verbindung entsteht, als bei der Nitrierung der Benzoesäure.

Das Problem zeigt sich von großer Mannigfaltigkeit. Erstens dadurch, daß sich zwei Regeln durchkreuzen: die indirekte Substitution, welche immer zu ortho-para-Derivaten führt, die direkte Substitution, die ortho-para Substitutionsprodukte geben kann, aber auch in der Hauptsache meta-Produkte; von ihrem gegenseitigen Einfluß ist noch wenig bekannt.

Zweitens durch die sehr große Verschiedenheit im Verhältnis, in welchem die Isomere entstehen, auch wenn die anwesenden Substituenten zum gleichen Typus vom Disubstitutionsprodukt führen.

Drittens durch die Unsicherheit, welche darüber besteht, welche Versuchsbedingungen miteinander vergleichbar sind. Oben (S. 200) wurde bereits darauf hingewiesen, daß es durchaus nicht sicher ist, ob die bei gleicher Temperatur ausgeführten quantitativen Nitrierungen wohl streng vergleichbar sind. In der Tat ist die Veränderung in der Zusammensetzung der Reaktionsprodukte mit der Temperatur ziemlich auseinanderlaufend bei den verschiedenen Reaktionen. Dazu kommt, daß — gesetzt, man könne die bei gleichen Temperaturen erhaltenen Resultate als vergleichbar ansehen — verschiedene Operationen sich oft nicht bei derselben Temperatur werden durchführen lassen. Nitrierungen z. B. sind fast immer bei sehr niedriger Temperatur ausführbar, Sulfonierungen dagegen verlangen beim monosubstituierten Benzol fast immer eine höhere als die gewöhnliche Temperatur, wobei Salpetersäure meistens nicht mehr rein nitrierend wirkt oder zur Bildung von höher substituierten Produkten Anlaß gibt. Dem gegenüber steht, daß sich ohne Zweifel in der bis jetzt vorliegenden Literatur manche Unwahrscheinlichkeiten und auch wohl Unrichtiges vorfindet, was die auf diesem Gebiete herrschenden Gesetzmäßigkeiten verschleiern, oder wenigstens dieselben komplizierter scheinen läßt, als sie in Wirklichkeit sein dürften. Die fortgesetzte Untersuchung wird hier Klärung bringen müssen.

Die Lösung des Problems wird aber jedenfalls in anderer Richtung versucht werden müssen, als in obigen Spekulationen erfolgt ist. Es wäre bereits etwas gewonnen, wenn dieselbe ganz verlassen würde, da aus dem oben Gesagten wohl hervorgeht, daß dieselbe ganz aussichtslos ist.

Über einen mehr rationellen Versuch zur Erlangung einer Einsicht im gestellten Problem wird noch im sechsten Abschnitt dieses Buches gehandelt werden.

Fünfter Abschnitt.

Einführung eines dritten Substituenten im disubstituierten Benzol.

Bei der Untersuchung vom Einfluß, welchen zwei bereits anwesende Substituenten auf den Platz, wo ein dritter Substituent im Benzolkern eintritt, ausüben, sind dieselben Gesichtspunkte ins Auge zu fassen, welche auf S. 54 als maßgebend beim Studium von der Einführung eines zweiten Substituenten im monosubstituierten Benzol hingestellt wurden. Um eine systematische Übersicht der auf diesem Gebiete angestellten Untersuchungen zu erlangen, nehmen wir an, daß in der auf S. 3 angegebenen Reihenfolge ein Substituent anwesend ist; der zweite, ebenfalls schon anwesende, wird in der genannten Reihenfolge daneben gestellt. Schließlich wird dann, wieder in dieser selben Reihenfolge, der dritte Substituent eingeführt gedacht. Man bekommt so das Schema:

F, F;	F, Cl;	F, Br;	F, J;	F, NO_2;	F, SO_3H	....	F, Hg
	Cl, Cl;	Cl, Br;	Cl, J;	Cl, NO_2;	Cl, SO_3H	....	Cl, Hg
		Br, Br;	Br, J;	Br, NO_2;	Br, SO_3H	....	Br, Hg
. . .	. . .	. . .	. . .	. . .	. . .	. . .	. . .
							Hg, Hg

für alle Kombinationen von zwei Substituenten, die denkbar sind; sie können dann alle noch in den drei Isomeren ortho, meta und para vorliegen.

In jedes Glied dieser Reihen denkt man sich nun sukzessive F, Cl, Br, J, ... Hg eingeführt.

Nur die para-substituierten Diverbindungen mit zwei gleichen Substituenten brauchen nicht berücksichtigt zu werden, weil bei diesen durch Einführung eines dritten Substituenten keine Isomere sich bilden können.

Dass das in obiger Weise gebildete Schema experimentell noch sehr viele Lücken aufweist, braucht wohl kaum bemerkt zu werden.

Anwesend F, NO_2.

Einführung einer zweiten Nitrogruppe. Dieselbe ist von BEEKMAN[1] ausgeführt worden. Er brachte p-Fluornitrobenzol in ein Gemisch von Schwefelsäure und Salpetersäure und erhitzte einige Zeit auf dem Wasserbad. Hierbei bildete sich ausschließlich das Fluordinitrobenzol F, NO_2, NO_2 = 1, 2, 4, wie durch Behandlung des Produktes mit Natriummethylat bewiesen wurde, wodurch bereits bei 15° sehr rasch das Fluoratom gegen OCH_3 ausgetauscht und Dinitroanisol OCH_3, NO_2, NO_2 = 1, 2, 4 erhalten wurde.

Anwesend F, SO_3H.

Einführung einer Nitrogruppe. M. HOLLEMAN[2] löste Fluorbenzol in rauchender Schwelfelsäure, wobei hauptsächlich p-Fluorbenzolsulfosäure (S. 56) entsteht. Zu dieser Lösung wurde Salpetersäure gefügt und die Temperatur unterhalb 100° gehalten. Nach einiger Zeit wurde das Gemisch in eine gesättigte Lösung von Chlorkalium gegossen, wodurch in einer Ausbeute von 46% der Theorie das Kaliumsalz der Fluornitrobenzolsulfosäure (F, NO_2, SO_3H = 1, 2, 4) erhalten wurde. Diese Struktur wurde bewiesen durch Substitution des Fluoratoms durch NH_2, was sehr leicht vor sich geht. Die so erhaltene Nitramidobenzolsulfosäure wurde durch den Schmelzpunkt ihres Amids identifiziert. Ob Isomere bei obiger Nitrierung entstehen, wurde nicht untersucht.

Anwesend F, CH_3.

Einführung der Sulfogruppe. SLUITER[3] hat p-Fluortoluol in Chlorsulfonsäure gelöst und dabei das Chlorid der Fluortoluolsulfonsäure CH_3, SO_2Cl, F = 1, 2, 4 erhalten, da das Produkt sich in Fluorsaccharin überführen ließ.

Anwesend F, CO_2H.

Einführung von Fluor. LORING JACKSON und HARTSHORN[4] haben Benzoesäure mit Chromoxyfluorid CrO_2Fl_2 behandelt und dabei in

[1] R. **23**, 253 (1903). [2] R. **24**, 30 (1904). [3] R. **25**, 332 (1906).
[4] Am. **7**, 344 (1886).

sehr geringer Ausbeute ($1^1/_2$%) von der angewandten Benzoesäure) eine Difluorbenzoesäure erhalten, wovon sie aber die Stellung der Fluoratome nicht bestimmt haben.

Anwesend F, NH_2.

Einführung einer NO_2-Gruppe. Beekman[1] nitrierte p-Fluoranilin; dieses wurde dazu in seinem zehnfachen Gewicht an Schwefelsäure gelöst und daran die berechnete Menge Salpetersäure, ebenfalls in Schwefelsäure gelöst, zugefügt. Diese Methode war früher von Claus bei der Nitrierung von p-Chloranilin angewandt worden. So wurde auch hier angenommen, daß das erhaltene Produkt die Struktur F, NO_2, NH_2 = 1, 2, 4 hat. Die Reaktion verlief nicht glatt; nach Isomeren ist nicht gesucht.

Anwesend Cl, Cl.

Einführung eines dritten Chloratoms. Hiermit haben sich Mouneyrat und Pouret[2] beschäftigt. Sie haben aber den Wert ihrer Untersuchung sehr durch den Umstand geschmälert, daß sie zur weiteren Chlorierung ein Gemisch von etwa gleichen Teilen meta- und para-Dichlorbenzol nahmen, anstatt von den reinen Dichlorbenzolen auszugehen. Zu 500 g dieses Gemisches fügten sie 15 g Aluminiumchlorid, wonach ein trockner Chlorstrom eingeleitet wurde, bis die Gewichtszunahme 117 g (d. i. die für ein Chloratom berechnete Menge) betrug. Nach Ausgießen in Wasser und Trocknen des erhaltenen Produktes mit Chlorcalcium wurde mit einem Lebel-Henninger-Apparat fraktioniert, um eine erste rohe Trennung zu bekommen; danach wurden die erhaltenen Fraktionen durch Kristallisation weiter gereinigt. Sie bekamen so nahezu gleiche Teile Trichlorbenzol 1, 2, 4 Schmelzp. 17°, Siedep. 206° und 1, 3, 5 Schmelzp. 63°, Siedep. 209°; nur sehr wenig eines Trichlorbenzols vom Siedep. 219° (1, 2, 3) wurde erhalten. Von diesen Trichlorbenzolen kann das symmetrische nur aus m-Trichlorbenzol entstanden sein, die beiden anderen, sowohl aus m- wie aus p-Dichlorbenzol.

In geradem Widerspruch mit dieser Untersuchung steht diejenige

---

[1] R. **23**, 237 (1903). [2] C. r. **127**, 1028 (1898).

von COHEN und HARTLEY.[1] Sie chlorierten reines ortho- und meta-Dichlorbenzol unter Anwendung von ihrem Al-Hg-Koppel als Katalysator, ganz so wie sie aus Monochlorbenzol Dichlorbenzole darstellten (S. 57). Bei ortho-Dichlorbenzol destillierte das Hauptprodukt der Einwirkung zwischen 208 und 218°; um es zu identifizieren, wurde es nitriert, wodurch ein Nitrotrichlorbenzol vom Schmelzp. 58° entstand, welches bei der Reduktion eine Basis vom Schmelzp. 96° gab, mit einem Acetylderivat vom Schmelzp. 185°. Durch Ersatz von NH_2 durch Chlor entstand Tetrachlorbenzol vom Schmelzp. 139° (1, 2, 4, 5). Nach alledem ist das Trichlorbenzol als das asymmetrische (1, 2, 4) charakterisiert.

Meta-Dichlorbenzol in ganz derselben Weise behandelt, gab dieses selbe Trichlorbenzol, welches auch wieder in derselben Weise identifiziert wurde. Beide Dichlorbenzole gaben also nach ihrer Untersuchung beim Übergang in Trichlorbenzol nur eine solche Verbindung.

Einführung der NO_2-Gruppe. Die Nitrierung der ortho-Dichlorbenzole ist durch BEILSTEIN und KURBATOW[2] untersucht. Sie brachten o-Dichlorbenzol in rauchende Salpetersäure, spez. Gew. 1,52. Wasser fällte ein halbflüssiges Gemisch, aus welchem der feste Teil abgesogen und aus Alkohol umkristallisiert wurde. Es bildete dann lange Nadeln, die bei 43° schmolzen ($Cl:Cl:NO_2 = 1:2:4$). Das abfiltrierte Öl hielten sie für ein Isomer, ohne es weiter zu untersuchen.

KÖRNER[3] nitrierte m-Dichlorbenzol und erhielt leicht das Nitrodichlorbenzol (Cl, Cl, NO_2 = 1, 3, 4) vom Schmelzp. 32°,2 und als fast einziges Produkt, wenn er ein Gemisch von 10 Teilen Salpetersäure 1,54 und 1 Teil Wasser zum Nitrieren verwendete.

Die Nitrierung von o- und m-Dichlorbenzol ist dann später von REIDING[4] einer ausführlichen quantitativen Untersuchung unterworfen worden.

Das o- und m-Dichlorbenzol wurde von ihm mit großer Sorgfalt dargestellt, ersteres aus o-Chloranilin, welches nach BEILSTEIN und KURBATOW[5] gereinigt wurde, letzteres aus m-Nitranilin, welches durch Kristallisation gereinigt war. Die fünf möglichen Mononitroderivate wurden in großer Reinheit dargestellt, um die Schmelzkurven bestimmen zu können, die für die quantitative Untersuchung der Nitrierungs-

[1] Soc. **87**, 1363 (1905). [2] A. **176**, 41 (1874). [3] J. **1875**, 323.
[4] R. **23**, 357 (1904). [5] A. **176**, 37 (1874).

produkte notwendig waren. Die Nitrierung der Dichlorbenzole wurde so ausgeführt, daß dieselben tropfenweise in Salpetersäure gegeben wurden, welche durch Eis-Kochsalzgemisch abgekühlt wurde. Auf 10 g der Dichlorbenzole wurde verwendet:

bei der o-Verbindung:
ein Gemisch von 17 ccm Salpetersäure spez. Gew. 1,49 und 17 ccm spez. Gew. 1,51 bei 0° und bei −30°;

bei der m-Verbindung:
ein Gemisch von 20 ccm Salpetersäure spez. Gew. 1,49 und 4 ccm spez. Gew. 1,51, wenn bei 0°,
ein Gemisch von 24 ccm Salpetersäure spez. Gew. 1,49 und 4 ccm spez. Gew. 1,51, wenn bei −30°

nitriert wurde. Das Nitrierungsprodukt wurde ausgewaschen, getrocknet und nach Schmelzung filtriert, kam also für die Bestimmung seines Erstarrungspunktes gar nicht mit Lösungsmitteln in Berührung. Die Nitrierungen wurden bei 0° und bei −30° ausgeführt.

Von o-Dichlorbenzol sind nur zwei Mononitroderivate möglich. Die Bestimmung des Erstarrungspunktes und des spez. Gewichts der Nitrierungsprodukte gab folgende Resultate:

o-$C_6H_4Cl_2$	Erstarrungs-punkt	% 1, 2, 3	spez. Gew. bei 80,2°	ber. spez. Gew.
Nitrierung bei 0° . . .	36,17	7,2	1,4509	1,4511
„ „ −30° . .	37,4	5,2	1,4508	1,4511

Bei der Berechnung der spezifischen Gewichte wurde angenommen, daß bei der Mischung der beiden Isomere keine Kontraktion oder Ausdehnung stattfindet, wie auch für eine Mischung experimentell nachgewiesen wurde. Aus diesen spezifischen Gewichten sieht man, bei Vergleichung mit den berechneten, daß bei der Nitrierung keine höher nitrierten Körper entstanden sind.

Bei der Nitrierung des m-Dichorbenzols sind drei Mononitroprodukte möglich, wobei sich voraussehen läßt, daß Cl, Cl, NO_2 = 1, 3, 4 Hauptprodukt, Cl, Cl, NO_2 = 1, 3, 2 Nebenprodukt sein wird, während die Bildung von Cl, Cl, NO_2 = 1, 3, 5 unwahrscheinlich ist. Denn bei der Nitrierung des Monochlorbenzols entstehen nur die o- und p-Isomere; ob hierbei auch meta entsteht, ist zweifelhaft; jedenfalls bildet es sich in einer Menge unterhalb 1 %. Die Wahrscheinlichkeit, daß sich die Verbindung Cl, Cl, NO_2 = 1, 3, 5 bildet, in welcher sich die Nitrogruppe zweimal meta gegenüber Chlor stellt, ist deshalb als sehr gering zu betrachten. Für die Erstarrungspunkte und die spezifischen Gewichte des Nitrierungsgemisches wurden folgende Zahlen gefunden:

m-$C_6H_4Cl_2$	Erstarrungs-punkt	% 1, 3, 2	spez. Gew. bei 79,9°	ber. spez. Gew. 1,3,2	ber. spez. Gew. 1,3,5
Nitrierung bei 0° . .	28,65	3,8	1,4371	1,4377	1,4385
„ „ – 30°	29,21	2,6	1,4376	1,4380	1,4386

In folgender Weise wurde nun noch bewiesen, daß das Nebenprodukt aller Wahrscheinlichkeit nach das vicinale Nitro-m-dichlorbenzol und nicht das symmetrische ist. Das spezifische Gewicht dieses letzteren ist viel größer (1,4285) wie das des ersteren (1,4094), beide bei 79,9°. Berechnet man nun die spezifischen Gewichte der Nitrierungsgemische unter der Annahme, daß das Nebenprodukt 1, 3, 5 ist, dann ist die Übereinstimmung der berechneten und gefundenen Werte viel weniger gut, wie man aus obiger Tabelle sehen kann. Man kann diese Differenzen noch vergrößern durch teilweise Schmelzung des Nitrierungsprodukts und Bestimmung des Erstarrungspunktes und des spezifischen Gewichtes des geschmolzenen Teiles. Man darf nämlich annehmen, daß wegen des geringen Gehaltes an Nebenprodukt dies hauptsächlich im geschmolzenen Teil übergeht. Aus der Bestimmung des Erstarrungspunktes vom geschmolzenen Teile kann man seinen Gehalt an Nebenprodukt ableiten und daraus wieder das spezifische Gewicht berechnen. So wurde gefunden, wenn die partielle Schmelzung zweimal hintereinander ausgeführt wurde:

	Erstarrungs-punkt	% an Nebenprod.	Spez. Gew. gef. 79,9°	Spez. Gew. ber. für 1, 3, 2	Spez. Gew. ber. für 1, 3, 5
Erste Schmelzung . .	27,9	5,4	1,4371	1,4373	1,4384
Zweite Schmelzung .	26,37	8,7	1,4361	1,4363	1,4380

Man sieht, daß die spezifischen Gewichte berechnet unter der Annahme, daß das Nebenprodukt 1, 3, 2 ist, sehr nahe den gefundenen spezifischen Gewichten folgen, während die spezifischen Gewichte, welche berechnet sind, unter Annahme von 1, 3, 5 als Nebenprodukt, sich je länger je mehr von den gefundenen Werten entfernen.

Einführung der Sulfogruppe. Beilstein und Kurbatow[1] sulfonierten o- und m-Dichlorbenzol mit rauchender Schwefelsäure bei 210° bzw. 230°. Die Stelle, an welcher die Sulfogruppe eintritt, wurde nicht ermittelt, und Isomere werden nicht erwähnt.

Anwesend Cl, Br.

Einführung der Nitrogruppe. Körner[2] fand, daß bei der Nitrierung von p-Chlorbrombenzol die Nitrogruppe sich neben das Chloratom stellt. Denn wenn der Nitrokörper mit alkoholischem Ammoniak während 10—12 Stunden auf 160° erhitzt wurde, bildete sich (Br, NO_2, NH_2 = 1, 3, 4). Dieses selbe Bromnitranilin wurde auch aus Nitro-p-Dibrombenzol erhalten:

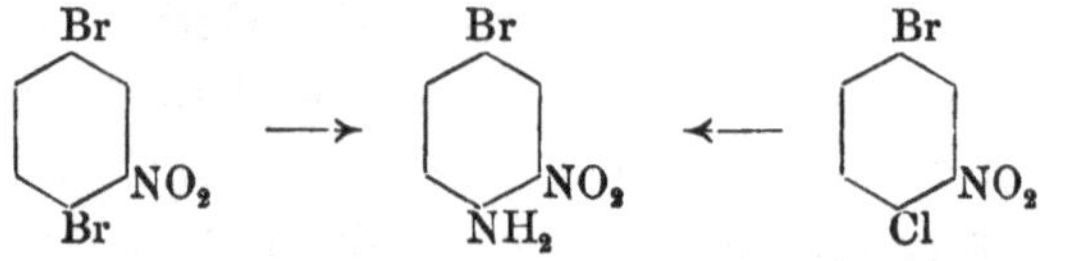

Einführung der Sulfogruppe. Bei der Sulfonierung von p-Chlorbrombenzol erhielten Armstrong und Briggs[3] nur eine Sulfosäure, nämlich Cl, SO_3H, Br = 1, 2, 4. Die Struktur dieser Säure wurde durch Sulfonierung von p-Chloranilin bewiesen, wobei, nach Substitution von NH_2 durch Brom, eine Säure erhalten wurde, welche identisch mit obiger Säure war, während p-Bromanilin bei Sulfonierung und Ersatz von NH_2 durch Chlor ein Isomer gab, wie sich aus den Schmelzpunkten der Chloride und Amide ergab:

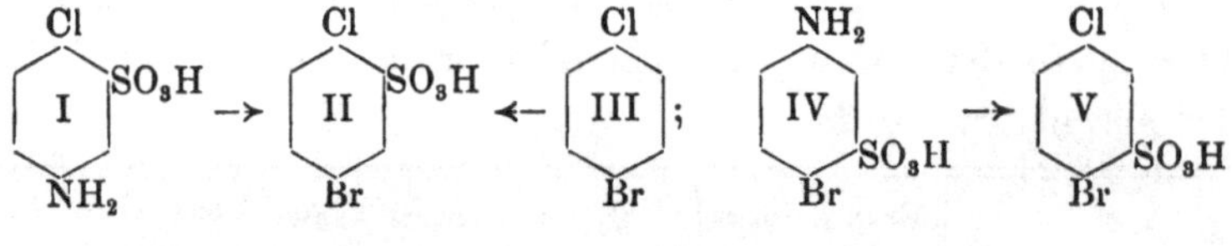

V war isomer mit II. Die Struktur von IV wurde durch Entamidierung bewiesen, wodurch o-Bromsulfosäure erhalten wurde.

Anwesend Cl, J.

Einführung der Nitrogruppe. Körner[4] nitrierte m- und p-Chlorjodbenzol; in beiden Fällen stellte sich die Nitrogruppe mutmaßlich

---

[1] A. **176**, 41 (1874); **182**, 94 (1876).
[2] J. **1875**, 327.
[3] B. **25**, 752 ref. (1892).
[4] J. **1875**, 328.

neben das Chloratom. Die p-Verbindung wurde zur Nitrierung in viel Eisessig aufgelöst. Die Struktur des hierbei entstehenden Nitroprodukts ergab sich daraus, daß es isomer war mit einem Nitrochlorjodbenzol, erhalten durch Ersatz von NH_2 durch Jod in

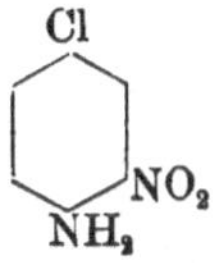

vom Schmelzp. 116°,4. Dieses Chlornitranilin seinerseits wurde gewonnen aus p-Dichlornitrobenzol mit alkoholischem Ammoniak. Die Struktur des genannten Chlornitranilins ergab sich auch noch daraus, daß bei Entamidierung m-Chlornitrobenzol, bei Reduktion o-Phenylendiamin erhalten wurde.

Anwesend Cl, NO_2.

Einführung eines zweiten Chloratoms. Beilstein und Kurbatow[1] fanden, daß für die Chlorierung von Nitrobenzol Antimonchlorid ein sehr geeigneter Katalysator ist; man muß aber $^1/_5$ des Gewichts an Nitrobenzol davon anwenden, um rasche Chlorierung zu erzielen. Hauptprodukt hierbei ist Cl, Cl, NO_2 = 1, 4, 2, welches aus primär gebildetem m-Chlornitrobenzol entsteht. Sie machen folgende Bemerkung: Die Bildung von Nitro-p-Dichlorbenzol durch Chlorieren von m-Chlornitrobenzol ist insofern interessant, als es ein neuer Beweis für die schon häufig gemachte Beobachtung ist,[2] daß die Substitution in m-Derivaten genau wie in der Stammsubstanz erfolgt.

Bei der Chlorierung von Nitrobenzol in der angegebenen Weise entsteht in untergeordneter Menge auch Nitro-o-Dichlorbenzol Cl, Cl, NO_2 = 1, 2, 3, welches sie zwar als solches wohl isolieren konnten, aber aus dem Reduktionsprodukt in Form des Dichloranilins Cl, Cl, NH_2 = 1, 2, 3 erhielten.[3] Die vicinale Struktur dieses Körpers wurde durch Überführung in o-Trichlorbenzol bewiesen.

Die Chlorierung von o-Chlornitrobenzol wurde durch Reiding[4] studiert, welcher auch $^1/_5$ des Gewichts an $SbCl_5$ als Katalysator anwandte. Als Hauptprodukt erhielt auch er p-Dichlornitrobenzol. Hier

---

[1] A. **182**, 102 (1876). [2] B. **8**, 1093 (1875). [3] A. **196**, 218 (1879).
[4] R. **26**, 360 (1904).

ließ sich aber das Isomer Cl, Cl, NO_2 = 1, 2, 3 durch fraktionierte Destillation und nachherige Kristallisation aus Eisessig und Petroläther aus der Reaktionsmasse isolieren. Die Menge desselben war klein, jedenfalls aber größer als diejenige, welche nach Beilstein und Kurbatow bei der weiteren Chlorierung von m-Chlornitrobenzol entsteht; denn bei der Chlorierung von 250 g Nitrobenzol gelang es mir nur, einige Gramme dieses Nebenprodukts zu gewinnen. Dies war theoretisch auch wohl zu erwarten. Wenn aus m-Chlornitrobenzol vicinales Nitro-o-Dichlorbenzol entstehen soll, so muß sich das eintretende Chloratom am ortho-Platz sowohl zur Nitrogruppe wie zum Chloratom stellen, dabei noch zwischen beide Substituenten treten, was in vielen Fällen schon auf einen erheblichen Widerstand stößt. Beim Chlorieren von o-Chlornitrobenzol dagegen kann sich bei der Bildung vom genannten vicinalen Produkt das eintretende Chloratom auf meta zur Nitrogruppe stellen, wie es gewöhnlich tut, und auf ortho zum anwesenden Chloratom, und es braucht auch nicht zwischen zwei Substituenten einzudringen.

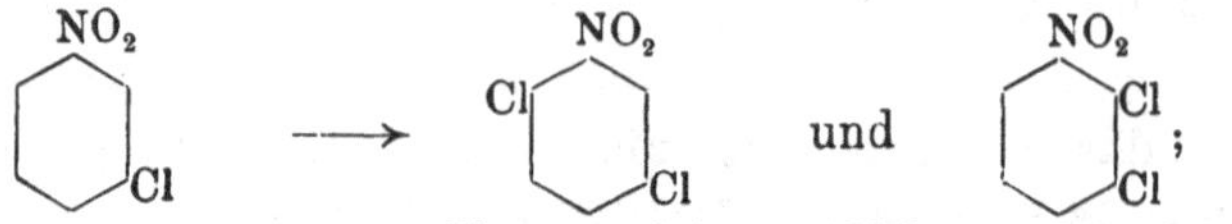

Hauptprodukt — Nebenprodukt in sehr geringer Menge entstehend

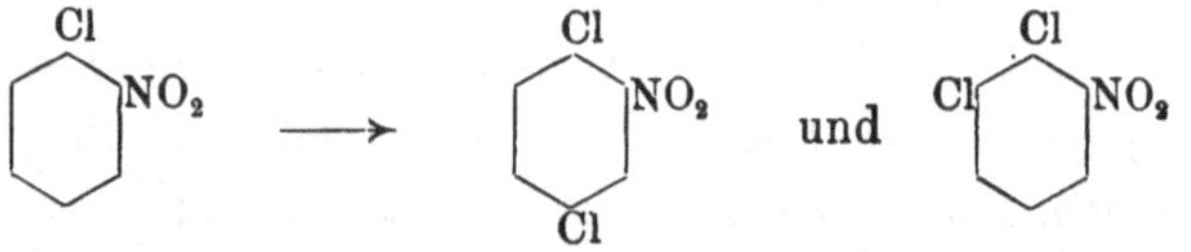

Hauptprodukt — Nebenprodukt in nicht so geringer Menge entstehend

Cohen und Bennet[1] zeigten, daß bei der Chlorierung von o-Chlornitrobenzol mit Antimonchlorid als Katalysator auch noch in geringer Menge (aber mehr als vom vicinalen Produkt) ein Dichlornitrobenzol vom Schmelzp. 31—31°,5 entsteht, welches, nach diesem Schmelzpunkt zu urteilen, die Verbindung Cl, NO_2, Cl = 1, 2, 5 sein muß; bei der Chlorierung von p-Chlornitrobenzol in angegebener Weise erhielten sie Cl, NO_2, Cl = 1, 4, 2, welches von Oehler[2] bestätigt wurde. Die

[1] Soc. **87**, 323 (1905). [2] C.Bl. **1906** I, 880.

Bildung vom Isomer Cl, NO_2, Cl = 1, 2, 5 aus o-Chlornitrobenzol ist recht auffallend, weil dabei das eintretende Chloratom an meta-Stelle zum anwesenden Chloratom und an para-Stelle zur Nitrogruppe eintrat, welches sonst nie der Fall ist.

Einführung einer Nitrogruppe. JUNGFLEISCH[1] nitrierte Chlorbenzol und erhielt zwei isomere Mononitrochlorbenzole, welche bekanntlich die ortho- und para-Verbindung sind (S. 58). Beide geben bei weiterer Nitrierung in der Siedehitze ein und dasselbe Dinitrochlorbenzol, Schmelzp. 50°, welches also Cl, NO_2, NO_2 = 1, 2, 4 sein muß. Das o-Chlornitrobenzol (welches er aber nicht in reinem Zustande in Händen hatte, weil er als Schmelzp. 15° anstatt 32° angibt), gab beim Erhitzen mit Salpetersäure noch ein zweites Dinitrochlorbenzol, Schmelzp. 43°, welches sich aber bei Berührung mit einem Kristall des anderen in dasselbe umwandelte, eine Umwandlung die auch rückgängig gemacht werden konnte. JUNGFLEISCH selber urteilt hierüber, daß weitere Aufklärungen notwendig seien.

EINHORN und FREI[2] fanden bei der Nitrierung von Chlorbenzol, durch Lösen desselben in konzentrierter Schwefelsäure, in welche zwei Moleküle Salpeter eingetragen waren, die Isomere von JUNGFLEISCH nicht; wenigstens erhielten sie das gewöhnliche Dinitrochlorbenzol Cl, NO_2, NO_2 = 1, 2, 4 in annähernd theoretischer Ausbeute. Allerdings setzt die Nitrierung in schwefelsaurer Lösung die Bildung von Nebenprodukten oft erheblich herab. Auch MARTINSEN[3] fand bei Nitrierung in schwefelsaurer Lösung nur 1, 2, 4.

OSTROMISSLENSKY[4] bewies aber, daß doch eine kleine Menge vom Isomer Cl, NO_2, NO_2 = 1, 2, 6 sich bildet. Er nitrierte 20 g o-Chlornitrobenzol mit einem Gemisch von 100 g Schwefelsäure und 100 g roter rauchender Salpetersäure, spez. Gew. 1,52, durch Erhitzen auf dem Wasserbade am Rückflußkühler innerhalb einer Stunde. Die Ausbeute an Dinitroprodukt betrug 80—85 % der theoretischen Menge. Durch fraktionierte Kristallisation aus Äther erhielt er aus 175 g Rohprodukt 4,3 g des genannten vicinalen Chlordinitrobenzols. Dessen Struktur bewies er durch Überführung mittels methylalkoholischen Kalis im Dinitrophenol vom Schmelzp. 64°, OH, NO_2, NO_2 = 1, 2, 6.

[1] J. **1868**, 343. [2] B. **27**, 2457 (1894). [3] Z. ph. Ch. **59**, 613 (1907).
[4] J. pr. (2) **78**, 260 (1908).

Laubenheimer[1] nitrierte m-Chlornitrobenzol. Hierzu erwärmte er 40 g desselben mit 200 g rauchender Salpetersäure + 200 g konzentrierter Schwefelsäure unter Rückflußkühlung, bis die erste Reaktion vorüber war, und kochte darauf noch etwa 25 Minuten lang. Das Produkt bestand vorwiegend aus der Verbindung Cl, NO_2, NO_2 = 1, 3, 4, enthielt aber in geringer Menge noch einen, bei gewöhnlicher Temperatur flüssig bleibenden Körper. Von weiteren Isomeren ist keine Rede; dagegen werden ausführlich die verschiedenen Modifikationen beschrieben, in welchen das Hauptprodukt auftreten kann. Martinsen[2] fand nur dieses selbe Chlordinitrobenzol 1, 3, 4 bei Nitrierung von m-Chlornitrobenzol in schwefelsaurer Lösung, bei 25°.

Bei der Nitrierung von para-Chlornitrobenzol in schwefelsaurer Lösung (ebenfalls behufs Messung der Reaktionsgeschwindigkeit ausgeführt) erhielt Martinsen (a. a. O.) durch Verdünnung mit Wasser eine schwach gelbliche Substanz mit dem Schmelzp. 49—50°. Umkristallisiert aus Alkohol wurden dicke, schiefe Nadeln erhalten, die scharf bei 50° schmelzen. Das einzige Produkt der Nitrierung ist deshalb die Verbindung Cl, NO_2, NO_2 = 1, 4, 2.

Einführung einer Sulfogruppe. Alle drei Nitrochlorbenzole sind sulfoniert worden. Paul Fischer[3] sulfonierte o-Chlornitrobenzol mit rauchender Schwefelsäure von 30% Anhydridgehalt durch 6 stündiges Erhitzen auf dem Wasserbade. Hierdurch wird nur eine Säure von der Formel Cl, NO_2, SO_3H = 1, 2, 4 erhalten, weil dieselbe Säure bei der Nitrierung von p-Chlorsulfosäure entsteht.

Die Sulfonierung von m-Chlornitrobenzol ist mehrfach studiert worden. Post und Meyer[4] fanden, daß dabei zwei Säuren entstehen, deren Baryumsalze durch ihre sehr verschiedene Löslichkeit in Alkohol leicht zu trennen sind. Allert[5] hatte nur eine Sulfosäure gefunden, als er m-Chlornitrobenzol mit einem Überschuß von rauchender Schwefelsäure während 4—5 Tagen auf dem Wasserbade oder in zugeschmolzenen Röhren auf 100° erhitzte Erstgenannte haben nicht angegeben, wie sie ihre Sulfonierung ausgeführt haben.

Claus und Bopp[6] erhielten auch zwei Sulfosäuren, wenn rauchende Schwefelsäure und mehrstündiges Erhitzen angewandt wurden. Sie

---

[1] B. **9**, 760 (1876). [2] Z. ph. Ch. **59**, 616 (1909). [3] B. **24**, 3188 (1891).
[4] B. **14**, 1605 (1881). [5] B. **14**, 1434 (1881). [6] A. **265**, 95 (1891).

fanden, daß der Gehalt der Schwefelsäure an Anhydrid auf das Mengenverhältnis, in welchem die beiden Säuren entstehen, von wesentlicher Bedeutung ist. Die Trennung der beiden Säuren wurde nach den Angaben von Post und Meyer ausgeführt. Die symmetrische Säure Cl, NO_2, SO_3H = 1, 3, 5 entstand in größerer Menge, wenn eine anhydridreiche Schwefelsäure zur Reaktion verwendet wurde. Ihre Ortsbestimmung wurde in zweierlei Weise ausgeführt, welche durch folgende Schemata angegeben sind:

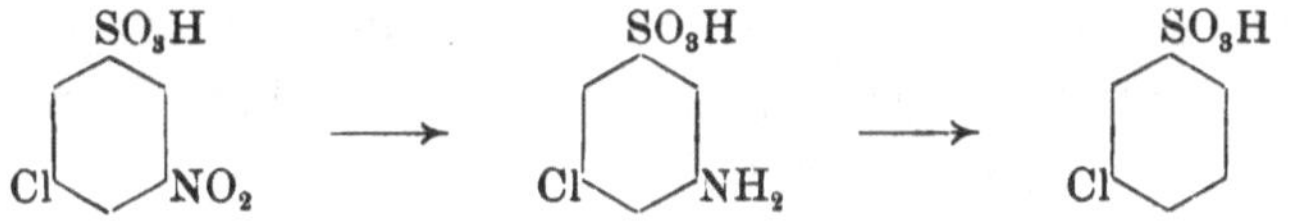

und

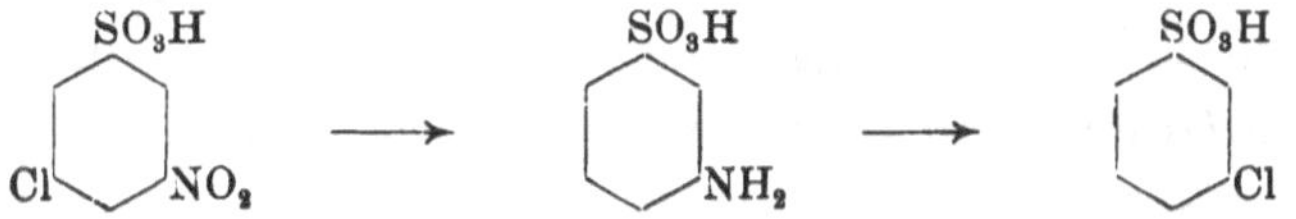

Daß in beiden Fällen m-Chlorbenzolsulfosäure entstanden war, wurde durch Bestimmung des Schmelzpunkts des Amids nachgewiesen.

Die zweite Säure, welche bei der Sulfonierung des meta-Chlornitrobenzols entsteht, und zwar bei anhydridreicher Schwefelsäure an Menge zurücktretend, bei anhydridarmer Säure aber an Menge der m-Sulfonsäure etwa gleichkommend, entspricht der Struktur Cl, SO_3H, NO_2 = 1, 2, 3, welche auf ähnliche Weise bewiesen wurde:

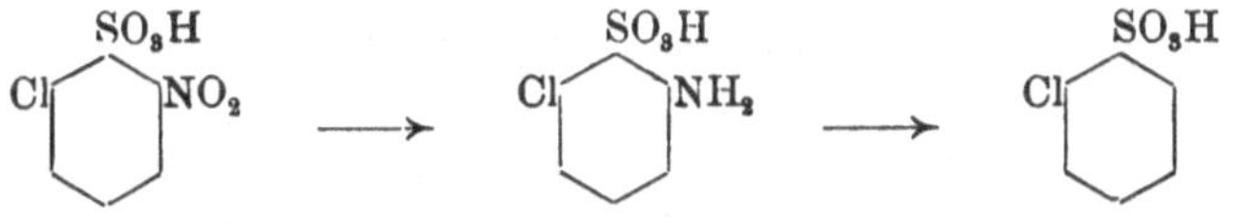

Schmelzp. Amid 188°; und

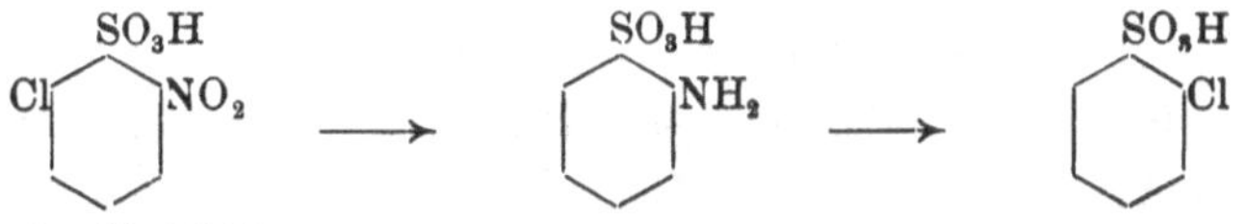

Schmelzp. Amid 181°.

Die Schmelzpunkte der Amide waren daher nicht identisch. Bedenkt man aber, daß für p-Chlorbenzolsulfamid der Schmelzpunkt 143—144° angegeben wird, und daß nur dieses vorliegen konnte, wenn die Verbindung nicht das o-Chlorbenzolsulfamid war, so darf man wohl annehmen, daß im zweiten Falle auch tatsächlich das o-Sulfamid gebildet ist.

CLAUS und MANN[1] sulfonierten auch p-Chlornitrobenzol, welches dabei mehr Widerstand bot als seine Isomeren. Es mußte nämlich mit dem sechsfachen Gewicht einer etwa 10—12% Anhydrid enthaltenden Schwefelsäure auf 120—130° erhitzt werden. PAUL FISCHER[2] sulfonierte auf ganz ähnliche Weise. Nach CLAUS und MANN entsteht hierbei unter allen Umständen (die jedoch nicht näher angegeben sind) nur die Säure Cl, NO_2, SO_3H = 1, 4, 2. Auch die Temperatur hat darauf keinen Einfluß. Die Struktur der Säure ist dadurch bestimmt, daß dieselbe isomer ist mit einer Chlornitrosulfosäure, welche LAUBENHEIMER[3] beim mehrtägigen Digerieren vom Chlordinitrobenzol Cl, NO_2, NO_2 = 1, 3, 4 mit Natriumsulfitlösung erhielt. Da beim Behandeln dieses Chlordinitrobenzols mit Ammoniak und mit Natronlauge die Nitrogruppe auf 3 substituiert wird, ist es sehr wahrscheinlich, daß diese selbe Gruppe auch durch SO_3Na ersetzt wird.

ULLMANN und JÜNGEL[4] haben die Darstellung der Sulfosäure wiederholt und dabei 157,5 g p-Chlornitrobenzol mit 200 ccm rauchender Schwefelsäure (20% SO_3) während 6 Stunden auf 160° erhitzt und die Schmelze nach dem Erkalten auf 425 g Eis gegossen. Aus der braunen Lösung schied sich die Chlornitrobenzolsulfosäure in Kristallen ab; nach Reinigung erhielten sie von genannter Säure 91% der Theorie.

Anwesend Cl, SO_3H.

Einführung einer NO_2-Gruppe. Die Nitrierung von p-Chlorbenzolsulfosäure wurde durch PAUL FISCHER[5] ausgeführt. Er löste 100 g Chlorbenzol in einem Gemisch von 140 g kristallisierter Pyroschwefelsäure und 140 g konzentrierter Schwefelsäure. Alsdann wurden unter Kühlung 280 g feingepulvertes Baryumnitrat langsam eingetragen. Es entsteht hierbei die Säure Cl, NO_2, SO_3H = 1, 2, 4, denn bei der Einwirkung von Ammoniak wird Chlor durch NH_2 ersetzt, und die so erhaltene Nitranilinsulfosäure gibt bei Abspaltung der Sulfogruppe o-Nitranilin.

---

[1] A. **265**, 96 (1891). [2] a. a. O. [3] B. **15**, 597 (1882).
[4] B. **42**, 1077 (1909). [5] B. **24**, 3188 (1891).

Anwesend Cl, CH_3.

Einführung eines Chloratoms. Die Chlorierung des Toluols ist oft Gegenstand von Untersuchungen gewesen, weil es außerordentlich schwer, ja sogar unausführbar ist, das flüssige Gemenge der Isomeren als solche zu trennen. Es herrschte viel Unklarheit über die sich bildenden Isomeren, namentlich wenn die Chlorierung im Kern stattgefunden hatte, bis die Sache durch eine ausgezeichnete Untersuchung von Cohen und Dakin ihren vorläufigen Abschluß fand. Die ältere Literatur sei daher hier nur flüchtig erwähnt. Limpricht[1] publizierte eine ausführliche Abhandlung über die Chlorierung des Toluols. Bei dieser Operation kühlte er nicht ab, so daß ein Gemenge von im Kern und von in der Seitenkette substituierten Derivaten entstehen mußte. Die Fraktion, welche die Verbindungen $C_7H_6Cl_2$ enthielt, konnte er nicht in ihre Bestandteile auflösen. Beilstein und Neuhof[2] brachten insofern Klarheit, daß sie erkannten, daß sich die Chlorderivate des Toluols gegen Chlor geradeso verhalten wie Toluol selbst (S. 83). Gleichgültig, wieviel und wo das Toluol schon Chlor enthält: läßt man in der Siedehitze Chlor auf das Derivat einwirken, so findet eine Vertretung des Wasserstoffs in Methyl, bei Gegenwart von Jod aber im Phenyl des Toluols statt. Sie bemerken, daß man daher mehrere Isomere auf zweierlei Weise darstellen kann. Das gechlorte Benzylchlorid z. B. wird sich, von Chlorbenzyl ausgehend, durch Behandeln mit Chlor bei Gegenwart von Jod oder aus Chlortoluol darstellen lassen durch Einwirken von Chlor in der Siedehitze darauf. Der letzte Weg war der beste. Loring Jackson und Field[3] bedienten sich desselben bei der Darstellung von p-Chlorbenzylchlorid, indem sie reines p-Chlortoluol bei 160° chlorierten, bis die berechnete Gewichtszunahme erreicht war; und van Raalte[4] verbesserte die Darstellung noch dadurch, daß er bei Siedehitze chlorierte und nicht wog, sondern so lange Chlor einleitete, bis der Siedepunkt auf den des p-Chlorbenzylchlorids gestiegen war, wobei allerdings mit der Abkühlung gerechnet werden mußte, welche das Einleiten von kaltem Chlorgas verursacht, und welche zuvor bestimmt wurde.

---

[1] A. **139**, 303 (1866). [2] A. **146**, 319 (1868). [3] B. **11**, 904 (1878).
[4] R. **18**, 387 (1899).

Die ausschließliche Chlorierung im Kern findet unter dem Einfluß von Katalysatoren statt. Aronheim und Dietrich[1] benutzten Molybdänpentachlorid. Die Dichlortoluole wurden aus dem Reaktionsgemisch durch 7—8 malige fraktionierte Destillation gewonnen und siedeten zwischen 196—198°. Da ihre Trennung nicht gelang, wurden sie nach der Methode von Beilstein und Kuhlberg in Dichlorbenzoesäuren umgewandelt, d. h. sie wurden durch Chlorieren ihres Dampfes in Dichlorbenzotrichloride übergeführt, und diese durch Erhitzen mit Wasser auf 190—200° in Dichlorbenzoesäuren. Das Dichlorbenzotrichlorid war nicht einheitlich, denn es konnten daraus zwei Fraktionen gewonnen werden; die eine vom Siedepunkt 273°, die andere von 280°, jedoch gelang auch hier eine vollständige Trennung nicht. Die Dichlorbenzoesäure, welche aus dem bei 280° siedenden Anteil gewonnen wurde, schmolz bei 122° (Säure 1, 2, 6; CO_2H = 1). Eine geringe Menge einer anderen Dichlorbenzoesäure wurde auch dabei erhalten.

Schultz[2] wiederholte diese Untersuchung; er fügte 3—4 g $MoCl_5$ zu 1000 g Toluol und leitete Chlorgas in die Flüssigkeit, welche auf 70° erwärmt wurde. Sobald das Toluol eine schwarzbraune Färbung angenommen hatte, begann die Wirksamkeit des Katalysators und Ströme von Chlorwasserstoff entwichen. Aus den 1000 g Toluol wurden 665 g bei 196° siedendem Dichlortoluol gewonnen, welches nach Beilstein und Kuhlberg (s. oben) in Dichlorbenzoesäure umgewandelt wurde. Durch sehr häufige fraktionierte Kristallisation der Baryumsalze konnte sie in drei Säuren von den Schmelzpunkten 201° (3, 4), 156° (2, 5) und 126,5° (2, 6) zerlegt werden. Letztere entstand in größerer Menge als die Säure vom Schmelzp. 156°, welche beim Erhitzen mit Schwefelsäure in CO_2 und p-Dichlorbenzol gespaltet wird.

9 Jahre später publizierte Seelig[3] wieder eine ausführliche Abhandlung über die Chlorierung des Toluols. Was sich darin auf die Dichlortoluole bezieht, ist folgendes: Es wurde versucht, die rohen Dichlortoluole durch Überführung in Sulfosäuren zu trennen. Die Chlorierung fand mutmaßlich mit $MoCl_5$ oder mit $FeCl_3$ als Katalysator statt, was aber nicht näher erwähnt ist. Es wurden in der Tat zwei Sulfosäuren erhalten, α und β genannt, aus welchen die Dichlortoluole quantitativ zurückgewonnen werden konnten. Ihre Siede-

---

[1] B. **8**, 1401 (1875). [2] A. **187**, 263 (1877). [3] A. **237**, 129 (1886).

punkte werden auf 195—199° (aus α-Säure) und 194—198° (aus β-Säure) angegeben. Bei der Oxydation gab α-Dichlortoluol eine Dichlorbenzoesäure (2, 3) vom Schmelzp. 166°, β-Dichlortoluol eine solche Säure (2, 4) vom Schmelzp. 158°.

SEELIG studierte auch die weitere Chlorierung von o-Chlortoluol. Wie dieselbe ausgeführt wurde, ist nicht angegeben. Das Gemisch der Dichlortoluole wurde wieder mittels ihrer Sulfonsäuren getrennt. Es wurde wieder α- und β-Dichlortoluol (2, 3 und 2, 4) erhalten und zwar hauptsächlich α (2, 3).

Die weitere Chlorierung des p-Chlortoluols (vom richtigen Schmelzpunkt + 6°,5) lieferte ein Dichlortoluol, welches, nach der Oxydation zu Säure zu urteilen, reines 2,4-Dichlortoluol war.

Während also SCHULTZ die Dichlortoluole 2, 5; 2, 6 und 3, 4 bei der Chlorierung von Toluol erhielt, bekam SEELIG die Isomere 2, 3 und 2, 4. Von den sechs möglichen Dichlortoluolen war also nur das symmetrische (3, 5) im Rohprodukt nicht vorgefunden.

COHEN und DAKIN[1] unternahmen aufs neue die Untersuchung, wobei sie folgende Verbesserungen anbrachten. Da die Dichlortoluole sämtlich flüssig sind und nahezu dieselben Siedepunkte haben, war keine Aussicht auf eine direkte Trennung derselben vorhanden. Die genannten Forscher wandelten dieselben daher in feste Verbindungen um, welche voraussichtlich durch fraktionierte Kristallisation zu trennen sein würden.

Die Dichlortoluole wurden zunächst auf verschiedene, doch unzweideutige Weise (aus der entsprechenden Amidoverbindung durch Diazotieren z. B.) rein dargestellt und jede der sechs Isomeren in Dinitrodichlortoluole umgewandelt, deren Schmelzpunkte usw. ermittelt wurden. Weiter wurden sie in Sulfosäuren umgesetzt und die Schmelzpunkte der Chloride und Amide dieser Säuren bestimmt. Endlich stellten sie noch die sechs Dichlorbenzoesäuren dar und stellten ihre Eigenschaften aufs neue fest. Dadurch war eine feste Grundlage zur Identifizierung der Dichlortoluole geschaffen. Meistens wurden die rohen Dichlortoluole sowohl nitriert, wie sulfoniert und oxydiert, damit kein Isomer unentdeckt bliebe.

Die zweite wesentliche Verbesserung bestand darin, daß sie nicht

[1] Soc. **79**, 1111 (1901).

nur Toluol selbst chlorierten (was übrigens nur nebensächlich geschah), sondern jedes der drei Monochlortoluole für sich, welche zuvor auch in reinem Zustande dargestellt wurden. Hierdurch wurde nicht nur die Anzahl der möglichen Dichlortoluole reduziert, die in jedem Chlorierungsgemisch vorkommen konnten, sondern es war auch die Stellung von einem der Chloratome schon im voraus bekannt. Die Resultate waren folgende, wobei noch bemerkt werden muß, daß sie sich des von ihnen entdeckten Hg-Al-Koppels (S. 5) als Katalysator bedienten, wovon sie nur eine sehr kleine Menge anzuwenden brauchten. Die Temperatur, bei welcher chloriert wurde, war die gewöhnliche.

o-Chlortoluol lieferte a) 2,3-Dichlortoluol, identifiziert durch sein daraus abgeleitetes Sulfamid vom Schmelzp. 223°, und durch die Dinitroverbindung vom Schmelzp. 72°. b) 2,6-Dichlortoluol, identifiziert durch das Dinitroderivat vom Schmelzp. 121—122°, und durch Oxydation zu einer Dichlorbenzoesäure (Schmelzp. 137°; SCHULTZ[1] fand 126,5°), welche mit Chlorwasserstoff und Methylalkohol nicht esterifizierbar war, und daher nach V. MEYERS Regel die 2,6-Säure sein muß. c) 2,4-Dichlortoluol; bei der Sulfonierung vom Chlorierungsgemisch mit konzentrierter Schwefelsäure blieb dies unsulfoniert zurück. Durch Lösen des Rückstandes in rauchende Schwefelsäure entstand aber eine Sulfosäure, deren Sulfamid bei 176° schmolz, übereinstimmend mit 2,4-Dichlorbenzolsulfamid. Auch wurde ein Dinitrodichlortoluol durch fraktionierte Kristallisation aus dem Nitrierungsgemisch der Dichlortoluole erhalten, welches, wie die Dinitroverbindung des 2,4-Dichlortoluols bei 103° schmolz. d) 2,5-Dichlortoluol, welches nur durch Sulfonierung nachgewiesen wurde. Beim Lösen des unter c) erwähnten Rückstandes in rauchender Schwefelsäure wurde nämlich eine zweite Säure erhalten, deren Amid bei der fraktionierten Kristallisation zuerst ausfiel und bei 189—191° schmolz.

Bei der Chlorierung von m-Chlortoluol wurden erhalten: a) 2,5-Dichlortoluol, identifiziert durch den Schmelzp. 100—101° des Dinitroderivats. Es wurde in großer Menge aus dem Nitrierungsprodukt des rohen Gemisches der Dichlortoluole erhalten; b) 3,4-Dichlortoluol, identifiziert durch Oxydation zur Dichlorbenzoesäure vom Schmelzp. 200 bis 201° und durch das Dinitroderivat vom Schmelzp. 92°. Es wurde

[1] A. **187**, 269 (1877).

keine Spur der isomeren 2,3- und 3,5-Dichlortoluole erhalten. Was das letztere betrifft, war dies wohl zu erwarten, weil bei der Chlorierung von Toluol zu Monochlortoluol auch nur o- und p-Chlortoluol erhalten werden; auffallend ist aber das gänzliche Fehlen vom Isomer 2, 3.

Die Chlorierung des p-Chlortoluols endlich gab Veranlassung zur Bildung von a) 2, 4-Dichlortoluol, identifiziert durch sein Dinitroderivat, Schmelzp. 103°; durch Oxydation zu 2,4-Dichlorbenzoesäure, Schmelzpunkt 159°; durch das Sulfochlorid vom Schmelzp. 70° und das Sulfamid, Schmelzp. 176°; b) 3, 4-Dichlortoluol, dessen Dinitroderivat, Schmelzp. 90—92°, aus den Mutterlaugen vom Dinitro-2,4-Dichlortoluol kristallisierte. Durch Oxydation wurde die Dichlorobenzoesäure 3, 4 vom Schmelzp. 200—201° erhalten.

In qualitativer Hinsicht ist durch diese Untersuchung das Problem der Chlorierung des Toluols gelöst; die Ermittlung der relativen Mengen der Isomeren wird voraussichtlich mit sehr großen Schwierigkeiten verknüpft sein.

Einführung eines Bromatoms. WILLGERODT und SALZMANN[1] bromierten o-Chlortoluol unter Anwendung von metallischem Eisen als Katalysator; die berechnete Menge Brom wurde zugetröpfelt. Sie unterwarfen das Rohprodukt der fraktionierten Destillation, wobei der größte Teil zwischen 210° und 220° überging, welcher unter 0° erstarrte. Um zu bestimmen, wo das Bromatom eingetreten war, wurde oxydiert, welches durch Erhitzen mit Salpetersäure, spez. Gew. 1,2, auf 150—200° geschah. Die gebildeten Chlorbrombenzoesäuren wurden als Barytsalze fraktioniert kristallisiert. Es konnten zwei Säuren isoliert werden; eine hatte den Schmelzp. 156°; da dieselbe auch durch Oxydation aus chloriertem p-Bromtoluol entsteht, muß sie die Struktur CO_2H, Cl, Br = 1, 2, 4 haben. Aus den Mutterlaugen (daher wahrscheinlich in geringerer Menge) des Ba-Salzes der Säure vom Schmelzpunkt 156° wurde das Ba-Salz der zweiten Säure erhalten, welche bei 132° schmolz. Dieselbe Säure wurde erhalten bei der Oxydation eines chlorierten o-Bromtoluols, so daß sie die Struktur CO_2H, Cl, Br = 1, 2, 6 haben muß.

p-Chlortoluol wurde auf dieselbe Weise bromiert; auch hierbei wurde ein Produkt vom Siedepunkt 210—220° erhalten. Bei seiner

[1] J. pr. (2) **39**, 466 (1889).

Oxydation entstand eine Säure vom Schmelzp. 217°, die auch bei der Oxydation des chlorierten o-Bromtoluols erhalten wurde; die Säure muß demnach die Struktur CO_2H, Br, Cl = 1, 2, 4 haben.

Cohen und Dakin[1] haben mit ihrer Hg-Al-Koppel auch p-Chlortoluol bromiert und ein Chlorbromtoluol erhalten, welches sich bei der Destillation unter gewöhnlichem Druck zersetzte (wovon Willgerodt und Salzmann nichts mitteilen), aber bei 40 mm zwischen 130° und 135° überging. Sie untersuchten nicht, wo das Bromatom eingetreten war.

Einführung einer Nitrogruppe. Eine ältere Arbeit von Wroblewsky[2] hat jetzt nicht viel Wert mehr, weil er ein Chlortoluol nitrierte, das er zwar für para hielt, das aber durch Chlorieren von Toluol mit Jod als Katalysator dargestellt war, daher ein Gemisch von o- und p-Chlortoluol war. Daß er zwei Nitrochlortoluole erhielt, kann daher nur als selbstverständlich betrachtet werden. Auch ist es ihm offenbar nicht gelungen, diese Nitrochlortoluole in reinem Zustande in die Hände zu bekommen; die Isomerie der Verbindungen bewies er durch Reduktion zu Chlortoluidinen.

Hübner und Engelbrecht[3] gingen vom kristallisierten p-Chlortoluol aus. Bei seiner Nitrierung erhielten sie zwei Nitroverbindungen, welche bei 8—9° bzw. bei 34—35° schmolzen. Diese beiden Verbindungen waren aber in kleinen Mengen so schwer zu trennen, daß sie nicht leicht ganz rein dargestellt werden können und daher besonders nicht für den Schmelzpunkt der niedrig schmelzenden Verbindung eingestanden werden konnte. Das bei 8—9° schmelzende Chlornitrotoluol gab ein Chlortoluidin vom Schmelzp. 28°; das andere ein Chlortoluidin vom Schmelzp. 18°.

Die Untersuchung wurde 1886 von Goldschmidt und Hönig[4] wieder aufgenommen. Sie nitrierten p-Chlortoluol nach folgendem Verfahren: In 100 g p-Chlortoluol wurde unter guter Kühlung ein Gemisch von 120 g konzentrierter Salpetersäure und 170 g Schwefelsäure tropfenweise eingetragen. Dann wurde die Mischung einige Stunden stehengelassen, nachher in Wasser gegossen. Das erhaltene Öl ging ganz zwischen 200—250° über; Dinitrochlortoluol war nahezu gar nicht vor-

---

[1] Soc. **75**, 895 (1899). [2] A. **168**, 203 (1873). [3] B. **7**, 797 (1874).
[4] B. **19**, 2440 (1886).

handen. Nach einer Fraktionierung erstarrte die Partie, welche zwischen 240—245° überging, beim Erkalten zu einem Brei von langen Kristallnadeln, welche nach Reinigung bei 38° schmolzen. Diese Verbindung hat die Struktur $CH_3, NO_2, Cl = 1, 2, 4$, da sie identisch war mit einem Produkt, welches BEILSTEIN und KUHLBERG[1] aus Dinitrotoluol $CH_3, NO_2, NO_2 = 1, 2, 4$ bekamen durch Austausch einer NO_2-Gruppe gegen Chlor. Auch war es identisch mit dem Nitro-p-Chlortoluol vom Schmelzp. 34—35°, welches HÜBNER und ENGELBRECHT (a. a. O.) erhielten.

Die über 245° siedenden Anteile, welche flüssig geblieben waren, wurden der Fraktionierung unterworfen. Zwischen 250—253° sammelte sich dabei eine große Quantität eines gelblich gefärbten Öles an, das seiner Hauptmenge nach aus dem Chlornitrotoluol $CH_3, NO_2, Cl = 1, 3, 4$ bestehen mußte. Diese Verbindung war aber durch eine Untersuchung von GATTERMANN und KAISER bekannt, welche sie aus dem Nitrotoluidin $CH_3, NO_2, NH_2 = 1, 3, 4$ darstellten und den Schmelzp. + 7° fanden. GOLDSCHMIDT und HÖNIG versuchten daher ihr Öl, welches wohl denselben Siedepunkt wie die Verbindung von GATTERMANN und KAISER hatte, zum Erstarren zu bringen, jedoch umsonst. Die Identität der beiden Verbindungen wurde dann dadurch erwiesen, daß beide dasselbe Chlortoluidin bei ihrer Reduktion gaben.

VAN DEN AREND[2] hat die Nitrierung von p-Chlortoluol von neuem studiert. Er nitrierte 10 g dieser Verbindung bei 0°, indem er zu derselben Salpetersäure 1,48 tröpfelte. Die Flüssigkeit färbte sich anfangs sehr dunkel und bildete zwei Schichten. Bei weiterer Zufügung von Säure wurde die Farbe hellgelb; nachdem die vierfache Gewichtsmenge Säure verbraucht war, wurde die Flüssigkeit homogen. Nachdem dieser Punkt erreicht war, ließ man dieselbe einige Minuten stehen und goß sie dann in Wasser. Das sich abscheidende hellgelbe Öl wurde bis zum Verschwinden der sauren Reaktion mit Wasser gewaschen, getrocknet und zweimal im luftverdünnten Raum destilliert. Die Ausbeute betrug dann 12 g (theoretisch 13,6). Die Flüssigkeit zeigte einen Anfangserstarrungspunkt von + 10°,2, einen Enderstarrungspunkt von — 8°,0. Aus der Schmelzkurve der beiden Nitro-p-Chlor-

[1] A. **158**, 336 (1871).

[2] Verslagen Kon. Acad. van Wetenschappen, Amsterdam **1908**, 224.

toluole (s. den 7. Abschnitt) ergibt sich, daß ersterer Punkt 58 % vom Isomer CH_3, Cl, NO_2 = 1, 4, 3 und 42 % vom Isomer 1, 4, 2 anzeigt. Da der Enderstarrungspunkt mit dem Eutektikum nahezu zusammenfiel (gefunden bei $-8^{\circ},1$), sind also im Nitrierungsprodukt keine Fremdstoffe zugegen, was auch durch das spezifische Gewicht bewiesen wurde, welches sowohl für ein Gemenge der beiden Isomeren im obigen Verhältnis als für das Nitrierungsprodukt zu 1,2481 bei $80^{\circ},0$ gefunden wurde.

Bei einer Mischung eines künstlichen Gemenges der beiden Isomeren in diesem Verhältnis mit dem Nitrierungsprodukt in etwa gleichen Teilen wurde keine Änderung des ersten Erstarrungspunktes beobachtet, was auch noch die angegebene Zusammensetzung des letzteren bestätigt.

Die Nitrierung des p-Chlortoluols bei höherer Temperatur ($+30^{\circ}$ und $+60^{\circ}$) mit einer Säure 1,45 gab Veranlassung zur Bildung von höher nitrierten Produkten.

Bei der Nitrierung von o-Chlortoluol (aus o-Toluidin dargestellt) wandten Goldschmidt und Hönig (a. a. O.) dasselbe Verfahren wie bei der p-Verbindung an und erhielten dabei ein gelbliches Öl, das zwischen 248—250° vollständig destillierte. Durch Reduktion wurde nur ein Chlortoluidin erhalten, welches bei 83° schmolz. Die Stelle der Substituenten in dieser Verbindung haben sie[1] ermittelt durch Darstellung derselben auf anderem Wege. Bei der Nitrierung von o-Acettoluid entsteht nämlich die Verbindung CH_3, NH_2, NO_2 = 1, 2, 5. Durch Austausch der NH_2-Gruppe gegen Chlor wurde ein Nitro-o-Chlortoluol erhalten, welches durch Reduktion dasselbe Chlortoluidin vom Schmelzpunkt 83° gab. Das Hauptprodukt der Nitrierung von o-Chlortoluol unter den angegebenen Umständen hat also die Struktur CH_3, Cl, NO_2 = 1, 2, 5.

van den Arend[2] nitrierte o-Chlortoluol in derselben Weise, wie oben bei p-Chlortoluol angegeben wurde, nur benutzte er Säure vom spez. Gew. 1,5. Der Anfangserstarrungspunkt des Nitrierungsproduktes lag bei $-5^{\circ},3$, der Enderstarrungspunkt bei etwa -12°. Das spezifisches Gewicht fand er bei $80^{\circ},0$ zu 1,2613, welcher Wert zwischen den der Isomeren CH_3, Cl, NO_2 = 1, 2, 3 und = 1, 2, 5 liegt; für das spezifische Gewicht des Isomers 1, 2, 3 fand er nämlich 1,2555, für

[1] B. **20**, 200 (1887). [2] Dissertation, Amsterdam 1908.

dasjenige von 1, 2, 5 1,2624, beide bei 80°,0. Man darf also schließen, daß keine höher nitrierenden Produkte anwesend sind. Da die beiden genannten Isomere zu erwarten waren, bestimmte VAN DEN AREND die Schmelzkurve ihrer Gemische; dieselbe hatte ihr Eutektikum bei — 0°,3, also erheblich höher als der Schmelzpunkt des Nitrierungsproduktes; letzteres muß daher anders als nur aus diesen beiden Komponenten zusammengesetzt sein; wahrscheinlich liegt ein ternäres oder quaternäres Gemisch vor, wovon die Bestimmung seiner Bestandteile noch nicht gelungen ist.

Die Nitrierung von meta-Chlortoluol ist von REVERDIN und CRÉPIEUX[1] studiert worden. Sie setzten vorsichtig zu 10 g m-Chlortoluol unter Kühlen 12 g Salpetersäure vom spez. Gew. 1,52, und ließen hierauf das Ganze während 24—30 Stunden bei gewöhnlicher Temperatur stehen; es hatte sich so ein Gemenge von Mononitroderivaten gebildet, welches sich nach Zusatz von Wasser als gelbliches Öl abschied. Dieses Gemenge haben sie nicht getrennt, sondern es reduziert und die Toluidine in Acetylverbindungen verwandelt, welche nun durch Kristallisation getrennt wurden. Sie erhielten so zwei Acetylverbindungen; die eine schmolz bei 115° und entsprach dem Chlortoluidin CH_3, Cl, NH_2 = 1, 3, 4 vom Schmelzp. 7°, welches von WROBLEWSKY[2] und von LELLMANN und KLOTZ[3] bereits beschrieben worden ist; das zweite Acetylderivat schmolz bei 140° und entsprach dem Chlortoluidin CH_3, Cl, NH_2 = 1, 3, 6, welches auch schon von LELLMANN und KLOTZ[4] beschrieben war. Bei der Nitrierung von m-Chlortoluol unter den obengenannten Bedingungen bilden sich also die Isomeren CH_3, Cl, NO_2 = 1, 3, 4 und = 1, 3, 6.

Einführung der Sulfogruppe. Wie bei der Nitrierung der Chlortoluole sind auch hier ältere Arbeiten zu verzeichnen, welche die Sulfonierung von Gemischen von p- und o-Chlortoluol zum Gegenstand haben. Sie stammen von HÜBNER und MAJERT[5] und von VOGT und HENNINGER[6] her. Beide sulfonierten ein Chlortoluol, welches durch Einwirkung von Chlor auf Toluol in Gegenwart von Jod dargestellt worden war. Erstgenannte erhielten die Ba-Salze von drei Säuren, letztgenannte von zwei Säuren.

Eine ausführliche Untersuchung wurde erst 1892 von WYNNE[7] publi-

[1] B. **33**, 2505 (1900). [2] A. **168**, 196 (1873). [3] A. **231**, 311 (1885).
[4] a. a. O. [5] B. **6**, 790 (1873). [6] A. **165**, 362 (1873).
[7] Soc. **61**, 1072 (1892).

ziert, welcher die drei Chlortoluole jedes für sich sulfonierte. Seine Resultate waren die folgenden: o-Chlortoluol, dargestellt aus o-Toluidin, wurde sulfoniert durch Schütteln von 75 g desselben mit 225 g 100-prozentiger Schwefelsäure. Der Prozeß verlief unter vieler Wärmeentwicklung und wurde durch Erwärmen auf dem Wasserbad während zehn Minuten beendet. Es war nur eine Sulfosäure gebildet, da die verschiedenen Kristallisationen vom Barytsalz identisch waren, ausgenommen die sechste und siebente, die aber zusammen nur 2,4 g wogen. Das Chlorid der Säure schmolz bei 60°, das Amid bei 128°. Die Sulfogruppe steht in m-Stellung zur Methylgruppe, denn bei der Behandlung mit Na-Amalgam wird Chlor aus dem Molekül weggenommen und es entstand m-Toluolsulfosäure, welche durch den Schmelzpunkt ihres Amids identifiziert wurde. Die Sulfosäure hatte also entweder die Formel CH_3, Cl, SO_3H = 1, 2, 3 oder = 1, 2, 5. Da Wynne aber fand, daß sie mit einer Säure identisch war, welche aus Neviles und Winthers o-Toluidinsulfosäure erhalten werden konnte, und letztere mit Oxydationsmitteln Toluchinon gibt, also NH_2 und SO_4H in p-Stellung stehen, muß die aus o-Chlortoluol gebildete Sulfosäure die Struktur CH_3, Cl, SO_3H = 1, 2, 5 haben.

m-Chlortoluol sulfonierte Wynne durch Schütteln von 60 g desselben mit 180 g Schwefelsäure von 100%; die Mischung wurde warm. Er beendete die Reaktion durch Erwärmen der Mischung auf 70° während einigen Minuten. Auch hier bildete sich nur eine Sulfosäure. Zwar wurden zwei verschieden aussehende Barytsalze erhalten, aber wenn diese in Kaliumsalze oder in Chloride umgewandelt wurden, erwiesen diese sich identisch, so daß der Unterschied der Ba-Salze auf Dimorphismus zurückzuführen ist. Das Chlorid der Säure schmolz bei 53°, das Amid bei 182°. Die Stellung der Sulfogruppe wurde nicht bestimmt.

Das zur Sulfonierung verwendete p-Chlortoluol siedete bei 161° bis 165°; sein Schmelzpunkt ist nicht angegeben, so daß die Reinheit des Präparats nicht genau genug bekannt ist. Wenn 50 g desselben mit 150 g 100-prozentiger Schwefelsäure gemischt wurden, verlief die Reaktion anfangs rasch, mußte jedoch durch Erhitzen während 40 Minuten in einem siedenden Wasserbad beendet werden. Es bildeten sich zwei Sulfosäuren, wie sich namentlich bei der Untersuchung des Säurechlorids herausstellte. Dieses war nämlich ölig, kristallisierte aber in einer Kältemischung teilweise; der feste Teil schmolz bei 18°. Es gelang WYNNE aber zunächst nicht, die Säuren oder deren Salze in reinem Zustande zu erhalten; er glaubte aber, daß die Säure von der Struktur CH_3, SO_3H, Cl = 1, 2, 4 in geringerer Menge als ihr Isomeres entsteht, weil nur etwa ein Sechstel des rohen Chlorids sich fest ausgeschieden hatte.

Eine erneute, sehr sorgfältige Untersuchung von WYNNE und BRUCE[1] zeigte aber, daß die Säure von der Struktur CH_3, SO_3H, Cl = 1, 2, 4 Hauptprodukt ist. Zweifel an der Richtigkeit des früheren Resultats entstand nämlich dadurch, daß bei der Sulfonierung von p-Bromtoluol die Säure CH_3, Br, SO_3H = 1, 4, 2, nach mehreren Forschern, Hauptprodukt war.

Sie stellten die beiden p-Chlortoluolmonosulfosäuren zuerst in Form ihrer Salze rein dar, ausgehend von den p-Toluidinmonosulfosäuren, und behufs der Identifizierung der ersteren auch die Chloride, Amide und Anilide. Als sie nun künstliche Mischungen der beiden reinen Chloride oder der beiden reinen Anilide zu trennen versuchten, ergab sich, daß dies nicht zu erreichen war. Es mußte daher ein anderer Weg zur Erreichung dieses Zieles eingeschlagen werden; die Überführung in Disulfosäuren erwies sich als zweckmäßig.

Bei der weiteren Sulfonierung von der Monosäure von der Formel CH_3, Cl, SO_3H = 1, 4, 3 erhielten WYNNE und BRUCE die Disulfosäuren 3, 5 und 2, 5 im Verhältnis von nahezu 2 : 1. Die Sulfonierung war nicht vollständig gewesen; die rückständige Säure erwies sich als unveränderte 1, 4, 3-Säure, so daß während der Erhitzung derselben mit rauchender Schwefelsäure für die Einführung einer zweiten Sulfogruppe keine Umlagerung stattgefunden hatte. Die Erhitzung der Monosäure von der Struktur CH_3, Cl, SO_3H = 1, 4, 2 mit rauchender Säure gab die Disulfosäuren 2, 6 und 2, 5 im Verhältnis von ca. 3 : 1.

Nach diesen Vorstudien wurden nun 100 g p-Chlortoluol durch Erhitzen mit 315 g reiner Schwefelsäure auf dem Wasserbad zunächst in Monosulfosäuren umgewandelt. Das Gemisch der daraus dargestellten Kaliumsalze wog 197 g, anstatt theoretisch 193, da noch etwas Kaliumsulfat anwesend war. Diese 197 g wurden durch Erhitzen mit rauchender Schwefelsäure von 20 °/₀ Anhydridgehalt während 2 Stunden auf 150°

[1] Soc. **73**, 731 (1898).

weiter sulfoniert. Die Trennung der so erhaltenen Disulfosäuren wurde mittels fraktionierter Kristallisation ihrer Baryum- und Kaliumsalze ausgeführt. Die Fraktionen, welche sich in dieser Weise nicht trennen ließen, wurden in Dichloride verwandelt, bei welchen die Trennung wieder gelang. So wurden erhalten:

129 g p-Chlortoluoldisulfonat 2, 6 (entsteht nur aus der Monosäure 1, 4, 2)
53 „ „ 2, 5 („ aus beiden Monosäuren 1, 4, 2 und 1, 4, 3)
26 „ „ 3, 5 („ nur aus der Monosäure 1, 4, 3)
3 „ Sulfon-sulfosäure
42 „ Monosulfonat, unverändert geblieben. Dies erwies sich als die Verbindung 1, 4, 2 ($CH_3 = 1$).

Nach dem Verhältnis, in welchem die Disulfosäuren aus den beiden Monosulfosäuren gebildet werden, müssen auf 129 g 2, 6 Disulfonat, 43 g 2, 5 Disulfonat gebildet sein; und auf 26 g 3, 5 Disulfonat, 13 g 2, 5 Disulfonat, zusammen also 56 g, während bei obiger Trennung 53 g erhalten wurden, also ein sehr befriedigendes Resultat.

Nach Abzug des zurückgewonnenen Monosulfonats hätte an Disulfonaten theoretisch 220 g gewonnen werden müssen, während 208 g wirklich erhalten wurden. Diese 220 g müssen also nach obigem bestehen aus: 40 g Disulfonat, herkünftig 27 g Monosulfonat 1, 4, 3 und aus 180 g Disulfonat, herkünftig aus 122 g Monosulfonat 1, 4, 2. Hier beigefügt die 42 g unangegriffenes Monosulfonat 1, 4, 2, gibt also für das Verhältnis, in welchem die beiden Monosäuren sich gebildet haben, 27 (1, 4, 3) : 164 (1, 4, 2) oder 14 % 1, 4, 3-Säure auf 86 % 1, 4, 2-Säure.

Einführung der Acetylgruppe. Hiermit hat sich CLAUS[1] beschäftigt. Ortho-Chlortoluol wurde in üblicher Weise in Schwefelkohlenstofflösung mit Chloracetyl und $AlCl_3$ behandelt; es trat bedeutende Verharzung ein, so daß nur eine Ausbeute von 20 % vom in Reaktion gebrachten Chlortoluol als Keton gewonnen wurde. Dieses siedete bei 238—242° (unkorr.). Durch Oxydation entstand eine Chlortoluylsäure vom Schmelzpunkt 290°, welche identisch war mit der von JACOBSEN[2] aus dem 4-Chlormeta-Xylol dargestellten p-Chlor-m-Toluylsäure. Das Keton hatte somit die Struktur Cl, CH_3, $COCH_3$ = 1, 2, 4, d. h. die Acetylgruppe stellte sich para zum Chloratom.

[1] J. pr. (2) **43**, 355 (1891). [2] B. **18**, 1761 (1885).

Dasselbe war auch der Fall bei der Einführung von Acetyl in meta-Chlortoluol. Auch hierbei entstand nur ein Keton, und zwar die Verbindung Cl, CH_3, $COCH_3$ = 1, 3, 4 in einer Ausbeute von 70% der Theorie. Durch Oxydation wurden daraus p-Chlor-o-Toluylsäure (Schmelzp. 166°) und p-Chlorphtalsäure (Schmelzp. 148°) erhalten. Bei Siedetemperatur von Schwefelkohlenstoff ließ sich in p-Chlortoluol ebenfalls die Acetylgruppe einführen. Hierbei entsteht als Hauptprodukt das Keton Cl, CH_3, $COCH_3$ = 1, 4, 2, wie sich durch Oxydation des rohen Ketons ergab, wobei die entsprechenden Chlortoluyl- und Chlorisophtalsäuren sicher konstatiert wurden. „Daneben aber," sagt Claus, „werden immer noch in nicht übersehbarer Menge andere Oxydationsprodukte gebildet, deren sichere Definition uns bis jetzt ebensowenig, wie die zweifellose Isolierung der einzelnen Ketone oder ihrer Oxime gelungen ist."

Anwesend Cl, CO_2H.

Einführung von Chlor. Dichlorbenzoesäuren wurden sowohl durch direkte Chlorierung der Benzoesäure, wie durch weitere Chlorierung von Monochlorsäuren erhalten. Die Methode bestand immer in der Behandlung von Benzoesäure oder Monochlorbenzoesäure mit Chlorkalk oder mit Salzsäure und Kaliumchlorat.

Beilstein und Kuhlberg [1] wandten erstgenanntes Chlorierungsmittel auf Benzoesäure an zur Darstellung von Dichlorsäuren. Schon Stenhouse [2] beobachtete, daß sich auf diese Weise gechlorte Benzoesäuren bilden, und Beilstein und Schlun [3] fanden einige Jahre vorher, daß sich hierbei zunächst die „normale" (d. h. meta-) Chlorbenzoesäure bildet. Zur Einführung des zweiten Chloratoms mußten Beilstein und Kuhlberg Benzoesäure mit klarer Chlorkalklösung bis zur Neutralität kochen; durch Ansäuern schlug dann ein Gemisch von Mono- und Dichlorbenzoesäure nieder, das wieder mit Chlorkalklösung gekocht werden mußte. Diese Operationen mußten so noch einige Male wiederholt werden, bevor alles zu Dichlorbenzoesäure geworden war. Die rohe Dichlorbenzoesäure wurde an Baryt gebunden und das schwer lösliche Barytsalz durch wiederholtes Umkristallisieren aus Wasser gereinigt. Die Säure dann freigemacht, schmolz bei 201—202°.

[1] A. **152**, 231 (1869). [2] A. **55**, 1 (1845). [3] A. **133**, 239 (1865).

Es ist klar, daß, auf diese Weise arbeitend, leicht die Anwesenheit von Isomeren übersehen werden kann. In der Tat gelang es CLAUS und PFEIFFER[1] bei der Chlorierung mit Salzsäure und Kaliumchlorat eine andere Dichlorbenzoesäure aus dem Reaktionsgemisch abzusondern, deren Barytsalz in Wasser äußerst löslich war. Die Säure selbst schmolz bei 156° und schmolz in reinem Zustande nicht unter Wasser. Dagegen erhielten sie nicht die bei 201° schmelzende Säure von BEILSTEIN und KUHLBERG. Es war daher notwendig, diese Versuche zu wiederholen. Dies geschah sowohl durch CLAUS und THIEL[2] wie durch BEILSTEIN.[3] Erstgenannte chlorierten jetzt mit Chlorkalk und isolierten aus den Kristallfraktionen des Barytsalzes, welche nahezu einen Ba-Gehalt hatten, mit der Formel des dichlorbenzoesauren Baryts + $3H_2O$ übereinstimmend, durch wiederholtes Umkristallisieren wieder das Salz einer bei 155—156° schmelzenden Dichlorbenzoesäure, und erhielten abermals nicht die Säure vom Schmelzp. 201°. Letztgenannter dagegen konnte bei der Chlorierung von Benzoesäure mit Salzsäure und Kaliumchlorat jetzt auch eine Säure vom Schmelzp. 150° erhalten, welche er für identisch mit der Säure von CLAUS, vom Schmelzp. 156°, hielt. Es darf daher als sehr wahrscheinlich angesehen werden, daß bei der Chlorierung der Benzoesäure nach beiden Verfahren beide Säuren von den Schmelzpunkten 156 und 201° entstehen.

Versuche zur Feststellung der Struktur der beiden Säuren wurden durch BEILSTEIN[4] angestellt. Die Säure vom Schmelzp. 201° muß die Struktur CO_2H = 1, 3, 4, Cl, Cl haben, denn sie entsteht auch durch Oxydation eines zweifach gechlorten Toluols. Nun geht dieses Dichlortoluol aus der weiteren Substitution von zunächst gebildetem p-Chlortoluol, die Dichlorbenzoesäure aber aus primär gebildeter m-Chlorbenzoesäure hervor; in der Dichlorbenzoesäure muß daher das Chlor sowohl an der para- als an der meta-Stelle zu Karboxyl stehen.

Um die Struktur der Säure vom Schmelzp. 156° zu bestimmen, untersuchte BEILSTEIN,[5] welche Säuren bei der weiteren Chlorierung der p- und o-Chlorbenzoesäure entstehen. Dazu wurde 1 Gewichtsteil p-Chlorbenzoesäure mit 7,5 Teilen $SbCl_5$ einige Stunden lang auf 200° erhitzt. Es wurde nur eine Dichlorbenzoesäure erhalten, welche bei 201° schmolz und ganz identisch mit der Säure 1, 3, 4 war.

---

[1] B. 5, 656 (1872); 6, 72 1(1873). [2] B. 8, 948 (1875).
[3] B. 8, 924 (1875); A. 179, 285 (1875). [4] A. 179, 285 (1875). [5] a. a. O.

Ortho-Chlorbenzoesäure chlorierte er durch Erhitzen derselben mit konzentrierter Salzsäure und Bichromat auf 180° während 3 Tagen. Er erhielt so eine Säure vom Schmelzp. 150°, welche er auf Grund des direkten Vergleichs für identisch erklärte mit der Säure vom Schmelzpunkt 156°, welche CLAUS und PFEIFFER erhielten.

Dies kann jedoch keinesfalls als endgültig bewiesen angesehen werden; da es keine Dichlorbenzoesäure von diesem Schmelzpunkt gibt, ist anzunehmen, daß BEILSTEINS Säure ein Gemisch gewesen ist.

Die Säure vom Schmelzp. 156° ist später[1] Gegenstand einer erneuten Untersuchung von CLAUS und BÜCHER gewesen. Wenn man annimmt, daß primär aus Benzoesäure meta-Chlorbenzoesäure entsteht, so war zu erwarten, daß die weitere Chlorierung von dieser Säure zu der Dichlorbenzoesäure CO_2H, Cl, Cl = 1, 3, 6 führen würde. Diese Säure war aber inzwischen von LELLMANN und KLOTZ[2] dargestellt worden. In der Tat fanden letztere für diese Säure auch den Schmelzpunkt 156°. Trotzdem lieferte die nähere Untersuchung das Resultat, daß beide Säuren nicht identisch sind. Denn erstens waren die Baryumsalze verschieden; zweitens spaltete die Säure von LELLMANN und KLOTZ beim Erhitzen mit verdünnter Schwefelsäure Kohlendioxyd ab und gab para-Dichlorbenzol, während die Säure von CLAUS dabei unverändert blieb, sogar beim Erhitzen mit konzentrierter Schwefelsäure auf 300°.

Um nun die Struktur ihrer Säure zu bestimmen, destillierten CLAUS und BÜCHER dieselbe mit Kalk und erhielten dabei eine äußerst geringe Menge eines Öles mit dem Geruch des Dichlorbenzols, welches bei der Nitrierung ein Produkt vom Schmelzp. 43° gab, welches sie für Nitro-o-Dichlorbenzol hielten; es wurde „in zur Definition ausreichender Menge" gewonnen. Danach würde die Säure vom Schmelzp. 156° die Struktur CO_2H, Cl, Cl = 1, 2, 3 haben, da sie jedenfalls nicht die Struktur 1, 3, 4 hat, welche Säure auch o-Dichlorbenzol bei der Destillation mit Kalk geben könnte.

Das Resultat dieser Untersuchungen ist also gewesen, daß sicher die Säure CO_2H, Cl, Cl = 1, 3, 4 vom Schmelzp. 201° bei der weiteren Chlorierung der Benzoesäure entsteht; ob die Struktur der anderen Säure vom Schmelzp. 156° wirklich CO_2H, Cl, Cl = 1, 2, 3 ist, kann nicht als endgültig bewiesen angesehen werden. Bei der äußerst

[1] B. **20**, 1621 (1887). [2] A. **231**, 314 (1885).

schwierigen Trennung vom Säuregemisch, welches bei der Chlorierung von Benzoesäure entsteht, ist sogar Zweifel an der Einheitlichkeit der Säure vom Schmelzp. 156° nicht ganz ausgeschlossen. COHEN und DAKIN,[1] welche die sechs Dichlorbenzoesäuren darstellten, fanden für keine von diesen den Schmelzp. 156°.

Die Bildung der Säure 1, 3, 4 wird wohl durch die primäre Bildung von para-Chlorbenzoesäure verursacht werden, welche ja gemäß der Untersuchung LOSSENS (S. 115) in erheblicher Menge bei der Chlorierung von Benzoesäure entsteht. Auffallend ist es immerhin, daß weder BEILSTEIN noch CLAUS die Dichlorbenzoesäure 1, 3, 6 im Reaktionsgemisch gefunden haben. Eine erneute Untersuchung, wobei die einzelnen Monochlorbenzoesäuren jede für sich der Chlorierung unterworfen werden, wird jedenfalls notwendig sein, um in diese Sache Klarheit zu bringen. Die meta-Chlorbenzoesäure ist überhaupt noch nicht weiter chloriert.

Einführung von Brom. Diese ist nur von CLAUS[2] untersucht worden. Er fand, daß Chlorsalylsäure (o-Chlorbenzoesäure) durch Erhitzen mit Brom (und Wasser?) im zugeschmolzenen Rohr gar nicht verändert wird, während die Chlorbenzoesäure (meta) sich unter diesen Umständen verhältnismäßig leicht bromiert. Alle drei Chlorbenzoesäuren gehen dagegen leicht Bromsubstitution ein, wenn man die heiße Lösung ihrer Silbersalze mit Brom versetzt. CLAUS gibt nicht an, welche Säuren er dabei erhielt.

Einführung der Nitrogruppe. Die Nitrierung der o-Chlorbenzoesäure ist durch HÜBNER und SCHÜTZE[3] und durch WILKENS[4] und RACH[5] untersucht worden, welche dabei die Bildung von nur einer Mononitrosäure konstatierten. Nachdem aber MONTAGNE[6] die Anwesenheit einer zweiten Mononitrosäure im Nitrierungsgemisch wahrscheinlich gemacht hatte, gelang es HOLLEMAN und B. R. DE BRUYN,[7] diese zweite Säure zu isolieren, welche sich durch fraktionierte Kristallisation der Kaliumsalze vom Hauptprodukt der Nitrierung, der Säure CO_2H, Cl, NO_2 = 1, 2, 5 trennen ließ. Die Stellung der Gruppen in dem erhaltenen Nebenprodukt vom Schmelzp. 185° ist CO_2H, Cl, NO_2 = 1, 2, 3, wie

[1] Soc. **79**, 1112 (1901).
[2] B. **5**, 656 (1872).
[3] Z. **1866**, 614.
[4] Dissertation 1877.
[5] Diss. 1880; A. **222**, 195 (1883); von HÜBNER publiziert.
[6] R. **19**, 54 (1900).
[7] R. **20**, 206 (1901).

bewiesen wurde durch seine Erhitzung mit alkoholischem Ammoniak, wodurch eine Nitramidobenzoesäure vom Schmelzp. 204° erhalten wurde, mit einem Methylester vom Schmelzp. 105°, welche identisch war mit einer solchen Säure CO_2H, NH_2, NO_2 = 1, 2, 3, welche HÜBNER dargestellt hatte.

Die quantitative Nitrierung der o-Chlorbenzoesäure wurde von HOLLEMAN und B. R. DE BRUYN[1] bei 0° und bei — 30° mit der vierfachen Gewichtsmenge reeller Salpetersäure ausgeführt. Zur quantitativen Gewinnung des Nitrierungsprodukts wurde in Wasser ausgegossen, der Niederschlag gesammelt, und die wäßrige, saure Flüssigkeit im Vakuum zum Trocknen eingedampft. Wurde dies bei gewöhnlichem Druck getan, so bildete sich Oxalsäure. Der so erhaltene, geringe Rest war etwas gelblich gefärbt, welche Farbe aber durch Waschen mit sehr wenig Wasser zu beseitigen war. Danach wurde der getrocknete Rest sorgfältig mit der Hauptmasse gemischt. Um zu kontrollieren, ob alle o-Chlorbenzoesäure in das Mononitroprodukt übergeführt war, wurde titriert, wobei das Molekulargewicht der bei 0° und bei — 30° erhaltenen Produkte zu 201,6 bzw. 199 gefunden wurde, während 201,5 berechnet ist. Da für die Titrierung ca. $^1/_{20}$ normaler Barytlösung verwendet wurde, dieselbe aber nicht schärfer als auf 0,1 ccm genau auszuführen ist, so ist die Genauigkeitsgrenze dieser Molekulargewichtsbestimmung 201,5 ± 0,6; denn für die Titrierung wurde ca. 0,3 g Säure abgewogen.

Zur Bestimmung der Zusammensetzung der Nitrierungsprodukte wurde ihr Erstarrungspunkt und ihr Eutektikum benutzt, letzteres, um zu bestimmen, ob keine anderen Bestandteile als die beiden Mononitrosäuren anwesend waren. In der Tat waren andere Bestandteile abwesend, denn die Eutektika wurden beide bei 130° gefunden, übereinstimmend mit demjenigen eines Gemisches der beiden reinen Säuren. Für die Erstarrungspunkte wurden 156°,2 und 155°,0 bei den Nitrierungsprodukten bei — 30° bzw. 0° gefunden, was einem Gehalt an Nebenprodukt von 14,0% bzw. 16,0% entspricht.

Daß bei der Nitrierung der m-Chlorbenzoesäure zwei isomere Mononitrosäuren entstehen, wurde bereits von HÜBNER und SCHÜTZE[2] erwähnt. Für die sehr schwer in Wasser lösliche Säure fanden sie den Schmelzp. 225—230°, für die leichter lösliche Säure den Schmelz-

[1] a. a. O. [2] Z. **1866**, 614.

punkt 135—137°. ULRICH[1] hält diese Säuren für m-Chlor-o-nitrobenzoesäuren, weil bei der Nitrierung der m-Brombenzoesäuren auch diese Isomeren erhalten werden.

HOLLEMAN und B. R. DE BRUYN[2] haben die Nitrierung der m-Chlorbenzoesäure von neuem unter folgendem Gesichtspunkt studiert: Bei dieser Nitrierung entstehen die Säuren

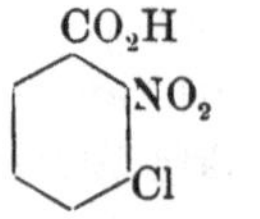

und

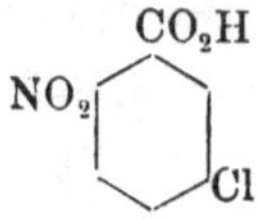

.

In beiden stellt sich die Nitrogruppe in gleicher Weise zu Karboxyl, nämlich in ortho-Stellung; dagegen zu Chlor in ortho- und para-Stellung, gerade wie bei der Nitrierung von Chlorbenzol selbst. Es fragt sich nun, ob die Anwesenheit der Karboxylgruppe modifizierend auf die Nitrierung einwirkt; d. h. ob die relativen Mengen der isomeren Chlornitrobenzoesäuren andere sind wie diejenigen der isomeren Chlornitrobenzole. Diese Frage mußte bejahend beantwortet werden; denn die Nitrierung des Chlorbenzols bei — 30° und bei 0° gab sehr bedeutend viel mehr ortho-Produkt als diejenige der m-Chlorbenzoesäure an vizinale Nitrochlorbenzoesäure, so daß eine starke Störung durch die Anwesenheit der Karboxylgruppe stattfindet.

Die genaue Bestimmung des Verhältnisses, in welchem die beiden m-Chlor-o-nitrobenzoesäuren entstehen, ist noch der Gegenstand späterer Untersuchungen in meinem Laboratorium gewesen, weil diese Bestimmung schwierig auszuführen war. Anfänglich wurde mit der Auslaugungsmethode gearbeitet, indem Benzol als Lösungsmittel benutzt wurde; der Gehalt an der Säure CO_2, Cl, NO_2 = 1, 3, 6 wurde durch Bestimmung des spezifischen Gewichts der Benzollösung bestimmt (S. 24). Die genannte Säure, das Hauptprodukt der Nitrierung, ist nämlich in Benzol viel leichter löslich als die vizinale Säure. Später[3] wurde die Methode des Erstarrungspunktes benutzt, welche einen kleineren Gehalt an vizinaler Säure gab, aber den Nachteil hatte, daß die Schmelze rasch schwarz wurde, was auf eine Zersetzung der geschmolzenen Säuren hindeutet. Endlich wurde wieder die Auslaugungsmethode angewandt, aber jetzt Wasser benutzt, weil das Hauptprodukt auch darin viel leichter löslich ist als

[1] A. **222**, 95 (1883) (nach dessen Dissertation 1878).
[2] R. **19**, 188 (1900). [3] R. **20**, 206 (1901).

das Nebenprodukt, und die Menge des ersteren durch Titrieren bestimmt. Dies wurde von den Herren Polak und de Leeuw[1] unabhängig voneinander ausgeführt. Sie gingen von chemisch reiner meta-Chlorbenzoesäure aus, welche in der üblichen Weise (S. 41) mit reeller Salpetersäure nitriert wurde. Die Entfernung der letzten Spuren Salpetersäure aus dem Reaktionsprodukt, so daß keine Diphenylaminreaktion mehr erhalten wurde, erwies sich als schwierig, konnte aber durch wiederholtes Waschen mit Wasser und Trocknen im Vakuum über Kalk erreicht werden. Selbstverständlich wurden aus dem Waschwasser die organischen Säuren wieder zurückgewonnen und zu der Hauptmasse gefügt. Die Entfernung dieser letzten Spuren Salpetersäure war deshalb hier besonders notwendig, weil bei der Auslaugungsmethode diese Salpetersäure in Lösung geht, bei der Titrierung also als Hauptprodukt CO_2H, Cl, NO_2 = 1, 3, 6 in Rechnung kommt, so daß zu wenig Nebenprodukt CO_2H, Cl, NO_2 = 1, 3, 2 gefunden wird. Durch das niedrige Molekulargewicht der Salpetersäure (63) und das hohe der Chlornitrobenzoesäure (201,5) wird der Fehler mehr als verdreifacht.

Die Nitrierungen wurden bei 0° und bei — 30° ausgeführt; die quantitative Analyse des Nitrierungsproduktes lieferte folgende Resultate:

Nitrierung von m-Chlorbenzoesäure; Proz. Nebenprodukt im Nitrierungsgemisch.

	de Leeuw		Polak		Holleman[2]		
	Proz.	Mol.-Gew.	Proz.	Mol.-Gew.	Proz.	Mol.-Gew.	Mol.-Gew.
Temp. 0°	7,6 7,2	203,2	8,0 7,9	202,9	8,7	202,5	berechn.
Temp. — 30°	6,5 7,2	200,4	6,7 6,3	203,8	8,3	201,5	201,5

Die von mir erhaltenen Zahlen wurden nach der Erstarrungsmethode erhalten, welche aber infolge der oben angegebenen Ursache hier weniger scharf war. Die Molekulargewichte wurden durch Lösen eines abgewogenen Teiles des Nitrierungsproduktes in Wasser und Titrieren bestimmt. Sie weichen nicht außerhalb der zulässigen Fehlergrenze, welche ± 2 ist, vom wirklichen Molekulargewicht der Chlornitrobenzoe-

---

[1] Verslagen kon. Acad. van Wetenschappen Amsterdam 26. Sept. 1908.
[2] R. **20**, 206 (1901).

säuren ab. Immerhin zeigt sich, daß die Zahlen für das Nebenprodukt am höchsten sind, je genauer das gefundene Molekulargewicht mit dem berechneten übereinstimmt. Denn je besser diese Übereinstimmung ist, desto reiner ist auch das Nitrierungsprodukt. Die höchsten Zahlen für den Prozentgehalt des Nebenproduktes sind deshalb als die genauesten anzusehen. Da die Fehlergrenze von obigen Prozentzahlen etwa 0,6 ist, wird man am besten dieselben auf ganze Zahlen abrunden und kommt dann zum Ergebnis, daß bei der Nitrierung von meta-Chlorbenzoesäure entstehen:

	Nebenprodukt	Hauptprodukt
Temp. 0° . .	8 %	92 %
Temp. – 30° . .	7	93

Die Nitrierung der para-Chlorbenzoesäure ist von HÜBNER[1] ausgeführt, welcher dabei nur die Säure CO_2H, Cl, NO_2 = 1, 4, 3 erhielt. MONTAGNE[2] hat dies bestätigt.

Letztgenannter Forscher hat sich[3] auch mit der Nitrierung der Methylester, der Amide, Mono- und Dimethylamide der Chlorbenzoesäuren beschäftigt. Bei den Estern wurden nur die Ester der Nitrochlorbenzoesäuren rein erhalten, welche den Hauptprodukten der Nitrierung der freien Chlorbenzoesäuren entsprechen. Doch war es wahrscheinlich, daß geringe Mengen der isomeren Ester gebildet waren. Bei dem Ester der para-Säure war, ebenso wie bei der Nitrierung der freien Säure, kein Isomer nachzuweisen. Ebenso war es bei der Nitrierung der Amide der Chlorbenzoesäuren. Bei der Nitrierung des Monomethylamids der meta-Chlorbenzoesäure trat eine Nitrogruppe auf 6 im Benzolkern (CO_2H = 1), eine zweite im Amidrest. Die Dimethylamide der Chlorbenzoesäuren gaben bei ihrer Nitrierung auch keine oder sehr geringe Mengen (bei der meta-Säure) von Nebenprodukten. Aus dieser Untersuchung scheint deshalb hervorzugehen, daß bei der Nitrierung der genannten Säurederivate die Isomeren des Hauptproduktes in viel kleinerer Menge entstehen als bei der Nitrierung der Säuren selbst. Es fehlen hierüber aber einstweilen quantitative Bestimmungen.

Einführung der Sulfogruppe. Die Sulfonierung der Chlorbenzoesäuren ist sehr ungenügend studiert; die o-Chlorbenzoesäure ist nicht

[1] Z. **1866**, 615. [2] R. **19**, 55 (1900) [3] a. a. O.

sulfoniert, die meta- und para-Säure wohl, aber ohne daß die Stellung der Sulfogruppe in ersterer mit Gewißheit ermittelt worden ist.

OTTO[1] hat sich mit der Sulfonierung der m-Chlorbenzoesäure beschäftigt. Dieselbe wurde mit schwach rauchender Schwefelsäure ausgeführt unter gelinder Erwärmung, am zweckmäßigsten nur so lange, daß beim Verdünnen mit Wasser noch ein kleiner Teil der Chlorbenzoesäure unangegriffen abgeschieden wird. Es wurde dann mit Bleikarbonat neutralisiert; beim Eindampfen wurde als Hauptprodukt ein in langen Nadeln kristallisierendes Bleisalz erhalten, dessen Mutterlauge bei weiterer Konzentration weniger deutliche, körnige oder rindenförmige, aus mikroskopischen Nadeln bestehende Salze, Gemenge des vorigen Salzes mit einem Salze von anderem Wassergehalt gab; endlich blieb ein gelblicher Sirup zurück, der in keinerlei Weise zur Kristallisation gebracht werden konnte. Es sind also Andeutungen von der Bildung von Isomeren wohl vorhanden. Beim Erhitzen der bei 150° getrockneten Sulfochlorbenzoesäure (offenbar aus dem in Nadeln kristallisierenden Bleisalz erhalten) mit 2 Äq. PCl_5 geht, wenn man nach dem Abdestillieren des $POCl_3$ so stark als nur möglich erhitzt, das Chlorid einer Dichlorbenzoesäure über, welche einen Schmelzpunkt von 170° zeigte. Da keine Dichlorbenzoesäure von diesem Schmelzpunkt bekannt ist, bleibt die Struktur der Sulfo-m-Chlorbenzoesäure unentschieden.

CÖLLEN und BÖTTINGER[2] sulfonierten p-Chlorbenzoesäure mit einer Schwefelsäure von 90% Anhydridgehalt und erhielten eine Monosulfosäure; verschiedene Versuche, die Stellung der SO_3H-Gruppe zu ermitteln, schlugen fehl.

ULLMANN[3] hat die Sulfonierung der para-Chlorbenzoesäure wieder studiert. Er behandelte die Säure mit Schwefeltrioxyd unter gelinder Erwärmung während eines Tages. Alsdann ging alles glatt in Lösung, wenn die Reaktionsmasse in Wasser eingetragen wurde. Beim Eindampfen von der Lösung des Barytsalzes wurde ein schön kristallisiertes Salz erhalten, welches in kaltem Wasser schwierig löslich war. Die letzten Mutterlaugen lieferten ein viel löslicheres Baryumsalz, welches jedoch nicht ein Salz von der Säure $CO_2H, Cl, SO_3H = 1, 4, 2$ war,

---

[1] A. **123**, 216 (1862). [2] B. **9**, 758, 1247 (1876), und A. **191**, 29 (1878).
[3] Am. **16**, 535 (1894).

welche von DE ROODE[1] aus der Chlortoluolsulfosäure CH_3, Cl, SO_3H = 1, 4, 2 dargestellt war. Mutmaßlich war es das Salz einer Disulfosäure.

Um die Struktur des Hauptproduktes zu ermitteln, behandelte ULLMANN das Natriumsalz desselben mit PCl_5 und erhielt dadurch ein Gemisch eines Dichlorids und eines Monochlorids, welche durch Ligroin getrennt werden konnten. Ersteres gab bei der Behandlung mit Ammoniak ein Diamid, wie durch die Analyse desselben bewiesen wurde. Da Sulfobenzoesäuren, welche die Karboxyl- und Sulfogruppen benachbart haben, bei Behandlung ihrer Chloride ein Imid geben, dies hier aber nicht der Fall war, so muß das Sulfonierungsprodukt der para-Chlorbenzoesäure die Struktur CO_2H, Cl, SO_3H = 1, 4, 3 haben. Diese Struktur folgt auch daraus, daß die Säure nicht mit DE ROODES Säure identisch war; denn diese gibt wohl ein Imid.

Anwesend Cl, NH_2(NHac).

Einführung von Chlor. Die Einführung von zwei Chloratomen auf einmal in Acetanilid liefert die Verbindung NHac, Cl, Cl = 1, 2, 4. Diese Reaktion wurde zuerst von WITT[2] so ausgeführt, daß Acetanilid, in Wasser suspendiert, mit Chlorgas behandelt wurde; es entstand aber so ein sehr unreines Produkt. Die Stelle der Chloratome wurde von ihm durch Entamidieren bestimmt, wobei m-Dichlorbenzol erhalten wurde. Die Methode verbesserte er sehr, als er Acetanilid in essigsaurer Lösung mit Chlorkalk in berechneter Menge behandelte.[3] Auch zeigte WITT,[4] daß mit der Hälfte dieser Chlorkalkmenge p-Chloracetanilid entsteht, Schmelzp. 162°. Dies ist also als das primäre Produkt anzusehen.

Auch BEILSTEIN und KURBATOW[5] zeigten, daß die Chlorierung in essigsaurer Lösung ein viel besseres Resultat gibt. JACKSON und WING[6] erhielten mit WITTS Methode eine nahezu quantitative Ausbeute an Dichloracetanilid. CASTORO,[7] der in essigsaurer Lösung mit Kaliumhypochlorit arbeitete, erhielt ebenfalls als primäres Produkt p-Chloracetanilid (siehe S. 136).

[1] Am. **13**, 220 (1891). [2] B. **7**, 1602 (1874). [3] B. **8**, 1226 (1875). [4] a. a. O. [5] A. **182**, 95 (1876). [6] Am. **9**, 352 (1887). [7] G. **28** II, 313 (1898).

Beilstein und Kurbatow[1] haben die drei Monochloraniline weiter chloriert, jedoch nur für m-Chloranilin näher angegeben, wie sie gearbeitet haben. Sie erwähnen, daß p-Chloranilin beim Chlorieren ausschließlich die Verbindung NH_2, Cl, Cl = 1, 2, 4 gibt; o-Chloranilin verhält sich gegen Chlor wie die p-Verbindung (liefert also auch 1, 2, 4?), während m-Chloranilin die Isomeren 1, 3, 6 und 1, 3, 4 (NH_2 = 1) gibt. Die Chlorierung des Acetylderivats wurde in essigsaurer Lösung vorgenommen, in welche unter Abkühlung die theoretische Menge Chlor eingeleitet wurde. Die Trennung der entstandenen Isomeren erreichten sie durch Zufügung der äquivalenten Menge Schwefelsäure und Destillation im Dampfstrom, wodurch Verseifung der Dichloracetanilide eintrat und eins der beiden überdestillierte. Dieses flüchtige Dichloranilin schmolz bei 50° (Schmelzpunkt des Acetylderivats 132°). Durch Entamidieren entstand daraus p-Dichlorbenzol. Das nicht flüchtige Dichloranilin schmolz bei 71,5° (Acetylderivat Schmelzp. 120,5°) und erwies sich identisch mit dem Dichloranilin NH_2, Cl, Cl = 1, 3, 4.

Chattaway mit Evans, Orton und Hurtley[2] haben dann weiter sehr interessante Untersuchungen über die Chlorierung von Acylaniliden gemacht, wodurch es ihnen gelungen ist, den Mechanismus dieses Prozesses aufzuklären. Anfänglich haben sie auch in essigsaurer Lösung gearbeitet. Andere Resultate wurden aber erhalten, wenn das Acylanilid in Kaliumbikarbonatlösung suspendiert und die berechnete Menge Chlorkalklösung zugefügt wurde.

Bereits Bender[3] und Slossen[4] bemerkten, daß dabei kristallisierte Verbindungen erhalten werden, welche Halogen an Stickstoff gebunden enthalten, welche Verbindungen in essigsaurer Lösung in kernsubstituierte Halogenderivate übergehen. Daß in erstgenannten Verbindungen Chlor an Stickstoff gebunden ist, ergab sich aus der Leichtigkeit, womit das Chlor in Reaktion trat. Mit Alkohol z. B. entstand Aldehyd und Salzsäure, und Anilid wurde regeneriert; in saurer Lösung mit Jodkalium zusammengebracht, wurde Jod in Freiheit gestellt und ebenfalls das Anilid zurückgewonnen:

$$CH_3 \cdot CO \cdot N{}^{Cl}_{C_6H_5} + 2\,HJ = CH_3CO \cdot NHC_6H_5 + HCl + J_2 .$$

[1] A. **196**, 220 (1879).
[2] Soc. **69**, 850 (1896); **75**, 1046 (1899); **77**, 800 (1900); **79**, 461 (1901).
[3] B. **19**, 2272 (1886). [4] B. **28**, 3265 (1895).

Chattaway und seine Mitarbeiter haben die Umlagerung dieser Anilidchloride in Chloranilide in einer Anzahl von Fällen studiert und dabei folgendes festgestellt: Wenn ein unsubstituiertes Phenyl an Stickstoff gebunden ist, tritt das Chlor vom Stickstoff hauptsächlich an p-Stellung. Ist diese besetzt, so geht das Chlor nach ortho, wenn aber ortho und para besetzt sind, geht das Halogen nach der übrig gebliebenen freien o-Stellung. Dieses Verhalten ist also völlig analog dem der Nitramine und Sulfamate, die bei ihrer Umwandlung in kernsubstituierte Produkte auch ortho- und para-Produkte liefern.

Bei der Umlagerung von meta-Chloracetanilidchlorid $ClC_6H_4 \cdot N{}^{Cl}_{COCH_3}$ entstand mehr als 20% Dichloracetanilid NHac, Cl, Cl = 1, 2, 5, während die Umlagerung von Acetanilidchlorid selbst 45% ortho-Chloracetanilid lieferte (S. 134), woraus also der erhebliche Einfluß des sich bereits an meta-Stelle befindlichen Chloratoms hervorgeht.

Chattaway und Orton[1] zeigten auch, daß sich Chlorierungen von Anilin und seine Derivate durch Einwirkung eines Anilidchlorids auf dieselben ausführen lassen. Sie benutzten hierzu eine Lösung vom Dichloracetanilidchlorid $N{}^{Cl}_{COCH_3}$, Cl, Cl = 1, 2, 4 in Chloroform, zu welcher Lösung das Anilin gegeben ward. Aus o-Chloranilin erhielten sie so nahezu quantitativ Dichloranilin NH_2, Cl, Cl = 1, 2, 4.

Über die Geschwindigkeit, mit welcher die Umlagerung der Anilidchloride in Chloraniliden vor sich geht, teilen Chattaway und seine Mitarbeiter folgendes mit:

In essigsaurer Lösung bei gewöhnlicher Temperatur ist die Umlagerung des m-Chloracetanilidchlorids erst nach mehreren Tagen vollständig; diejenige des p-Chloracetanilidchlorids in wenigen Stunden, während Acetanilidchlorid selbst unter diesen Umständen in wenigen Minuten umgelagert ist.

Später[2] haben sie noch Bestimmungen der Geschwindigkeitskonstanten dieser Reaktionen veröffentlicht; aus denselben geht hervor, daß die Reaktion monomolekular verläuft, man es also mit einer wirklichen intramolekularen Umlagerung zu tun hat.

Daß bei der Reduktion von Chlornitrobenzolen mit Zinn und Salzsäure Chlor im Kern treten kann, so daß Dichloraniline entstehen,

[1] Soc. **79**, 464 (1901). [2] C.Bl. **1903** I, 21.

ist natürlich ganz ähnlich, wie auf S. 135 dargetan ist, zu erklären. BLANKSMA[1] sowie BAMBERGER[2] haben davon Beispiele gegeben. Letzterer zeigte, daß auch Nitrosoverbindungen durch Salzsäure in Chloraniline umgewandelt werden. Er erhielt z. B. aus 25 g Nitrosobenzol durch Behandlung mit bei 0° gesättigter, wäßriger Salzsäure 16,6 g 2,4-Dichloranilin, 2,4 g 2,4,6-Trichloranilin und 2,5 g para-Chloranilin. Die Halogenatome stellen sich also stets ortho-para zur reduzierten Nitro- oder Nitrosogruppe.

Einführung von Brom. WHEELER und VALENTINE[3] studierten die Bromierung von meta-substituierten Anilinen als Beitrag zur Kenntnis der Substitutionsregelmäßigkeiten. Bei der Bromierung von meta-Nitranilin fanden sie nämlich, daß das Bromatom, entgegen ihren Erwartungen, an Stelle 6 und nicht an Stelle 4 im Hauptprodukt steht ($NH_2 = 1$), daß dagegen Acetylmetanitranilin bei der Bromierung die Verbindung NHac, NO_2, Br = 1, 3, 4 gibt. Dies veranlaßte sie, noch andere meta-Derivate von Anilin zu bromieren, unter anderen das meta-Chloranilin. Sie lösten dazu 50 g dieser Verbindung in 400 g Eisessig und leiteten 62,7 g Brom in Dampfform ein. Es bildeten sich 35 g Mono-, 23 g Di- und 1 g Tribromchloranilin. Ersteres schmolz bei 68° und hatte die Struktur NH_2, Cl, Br = 1, 3, 4, wie sie durch Entamidieren bewiesen. Hierdurch erhielten sie o-Chlorbrombenzol vom richtigen Siedepunkt 201—204°, welches bei seiner Nitrierung die Verbindung Cl, Br, NO_2 = 1, 2, 4 (Schmelzp. 50°) gab. Bei der Bromierung von meta-Chloracetanilid in Eisessiglösung mit der berechneten Menge Brom erhielten sie nahezu die theoretische Ausbeute am Chlorbromacetanilid NHac, Cl Br = 1, 3, 4, da nach Entfernung der Acetylgruppe dasselbe Chlorbromanilin wie im ersten Versuch erhalten wurde.

CHATTAWAY und ORTON[4] erhielten durch Umlagerung von para-Chloracetanilidbromid $ClC_6H_4N{\genfrac{}{}{0pt}{}{Br}{COCH_3}}$, in üblicher Weise dargestellt, para-Chlor-ortho-Bromacetanilid NHac, Cl, Br = 1, 4, 2.

Einführung von NO_2. Die Nitrierung von o-Chloracetanilid ist zuerst von BEILSTEIN und KURBATOW[5] ausgeführt. Sie brachten 10 Tle. desselben in das abgekühlte Gemisch von 15 Tln. Salpetersäure, spez. Gew. 1,52, und 30 Tln. konzentrierter Schwefelsäure. Nach Ausgießen in

---

[1] R. **25**, 365 (1905). [2] B. **31**, 1504 (1898); **32**, 218 (1899).
[3] Am. **22**, 266 (1899). [4] B. **33**, 2398 (1900). [5] A. **182**, 99 (1876).

Wasser und Waschen wurde der erhaltene Niederschlag mit Natronlauge destilliert. Es ging ein Chlornitranilin vom Schmelzp. 117—118° über, während in den Mutterlaugen ein zweites Chlornitranilin blieb. Beim Behandeln des ersteren mit salpetriger Säure und Alkohol erhielten sie p-Chlornitrobenzol, Schmelzp. 83°. Das Chlornitranilin, welches das Hauptprodukt der Reaktion darstellte, muß daher die Struktur NH_2, Cl, NO_2 = 1, 2, 5 gehabt haben. Das zweite Chlornitranilin erhielten sie nicht in solcher Menge, um es in absoluter Reinheit isolieren zu können. Immerhin vermochten sie zu konstatieren, daß dieser Körper bei der Entamidierung m-Chlornitrobenzol, Schmelzp. 46°, liefert. Das Chlornitranilin selbst muß dann entweder die Struktur NH_2, Cl, NO_2 = 1, 2, 4 oder = 1, 2, 6 gehabt haben. Da die NHac-Gruppe sich vorzugsweise nach 4 richtet, ist die erste Formel die wahrscheinlichere.

Chattaway, Orton und Evans[1] bestätigten dies; als sie o-Chloracetanilid bei 0° mit Salpetersäure, spez. Gew. 1,52, nitrierten, konnten sie das Nebenprodukt von Beilstein und Kurbatow leicht erhalten. Lösten sie dagegen o-Chloranilin in der zehnfachen Menge konzentrierter Schwefelsäure, kühlten auf 0° ab und nitrierten durch Zufügen der berechneten Menge Salpetersäure, spez. Gew. 1,5, welche in überschüssiger Schwefelsäure gelöst war, so bildete sich ausschließlich das Isomer NH_2, Cl, NO_2 = 1, 2, 5. Dies ist also ganz analog wie bei Anilin selbst, wo auch die Nitrierung in viel Schwefelsäure hauptsächlich meta-Nitranilin gibt (s. S. 139).

Bei der Nitrierung von m-Chloracetanilid, genau so wie sie es bei der o-Verbindung angaben, erhielten Beilstein und Kurbatow[2] ebenfalls zwei Chlornitraniline, und zwar beide in ansehnlicher Menge. Nachdem sie aus dem Nitrierungsprodukt durch Erhitzen desselben mit Ammoniak auf 160° die Acetylgruppe abgespaltet hatten, konnten sie die zwei Chlornitraniline durch Destillation im Dampfstrom trennen. Die flüchtige Base schmolz bei 124—125° und gab bei Entamidierung p-Chlornitrobenzol, Schmelzp. 83°, war daher von der Struktur NH_2, Cl, NO_2 = 1, 3, 6. Die nicht flüchtige Base schmolz bei 156—157° und gab bei Entamidierung o-Chlornitrobenzol; sie konnte daher die Formel NH_2, Cl, NO_2 = 1, 3, 4 oder = 1, 3, 2 haben. Eine Entscheidung

---

[1] B. 33, 3061 (1900). [2] a. a. O.

wurde dadurch getroffen, daß beim Ersatz von NH_2 durch Chlor das gewöhnliche Nitro-m-Dichlorbenzol Cl, Cl, NO_2 = 1, 3, 4, Schmelzp. 33°, erhalten wurde; das Chlornitranilin kann daher nicht das vizinale sein.

Auch die Nitrierung von p-Chloracetanilid ist von BEILSTEIN und KURBATOW[1] studiert. Sie führten dieselbe mit „höchst konzentrierter" Salpetersäure aus und erhielten bei der Verseifung des gewonnenen Chlornitracetanilids das Chlornitranilin NH_2, Cl, NO_2 = 1, 4, 2; denn derselbe Körper konnte aus Nitro-p-Dichlorbenzol, Schmelzp. 55°, durch Ersatz von einem Chloratom durch NH_2 dargestellt werden (Erhitzen mit alkoholischem Ammoniak auf 200—220°); und beim Entamidieren entstand m-Chlornitrobenzol, Schmelzp. 46°.

Aus einer Untersuchung von CLAUS und STIEBEL[2] ergibt sich auch hier der große Einfluß der Schwefelsäure. Als sie nämlich p-Chloranilin in der zehnfachen Menge Schwefelsäure lösten und unter Abkühlen mit Eis und Salz mit der berechneten Menge Salpetersäure, gelöst in ihrem zehnfachen Gewicht Schwefelsäure, nitrierten, so konnten sie nach dem Reinigen des braungelben Rohprodukts durch wiederholtes Umkristallisieren stets über 50% des Ausgangsmaterials an reinem Chlornitranilin NH_2, Cl, NO_2 = 1, 4, 3 vom Schmelzp. 102,5—103° erhalten. Die Struktur dieser Verbindung wurde durch Entamidieren bewiesen, wodurch o-Chlornitrobenzol entstand; Ersatz von NH_2 durch Chlor gab Nitro-p-Dichlorbenzol. In schwefelsaurer Lösung stellt sich die Nitrogruppe also wieder meta zur Amidogruppe.

Einführung von der Sulfogruppe. Nachdem POST und MEYER[3] m-Chloranilin sulfoniert hatten, ohne jedoch davon nähere Details anzugeben oder eine Ortsbestimmung der Sulfogruppe auszuführen, ist dieser Prozeß von CLAUS und BOPP[4] studiert worden. Sie erhielten nur recht mäßige Ausbeuten an Sulfosäuren. Dieselben waren am besten, wenn das Sulfat des m-Chloranilins in die 3—4fache Gewichtsmenge rauchender Schwefelsäure (% SO_3?) eingetragen und das Gemisch 10—12 Stunden auf dem Wasserbade erhitzt wurde. Sogar bei Einhaltung ungefähr dieser Versuchsbedingungen zeigten sich erhebliche Abweichungen in den Mengenverhältnissen der zwei hauptsächlich entstehenden Sulfosäuren. Die Struktur der beiden Säuren ist

---

[1] a. a. O. [2] B. **20**, 1379 (1887). [3] B. **14**, 1605 (1881).
[4] A. **265**, 104 (1891).

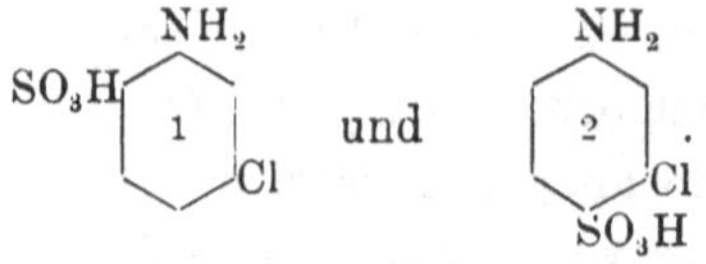

Die Struktur von 1 wurde durch Entamidieren bestimmt, wodurch p-Chlorbenzolsulfosäure erhalten wurde, identifiziert durch den Schmelzpunkt ihres Chlorids (52—53°) und ihres Amids (140°). Außerdem wurde die Säure durch Na-Amalgam entchlort, danach NH_2 durch Cl ersetzt und so eine Chlorbenzolsulfosäure erhalten, deren Sulfamid bei 187° schmolz, demnach o-Chlorbenzolsulfosäure war. Die Säure 2 wurde nicht frei von 1 erhalten; als aber diese unreine Säure entamidiert wurde und das Amid der entstandenen gemischten Chlorbenzolsulfosäuren umkristallisiert wurde, konnten die Amide der o- und der p-Chlorbenzolsulfosäuren durch fraktionierte Kristallisation isoliert werden. Demnach könnte die Säure 2 auch noch die Formel

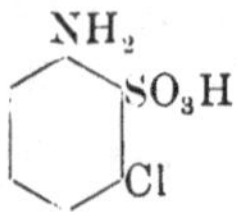

haben, wiewohl diese weniger wahrscheinlich ist.

Bei der Sulfonierung von p-Chloranilin verfuhren Claus und Mann[1] so, daß sie das trockne Sulfat in das achtfache Gewicht rauchender, etwa 15% SO_3 enthaltender Schwefelsäure eintrugen. Dieses Gemisch wurde 6—8 Stunden im Wasserbad erhitzt und sodann die tief dunkelrot und dickflüssig gewordene Masse in nicht zu viel kaltes Wasser eingetragen. War die Menge des letzteren günstig getroffen, so erstarrte nach dem Erkalten das Ganze zu einem dicken Kristallbrei. Beim Umkristallisieren der mit wenig kaltem Wasser gewaschenen Kristalle aus heißem Wasser erhielten sie zwei verschiedene, sofort an ihrem Äußeren erkennbare Produkte, nämlich die beiden möglichen Monosulfosäuren, die aus p-Chloranilin entstehen können. Die Ausbeuten waren durchaus keine reichlichen, was dadurch bedingt sein kann, daß bei dieser Arbeitsweise ein großer Teil der gebildeten Monosulfosäuren in den Mutterlaugen bleibt. Die schwer lösliche Säure hat nach Claus und Mann die Formel NH_2, Cl, SO_3 = 1, 4, 3; sie ist identisch mit dem Reduktionsprodukt der Säure NO_2, Cl, SO_3H = 1, 4, 3. Die

[1] A. **265**, 106 (1891).

leicht lösliche Säure muß dann die Formel NH_2, Cl, SO_3H = 1, 4, 2 haben. Mengenverhältnisse, in welchen die Säuren entstehen, werden nicht angegeben.

Nun behaupten aber ARMSTRONG und BRIGGS,[1] daß beim Sulfonieren von p-Chloranilin nur die von CLAUS und MANN als Hauptprodukt erhaltene Säure NH_2, Cl, SO_3H = 1, 4, 3 entsteht, welche aber in drei Formen von verschiedenem Kristallwassergehalt auftritt.

Anwesend Cl, OH(OCH_3, OC_2H_5).

Einführung von Chlor. LAURENT[2] erhielt ein Dichlorphenol durch Behandlung von Steinkohlenteeröl mit Chlor. Erst 1869 wurde von FERD. FISCHER[3] ein Dichlorphenol auf ähnliche Weise erhalten, indem er in $^1/_2$ kg kristallisiertes, aber geschmolzenes Phenol zwei Tage lang Chlor einleitete. Bei der darauffolgenden fraktionierten Destillation ging der größte Teil zwischen 208 und 211° über. Der Schmelzpunkt des erhaltenen Produktes wurde bei 43°, sein Siedepunkt bei 209—210° gefunden. Er hatte also die Verbindung OH, Cl, Cl = 1, 2, 4 in Händen. Von einem Isomer wird nichts erwähnt. Ein solches zu isolieren gelang aber CHANDELON,[4] indem er zu einer verdünnten (3%) alkalisch gemachten Phenollösung die zur Einführung von 2 Chloratomen berechnete Menge einer Hypochloritlösung gab. Der Prozeß wurde bei gewöhnlicher Temperatur ausgeführt und verlief langsam. Durch fraktionierte Destillation des Reaktionsproduktes konnten zwei Fraktionen erhalten werden von den Siedepunkten 209—211° und 217—219°; nach dem Erstarren schmolzen sie bei 41—42° bzw. 63°. Er hatte also 2,4- und 2,6-Dichlorphenol bekommen. Bezüglich der relativen Ausbeuten sind keine Angaben gemacht.

Auch die Chlorierung von Anisol führt zu einem Produkt, welches die Chloratome auf 2 und 4 hat, wie HUGOUNENQ[5] zeigte. Er leitete Chlor ohne Katalysator in Anisol, welches mit kaltem Wasser gekühlt oder auf 60° erwärmt war, bis die Gewichtszunahme $^2/_3$ von dem Gewicht des angewandten Anisols betrug. Selbst wenn genau die zur Bildung eines Dichloranisols berechnete Menge Chlor eingeleitet wurde, bildeten sich einerseits höher chlorierte Chloranisole, anderseits Mono-

[1] B. **25**, 752 ref. (1892). [2] A. **23**, 60 (1836). [3] A. Suppl. **7**, 180 (1869).
[4] B. **16**, 1749 (1883). [5] A. ch. [6] **20**, 510 (1890).

chloranisole. Durch oft wiederholte fraktionierte Destillation wurde ein bei 228—235° siedendes Produkt erhalten, welches durch Ausfrieren reines Dichloranisol vom Schmelzp. 27—28° gab. Die Struktur desselben wurde durch Erhitzen mit Jodwasserstoffsäure bewiesen, wodurch gewöhnliches Dichlorphenol 1, 2, 4 entstand. Isomere Dichloranisole wurden nicht beobachtet.

Einführung von NO_2. Zur Nitrierung von o-Chlorphenol tröpfelten FAUST und MÜLLER[1] dasselbe allmählich in Salpetersäure, spez. Gew. 1,36, die vorher mit gleichen Teilen Wasser verdünnt war. Diese Salpetersäure wirkte sehr mild auf das o-Chlorphenol ein; es sank darin als rotes Öl nieder, welches nach 24 Stunden in eine Kristallmasse verwandelt war. Diese wurde gesammelt, gewaschen und durch Kochen mit Baryumkarbonat in das Barytsalz verwandelt. Es hielt nicht schwer, in den auskristallisierten Baryumsalzen zwei verschiedene Kristallformen zu erkennen und diese durch ihre sehr verschiedene Löslichkeit in Wasser voneinander zu trennen. Die erhaltenen Isomere haben die Formeln OH, Cl, NO_2 = 1, 2, 6 und 1, 2, 4, wie auf folgende Weise bewiesen wurde: Beide gaben beim weiteren Nitrieren dasselbe Dinitrochlorphenol vom Schmelzp. 111°, welches auch dargestellt werden kann: 1. durch Einführung von Chlor in gewöhnliches Dinitrophenol 1, 2, 4 vom Schmelzp. 114°; 2. durch Reduktion von Pikrinsäure zu Amidodinitrophenol und Ersatz von NH_2 durch Chlor. Das Dinitrochlorphenol muß also die Struktur

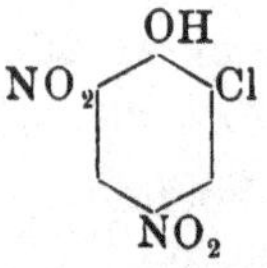

haben; die beiden Mononitro-o-Chlorphenole sind daher 1, 2, 4 und 1, 2, 6 (OH = 1), so daß es sich nur noch darum handelt, jedem der Isomere, deren Schmelzpunkt bei 70° bzw. 110—111° liegt, die passende Formel zu geben. Nun bildet sich das Isomer vom Schmelzp. 70° sehr wahrscheinlich auch bei der Einwirkung von Chlor auf o-Nitrophenol, das bei 110—111° schmelzende Isomer bei der Einführung von Chlor in p-Nitrophenol. Die Verbindungen haben deshalb die Formeln

[1] A. 173, 303 (1874).

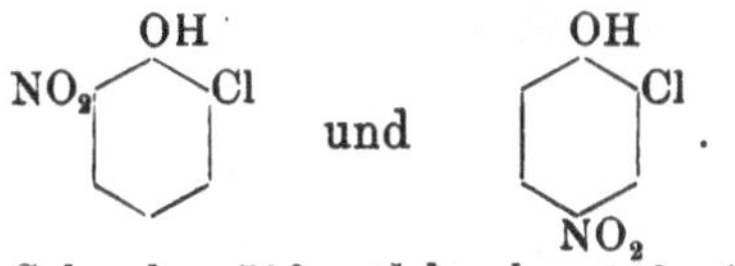

Schmelzp. 70° Schmelzp. 110—111°

m-Chlorphenol wurde von Uhlemann[1] durch Eintragen in abgekühlte Salpetersäure vom spez. Gew. 1,42 nitriert. Fällen mit Wasser und Destillation des Niederschlages mit Wasserdampf lieferte ein Produkt, das im wesentlichen aus der Verbindung OH, Cl, NO_2 = 1, 3, 6 bestand, da Laubenheimer dieselbe Verbindung durch Kochen vom Dinitrochlorbenzol NO_2, Cl, NO_2 = 1, 3, 6 mit Natronlauge erhielt:

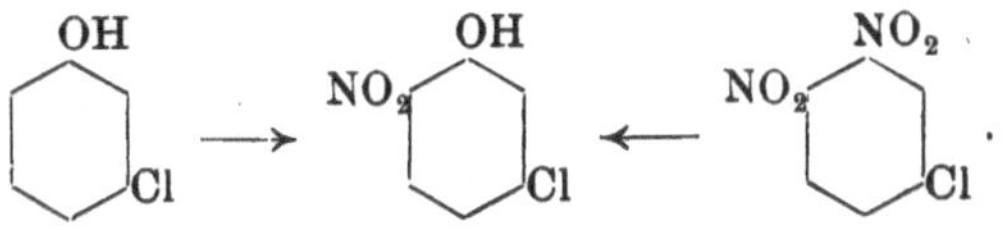

Zur Entscheidung der Frage, ob neben diesem Nitrochlorphenol noch ein zweites Isomer (OH, Cl, NO_2 = 1, 3, 4) entstanden war, reichte das vorhandene Material nicht aus.

Reines p-Chlorphenol wurde nicht nitriert; wohl liegt eine Untersuchung von Faust und Saame[2] vor, welche ein Chlorphenol nitrierten, das erhalten worden war, indem in 500 g reines Phenol, ohne Abkühlung, 200 g trocknes Chlor in raschem Strom geleitet wurden, das demnach hauptsächlich p-Chlorphenol gewesen sein muß. Dieses gechlorte Phenol wurde in 1000 g Salpetersäure vom spez. Gew. 1,4, welche mit 1500 g Wasser verdünnt war, allmählich eingetragen. Es wurden 200 g Chlornitrophenol vom Schmelzp. 87° erhalten, also das Isomer OH, NO_2, Cl = 1, 2, 4. Die Untersuchung genügt nicht, um beurteilen zu können, ob das zweite mögliche Isomer sich auch gebildet hat.

Nachdem Fischli[3] konstatiert hatte, daß bei der Nitrierung von o-Chloranisol ein Mononitroderivat vom Schmelzp. 93—94° entstehen kann, haben sich Reverdin und seine Mitarbeiter mit dem Studium der Nitrierung der Chloranisole beschäftigt.[4] Läßt man 1 Teil Salpetersäure (spez. Gew. 1,4) in das gleiche Gewicht o-Chloranisol einfließen, so

[1] B. **11**, 1161 (1878). [2] A. spl. **7**, 190 (1869). [3] B. **11**, 1463 (1878).
[4] B. **29**, 2598 (1896) Reverdin; **32**, 156 (1899) R. u. Düring; **32**, 2622 (1899) R. u. Eckhardt.

erhitzt sich das Gemisch und die Reaktion beendet sich von selbst. Es wurde nur eine Verbindung vom Schmelzp. 95° erhalten, welcher die Struktur OCH_3, Cl, NO_2 = 1, 2, 4 zukommt; denn sie ist identisch mit dem Körper, welchen man erhält, wenn man in o-Amido-p-Nitranisol OCH_3, NH_2, NO_2 = 1, 2, 4 (Schmelzp. 117—118°) die Amidogruppe durch Chlor ersetzt. Anderseits liefert die Nitrierung von o-Brom- und o-Jodanisol auch Nitroprodukte mit der NO_2-Gruppe auf 4(OCH_3 = 1). Auch o-Chlorphenetol gibt ein Nitroprodukt mit NO_2 auf 4. Die Nitrierung verläuft hierbei augenscheinlich nicht so glatt, denn wenn o-Chlorphenetol in die doppelte Menge Salpetersäure (spez. Gew. 1,38) unter guter Abkühlung getropft wurde, entstand eine braune Reaktionsmasse, welche beim Ausgießen in Wasser ein braunes Harz gab. Nach dem Reinigen mit Wasser und Sodalösung und Umkristallisieren aus Alkohol und Ligroin erhielten sie schwach gelbliche Nadeln vom Schmelzp. 82°. Sie sind p-Nitro-o-chlorphenetol; denn das Reduktionsprodukt

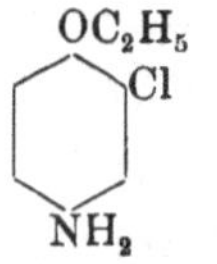

kann auch durch Chlorieren von Phenacetin und nachheriger Verseifung erhalten werden.

p-Chloranisol, unter denselben Bedingungen nitriert wie die Ortho-Verbindung gab auch nur ein Mononitroderivat vom Schmelzp. 98,5°. Es hat die Struktur OCH_3, Cl, NO_2 = 1, 4, 2. Dies wurde einerseits dadurch bewiesen, daß das Reduktionsprodukt, beim Ersatz von NH_2 durch Chlor, ein Dichloranisol vom Schmelzp. 26—27° gibt, vollständig identisch mit dem von Hugounenq[1] beschriebenen Dichloranisol (S. 257), welches nach dessen Angaben die Struktur OCH_3, Cl, Cl = 1, 2, 4 hat. Anderseits gibt das obenerwähnte Nitro-o-Chloranisol, Schmelzp. 95°, von der Struktur OCH_3, Cl, NO_2 = 1, 2, 4 durch Reduktion und Ersatz von NH_2 durch Chlor dieses selbe Dichloranisol.

Einführung von SO_3H. Kramers[2] trug o-Chlorphenol allmählich in kleinen Mengen in ein sorgfältig abgekühltes Gemisch von 1 Teil rauchender (% SO_3?) und 1—2 Teilen englischer Schwefelsäure.

---

[1] Bl. (3) **2**, 273 (1889). [2] A. **173**, 331 (1874).

Er erhielt eine rotbraune oder grüne ölige Flüssigkeit, woraus sich erst nach mehreren Stunden feste Massen absetzten. Bei Anwendung unverdünnter rauchender Schwefelsäure oder Vernachlässigung der Abkühlung erstarrte das Ganze, sobald es kalt geworden war zu einer festen Masse, die aus kleinen Kristallen bestand. Im ersten Falle erhielt er neben einer mit γ angedeuteten o-Chlorphenolsulfosäure eine kleine Menge einer isomeren, δ benannten Säure; im zweiten Falle war von letzterer kaum eine Spur gebildet.

Über die Sulfonierung von m-Chlorphenol liegen keine Angaben vor; dagegen haben sich Petersen und Baehr-Predari[1] mit der Sulfonierung von p-Chlorphenol beschäftigt. Eine größere Portion desselben wurde in einem Kolben nach und nach mit der äquivalenten Menge rauchender Schwefelsäure (spez. Gew. 1,90) versetzt und tüchtig geschüttelt. Die Temperatur stieg auf 75°. Nach 2 × 24 stündigem Stehen bei gewöhnlicher Temperatur wurde die feste, beinahe weiße Kristallmasse in Wasser gebracht. Beim fraktionierten Kristallisieren der Kaliumsalze wurde erst eine kleine Menge eines wasserfreien Salzes erhalten; die Hauptmenge aber war ein Kaliumsalz mit $2H_2O$. Wenn bei der Darstellung der Sulfosäure auf dem Wasserbade erwärmt wurde, erhielten sie nur das Salz mit $2H_2O$. Wendet man mehr als die dem angewandten Chlorphenol äquivalente Menge Schwefelsäure an, so werden reichlich Disulfosäuren gebildet. Bei der Kalischmelze gab das Hauptprodukt Pyrogallol, welches jedoch ungenügend identifiziert worden ist; denn der Schmelzpunkt wird auf 115° (anstatt 132°) angegeben und weiter werden nur einige Farbreaktionen, aber keine Analyse angeführt. Die zweite, in kleiner Menge erhaltene Säure lieferte bei der Kalischmelze angeblich auch Pyrogallol. Da letzteres die Struktur OH, OH, OH = 1, 2, 3 hat, ist seine Bildung aus einem Derivat vom p-Chlorphenol ohne Umlagerung nicht möglich, kann somit die Stelle der Sulfogruppe nicht angeben. — Die Sulfonierung der Chlorphenole ist demnach noch ungenügend studiert.

Einführung von Karboxyl. Ebenso wie mittels CCl_4 in Phenol eine Karboxylgruppe eingeführt werden kann, gelingt dies bei p- und o-Chlorphenol, wie Hasse[2] zeigte. p-Chlorphenol wurde in kleinen Partien in schwach alkoholischer Lösung mit Kalihydrat und Tetrachlor-

[1] A. **157**, 121 (1870). [2] B. **10**, 2190 (1877).

kohlenstoff 5—6 Stunden bei 135—140° digeriert. Hierbei entstand nur die Säure CO_2H, Cl, OH = 1, 5, 2, also eine Chlorsalicylsäure identisch mit der Säure, welche durch direktes Chlorieren von Salicylsäure darstellbar ist.

o-Chlorphenol gab bei der CCl_4-Reaktion, wobei die Temperatur auf 125—136° gehalten wurde, ebenfalls nur eine Säure, welche mit Eisenchlorid keine Reaktion gab, und den Schmelzp. 165° hatte. Ihre Struktur ist daher wahrscheinlich CO_2H, Cl, OH = 1, 3, 4. In Beilsteins Handbuch wird sie für identisch mit der Säure gehalten, die Peltzer durch Chlorieren von p-Oxybenzoesäure erhielt, obwohl derselbe als Schmelzp. 188° angibt; und mit der Säure von Lössner (aus p-Oxybenzoesäure und $SbCl_5$), wofür der Schmelzp. 170° angegeben wird.

Varnholt[1] wandte die Methode von Schmitt zur Synthese von Salicylsäure auf die drei Monochlorphenole an. Die Natriumchlorphenolate wurden dazu in einem Autoklaven mit Kohlendioxyd unter Druck zusammengebracht, wobei unter Wärmeentwicklung die Absorption von diesem Gas stattfand. Die mutmaßlich primär gebildeten chlorphenylkohlensauren Salze wurden nicht isoliert, sondern der Autoklav, ohne ihn zu öffnen, 3—4 Stunden auf 140—150° erhitzt. Es war dann die berechnete Menge Kohlendioxyd aufgenommen. Das Produkt, in Wasser gebracht, gab weder sofort, noch bei Zusatz von Salzsäure Kohlendioxydentwicklung oder Abscheidung von Chlorphenol, so daß die Umlagerung der genannten Salze in Chlorsalicylate vollständig vor sich gegangen war. Daß in allen drei Fällen wirklich Chlorsalicylsäuren entstanden waren, ergab sich aus der intensiven Reaktion mit Eisenchlorid, der Flüchtigkeit mit Wasserdämpfen und der Löslichkeit in Chloroform. Übrigens wurde die Struktur dieser Säuren in folgender Weise noch streng bewiesen: Die Chlorsalicylsäure (Schmelzp. 178°) aus ortho-Chlorphenol kann, wenn OH und CO_2H auf ortho-Stellen zueinander stehen (was gemäß obiger Eigenschaften gewiß ist), keine andere Formel als Cl, OH, CO_2H = 1, 2, 3 haben. Die Säure aus meta-Chlorphenol würde die Struktur Cl, OH, CO_2H = 1, 3, 2 oder = 1, 3, 4 haben können. Da sie aber identisch mit einer Chlorsalicylsäure war (Schmelzp. 207°), welche nach dem Schema:

[1] J. pr. (2) **36**, 17 (1887).

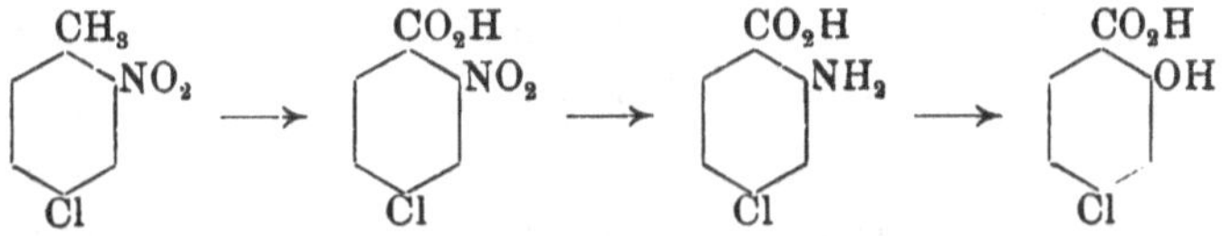

gewonnen war, muß sie die Struktur 1, 3, 4 besitzen.

Die Chlorsalicylsäure (Schmelzp. 168°), welche aus para-Chlorphenol entstand, war die Verbindung Cl, OH, CO_2H = 1, 4, 3, welche auf verschiedene andere Weisen zu gewinnen ist; da sie sowohl aus Amidosalicylsäure als auch aus der Chloramidobenzoesäure Cl, NH_2, CO_2H = 1, 4, 3, anderseits aber auch aus p-Chlorphenol dargestellt wurde, ist ihre Struktur festgestellt.

Einführung von Hydroxyl. Wie auf S. 181 beschrieben worden ist, läßt sich Phenol durch Einwirkung von Persulfat in alkalischer Lösung und nachheriger Behandlung mit Säuren in Hydrochinon überführen. Bringt man Phenole mit besetzter para-Stellung zur Anwendung,[1] so erhält man ausnahmslos Brenzkatechinderivate. Aus para-Chlorphenol wurde so m-Chlorbrenzkatechin OH, OH, Cl = 1, 2, 4 dargestellt, welches als Öl erhalten wurde; da es mit Bleiacetatlösung eine Fällung gab, ist es als Brenzkatechinderivat gekennzeichnet. Ob es auch das Isomer OH, OH, Cl = 1, 3, 4 enthält, wurde nicht näher untersucht.

Einführung der Aldehydgruppe. Mittels seiner Blausäuremethode (S. 183) hat Gattermann[2] in meta-Chlorphenol, ortho- und meta-Chloranisol die Aldehydgruppe eingeführt. Durch Methylieren von so dargestelltem Chloroxybenzaldehyd erhielt er dieselbe Verbindung, welche er auch aus meta-Chloranisol gewann. Sie hat die Struktur COH, Cl, OCH_3 = 1, 2, 4, da sie identisch mit einer Verbindung war, welche Tiemann[3] durch Einwirkung von Na-methylat auf p-Nitro-o-Chlorbenzaldehyd CHO, Cl, NO_2 = 1, 2, 4 darstellte. Die Einführung der Aldehydgruppe in ortho-Chloranisol lieferte die Verbindung CHO, Cl, OCH_3 = 1, 3, 4, da sie durch Oxydation die bei 212° schmelzende Chlormethoxybenzoesäure CO_2H, Cl, OCH_3 = 1, 3, 4 gab.

Anwesend Cl, COH.

Einführung von Chlor. Gnehm und Bänziger[4] haben die Chlorierung von Benzaldehyd studiert, welche von ihnen folgendermaßen aus-

[1] Frdl. **4**, 121 (1895).
[2] A. **357**, 334, 348, 349 (1907).
[3] B. **24**, 709 (1890).
[4] B. **29**, 875 (1896); A. **296**, 62 (1897).

geführt wurde: Eine Lösung von 10 g Jod in 60 g Benzaldehyd ließen sie in 540 g Antimonpentachlorid einfließen, mit der Sorgfalt, daß die Temperatur hierbei nicht über 60° stieg. Sobald alles Benzaldehyd eingetragen war, erwärmten sie behufs Vollendung der Reaktion so lange auf 104—105° bis keine sichtbare Gasentwicklung mehr bemerkbar war. Nach Entfernung des Antimons erhielten sie ein Öl, welches in Bisulfitlösung aufgenommen wurde. Das aus dieser Lösung wieder abgeschiedene Öl wurde der fraktionierten Destillation unterworfen, wobei die Fraktionen 223—231°, 231—238° und 238—265° aufgefangen wurden. Die erste Fraktion enthielt außer 2,5-Dichlorbenzaldehyd auch o- und m-Chlorbenzaldehyd, wie durch Oxydation zu o- und m-Chlorbenzoesäure bewiesen wurde. Die zweite Fraktion war wesentlich 2,5-Dichlorbenzaldehyd, denn bei seiner Oxydation entstand 2,5-Dichlorbenzoesäure vom Schmelzp. 152—153°. Die dritte Fraktion enthielt auch 3,4-Dichlorbenzaldehyd, wie die Oxydation zur Dichlorbenzoesäure vom Schmelz. 202° ergab. Offenbar entstand vom 3,4-Dichlorbenzaldehyd weniger als vom 2,5-Isomer.

Einführung der Nitrogruppe. ERDMANN[1] nitrierte o-Chlorbenzaldehyd, indem er 70 g desselben in 160 ccm konzentrierter Schwefelsäure löste; nachdem diese Lösung auf + 10° gebracht war, ließ er eine Mischung von 44 g gelber rauchender Salpetersäure in 80 ccm Schwefelsäure langsam zutropfen, wobei er Sorge trug, daß die Temperatur nicht über 16° stieg, Wenn alle Salpetersäure eingelaufen war, rührte er noch eine halbe Stunde und goß dann auf Eis. Die Ausbeute an Rohprodukt entsprach der theoretischen (92 g). Das Hauptprodukt war rein, Schmelzp. 80°, nachdem es zweimal aus einem Gemisch von 2 Teilen Chloroform und 1 Teil Ligroin umkristallisiert war. Die Mutterlaugen wurden nicht auf Isomere geprüft. Die Struktur des erhaltenen Chlornitrobenzaldehyds wurde bewiesen durch Überführung in 2,5-Dichlorbenzaldehyd (Reduktion und nachheriges Diazotieren) vom Schmelzp. 58°, und durch Oxydation zur Chlornitrobenzoesäure CO_2H, Cl, NO_2 = 1, 2, 5, vom Schmelzp. 165°.

Nach einem Patent von H. MÜLLER[2] entstehen beim Nitrieren von m-Chlorbenzaldehyd „nach bekannten Methoden“ zwei Mononitroverbindungen, die durch wiederholtes Umkristallisieren aus Benzol oder

---

[1] A. **272**, 153 (1892). [2] Frdl. **1**, 146 (1884).

Benzin voneinander getrennt werden konnten. Das Hauptprodukt bildet blonde Nadeln, die bei 78° schmelzen. Im Jahre 1883 erwähnt H. Müller[1] in einer Patentschrift ein m-Chlor-o-Nitrobenzaldehyd vom Schmelzp. 60°, welches er beim Nitrieren von m-Chlorbenzaldehyd mit Salpeter und Schwefelsäure erhielt; offenbar ist dies dieselbe Verbindung vom Schmelzp. 78° in weniger reinem Zustand. Als zweites Produkt trat in untergeordneter Menge ein Isomer auf, welches bisher nur als dickes rötliches Öl erhalten werden konnte. Da die entsprechenden beiden Nitro-m-brombenzaldehyden beide reichlich die Indigoreaktion (durch Erwärmen mit Natronlauge und Aceton) geben, was die o-Stellung der Nitrogruppe zur Aldehydgruppe beweist, so muß man auch hier wohl in beiden Isomeren die Nitrogruppe auf 2 und 6 (CHO = 1) annehmen.

Eichengrün und Einhorn,[2] welche auch m-Chlorbenzaldehyd nitrierten, erhielten ebenfalls die Mononitroverbindung vom Schmelzpunkt 77,5°, erwähnen aber nichts von einem Isomer. Allerdings nitrierten sie in einem großen Überschuß von englischer Schwefelsäure. 11 g Salpeter lösten sie in 200 g letztgenannter Säure und ließen in diese Lösung 15 g m-Chlorbenzaldehyd tropfenweise einlaufen. Die Temperatur des Nitriergemisches darf nach ihren Angaben 5° nicht überschreiten und bleibt am besten unter 0°. Nach beendeter Reaktion ließen sie die Flüssigkeit einige Stunden stehen und gossen sie dann auf Eis, wodurch das gebildete o-Nitro-m-Chlorbenzaldehyd kristallisiert abgeschieden wurde. Durch die Indigoreaktion bewiesen sie die o-Stellung der Nitrogruppe. Die Wahl zwischen den Formeln CHO, Cl, NO_2 = 1, 3, 2 oder 1, 3, 6 wurde dann zugunsten der letzteren dadurch entschieden, daß durch Oxydation die Chlornitrobenzoesäure CO_2H, Cl, NO_2 = 1, 3, 6 vom Schmelzp. 137° erhalten wurde.

Bei der Nitrierung von p-Chlorbenzaldehyd erhielt Erdmann[3] ausschließlich p-Chlor-m-Nitrobenzaldehyd CHO, Cl, NO_2 = 1, 4, 3, ohne daß er indes den Strukturbeweis für diese Verbindung vom Schmelzp. 62° lieferte. Zur Nitrierung wird 1 kg p-Chlorbenzaldehyd in 6 kg konzentrirter Schwefelsäure gelöst und allmählich unter Kühlung mit 0,629 kg Salpetersäure von 78% versetzt, so daß die Temperatur während des

[1] Frdl. **1**, 143 (1883). [2] A. **262**, 137 (1891).
[3] Frdl. **3**, 63 (1891) und A. **294**, 386 (1896).

Einlaufens der Säure nicht über 25° steigt. Schließlich erwärmt man im Wasserbade auf 80—90° und erhält $^1/_4$ Stunde lang auf dieser Temperatur. Die Ausbeute beträgt 1,3 kg.

Einführung der Sulfogruppe. In einer Patentschrift der Gesellschaft für chemische Industrie in Basel[1] wird mitgeteilt, daß o-Chlorbenzaldehyd durch Erhitzung während längerer Zeit mit rauchender Schwefelsäure (°/₀ SO_3?) auf etwa 85° in eine Sulfosäure und zwar o-Chlorbenzaldehyd-m-Sulfosäure (1, 2, 5 oder 1, 2, 3? CHO = 1) übergeht, während p-Chlorbenzaldehyd unter diesen Umständen absolut unverändert bleibt. Für die Struktur der Sulfosäure wird kein Beweis gegeben.

Anwesend Cl, $COCH_3$.

Die **Einführung von Halogen** (Chlor und Brom) in Chloracetophenon führt nur zu in Methyl substituierten Derivaten, ganz ähnlich wie S. 189 für Acetophenon erwähnt ist. Andere Substituenten sind nicht direkt eingeführt.

Anwesend Br, Br.

Einführung von Brom. Dies ist von WROBLEWSKY[2] untersucht. Er erhitzte die drei Dibrombenzole bis 250° in zugeschmolzenen Röhren mit zwei Äquivalenten Brom und einer geringen Menge Wasser. Die Röhren zeigten beim Öffnen keinen Druck. Ihr Inhalt wurde fraktioniert und die höher als 245° übergehende Portion gesondert aufgefangen. Er erhielt so aus allen drei Dibrombenzolen dasselbe Tribrombenzol vom Schmelzp. 44°, welches demnach 1, 3, 4 sein muß. Isomere werden nicht erwähnt.

Einführung der Nitrogruppe. Diese ist wiederholt studiert. RIESE,[3] welcher das o-Dibrombenzol im Rohprodukt der Bromierung von Benzol entdeckte, nitrierte dasselbe und erhielt eine bei 58° schmelzende Mononitroverbindung (1, 2, 4). Sein Nitroprodukt war anfangs nach dem Ausgießen in Wasser ölig, was dem Umstand zuzuschreiben ist, daß sein o-Dibrombenzol nicht ganz frei von p-Dibrombenzol war, das nur durch fraktionierte Destillation davon getrennt wurde.

---

[1] C.Bl. **1898**, II, 744. [2] B. **7**, 1061 (1874).
[3] A. **164**, 179 (1872).

V. MEYER und STÜBER[1] nitrierten m-Dibrombenzol, welches sie durch Bromieren von Acetanilid zur Dibromverbindung und darauf folfolgende Entfernung der NH ac-Gruppe erhielten. Das so dargestellte m-Dibrombenzol war aber nicht rein, denn es erstarrte noch nicht bei — 28°. In rauchender Salpetersäure löste es sich nicht in der Kälte; beim Kochen wurde es jedoch gelöst, und es bildete sich ein Mononitroderivat vom Schmelzp. 61°.

KÖRNER[2] hat die Nitrierung des m-Dibrombenzols genauer studiert und auch die Struktur des Hauptproduktes, dessen Schmelzpunkt er bei 61°,6 fand, bestimmt. Bei der Reduktion bildet es nämlich ein Dibromanilin, welches bei Ersatz der Amidogruppe durch Brom Tribrombenzol 1, 3, 4 gibt. Das Nitro-m-Dibrombenzol muß daher die Formel Br, Br, NO_2 = 1, 3, 4 haben. KÖRNER beobachtete ferner, daß sich in den Mutterlaugen dieses Nitrokörpers in geringer Menge noch ein zweites Nitro-m-Dibrombenzol (1, 3, 2) befindet, vom Schmelzp. 82,6°, dessen Strukturbeweis dadurch geliefert wurde, daß auch das dritte Nitro-m-Dibrombenzol dargestellt wurde, welches die Formel Br, Br, NO_2 = 1, 3, 5 hatte, da es beim Ersatz von NO_2 durch Brom das symmetrische Tribrombenzol gab. KÖRNER erwähnt, daß die Menge des Nebenproduktes mit der Konzentration der Säure und mit der Temperatur zunimmt, immer jedoch nur ein kleiner Bruchteil des Rohproduktes ist. Wie er dies ermittelt hat, wird nicht angegeben; mutmaßlich wird es nur eine ungefähre Schätzung gewesen sein, welche bei der sehr schwierigen Trennung der zwei Isomere sehr leicht zu Täuschungen Anlaß geben kann.

Eine genaue quantitative Bestimmung der Isomere, welche bei der Nitrierung von o- und m-Dibrombenzol entstehen, wurde von HOLLEMAN, in Gemeinschaft mit seinen Schülern REIDING, SIRKS und SLUITER[3] ausgeführt. Dabei stellte sich heraus, daß beide Dibrombenzole selbst bis jetzt noch nicht in vollkommen reinem Zustande erhalten worden waren, so daß zunächst dieser Punkt studiert werden müßte. o-Dibrombenzol wurde auf zwei Wegen rein dargestellt. Erstens aus o-Nitrobrombenzol, welches zu o-Bromanilin durch Eisenfeile, in viel Wasser verteilt und unter Zusatz von wenig Schwefelsäure reduziert wurde. Durch die Reduktionsmethode wird sowohl eine Einführung

[1] A. **165**, 176 (1872). [2] J. **1875**, 306.
[3] R. **25**, 183 (1906); R. **27**, 153 (1907).

wie eine Herausnahme von Halogen vermieden. Das o-Bromanilin wurde durch Kristallisation seines Pikrates ganz rein dargestellt und danach NH_2 durch Brom ersetzt. Der Erstarrungspunkt der so erhaltenen o-Dibrombenzole lag bei + 5,6°, während bisher als Schmelzpunkt dieser Verbindung — 1° angegeben wurde. Zweitens wurde das o-Dibrombenzol nach der Methode von Körner[1] aus m-Bromanilin folgendermaßen gewonnen:

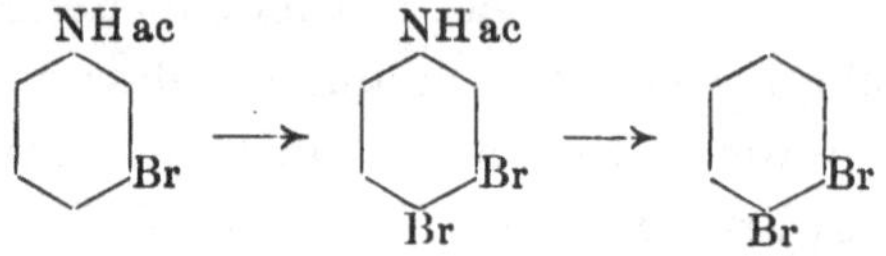

wobei wieder ein Produkt vom Erstarrungspunkt + 5,6° erhalten wurde.

Das m-Dibrombenzol wurde aus m-Bromnitrobenzol gewonnen, welches, wie oben angegeben, durch sehr verdünnte Schwefelsäure und Eisenfeile reduziert wurde. Das m-Bromanilin hatte den Schmelzp. 17,5° und ein spez. Gew. 1,5800 bei 21,4°. Es wurde in verschiedener Weise diazotiert, wobei immer (nach gebührender Reinigung) ein m-Dibrombenzol erhalten wurde, welches einen Erstarrungspunkt von — 7,0° und ein spez. Gew. von 1,960 bei 18,5° hatte. Es wurde daher für rein gehalten, wiewohl F. Schiff[2] beiläufig den Schmelzp. + 1° bis + 2° angibt. Ich halte es für wahrscheinlich, daß das m-Dibrombenzol in zwei Modifikationen bestehen kann, wovon wir die eine, Schiff die andere in Händen gehabt haben; den niedrigeren Schmelzpunkt unseres Produktes durch eine Verunreinigung zu erklären, scheint mir ausgeschlossen zu sein, da die Schmelzpunktdifferenz dann etwa 15% fremde Bestandteile andeuten würde, was ganz unwahrscheinlich ist.

Die fünf möglichen Nitrodibrombenzole, welche sich von o- und m-Dibrombenzol ableiten, wurden ferner mit großer Sorgfalt dargestellt und die Erstarrungskurven der beiden Nitro-o-Dibrombenzole, sowie vom asymm. und viz. Nitro-m-dibrombenzol teilweise ermittelt, durch welche später die Zusammensetzung der Nitrierungsgemische gefunden werden konnte.

Die Dibrombenzole wurden nitriert durch langsames Eintragen der-

---

[1] Atti del Acc. dei Lincei V. Serie, Vol. 3 I, 157.

[2] M. **11**, 329 (1890).

selben (10 g) bei 0° in die siebenfache Menge Salpetersäure vom spez. Gew. 1,50; die Menge der Säure wurde größer wie gewöhnlich (fünffach) genommen, weil sich sonst das Nitrierungsprodukt bereits während der Nitrierung abschied und einen dicken Brei gab. Die Wärmeentwicklung bei dem Prozeß war gering. Das Rohprodukt, mit Wasser sorgfältig gewaschen und im Vakuumexsikkator getrocknet, wurde weiter nach S. 41 vorbereitet und dann auf seinen Erstarrungspunkt und spezifisches Gewicht untersucht.

Das Nitrierungsprodukt des o-Dibrombenzols hatte einen Erstarrungspunkt von 44,9°, was einem Gehalt von 16,1 % an vizinalem Nitro-o-Dibrombenzol entspricht. Das spezifische Gewicht desselben wurde mit 1,9817 bei 111,0° gefunden, während für diese Zusammensetzung 1,9807 berechnet wurde. Das gefundene spezifische Gewicht ist daher etwas zu hoch. Um beurteilen zu können, ob dies der Anwesenheit einer merklichen Menge eines Fremdkörpers zugeschrieben werden muß, wurde dem Nitrierungsprodukt so viel viz. Nitro-o-dibrombenzol hinzugefügt, daß dessen Gehalt daran 25,2 % betrug, und nun wurden Erstarrungspunkt und Eutektikum dieses Gemisches bestimmt. Diese Punkte lagen bei 39,0° bzw. 29,7°. Ein Gemenge der beiden reinen isomeren Nitro-o-Dibrombenzole von derselben Zusammensetzung zeigte diese Punkte bei 40,0° bzw. 30,5°. Da aber das Nitrierungsprodukt bereits mehrfach geschmolzen war und dabei eine stark gelbe Färbung angenommen hatte, was auf eine geringe Zersetzung deutete, ist daraus wohl die Differenz dieser Zahlen zu erklären; so daß angenommen werden kann, daß sich rund 16 % des vizinalen Produktes bildet. Wie mehrfache Versuche zeigten, ist die Trennung dieser Isomere außerordentlich schwer, so daß es nicht gelingt, auch nur annähernd so viel vom vizinalen Isomer aus dem Nitrierungsprodukt zu isolieren, als wirklich darin enthalten ist.

Das Nitrierungsprodukt von m-Dibrombenzol hatte einen Erstarrungspunkt von 58,4° und ein spez. Gew. von 1,9562 bei 111,0°, woraus sich ein Gehalt von 4,2 % von vizinalem Nitro-m-Dibrombenzol ergibt. Bei einer zweiten Nitrierung wurde ein Erstarrungspunkt von 57,8° gefunden, entsprechend 5,1 % vizinales Produkt, im Mittel daher 4,6 %. Daß nicht auch das symmetrische Nitro-m-Dibrombenzol anwesend war, wurde in derselben Weise wie für das Nitrierungsprodukt des m-Dichlorbenzols (S. 221) bewiesen.

Einführung der Sulfogruppe. Herzig[1] erhitzte einen Teil Monobrombenzol mit etwa zehn Teilen englischer Schwefelsäure; ersteres löste sich darin unter Bräunung und Entwicklung bedeutender Mengen Schwefeldioxyd auf. Nach dem Ausgießen in Wasser und Aufarbeiten der Lösung ergab sich, daß sich s-Dibrombenzolsulfosäure (1, 3, 5), identisch mit der Verbindung von Lenz,[2] gebildet hatte, neben einer Monobromdisulfosäure. Die Dibromsulfosäure konnte der wäßrigen Lösung durch Äther entzogen werden. Die Identität beider Säuren ist aber nur auf das wasserfreie Kaliumsalz und auf das Baryumsalz, welches $3\,^1/_2$ Mol. Kristallwasser enthält, basiert.

Anwesend Br, J.

Einführung der Nitrogruppe. Körner[3] löste ortho-Bromjodbenzol in sehr konzentrierter Salpetersäure; eine heftige Reaktion trat sofort ein, ohne daß Jod ausgeschieden wurde. Durch Fällen mit Wasser und Umkristallisieren des gewaschenen und getrockneten Niederschlages aus Alkohol erhielt er ein Nitro-ortho-bromjodbenzol vom Schmelzp. 106,1°, während in der Mutterlauge ein anderer, niedriger schmelzender Körper blieb. Dieselbe Verbindung war auch aus dem Bromnitranilin NH_2, Br, NO_2 = 1, 2, 4 durch Austausch von NH_2 gegen Jod darstellbar, muß also die Struktur J, Br, NO_2 = 1, 2, 4 haben. Die Struktur dieses Bromnitranilins folgt wieder daraus, daß es einerseits durch Nitrieren von ortho-Bromacetanilid, anderseits durch Bromieren von para-Nitrobenzanilid erhältlich ist.

Bei gelindem Erwärmen von meta-Bromjodbenzol mit sehr konzentrierter Salpetersäure, Eingießen der Lösung in Wasser und Umkristallieren aus Alkohol erhielt Körner[4] zwei Mononitroderivate. Das Hauptprodukt schmolz bei 126,8°, das Nebenprodukt, welches er aus der Mutterlauge erhielt, war schwer zu reinigen. Die Struktur des Hauptproduktes ist sehr wahrscheinlich Br, J, NO_2 = 1, 3, 6, da es beim Erhitzen mit alkoholischem Ammoniak in ein Nitro-meta-Jodanilin übergeht, welches auch in derselben Weise aus dem Nitrierungsprodukt von meta-Dijodbenzol erhalten werden kann; letzteres ist aber, nach Analogie vom Nitrierungsprodukt von meta-Dichlor- und Dibrombenzol (S. 221 und 269), als J, J, NO_2 = 1, 3, 4 anzusehen:

---

[1] M. **2**, 192 oder Sitzungsber. Kais. Österr. Akad. d. W. Bd. **83**, 525 (1881).
[2] A. **181**, 25 (1876). [3] J. **1875**, 329. [4] a. a. O.

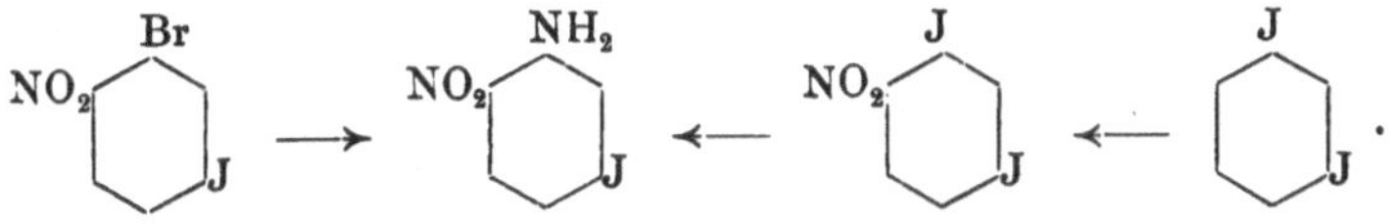

Die Struktur Br, J, NO_2 = 1, 3, 4 ist hierdurch aber nicht vollkommen ausgeschlossen.

Anwesend Br, NO_2.

Einführung von Brom. In der bereits mehrerwähnten Abhandlung SCHEUFELENS[1] sind auch Versuche verzeichnet über die Einführung von Brom in m-Bromnitrobenzol unter dem katalytischen Einfluß von Eisenchlorid. Er erwärmte in einer zugeschmolzenen Röhre 14 g m-Bromnitrobenzol mit 11,2 g Brom und 4 g wasserfreiem Eisenchlorid 12 Stunden lang auf 75—80°. Er erhielt die Verbindung Br, NO_2, Br = 1, 3, 4, da das Produkt identisch war mit dem Nitrierungsprodukt (Schmelzp. 85,5°) von p-Dibrombenzol. Ob Isomere entstehen, ist nicht erwähnt; eine Andeutung davon gibt aber die Mitteilung, daß das zunächst flüssige Reaktionsprodukt nach dem Waschen mit Wasser halbfest wurde; nachdem es in einer Kältemischung gestanden hatte, gab es beim raschen Absaugen noch etwas Öl.

F. SCHIFF[2] und nachher HOSAEUS[3] haben nach dieser selben Methode p-Bromnitrobenzol bromiert. Es wurde nur ein Dibromnitrobenzol erhalten, und zwar Br, NO_2, Br = 1, 4, 2, identisch mit dem Nitrierungsprodukt von o-Dibrombenzol; es bildete sich in einer Ausbeute von 90% der theoretischen. HOLLEMAN und SLUITER,[4] welche auf dieselbe Weise arbeiteten, anstatt Eisenchlorid aber Eisenpulver verwendeten, fanden auch kein anderes Dibromnitrobenzol wie Br, Br, NO_2 = 1, 2, 4. Dagegen lieferte ihnen die Bromierung von o-Bromnitrobenzol, ebenfalls nach der Methode von SCHEUFELEN (mit Eisenpulver) zwei Isomere. Hauptprodukt war p-Dibromnitrobenzol Br, Br, NO_2 = 1, 4, 2. Wenn aber die alkoholische Mutterlauge desselben nach Verjagung des Alkohols im Vacuum destilliert wurde, erhielten sie ein flüssiges Destillat, welches bis 180° (bei 16 mm) überging. Durch Auflösen desselben im gleichen Volum Eisessig kristallisierte aus dieser Lösung nebst großen Massen von p-Dibromnitrobenzol eine

[1] A. **231**, 169 (1885).
[2] M. **11**, 331 (1890).
[3] M. **14**, 324 (1893).
[4] R. **25**, 198 (1906).

kleine Menge feiner Nadeln. Letztere wurden durch Umkristallisieren aus Alkohol und Petroleumäther gereinigt[1] und hatten dann den Schmelzp. 85°. Diese Verbindung war das vizinale Nitro-o-dibrombenzol, da es nicht identisch war mit den fünf anderen, bekannten Dibromnitrobenzolen. Außerdem wurde es noch synthetisch nach einer von KÖRNER angegebenen, von mir verbesserten Methode[2] dargestellt, welche schematisch in folgender Weise dargestellt werden kann:

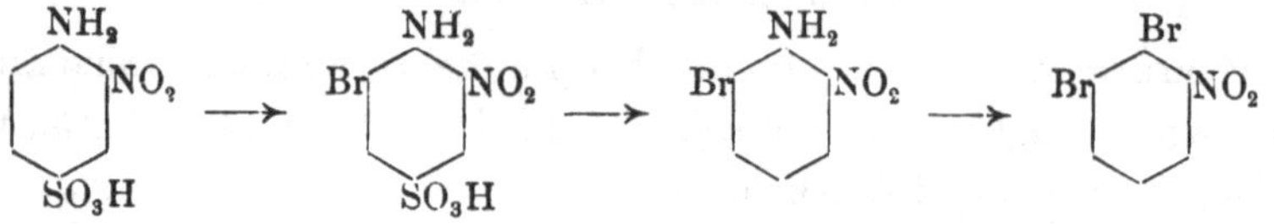

Einführung der Nitrogruppe. KEKULÉ[3] erwärmte Monobrombenzol mit einem Gemisch von Salpetersäuremonohydrat und rauchender Schwefelsäure. Wasser fällte dann ein gelbes Öl, welches langsam erstarrte; nach Waschen mit Wasser und Kristallisieren aus Alkohol erhielt er bei 72° schmelzende Kristalle. Diese Verbindung hat die Formel Br, NO_2, NO_2 = 1, 2, 4, denn WALKER und ZINCKE[4] erhielten sie bei der Nitrierung in der Kälte sowohl von o- wie von p-Bromnitrobenzol ohne irgend erhebliche Mengen eines zweiten Isomeren. Auch sie benutzten eine Mischung von Salpetersäure und Schwefelsäure. Bei Anwendung von Wärme erhielten sie neben dieser Verbindung in geringer Menge ein zweites Dinitrobrombenzol.

KÖRNER[5] hat die weitere Nitrierung von m-Bromnitrobenzol studiert. Er erhitzte m-Bromnitrobenzol vom Schmelzp. 56,4° mit einem großen Überschuß einer Mischung von Salpetersäure und rauchender Schwefelsäure während einer Stunde. Beim Eingießen der Reaktionsmasse in Wasser erhielt er eine ölige Masse, die nach wiederholtem Abwaschen in heißem Alkohol gelöst wurde. Beim Erkalten dieser Lösung schied sich zunächst, in beschränkter Menge, ein neues Dinitrobrombenzol in kleinen Blättchen ab, das er leicht durch Umkristallisieren aus Alkohol reinigen konnte, aber nicht weiter untersuchte. Aus der Mutterlauge schieden sich beim Verdunsten in niederer Temperatur große Tafeln aus, welche in einem gelblichen Öl schwammen. Die gereinigten Kristalle schmolzen bei 59,4°. Durch Erhitzen mit alkoholischem

---

[1] R. **27**, 153 (1908). [2] R. **27**, 154 (1908). [3] A. **137**, 167 (1866).
[4] B. **5**, 117 (1872). [5] J. **1875**, 332.

Ammoniak gaben sie das Bromnitranilin $NH_2, NO_2, Br = 1, 2, 5$ (Schmelzp. 151°,2), woraus hervorgeht, daß die zweite Nitrogruppe in o-Stellung zu der anwesenden Nitrogruppe, in p-Stellung in bezug auf Brom getreten ist; das Hauptprodukt der Nitrierung hat also die Formel $Br, NO_2, NO_2 = 1, 3, 4$.

Einführung der Sulfogruppe. AUGUSTIN und POST[1] sulfonierten p-Bromnitrobenzol, wozu diese Verbindung in zugeschmolzenen Röhren mit der zehnfachen Menge Pyroschwefelsäure auf 120° erhitzt werden mußte; eine Strukturangabe der erhaltenen Sulfosäure fehlt. o-Bromnitrobenzol konnte durch Erwärmen mit der $3\frac{1}{2}$fachen Menge Pyroschwefelsäure während 4 Stunden im Wasserbade sulfoniert werden; in beiden Fällen wurde nur eine Sulfosäure erhalten. Die Struktur der letzteren ist von ANDREWS[2] dadurch ermittelt, daß er die Nitrierung von p-Brombenzolsulfosäure nach GOSLICH wiederholte und dabei obige Nitrobenzolsulfosäure bekam, welche also die Struktur $Br, NO_2, SO_3H = 1, 2, 4$ haben muß.

Anwesend Br, SO_3H.

Einführung von Brom. BAHLMANN[3] wandte zur Bromierung der o-Brombenzolsulfosäure das bekannte Verfahren an, zur Lösung des Silbersalzes Bromwasser zuzusetzen, solange noch Bromsilber gefällt wird. Es entstand so ein Gemenge zweier isomerer Dibrombenzolsulfosäuren; ihre Chloride schmolzen bei 71° bzw. 98°, ihre Amide bei 192° bzw. 252°. Die Säure, deren Chlorid bei 71° schmolz, war p-Dibrombenzolsulfosäure, da dieselbe auch beim Sulfonieren von p-Dibrombenzol erhalten werden kann.[4]

LIMPRICHT[5] wandte dieselbe Methode zur Bromierung der m-Brombenzolsulfosäure an. Neben viel unveränderter Säure entstanden zwei Dibrombenzolsulfosäuren, nämlich die p-Dibrombenzolsulfosäure und geringe Mengen der Säure $SO_3H, Br, Br = 1, 3, 4$. Ihre Trennung mußte durch sehr häufiges Kristallisieren der Baryumsalze und weiter der Amide erreicht werden. Das Amid der Säure (1, 3, 4) schmolz bei 170°. Die Struktur dieser Säure wurde dadurch bewiesen, daß sie auch durch Bromieren von p-Brombenzolsulfosäure (wieder nach derselben Methode) entsteht.

[1] B. **8**, 1559 (1875). [2] B. **13**, 2127 (1880). [3] A. **181**, 206 (1876).
[4] A. **186**, 147 (1876). [5] A. **186**, 137 (1876).

Einführung der Nitrogruppe. Alle drei Brombenzolsulfosäuren sind der Nitrierung unterworfen. Bahlmann[1] erwärmte trockne o-Brombenzolsulfosäure mit konzentrierter Salpetersäure und verdampfte auf dem Wasserbade, nachdem die stürmische Reaktion vorüber war. Es blieb ein schwach gelb gefärbter kristallinischer Rückstand, der aus zwei Nitrobrombenzolsulfosäuren bestand; durch Kristallisation ihrer Baryumsalze wurden sie getrennt. Weitaus das Hauptprodukt war von der Struktur SO_3H, Br, NO_2 = 1, 2, 5. Diese wurde durch Reduktion mit darauffolgender Entbromung bewiesen, wodurch m-Amidobenzolsulfosäure erhalten wurde, während Ersatz von der Amidogruppe durch Brom die Dibrombenzolsulfosäure SO_3H, H, Br, Br = 1, 2, 5 gab. Von der zweiten Säure wurde so wenig erhalten, daß ihre Struktur nicht festgestellt werden konnte.

Sowohl Berndsen[2] wie Thomas[3] fanden bei der Nitrierung der m-Brombenzolsulfosäure nur eine Nitrosäure. Ersterer trug das Baryumsalz in Salpetersäure vom spez. Gew. 1,5 ein; letzterer verdunstete eine Lösung der Säure auf dem Wasserbade zu Sirup und erwärmte darauf mit konzentrierter Salpetersäure. Wenn die Entwicklung roter Dämpfe nachließ, wurde die hellgelb gefärbte Flüssigkeit auf dem Wasserbade wieder verdunstet. Die Nitro-m-Brombenzolsulfosäure blieb als hellgelbe, zerfließliche Masse zurück. Sie wurde in Baryumsalz umgewandelt; in der Mutterlauge desselben waren Isomere nicht enthalten. Die Struktur der Säure war SO_3H, Br, NO_2 = 1, 3, 6, wie folgendermaßen bewiesen wurde: Durch Reduktion mit Zinn und Salzsäure und darauffolgender Entbromung mit Jodwasserstoffsäure und Phosphor entstand o-Amidobenzolsulfosäure. Die danach auch noch mögliche Struktur SO_3H, Br, NO_2 = 1, 3, 2 wurde dadurch ausgeschlossen, daß beim Ersatz von NO_2 durch Brom die p-Dibrombenzolsulfosäure entstand, charakterisiert durch ihr Amid vom Schmelzp. 193° und ihr Chlorid vom Schmelzp. 71°.

Goslich[4] nitrierte p-Brombenzolsulfosäure, indem er das fein zerriebene Baryumsalz derselben in Salpetersäure vom spez. Gew. 1,5 eintrug. Nach einiger Zeit wurde die Flüssigkeit vom Bodensatz (aus Baryumnitrat bestehend) abgehebert und auf dem Wasserbade bis zur voll-

---

[1] A. **186**, 315 (1877).
[2] A. **177**, 95 (1875).
[3] A. **186**, 124 (1876).
[4] A. **180**, 98 (1875).

ständigen Austreibung der Salpetersäure erwärmt. Es wurde nur eine Säure und zwar von der Struktur $SO_3H, Br, NO_2 = 1, 4, 3$ erhalten, welche durch Reduktion und nachherige Entbromung mit Jodwasserstoffsäure und Phosphor auf 120° bewiesen wurde. Es bildete sich dann meta-Amidobenzolsulfosäure. Auch konnte durch Erhitzen der Nitro-p-Brombenzolsulfosäure mit alkoholischem Ammoniak Brom gegen NH_2 ausgetauscht werden, wodurch die Nitranilinsulfosäure $SO_3H, NH_2, NO_2 = 1, 4, 3$ entstand, da sie bei Entamidierung m-Nitrobenzolsulfosäure gab. Andrews[1] verbesserte die Darstellungsweise dieser Säure, indem er Brombenzol sulfonierte und ohne Abscheidung der p-Brombenzolsulfosäure sofort zum Säuregemisch Baryumnitrat fügte; offenbar hat auch Fricke[2] die Säure bereits in Händen gehabt, da derselbe Brombenzol in rauchender Schwefelsäure löste und diese Lösung längere Zeit mit roter rauchender Salpetersäure erhitzte.

Einführung der Sulfogruppe. V. Meyer[3] setzte trockne Brombenzolsulfosäure (mutmaßlich para) den Dämpfen von Schwefeltrioxyd bis zur vollständigen Verflüssigung der Masse aus und erhitzte die so erhaltene Flüssigkeit in zugeschmolzenen Röhren ca. 10 Stunden lang auf 200—220°. Die Säure ist dann glatt und ohne Nebenprodukte in eine Disulfosäure umgewandelt; daß dieselbe einheitlich ist, wurde bewiesen durch fraktionierte Kristallisation des Baryumsalzes und durch die Identität der Säurechloride aus der ersten und aus der letzten Kristallfraktion.

Auch Paul Fischer[4] erhielt nur eine Disulfosäure, als er p-Brombenzolsulfosäure mit dem 8—10fachen Gewicht kristallisierter Pyroschwefelsäure im Einschlußrohr 6 Stunden lang auf 220—240° erhitzte. Er gibt der Säure die Struktur $Br, SO_3H, SO_3H = 1, 2, 4$. Zu erwähnen ist noch, daß Herzig[5] beim Erhitzen von Monobrombenzol mit Schwefelsäure auch eine Brombenzoldisulfosäure, mutmaßlich identisch mit den Säuren von V. Meyer und von P. Fischer, erhielt.

Anwesend Br, CH_3.

Einführung von Chlor. Diese ist von Claus und Salzmann[6] für o- und p-Bromtoluol studiert worden, wobei sie Eisen als Katalysator

[1] B. **13**, 2129 (1880).
[2] J. pr. (2) **2**, 225 (1870).
[3] B. **7**, 1311 (1874).
[4] B. **24**, 3805 (1891).
[5] M. **2**, 192 (1881).
[6] J. pr. (2) **39**, 465 (1889).

verwendeten. Bei der Chlorierung des käuflichen o-Bromtoluols wurde ein Gemisch von vier Chlorbromtoluolen erhalten, siedend zwischen 210—220°, wie dies aus den durch Oxydation der Halogentoluole erzielten vier Chlorbrombenzoesäuren hervorging. Zwei der halogenierten Kohlenwasserstoffe derivierten jedoch von dem p-Bromtoluol, womit die o-Verbindung verunreinigt war.

Besser untersucht wurde das Chlorierungsprodukt von p-Bromtoluol; seine Chlorierung erfolgt in Gegenwart metallischen Eisens schnell und leicht. Bald nach Beginn des Einleitens von Chlor trat erhebliche Temperaturerhöhung ein, die durch Kühlung mit Wasser bestritten wurde. Bei einer Gewichtszunahme von 20% wurde der Prozeß sistiert. Die fraktionierte Destillation lieferte als Hauptfraktion eine Flüssigkeit, die bei 210—220° überging und welche die beiden theoretisch möglichen Chlor-p-Bromtoluole enthielt, wie durch Oxydation zu den entsprechenden Chlorbrombenzoesäuren mittels 20prozentiger Salpetersäure bewiesen wurde. Die Chlorbrombenzoesäuren konnten durch fraktionierte Kristallisation ihrer Baryumsalze getrennt werden. Nebenprodukt war eine Säure vom Schmelzp. 156°, Hauptprodukt eine solche vom Schmelzp. 170°. Erstere wurde auch erhalten bei der Oxydation von Brom-o-Chlortoluol. Da diese Säure somit aus Chlorbromtoluolen entsteht, erhalten sowohl durch Chlorierung von p-Bromtoluol, wie durch Bromierung von o-Chlortoluol, so kann ihr nur die Formel CO_2H, Cl, Br = 1, 2, 4 zukommen. Die bei 170° schmelzende Säure muß dann die Formel CO_2H, Cl, Br = 1, 3, 4 haben. Bei der Chlorierung von p-Bromtoluol mit Eisen als Katalysator entsteht also als Hauptprodukt das Chlorbromtoluol CH_3, Cl, Br = 1, 3, 4, als Nebenprodukt das Chlorbromtoluol CH_3, Cl, Br = 1, 2, 4.

Einführung von Brom. Die älteren Arbeiten über die weitere Bromierung von Bromtoluol sind für das Problem der Substitution im Benzolkern von wenig Bedeutung. Zu erwähnen ist eine Publikation von Fittig,[1] welcher ein Produkt vom Schmelzp. 107—108° erhielt, wenn überschüssiges Brom auf kalt gehaltenes Toluol oder mono-Bromtoluol (d. h. das Gemisch von o- und p-Bromtoluol, wie es bei der Bromierung entsteht) einwirkte; es hat sich später durch eine Untersuchung von Miller (s. u.) herausgestellt, daß dieses Produkt wahr-

[1] A. **147**, 39 (1867).

scheinlich kein Di-, sondern ein Tribromtoluol gewesen ist. Weiter gibt es noch wenig systematische Untersuchungen von JACKSON[1] und von JACKSON und FIELD,[2] welche vornehmlich auf die Temperaturbedingungen gerichtet sind, unter welchen Brom in den Bromtoluolen in die Seitenkette eintritt, wobei aber der Einfluß des Lichtes vernachlässigt ist, welcher erst von SCHRAMM[3] gefunden wurde.

So bleibt denn als einzige, hier näher zu berücksichtigende Untersuchung diejenige von MILLER[4] übrig. Dieser Forscher versetzte o- und p-Bromtoluol in völliger Dunkelheit mit einer äquivalenten Menge Brom unter Zufügung von einzelnen Jodkristallen. Beim o-Bromtoluol wurde die Reaktion nach 10 Tagen unterbrochen; es war dann etwa $^3/_4$ des Bromtoluols in Dibromtoluol umgewandelt, während kein Tribromtoluol entstanden war. Die Hauptfraktion, welche zwischen 230 und 243° siedete, wurde mit verdünnter Salpetersäure oxydiert, wodurch ein Säuregemisch erhalten wurde, welches durch Kristallisation der Baryumsalze, sowie der freien Säuren selbst in zwei Säuren getrennt werden konnte. Hauptprodukt war die Dibrombenzoesäure (1, 2, 5) (COOH = 1), Schmelzp. 153°. In viel kleinerer Menge war die Dibrombenzoesäure (1, 2, 4) vom Schmelzp. 169° entstanden.

p-Bromtoluol wurde von Brom langsamer als die ortho-Verbindung angegriffen. Nach 18 Tagen war weniger Dibromtoluol entstanden, als bei der o-Verbindung, dagegen hatte sich eine sehr merkbare Menge Tribromtoluol gebildet, welches bei 112—113° schmolz. Durch Oxydation der Fraktion vom Siedep. 235—250°, die Dibromtoluole enthaltend, wurde hauptsächlich die Dibrombenzoesäure CO_2H, Br, Br = 1, 3, 4 (Schmelzp. 232°) erhalten, das andere mögliche Isomer 1, 2, 4 (Schmelzp. 169°), aber auch in ansehnlicher Menge.

Es ist noch zu erwähnen, daß JANNASCH[5] Monobromtoluol (d. h. das Gemisch von o- und p-Verbindung) der Wirkung von Brom bei Gegenwart von Jod im direkten Sonnenlicht unterwarf und das flüssige Einwirkungsprodukt mit Jodmethyl und Natrium behandelte, wobei er Pseudocumol erhielt. Hieraus schloß er, daß sein Dibromtoluol ein Gemisch der Isomere 1, 2, 5; 1, 2, 4 und 1, 3, 4 (CH_3 = 1) gewesen ist, ohne dies jedoch näher zu begründen.

---

[1] B. **9**, 931 (1876). [2] B. **13**, 1215 (1880). [3] B. **18**, 350 (1885).
[4] Soc. **61**, 1023 (1888). [5] A. **176**, 286 (1875).

Einführung der Nitrogruppe. Flüssiges ortho-Bromtoluol wurde von HÜBNER und ROOS[1] nitriert, aber die gebildete Nitroverbindung wurde von ihnen nicht isoliert. Sie reduzierten dieselbe sofort und bekamen dadurch ein flüssiges ortho-Bromtoluidin, dessen Eigenschaften, soweit sie beobachten konnten, mit denen des von WROBLEWSKY[2] durch Bromieren von para-Acettoluid erhaltenen Bromtoluidin CH_3, NH_2, Br = 1, 4, 3 übereinstimmen. Es kann aber diese Verbindung nicht gewesen sein, weil in derselben Methyl und Brom in meta-Stellung stehen. HÜBNER und ROOS bemerken noch, daß nach ihrem Versuch sich vom ortho-Bromtoluol nur eine Nitroverbindung ableitet.

Die Nitrierung von m-Bromtoluol wurde durch GRETE[3] studiert. Das m-Bromtoluol wurde von ihm durch Bromieren von reinem p-Acettoluid und nachheriges Entamidieren dargestellt. Das Produkt hatte den Siedep. 183,5°. Da rauchende Salpetersäure bei Einwirkung in der Kälte und darauffolgendes Erhitzen bis fast zum Sieden einen Dinitrokörper gab, wurde eine größere Menge m-Bromtoluol unter Abkühlung mit nicht sehr starker Salpetersäure längere Zeit geschüttelt, sodann das Produkt mit Wasser verdünnt. Es schied sich ein blaßgelbes Öl aus, das bei —17° vollständig zu einem Kristallbrei erstarrte. Es wurden hieraus durch Abpressen und Umkristallisieren Kristalle vom Schmelzp. 54—55° gewonnen, welche eine Mononitroverbindung darstellten. Neben dieser festen Nitroverbindung hatte sich ein flüssiges Produkt gebildet, das aus den Preßpapieren mit Wasserdämpfen wiedergewonnen werden konnte und bei —15° erstarrte. GRETE glaubt trotzdem in folgender Weise den „unwiderleglichen Beweis“ geliefert zu haben, daß sich bei der Einwirkung von Salpetersäure nur ein und zwar ein festes Nitro-m-Bromtoluol bildet, und daß das gleichzeitig auftretende Öl nur durch die Anwesenheit von Zersetzungsprodukten, unangegriffenem m-Bromtoluol oder Dinitroprodukten im flüssigen Aggregatzustand gehaltenes festes Produkt darstellt. Da der direkte Beweis durch Isolierung der festen Verbindung nicht geliefert werden konnte, wurde sowohl das feste als das flüssige Produkt von ihm reduziert und acetyliert. Beide gaben ein Bromtoluidin vom Schmelzpunkt 56° bzw. 57,5—58°. Verschiedene Salze wurden davon dargestellt und verglichen. Der Schmelzpunkt der Acetylverbindungen

[1] B. **6**, 801 (1873). [2] A. **168**, 153 (1873). [3] A. **177**, 231 (1875).

war bei beiden 156°; allerdings zeigte die Acetverbindung aus dem Öl erst nach wiederholtem Umkristallisieren diesen Schmelzpunkt. Grete hat durch diese Untersuchung ohne Zweifel bewiesen, daß sein Öl das feste Nitro-m-Bromtoluol enthält, vielleicht sogar hauptsächlich daraus besteht; daß aber sein Öl nicht auch isomere Nitro-m-Bromtoluole erhalten hat, ist keineswegs festgestellt.

Den Strukturbeweis des Nitro-m-Bromtoluols gab er dadurch, daß er aus o-Toluidin dasselbe Bromacettoluid vom Schmelzp. 156° (und daraus wieder das Bromtoluidin Schmelzp. 57—58°) gewann, wodurch sich ergibt, daß die Nitrogruppe im Nitro-m-Bromtoluol auf ortho-Stellung in bezug von CH_3 steht. Grete nimmt ohne ersichtlichen Grund an, daß seine Verbindung die Struktur CH_3, Br, NO_2 = 1, 3, 2 hat; sie kann aber auch 1, 3, 6 sein, was sogar wahrscheinlicher ist; so wird sie auch in Beilsteins Handbuch angegeben.

para-Bromtoluol wurde fast gleichzeitig von Wroblewsky[1] und von Hübner und Roos[2] nitriert. Beide kamen zum Resultat, daß eine feste (Schmelzp. 45,5°) und eine flüssige Nitroverbindung entstehen. Da erstere nach Beilstein und Kuhlberg[3] aus dem Dinitrotoluol CH_3, NO_2, NO_2 = 1, 2, 4 durch Austausch der Nitrogruppe auf 4 gegen Brom erhalten werden kann, muß dieselbe die Struktur CH_3, Br, NO_2 = 1, 4, 2 haben. Das flüssige Isomer muß daher die Formel CH_3, Br, NO_2 = 1, 4, 3 haben. Mengenverhältnisse werden nicht angegeben.

Einführung der Sulfogruppe. Alle drei Bromtoluole sind sulfoniert; die erhaltenen Resultate sind aber nicht ganz klar. Hübner und Post[4] sulfonierten o-Bromtoluol durch Schütteln und vorsichtiges Erwärmen mit Nordhäuser Schwefelsäure. Sehr sorgfältige fraktionierte Kristallisation ergab das Resultat, daß nur eine Säure gebildet war, deren Chlorid bei 53°, deren Amid bei 134° schmolz. Miller[5] dagegen behauptet, daß immer zwei Sulfosäuren entstehen, wenn entweder gewöhnliches Vitriolöl oder schwach rauchende Schwefelsäure benutzt wird. Hauptprodukt ist die Säure von Hübner und Post; wie diese Forscher schon fanden, gibt sie bei der Entbromung m-Toluolsulfosäure. Da die Säure auch aus der Toluidinsulfosäure CH_3, NH_2, SO_3H = 1, 2, 5 gewonnen werden kann, muß sie selbst auch die Formel

[1] A. **168**, 176 (1873). [2] B. **6**, 799 (1873). [3] A. **158**, 340 (1871).
[4] A. **169**, 6 (1873). [5] Soc. **61**, 1026 (1892).

CH_3, Br, SO_3H = 1, 2, 5 haben, d. h. die Sulfogruppe stellt sich auf para-Stelle gegenüber Brom und auf meta-Stelle gegenüber Methyl. Die isomere Säure entsteht nur in geringer Menge; da bei ihrer Entbromung o-Toluolsulfosäure erhalten wurde (Schmelzpunkt des Amids 154°), muß ihre Struktur CH_3, Br, SO_3H = 1, 2, 6 sein.

Die Sulfonierung von m-Bromtoluol ist ausführlich durch Wroblewsky[1] untersucht. Er setzte rauchende Schwefelsäure zu m-Bromtoluol und unterstützte die Vereinigung zuletzt durch Erwärmen im Wasserbade. Nach dem Sättigen mit Baryt wurden drei Salze erhalten (α, β und γ), die sich durch fraktionierte Kristallisation ziemlich leicht trennen ließen. Es entsteht wesentlich das β-Salz, weniger α (25 %) und sehr wenig γ (3 %). Beim Schmelzen mit Kali des α-Kaliumsalzes entwickelte sich viel Wasserstoff und aus der Schmelze ließ sich eine ansehnliche Menge Salicylsäure (Schmelzp. 155°) gewinnen. Der Prozeß ist so zu deuten, daß die Sulfogruppe durch Hydroxyl ersetzt wird, Methyl unter Wasserstoffentwicklung in Karboxyl übergeht, während dessen Wasserstoff das Brom aus dem Molekül wegnimmt. — Das β-Kaliumsalz gab in der Kalischmelze auch eine ansehnliche Menge Salicylsäure. Die Struktur der beiden Säuren muß daher CH_3, Br, SO_3H = 1, 3, 6 und 1, 3, 2 gewesen sein; unentschieden bleibt, welche Formel der α- und welche der β-Säure zukommt. — Da nur sehr wenig γ-Säure entstanden war, konnte Wroblewsky nur eine geringe Menge ihres Kaliumsalzes mit Kali schmelzen, wobei er sehr wenig einer Oxysäure erhielt, die Eisenchlorid nicht färbte, daher m- oder p-Oxybenzoesäure gewesen sein muß. — Grete,[2] der die Sulfonierung des m-Bromtoluols wiederholte, offenbar nach Wroblewskys Angaben, konnte aber nur eine Sulfosäure erhalten, welche in der Kalischmelze eine Säure gab, die durch Eisenchlorid violett gefärbt wurde. Das Baryumsalz der Sulfosäure wurde fraktioniert kristallisiert und die Identität der verschiedenen Kristallisationen hauptsächlich durch Bestimmung ihres Gehalts an Kristallwasser nachgewiesen. Da bei Sulfonierungen oft ganz andere Resultate erhalten werden, wenn die Bedingungen etwas geändert werden, ist es nicht ausgeschlossen, daß dies die Ursache der Abweichungen zwischen den oben beschriebenen Versuchen ist. Vielleicht findet aber auch hier Liebigs Ausspruch An-

[1] Z. **1871**, 6 und A. **168**, 166 (1873). [2] A. **177**, 231 (1875).

wendung, daß es viel leichter ist, eine Verbindung nicht, als sie wohl zu erhalten.

p-Bromtoluol wurde ebenfalls von Hübner und Post[1] (mit Weiss) sulfoniert. Sie lösten kristallisiertes Bromtoluol in 3—4 Raumteile rauchender Schwefelsäure unter Umschütteln und Erwärmen auf höchstens 80°; meist wurde aber jede Erwärmung über 40° vermieden. Es wurden zwei Säuren erhalten, welche durch ihre Baryumsalze von sehr verschiedener Löslichkeit getrennt werden konnten. Das α-Ba-Salz kristallisiert mit 7 aq, das β-Salz mit 1 aq. Die β-Säure bildet sich in vorwiegender Menge; ihr Ba-Salz ist schwer löslich. Das α-Amid schmilzt bei 152°; das α-Chlorid ist flüssig. Schmelzpunkt des β-Amids 167°, des β-Chlorids 35°. Wenn rauchende Schwefelsäure bei 160° auf p-Bromtoluol einwirkte, wurde das in üblicher Weise aus der Reaktionsmasse gewonnene Baryumsalz nicht in ausgebildeten Kristallen erhalten, sondern seine Kristallisation wurde stets durch eine kleine Verunreinigung gestört. Es wurde daher nur ein kleiner Teil der Salzlösung einer ganz langsamen Kristallisation überlassen. Der größere Teil wurde in Amid umgesetzt, welches, aus Wasser kristallisiert, sogleich den Schmelzpunkt des β-Amids zeigte; ob auch die α-Sulfosäure entstanden war, wird nicht erwähnt. Die β-Sulfosäure wandelt sich durch Erhitzen auf 210° nicht in die α-Säure um. In der β-Säure steht die Sulfogruppe auf ortho-Stellung in bezug auf Methyl, denn nach Entfernung von Brom entsteht o-Toluolsulfosäure, welche in der Kalischmelze Salicylsäure gab. Die β-Säure (Hauptprodukt) ist daher $CH_3, SO_3H, Br = 1,2,4$; die α-Säure muß dann = 1, 3, 4 sein.

Miller,[2] der auch p-Bromtoluol sulfonierte, fand hier ebenfalls ein abweichendes Resultat. Das Baryumsalz des Hauptprodukts (β) kristallisiert nach ihm mit 2 aq; die Mutterlauge davon gab eine kleine Menge eines schlecht definierten anhydrischen Salzes, während das entsprechende Salz von Hübner und Post mit 7 aq kristallisierte.

Einführung von Acetyl. Geradeso, wie auf S. 240 für die Chlortoluole angegeben ist, hat Claus[3] auch in die Bromtoluole Acetyl eingeführt. Auch hierbei stellte sich die Acetylgruppe immer auf para-Stelle zum Bromatom, wie wieder durch Oxydation der erhaltenen Ketone

---

[1] A. **169**, 6 (1873). [2] Soc. **61**, 1026 (1892).
[3] J. pr. (2) **43**, 355 (1891).

zu Bromtoluylsäuren und Brombenzoldikarbonsäuren bewiesen wurde. Beim para-Bromtoluol erhielt er in weitaus überwiegender Menge das Keton CH_3, Br, $COCH_3$ = 1, 4, 3. Ob das andere Isomer auch entstand, ist nicht ausgemacht.

Anwesend Br, CO_2H.

Einführung von Brom. ANGERSTEIN[1] erhitzte 5 g Benzoesäure mit 13,1 g Brom in zugeschmolzenen Röhren, welche außerdem zur Hälfte mit Wasser gefüllt waren, so lange auf 200—220°, bis die Farbe des Broms fast ganz verschwunden war. Er sättigte mit Natronlauge. Salzsäure fällte aus der erhaltenen Lösung Dibrombenzoesäure, die in ihr Baryumsalz übergeführt wurde, weil sich dieses am besten zur Reinigung der Säure eignete. Aber auch dieses Salz war nur höchst schwer von dem mono- und tribrombenzoesauren Baryum zu trennen, mit welchem er es immer vermischt erhielt. Es ist ihm nur mit der größten Mühe gelungen, das dibrombenzoesaure Baryum in reinem Zustand zu erhalten; man muß zu diesem Zweck große Mengen Benzoesäure bromieren. Für den Schmelzpunkt gibt er 223—227° an; eine Ortsbestimmung ist nicht ausgeführt.

CLAUS und REH[2] haben die Bromierung der Benzoesäure auch in die Hand genommen. Der Umstand, daß die Bromierung der Benzoesäure über die m-Brombenzoesäure hinaus zu äußerst ungünstigen Resultaten führt; daß infolge der, zur Einwirkung des Broms nötigen hohen Temperatur ein sehr gemischtes Reaktionsprodukt erhalten wird, aus dem sich nur mit sehr großer Mühe eine Dibrombenzoesäure und noch dazu in sehr schlechter Ausbeute isolieren läßt, hat später (sagen sie) von der Wiederholung dieser Versuche abgeschreckt. Allein die Tatsache, daß das Dibromprodukt die 3,4-Dibrombenzoesäure ist, muß unter der Voraussetzung, daß diese Säure durch weitergehende Bromierung aus der primär gebildeten m-Brombenzoesäure entstanden ist, für den Wert unserer Substitutionsregeln bedenklich erscheinen. Das Eintreten des zweiten Bromatoms in die p-Beziehung zum Karboxyl und o-Beziehung zum ersten Bromatom, während ihm die zum Brom p-ständige und zum Karboxyl o-ständige Stelle zur Substitution zugänglich ist, widerspricht zweifellos den Substitutionsregeln. CLAUS

[1] A. **158**, 10 (1871). [2] A. **266**, 203 (1891).

und Reh haben daher die Reaktion mit größeren Mengen (200 und 250 g) Benzoesäure noch einmal studiert. Dabei haben sie die Entstehung der 3,4-Dibrombenzoesäure zweifellos bestätigt, und ist es ihnen nach mehrmonatlicher Arbeit gelungen, im ganzen einige Gramm dieser Säure in ganz reinem Zustand zu gewinnen. Anderseits folgt aber aus ihren Versuchen (sagen sie) ebenso gewiß der Schluß, daß der ganze Bromierungsvorgang ein ungemein komplizierter ist, der durchaus nicht dazu berechtigt, die Bildung eines der entstandenen mannigfaltigen Produkte zur Ableitung einer allgemein gültigen Substitutionsregel herauszugreifen. Die 3,4-Dibrombenzoesäure wird in geringerer Menge gebildet aus m-Brombenzoesäure als beim Bromieren von Benzoesäure selbst. Es führt dies zu der Vermutung, daß zuerst neben m- auch p-Brombenzoesäure entsteht und aus letzterer die 3,4-Säure. In der Tat erhielten sie, wenn sie Kaliumbromat und Bromwasserstoffsäure auf Benzoesäure zur Einwirkung brachten, nicht unerhebliche Mengen p-Brombenzoesäure vom Schmelzp. 251°. Es wurde in recht verdünnter Lösung bei einer 70—80° nicht übersteigenden Temperatur gearbeitet, wobei Dibrombenzoesäure so gut wie gar nicht erhalten wurde.

Die Bromierung der o-Brombenzoesäure geht beim Erhitzen der letzteren mit Brom und viel Wasser im geschlossenen Rohr erst richtig vor sich, wenn die Temperatur auf 150—160° gehalten wird; sie ist dann nach 8—10 Stunden beendet. Die gebildete Säure ist die 2-5-Dibrombenzoesäure, Schmelzp. 153°; die 2,3-Dibromsäure entsteht unter diesen Umständen nicht. — p-Brombenzoesäure, mit Brom und viel Wasser behandelt, wird erst über 200° weiter bromiert. Bringt man 1 Mol. Brom auf 1 Mol. Säure, so bleibt ein großer Teil unverändert, während Tribrombenzoesäure (3, 4, 5) als Hauptprodukt entsteht.

Einführung der Nitrogruppe. Die o-Brombenzoesäure wurde zuerst von Burghardt,[1] dann von Rhalis[2] der Nitrierung unterworfen. Letzterer erhielt eine Nitro-o-Brombenzoesäure, welche bei 180° schmolz und welche, mit alkoholischem Ammoniak längere Zeit auf 140—150° erhitzt, p-Nitranilin gab. Daher muß die Stellung der Substituenten CO_2H, Br, NO_2 = 1, 2, 5 sein. Daß bei der Nitrierung der o-Brombenzoesäure noch eine zweite Mononitrosäure entsteht, welche von

[1] B. **8**, 558 (1875). [2] A. **198**, 109 (1879).

Rhalis übersehen wurde, ging aus einer Untersuchung von Holleman und B. R. de Bruyn[1] hervor. Sie brachten die o-Brombenzoesäure bei gewöhnlicher Temperatur langsam in die vierfache Menge Salpetersäure, spez. Gew. 1,52. Die beiden dabei entstehenden Nitro-o-Brombenzoesäuren konnten durch fraktionierte Kristallisation ihrer Kaliumsalze getrennt werden. Hauptprodukt war die Säure (1, 2, 5), Schmelzpunkt 180°. Für das Nebenprodukt wurde die vizinale Struktur CO_2H, Br, NO_2 = 1, 2, 3 durch Erhitzen mit alkoholischem Ammoniak bewiesen, wodurch Brom gegen NH_2 ausgetauscht wurde und eine Nitramidobenzoesäure vom Schmelzp. 204° entstand, für welche Hübner[2] die Struktur CO_2H, NH_2, NO_2 = 1, 2, 3 nachgewiesen hatte.

Für die quantitative Nitrierung der o-Brombenzoesäure wandten sie reelle Salpetersäure in vierfacher Gewichtsmenge an; die Temperatur wurde auf 0° und auf — 30° gehalten. Um das Nitrierungsprodukt quantitativ zu gewinnen, wurde genau so gehandelt, wie auf S. 245 bei der quantitativen Nitrierung der o-Chlorbenzoesäure beschrieben ist. Auch hier wurde durch Titrierung des Produktes konstatiert, daß die Nitrierungen vollständig verlaufen waren. Gefunden wurden die Molekulargewichte 243,3 bzw. 243 bei den Nitrierungen bei 0° und bei — 30°, berechnetes Molekulargewicht 246. Diese Molekulargewichte liegen noch gerade innerhalb der Fehlergrenze der Titrierung.

Für die Bestimmung der relativen Menge der gebildeten Isomeren wurde die Methode der Erstarrungspunkte benutzt, welche auch hier den Nachteil hatte, daß das Säuregemisch durch das wiederholte Schmelzen sich dunkel färbte, welches als eine anfangende Zersetzung angesehen werden muß. Die Erstarrungspunkte wurden gefunden bei 168,0° für das bei — 30° dargestellte Nitrierungsprodukt, bei 166,0° für dasjenige bei 0° das Eutektikum bei 141,5° bzw. 140,7°, während das Eutektikum vom Gemisch der reinen Säuren bei 140,5° lag. Hieraus geht also hervor, daß das Nitrierungsprodukt keine anderen Bestandteile wie die beiden Säuren enthält, während die Erstarrungspunkte einen Gehalt an vizinaler Säure von 17,1 % bzw. 19,7 % angeben für die Nitrierungsprodukte, welche bei — 30° bzw. 0° dargestellt waren.

Die Nitrierung der m-Brombenzoesäure wurde von Hübner, Ohly

[1] R. **20**, 206 (1901). [2] A. **195**, 37 (1879).

und PHILIPP,[1] dann von HÜBNER und PETERMANN[2] untersucht. Erstgenannte übergossen ganz trockne m-Brombenzoesäure mit wenig sehr stark rauchender Salpetersäure; es trat dann sofort starke Einwirkung unter Entwicklung roter Dämpfe ein, nach deren Beendigung bis zur vollständigen Auflösung der Brombenzoesäure schwach erwärmt wurde. Die erhaltene Nitro-m-Brombenzoesäure wurde dann in kaltes Wasser gebracht und der sofort sich ausscheidende Teil von der übrigen Lösung getrennt; letztere wurde darauf zur Kristallisation eingedampft. HÜBNER und PETERMANN verbesserten dann noch die Trennung der beiden Säuren und stellten ihre Schmelzpunkte auf 140° für das Hauptprodukt, auf 250° für das Nebenprodukt fest. Letzteres entsteht nur in geringer Menge; aus 120 g m-Brombenzoesäure erhielten sie nur ca. 4 g; aber sie teilen mit, daß die Ausbeute teilweise deshalb so gering ist, weil man nur einen Teil derselben vollständig von seinen Isomeren trennen kann. Um die Ausbeute zu vergrößern, meinen sie, daß es zweckmäßig ist, beim Nitrieren starke Erwärmung zu vermeiden. Die Struktur des Hauptproduktes ist CO_2H, Br, NO_2 = 1, 3, 6, diejenige des Nebenproduktes 1, 3, 2.

HOLLEMAN und B. R. DE BRUYN haben a. a. O. auch die m-Brombenzoesäure quantitativ nitriert, ebenfalls mit der vierfachen Menge reeller Salpetersäure bei − 30° und 0°. Bezüglich der Einzelheiten sei nach S. 246 verwiesen, sowie hier oben (S. 284) nach der quantitativen Nitrierung der o-Brombenzoesäure.

Später haben DE LEEUW und POLAK[3] die Bestimmung der relativen Menge der Isomeren wiederholt, wobei sie jetzt die Auslaugemethode anwandten, während erstgenannte dafür die Erstarrungspunktmethode benutzten, welche aber auch hier den Nachteil hatte, daß das Säuregemisch sich beim wiederholten Schmelzen schwärzte. Die erhaltenen Resultate sind folgende:

Nitrierung von m-Brombenzoesäure

	DE LEEUW		POLAK	
	Nebenprodukt	Mol.-Gew. gef.	Nebenprodukt	Mol.-Gew. gef.
Temp. 0°	11,7%	243,7	13,0% 13,9%	245,7
Temp. − 30°	11,4	243,4	10,7 10,8	245,2

[1] A. **143**, 234 (1867). [2] A. **149**, 132 (1868).
[3] Verslagen Kon. Acad. van Wetensch. Amsterdam, Sitzung v. 26. Sept. 1908.

Nitrierung von m-Brombenzoesäure; HOLLEMAN und DE BRUYN, R. 20			
	Nebenprodukt	Mol.-Gew. gef.	Mol.-Gew. ber.
Temp. 0°	11,4%	245	—
Temp. – 30°	11,8	243,2	246

Zieht man in Betracht, daß bei der Auslaugungsmethode die höchsten Zahlen für das Nebenprodukt die genauesten sein werden (S. 248), und daß die Zahlen der Erstarrungsmethode in diesem Falle weniger genau sind, so kommt man zum Resultat, daß die in untenstehender Tabelle vereinigten Prozentzahlen dem wirklichen Gehalt am meisten nahe kommen werden:

Nitrierung von m-Brombenzoesäure		
	Nebenprodukt	Hauptprodukt
Temp. 0°	13%	87%
Temp. – 30°	11	89

p-Brombenzoesäure wurde von BURGHARDT[1] nitriert, welcher eine Nitrosäure vom Schmelzp. 199° fand; ihre Struktur ist CO_2H, Br, NO_2 = 1, 4, 3.

Einführung der Sulfogruppe. HÜBNER und UPMANN[2] teilen mit, daß sich m-Brombenzoesäure mittels SO_3 sulfonieren läßt; später ist die Sulfonierung dieser Säure, sowie der p-Brombenzoesäure von BÖTTINGER[3] genauer studiert worden. Die m-Brombenzoesulfosäure entsteht jedoch immer nur zu einem gewissen Teil beim Einleiten von SO_3 in mit etwas rauchender Schwefelsäure befeuchtete m-Brombenzoesäure und bei mehrtägigem Erhitzen des verflüssigten Produktes auf ca. 180°. Der Schmelzversuch mit ameisensaurem Natrium gab eine Säure von den Eigenschaften der Trimesinsäure $C_6H_3(CO_2H)_3$ (1, 3, 5), jedoch in ungemein kleiner Ausbeute, so daß die Stellung der Substituenten CO_2H, Br, SO_3H = 1, 3, 5 nicht ganz sicher gestellt sein dürfte.

Bezüglich der Sulfonierung von p-Brombenzoesäure stimmen BÖTTINGERS zwei Publikationen (a. a. O.) nicht ganz miteinander überein;

---

[1] B. **8**, 558 (1875). [2] Z. **1870**, 295.
[3] B. **7**, 1779 (1874) und A. **191**, 13 (1877).

wenn wir uns an die letzte halten, so ergab dieselbe folgendes: p-Brombenzoesäure wurde mit einer Lösung von kristallisierter Schwefelsäure in wenig rauchender Schwefelsäure übergossen. Die p-Brombenzoesäure löste sich sehr leicht in dieser Mischung auf. Es war etwa achtstündiges Erwärmen der Lösung auf 120—130° zur vollkommenen Überführung in eine Sulfosäure erforderlich; die Sulfonierung vollzieht sich also hier erheblich leichter als bei der m-Brombenzoesäure. Die p-Brombenzoesulfosäure wurde in ihr Baryumsalz umgewandelt; dem so erhaltenen rohen Baryumsalz hafteten sehr kleine Mengen eines in Wasser sehr leicht löslichen Körpers an, welche bewirkten, daß sich das Salz verhältnismäßig leicht in Wasser auflöste. Diese Substanz, welche das Baryumsalz einer andern Sulfosäure ist, ließ sich entfernen, wenn das entwässerte rohe Salz mit wenig Wasser zu einem Teig angerührt und der Sirup alsdann mit der Saugpumpe abgezogen wurde. Eine nähere Beschreibung dieses Nebenproduktes wird nicht gegeben. Versuche, die Stellung der Sulfogruppe im Hauptprodukt zu ermitteln, schlugen fehl.

Anwesend Br, NH_2.

Einführung von Chlor. Wenn Bromnitrobenzole mittels Zinn und Salzsäure reduziert werden, erfolgt, außer der Verwandlung der Nitro- in die Amidogruppe, auch die Einführung von Chlor im Kern, so daß Chlorbromaniline entstehen. Bezüglich des Mechanismus dieser Reaktion sei auf S. 134 verwiesen. Fittig und Büchner[1] erhielten in dieser Weise aus p-Bromnitrobenzol ein Chlorbromanilin, welches die Formel NH_2, Br, Cl = 1, 4, 2 haben muß.

Wie bereits auf S. 134 beschrieben worden ist, haben Chattaway und Orton[2] in Anilin und seine Substitutionsprodukte Chlor eingeführt, indem sie eine Lösung des Anilins in Chloroform mit einer Lösung von 2, 4-Dichloracetanilidchlorid im selben Lösungsmittel vermischten. meta-Bromanilin gab bei dieser Behandlungsweise ein Gemisch von zwei Chlorbromanilinen, welche durch Destillation der Sulfate im Dampfstrom getrennt werden konnten. Der größere Teil, welcher zuerst überging, hatte die Struktur NH_2, Br, Cl = 1, 3, 6 (Schmelzp. 45°). Der kleinere Teil, welcher nach Neutralisierung der Schwefelsäure

[1] A. **188**, 14 (1877). [2] Soc. **79**, 464 (1901).

überdestillierte, war von der Struktur NH_2, Br, Cl = 1, 3, 4 (Schmelzpunkt 78°).

Fittig und Büchner[1] lösten para-Bromanilin in einem großen Überschuß heißer konzentrierter Salzsäure und leiteten Chlorgas in die im Wasserbade beständig heiß gehaltene Lösung. Sie bekamen so ein Chlorbromanilin, Schmelzp. 69,5°, aber es bildeten sich auch Nebenprodukte. Beilstein gibt dieser Verbindung die Formel NH_2, Br, Cl = 1, 4, 2.

Einführung von Brom. Werden bei der Reduktion von Nitroverbindungen Zinn und Bromwasserstoff angewandt, so tritt bisweilen, in ganz analoger Reaktion wie bei der Verwendung von Zinn und Salzsäure, Brom im Kern auf. Nach einer Mitteilung von Boeseken[2] entsteht so aus o-Bromnitrobenzol o,p-Dibromanilin. Zu dieser selben Kategorie gehören zwei Mitteilungen von Bamberger.[3] 1. Phenylhydroxylamin gibt mit Bromwasserstoff neben p- und o-Bromanilin auch 2,4-Dibromanilin. 2. Nitrosobenzol, behandelt mit bei 0° gesättigter wäßriger Bromwasserstoffsäure, gibt viel 2,4-Dibromanilin, nach dem Reaktionsschema:

$$C_6H_5NO \longrightarrow C_6H_5N{\begin{smallmatrix}Br\\OH\end{smallmatrix}} \longrightarrow C_6H_5NBr_2 \longrightarrow C_6H_3Br_2 \cdot NH_2.$$

Eine Untersuchung über die Bromierung von m-Bromanilin von Wheeler und Valentine[4] wurde veranlaßt durch zwei Substitutionsregeln, welche sich in der Literatur vorfinden. Die eine, von Langer[5] aufgestellt, lautet wie folgt: Bei weiterer Substitution des Anilin üben solche Substituenten, die zur Amidogruppe die m-Stellung einnehmen, gar keinen bemerkbaren Einfluß aus und verringern die Zahl der neu eintretenden Halogenatome nicht. Dieselbe ist ein Spezialfall von Noeltings[6] Regel: Ein m-substituiertes Anilin verhält sich, Agentien gegenüber, geradeso, wie ein gar nicht substituiertes. Obwohl diese Regeln vollkommen richtig sind, wenn höhere Substitutionsprodukte entstehen, scheint es doch (sagen Wheeler und Valentiner), daß keine Versuche gemacht sind, um festzustellen, welches das erste Produkt der Substitution ist, oder welche Hauptprodukte sich vorfinden, wenn die freien Aniline einer weniger energischen Behandlung unterzogen werden. Sie fanden nun, daß das Hauptprodukt, welches entsteht, wenn m-Bromanilin (43 g)

[1] A. **188**, 21 (1877). [2] R. **25**, 365 (1906).
[3] B. **31**, 1504 (1898) Fußnote. B. **32**, 218 (1899).
[4] Am. **22**, 275 (1899). [5] A. **215**, 107 (1882). [6] B. **8**, 1093 (1875).

in 350 ccm Eisessig gelöst, mit 40 g Brom, in einem Luftstrom verdampft, behandelt werden, das 3,4-Dibromanilin vom Schmelzp. 81° ist. Hiervon wurden 26 g erhalten; weiter entstehen höher bromierte Aniline. Dieses Resultat widerspricht der Regel von KEHRMANN,[1] welche sagt, daß ein eintretender Substituent gewöhnlich die o-Stelle einnimmt in bezug auf den Substituenten von der kleinsten molekularen Größe.

KÖRNER[2] fand, daß auch m-Bromacetanilid bei weiterer Bromierung hauptsächlich Dibromacetanilid (1, 3, 4) liefert, und zwar in einer Ausbeute von über 90% der Theorie, wenn 25 g desselben in 60 g lauwarmer Essigsäure gelöst und 18,5 g Brom, in 30 g Eisessig gelöst, auf einmal zugefügt werden und das Gemisch ins Sonnenlicht bis zur völligen Entfärbung gestellt wird.

FRIES[3] hat in Eisessiglösung Acetanilid bromiert, wobei nach Verdünnung mit Wasser glatt para-Bromacetanilid entsteht (S. 136). Die Einführung eines zweiten Bromatoms verursachte größere Schwierigkeiten. Sie gelingt aber auch, wenn man in sehr verdünnter Eisessiglösung bromiert und dafür sorgt, daß der sich bildende Bromwasserstoff sofort entfernt wird, was am besten durch Zusatz von Natriumacetat geschieht. Die Reaktion verläuft im übrigen glatt. Das Produkt wird wohl 2,4-Dibromacetanilid sein, aus primär entstandenem para-Bromacetanilid gebildet.

Auch in Methylanilin führte FRIES[4] zwei Bromatome ein. Er versetzte eine Lösung von 21,4 g Methylanilin in 100 ccm Eisessig nach und nach mit 64 g Brom; die erste Hälfte desselben verschwand rasch (Bildung des para-Bromderivates). Die zweite Hälfte hingegen wurde nur sehr langsam aufgenommen. Gibt man aber vorsichtig Wasser hinzu und läßt jedesmal einige Zeit stehen, so wird die Lösung nach und nach farblos und nach Verdünnen mit mehr Wasser bekommt man eine fast quantitative Ausbeute an 2,4-Dibrommethylanilin.

In ähnlicher Weise läßt sich auch — wiewohl nicht so glatt — Dimethylanilin in ein Dibromderivat überführen.[5]

Einführung der Nitrogruppe. Nur p-Bromanilin und seine Acetverbindung sind nitriert. HÜBNER[6] brachte 1 Gewichtsteil p-Bromacet-

[1] B. **23**, 130 (1890). [2] G. **25** I, 96 (1895). [3] A. **346**, 172 (1906).
[4] a. a. O. S. 174 [5] a. a. O. S. 188. [6] A. **209**, 357 (1881).

anilid nach und nach in 3 Gewichtsteile kalter Salpetersäure vom spez. Gew. 1,52. Er ließ das erhaltene Gemisch 8 Minuten lang stehen (wie lange jedoch das Eintragen gedauert hat, wird nicht mitgeteilt) und goß es darauf in kaltes Wasser. Das gebildete Bromnitracetanilid hatte die Formel NHac, Br, NO_2 = 1, 4, 2, denn bei seiner Reduktion bildete sich eine Anhydrobase. Das entsprechende Bromnitranilin, Schmelzp. 110°, bildete sich beim allmählichen Eintröpfeln einer kalten, mit Eisessig (1 Gewichtsteil) bereiteten Lösung von p-Bromanilin (1 Gewichtsteil) in ein kaltes (5—6°) Gemisch von 3 Gewichtsteilen Salpetersäure, spez. Gew. 1,52, und 3 Gewichtsteilen Eisessig. Um die Identität des Bromnitranilins aus nitriertem p-Bromacetanilid mit dem durch direkte Nitrierung von para-Bromanilin erhaltenen Präparat zu beweisen, wurde die gleiche Löslichkeit beider festgestellt.

Noelting[1] nitrierte p-Bromanilin in schwefelsaurer Lösung, indem er es in 10 Teilen Schwefelsäure auflöste und hierzu die berechnete Menge Salpetersäure fügte. Wie auch in anderen Fällen konstatiert wurde, kommt dann die Nitrogruppe auf die meta-Stelle, und es entsteht das Isomer NH_2, NO_2, Br = 1, 3, 4 vom Schmelzp. 132°. Die Struktur der Verbindung ergab sich bei ihrer Behandlung in Eisessiglösung mit überschüssigem Brom, wobei das bei 102,5° schmelzende Tribromanilin entsteht, welches sich bei der gleichen Behandlung aus m-Nitranilin (also unter Ersatz der Nitrogruppe gegen Brom) bildet. Das zweite Bromatom muß also auf meta-Stelle in bezug auf NH_2 stehen.

Einführung der Sulfogruppe. Augustin und Post[2] erhielten eine sehr befriedigende Ausbeute an Sulfosäure, als sie o-Bromanilin (Schmelzp. 31,5°) mit überschüssiger Pyroschwefelsäure im Wasserbade ½—1 Stunde lang erwärmten, bis die Bildung von Schwefeldioxyd bemerkbar wurde. Andrews[3] bewies die Struktur dieser Säure, indem er ihre Identität mit Goslichs Säure feststellte, welche durch Nitrieren von p-Brombenzolsulfosäure und nachherige Reduktion entstand. Die Stellung der Substituenten ist daher NH_2, Br, SO_3H = 1, 2, 5.

Dieses Resultat ist in Übereinstimmung mit Armstrongs Befund (S. 144), daß auch aus Anilin selbst in stark rauchender Schwefelsäure die meta-Verbindung entsteht, geradeso wie die Nitrogruppe in schwefelsaurer Lösung an der meta-Stelle eintritt (S. 139).

---

[1] B. **17**, 266 (1884). [2] B. **8**, 1561 (1875). [3] B. **13**, 2126 (1880).

Bezüglich der Sulfonierung von m-Bromanilin liegt nur die Angabe von LIMPRICHT und BORNS[1] vor, daß die entsprechende Acetverbindung durch rauchende Schwefelsäure in eine Sulfosäure umgewandelt wird.

Bei der Sulfonierung von p-Bromanilin erhält man je nach den Umständen die Isomere NH_2, Br, SO_3H = 1, 4, 3 oder = 1, 4, 2. NOELTING und SCHÖLLER[2] erhielten unter nicht näher angegebenen Bedingungen die Säure 1, 4, 2, denn das Produkt ging mit Brom glatt in Tribromanilin über, während aus Amidosäuren mit der Sulfogruppe auf meta-Stelle in bezug auf NH_2, diese Gruppe nicht in dieser Weise eliminiert wird. NOELTING und SCHÖLLER machen bei dieser Gelegenheit folgende Bemerkung: Einen merklichen Unterschied zeigen die Nitro- und Sulfoderivate in ihrem Verhalten. Während erstere, einmal gebildet, sehr beständig sind und Wanderungen der Nitrogruppe im Molekül bis jetzt nicht beobachtet wurden, gehen fertig gebildete Sulfoderivate leicht molekulare Wanderungen ein. Wahrscheinlich spaltet sich zunächst eine Sulfogruppe ab und die Schwefelsäure wirkt von neuem substituierend ein, liefert aber bei höherer Temperatur und unter veränderten Umständen ein Derivat einer andern Reihe. Dies wurde durch die weiteren Untersuchungen von BORNS[3] und von KREIS[4] bestätigt. Ersterer erhitzte p-Bromacetanilid lange (mehrere Stunden) und hoch (170—180°) mit dem gleichen Volum rauchender Schwefelsäure, wobei die Masse unter starker Entwicklung von Schwefeldioxyd stark verschmierte; er bekam so die Säure NH_2, Br, SO_3H = 1, 4, 2, da dieselbe durch Entamidieren m-Brombenzolsulfosäure gab. KREIS dagegen löste 30 g p-Bromacetanilid in viel (200 g) rauchender Schwefelsäure (mit 15 % SO_3) und erwärmte nur 15 Minuten auf 140—150°. Er kühlte dann sofort ab und goß auf 600 g Eis, wobei er einen dicken Kristallbrei von der Säure 1, 4, 3 erhielt, da dieselbe durch Entbromung Metanilsäure $C_6H_4 \cdot NH_2 \cdot SO_3H$ = 1,3 gab, identifiziert durch Überführung in Phenolsulfosäure, die bei der Kalischmelze Resorzin gab. — Wenn er dagegen 20 g p-Bromacetanilid mit nur 10 g englischer Schwefelsäure auf freiem Feuer zum Schmelzen erhitzte, so blieb die Masse so lange flüssig, bis alle Essigsäure entwichen war, worauf sie plötzlich zu einem zähen Brei erstarrte. Danach erhitzte er noch etwa eine Stunde auf 170—180° und konnte

[1] B. **8**, 1072 (1875). [2] B. **8**, 1095 (1875). [3] A. **187**, 368 (1877).
[4] A. **286**, 377 (1895).

so alles Bromanilin quantitativ in Sulfosäure und zwar in die Säure NH_2, Br, SO_3H = 1, 4, 2 umwandeln. Die Struktur dieser Säure wurde zunächst durch Überführung derselben in p-Brombenzoesulfinid festgestellt, später noch durch Entbromung, wobei Anilin-o-Sulfosäure entstand.

Gelinde Erhitzung mit einem Überschuß an rauchender Säure während kurzer Zeit gibt also die Säure NH_2, Br, SO_3H = 1, 4, 3; stärkere Erhitzung während längere Zeit mit englischer Säure in kleiner Menge gibt dagegen die Säure 1, 4, 2.

Anwesend Br, OH.

Einführung von Brom. Körner[1] behandelte zur Erzeugung von Dibromphenol Monobromphenol (welches?) oder Phenol selbst mit der erforderlichen Menge Brom, indem er einen Luftstrom, mit Bromdampf beladen, durch das Phenol saugte. Während dieser Behandlung wurde gekühlt. Der Schmelzpunkt des erhaltenen Dibromphenols war 40°; da dasselbe durch Salpetersäure leicht in Pikrinsäure verwandelt wurde, muß es die Struktur OH, Br, Br = 1, 2, 4 haben.

Wird p-Bromphenetol nach der Methode von Autenrieth und Mühlinghaus[2] mit PBr_5 bromiert (siehe S. 158 u. 161), so entsteht ein Dibromphenetol, Schmelzp. 50°; und zwar wurden aus 20 g p-Bromphenetol 21 g reines Dibromderivat erhalten. Die Autoren sagen, daß zweifelsohne das Dibromphenetol OC_2H_5, Br, Br = 1, 2, 4 vorliegt. Dies wird dadurch gestützt, daß bei der Einwirkung von 2 Mol. PBr_5 auf Anisol ein Dibromanisol vom Schmelzp. 49—50° erhalten wurde, welches mit dem Dibromanisol OCH_3, Br, Br = 1, 2, 4 Körners identisch war. Die Ausbeute an Dibromprodukt erreichte nahezu den theoretischen Wert.

Einführung der Nitrogruppe. o-Bromphenol ist durch Meldola und Streatfeild[3] nitriert worden; es war aus o-Nitrophenol dargestellt. Die Nitrierung geschah mit der berechneten Menge Salpetersäure (spez. Gew. 1,5), welche mit etwa ihrem dreifachen Volum Eisessig verdünnt war und langsam dem Bromphenol, gelöst in seinem eigenen Gewicht Eisessig, zugefügt wurde. Während der Einwirkung wurde mit Wasser

---

[1] A. **137**, 205 (1865). [2] B. **39**, 4098 (1906).
[3] Soc. **73**, 683 (1898).

gekühlt. Das Rohprodukt enthielt zwei Nitrobromphenole; das eine hatte die Struktur OH, Br, NO_2 = 1, 2, 4, Schmelzp. 112°; das andere war mit Wasserdämpfen destillierbar, vom Schmelzp. 67—68°, und hatte die Struktur 1, 2, 6. Erstere Verbindung ist bereits von Brunck beschrieben, welcher dieselbe durch Bromierung von p-Nitrophenol erhielt, wodurch die angegebene Struktur bewiesen ist. Letztere Verbindung gab bei weiterer Nitrierung dasselbe Dinitrobromphenol wie 1, 2, 4, nämlich die Verbindung OH, Br, NO_2, NO_2 = 1, 2, 4, 6 (deren Struktur daraus hervorgeht, daß Armstrong[1] dieselbe durch Erwärmen von Pikrinsäure mit Wasser und Brom erhielt), so daß sie die Struktur 1, 2, 6 haben muß.

p-Bromphenol wurde von Hübner und Brenken[2] in folgender Weise nitriert: 1 Volum desselben wurde mit 10 Volum Eisessig verdünnt; diese Mischung wurde in eine für die Bildung einer Mononitroverbindung berechneten Menge von ebenfalls mit 10 Volum Eisessig verdünnter rauchender Salpetersäure unter steter Abkühlung eingetragen. Nach kurzer Einwirkung wurde die ganze Masse in Wasser gegossen, aus welchem sich das Nitrobromphenol als schöne, gelb kristallisierte Masse abschied. Nach Kristallisation war der Schmelzp. 88°. Da dieses Nitro-p-Bromphenol anderseits durch Bromieren von o-Nitrophenol erhalten werden kann (Brunck[3]), so ist seine Struktur OH, Br, NO_2 = 1, 4, 2.

Meldola und Streatfeild,[4] welche in derselben Weise, wie sie o-Bromphenol nitrierten, dies auch mit der p-Verbindung taten, nur mit dem Unterschied, daß sie hier mit einer Kältemischung kühlten, kamen zum selben Resultat. Nur fanden sie neben dem mono-Nitrobromphenol eine kleine Menge 2-Brom-4,6-Dinitrophenol, welches durch Wanderung des Bromatoms entstanden sein muß, weil das verwendete p-Bromphenol frei von ortho war. Eine derartige Wanderung des Halogenatoms ist auch von Reverdin bei der Nitrierung von p-Bromanisol und p-Bromphenetol beobachtet (s. unten).

Dahmer[5] nitrierte para-Bromphenol, indem er dasselbe in Eisessig löste und unter Eiskühlung allmählich mit überschüssigem Natriumnitrit versetzte. Nach einiger Zeit fällte er mit Wasser aus, wodurch er ein gelbrotes Öl erhielt, das bei der Destillation mit Wasserdampf

[1] B. 6, 650 (1873). [2] B. 6, 170 (1873). [3] Z. 1867, 203.
[4] a. a. O. [5] A. 333, 353 (1904).

das Bromnitrophenol OH, Br, NO_2 = 1, 4, 2 lieferte. Das Resultat war daher das gleiche wie bei Anwendung von Salpetersäure; nur die Ausbeute ist mutmaßlich geringer gewesen.

o-Bromanisol liefert nach REVERDIN[1] bei der Nitrierung durch Eintragen zweier Teile desselben in ein Gemisch von 1 Teil Essigsäure und 1 Teil Salpetersäure (spez. Gew. 1,5) und Stehenlassen bei gewöhnlicher Temperatur ein Mononitroderivat, das o-Brom-p-Nitranisol vom Schmelzpunkt 105°, welches bereits von STÄDEL[2] durch Bromierung von para-Nitrophenol und Methylierung des so dargestellten Brom-p-Nitrophenols erhalten war. p-Bromanisol lieferte durch Nitrierung unter denselben Bedingungen das p-Brom-o-Nitranisol vom Schmelzp. 86°, welches STÄDEL ebenfalls durch Bromieren von o-Nitrophenol und Methylierung dieses Brom-o-Nitrophenols erhielt. Bei einer erneuten Untersuchung der Nitrierung von p-Bromanisol fanden REVERDIN und DÜRING,[3] daß bei der Einwirkung von Salpetersäure (spez. Gew. 1,485) auf diese Verbindung bei —10° ein Gemenge von Nitrokörpern entsteht, aus dem o-Nitro-p-bromanisol vom Schmelzp. 85° gewonnen werden konnte; auch wurde das Dinitrobromphenol OH, Br, NO_2, NO_2 = 1, 2, 4, 6 daraus gewonnen, das beweist, da das Bromatom darin auf 2 steht, daß dies gewandert sein muß, was hier aber jedenfalls weniger leicht als bei der Nitrierung von p-Bromphenetol vonstatten geht.

In der Tat ist, nach der Untersuchung von REVERDIN und DÜRING,[4] die Nitrierung von p-Bromphenetol ein wenig glatt verlaufender Prozeß. Sie ließen 1 Teil des Phenetols in 2 Teilen Salpetersäure (spez. Gew. 1,485), welche auf — 10° gehalten wurde, eintropfen; auch bei dieser Temperatur ging die Reaktion energisch unter Braunfärbung der Flüssigkeit vor sich. Nach Beendigung des Eintropfens wurde sofort in Eiswasser gegossen. Am andern Tage wurde abgesogen, wobei ein schweres gelbes Öl mit abfloß und eine hellgelbe, weiche Masse zurückblieb. Diese, etwa der Hälfte der angewandten Bromphenetolmenge entsprechend, wurde mit Alkali von etwas bei der Reaktion entstandenem Nitrophenol und durch Ausbreiten auf Tontellern von dem noch anhaftenden Öl befreit. Durch Umkristallisieren aus 5 Teilen Alkohol erhielten sie feine schwefelgelbe Nadeln, die nach nochmaligem Kristallisieren bei 98° schmolzen. Es war eine Mononitroverbindung. Da

[1] B. **29**, 2598 (1896). [2] A. **217**, 66 (1883).
[3] B. **32**, 162 (1899), Fußnote. [4] a. a. O.

sie weiter mitteilen, daß die Mutterlaugen dieses Nitrobromphenetols noch größere Mengen eines Nitrobromproduktes enthielten, welches bei ca. 66° schmolz und größtenteils aus p-Brom-o-Nitrophenetol bestand, wird jedenfalls die Ausbeute des bei 98° schmelzenden Körpers nicht groß gewesen sein. Letzterer Körper ist nun nach ihren Untersuchungen o-Brom-p-Nitrophenetol, also entstanden durch Wanderung des Bromatoms von der p- nach der o-Stelle, während die Nitrogruppe die dadurch frei gewordene p-Stelle besetzt hat. REVERDIN und DÜRING bewiesen die Struktur dieser Verbindung dadurch, daß ihr Reduktionsprodukt (mit Zinn und Salzsäure erhalten) identisch mit einer Base ist, welche von HODUREK[1] durch Bromieren und nachheriges Entacetylieren von Phenacetin erhalten wurde; und dadurch, daß der bei 98° schmelzende Körper auch durch Nitrieren von o-Bromphenetol gewonnen werden kann. Die Struktur des Körpers steht daher fest; es kann nur noch die Frage sein, ob er wirklich durch Wanderung des Bromatoms entstanden ist. Da die Ausbeute nicht groß war, würde man auf den Gedanken verfallen können, ob das zur Nitrierung verwendete p-Bromphenetol wohl ganz frei von der isomeren o-Verbindung gewesen sei. Da es aber durch Diazotieren von p-Phenetidin nach SANDMEYERS Methode dargestellt wurde und p-Phenetidin leicht völlig frei von Isomeren erhalten werden kann (aus Phenacetin), so muß angenommen werden, daß das p-Bromphenetol wirklich frei von Isomeren gewesen ist.

Die beiden anderen, bei der Nitrierung von p-Bromphenetol gebildeten Körper, nämlich die bei ca. 66° schmelzenden Kristalle (die auch durch Umkristallisieren nicht auf einen konstanten Schmelzpunkt gebracht werden konnten), sowie das oben erwähnte Öl gaben beide bei der Reduktion p-Brom-o-Amidophenetol, welches auch durch Bromieren von o-Phenacetin erhältlich ist.

Einführung von Hydroxyl. Geradeso wie in para-Chlorphenol (S. 263), läßt sich auch in para-Bromphenol mittels Kaliumpersulfat eine OH-Gruppe einführen, welche in ortho-Stellung zur anwesenden OH-Gruppe kommt.

Einführung von der Aldehydgruppe. GATTERMANN[2] wandte seine Blausäuremethode auch auf meta-Bromphenol und meta-Bromphenetol

[1] B. **30**, 478 (1897). [2] A. **357**, 335 u. 350 (1907).

an. Bei ersterer Verbindung betrug die Ausbeute an Aldehyd nur 10% der Theorie. Daß auch hier die Aldehydgruppe sich para zu OH bzw. OC_2H_5 stellt, wurde wohl aus Analogie mit den Chlorverbindungen geschlossen.

Anwesend Br, CN.

Einführung der Nitrogruppe. Schöpf[1] hat o- und p-Brombenzonitril nitriert, indem er 20 g allmählich in eine Lösung von 11 g Salpeter in konzentrierte Schwefelsäure eintrug, erforderlichenfalls unter Abkühlung, wenn hierbei starke Erwärmung eintreten sollte. Aus der o-Verbindung erhielt er einen Mononitrokörper vom Schmelzp. 117°, welcher durch Verseifung die Bromnitrobenzoesäure CO_2H, Br, NO_2 = 1, 2, 5 gab. Die p-Verbindung lieferte ein bei 120° schmelzendes Produkt, welches bei Verseifung die Säure CO_2H, Br, NO_2 = 1, 4, 3 gab.

Anwesend Br, CHO.

Einführung der Nitrogruppe. H. Müller teilt in einer Patentschrift[2] mit, daß beim Nitrieren von m-Brombenzaldehyd zwei isomere o-Nitro-m-Brombenzaldehyde entstehen, denn beide Körper zeigen (beim Erwärmen mit Aceton und Natronlauge) „reichlich“ die Indigoreaktion, so daß in beiden die Nitrogruppe ortho-ständig zu der Aldehydgruppe sein muß. Das Hauptprodukt schmolz bei 74°; das in unbedeutender Menge entstehende Nebenprodukt wurde von ihm nur als dickes, rötliches Öl erhalten.

Einhorn und Gernsheim,[3] welche sich auch mit der Nitrierung von m-Brombenzaldehyd beschäftigt haben, erwähnen dieses Nebenprodukt nicht. Sie ließen das Aldehyd (50 g) in ein auf 0° abgekühltes Nitriergemisch fließen, bestehend aus einer Lösung von 78 g Salpeter in 600 g Schwefelsäure; während der Operation hielten sie die Temperatur unter 0°. Sie erhielten so auch den bei 74° schmelzenden Körper, welcher bei Oxydation mit Permanganat die Säure CO_2H, Br, NO_2 = 1,3,6 vom Schmelzp. 140° lieferte; womit also der Strukturbeweis gegeben war. Mit Aceton und Natronlauge entstand sofort Dibromindigo.

p-Brombenzaldehyd wurde von Schöpf[4] nitriert, indem er 25 g

---

[1] B. **23**, 3439 (1890). [2] Frdl. I, 147 (1884). [3] A. **284**, 144 (1894).
[4] B. **24**, 3775 (1891).

desselben allmählich, so daß nicht zu starke Erwärmung stattfand, in eine Lösung von 14 g Salpeter in 100 ccm konzentrierter Schwefelsäure eintrug. Dem Reaktionsprodukt, das nach einstündigem Stehen durch Wasser gefällt wurde, erkennt er, allerdings ohne Strukturbeweis, die Formel CHO, Br, NO_2 = 1, 4, 3 zu. Der Schmelzpunkt war 103°.

Einführung der Sulfogruppe. Schöpf[1] hat dieselbe folgendermaßen ausgeführt: 7 g p-Brombenzaldehyd wurden in 50 g 80 prozentiger rauchender Schwefelsäure gelöst; die Temperatur erhöhte sich dabei nur wenig. Zur Erlangung eines vollkommen in Wasser löslichen Produktes mußte die Temperatur kurze Zeit bis 150° gesteigert werden. Durch Kochen mit einer Sodalösung entstand, unter Austausch von Brom gegen Hydroxyl, die Oxybenzaldehydsulfosäure CHO, OH, SO_3H = 1, 4, 3.

Anwesend J, J.

Einführung der Nitrogruppe. Nach Körner und Wender[2] löst sich o-Dijodbenzol leicht in Salpetersäure vom spez. Gew. 1,54. Wird die Lösung nach einiger Zeit in Wasser gegossen, so scheidet sich ein Dijodnitrobenzol vom Schmelzp. 112,5° aus, welches mutmaßlich die Struktur J, J, NO_2 = 1, 2, 4 hat.

m-Dijodbenzol löst sich nur langsam beim Erwärmen mit viel Salpetersäure vom spez. Gew. 1,52 (Körner[3]). Das erhaltene Nitroprodukt hat die Struktur J, J, NO_2 = 1, 3, 4 (Schmelzp. 168,4°).

Anwesend J, NO_2.

Einführung der Nitrogruppe. o-Jodnitrobenzol gibt beim Behandeln mit Salpeterschwefelsäure Dinitrojodbenzol J, NO_2, NO_2 = 1, 2, 4 als Hauptprodukt, und 6—7% vom Isomer J, NO_2, NO_2 = 1, 2, 6. Das bei 88,5° schmelzende Hauptprodukt geht beim Erwärmen mit Kalilauge in das Kaliumsalz des gewöhnlichen (OH, NO_2, NO_2 = 1, 2, 4) Dinitrophenols über und beim Erwärmen mit alkoholischem Ammoniak in gewöhnliches Dinitranilin, aus welchem m-Dinitrobenzol durch Entamidierung entsteht. Das Nebenprodukt vom Schmelzp. 113,7° gibt bei Reduktion und Ersatz von Jod durch Wasserstoff m-Diamidobenzol.

[1] B. **24**, 3782 (1891). [2] G. **17**, 492 (1887). [3] J. **1875**, 325.

Körner,[1] von welchem obige Untersuchung herrührt, hat a. a. O. auch die Nitrierung von p-Jodnitrobenzol beschrieben, welches, beim Erwärmen im Wasserbad, mit einem Gemisch von Salpetersäure und rauchender Schwefelsäure, als einziges Reaktionsprodukt obiges Joddinitrobenzol J, NO_2, NO_2 = 1, 2, 4 ergab.

m-Jodnitrobenzol wurde von Fertsch und Heubach[2] weiter nitriert. 150 g desselben wurden unter Kühlung durch Wasser mit einem Gemisch von je 750 g rauchender Salpetersäure und konzentrierter Schwefelsäure übergossen, sodann nach Anbringung eines Steigrohres zum gelinden Sieden erwärmt. Nach etwa 25 Minuten wurde die Reaktion unterbrochen. Sie isolierten nur ein bei 74,4° schmelzendes Joddinitrobenzol, ohne Angabe der Ausbeute; auch wurden anscheinend die alkoholischen Mutterlaugen nicht auf die Anwesenheit von Isomeren geprüft. Für die Struktur des Körpers geben sie die Formel J, NO_2, NO_2 = 1, 3, 4, allerdings ohne Beweis.

Anwesend J, CH_3.

Einführung von Brom. Die Bromierung im Kern von den drei Jodtoluolen ist durch Hirtz[3] untersucht worden. Beim Zufügen von Brom zu o-Jodtoluol geht die Reaktion zwar recht lebhaft, aber doch nicht stürmisch vor sich; erst gegen Ende derselben erwies es sich von Vorteil, Halogenüberträger (welche, ist nicht erwähnt) zuzufügen. Nach „Analogieschluß" ist das erhaltene Jodbromtoluol von der Struktur CH_3, J, Br = 1, 2, 4.

Die Einwirkung von Brom auf m-Jodtoluol war außerordentlich heftig; es wurde daher kein Halogenüberträger benutzt, und es mußte die Reaktion durch Kühlen mit Eiswasser gemildert werden. Da das Gegenteil nicht erwähnt ist, muß angenommen werden, daß bei Tageslicht gearbeitet wurde; trotzdem scheint das Brom in den Kern getreten zu sein, denn durch Kochen mit einem Gemisch von Salpetersäure und Schwefelsäure bildete sich ein Dinitrobromjodtoluol, welches wenig wahrscheinlich sein würde, wenn das Brom in die Seitenkette getreten war. Die Stellung des Bromatoms wurde nicht ermittelt.

Für die Bromierung von p-Jodtoluol war es notwendig, von Anfang an Halogenüberträger zuzufügen; und auch dann noch blieb die

[1] J. **1875**, 322. [2] A. **303**, 339 (1898). [3] B. **29**, 1405 (1896).

Reaktion unvollständig. Es resultierte ein zwischen 260—265° siedendes Öl, das sich seiner geringen Menge wegen durch Destillation nicht weiter reinigen ließ. Zur Ermittlung der Struktur dieser Verbindung wurde sie nitriert, wobei eine bei 92° schmelzende Nitroverbindung erhalten wurde. Nun hat Wroblewsky[1] das p-Jod-m-Bromtoluol dargestellt, welches ein bei 118° schmelzendes Nitroderivat gibt; es ist daher anzunehmen, daß sich durch direkte Bromierung von p-Jodtoluol das isomere Bromjodtoluol CH_3, J, Br = 1, 4, 2 gebildet hat. Dies wurde außerdem noch dadurch bewiesen, daß aus dem Bromnitrotoluol CH_3, Br, NO_2 = 1, 2, 4 das entsprechende o-Brom-p-Jodtoluol dargestellt wurde, welches bei seiner Nitrierung ebenfalls das bei 92° schmelzende Nitroprodukt gab.

Einführung von Jod. Neumann[2] hat eine merkwürdige Einwirkung von konzentrierter Schwefelsäure auf aromatische Jodverbindungen gefunden, welche darin besteht, daß sie jodübertragend wirkt (s. S. 65). Wenn man z. B. 50 g p-Jodtoluol mit 50 g Schwefelsäure 4 Stunden lang auf dem Wasserbade erwärmt, so findet hauptsächlich eine Reaktion nach folgender Gleichung statt:

$$2C_6H_4J\cdot CH_3 + H_2SO_4 = C_6H_3J_2\cdot CH_3 + C_6H_4\cdot SO_3H\cdot CH_3 + H_2O,$$

wie durch quantitative Bestimmung der Reaktionsprodukte bewiesen wurde. Mit o-Jodtoluol verlief die Reaktion ebenso und wurde dasselbe Dijodtoluol erhalten, welches also die Struktur CH_3, J, J = 1, 2, 4 haben muß. Die Identität der beiden Dijodtoluole wurde noch näher durch ihre Oxydation zu einer und derselben Dijodbenzoesäure bewiesen.

Einführung der Nitrogruppe. Beilstein und Kuhlberg[3] nitrierten o-Jodtoluol mit rauchender Salpetersäure und erhielten nur ein Mononitroprodukt vom Schmelzp. 104°, dessen Struktur von Reverdin[4] durch Darstellung desselben aus dem Nitrotoluidin CH_3, NH_2, NO_2 = 1, 2, 5 bestimmt wurde. In derselben Abhandlung beschreibt letzterer, außer einer Wiederholung und Bestätigung des Versuches von Beilstein und Kuhlberg, auch die Nitrierung von p-Jodtoluol; er trug dasselbe in feiner Pulverform in das gleiche Gewicht Salpetersäure (spez. Gew. 1,51)

---

[1] A. **168**, 159 (1873).
[2] A. **241**, 50 (1887).
[3] A. **158**, 347 (1871).
[4] B. **30**, 3000 (1897).

und ließ bei gewöhnlicher Temperatur einige Stunden stehen. Nach Ausgießen in Eiswasser und Waschen mit Sodalösung wurde das Produkt im Dampfstrom destilliert, wobei zunächst p-Nitrotoluol überging, nachher p-Jod-o-Nitrotoluol (Schmelzp. 60,5°), welches das Hauptprodukt der Reaktion darstellt. Diese Verbindung war früher von Heynemann[1] aus gewöhnlichem Dinitrotoluol $CH_3, NO_2, NO_2 = 1, 2, 4$ durch Austausch der Nitrogruppe auf 4 gegen Jod gewonnen, woraus ihre Struktur hervorgeht. Aus dem Rückstand der Dampfdestillation wurde eine geringe Menge einer bei 112° schmelzenden Substanz isoliert, welche den Stickstoffgehalt eines Dijodnitrotoluols hatte. Auch war noch ein öliges Produkt entstanden, über dessen Natur keine völlige Klarheit erhalten wurde.

Einführung der Sulfogruppe. Die Sulfonierung von o-Jodtoluol gelingt nach Mabery und Palmer,[2] wenn Schwefeltrioxyd, frisch destilliert aus Nordhäuser Säure, vorsichtig zu o-Jodtoluol gefügt wird; anfangs kühlten sie, später erwärmten sie während einiger Zeit. Insoweit als aus der Löslichkeit des Baryumsalzes und aus dessen Kristallform geschlossen werden konnte, wird nur eine Säure gebildet, deren Struktur nicht ermittelt wurde.

p-Jodtoluol wurde von Glassner[3] durch SO_3 sulfoniert, indem er p-Jodtoluol, in Chloroform gelöst und ganz allmählich mit einer Auflösung der berechneten Menge SO_3 im selben Lösungsmittel gelöst, versetzte. Der Schmelzpunkt des Amids der als Hauptprodukt entstehenden Säure war 179°. Aus den letzten Mutterlaugen ihres Baryumsalzes kristallisierte nach sehr langem Verweilen über Schwefelsäure das Baryumsalz einer zweiten p-Jodtoluolsulfosäure in langen Nadeln.

Anwesend J, CO_2H.

Einführung von Brom. Diese wurde von Hirtz[4] versucht durch Erhitzen der drei Jodbenzoesäuren mit Brom in der Bombe auf 160 bis 180°. Hierbei lieferte die o-Säure ein Bromierungsprodukt von der Formel $CO_2H, J, Br = 1, 2, 5$, während in der m- und p-Säure das Jod gegen Brom ausgetauscht wurde.

[1] A. **158**, 337 (1871). [2] Am. **6**, 170 (1884). [3] B. **8**, 561 (1875).
[4] B. **29**, 1407 (1896).

Einführung der Nitrogruppe. Bei der Nitrierung der o-Jodbenzoesäure wird, nach einer Untersuchung von GÜMBEL,[1] der Prozeß kompliziert durch die Bildung einer Jodosoverbindung; er erhielt nur Jodosobenzoesäure, wenn er o-Jodbenzoesäure mit Salpetersäure allein behandelte. Wandte er Salpeterschwefelsäure an, so waren die Produkte verschieden, je nach den Umständen, unter welchen gearbeitet wurde. Bei einer Temperatur von 135—140° während 3 Stunden bildete sich eine nitrierte Jodosobenzoesäure. Wurde die Temperatur auf 170—195° gebracht und die Säure alsdann mit der 20 fachen Menge eines Gemisches von 1 Teil rauchender Salpetersäure und 3 Teilen konzentrierter Schwefelsäure 4—5 Stunden lang in Berührung gelassen, so bildete sich Nitro-o-jodbenzoesäure vom Schmelzp. 192°, welche durch Oxydation mit Permanganat obengenannte Jodoso-nitrobenzoesäure gab; letztere ging anderseits durch Behandlung mit Jodkaliumlösung in die Nitrojodbenzoesäure über. Wurde o-Jodbenzoesäure noch höher mit dem Säuregemisch erhitzt, so bildete sich unter massenhafter Jodausscheidung eine höher nitrierte Benzoesäure. Die Nitrierung des Methylesters der o-Jodbenzoesäure gelang REVERDIN[2] mit Salpetersäure allein, wenn er den Ester auf freier Flamme mit 1 Teil Säure vom spez. Gew. 1,51 kurz erhitzte, bis die Entwicklung salpetriger Dämpfe etwas nachließ. Der Schmelzpunkt des Mononitroderivats war 123°. Ein beträchtlicher Teil des Esters war während der Nitrierung verseift.

Die m-Jodbenzoesäure wurde von CUNZE und HÜBNER[3] in Salpetersäure vom spez. Gew. 1,5 gelöst und etwas erwärmt, wodurch sie ein Mononitroprodukt vom Schmelzp. 220° erhielten. GROTHE[4] dagegen erhielt durch Nitrieren dieser m-Säure in der Wärme drei Nitro-m-Jodbenzoesäuren von den Schmelzpunkten 235°, 174° und 192°. Er beschreibt verschiedene Salze dieser Säuren, gibt aber keine einzige Analyse, so daß es zweifelhaft ist, ob diese Säuren wirklich Nitrojodbenzoesäuren waren.

GLASSNER[5] erhitzte p-Jodbenzoesäure mit rauchender Salpetersäure und erhielt p-Jod-m-Nitrobenzoesäure vom Schmelzp. 210°, wofür der Strukturbeweis aber nicht gegeben wird. REVERDIN[6] nitrierte den

---

[1] B. **26**, 2474 (1893). [2] B. **30**, 3002 (1897). [3] A. **135**, 111 (1865).
[4] J. pr. (2) **18**, 324 (1878). [5] B. **8**, 562 (1875). [6] a. a. O.

Methylester der p-Jodbenzoesäure, indem er bei gewöhnlicher Temperatur 1 Teil dieses Esters mit 2 Teilen Salpetersäure vom spez. Gew. 1,51 versetzte; der Schmelzpunkt des nitrierten Esters war 103,5°. Auch hier wurde der Ester der p-Jodbenzoesäure während der Nitrierung teilweise verseift. Die Stelle der Nitrogruppe wurde nicht ermittelt. Die Kenntnis der Nitrierung der Jodbenzoesäuren ist also noch ziemlich dürftig.

Anwesend J, NH_2.

Einführung von Brom. Wheeler und Valentine[1] lösten 53 g m-Jodanilin in 400 ccm Eisessig und fügten 39 g Brom in Dampfform zu. Hierdurch entstand ein Niederschlag, welcher 83 g wog, und welcher 35 g Mono-, 30 g Di- und 1 g Tribromjodanilin enthielt, neben unbromiertem Material. Das Monobromprodukt hatte die Formel NH_2, J, Br = 1, 3, 4, denn es wurde auch in folgender Weise erhalten: Im Bromnitranilin NO_2, NH_2, Br = 1, 3, 4 (welches bei Entamidierung p-Bromnitrobenzol gab), wurde NH_2 durch Jod ersetzt. Als dann die Nitrogruppe reduziert wurde, entstand dasselbe, bei 77° schmelzende Bromjodanilin, welches durch Bromieren von m-Jodanilin erhalten war.

Einführung von Jod. Diese ist auf zwei Arten ausgeführt. Rudolph[2] trug fein zerriebenes Jod in 3 Teilen Alkohol ein, in dem „phenyliertes weißes Präzipitat" ($C_6H_5 \cdot NH \cdot HgCl$) suspendiert war; das Jod verschwand, hauptsächlich im Anfang, rasch. Hatte er auf 1 Mol. des Präzipitats 1 Mol. Jod verbraucht, so war das erstere verschwunden und der in der Flüssigkeit befindliche Niederschlag bestand nur aus HgJ_2. Aus der alkoholischen Lösung ließen sich Mono- und Dijodanilin gewinnen; der Schmelzpunkt des letzteren war 96°. Bei der Entamidierung wurde m-Dijodbenzol erhalten, welches schon durch Körner[3] dargestellt war.

Dasselbe Dijodanilin erhielten sehr wahrscheinlich Michael und Norton,[4] wenn sie Anilin im mehrfachen Volum Eisessig lösten und die berechnete Menge (2 Mol.) Chlorjod, JCl, dampfförmig einleiteten (S. 138); während der Operation wurde gekühlt. Sie fanden den Schmelzp. 95°.

---

[1] Am. **22**, 278 (1899). [2] B. **11**, 78 (1878). [3] J. **1875**, 318.
[4] B. **11**, 109 (1878).

Einführung der Nitrogruppe. Diese ist nur für p-Jodacetanilid studiert. MICHAEL und NORTON[1] fanden, daß diese Verbindung von konzentrierter Salpetersäure schon bei sehr gelindem Erwärmen unter Auftreten von freiem Jod zersetzt wird. Dagegen gelang ihnen die Nitrierung, wenn sie dieselbe in dem mehrfachen Volum Eisessig lösten, dazu etwa das gleiche Volum konzentrierter Salpetersäure brachten und einige Zeit gelinde erhitzten. Allerdings war die Acetylgruppe dann eliminiert. Der Schmelzpunkt des Nitro-p-Jodanilins war 122°; die Stellung der Nitrogruppe wurde nicht bestimmt.

Anwesend J, OH.

Einführung von Chlor. Gelegentlich ihrer Untersuchungen über Jodidchloride beobachteten JANNASCH und HINTERSKIRCH[2] eine Wanderung des Chlors in den Kern beim o-Anisoljodidchlorid; wenn dieses aufbewahrt wurde, entwickelte es Salzsäure und ging dabei über in die Verbindung OCH_3, J, Cl = 1, 2, 5 vom Schmelzp. 48°; diese Struktur bewiesen sie aber nicht. Auch beim Eintragen des Jodidchlorids in Jodkaliumlösung wanderte das Chloratom teilweise in den Kern. Bei o-Phenetoljodidchlorid wurde auch spontane Zersetzung unter Chlorwasserstoffentwicklung konstatiert.

Einführung von Brom. Durch Einwirkung von der berechneten Menge Brom in 3 Teilen Chloroform auf eine Lösung von o- oder von p-Jodanisol gelang es HIRTZ,[3] leicht ein Bromatom einzuführen; es bildet sich aus o-Jodanisol die Verbindung CH_3O, J, Br = 1, 2, 4, Schmelzp. 68°, aus p-Jodanisol CH_3O, J, Br = 1, 4, 2, Schmelzp. 89°. Die Konstitution dieser Körper erhellt aus dem Produkt der Einwirkung von flüssigem oder gasförmigem Brom auf unverdünntes o- oder p-Jodanisol, wobei sich unter Jodausscheidung aus beiden dasselbe Dibromanisol bildet, welches daher 2, 4-Dibromanisol sein muß.

Flüssiges und gasförmiges Brom wirkt auf m-Jodanisol noch heftiger als auf die Isomeren ein, jedoch ohne Jodabscheidung. Auch hier wurde, um die Reaktion zu mäßigen, in Chloroformlösung gearbeitet. Es bildete sich ein Öl, welches sich als Jodbromanisol erwies, in welchem aber die Stelle des Broms nicht ermittelt wurde.

[1] B. **11**, 109 (1878). [2] B. **31**, 1711 (1898). [3] B. **29**, 1410 (1896).

Einführung von Jod. Diese ist auf verschiedene Arten gelungen. HLASIWETZ und WESELSKY[1] lösten Phenol in Alkohol und trugen in diese Lösung Quecksilberoxyd und Jod unter Abkühlen ein, gemäß der Gleichung:

$$2C_6H_5OH + 8J + 2HgO = 2C_6H_3J_2 \cdot OH + 2HgJ_2 + 2H_2O.$$

Das erhaltene Dijodphenol schmolz bei 150°. Seine Struktur konnte nicht festgestellt werden, weil durch Schmelzen mit Kali nur eine dickflüssige braune Masse erhalten wurde, in welcher sich kein Phloroglucin oder Pyrogallol nachweisen ließ.

SCHALL[2] gelangte zu einem anderen Dijodphenol vom Schmelzpunkt 68° (Schmelzpunkt der Acetylverbindung 107°, der Benzoylverbindung 96°), als er 20 g sorgfältig getrocknetes Natriumphenolat mit 300 g über P_2O_5-destilliertem Schwefelkohlenstoff übergoß und feingepulvertes Jod in kleinen Portionen zufügte. Als 45 g eingetragen waren, blieb die Farbe stehen. Als Hauptprodukt wurde o-Jodphenol erhalten; Dijodphenol war Nebenprodukt, auch war sehr wenig Trijodphenol entstanden.

Ein drittes Dijodphenol der Formel OH, J, J = 1, 2, 4, erhielt NEUMANN.[3] Zwar ist der von ihm angegebene Schmelzp. 72° ziemlich nahe dem Schmelzpunkt der SCHALLschen Verbindung; aber die Schmelzpunkte der Acetyl- und Benzoylverbindungen sind 76° bzw. 107°, so daß Identität ausgeschlossen scheint. NEUMANN benutzte wieder konzentrierte Schwefelsäure als Jodüberträger (S. 65). Er verrieb o- und p-Jodphenol mit dieser Säure, welche auf —10° abgekühlt war; dann wurde das Gemisch aus der Kältemischung herausgenommen und 24 Stunden bei gewöhnlicher Temperatur stehen gelassen. Nach Aufarbeitung betrug die Gesamtausbeute an Dijodphenol (aus der o-Verbindung) 7,5 g aus 10 g. Die Reaktion vollzieht sich nach der Gleichung:

$$2C_6H_4J \cdot OH + H_2SO_4 = C_6H_3J_2 \cdot OH + C_6H_4 \cdot SO_3H \cdot OH + H_2O;$$

nach derselben sollte 7,86 g Dijodphenol gebildet sein. Die wäßrige Flüssigkeit enthielt Phenolsulfosäure. Da ein und dasselbe Dijodphenol sowohl aus o- wie aus p-Jodphenol entstanden war, muß seine Struktur OH, J, J = 1, 2, 4 sein. Die auf beide Arten erhaltenen

---

[1] B. **2**, 524 (1869). [2] B. **16**, 1899 (1883). [3] A. **241**, 71 (1887)

Präparate gaben eine Acetylverbindung vom Schmelzp. 76° und wurden durch Kochen mit Salpetersäure in Pikrinsäure umgewandelt.

Brenans[1] hat noch eine andere Jodierungsweise von Phenol benutzt. Er löste in 800 g Wasser 50,8 g Jod und 60 g Jodkalium. In diese Lösung brachte er langsam eine andere, welche 9,4 g Phenol und 12,2 g Pottasche in 200 ccm Wasser enthielt. Es bildeten sich in 24 Stunden (wobei die Temperatur auf 60° gebracht wurde) 27—28 g eines Niederschlags, aus Di- und Trijodphenol bestehend. Das Dijodphenol schmolz bei 72° und wurde demnach für die Verbindung OH, J, J = 1, 2, 4 angesehen, allerdings ohne näheren Beweis dafür. Es wäre dann identisch mit Neumanns Dijodphenol.

Vom Dijodphenol, welches Schall bei seiner eben behandelten Reaktion von Jod auf Phenolnatrium in Schwefelkohlenstoffsuspension erhielt, ist von Brenans[2] die Struktur bestimmt worden. Er verwandelte dieses Dijodphenol mittels der Reimerschen Reaktion in Dijod-para-oxybenzaldehyd

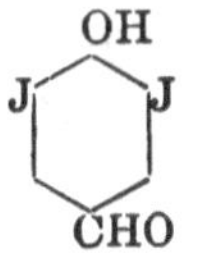

vom Schmelzp. 199°; diese Verbindung gibt bei ihrer Oxydation Dijod-para-oxybenzoesäure, welche auch durch Jodierung von para-Oxybenzoesäure zu erhalten ist,[3] weshalb man ihr die Formel CO_2H, OH, J, J = 1, 4, 3, 5 gibt. Das Dijodphenol muß deshalb die Struktur OH, J, J = 1, 2, 6 besitzen. Auch gab letzteres bei seiner Nitrierung ein bereits durch Post[4] entdecktes Dijodnitrophenol OH, NO_2, J, J = 1, 4, 2, 6, dargestellt durch Jodieren von para-Nitrophenol und deshalb von obiger Struktur.

Einführung der Nitrogruppe. Brenans[5] löste 8,8 Teile ortho-Jodphenol in demselben Gewicht Essigsäure auf und fügte 3 Teile Salpetersäure (spez. Gew. 1,478) hinzu. Es bildeten sich zwei Jodnitrophenole, welche durch Destillation mit Wasserdampf getrennt werden konnten. Die flüchtige Verbindung hatte die Struktur OH, J, NO_2 = 1, 2, 6, denn sie entstand auch durch Behandlung des Dijodphenols OH, J,

[1] Bl. (3) **25**, 629 (1901). [2] C. r. **134**, 357 (1902). [3] B. **29**, 2302 (1896).
[4] A. **205**, 91 (1880). [5] C. r. **134**, 359 (1902).

J = 1, 2, 6 mit Salpetersäure unter Freiwerdung von Jod. Von dieser Verbindung erhielt er 2,5 g. Die nicht flüchtige Verbindung, im Gewicht von 3,5 g, schmolz bei 87° und hatte die Struktur OH, NO_2, J = 1, 2, 4, da ihr Methyläther identisch war mit der unten beschriebenen Verbindung von Reverdin.

Die Nitrierung von o- und p-Jodanisol wurde von Reverdin[1] studiert. o-Jodanisol (2 Teile) wurde in ein auf 0° abgekühltes Gemisch von gleichen Teilen rauchender Salpetersäure, spez. Gew. 1,5, und Essigsäure gebracht, oder das Anisol wurde erst in Eisessig gelöst und bei 0° mit rauchender Salpetersäure versetzt. Er erhielt so 60% der theoretischen Ausbeute an o-Jod-p-Nitranisol (OCH_3 = 1). Durch Reduktion mit Zinn und Salzsäure entstand das entsprechende Jodanisidin, welches bei Entjodung in alkoholischer Lösung mit Natriumamalgam p-Anisidin bildete, wodurch die Stelle der Nitrogruppe bewiesen worden war.

Bei der Nitrierung des p-Jodanisols beobachtete Reverdin[2] eine Wanderung des Jodatoms nach der o-Stelle. Wenn man nach und nach (sagt er) 2 Teile fein pulverisiertes p-Jodanisol in 1 Teil Salpetersäure vom spez. Gew. 1,5 einführt, die seit Beginn durch ein Gemisch von Eis und Salz stark abgekühlt ist, so ruft das erste Zugeben eine ziemlich heftige Reaktion hervor und Entwicklung von Joddämpfen tritt ein. Nachdem man aber das erste Drittel von p-Jodanisol zugegeben hat, kann man die Operation in der für das o-Derivat angegebenen Weise weiter ausführen. An Stelle der zwei theoretisch möglichen Mononitroderivate erhält man als Hauptprodukt das o-Jod-p-Nitranisol, welches also durch Wanderung des Jodatoms entstanden sein muß. Als Nebenprodukt wurde das Isomer OCH_3, J, NO_2 = 1, 4, 2 vom Schmelzp. 73° erhalten; diese Struktur wurde durch die Darstellung des zweiten Nitro-p-Jodanisols OCH_3, J, NO_2 = 1, 4, 3 aus m-Nitro-p-Anisidin festgestellt.

Reverdin teilt weiter noch mit, daß bei der Nitrierung von o-Jodphenetol als Hauptprodukt die Verbindung OC_2H_5, J, NO_2 = 1, 2, 4 entsteht, und daß bei der Nitrierung von p-Jodphenetol ebenfalls Wanderung des Jodatoms eintritt.

---

[1] B. **29**, 997, 2597 (1896). [2] a. a. O.

Anwesend NO_2, NO_2.

Einführung von Chlor. Nach einer Patentschrift der Aktiengesellschaft für Anilinfabrikation[1] läßt sich s-Dinitrochlorbenzol vom Schmelzpunkt 59° in glatter Weise durch Chlorieren von m-Dinitrobenzol darstellen, wenn man Chlor darauf in der Wärme und in Gegenwart eines Chlorüberträgers, z. B. Eisenchlorid, Eisendraht, Antimonchlorid, einwirken läßt.

Einführung der Nitrogruppe. Die Einführung einer dritten Nitrogruppe in m-Dinitrobenzol geht sehr schwierig vor sich, wie die Untersuchungen von HEPP[2] und von LOBRY DE BRUYN und VAN LEENT[3] gelehrt haben. Letztere gaben ein verbessertes Rezept, wonach 60 g m-Dinitrobenzol in eine Mischung von 1 kg rauchender Schwefelsäure und 0,5 kg Salpetersäure (spez. Gew. 1,52) gebracht und die Temperatur in 5 Tagen von 80° auf 110° gesteigert wird. Ebenso wie HEPP isolierten sie das Trinitrobenzol durch seine Verbindung mit Anilin, welche schwer löslich ist und in schönen roten Nadeln kristallisiert. Durch Zersetzen dieser Verbindung mit verdünnter Salzsäure läßt sich Trinitrobenzol dann leicht rein gewinnen. Hierbei bleiben aber, nach der Beobachtung von DE BRUYN und VAN LEENT, einige rote Nadeln vom Schmelzp. 154° zurück, welche sie für die Verbindung C_6H_3, NO_2, NO_2, NHC_6H_5 = 1, 4, 2 halten, welche von HEPP aus as-Trinitrobenzol (1, 2, 4) durch Erwärmen mit Anilin erhalten war. Danach würde also auch dieses Trinitrobenzol in geringer Menge bei der Nitrierung von m-Dinitrobenzol entstehen. Daß das Hauptprodukt s-Trinitrobenzol ist, bewies HEPP durch Oxydation desselben mit rotem Blutlaugensalz in Sodalösung, wobei glatt und bei gut geleiteter Operation ohne merkliche Bildung von Nebenprodukten Pikrinsäure entsteht.

Einführung der Aminogruppe. MEISENHEIMER und PATZIG[4] haben in m-Dinitrobenzol mittels Hydroxylamin eine Aminogruppe eingeführt. Sie gossen zu diesem Zweck zu einer überschüssiges Natriumäthylat enthaltenden alkoholischen Lösung dieser Nitroverbindung eine gleichfalls alkoholische Lösung von Hydroxylamin; es beginnt sich rasch eine Kristallmasse abzuscheiden. Verdünnten sie nun sogleich mit Wasser, so

[1] C.Bl. **1900** I, 1115. [2] A. **215**, 344 (1882). [3] R. **13**, 149 (1894).
[4] B. **39**, 2536 (1906).

ging alles klar in Lösung; ein Zeichen, daß alles Dinitrobenzol in Salz übergeführt war. Auf Zusatz von Säure ließ sich das Dinitrobenzol unverändert wieder ausscheiden; bei längerem Stehen in alkoholisch-alkalischer Lösung dagegen trat allmählich Selbstzersetzung des Salzes unter Bildung von 2,4-Dinitranilin und m-Dinitro-m-Phenylendiamin (Hauptprodukt) ein. Die Amidogruppe tritt daher in o-p-Stellung zu den Nitrogruppen. Es findet also hier eine Ausnahme von der allgemeinen Substitutionsregel aromatischer Kerne statt, wonach die Nitrogruppe den neu eintretenden Substituenten, unabhängig von dessen Natur, in m-Stellung lenkt. MEISENHEIMER und PATZIG erklären dies aber sachgemäß durch eine primäre Anlagerung von Hydroxylamin an die Nitrogruppe. Die oben genannte Kristallmasse hatte die Zusammensetzung $C_6H_8O_6N_4Na_2$; sie gaben dieser Verbindung die Struktur I

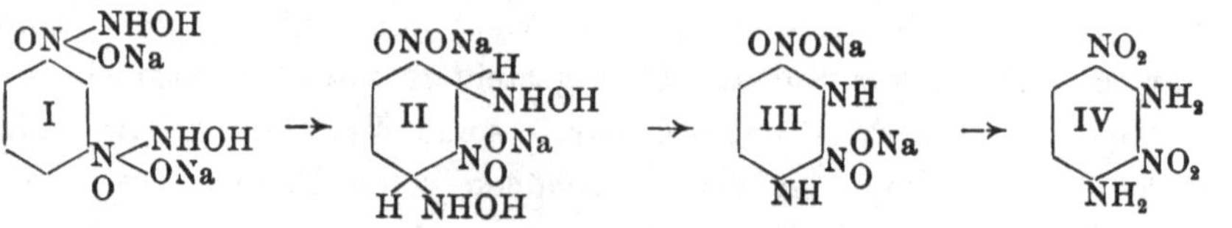

welche durch Wanderung der NHOH-Gruppen im Kern in II übergeht; bei derartiger Wanderung treten die Gruppen immer in o-p-Stellung. Durch Wasserverlust geht II in III über, welches sich endlich, nach Ersatz von Na durch H, zu IV tautomerisiert.

Einführung von Hydroxyl. Die leichte Oxydation von s-Trinitrobenzol zu Pikrinsäure veranlaßte HEPP[1] zum Versuch, zu erproben, ob das m-Dinitrobenzol auch in derselben Weise zu einem Phenol oxydiert werden könne. Es erfolgte hier aber die Oxydation nur äußerst langsam; sehr viel Dinitrobenzol blieb unangegriffen. Das Oxydationsprodukt wurde als Dinitrophenol OH, NO_2, NO_2 = 1, 2, 6, Schmelzp. 63°, erkannt; außerdem war in geringer Menge auch die Verbindung OH, NO_2, NO_2 = 1, 2, 4, Schmelzp. 113°, entstanden.

Anwesend NO_2, SO_3H.

Einführung der Nitrogruppe. Die weitere Nitrierung der m-Nitrobenzolsulfosäure scheint fast noch schwieriger als die des m-Dinitro-

[1] A. **215**, 354 (1882).

benzols zu sein; wenigstens mußte Limpricht[1] dazu diese Säure mit dem gleichen Volum rauchender Schwefelsäure und dem doppelten Volum konzentrierter Salpetersäure während 14 Tagen in einer Retorte in gelindem Sieden erhalten, wobei er die überdestillierte Salpetersäure von Zeit zu Zeit zurückgoß. Es wurden zwei Dinitrobenzolsulfosäuren beobachtet. Die eine (mutmaßlich das Hauptprodukt) hatte ein Chlorid vom Schmelzp. 97° und ein Amid vom Schmelzp. 235°. Das Baryumsalz der zweiten Säure war viel löslicher und kaum zum Kristallisieren zu bringen.

Sachsse[2] hat Limprichts Säure näher studiert, d. h. das von ihm erhaltene Hauptprodukt; in der Mutterlauge fand er das Dinitrophenol OH, NO_2, NO_2 = 1, 2, 4 (Schmelzp. 113°), vielleicht andeutend, daß die entsprechende Sulfosäure SO_3H, NO_2, NO_2 = 1, 2, 4 sich ebenfalls gebildet hat. — Durch Reduktion und Diazotieren wurde das Hauptprodukt in eine Dibrombenzolsulfosäure umgewandelt, welche nicht mit den drei damals bekannten Dibrombenzolsulfosäuren identisch war. Sie mußte daher die Formel SO_3H, Br, Br = 1, 2, 3 haben, wonach sich für die Dinitrobenzolsulfosäure die entsprechende Struktur ergibt. Bei der Nitrierung der m-Nitrobenzolsulfosäure sollte sich also die eintretende Nitrogruppe zwischen die beiden vorhandenen Substituenten stellen, was sonst nicht der Fall ist. Jackson und Earle[3] zeigten aber, daß Sachsses Ortsbestimmung nicht richtig gewesen ist, sondern daß der Säure vielmehr die zu erwartende symmetrische Struktur NO_2, SO_3H, NO_2 = 1, 3, 5 zukommt. Sie reduzierten nämlich das symmetrische Trinitrobenzol zum Dinitranilin NO_2, NO_2, NH_2 = 1, 3, 5 und ersetzten in demselben durch Leuckarts Xanthogenmethode die Amino- durch die Sulfogruppe. Sie bekamen in dieser Weise eine Säure, deren Chlorid und Amid dieselben Schmelzpunkte wie Limprichts Chlorid und Amid hatten und deren Barytsalz dieselbe Löslichkeit hat, wie Sachsse für das Barytsalz seiner Säure angibt. Die Säuren sind daher ohne Zweifel identisch.

---

[1] B. **9**, 554 (1876). [2] A. **188**, 143 (1877). [3] Am. **29**, 216 (1903).

Anwesend NO_2, CH_3.

Einführung von Chlor. v. Janson[1] berichtete über die Einwirkung von Chlor auf o-Nitrotoluol in Gegenwart von Chlorüberträgern. Durch Behandlung des Reaktionsproduktes mit Wasserdampf (vorteilhaft in Gegenwart von Natronlauge) und Abkühlen erhielt er das bei 37° schmelzende Chlornitrotoluol CH_3, Cl, NO_2 = 1, 2, 6 (Siedep. 236—238°) neben flüssigen Produkten; weder über letztere noch über die Ausbeute am genannten Chlornitrotoluol wird Mitteilung gemacht.

Cohn[2] wies auf die Unwahrscheinlichkeit hin, daß dieses vizinale Chlornitrotoluol das einzige Produkt der Einwirkung von Chlor auf ortho-Nitrotoluol sein sollte und stellte deshalb eine erneute Untersuchung über das Chlorierungsprodukt an. Als Katalysator benutzte er Antimonchlorid und zwar 20% vom Gewicht des Nitrotoluols; die Temperatur hielt er unterhalb 40°. Erst nach mehrmonatlichem Stehen in der Winterkälte kristallisierte das bei 37° schmelzende vizinale Produkt aus. Das in größerer Menge anwesende Öl führte er auf bekannte Weise in Dichlorbenzoesäure über und konnte dieselbe mit Sicherheit als die Säure CO_2H, Cl, Cl = 1, 2, 4 identifizieren. Hauptprodukt bei der Chlorierung von o-Nitrotoluol also ist die Verbindung CH_3, Cl, NO_2 = 1, 2, 4, Nebenprodukt ihr Isomer 1, 2, 6.

Wachendorff[3] fand, daß Chlor auf m-Nitrotoluol weder bei höherer Temperatur noch unter vermehrtem Druck einwirkt; dagegen wurde p-Nitrotoluol, bei 185—190° mit Chlor behandelt, in p-Nitrobenzylchlorid übergeführt. Mit $SbCl_5$ als Chlorierungsmittel gelang es ihm, Chlor in den Kern einzuführen. Wurde p-Nitrotoluol mit $SbCl_5$ übergossen, so sinterte es unter starker Erwärmung zu einem steifen Brei zusammen, der sich augenblicklich verflüssigte, wenn er auf dem Wasserbade erwärmt wurde. Wie Lellmann[4] bewies, ist das so gewonnene Chlorierungsprodukt von der Struktur CH_3, NO_2, Cl = 1, 4, 2, denn bei der Reduktion und darauf folgender Entamidierung erhielt er o-Chlortoluol, welches durch Oxydation als o-Chlorbenzoesäure (Schmelzpunkt gefunden 136,5°) identifiziert wurde.

---

[1] C.Bl. **1900** I, 1110 (Patent).
[2] Sitz.-Ber. Kais. Akad. d. Wiss. Bd. **110**, 391 (1901).
[3] A. **185**, 271 (1876). [4] B. **17**, 534 (1884).

Einführung von Brom. Die Bromierung von o-Nitrotoluol ist ebenfalls von Wachendorff[1] untersucht worden, welcher diese Verbindung mit Brom in molekularen Verhältnissen ohne Katalysator einschmolz und auf Wasserbadtemperatur erhitzte. Nach 15 Stunden war ein Teil unverändert geblieben, der Rest war in Dibromnitrotoluol umgewandelt. Die Einwirkung von Brom auf m- und p-Nitrotoluol lieferte nitriertes Benzylbromid.

Scheufelen,[2] der Eisenbromid (oder -bromür) als Katalysator zusetzte, erhielt dadurch bei m- und p-Nitrotoluol glatte Bromierung in dem Kern. 10 g reines m-Nitrotoluol wurde mit 2,5 g Ferrobromid und 12,6 g Brom eingeschmolzen und 10 Stunden lang auf 70° erhitzt. Es war ein etwas braun gefärbtes Öl gebildet, aus welchem durch Ausfrieren Brom-m-Nitrotoluol vom Schmelzp. 78° gewonnen werden konnte. Die Menge des übrig bleibenden Öles war größer als die von dieser Verbindung. Letztere hat die Struktur CH_3, NO_2, Br = 1, 3, 6, da sie identisch war mit einem Bromnitrotoluol, welches von Nevile und Winther aus dem Nitrotoluidin CH_3, NO_2, NH_2 = 1, 3, 6 durch Austausch von NH_2 gegen Brom dargestellt war. Auch lieferte die Oxydation die Bromnitrobenzoesäure CO_2H, NO_2, Br = 1, 3, 6 (Schmelzpunkt 180°), welche durch Nitrieren von o-Brombenzoesäure erhalten werden kann. Durch Oxydation des Öles, welches auch die Zusammensetzung eines Bromnitrotoluols hatte, wurde hauptsächlich die Bromnitrobenzoesäure CO_2H, NO_2, Br = 1, 3, 4 vom Schmelzp. 198—199° erhalten, aber auch noch von der Säure 1, 3, 6 vom Schmelzp. 180°. Erstgenannte Säure wurde von Hübner[3] durch Nitrieren von p-Brombenzoesäure erhalten. Das Öl würde demnach hauptsächlich aus dem Bromnitrotoluol CH_3, NO_2, Br = 1, 3, 4 bestehen. Nun läßt sich diese Verbindung anderseits durch Nitrieren von p-Bromtoluol gewinnen und hat dann den Schmelzp. 32°. Daß sie hier nicht fest erhalten wurde, schreibt Scheufelen wohl mit Recht dem Grunde zu, daß sie noch das Isomer CH_3, NO_2, Br = 1, 3, 6 gelöst enthielt.

p-Nitrotoluol wurde von Scheufelen[4] auf gleiche Weise bromiert; auf 10 g genügte es, 1 g Ferrobromid anzuwenden. Es wurde 4 bis 5 Stunden lang auf 70° erwärmt. Das erhaltene Brom-p-Nitrotoluol schmolz bei 74°; die Ausbeute an reinem Produkt betrug 94% der

[1] A. **185**, 266 (1876). [2] A. **231**, 171 (1885).
[3] A. **143**, 248 (1867). [4] a. a. O.

theoretischen. Die Struktur des Körpers war CH_3, NO_2, Br = 1, 4, 2, denn durch Oxydation entstand die Säure CO_2H, NO_2, Br = 1, 4, 2 vom Schmelzp. 164°. Bei der Reduktion dieser Säure mit Zinn und Salzsäure stieß sie gleichzeitig Kohlendioxyd ab und es resultierte m-Bromanilin, dessen Acetylverbindung den Schmelzp. 87,5° hatte. Daß endlich dies Bromanilin wirklich die meta-Verbindung war, erhellte daraus, daß o-Bromacetanilid bei 99°, p-Bromacetanilid bei 165,4° schmilzt.

Einführung der Nitrogruppe. In den älteren Arbeiten über die Bildung von Dinitrotoluolen ist man vom Toluol selbst ausgegangen. Bereits DEVILLE[1] erhielt so das gewöhnliche Dinitrotoluol CH_3, NO_2, NO_2 = 1, 2, 4 vom Schmelzp. 71°. BEILSTEIN und KUHLBERG[2] gaben für dessen Darstellung ein verbessertes Rezept, während LIMPRICHT[3] beobachtete, daß dabei noch ein zweites Dinitrotoluol, und zwar von der Struktur CH_3, NO_2, NO_2 = 1, 2, 5 entsteht.

Eine Untersuchung über die weitere Nitrierung der Mononitrotoluole ist nur für m-Nitrotoluol ausgeführt. Dies ist auch der interessanteste Fall, da zu erwarten stand, daß die weitere Nitrierung von p-Nitrotoluol wohl ausschließlich die Verbindung CH_3, NO_2, NO_2 = 1, 2, 4 geben und diese Verbindung auch in weitaus überwiegender Menge bei der weiteren Nitrierung von o-Nitrotoluol entstehen wird.

Die weitere Nitrierung des m-Nitrotoluols wurde von HAEUSSERMANN und GRELL,[4] dann von SIRKS[5] untersucht. Erstgenannte erhielten durch Einwirkung von Salpetersäure (spez. Gew. 1,5) oder von Salpeterschwefelsäure auf m-Nitrotoluol bei einer 95° nicht übersteigenden Temperatur ein Gemenge von Nitrokörpern, aus welchem sie nur das Dinitrotoluol CH_3, NO_2, NO_2 = 1, 3, 4 vom Schmelzp. 61° isolieren konnten.

SIRKS nitrierte je 100 g m-Nitrotoluol mit einem Gemisch von 80 ccm 100%iger Schwefelsäure, 25 ccm Salpetersäure vom spez. Gew. 1,4 und 33 ccm von letzterer Säure vom spez. Gew. 1,5, wobei die Temperatur unterhalb 80° gehalten wurde. An Rohprodukt erhielt er so ca. 125 g als Öl. Durch Abkühlen desselben auf 0° kristallisierte 3, 4-Dinitrotoluol (CH_3 = 1) vom Schmelzp. 60° aus, welches durch Oxydation zu 3, 4-Dinitrobenzoesäure vom Schmelzp. 164° identifiziert wurde. Das restierende Öl wurde im Vakuum fraktioniert, wobei die über 200° siedenden Anteile wieder wesentlich aus 3, 4-Di-

---

[1] A. **44**, 307 (1841). [2] A. **155**, 13 (1870). [3] B. **18**, 1402 (1885).
[4] B. **27**, 2209 (1894). [5] R. **27**, 208 (1907).

nitrotoluol bestanden, welches bald fest wurde. Er gewann so im ganzen ± 65 g dieses Dinitrotoluols. Da die niedriger siedenden öligen Fraktionen erst unterhalb 0° erstarrten, während die isomeren Dinitrotoluole alle oberhalb 60° schmelzen, so war klar, daß in diesen Ölen jedenfalls kein binäres, sondern ein ternäres oder höheres Gemisch vorliegen mußte. In der Tat gelang es SIRKS auch, durch lange fortgesetzte Fraktionierung im Vakuum, daraus noch zwei andere Isomere abzuscheiden, nämlich 2, 3- und 2, 5-Dinitrotoluol, welche auch durch Oxydation zu den entsprechenden Dinitrobenzoesäuren identifiziert wurden. HAEUSSERMANN und GRELL hatten behauptet, daß ihr Nitrierungsgemisch auch s-Dinitrotoluol enthält. SIRKS konnte dies nicht bestätigen. Erstgenannte geben als Grund für ihre Behauptung nur an, daß die durch Oxydation ihres angeblichen s-Dinitrotoluols erhaltene Dinitrobenzoesäure bei 203° schmilzt. Da nun aber der Schmelzpunkt der 2, 3-Dinitrobenzoesäure bei 201° liegt, haben sie mutmaßlich das 2, 3-Dinitrotoluol in Händen gehabt, ohne es als solches zu erkennen. — Was die relativen Mengen der drei von SIRKS isolierten Isomeren betrifft, so war von 3, 4-Dinitrotoluol mehr als 50% anwesend, während von 2, 3- mehr gebildet zu sein scheint als von 2, 5-Dinitrotoluol, dessen Isolierung die meiste Mühe verursachte.

Einführung der Sulfogruppe. o-Nitrotoluol wurde von BEILSTEIN und KUHLBERG[1] mit etwa der vierfachen Menge rauchender Schwefelsäure in gelinder Wärme digeriert; sie erwähnen nur eine Säure, deren Baryumsalz mit 2 aq kristallisiert, welches über Schwefelsäure nicht entweicht.

m-Nitrotoluol wurde ebenso sulfoniert; isoliert wurde nur eine Säure, deren Baryumsalz ebenfalls mit 2 aq kristallisiert, welche es über Schwefelsäure nicht verliert. In den Mutterlaugen des Baryum- und namentlich des Bleisalzes dieser Säure fanden sie leichter lösliche Salze; sie lassen es aber dahingestellt, ob hierbei isomere Salze entstanden sind, oder ob die größere Löslichkeit auf Rechnung von Beimengungen zu schreiben ist.

VAN DORSSEN,[2] der meta-Nitrotoluol (25 g) mit rauchender Schwefelsäure von 25% SO_3-Gehalt (100 g) auf dem Wasserbade sulfonierte, erhielt aus der Reaktionsmasse 8 g eines in kaltem Wasser schwer

[1] A. **155**, 8 (1870). [2] Dissertation, Amsterdam 1909.

löslichen Ba-Salzes, welches sich als von der symmetrischen Säure CH_3, NO_2, SO_3H = 1, 3, 5 herrührend erwies; als er sie nämlich oxydierte, erhielt er eine Säure, welche beim Erhitzen mit PCl_5 die NO_2- und die SO_3H-Gruppe gegen Chlor vertauschte und dabei s-Dichlorbenzoesäure gab. Welche Struktur das Hauptprodukt der Sulfonierung hatte, wurde von ihm nicht ermittelt.

Für das Sulfonierungsprodukt von p-Nitrotoluol, welches von Beilstein und Kuhlberg[1] auf dieselbe Weise wie das von o-Nitrotoluol dargestellt wurde, wiesen sie nach, daß es nur eine Sulfosäure enthält, indem sie die Säure in Bleisalz umwandelten und dieses fraktioniert kristallisierten. Die Löslichkeit der ersten und der letzten Kristallfraktion war gleich.

Janssen,[2] welcher p-Nitrotoluol durch Vermischen desselben mit reiner Schwefelsäure und Einleiten von Schwefeltrioxyd unter Erwärmung sulfonierte, bis eine Probe sich klar in Wasser löste, erhielt dieselbe Sulfosäure; den Schmelzpunkt des Chlorids fand er bei 44,5°, des Amids bei 186°. Da durch Reduktion der Säure und Ersatz von NH_2 durch Wasserstoff o-Toluolsulfosäure erhalten wurde (Chlorid flüssig, Schmelzpunkt Amid 155°), muß die p-Nitrotoluol-sulfosäure die Struktur CH_3, NO_2, SO_3H = 1, 4, 2 haben.

Anwesend NO_2, CO_2H.

Einführung der Nitrogruppe. Griess[3] hat die weitere Nitrierung von o-Nitrobenzoesäure untersucht. Er trug in 10 Teile einer gelinde erwärmten Mischung gleicher Teile rauchender Schwefelsäure und Salpetersäure nach und nach 1 Teil o-Nitrobenzoesäure ein und erhielt dann noch ungefähr 15 Minuten lang im gelinden Sieden. Als er hernach die saure Flüssigkeit in kaltes Wasser goß, schied sich ein großer Teil der gebildeten Säuren alsbald als ein gelbliches, nach und nach erstarrendes Öl ab, der Rest aber erst nach 3—4 wöchentlichem Stehenlassen. Nach Verlauf dieser Zeit entfernte er die Mutterlauge und fand im erhaltenen Säuregemisch außer Styphninsäure drei Dinitrobenzoesäuren, welche durch ihre Baryumsalze getrennt werden konnten. Die Säure vom Schmelzp. 177° hatte die Formel CO_2H, NO_2, NO_2 = 1, 2, 5, da sie durch Reduktion eine Diamidosäure gab, welche

[1] a. a. O. [2] A. **172**, 230 (1874). [3] B. **7**, 1223 (1874).

bei der trocknen Destillation Kohlendioxyd abspaltete und p-Phenylendiamin (Schmelzp. 140°) gab. Die Säure vom Schmelzp. 179° lieferte bei der Reduktion keine Diamidosäure, sondern spaltete dabei sofort Kohlendioxyd ab, wodurch m-Phenylendiamin, Schmelzp. 63°, entstand. Diese Säure ist außerdem identisch mit dem Oxydationsprodukt des gewöhnlichen Dinitrotoluols, muß daher die Struktur CO_2H, NO_2, NO_2 = 1, 2, 4 haben. Die dritte Säure endlich, vom Schmelzp. 202°, wurde bei der trocknen Destillation schlankweg in Kohlendioxyd und m-Dinitrobenzol, Schmelzp. 90°, gespalten, kann daher nur noch die Formel CO_2H, NO_2, NO_2 = 1, 2, 6 haben. Mengenverhältnisse, in welchen diese Säuren entstehen, werden von GRIESS nicht angegeben.

Daß die s-Dinitrobenzoesäure sowohl durch weiteres Nitrieren von m-Nitrobenzoesäure wie durch direktes kräftiges Nitrieren von Benzoesäure erhalten wird, ist manchmal festgestellt worden; eine Anzahl Rezepte sind zur Darstellung dieser Säure gegeben, wobei immer von Salpeter-Schwefelsäure Gebrauch gemacht wurde (MICHLER,[1] HÜBNER,[2] SHUKOFF,[3] SIRKS[4]). Zur Darstellung größerer Mengen der Säure löste letzterer zunächst Benzoesäure in überschüssige Salpetersäure, fügte dann erst Schwefelsäure hinzu und erwärmte dann einige Stunden auf dem Wasserbade. Beim Ausgießen in Wasser bekommt man einen Niederschlag, der beim Kochen unter dem Wasser teilweise schmilzt; ob dies von isomeren Dinitrosäuren oder von noch nicht weiter nitrierter m-Nitrosäure herrührt, wurde nicht untersucht. Wird aber dieser Niederschlag von neuem in gleicher Weise nitriert, so geht er in s-Dinitrobenzoesäure über; es wird dann ungefähr das gleiche Gewicht wie von der angewandten Benzoesäure erhalten.

Die Struktur der Säure ermittelten HÜBNER und BÖCKER.[5] Durch Reduktion erhielten sie eine Diamidobenzoesäure; durch Erhitzen des trocknen salzsauren Salzes derselben spaltete sich Kohlendioxyd ab und es entstand m-Phenylendiamin. Ein zweiter Strukturbeweis wurde von ihnen nach folgendem Schema gegeben:

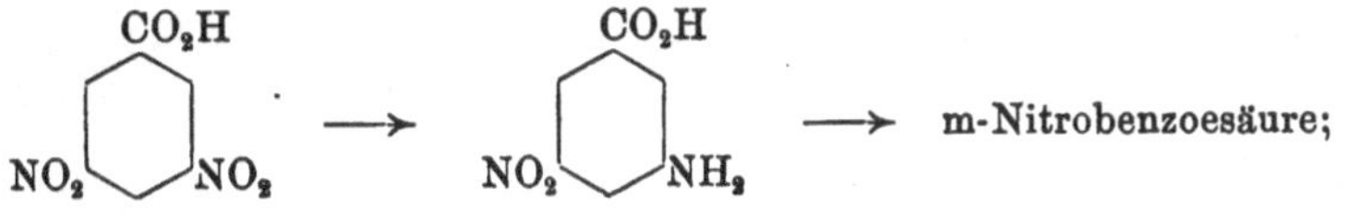

[1] A. 175, 152 (1874). [2] A. 222, 72 (1883). [3] B. 28, 1800 (1895).
[4] R. 27, 215 (1907). [5] A. 222, 86 (1883).

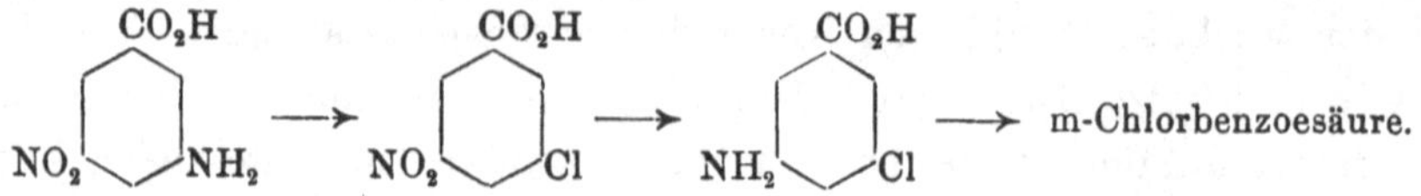

p-Nitrobenzoesäure wurde von Hübner und Stromeyer,[1] sowie von Claus und Halberstadt[2] weiter nitriert. Erstgenannte nitrierten mit einem Gemisch von gleichen Teilen rauchender Schwefelsäure und rauchender Salpetersäure, welche sie nach und nach mit kleinen Mengen p-Nitrobenzoesäure sättigten. Anfangs wurde dann die gesättigte Lösung im Wasserbade, später etwa 12 Stunden lang auf 170° erhitzt. Sie erhielten so eine Dinitrosäure vom Schmelzp. 179°, welche identisch mit der Säure von Griess[3] und mit der von Tiemann und Judson[4] (erhalten durch Oxydation von 2,4-Dinitrotoluol) war, also die Struktur $CO_2H, NO_2, NO_2 = 1, 2, 4$ hat. Letztgenannte ließen ein Nitriergemisch, bestehend aus 1 Vol. Salpetersäure und 2 Vol. Schwefelsäure, in zugeschmolzenen Röhren (deren 300 benutzt wurden!) auf p-Nitrobenzoesäure bei einer nicht angegebenen Temperatur einwirken. Hierbei erhielten sie auch die isomere Dinitrosäure $CO_2H, NO_2, NO_2 = 1, 3, 4$, vom Schmelzp. 161°, wahrscheinlich in geringerer Ausbeute als die andere. Da ohne Zweifel nach beiden Verfahren viel vom Nitroprodukt zersetzt wird, läßt sich aus diesen Versuchen nicht entnehmen, welches der zwei theoretisch möglichen Isomeren das Hauptprodukt bei einer milderen Nitrierung der para-Nitrobenzoesäure sein wird.

Anwesend NO_2, NH_2.

Einführung von Chlor. Körner und Contardi[5] chlorierten meta-Nitranilin in essigsaurer Lösung mittels Calciumhypochlorit und bekamen neben Di- und Trichlornitranilin als Hauptprodukte eine kleine Menge Monochlornitranilin vom Schmelzp. 97,6° und von der Formel $NH_2, NO_2, Cl = 1, 3, 4$, weil es identisch war mit dem in schwefelsaurer Lösung erhaltenen Nitrierungsprodukt von para-Chloranilin.

Nach Leopold Cassella & Co.[6] entsteht bei der Einwirkung von 2 Atomen Chlor auf 1 Mol. p-Nitranilin in mineralsaurer Lösung bei niederer Temperatur ganz glatt Monochlor-p-Nitranilin. Am besten

---

[1] B. **13**, 461 (1880). [2] B. **13**, 815 (1880). [3] a. a. O.
[4] B. **3**, 223 (1870). [5] C.Bl. **1909** I, 1156. [6] C.Bl. **1900** II, 360.

leitet man Chlorgas in die konzentrierte salzsaure Lösung der Nitrobase unter guter Kühlung von außen. Doch kann man auch andere Chlorierungsmittel verwenden, z. B. eine Lösung von Natriumhypochlorit langsam eintragen. Man erhält so o-Chlor-p-Nitranilin (NH_2, NO_2, Cl = 1, 4, 2) vom Schmelzp. 105°. Die Ausbeute wird nicht angegeben; auch Isomere sind nicht erwähnt. Flürscheim[1] hat die Bedingungen für die beste Ausbeute an Mono- (und Di-) Chlorverbindung näher präzisiert: wenn ein rascher Strom Chlor durch eine siedende Lösung von 10 g para-Nitranilin in 10 ccm konzentrierter Salzsäure und 500 ccm Wasser geleitet wird, und die Zufuhr von Chlor unterbrochen wird, sobald 1 Mol. absorbiert ist, so ist die Ausbeute an Chlornitranilin nahezu quantitativ.

Chattaway, Orton und Evans[2] haben die von ihnen entdeckte Umlagerung (siehe S. 136) der Acetanilidchloride $\left(C_6H_5N<{}^{Cl}_{C_2H_3O}\right)$ in kernsubstituierte Chloracetanilide auch auf die Nitracetanilide angewandt, wobei sie fanden, daß diese Umlagerung auch hier nach ortho- und para-Stellen in bezug auf NH_2 stattfindet, aber sehr langsam verläuft. Sie arbeiteten in Eisessiglösung. o-Nitracetanilidchlorid gab das Chlornitracetanilid NH ac, NO_2, Cl = 1, 2, 4.

m-Nitracetanilidchlorid erlitt die Umlagerung, wenn sie seine Lösung in Eisessig bei gewöhnlicher Temperatur 2—3 Wochen stehen ließen. Das Produkt bestand dann aus einer Mischung von m-Nitracetanilid (durch Hydrolyse entstanden) mit den Isomeren NH ac, NO_2, Cl = 1, 3, 4 und = 1, 3, 6. Um die relativen Beträge der beiden vorhandenen Chlornitracetanilide festzustellen, ersetzten sie die Amidogruppe durch Wasserstoff und reduzierten die so erhaltenen Nitrochlorbenzole zu Chloranilinen. Das so gewonnene Gemisch von o- und p-Chloranilin wurde durch Destillation seiner sauren Lösung mit Wasserdampf in seine Bestandteile zerlegt, da hiermit nur die o-Verbindung übergeht. Das o-Chloranilin wurde in größerer Menge erhalten, worin sie den Beweis sehen, daß in dem ursprünglichen Produkt der Umlagerung das 3-Nitro-6-Chloracetanilid vorherrschend war. Offenbar ist dies nur richtig, wenn alle Operationen dieser umständlichen Trennungsmethode, auch die Diazotierung, für beide Isomeren glatt verlaufen. Ungleich einfacher wäre die Bestimmung der Zu-

[1] Soc. **93**, 1772 (1908). [2] B. **33**, 3057 (1900).

sammensetzung des Umlagerungsprodukts aus seinem Erstarrungspunkt gewesen.

p-Nitracetanilidchlorid, in essigsaurer Lösung stehen gelassen, wandelte sich zu etwa 50% in 2-Chlor-4-Nitracetanilid vom Schmelzpunkt 143° um. Während dieser Umlagerung trat auch eine ziemlich umfangreiche Hydrolyse ein.

Die Methode, welche CHATTAWAY und ORTON[1] fanden, um mittels 2,4-Dichloracetanilidchlorid in Chloroformlösung Anilin und seine Derivate zu chlorieren (S. 134), wandten sie auch auf die drei Nitraniline an; ortho-Nitranilin gab so die Verbindung NH_2, NO_2, Cl = 1, 2, 4 (Schmelzp. 117°), deren Acetylverbindung auch durch Nitrieren von para-Chloranilin darstellbar war. Meta-Nitranilin gab hauptsächlich die Verbindung NH_2, NO_2, Cl = 1, 3, 4, deren Acetverbindung bei 145° schmolz und auch durch Nitrieren von para-Chloranilin (S. 255) entstand. Es waren aber auch andere Chlornitraniline gebildet. Para-Nitranilin gab die Verbindung NH_2, NO_2, Cl = 1, 4, 2.

Einführung von Brom. CHATTAWAY, ORTON und EVANS[2] wandelten o-Nitracetanilidbromid durch Erhitzen mit angesäuertem Wasser für 25—30% in 2-Nitro-4-Bromanilin vom Schmelzp. 110° um.

WHEELER[3] entdeckte, daß beim Mischen von Brom mit trocknem m-Nitracetanilid sich unter Wärmeentwicklung ein Dibromadditionsprodukt bildet, welches er im kristallisierten Zustand erhalten und analysieren konnte. Er betrachtet das Brom hierin als am Benzolkern angelagert, weil es quantitativ durch Alkalien, Ammoniak, Schwefeldioxyd, auch schon durch Umkristallisieren des Additionsprodukts aus starkem Alkohol, entfernt wird. Gegen die Annahme, daß das Brom sich in diesem Additionsprodukt am Stickstoffatom angelagert hat, führt er ziemlich schwache Gründe an; erstens, daß auch die Verbindung $NO_2 \cdot C_6H_4N\genfrac{}{}{0pt}{}{CH_3}{COCH_3}$ ein analoges Bromadditionsprodukt gibt; zweitens daß m-Nitracetanilid auch mit mehr als zwei Bromatomen Additionsprodukte gibt; es entsteht leicht ein Tetrabromadditionsprodukt.

Wenn das Dibromadditionsprodukt mit Wasser behandelt und dann daraus umkristallisiert wird, scheidet sich p-Bromnitracetanilid

[1] Soc. **79**, 464 (1901). [2] B. **33**, 3059 (1900). [3] Am. **17**, 616 (1895).

aus. Durch Entacetylieren entsteht nämlich das Bromnitranilin NH_2, NO_2, Br = 1, 3, 4 vom Schmelzp. 131°, welches auch durch Nitrieren von p-Bromanilin erhalten werden kann. Von isomeren Monobromderivaten konnte keine Spur entdeckt werden.

Bei der Bromierung von m-Nitranilin selbst, anstatt seiner Acetylverbindung, und zwar in seiner Lösung in Eisessig, Chloroform oder Benzol (ersteres Lösungsmittel war das beste) entstand nach Wheeler[1] ein isomeres Bromnitranilin, nämlich NH_2, NO_2, Br = 1, 3, 6; denn durch Entamidieren bildete sich p-Bromnitrobenzol und beim Ersatz von NH_2 durch Brom das Dibromnitrobenzol NO_2, Br, Br = 1, 3, 4.

Aus 100 g m-Nitranilin wurden 87,5 g rohes 1, 3, 6- und 19 g s-Tribrom-m-nitranilin erhalten, während 30 g ungeändertes m-Nitranilin zurückgewonnen wurden. Die alkoholische Mutterlauge, von der Reinigung des o-Brom-m-Nitranilins herstammend, wurde auf Isomere untersucht und so eine bei 130° schmelzende Substanz erhalten, welche wahrscheinlich p-Brom-m-Nitranilin NH_2, NO_2, Br = 1, 3, 4 (Schmelzpunkt 130°) war. Eine genügende Menge zur endgültigen Identifizierung wurde davon nicht erhalten.

Körner[2] kam zum ähnlichen Resultat; er löste 46 g meta-Nitranilin in 200 g warmer Essigsäure und fügte hierzu eine Bromlauge, welche er durch Lösen von 53 g Brom in einer Natronlauge darstellte, bestehend aus 300 g Wasser und 32 g NaOH. Das erhaltene Gemisch von Bromnitranilinen wurde behufs Trennung in siedendem Acetanhydrid gelöst, wobei die Bromnitracetanilide NH ac, NO_2, Br = 1, 3, 6 und = 1, 3, 4 erhalten wurden, letzteres aus den alkoholischen Mutterlaugen. Das Mengenverhältnis dieser Isomeren ist nicht angegeben.

Nach Chattaway, Evans und Orton[3] wandelt sich m-Nitracetanilidbromid in Eisessiglösung innerhalb weniger Tage im Bromnitracetanilid NH ac, NO_2, Br = 1, 3, 4 um. Als nach der Hydrolyse mittels Schwefelsäure im Dampfstrom destilliert wurde, schied die hinterbleibende saure Flüssigkeit beim Abkühlen 3-Nitro-4-Bromanilin vom Schmelzp. 130° ab, während im Destillat nur geringe Mengen von Anilinen vorhanden waren.

Einführung von Jod. Brenans[4] goß eine essigsaure Lösung von 23,55 g (1 Mol.) Chlorjod in eine Lösung von 1 Mol. (20 g) ortho-Nitr-

[1] Am. **17**, 699 (1895). [2] C.Bl. **1908** II, 45. [3] a. a. O.
[4] Bl. (3) **27**, 963 (1902).

anilin in 80 g Essigsäure. Die Reaktion, welche bei gewöhnlicher Temperatur anfängt, wird durch Erhitzen während 1 oder 2 Stunden auf 80° beendet. Es entwickelte sich Chlorwasserstoff und ein Niederschlag setzte sich ab. Man bekommt so, nach Reinigung, 35 g Jodnitranilin NH_2, NO_2, J = 1, 2, 4 vom Schmelzp. 122°, welches von Michael und Norton[1] durch Nitrieren von para-Jodacetanilid dargestellt war. Auch konnte es durch Ersatz von NH_2 durch Jod in Nitro-para-Dijodbenzol übergeführt werden.

meta-Nitranilin wurde von Brenans[2] in derselben Weise jodiert, nur benutzte er in diesem Falle 3 Mol. Chlorjod auf 1 Mol. Nitranilin. Er erhielt so neben zwei Dijodnitranilinen ein Monojodnitranilin NH_2, NO_2, J = 1, 3, 6, dessen Struktur er durch Eliminierung der NH_2-Gruppe bewies, wodurch er para-Jodnitrobenzol erhielt. Dieses Resultat ist auffallend, da man eher die Verbindung NH_2, NO_2, J = 1, 3, 4 erwartet haben würde, weil Anilin bei seiner Jodierung (S. 137) fast ausschließlich para-Jodanilin gibt. Auch kann es nicht durch die Annahme erklärt werden, daß die Verbindung NH_2, NO_2, J = 1, 3, 4 wohl primär entsteht, aber sofort weiter jodiert wird, weil die beiden Dijodnitraniline, welche Brenans isolierte, die Formeln NH_2, NO_2, J, J = 1, 3, 2, 6 und = 1, 3, 2, 4 hatten, von letzterem aber nur etwa 1 g gewonnen werden konnte, wenn er von 20,7 g meta-Nitranilin ausging. Allerdings war die Ausbeute an Mono- und Dijodnitranilinen weit niedriger als die theoretische, da nur 12 g Mono- und zusammen 21 g Dijodnitranilin gewonnen wurden, während bereits 39,6 g theoretisch hätten entstehen müssen, wenn die Monojodverbindung sich quantitativ gebildet hätte. Die Anomalie ist deshalb mutmaßlich auf die Bildung von Nebenprodukten zurückzuführen.

Körner und Belasio[3] kamen zu einem andern Resultat, allerdings unter Anwendung einer andern Jodierungsmethode. Sie lösten 10 g meta-Nitranilin in 100 ccm Salzsäure, gossen in eine Lösung von 5 g Kaliumjodat in 1 Liter Wasser und versetzten nach dem Erhitzen auf 80—90° allmählich mit einer Lösung von 9 g Jod in 10 ccm 25prozentige Kalilauge. Sie erhielten so folgende vier Jodnitraniline in den unten angegebenen Verhältnissen:

---

[1] B. **11**, 109 (1878). [2] Bl. (3) **31**, 972 (1904).
[3] C.Bl. **1908** II, 585.

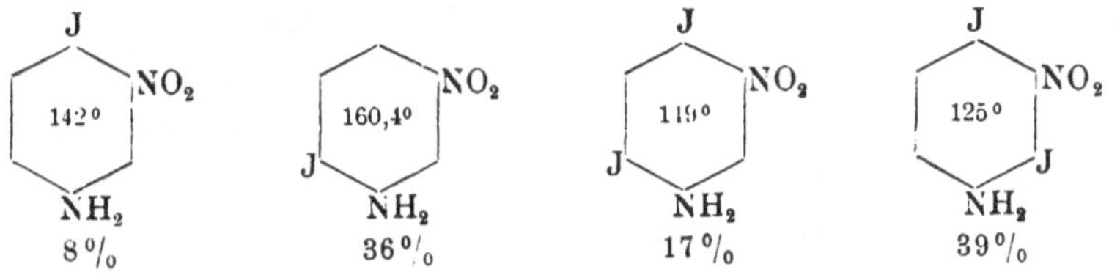

Die Zahlen innerhalb der Sechsecke sind die Schmelzpunkte der Verbindungen. Wie man sieht, ist auch hier das zu erwartende Jodnitranilin vom Schmelzp. 142° in der kleinsten Menge entstanden. Körner und Belasio teilen aber mit, daß bei der weiteren Jodierung dieses Produktes 65% vom Dijodnitranilin (Schmelzp. 125°) und 35% vom anderen mit dem Schmelzp. 149° entstehen. Wenn man daher annehmen darf — was sehr wahrscheinlich ist —, daß diese beiden Dijodverbindungen durch weitere Jodierung vom primär gebildeten Jodnitranilin NH_2, NO_2, J = 1, 3, 4 entstanden sind, so wird letzteres in der Tat das Hauptprodukt der Reaktion. Die weitere Jodierung scheint sehr leicht vor sich zu gehen, da Dijodverbindungen sich hier bildeten, trotzdem nur etwas mehr als die berechnete Menge an Jod zugefügt worden war.

Michael und Norton[1] haben zur Jodierung von para-Nitranilin, wie in anderen Fällen (S. 138), Chlorjod JCl angewandt. Sie leiteten den Dampf davon (2 Mol.) in eine mäßig verdünnte salzsaure Lösung von 1 Mol. p-Nitranilin, verdünnten die Lösung mit viel Wasser und überließen sie einige Zeit sich selbst. Sie erhielten so 70—80% der theoretischen Menge an Monojod-p-Nitranilin vom Schmelzp. 105,5°; Beilstein[2] gibt dieser Verbindung die Struktur NH_2, J, NO_2 = 1, 2, 4.

Einführung der Nitrogruppe. Die direkte Nitrierung von Acetanilid zu der entsprechenden Dinitroverbindung ist von Rudnew,[3] von Ladenburg[4] und von Pinnow und Wiskott[5] studiert worden. Das beste Rezept ist das von letzteren, welches eine Verbesserung von Rudnews Vorschrift ist. Sie nitrieren unter Kühlung mit Eis und Kochsalz und verwenden ein Gemisch von „Monohydrat" (100 prozentige Schwefelsäure) und Salpetersäure. So erhalten sie aus 50 g Acetanilid 63 g umkristallisiertes Dinitracetanilid, NH ac, NO_2, NO_2 = 1, 2, 4, da es sowohl beim weiteren Nitrieren von o- wie von p-Nitracetanilid er-

[1] B. **11**, 133 (1878). [2] Handbuch **II**, 322. [3] Z. **1871**, 202.
[4] B. **17**, 148 (1884). [5] B. **32**, 900 (1899).

halten werden kann.[1] Eine genauere Untersuchung der Nitrierungsprodukte von o- und p-Nitracetanilid ist aber nicht ausgeführt worden.

Bamberger[2] konstatierte, daß die aromatischen Nitramine sich, am besten unter der Einwirkung einer bei 0° bis $-10°$ abgekühlten Mischung von Eisessig und englischer Schwefelsäure, in Nitroderivate umwandeln können; hierbei stellt sich die Nitrogruppe im Kern auf der ortho-Stelle zur Amidogruppe:

Aus 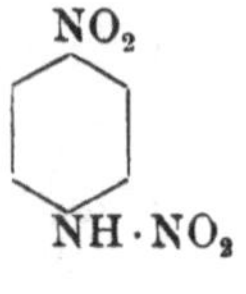 wird 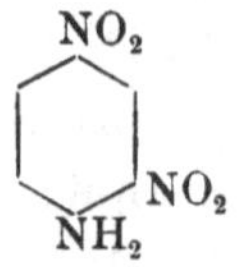 Schmelzp. 176°;

aus 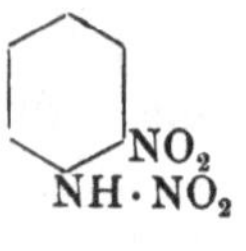 wird 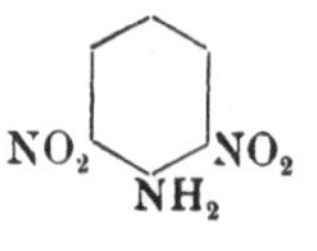 Schmelzp. 137,5°.

Die Nitrierung von m-Nitracetanilid ist von Wender[3] studiert worden. Diese läßt sich nach ihm mit einem Gemisch von 60 ccm Salpetersäure vom spez. Gew. 1,52 und 60 ccm konzentrierter Schwefelsäure leicht ausführen. In dieses auf 0° abgekühlte Gemisch werden allmählich 10 g m-Nitracetanilid gebracht. Man nimmt dann den Kolben aus der Kältemischung und überläßt ihn ca. 1 Stunde lang sich selbst. Beim Ausgießen in Wasser scheidet sich zunächst eine harzige Masse ab, welche aber bald kristallinisch wird. Sie enthält drei Dinitracetanilide, welche durch häufige Kristallisation getrennt werden können. van Ginniken, welcher in meinem Laboratorium diese Untersuchung wiederholt hat, konnte diese Resultate durchaus bestätigen. Das Dinitracetanilid vom Schmelzp. 186° ist überwiegend; aus 100 g Ausgangsmaterial entstehen davon $\pm$ 50 g; von einem Isomer, welches bei 121° schmolz, wurden nur $\pm$ 6 g erhalten, während das dritte vom Schmelzp. 144° in einer Menge von $\pm$ 30 g gewonnen wurde. Nach der Verseifung und Entamidierung gab das bei 186° schmelzende Produkt o-Dinitrobenzol (Schmelzp. 117°); es konnte demnach entweder die Struktur NH ac, NO_2, NO_2 = 1, 3, 2 oder = 1, 3, 4 haben. Durch Ersatz von NH_2 durch Brom entstand aber ein Bromdinitrobenzol vom Schmelzp. 100,5°; da Bromdinitrobenzol (1, 3, 4;

---

[1] R. **25**, 208 (1906). [2] B. **30**, 1253 (1897). [3] G. **19**, 225 (1889).

Br = 1) bei 59,4° schmilzt, muß ersteres die Formel 1, 3, 2 haben, das entsprechende Dinitracetanilid also von gleicher Struktur sein.

Das bei 121° schmelzende Dinitracetanilid gab bei Entamidierung p-Dinitrobenzol, hat also die Struktur NH ac, NO_2, NO_2 = 1, 3, 6. Da das bei 144° schmelzende Isomer bei Entamidierung auch wieder o-Dinitrobenzol gab, kann es nur nach der Formel NH ac, NO_2, NO_2 = 1, 3, 4 konstituiert sein. Es ist auffallend, daß sich im Hauptprodukt die Nitrogruppe auf 2 gestellt hat.

Bemerkenswert ist nun, daß Witt und Witte[1] bei der Nitrierung von m-Nitracetanilid unter wenig abweichenden Bedingungen nur die Bildung von der bei 144° schmelzenden Verbindung NH ac, NO_2, NO_2 = 1, 3, 4 beobachteten. Sie lösten 10 Teile des Anilids in 100 Teilen Schwefelsäure von 100 % (Monohydrat). Anderseits bereiteten sie eine Lösung von 15 Teilen scharf getrocknetem Kaliumnitrat in 100 Teilen derselben Schwefelsäure. Beide Lösungen wurden gut gekühlt und die erste langsam in die zweite eingetragen, wobei die Temperatur nicht über 5° steigen dürfte. Nach 24 stündigem Stehen schied sich ein Teil des entstandenen Produkts freiwillig aus; der Rest wurde durch Eingießen in gestoßenes Eis gewonnen. Beide Ausscheidungen waren identisch und betrugen zusammen dem Gewicht nach mehr als das angewandte Ausgangsmaterial.

Pictet und Khotinsky[2] teilen noch mit, daß m-Nitracetanilid bei der Nitrierung mit Acetylnitrat $CH_3 \cdot CO \cdot ONO_2$ bei tiefer Temperatur und in stark verdünnter Lösung in Tetrachlorkohlenstoff oder Essigsäureanhydrid hauptsächlich die Verbindung NH ac, NO_2, NO_2 = 1, 3, 4 liefert.

Einführung der Sulfogruppe. Die Sulfonierung der Nitraniline ist nur unvollständig durch eine Mitteilung von Post und Hardtung[3] bekannt. o-Nitranilin läßt sich leicht und, wenn man bei mäßig hoher Temperatur arbeitet, ohne Zersetzung in eine Sulfosäure überführen, sowohl beim Erhitzen während mehrerer Stunden mit der zehnfachen Menge rauchender Schwefelsäure auf dem Wasserbade, als erheblich rascher, wenn die Temperatur auf 160—180° gebracht wird. Bei der Verarbeitung von etwas größeren Mengen muß aber — nach den Er-

---

[1] B. **41**, 3095 (1908). [2] B. **40**, 1165 (1907).
[3] A. **205**, 96 (1880).

fahrungen von HOLLEMAN und EUWES[1] — das o-Nitranilin erst in gewöhnlicher Schwefelsäure gelöst werden, dann erst rauchende Schwefelsäure von 22% SO_3 zugefügt und nun vorsichtig die Temperatur auf 160° gebracht werden. Man erhält so nur die Sulfosäure NH_2, NO_2, SO_3H = 1, 2, 4.

m-Nitranilin ist, nach POST und HARDTUNG[2] gegen die Einwirkung von Schwefelsäure widerstandsfähiger als o-Nitranilin. Nach 8 stündigem Behandeln desselben mit der $7\frac{1}{2}$ fachen Menge rauchender Schwefelsäure war nur sehr wenig Sulfosäure gebildet. Dagegen entstand durch Erhitzen auf 160° mit einer rauchenden Schwefelsäure, welche SO_3-Kristalle (?) enthielt, in einer halben Stunde schon viel Sulfosäure. Die Struktur derselben wird nicht angegeben.

Anwesend NO_2, OH.

Einführung von Chlor. SCHLIEPER[3] chlorierte m-Nitrophenol, indem er auf die fein gepulverte Substanz getrocknetes Chlor einwirken ließ. Die Masse erwärmte sich hierbei ziemlich stark; er unterbrach die Reaktion, wenn die Gewichtszunahme etwas mehr als die berechnete war. Es wurde so meistens eine amorphe Masse erhalten; einmal konnte ein kristallisiertes Produkt vom Schmelzp. 120° gewonnen werden. Durch Reduktion des entsprechenden Methyläthers und Entamidieren entstand o-Chloranisol, so daß die Struktur des gewonnenen Chlor-m-Nitrophenols OH, NO_2, Cl = 1, 3, 2 oder = 1, 3, 6 sein muß.

ARMSTRONG[4] und KOLLREPP[5] chlorierten p-Nitrophenol, ersterer, indem er in eine abgewogene Menge von unter Wasser geschmolzener Substanz Chlor einleitete, bis die berechnete Gewichtszunahme eingetreten war; letzterer, indem er 25 g p-Nitrophenol in ungefähr 1 Liter konzentrierter Salzsäure löste (beim Erkalten kristallisierte der größte Teil wieder aus) und dabei eine Lösung von 7,344 g Kaliumchlorat in 150 ccm Wasser fügte. Beide erhielten ein Chlor-p-nitrophenol vom Schmelzp. 110°, welchem KOLLREPP die Struktur OH, NO_2, Cl = 1, 4, 2 zuschreibt. In der Tat kann die Verbindung auch durch Nitrierung von o-Chlorphenol erhalten werden (FAUST, MÜLLER[6]; siehe auch S. 258).

[1] R. **27**, 155 (1908). [2] a. a. O. [3] B. **26**, 2466 (1893).
[4] Z. **1871**, 591. [5] A. **234**, 3 (1886). [6] A. **173**, 306 (1874).

Öhler[1] chlorierte ortho-Nitranisol, indem er es in der Wärme mit Chlor behandelte. Hierbei wurde aber durch die gebildete Salzsäure ein großer Teil des Äthers verseift. Dieser Reaktion konnte er nur durch Zufügen von Ameisen- oder Essigsäure vorbeugen. Es genügte ein Zusatz von etwa 15 % vom Gewicht des ortho-Nitranisols an diesen Säuren, um die Verseifung ganz zurückzuhalten; man muß deshalb wohl noch eine andere Wirkung derselben als nur die eines Lösungsmittels annehmen. Das gebildete Produkt hatte die Formel OCH_3, NO_2, Cl = = 1, 2, 4, denn es konnte auch aus Nitro-para-dichlorbenzol und Na-Methylat dargestellt werden.[2] Nach einer bekannten Regel ist bei dieser Reaktion nur das zur Nitrogruppe ortho-ständige Chloratom für den leichten Austausch gegen andere Substituenten prädisponiert.

Hallock[3] erhielt ortho-Chlor-para-nitrophenetol durch Behandlung von para-Nitrophenetol mit Salzsäure und Kaliumchlorat. Die angegebene Struktur hat er aber nicht bewiesen.

Einführung von Brom. Hierüber liegen folgende Mitteilungen vor. Brunck,[4] sowie Körner, Brunck und Jansen[5] ließen auf o- und p-Nitrophenol Brom einwirken und erhielten aus der o-Verbindung ein Brom-o-nitrophenol vom Schmelzp. 88°, aus der p-Verbindung ein Isomer vom Schmelzp. 102°. Die Substanz vom Schmelzp. 88° hat die Struktur OH, NO_2, Br = 1, 2, 4, da sie auch durch Nitrieren von p-Bromphenol entsteht; die andere hat die Struktur OH, NO_2, Br = 1, 4, 2, da derselbe Körper nach Meldola und Streatfield[6] auch durch Nitrieren von o-Bromphenol zu erhalten ist (S. 292).

m-Nitrophenol wurde von Pfaff[7] und von Lindner[8] bromiert, welche zwei verschiedene Verbindungen erhielten. Pfaff mischte fein zerriebenes m-Nitrophenol mit der berechneten Menge Brom; unter gelinder Selbsterwärmung entwickelte sich reichlich Bromwasserstoff. Nach 24stündigem Stehen konnte der Prozeß als vollendet betrachtet werden. Das so gewonnene rohe Brom-m-nitrophenol bildete zunächst eine amorphe gelbbraune Masse, die von einem Öl durchtränkt war; dieses wurde abgesaugt und über Schwefelsäure längere Zeit stehen gelassen. Es bildeten sich Kristalle vom Schmelzp. 110°, die sich mit dem festen Hauptprodukt identisch erwiesen. Durch eine Brom-

[1] C.Bl. **1905** II, 183. [2] C.Bl. **1903** I, 797. [3] Am. **3**, 21 (1881).
[4] Z. **1867**, 203. [5] Z. **1868**, 323. [6] Soc. **73**, 685 (1898).
[7] B. **16**, 612 (1883). [8] B. **18**, 612 (1885).

und eine Stickstoffbestimmung ergab sich, daß ein Monobromnitrophenol vorlag.

Lindner ließ dagegen in der Wärme 1 Mol. Brom auf 1 Mol. m-Nitrophenol einwirken. Das erhaltene Produkt wurde aus heißem Wasser umkristallisiert und hatte den Schmelzp. 147°. Er stellte verschiedene Salze dar, teilt aber keine einzige Analyse mit, so daß es zweifelhaft sein kann, ob seine Verbindung wirklich ein Monobromnitrophenol gewesen ist.

Einführung von Jod. Hübner und Busch[1] lösten o-Nitrophenol und die berechnete Menge Jod in Eisessig und vermischten diese Lösungen; in dieses Gemisch trugen sie die berechnete Menge Quecksilberoxyd. Nach Gewinnung der gebildeten Jodnitrophenole wurden dieselben in Kaliumsalze umgewandelt und diese aus Alkohol kristallisiert; zuerst schieden sich lange rote Nadeln des α-Jod-o-nitrophenolkaliums ab, darauf aus der Mutterlauge derselben kleine rote Tafeln von β-Jod-o-nitrophenolkalium. Die freien Jodnitrophenole hatten die Schmelzpunkte: α 91°, β 67°. In ganz gleicher Art wurde p-Nitrophenol mit Jod behandelt; hier entstand nur ein Jodnitrophenol vom Schmelzp. 155°.

Die Jodierung von ortho-Nitrophenol ist von Brenans[2] wiederholt, welcher aber den Schmelzpunkt der α-Verbindung von 91° auf 110° bringen konnte. Er erhielt diese Verbindung auch durch Nitrieren von Dijodphenol OH, J, J = 1, 2, 6, unter Austreten von Jod, so daß dem Jodnitrophenol dieselbe Struktur zugeschrieben werden muß. Die andere Verbindung vom Schmelzp. 67° hat die Struktur OH, NO_2, J = 1, 2, 4, denn beide konnten durch weiteres Jodieren im Dijodnitrophenol OH, NO_2, J, J = 1, 2, 4, 6 umgewandelt werden, und diese letztere Verbindung erhielt Brenans auch durch Nitrieren vom Dijodphenol OH, J, J = 1, 2, 4:

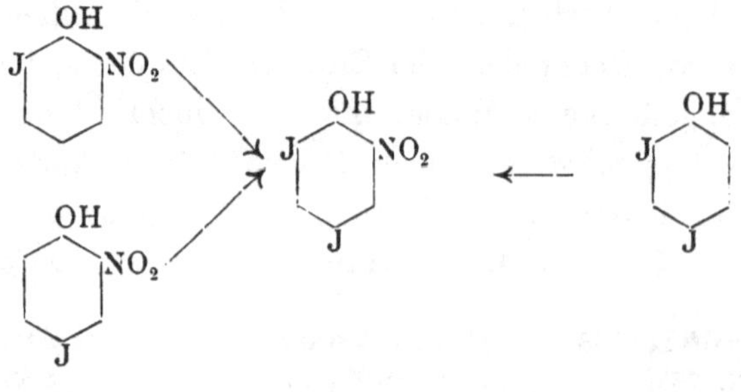

[1] B. 7, 461 (1874). [2] C. r. 134, 359 (1902).

m-Nitrophenol wurde von SCHLIEPER[1] auf dieselbe Weise jodiert. Er erhielt so ein Jod-m-nitrophenol in Form eines hellgelben amorphen Niederschlags, dessen Umkristallisierung meist nicht gelang. Nur einmal erhielt er dabei Kristalle vom Schmelzp. 134°. Über die Stelle, an welcher Jod in das m-Nitrophenol eintritt, hat SCHLIEPER keine Mitteilung gemacht.

Einführung der Nitrogruppe. Diese ist ausführlich studiert, sowohl für die drei Nitrophenole, wie für die drei Mononitroanisole. Was zunächst die weitere Nitrierung von o-Nitrophenol betrifft, ist diese von HÜBNER und SCHNEIDER[2] studiert worden, nachdem KÖRNER[3] bereits mitgeteilt hatte, daß durch Einführung einer zweiten Nitrogruppe in o- und in p-Nitrophenol dasselbe Dinitrophenol (α; Schmelzpunkt 114°) entsteht, welches also die Struktur OH, NO_2, NO_2 = 1, 2, 4 hat. Erstgenannte übergossen 20—25 g o-Nitrophenol (bei größeren Mengen ist die Wirkung zu heftig) mit ungefähr dem gleichen Gewicht Salpetersäure (spez. Gew. 1,37) und erwärmten schwach bis zur eintretenden Umsetzung, welche äußerst stürmisch verlief. Außer α- und β-(= 2,6-) Dinitrophenol entstanden mehr oder minder große Mengen von Pikrinsäure; ein Teil des Nitrophenols blieb unangegriffen zurück. Ein verbessertes Trennungsverfahren von α- und β-Dinitrophenol wurde von SALKOWSKI[4] gefunden, welcher angibt, daß die Ausbeute an β-Dinitrophenol durchschnittlich $^1/_6$ des angewandten Nitrophenols betrug, sich aber in Wirklichkeit noch höher stellt, da man immer etwas Nitrophenol wiedergewinnt. HOLLEMAN und WILHELMY[5] haben die genannte Trennung noch verschärft.

Die Struktur des β-Dinitrophenols ist folgendermaßen bewiesen worden: Beim Erhitzen seines Methyläthers mit alkoholischem Ammoniak entsteht ein Dinitranilin, welches bei Entamidierung m-Dinitrobenzol gibt. Aus o-Nitrophenol können nur zwei Dinitrophenole erhalten werden, welche diese Eigenschaft besitzen, nl. die Isomere OH, NO_2, NO_2 = 1, 2, 4 und = 1, 2, 6. Da nun aber, nach Obenstehendem, für α schon die Struktur 1, 2, 4 feststeht, bleibt für β nur noch 1, 2, 6 übrig.

Die Nitrierung von m-Nitrophenol wurde von BANTLIN[6] unter-

---

[1] B. **26**, 2467 (1893). [2] A. **167**, 89 (1873). [3] Z. **1868**, 322.
[4] A. **174**, 270 (1874). [5] R. **21**, 432 (1902).
[6] B. **8**, 21 (1875) und B. **11**, 2102 (1878).

sucht. Er übergoß dieses Phenol in Portionen von 20 g mit dem gleichen Gewicht Salpetersäure vom spez. Gew. 1,3 und leitete die Reaktion durch gelindes Erwärmen ein. Es entwickeln sich bald Massen roter Dämpfe und die Flüssigkeit kommt in lebhaftes Aufkochen. Wenn die Reaktion vorüber ist, findet man das m-Nitrophenol in eine Kristallmasse verwandelt, die mehr oder weniger mit Harz verunreinigt ist. Es gelang BANTLIN, aus derselben drei Dinitrophenole zu gewinnen, welche er mit γ (Schmelzp. 104°), δ (Schmelzpunkt 134°) und ε (Schmelzp. 144°) belegte. Für δ gelang es ihm, die Stelle der zweiten Nitrogruppe festzustellen; als er nämlich das entsprechende Anisol partiell reduzierte und das so gewonnene Nitranisidin entamidierte, entstand p-Nitroanisol. Das Isomer δ ist daher 3, 4-Dinitrophenol.

Die Trennung dieser drei Dinitrophenole, wie sie von BANTLIN vorgenommen wurde, war sehr unvollkommen und gab daher keinen richtigen Einblick in die relativen Mengen, welche von jeder derselben entstehen. Ich habe diese Trennung daher mit WILHELMY[1] weiter ausgearbeitet. Die γ-Verbindung ist leicht rein zu erhalten, da dieselbe in kaltem Alkohol schwer löslich ist, während die beiden anderen Isomere darin leicht aufgenommen werden. Die alkoholische Flüssigkeit, welche nur noch wenig γ enthält, wird verdampft und im Rückstand δ und ε mittels Benzol und Essigsäure getrennt. Es ergab sich so, daß δ das Hauptprodukt war. Aus 20 g m-Nitrophenol wurden z. B. 7,2 g δ, 3,0 g γ und 2,9 g ε als Rohprodukte erhalten. VERMEULEN[2] hat dann die Trennung der drei Dinitrophenole noch dadurch sehr erleichtert, daß er, nach der Gewinnung von γ in oben angegebener Weise, die alkoholische Mutterlauge ganz eindampfte, den Rückstand in Benzol aufnahm und nun durch Zufügen von Petroleumäther zunächst alle harzigen Substanzen entfernte. δ und ε wurden dann weiter wesentlich nach der von mir mit WILHELMY angegebenen Methode getrennt. VERMEULEN bestätigte, daß δ das Hauptprodukt der Nitrierung ist.

Der Strukturbeweis dieser drei Dinitrophenole ist auf ziemlich umständliche Weise von HENRIQUES[3] durch weitere Nitrierung geführt worden. Er fand für γ die Struktur OH, NO_2, NO_2 = 1, 3, 6, für δ (in Übereinstimmung mit BANTLIN) 1, 3, 4 und für ε 1, 2, 3. Ein-

[1] R. **21**, 432 (1902). [2] R. **25**, 14 (1905). [3] A. **215**, 336 (1882).

facher ist dieser Strukturbeweis auf folgende Weise durch VERMEULEN[1] geführt, wodurch das Resultat von HENRIQUES vollauf bestätigt wurde.

Bei der weiteren Nitrierung von m-Nitrophenol können theoretisch vier Dinitrophenole erhalten werden: OH, NO_2, NO_2 = 1, 3, 2; 1, 3, 4; 1, 3, 5 und 1, 3, 6. Hiervon ist das Isomer 1, 3, 5 ausgeschlossen, weil diese Verbindung von LOBRY DE BRUYN[2] aus s-Trinitrobenzol erhalten wurde und nicht identisch mit γ, δ oder ε ist. Für δ war die Struktur 1, 3, 4 durch BANTLINs Versuch (s. oben) bekannt. Es bleiben somit für γ und ε noch die Formeln 1, 3, 6 und 1, 3, 2 übrig. Nun geben γ- und δ-Dinitroanisol bei der Behandlung mit Natriummethylat dasselbe Dimethoxynitrobenzol vom Schmelzp. 77°; dies ist nur möglich, wenn γ die Struktur OCH_3, NO_2, NO_2 = 1, 3, 6 hat:

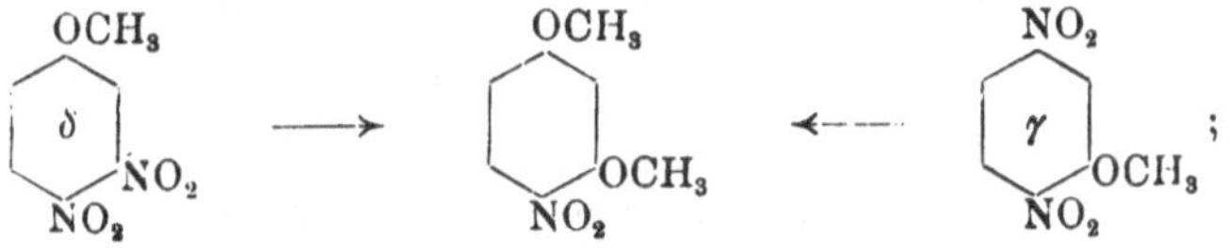

somit bleibt für ε noch die Struktur OCH_3, NO_2, NO_2 = 1, 3, 2 übrig.

Bei der weiteren Nitrierung von p-Nitrophenol folgten HÜBNER und SCHNEIDER[3] der Vorschrift von KÖRNER, welche eine sehr gute Ausbeute liefert, und zwar arbeiteten sie wie folgt: 30 g p-Nitrophenol wurden mit dem gleichen Gewicht Salpetersäure vom spez. Gew. 1,37 übergossen und erwärmt. Die Einwirkung tritt plötzlich ein, die Masse schmilzt und schäumt unter Entwicklung von roten Dämpfen auf, wobei eine beträchtliche Temperaturerhöhung stattfindet. Es wurde α-Dinitrophenol (1, 2, 4) gebildet. Isomere werden nicht erwähnt.

Die Nitrierung der drei Mononitroanisole ist von HOLLEMAN[4] quantitativ untersucht worden. 10 g o-Nitroanisol wurden tropfenweise in 35 ccm eines auf 0° gehaltenen Säuregemisches gebracht, welches aus 1 Volum Salpetersäure (spez. Gew. 1,4) und 6 Volum reeller Salpetersäure bestand. Es wurde so ein Produkt erhalten, welches den Stickstoffgehalt eines Dinitroanisols hatte. Aus dem Anfangs- und Enderstarrungspunkt (Eutektikum) wurde bewiesen, daß das Nitrierungsprodukt nur aus den Isomeren 1, 2, 4 und 1, 2, 6 (OCH_3 = 1) besteht, und zwar 13,8% des letzteren enthält. Der Anfangserstarrungspunkt wurde nämlich bei 76,4°, das Eutektikum bei 61,85° gefunden, während

[1] a. a. O. [2] R. **9**, 209 (1890). [3] a. a. O. [4] R. **22**, 263 (1903).

ein künstliches Gemisch von diesen Isomeren mit einem Gehalt von 13,8 % am Isomer 1, 2, 6 diese Punkte bei 76,6° bzw. 61,8° zeigte (siehe 7. Abschnitt). Weiter wurde dieses Resultat noch durch den Vergleich der spezifischen Gewichte und der Löslichkeit des Nitrierungsproduktes und des künstlichen Gemisches erhärtet. Für die spezifischen Gewichte wurden bei 80,6° 1,3803 bzw. 1,3810 gefunden; die Löslichkeit wurde so bestimmt, daß 6,0 g des künstlichen Gemisches und des Nitrierungsproduktes mit je 40 g Alkohol in Berührung gebracht wurden, bis bei 25,1° nichts mehr aufgenommen wurde, und nun die spezifischen Gewichte der alkoholischen Lösungen verglichen, wofür 0,8230 bzw. 0,8234 bei 25,1° gefunden wurde.

Vom m-Nitroanisol wurden zur quantitativen Nitrierung 5 g in kleinen Mengen bei 0° in 17 ccm Salpetersäure vom spez. Gew. 1,48 gebracht. Das Produkt hatte den richtigen Stickstoffgehalt für Dinitroanisol (gef. 14,38 ber. 14,14); auch war die Nitrierung quantitativ verlaufen, weil aus 10,00 g m-Nitranisol 12,65 g Nitrierungsprodukt entstanden waren, während 12,94 g für Dinitranisol berechnet wird. Es wurde nun zunächst durch verschiedene Trennungsmethoden bewiesen, daß das Nitrierungsprodukt hauptsächlich aus den Isomeren γ und ε besteht, nur wenig δ enthält und ϑ (1, 3, 5) darin nicht vorkommt. Letzteres wurde auch noch so dargetan, daß ca. 5 % ϑ zugefügt wurden, welche leicht wieder isoliert werden konnten, hauptsächlich durch die Schwerlöslichkeit dieses Isomers in Alkohol. Das Isomer δ war am schwierigsten rein abzuscheiden, doch wurde seine Gegenwart sichergestellt.

Die quantitative Bestimmung der Isomere im Nitrierungsprodukt wurde nach der Auslaugungsmethode, mit Alkohol als Lösungsmittel, ausgeführt. Das Resultat war, daß es 8,2 % δ, 51,2 % ε und 40,6 % γ enthält. Ein künstliches Gemisch dieser Zusammensetzung hatte einen Anfangserstarrungspunkt von 75,8°, einen zweiten Erstarrungspunkt von 65,9°, während diese Punkte für das Nitrierungsprodukt bei 76,6° bzw. 66,2° lagen. Diese Bestimmungen bestätigen befriedigend den Befund durch Löslichkeitsbestimmungen.

Für die Nitrierung des p-Nitroanisols wurden 10 g desselben in kleinen Portionen in 34 ccm Salpetersäure vom spez. Gew. 1,51 gebracht; die Temperatur wurde dabei auf 0° gehalten. Der Erstarrungspunkt des Produktes wurde bei 85,8° gefunden, während das reine

Dinitroanisol (1, 2, 4) diesen Punkt bei 86,0° hat. Das spezifische Gewicht des Nitrierungsproduktes wurde bei 109,6° auf 1,3579 gefunden, während für reines α-Dinitroanisol 1,3580 bei derselben Temperatur bestimmt wurde. Es war bei dieser Nitrierung also lediglich dieses Isomer gebildet.

Meldola, Woolcott und Wray[1] haben ein Verfahren angegeben, um α-Dinitroanisol aus Anisol selbst zu erhalten, wobei letzteres in Schwefelsäure gelöst und dann mit einem Gemisch von Schwefelsäure und Salpetersäure behandelt wird. Die oben angegebene vollkommen glatte und quantitative Darstellung von α-Dinitroanisol aus p-Nitroanisol und Salpetersäure bei 0° dürfte wohl praktischer sein.

Einführung der Sulfogruppe. Die Sulfonierung von o-Nitrophenol ist von Kekulé[2] mit rauchender Schwefelsäure unter gelinder Erwärmung ausgeführt worden; der Prozeß verläuft mit ausnehmender Leichtigkeit. Armstrong[3] sulfonierte mit Chlorsulfonsäure (SO_3HCl), wobei sofort Entwicklung von viel Chlorwasserstoff stattfand. Mazurowski[4] folgte dieser selben Methode. Alle fanden nur eine Sulfosäure. Die Stelle der Sulfogruppe bleibt noch zu ermitteln.

p-Nitrophenol läßt sich nach Armstrong[5] nicht durch Chlorsulfonsäure sulfonieren. Körner[6] trug p-Nitrophenol in das gleiche Gewicht rauchender Schwefelsäure (°/$_0$ SO_3?) ein, erwärmte alsdann auf dem Wasserbade, bis die Masse anfing, fest zu werden. Er fand nur eine Sulfosäure. Post,[7] welcher diesen Versuch wiederholte, teilt darüber mit, daß bei der Darstellung der p-Nitrophenolsulfosäure das Nitrophenol ganz allmählich zu dem etwa vierfachen Volum (?) rauchender Schwefelsäure gefügt werden muß und jeder Erwärmung sorgfältig durch starke Abkühlung zu begegnen ist; es bleibt so zwar immer p-Nitrophenol unangegriffen. Gerade dieser Umstand, sowie der andere, daß bei kräftigerer Sulfonierung, bei welcher dann das Nitrophenol vollständig sulfoniert wird, teerige Produkte entstehen, macht es so schwierig, mit absoluter Sicherheit festzustellen, ob nicht kleine Mengen isomerer Nitrophenolsulfosäuren nebenher entstanden seien. Da durch Nitrierung von o-Phenolsulfosäure dieselbe Säure wie durch Sulfonieren

[1] Soc. **69**, 1330 (1896).
[2] Z. **1867**, 641.
[3] Z. **1871**, 321.
[4] J. pr. (2) **13**, 171 (1875).
[5] a. a. O.
[6] J. **1872**, 604.
[7] A. **205**, 38 (1880).

von p-Nitrophenol entsteht, hat dieselbe die Struktur OH, SO_3H, NO_2 = 1, 2, 4.

Einführung von Karboxyl. Wie auf S. 181 erwähnt wurde, haben REIMER und TIEMANN mittels Tetrachlorkohlenstoff in alkalischer Lösung in Phenol die Karboxylgruppe eingeführt. Auf Veranlassung TIEMANNS hat HASSE[1] die Einführung von Karboxyl in o- und p-Nitrophenol durch dieselbe Reaktion untersucht. Je 6 g o-Nitrophenol wurden in schwach alkoholischer Lösung mit der berechneten Menge Tetrachlorkohlenstoff (1 Mol.) und Natronhydrat (5 Mol.) 5—6 Stunden lang auf 140° erhitzt. Der Alkoholzusatz war so bemessen, daß fast alles CCl_4 in Lösung war. Die Ausbeute an Säure war sehr gering, etwa 1%. Als Hauptprodukt war eine Säure CO_2H, OH, NO_2 = 1, 2, 3 vom Schmelzp. 143° (im entwässerten Zustand) entstanden. Auch konnte noch eine sehr kleine Menge einer Säure vom Schmelzp. 187° isoliert werden, welche mit Eisenchlorid keine Reaktion gab und voraussichtlich die Struktur CO_2H, OH, NO_2 = 1, 4, 3 hat.

Besser als bei dem o-Nitrophenol verläuft die Tetrachlorkohlenstoffreaktion bei p-Nitrophenol; man braucht hierbei nur auf 100° zu erhitzen. Es wurde eine Säure vom Schmelzp. 229° erhalten, identisch mit der p-Nitrosalicylsäure CO_2H, OH, NO_2 = 1, 2, 5, die als Hauptprodukt beim Nitrieren von Salicylsäure entsteht. Eine isomere Säure hat HASSE nicht auffinden können. Eine Ausbeute wird von ihm nicht angegeben.

Einführung von Hydroxyl. ELBS[2] ließ eine Lösung von 35 g ortho-Nitrophenol, 50 g Ätznatron und 50 g Ammoniumpersulfat ($AmSO_4$) in 1500 g Wasser $1^1/_2$—2 Tage stehen. Dann säuerte er mit Schwefelsäure an, trieb mit Dampf das unveränderte Nitrophenol ab und schüttelte mit Äther aus. Der ätherische Auszug hinterließ beim Verdunsten Nitrohydrochinon. Die Ausbeute betrug 30—40% der berechneten Menge; etwa die Hälfte des angewandten Nitrophenols wurde unverändert zurückgewonnen, allein trotzdem wurde die Menge des Nitrohydrochinons durch Vermehrung des Persulfats nicht erhöht, sondern vermindert. Durch Methylierung ließ sich aus dem erhaltenen Produkt ein Monomethyläther erhalten, welcher mit dem bekannten Nitrohydrochinonmonomethyläther identisch war, wodurch die Struktur des Reaktionsproduktes bestimmt ist.

---

[1] B. **10**, 2185 (1877). [2] J. pr. (2) **48**, 179 (1893).

Bamberger und Czerkis[1] erwärmten eine Lösung von 10 g meta-Nitrophenol in 350 ccm warmem Wasser, nach Zusatz von 900 ccm schwefelsäurehaltiger Sulfomonopersäurelösung (= 8,6 g aktivem Sauerstoff) 1 Stunde lang auf 80—85°. Sobald die angegebene Temperatur erreicht war, entwich ein ziemlich lebhafter Strom von Kohlendioxyd. Nach 1stündigem Erhitzen wurde die Lösung rasch abgekühlt und mit Äther ausgeschüttelt. So wurden drei Substanzen erhalten. Mit Wasserdampf verflüchtigte sich das vizinale Nitrobrenzkatechin OH, OH, NO_2 = 1, 2, 3. Hiervon gewannen sie 1,5 g reine Substanz. Die bei der Dampfdestillation zurückgebliebene Lösung gab beim erschöpfenden Ausäthern 9 g eines durch Baryumhydroxyd im Nitrobrenzkatechin OH, OH, NO_2 = 1, 2, 4 und meta-Nitrophenol zerlegbaren Kristallgemisches ab. Von ersterer Verbindung erhielten sie 1,5 g. Zurückgewonnen wurden 5 g meta-Nitrophenol. Außer diesen zwei Nitrobrenzkatechinen erhielten sie aber noch fast 5 g eines schwach gelben, sehr stechend riechenden Öls, welches ein Peroxyd darstellt, aber nicht rein erhalten werden konnte; wenn seine wäßrige Lösung eingedampft wurde, zersetzte es sich unter lebhafter Entwicklung nitröser Dämpfe und Abscheidung von Bernsteinsäure.

Bei der Hydroxylierung von meta-Nitrophenol entstehen also die zwei Nitrobrenzkatechine I und II in etwa gleichen Mengen, jedoch

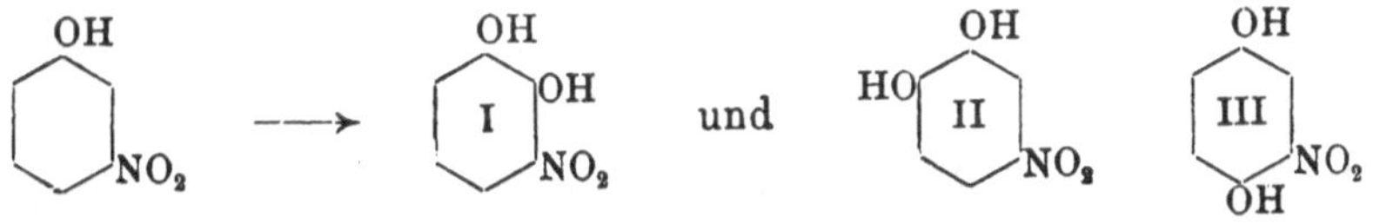

zusammen viel weniger als die theoretische Ausbeute. Hauptprodukt war das eben erwähnte Öl. Da die Hydroxylgruppe hauptsächlich nach der para-Stelle dirigiert, wäre in erster Linie Bildung von Nitrohydrochinon (III) zu erwarten gewesen. Mutmaßlich ist dies wohl auch primär als Hauptprodukt entstanden, jedoch durch den großen Überschuß an aktivem Sauerstoff weiter zu Öl oxydiert. Denn da dasselbe nach seinen Eigenschaften mit Nitrobernsteinsäure zusammenhängt, ist die Bildung dieser letzteren aus III leicht zu verstehen.

Die Behandlung von para-Nitrophenol mit saurer Sulfomonopersäurelösung lieferte Bamberger und Czerkis[2] Nitrobrenzkatechin OH,

[1] J. pr. (2) **68**, 480 (1903). [2] a. a. O.

OH, NO_2 = 1, 2, 4 in relativ geringer Ausbeute (aus 50 g p-Nitrophenol 5 g ganz reines Produkt) und auch wieder ein „Superoxydöl“, welches sich freiwillig zersetzte, unter Bildung von Bernsteinsäure. Ob dieses Öl dieselben Bestandteile wie das erste enthielt, wurde nicht untersucht.

Die chemische Fabrik vorm. E. SCHERING[1] hat, nach einem analogen Verfahren, welches schon mehrfach erwähnt wurde (S. 263), in alkalischer Lösung mittels Kaliumpersulfats auch das Nitrobrenzkatechin OH, OH, NO_2 = 1, 2, 4 aus p-Nitrophenol dargestellt. Die Ausbeute wird nicht angegeben.

Einführung der Aldehydgruppe. BORSCHE und BERKHOUT[2] lösten 5,4 g para-Nitrophenol unter gelindem Erwärmen in 6 ccm 40 prozentiger Formaldehydlösung und fügten auf einmal 15 ccm verdünnte Schwefelsäure (4 Vol. Säure auf 1 Vol. Wasser) dazu; es trat sofort starke Wärmeentwicklung ein; bald erstarrte die Masse zu einem weißen, festen Kuchen. Die Ausbeute an rohem Kondensationsprodukt betrug etwa 6 g. Dieses Produkt entstand gemäß der Gleichung:

$$C_6H_5O_3N + 2CH_2O = C_8H_7O_4N + H_2O.$$

Seine Struktur war:

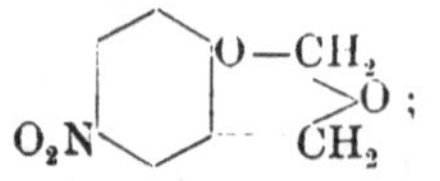

zur Bildung dieses 5-Nitrosaligeninmethylenäthers war daher 1 Mol. Formaldehyd an meta-Stelle zur Nitrogruppe und an ortho-Stelle zur Hydroxylgruppe in den Kern eingetreten, und dieses Produkt

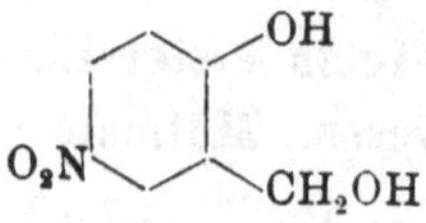

(welches nicht isoliert wurde) hatte sich unter Wasseraustritt mit einem zweiten Molekül Formaldehyd kondensiert. Die Struktur des Kondensationsproduktes bewiesen sie durch Oxydation, wodurch sie eine Verbindung $C_8H_5O_5N$ erhielten, die beim Erwärmen mit Kali-

---

[1] Frdl. **IV**, 121 (1895). [2] A. **330**, 82 (1903).

lauge in 5-Nitrosalicylsäure und Formaldehyd zerfällt, also offenbar folgende Formel hat:

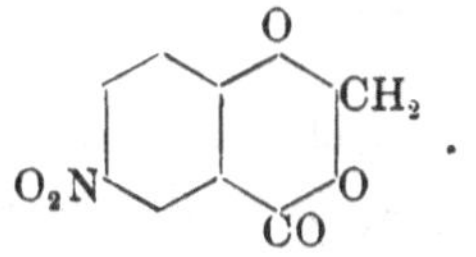

Anwesend SO_3H, SO_3H.

Einführung der Nitrogruppe. HEINZELMANN[1] übergoß entwässerte Benzol-m-disulfosäure (welche über ihrem Chlorid, Schmelzp. 63°, gereinigt war) nach und nach mit dem doppelten Volum konzentrierter Salpetersäure und hielt die Mischung 8—10 Stunden in gelindem Sieden, wobei er von Zeit zu Zeit die überdestillierte Säure in die Retorte zurückgoß. Es entstanden so zwei Mononitrosäuren, die er mit α und β bezeichnete. Bei Nitrierung mit Salpeterschwefelsäure erhielt er dasselbe Resultat. Aus dem Verhalten der durch Reduktion aus diesen Nitrosulfosäuren entstandenen Amidobenzoldisulfosäuren gegen Brom ließ sich, wenigstens mit Wahrscheinlichkeit, ihre Struktur ableiten. Von den drei Amidobenzolmonosulfosäuren ist nämlich bekannt, daß die o- und p-Verbindung mit überschüssigem Brom Tribromanilin, die m-Verbindung Bromanil liefert. Nun gibt die mit α bezeichnete Amidobenzoldisulfosäure mit überschüssigem Brom ebenfalls Bromanil, so daß ihre Struktur wahrscheinlich SO_3H, SO_3H, NH_2 = 1, 3, 5 ist. Die β-Amidobenzoldisulfosäure gab mit überschüssigem Brom Tribromanilin; sie kann daher die Formel SO_3H, SO_3H, NH_2 = 1, 3, 2 oder = 1, 3, 4 haben. HEINZELMANN hält letztere Formel für die wahrscheinlichere, denn so weit er sie untersuchte, war sie identisch mit der Disulfanilsäure, welche durch weiteres Sulfonieren von Sulfanilsäure erhalten wird, und von welcher DREBES[2] konstatierte, daß sie bei Entamidierung Benzol-m-Disulfosäure gibt. Die Disulfanilsäure gibt auch bei Behandlung mit Brom Tribromanilin.

Über das Mengenverhältnis, in welchem die α- und β-Säure entsteht, wird nichts mitgeteilt.

[1] A. **188**, 160 (1877). [2] B. **9**, 551 (1876).

Einführung der Sulfogruppe. Die höhere Sulfonierung von Benzol ist fast ebenso schwierig, wie die höhere Nitrierung; zur Darstellung einer Benzoltrisulfosäure mußte SENHOFER[1] 10 g Benzol in 70 g Vitriolöl lösen, dazu 35—40 g P_2O_5 geben und dann 5—6 Stunden auf 280—290° erhitzen, wobei er nur eine Sulfosäure erhielt. JACKSON und WING[2] fanden, daß die Zufügung von Kalium- oder Silbersulfat zu Schwefelsäure die Bildung von Trisulfosäure stark befördert, so daß dann statt rauchender gewöhnliche konzentrierte Schwefelsäure benutzt werden kann. Wenn sie $KHSO_4$ mit dem Kaliumsalz der Benzol-m-disulfosäure schmolzen, sogar bis zur Verkohlung, so bildete sich keine Trisulfosäure, was offenbar dadurch zu erklären ist, daß dann neutrales Kaliumsulfat und freie Disulfosäure entstanden sind, wodurch weitere Sulfonierung nicht stattfinden kann. Sie erhitzten zur Darstellung von Benzoltrisulfosäure 15 g benzolmeta-disulfosaures Kalium, welches nicht von seinem Kristallwasser befreit zu werden brauchte, mit 18 g konzentrierter Schwefelsäure auf freier Flamme, bis eine Gasentwicklung sich einstellte; dies dauerte ca. $^1/_4$ Stunde. Die Ausbeute an Trisulfosäure betrug dann 44% der Theorie; in Wirklichkeit ist sie höher, da Baryumbenzoltrisulfonat sehr schwer löslich ist; durch wiederholtes Auskochen des Baryumsulfats kann daher noch mehr gewonnen werden, welches Produkt jedoch stark gefärbt ist. Die Nebenprodukte bestanden hauptsächlich aus dunkel gefärbten Substanzen. Auf zwei Arten bewiesen sie die symmetrische Struktur dieser Trisulfosäure; einerseits erhielten sie durch Schmelzen des Kaliumsalzes mit der berechneten Menge Cyankalium und Verseifung des gebildeten Trinitrils Trimesinsäure $C_6H_3(CO_2H)_3$ = 1, 3, 5. Anderseits lieferte das Trichlorid der Säure, mit überschüssigem Phosphorpentachlorid (1 Mol. Chlorid auf 6 PCl_5), auf 200 bis 210° während einiger Stunden erhitzt, 62% der theoretischen Ausbeute an s-Trichlorbenzol.

Anwesend SO_3H, CH_3.

Einführung von Chlor. Die Gesellschaft für chemische Industrie in Basel[3] hat sich ein Verfahren zur Darstellung von ortho-Chlortoluol patentieren lassen, welches darauf beruht, daß para-Toluolsulfo-

---

[1] A. **174**, 243 (1874). [2] Am. **9**, 325 (1887). [3] Frdl. **VI**, 53 (1901).

chlorid (85 Teile) mit 2 Teilen Antimontrichlorid versetzt und nun bei 70—80° so lange mit einem trocknen Chlorstrom behandelt wird, bis eine Gewichtszunahme von $15^1/_2$ Teilen eingetreten ist. Daß das Chloratom an ortho-Stelle zum Methyl tritt, wird durch die Bildung von ortho-Chlortoluol bei Abspaltung der Sulfogruppe bewiesen.

Einführung der Sulfogruppe. In die Untersuchungen über die Toluoldisulfosäuren, welche ziemlich verworren waren, ist durch eine erneute Untersuchung von KLASON[1] Klarheit gebracht worden.

Die Säure CH_3, SO_3H, SO_3H = 1, 2, 4 wurde fast gleichzeitig durch SENHOFER[2] und durch BLOMSTRAND und HAKANSSON[3] erhalten. Ersterer erhitzte 10 g Toluol mit dem fünffachen Gewicht eines Gemisches aus 1 Teil P_2O_5 und 2 Teilen Vitriolöl 4—5 Stunden lang auf 230° und erhielt nur eine Disulfosäure. Letztgenannte erhitzten die Toluolmonosulfosäuren (ortho und para) oder ein Salz derselben mit rauchender Schwefelsäure auf etwa 160°; sie erhielten zwei Disulfosäuren, eine davon, welche besonders bei stärkerer Erhitzung (etwa 180°) entstand, in geringer Menge. Ihr Hauptprodukt nannten sie α, das Nebenprodukt β. Letzteres wurde nicht näher untersucht; nur wurde gefunden, daß sein Chlorid bei 94°, sein Amid bei 216° schmilzt. Die α-Säure hatte ein Chlorid vom Schmelzp. 52° und ein Amid vom Schmelzp. 186°. Bei der Kalischmelze gab α-Säure neben einer bedeutenden Menge Salicylsäure auch p-Oxybenzoesäure, wenn auch in viel geringerer Menge. Weil die α-Toluoldisulfosäure auch aus einer Mischung von p- und o-Toluolsulfosäure in überwiegender Menge, bei niederer Temperatur (etwa 150—160°) sogar fast ausschließlich entsteht, ist sehr wahrscheinlich ihre Struktur CH_3, SO_3H, SO_3H = 1, 2, 4.

BLOMSTRAND und HAKANSSON sind der Meinung, daß ihre α-Säure verschieden von SENHOFERS Säure ist. Spätere Untersuchungen haben dagegen gezeigt, daß beide Säuren identisch sind. Das geht zunächst daraus hervor, daß GNEHM und FORRER[4] und GNEHM[5] bei der Sulfonierung von Toluol, entweder mit Pyroschwefelsäure bei 150—200° oder durch Einleiten von Toluoldampf in auf 240° erhitzte Schwefelsäure, eine Toluoldisulfosäure erhielten, deren Chlorid ebenfalls bei 52° und deren Amid bei 185° schmolz (SENHOFER hat das Chlorid

[1] B. **20**, 350 (1887). [2] A. **164**, 126 (1872). [3] B. **5**, 1084 (1872).
[4] B. **10**, 542 (1877). [5] B. **10**, 1276 (1877).

und Amid nicht erwähnt). Dann aber hat KLASON[1] die Versuche SENHOFERS wiederholt und die Identität der Säuren sichergestellt. Die Struktur dieser α-Säure wurde durch CLAESSON und BERG[2] noch dadurch erhärtet, daß sie o- und p-Toluolsulfosäure gesondert sulfonierten und dabei dieselbe Disulfosäure erhielten mit dem Chlorid vom Schmelzp. 53° und dem Amid vom Schmelzp. 185°. Für die Toluol-p-Sulfosäure konstatierten sie, daß nur diese eine Disulfosäure erhalten wird, gleichgültig, ob die Säure als Säure selbst, als Salz oder Chlorid mit stark rauchender Schwefelsäure auf etwa 160° erhitzt wird, oder ob man sie mit Chlorsulfonsäure behandelt. Zur Sulfonierung der o-Toluolsulfosäure erhitzten sie deren wasserfreies Baryumsalz mit rauchender Schwefelsäure 3—4 Stunden lang bei 160—170°.

KLASON[3] hat die weitere Sulfonierung von Toluol-m-sulfosäure studiert. Er erhitzte deren wasserfreies Baryumsalz mit dem 2 ½ fachen seines Gewichts an stark rauchender Schwefelsäure 3—4 Stunden lang bis auf etwa 180°. Aus dem Reaktionsgemisch wurde in bekannter Weise das Chlorid dargestellt und dieses durch Umkristallisieren aus Schwefelkohlenstoff gereinigt, wobei nach jeder Kristallisation stark gepreßt wurde. In dieser Weise wurde das wahrscheinlich in kleinen Mengen vorhandene Chlorid der Monosulfosäure entfernt. Das Gemisch der Chloride wurde in Baryumsalz umgewandelt; bei der fraktionierten Kristallisation desselben konnten zwei Salze isoliert werden, deren relative Mengen nicht angegeben werden. Eines dieser Salze gab ein Chlorid vom Schmelzp. 96° und ein Amid vom Schmelzp. 224°. Nun hatte HAKANSSON als Nebenprodukt bei der weiteren Sulfonierung des rohen Gemisches von o- und p-Toluolsulfosäure, wie es bei der Sulfonierung von Toluol gewonnen wird, eine mit β bezeichnete Säure beobachtet, deren Chlorid und Amid die Schmelzpunkte 94° bzw. 216° hatten. Bei direktem Vergleich mit der oben genannten Säure ergab sich Identität, da die genannten Schmelzpunkte auf 94,5° bzw. 222° gebracht werden konnten. Die Entstehung dieser Säure ist somit ein Beweis dafür, daß bei der Sulfonierung von Toluol wirklich eine kleine Menge m-Säure entsteht.

Die zweite Sulfosäure, die bei der weiteren Sulfonierung von

[1] B. **19**, 2887 (1886). [2] B. **13**, 1170 (1880).
[3] B. **19**, 2887 (1886) und B. **20**, 350 (1887).

m-Toluolsulfosäure entsteht, befindet sich als Baryumsalz in der Mutterlauge des β-disulfosauren Baryums und ist daraus leicht zu gewinnen; sie scheint daher nur in untergeordneter Menge zu entstehen, falls sie nicht bei der Auspressung der Chloride zu einem wesentlichen Teil verloren gegangen ist. Die Schmelzpunkte von Chlorid und Amid wurden bei 95° und 214° gefunden.

Die Struktur dieser Säuren wurde folgendermaßen ermittelt: o-Toluidin wurde sulfoniert, wodurch die Toluidinsulfosäure CH_3, NH_2, SO_3H = 1, 2, 5 entsteht, wie NEVILE und WINTHER[1] gezeigt haben. In dieser Säure wurde NH_2 durch SH ersetzt und die erhaltene Thiokresolsulfosäure zu Disulfosäure oxydiert. Diese war identisch mit der β-Säure, dem Hauptprodukt der Sulfonierung von m-Toluolsulfosäure, welche demnach die Formel CH_3, SO_3H, SO_3H = 1, 2, 5 hat. Der zweiten Disulfosäure aus m-Toluolsulfosäure wurde infolge einer Untersuchung von LIMPRICHT und RICHTER[2] anfänglich die Formel CH_3, SO_3H, SO_3H = 1, 2, 3 beigelegt. Durch eine spätere Untersuchung von WYNNE und BRUCE[3] wird aber die Formel CH_3, SO_3H, SO_3H = 1, 3, 5 in den Vordergrund gerückt. Sie erhielten nämlich diese Toluoldisulfosäure einerseits durch weiteres Sulfonieren und darauffolgendes Entamidieren von para-Toluidin-3-sulfosäure CH_3, NH_2, SO_3H = 1, 4, 3, anderseits durch dieselbe Methode aus ortho-Toluidin-5-sulfosäure CH_3, NH_2, SO_3H = 1, 2, 5. In der Disulfosäure aus ortho-Toluidin stehen aber die beiden Sulfogruppen nach einer Untersuchung von NEVILE und WINTHER[4] an den Stellen 3 und 5:

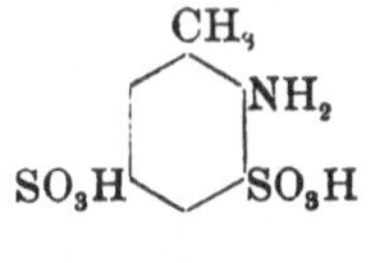

Als sie nämlich diese Verbindung diazotierten und die Diazoverbindung mit Wasser kochten, wobei langsam Salpetersäure zugefügt wurde, kristallisierte Dinitro-ortho-Kresol

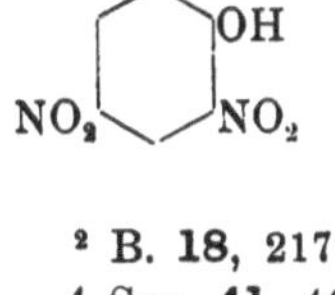

[1] B. **15**, 2993 (1882).
[2] B. **18**, 2177 (1885).
[3] Soc. **73**, 738 (1898).
[4] Soc. **41**, 421 (1882).

aus. Und daß dieses Kresol wirklich diese Struktur hat, bewies Staedel,[1] indem er das entsprechende Dinitrotoluidin durch Entamidieren in symm. Dinitrotoluol (bei Oxydation die gewöhnliche m-m-Dinitrobenzoesäure gebend) überführen konnte. Der Beweis ist also geliefert, wenn man annehmen darf, daß bei der Überführung von der ortho-Toluidindisulfosäure in Dinitrokresol die Nitrogruppen in der Tat dieselbe Stellung einnehmen, wie die Sulfogruppen. Streng bewiesen ist dies keineswegs; es wäre sehr gut denkbar, daß beim anhaltenden Kochen mit Wasser die Sulfogruppen abgespaltet werden und erst dann das ortho-Kresol zum Dinitrokresol $CH_3, OH, NO_2, NO_2 = 1, 2, 3, 5$ nitriert wird, da ja nach einer Untersuchung von Noelting und Salis[2] ortho-Kresol bei seiner direkten Nitrierung auch dieses Dinitrokresol gibt.

Aus der Bildung der in Frage stehenden Toluoldisulfosäure aus para-Toluidin-3-sulfosäure geht hervor, daß die zweite Sulfogruppe jedenfalls nicht die para-Stelle in bezug auf Methyl einnehmen kann. Sie kann dann noch die Formeln

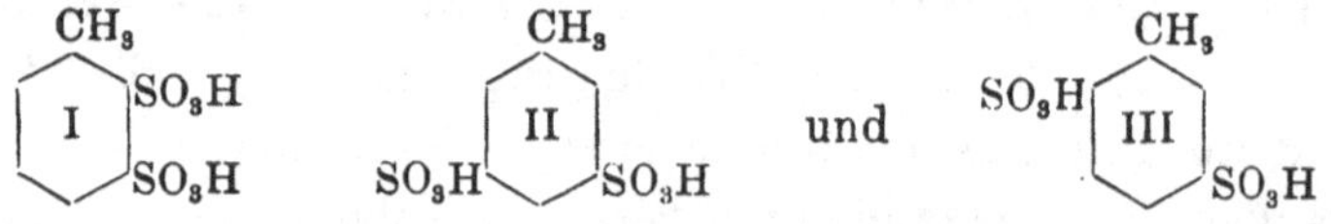

haben; III kommt jedoch nicht in Betracht, weil sie die andere Säure darstellt, welche bei der Einführung einer zweiten Sulfogruppe in Toluolmetasulfosäure entsteht. Es bleibt also noch übrig, den definitiven Beweis dafür zu liefern, ob die Disulfosäure die erste oder die zweite dieser Formeln hat. Durch obige Untersuchung muß die Formel II für wahrscheinlicher als die Formel I gehalten werden.

Anwesend SO_3H, CO_2H.

Einführung der Nitrogruppe. Nachdem Limpricht und v. Uslar[3] die meta-Sulfobenzoesäure nitriert hatten, ohne das erhaltene Produkt näher zu charakterisieren, haben Hart,[4] Taverne[5] und van Dorssen[6] die Nitrierung der drei Sulfobenzoesäuren einem erneuten Studium unterzogen. Taverne stellte die drei Sulfobenzoesäuren mit großer

[1] B. **14**, 901 (1881).
[2] A. ch. (6) **4**, 105 (1885).
[3] A. **106**, 27 (1858).
[4] Am. **1**, 343 (1879).
[5] R. **25**, 59 (1905).
[6] Dissertation, Amsterdam 1909.

Sorgfalt in ganz reinem Zustand dar, und nitrierte dieselben, indem er die vom Kristallwasser befreiten Säuren in die 5—6fache Gewichtsmenge reeller Salpetersäure brachte. Den Überschuß der letzteren entfernte er entweder durch Stellen der Lösung in einen Vakuumexsikkator über Kalk, oder durch vorsichtiges Eindampfen auf dem Wasserbad. Stets wurde in dieser Weise nur eine Nitrogruppe eingeführt. Zur Ortsbestimmung erhitzte er die Säuren mit PCl_5, wodurch sowohl die Sulfogruppe als auch oft die Nitrogruppe durch Chlor ersetzt wurden. Er erprobte diese Methode zuerst an den drei Sulfobenzoesäuren selbst, dann auch an der meta-Nitro-para-sulfobenzoesäure von Hart (s. u.) und an der para-Nitro-ortho-sulfobenzoesäure; in allen diesen Fällen trat das Chlor stets an dieselbe Stelle, welche die Sulfo- und Nitrogruppen eingenommen hatten.

Bei der Nitrierung der ortho-Sulfobenzoesäure glaubte Taverne zwei Nitrosäuren erhalten zu haben, eine davon, welche durch ein sehr schwer lösliches Baryumsalz charakterisiert war, nur in kleiner Menge. van Dorssen zeigte aber, daß dies lediglich Baryumsulfat war. Das Hauptprodukt der Reaktion wurde als Baryum- und als Kaliumsalz fraktioniert kristallisiert; alle Fraktionen waren identisch. Durch Erhitzen mit PCl_5 entstand eine Säure vom Schmelzp. 165°, welcher der Nitrochlorbenzoesäure CO_2H, Cl, NO_2 = 1, 2, 5 zukommt, so daß die Nitrosulfobenzoesäure demnach die Struktur CO_2H, SO_3H, NO_2 = 1, 2, 5 hat. Es muß aber bemerkt werden, daß die Reaktion mit PCl_5 nur eine sehr spärliche Ausbeute gibt, und daß Taverne seine Säure vom Schmelzp. 165° nicht analysiert und auch nicht durch Titrieren geprüft hat; wohl aber hat er konstatiert, daß sie Stickstoff und Chlor enthielt, aber schwefelfrei war.

Die Nitrierung der m-Sulfobenzoesäure ergab Taverne auch ein Gemisch; denn bei der fraktionierten Kristallisation der Säure wurden zuerst drei Fraktionen erhalten, welche, über Schwefelsäure getrocknet, bei 159,5° schmolzen; aus der letzten Mutterlauge gewann er aber eine Säure mit einem niedrigeren Schmelzpunkt, konnte dieselbe aber nicht in reinem Zustand erhalten. Das Hauptprodukt, mit PCl_5 geschmolzen, gab eine chlorhaltige, aber stickstoff- und schwefelfreie Säure vom Schmelzp. 165°, welcher der Dichlorbenzoesäure (1, 2, 3) zukommt. Auch diese Säure ist nicht analysiert oder titriert worden. Das Resultat ist höchst unwahrscheinlich; denn die Sulfo- sowohl als die Karboxylgruppe richten neue Substituenten nach der meta-Stelle, welche in der meta-Sulfobenzoesäure unbesetzt ist. Erwägt man ferner, daß sowohl bei der Isophtalsäure als bei der Benzol-m-disulfosäure (S. 335) die Nitrogruppe an die unbesetzte meta-Stelle tritt, so kann man fast mit Sicherheit darauf schließen, daß auch die Nitrierung der meta-Sulfosäure die symm. Nitrosulfobenzoesäure und nicht die Säure von der Struktur $CO_2H, SO_3H, NO_2 = 1, 3, 2$ geben wird, zumal, da die Nitrogruppe sich nicht leicht zwischen zwei andere Gruppen einschiebt. Ich veranlaßte daher Herrn VAN DORSSEN, die Untersuchung TAVERNES zu wiederholen. Nachdem VAN DORSSEN die Nitro-meta-sulfobenzoesäure nach TAVERNES Angaben dargestellt hatte, verbesserte er die Behandlung mit PCl_5, indem er dieselbe nicht in einem offenen Gefäß, sondern in einer zugeschmolzenen Röhre auf 180—200° stattfinden ließ. Nach beendigter Reaktion kochte er das Produkt mit Kalilauge, säuerte an, und konnte nun mit Wasserdampf eine Säure vom Schmelzpunkt 183° übertreiben, welche die symm. Dichlorbenzoesäure war, wie aus ihrer Titrierung und ihrem Schmelzpunkt hervorging; wurde sie gemischt mit reiner symm. Dichlorbenzoesäure, so blieb der Schmelzpunkt unverändert. Die Nitro-m-sulfobenzoesäure wurde danach reduziert; die so erhaltene Amido-meta-sulfobenzoesäure gab mit Bromwasser keinen Niederschlag, weil die Bromatome auf die Stellen 2, 4, 6 der Amidogruppe treten können. Stehen aber die Karboxyl- oder Sulfogruppen an diesen Stellen, wie dies bei den anderen Amido-meta-sulfobenzoesäuren der Fall ist,

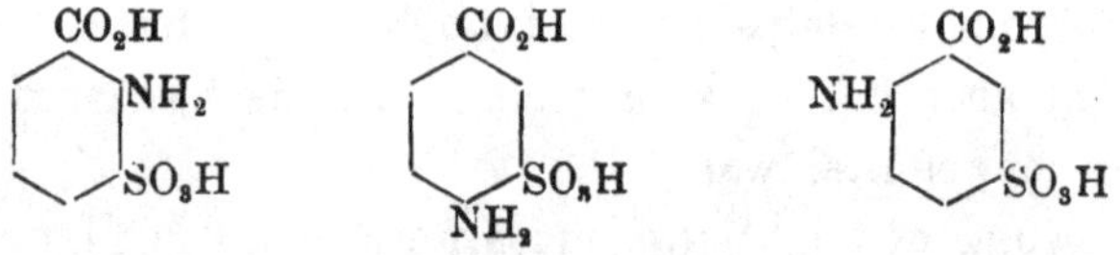

so werden dieselben nach BLANKSMA abgestoßen, und es bildet sich Tribromanilin, Schwefelsäure und Kohlendioxyd. Hiernach muß der Säure also auch die symmetrische Struktur zukommen.

Die para-Sulfobenzoesäure wurde durch HART[1] nitriert. Er brachte 20 g des Baryumsalzes in 100 g eines Gemisches gleicher Teile rauchender Salpeter- und Schwefelsäure. Er erhitzte auf freier Flamme, bis die überschüssige Salpetersäure verjagt war, und isolierte

[1] Am. 1, 343 (1879).

in gewöhnlicher Weise die nitrierte Säure, die er mit 2 Mol. Kristallwasser erhielt; er beschrieb verschiedene Salze derselben. Auch reduzierte er die Säure und bekam so eine Amido-para-sulfobenzoesäure, welche identisch war mit einer Säure, welche GRIESS durch Sulfonieren von meta-Amidobenzoesäure erhalten hat (s. dort). Sie muß daher die Struktur $CO_2H, SO_3H, NH_2 = 1, 4, 3$ haben. Außerdem stellte HART[1] die Säure $CO_2H, SO_3H, NO_2 = 1, 4, 2$ durch Sulfonieren von ortho-Nitrotoluol und nachheriges Oxydieren dar, und diese Säure erwies sich nicht identisch mit dem Nitrierungsprodukt der para-Sulfobenzoesäure.

TAVERNE wiederholte und bestätigte diese Untersuchung, nitrierte aber auch mit reeller Salpetersäure. In beiden Fällen erhielt er als Hauptprodukt eine Säure, welche durch Behandlung mit PCl_5 zwei Produkte lieferte: eine chlorhaltige, schwefelfreie Säure vom Schmelzpunkt 201° und eine chlor- und stickstoffhaltige, schwefelfreie Säure vom Schmelzp. 179°. Ersterer Schmelzpunkt kommt der 3, 4-Dichlorbenzoesäure, letzterer der 3-Nitro-4-Chlorbenzoesäure zu.

Die Nitrierung der Sulfobenzoesäuren hat also die Säuren

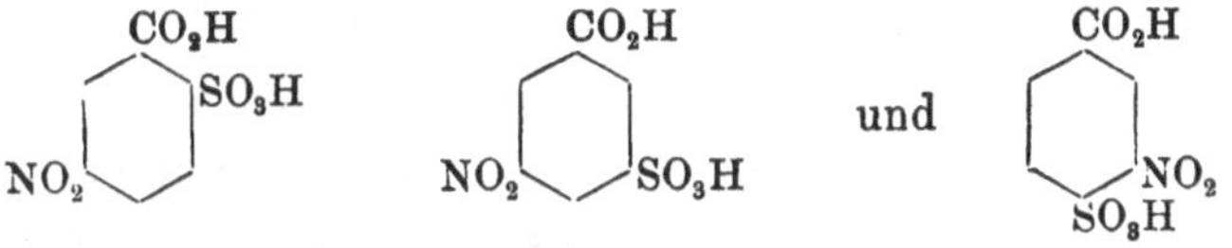

geliefert. Die Nitrogruppe hat sich stets in meta-Stelle zum Karboxyl begeben.

Einführung der Sulfogruppe. Wie BARTH und SENHOFER[2] zeigten, gelingt die Einführung von zwei Sulfogruppen in Benzoesäure nur sehr schwierig. Sie erwärmten etwa 10 g Benzoesäure mit ca. 20 g Vitriolöl, fügten nach dem Erkalten 15 g P_2O_5 und 15—20 g SO_3 zu, schmolzen ein und erhitzten 3—4 Stunden lang auf 250°. Es wurde so eine Disulfobenzoesäure erhalten, die mit $1^1/_2$ Mol. H_2O kristallisiert. BARTH und SCHREDER[3] erhielten Resorzin beim Schmelzen der Säure mit Natron über 350°. Da die m-Sulfobenzoesäure jedenfalls das primäre Produkt ist, wird die Disulfobenzoesäure aller Wahrscheinlichkeit nach die symmetrische sein.

[1] a. a. O. [2] A. **159**, 217 (1871). [3] B. **12**, 1258 (1879).

Anwesend SO_3H, NH_2.

Einführung von Brom. LIMPRICHT[1] fand, daß o-Amidobenzolsulfosäure und ihr Baryumsalz, wenn ihre Lösung nach und nach mit 1 oder 2 Mol. Brom versetzt wird, liefern: Schwefelsäure (Baryumsulfat), Tribromanilin, Dibrom-o-amidobenzolsulfosäure und Monobrom-o-amidobenzolsulfosäure; auch bleibt 1 Teil der Amidosäure unverändert. Die Monobromsäure tritt nur in geringer Menge auf; sie muß entweder die Struktur NH_2, SO_3H, Br = 1, 2, 6 oder = 1, 2, 4 haben, denn bei weiterem Eintritt von Brom entsteht die Dibromsäure und aus dieser wieder symm. Tribromanilin.

BAHLMANN,[2] der diese Untersuchung wiederholte und bestätigte, erhielt durch Austausch von NH_2 gegen Brom in obengenannter Monobromsäure p-Dibrombenzolsulfosäure, gekennzeichnet durch den Schmelzpunkt des Chlorids 71° und des Amids 193°. Die Brom-o-amidobenzolsulfosäure hat demnach die Formel NH_2, SO_3H, Br = 1, 2, 4.

LANGFURTH[3] vermischte die sehr verdünnte Lösung von m-Amidobenzolsulfosäure in der Kälte mit 1 Mol. Brom, in Wasser gelöst. Beim Abdampfen kristallisierte zuerst die schwer lösliche Dibromamidobenzolsulfosäure, später die Monobromsäure, gemengt mit unveränderter Amidosäure, aus. Die Monobromsäure hat die Struktur SO_3H, NH_2, Br = 1, 3, 4, da GOSLICH[4] dieselbe durch Nitrieren von p-Brombenzolsulfosäure und nachherige Reduktion erhielt.

Einführung der Nitrogruppe. Zur Nitrierung der m-Acetylamidobenzolsulfosäure löste EGER[5] das Baryumsalz derselben in der fünffachen Menge konzentrierter Schwefelsäure und versetzte diese Lösung mit der berechneten Menge Salpetersäure, die vorher mit 4 Teilen konzentrierter Schwefelsäure gemischt war. Aus der auf Eis gegossenen Lösung schied sich alsbald die Nitro-m-amidobenzolsulfosäure in einer Ausbeute von 60% der Theorie aus. Durch Reduktion wurde eine Phenylendiamidosulfosäure erhalten. Auf Zusatz von Phenanthrenchinon ergab sich keine Azinbildung, so daß die o-Stellung der beiden Amidogruppen ausgeschlossen war. Zusatz von Kaliumnitrit verursachte keine Gelbfärbung, folglich ist auch die m-Stellung der

[1] A. **181**, 195 (1876). [2] A. **186**, 310 (1877). [3] A. **191**, 176 (1877).
[4] A. **180**, 100 (1876). [5] B. **21**, 2581 (1888).

beiden Amidogruppen unwahrscheinlich. Es verblieb somit als einzige Möglichkeit die p-Stellung, welche in der Tat auf das schärfste durch die Indaminbildung beim Zusatz von m-Toluylendiamin und Eisenchlorid bewiesen wurde. Die Nitrosäure hatte also die Struktur NH_2, SO_3H, NO_2 = 1, 3, 4.

Bei der Nitrierung der Acetylsulfanilsäure stellt sich die Nitrogruppe neben die Amidogruppe, wenn nach der Vorschrift von NIETZKI und BENCKISER[1] verfahren wird. Sie lösten das Natriumsalz dieser Säure in etwa 5 Teilen konzentrierter Schwefelsäure und trugen in die gut gekühlte Lösung die berechnete Menge Salpetersäure, welche zuvor mit etwas Schwefelsäure gemischt war. Die entstandene Nitro-p-amidobenzolsulfosäure bildete ein sehr schön kristallisierendes Kaliumsalz; wurde dieses mit der zehnfachen Menge konzentrierter Salzsäure vom spez. Gew. 1,2 eine Stunde lang auf 170—180° erhitzt, so hatte sich o-Nitranilin (Schmelzp. 71,5°) gebildet.

Einführung der Sulfogruppe. ZANDER[2] sulfonierte o-Amidobenzolsulfosäure durch 4stündiges Erhitzen derselben mit rauchender Schwefelsäure auf 170—180°. Hierbei wurde Disulfanilsäure NH_2, SO_3H, SO_3H = 1, 2, 4 erhalten, welche schon von HOFMANN und BUCKTON[3] durch Erhitzen von Anilin oder von Sulfanilsäure mit rauchender Schwefelsäure dargestellt war. Aus diesen beiden Darstellungsmethoden ergibt sich ihre Struktur, die noch dadurch bestätigt wurde, daß die Entamidierung m-Benzoldisulfosäure gab.

Die m-Amidobenzolsulfosäure wurde von LIMPRICHT und DREBES[4] mit rauchender Schwefelsäure auf 180° in eine Disulfosäure übergeführt, die bei der Entamidierung o-Disulfosäure gab (Schmelzpunkt des Chlorids 105°, des Amids 233°). Die Amidobenzoldisulfosäure würde danach entweder die Struktur NH_2, SO_3H, SO_3H = 1, 2, 3 oder = 1, 3, 4 haben müssen. POLAK[5] zeigte aber, daß die entamidierte Säure keine Benzol-o-disulfosäure sein kann, weil, als er letztere in ganz reinem Zustande darstellte, er für den Schmelzpunkt des Chlorids 142° fand. Außerdem gibt die wirkliche o-Disulfosäure ein sehr schwer lösliches Ba-Salz, während die Säure von LIMPRICHT und DREBES ein leicht lösliches Ba-Salz gab. ZANDER[6] sulfonierte auch die m-Amido-

[1] B. **18**, 294 (1885). [2] A. **198**, 1 (1879). [3] A. **100**, 163 (1856).
[4] B. **9**, 551 (1876). [5] Diss. Amsterdam 1908. [6] a. a. O.

benzolsulfosäure. LIMPRICHT[1] teilt noch mit, daß die Disulfosäure leicht in einer der berechneten Quantität nahekommenden Menge erhalten wird, wenn m-Amidobenzolsulfosäure mit Chlorsulfosäure behandelt wird. Eine nähere Aufklärung ihrer Struktur haben auch diese späteren Untersuchungen nicht gebracht.

Die weitere Sulfonierung von Sulfanilsäure (p-Amidobenzolsulfosäure) wurde, außer von HOFMANN und BUCKTON,[2] von LIMPRICHT und DREBES,[3] sowie von ZANDER[4] studiert. Sie erhitzten 5—7 Stunden mit rauchender Schwefelsäure auf 180°; ZANDER fand das saure Bleisalz zur Reinigung geeignet.

Anwesend SO_3H, OH.

Einführung von Chlor. Nach einem Patent von HAZARD-FLAMAND[5] kann para-Phenolsulfosäure in der Kälte (bis etwa 50°, nicht über 60°) chloriert werden, wobei die Verbindung OH, SO_3H, Cl = 1, 4, 2 entsteht, da durch Abspalten der Sulfogruppe ortho-Chlorphenol entsteht. Ob dies so rein erhalten wird, ist nicht erwähnt.

Einführung von Brom. Die Bromierung der Phenolsulfosäuren ist sehr wenig untersucht. SENHOFER[6] löste phenol-p-sulfosaures Kalium in Wasser und gab 1 Mol. Brom zu; er erhielt vorzugsweise eine Dibromphenolsulfosäure und nur geringe Mengen einer Monobromsäure. Dasselbe war der Fall, wenn in gleicher Weise die Phenol-m(?)-sulfosäure bromiert wurde. Die Stelle des Broms ist nicht bestimmt worden.

LIPPMANN[7] versetzte eine wäßrige Lösung von phenetolsulfosaurem Kalium (p?) tropfenweise so lange mit Brom, als dies noch verschwand; es schied sich das Kaliumsalz einer gebromten Phenetolsulfosäure in Kristallen ab. Es war durch ein Öl verunreinigt, welches zweifach gebromtes Phenetol war.

Einführung der Nitrogruppe. STUCKENBERG[8] nitrierte die o-Phenolsulfosäure in folgender Weise: Eine konzentrierte wäßrige Lösung des reinen, vollständig verwitterten Kaliumsalzes von o-Phenolsulfosäure wurde mit der berechneten Menge einer auf ihr fünffaches Volum ver-

[1] B. **21**, 3412 (1888). [2] a. a. O. [3] a. a. O.
[4] a. a. O. [5] C.Bl. **1903** I, 1324. [6] A. **156**, 102 (1870).
[7] J. **1870**, 739. [8] A. **205**, 45 (1880).

dünnten Salpetersäure vom spez. Gew. 1,35 versetzt und das Gemisch mehrere Stunden in der Kälte stehen gelassen. Später erwärmte er das Gemisch kurze Zeit auf dem Wasserbade. Die entstandene Nitrosäure wurde als Calcium- oder Baryumsalz gewonnen; letzteres war schwer löslich. Vielleicht waren kleine Mengen isomerer Verbindungen entstanden, was nicht befremdlich sein würde, weil die völlige Reindarstellung des Kalium-o-phenolsulfonats damals kaum gelungen sein dürfte (s. S. 166). Die Struktur der nitrierten Säure ist OH, SO_3H, NO_2 = 1, 2, 4, da dieselbe auch durch Sulfonieren von p-Nitrophenol (s. S. 329) erhalten werden kann.

Kolbe[1] nitrierte eine Phenolsulfosäure, die er durch mehrstündiges Erhitzen einer Mischung gleicher Gewichtsteile englischer Schwefelsäure und kristallisierten Phenols auf 100° gewonnen hatte, die also hauptsächlich p-Phenolsulfosäure war (s. S. 169). Ein Teil des trocknen, fein gepulverten Kaliumsalzes derselben wurde mit der gleichen Gewichtsmenge Kalisalpeter innig zusammengerieben und das Gemisch mit verdünnter Schwefelsäure übergossen, welche so hergestellt war, daß eine dem Gewicht des Salpeters gleiche Gewichtsmenge englischer Schwefelsäure mit der fünffachen Menge Wasser verdünnt war. Das Ganze wurde so lange erhitzt, bis eine Gasentwicklung begann. Die Schale wurde dann vom Feuer genommen und die Reaktion endete in kurzer Zeit von selbst, wobei nur wenig NO_2 auftrat. Das Kaliumsalz der Nitrophenolsulfosäure schied sich ab, da es wenig löslich war. Es bildete sich eine Mononitrosäure, obwohl die doppelte Menge der dazu notwendigen Salpetersäure in der Flüssigkeit anwesend war. Kekulé[2] bewies, daß diese Säure die Formel OH, SO_3H, NO_2 = 1, 4, 2 hat, da sie auch durch Sulfonieren von o-Nitrophenol erhalten werden kann.

Franklin[3] behandelte o-, m- und p-Methoxybenzolsulfamid mit Salpetersäure vom spez. Gew. 1,52. Die o-Verbindung gab dabei eine geringe Menge, die m-Verbindung kein m-Dinitrobenzol. Aus der p-Verbindung bildete sich viel m-Dinitrobenzol (auch aus der entsprechenden p-Äthoxyverbindung). Wenn jedoch durch Abkühlen mit Eis und Salz die Reaktion gemäßigt wurde, verringerte sich die Menge des m-Dinitrobenzols bedeutend, und es bildete sich dann als Haupt-

---

[1] A. **147**, 71 (1867). [2] B. **2**, 332 (1869). [3] Am. **20**, 463 (1898).

produkt eine Mononitrosäure, deren Amid bei 140° schmolz. Die Lage der Nitrogruppe wurde nicht bestimmt.

Einführung der Sulfogruppe. KEKULÉ[1] erwärmte Phenol mit 4 Teilen eines Gemisches gleicher Teile rauchender (% SO_3?) und englischer Schwefelsäure gelinde auf dem Wasserbade, bis sich Schwefeldioxyd zu bilden begann. Er erhielt eine Disulfosäure, welche mit Salpetersäure schon in der Kälte Pikrinsäure lieferte. Demnach hat die Disulfosäure sehr wahrscheinlich die Struktur OH, SO_3H, SO_3H = 1, 2, 4.

SCHOBER[2] hat ausführlich die Einwirkung von englischer Schwefelsäure auf Anisol unter verschiedenen Bedingungen beschrieben (siehe S. 171). Die erhaltenen Sulfosäuren führte er in Amide über und trennte dieselben soviel wie möglich quantitativ durch fraktionierte Kristallisation. Die Disulfosäure OCH_3, SO_3H, SO_3H = 1, 2, 4 wurde stets gebildet, wenn Anisol mit Schwefelsäure auf dem Wasserbade auf 92° erhitzt wurde; es entstand desto mehr davon, je mehr Schwefelsäure benutzt und je länger erhitzt wurde.

Anwesend CH_3, CH_3.

Einführung von Chlor. Ältere Untersuchungen von VOLLRATH,[3] LAUTH und GRIMAUX,[4] GUNDELACH,[5] REYMAN[6] über die Einwirkung von Chlor auf „Xylol" (welches wohl meta-Xylol gewesen sein wird, mit mehr oder weniger seiner Isomeren vermischt) haben hauptsächlich gelehrt, daß bei Anwesenheit von Jod als Katalysator das Chlor in den Kern tritt, daß dagegen bei der Einwirkung von Chlor auf siedendes Xylol Substitution in der Seitenkette stattfindet: RADZIEWANOWSKI und SCHRAMM[7] fanden, daß auch in der Lichtwirkung völlige Analogie mit Toluol besteht, da o- und p-Xylol im Sonnenlicht in der Seitenkette chloriert werden; bei m-Xylol ist die Reaktion aber etwas abweichend, weil bei seiner Chlorierung im Sonnenlicht ein Gemenge von m-Xylylchlorid und von Chlor-m-xylol erhalten wird.

Die Chlorierung im Kern wurde für o-Xylol durch KRÜGER[8] untersucht. Er leitete in eiskalt gehaltenes, mit 5% Jod versetztes, reines o-Xylol trocknes Chlor, bis die Gewichtszunahme ungefähr

[1] Lehrbuch **3**, 236; Z. **1866**, 693.
[2] Am. **18**, 858 (1896). [3] Z. **1866**, 488. [4] Z. **1867**, 381.
[5] Bl. **26**, 43 (1876). [6] Bl. **26**, 534 (1876). [7] C.Bl. **1898** I, 1019.
[8] B. **18**, 1755 (1885).

der Bildung des Monochlorxylols entsprach. Die fraktionierte Destillation führte schließlich zu einem konstant bei 190—192° siedenden Produkt, dessen Chlorgehalt dem eines Monochlorxylols entsprach. Zur Trennung von eventuell darin enthaltenen Isomeren wurde dieses Chlorxylol in Sulfosäure verwandelt. In der Tat wurden zwei Sulfosäuren daraus erhalten, die bei Entfernung der Sulfogruppe zwei verschiedene Monochlorxylole gaben. Es sind also beim Chlorieren des o-Xylols beide theoretisch möglichen Monochlor-o-xylole entstanden, von denen jedes nur eine Sulfosäure gebildet hat. Dies Resultat war ein unerwartetes, da beim Bromieren des o-Xylols nur ein einziges Monobrom-o-Xylol erhalten wird (s. unten). Beide Sulfosäuren waren in ungefähr gleicher Menge entstanden. Das Chlorxylol CH_3, CH_3, Cl = 1, 2, 3 siedet bei 189,5°; das Isomer 1, 2, 4 bei 191,5° (Bar.?). Durch Oxydation wurden beide in Chlortoluylsäuren und Chlorphtalsäuren übergeführt, die sorgfältig untersucht wurden, so daß kein Zweifel daran bestehen kann, daß wirklich zwei isomere Chlorxylole vorlagen.

Um so merkwürdiger ist, daß CLAUS und GRONEWEG[1] mitteilen, größere Mengen o-Xylols sowohl mit Jod, wie auch in Chloroformlösung mit Eisen als Überträger chloriert zu haben, wobei sie immer nur ein Monochlorxylol (1, 2, 4) isolieren konnten, welches bei 195° siedete. Sie geben nicht an, bei welcher Temperatur die Chlorierung vorgenommen wurde.

Zur Chlorierung von m-Xylol verwendete JACOBSEN[2] ein ganz reines Präparat, welches er aus umkristallisiertem m-Xylolsulfamid vom Schmelzp. 139° dargestellt hatte. Es wurde unter Zusatz von 5% Jod bei 0° mit Chlor behandelt. Das in sehr guter Ausbeute erhaltene rohe Monochlor-m-xylol destillierte zwischen 185—188°. Es wurde in das Baryumsalz einer Sulfosäure übergeführt, welches sich bei eingehender Untersuchung von der ersten bis zur allerletzten Kristallisation als durchaus einheitlich erwies. Beim Chlorieren des m-Xylols entsteht also wie beim Bromieren desselben nur ein einziges Monosubstitutionsprodukt und aus diesem nur eine einzige Sulfosäure. Die Struktur des Chlor-m-Xylols (Siedep. 186,5° bei 767 mm) ist CH_3, CH_3, Cl = 1, 3, 4; denn durch Oxydation mit Chromsäuregemisch entsteht daraus die Chlor-m-toluylsäure CO_2H, CH_3, Cl = 1, 3, 4 (Schmelzpunkt 210°), welche bei gelindem Schmelzen mit Kali in eine Oxy-

[1] J. pr. (2) **43**, 256 (1891). [2] B. **18**, 1760 (1885).

toluylsäure übergeführt wird; letztere gibt mit Eisenchlorid keine Violettfärbung (CO_2H und OH, daher nicht ortho-ständig) und wird durch Salzsäure in Kohlendioxyd und o-Kresol gespalten.

Einführung von Brom. JACOBSEN[1] behandelte käufliches o-Xylol in der Kälte unter Zusatz von Jod mit der berechneten Menge Brom; als er das in gewöhnlicher Weise gereinigte Produkt der Destillation unterwarf, resultierte wesentlich eine konstant bei 214° siedende Flüssigkeit. Sie wurde sulfoniert und in Baryumsalz umgewandelt. Als wesentliches Hauptprodukt resultierte ein Baryumsalz *A*; es wurde in Natriumsalz übergeführt und aus diesem durch Erhitzen auf 200° mit konzentrierter Salzsäure das Monobrom-o-xylol abgespalten, welches bei − 0,2° schmolz und bei 214,5° (Bar. 760 mm) siedete. Um seine Konstitution zu bestimmen, wurde aus demselben durch Erhitzen mit chlorkohlensaurem Äthyl und Natrium die entsprechende Xylylsäure dargestellt. Dieselbe erwies sich bei der Vergleichung der Calciumsalze und der Bestimmung ihres Schmelzpunktes (164° anstatt 163°) als p-Xylylsäure. Das Brom-o-Xylol hat daher die Struktur CH_3, CH_3, Br = 1, 2, 4. Neben diesem entsteht das zweite theoretisch mögliche Isomer nicht. Zwar wurde neben obigem Baryumsalz *A* ein schwerer lösliches erhalten; dies war aber entstanden aus m- oder p-Xylol, welche sich in geringer Menge im o-Xylol vorfand.

SCHRAMM[2] bromierte die drei Xylole ohne Katalysator in der Finsternis bei gewöhnlicher Temperatur und bekam ausschließlich Substitution im Kern; o-Xylol gab so ebenfalls die Monobromverbindung CH_3, CH_3, Br = 1, 2, 4; m-Xylol gab 1, 3, 4. Dieselben Isomere bekamen auch EDINGER und GOLDBERG,[3] als sie o- und m-Xylol mit Bromschwefel und Salpetersäure behandelten; der Eintritt des Broms erfolgt deshalb mit oder ohne Katalysator an derselben Stelle. Doch ist zu bemerken, daß sowohl SCHRAMM wie EDINGER und GOLDBERG die von ihnen erhaltenen Bromxylole nicht eingehend genug untersucht haben, um in diese Angelegenheit völlige Sicherheit gebracht zu haben.

Einführung von Jod. Dieselbe gelang EDINGER und GOLDBERG[4] durch Jodschwefel und Salpetersäure. 13 g o-Xylol gaben so 18 g Jodxylol vom Siedep. 225°, welches bei Oxydation β-Jodphtalsäure lieferte; es hatte somit die Struktur CH_3, CH_3, J = 1, 2, 4. Zur Dar-

[1] B. **17**, 2372 (1884)
[2] B. **18**, 1276 (1885).
[3] B. **33**, 2884 (1900).
[4] B. **33**, 2878 (1900).

stellung des Jod-m-Xylols wurden 10 g m-Xylol in 80 ccm Benzin (spez. Gew. 0,7) gelöst und mit 20 g gepulvertem Jodschwefel und 120 ccm Salpetersäure vom spez. Gew. 1,34 auf dem Wasserbade 3—4 Stunden erwärmt. Durch Oxydation des so erhaltenen Jodxylols zur Jodtoluylsäure J, CH_3, CO_2H = 1, 2, 4 konnte es mit dem von Hammerich[1] schon dargestellten Jodxylol J, CH_3, CH_3 = 1, 2, 4 identifiziert werden. Die Ausbeute an Jodxylol betrug 75 %.

Einführung der Nitrogruppe. Das Ergebnis der Nitrierung von o-Xylol ist verschieden, je nachdem mit Salpetersäure allein, oder mit Salpeterschwefelsäure operiert wird. Jacobsen[2] benutzte rauchende Salpetersäure; in 8—10 Teile derselben trug er unter Abkühlung allmählich 1 Teil reinen o-Xylols ein. Er erhielt ein Mononitroxylol vom Schmelzp. 29°, welches das einzige war, das sich unter diesen Umständen in faßbarer Menge bildete. Die Konstitution dieses Nitroxylols wurde auf zwei Arten bestimmt. Erstens wurde es in ein Xylenol (Siedep. 225°, Schmelzp. 62°) umgewandelt, welches sich als identisch mit dem 1, 2, 4-Xylenol erwies, welches Jacobsen aus o-Xylolsulfosäure gewonnen hatte. Ein zweiter Beweis für die in dem Nitro-o-Xylol vorhandene 1, 2, 4-Stellung der Gruppen liegt in der Tatsache, daß durch Oxydation desselben zwei Nitro-o-toluylsäuren entstehen, von denen bei der Überführung in Oxytoluolsäuren keine die eisenbläuende Säure CH_3, CO_2H, OH = 1, 2, 3 liefert.

Noelting und Forel[3] wiederholten diesen Versuch Jacobsens und erhielten aus 50 g o-Xylol 35 g Nitroprodukt, zwischen 249 bis 259° destillierend und einen Rückstand von 8 g gebend. Die Ausbeute an Nitroxylol fanden sie also bei ca. 50 % der Theorie. Beim Abkühlen kristallisierte das Nitroxylol; jedoch erhielten sie durch Absaugen mittels der Wasserpumpe im Eistrichter eine kleine Menge Öl, das selbst bei − 20° nicht erstarrte und jedenfalls aus flüssigem Nitroxylol bestand. Eine Analyse davon wird von ihnen nicht mitgeteilt.

Als sie aber mit Salpeterschwefelsäure nitrierten, war das Resultat ein anderes. Sie beschickten Bechergläser, die sich in einem Kältegemisch befanden, mit je 100 g o-Xylol und tröpfelten in dieselben ein abgekühltes Gemisch von je 100 g Salpetersäure von 41° Bé. mit 200 g

[1] B. **23**, 3118 (1890). [2] B. **17**, 160 (1884). [3] B. **18**, 2670 (1885).

Schwefelsäure von 66 Bé.; die Operation leiteten sie so, daß die Temperatur sich nie viel über 0° erhob. Durch Waschen des erhaltenen Nitroproduktes mit Natronlauge wurde die wäßrige Schicht dunkelbraun gefärbt; sie enthielt wahrscheinlich die Salze nitrierter Xylenole. Die Ausbeute an über 225° siedendem Produkt (Nitroxylol) erreichte fast 90% der theoretischen. Die Hauptmasse siedete bei 245—247° und war bei gewöhnlicher Temperatur flüssig. Aus der bei 247—255° siedenden Fraktion und besonders aus dem mit Dampf übergetriebenen Rückstand erhielten sie durch starkes Abkühlen beträchtliche Mengen des festen, bei 29—30° schmelzenden Nitro-o-xylols. Es hatten sich etwa $^2/_3$ des flüssigen und $^1/_3$ des festen Nitroxylols gebildet. Da Jacobsen für letzteres die Struktur 1, 2, 4 bewiesen hat, muß ersteres das vizinale Nitro-o-Xylol sein.

Crossley und Renouf[1] haben die Nitrierung von ortho-Xylol nochmals studiert. Durch Oxydation der beiden Nitroxylole, welche auch sie erhielten, zu Nitrophtalsäuren bestätigten sie die Ortsbestimmung Jacobsens. Sie präzisierten aber die Bedingungen näher, unter welchen die beiden Isomere entstehen. Sie kühlten 300 g rauchende Salpetersäure auf —16° ab und tropften in $1^1/_2$ Stunden 50 g o-Xylol ein, wobei sie die Temperatur unterhalb —4° hielten. Bei der Destillation des Nitrierungsproduktes ging, unterhalb 36 mm Druck, alles zwischen 150 und 213° über. Bei der Fraktionierung kühlten sie jede Fraktion ab, um 4-Nitroxylol auskristallisieren zu lassen. So bekamen sie 18 g ganz reines 4-Nitroxylol. Die flüssig gebliebenen Anteile gaben bei fortgesetzter Fraktionierung schließlich 19 g reines 3-Nitroxylol und 7 g eines Gemisches der beiden Mononitroxylole. Die weiteren Fraktionen bestanden aus Dinitroxylolen. Dieses Resultat ist also ein ganz anderes, als das der früheren Untersuchungen, in welchen bei der Nitrierung mit Salpetersäure allein fast nur das feste 4-Nitroxylol isoliert wurde.

Als sie 150 g rauchende Salpetersäure mit seinem halben Volum Eisessig verdünnten und dann 50 g o-Xylol bei 20—25° eintropften, erhielten sie 52 g eines Öles, welches keine Dinitroverbindungen enthielt und 11,5 g 4-Nitroxylol, 17,5 g 3-Nitroxylol und 10 g eines Gemisches von beiden lieferte.

[1] Soc. **95**, 202 (1909).

Die Nitrierung mit 50 g rauchender Salpetersäure und 100 g konzentrierter Schwefelsäure, welche langsam in 50 g o-Xylol flossen, welches sich in einer Kältemischung befand, lieferte 44 g Mono- und 31 g Dinitroxylol. Die 44 g gaben bei weiterer Fraktionierung nur 3 g reines 4-Nitroxylol und 25 g 3-Nitroxylol. Auch hier war daher das Resultat ein anderes, als beim Versuch von Noelting und Forel, obwohl auch diese Forscher die überwiegende Bildung von 3-Nitroxylol konstatierten.

Die Nitrierung von m-Xylol ist zuerst von Harmsen[1] untersucht worden, welcher aus reiner, gut kristallisierter α-Sulfonsäure abgeschiedenes m-Xylol sehr allmählich in die dreifache Menge abgekühlter, rauchender Salpetersäure eintrug. Das Reaktionsprodukt ging nach einmaligem Fraktionieren bis auf einen sehr kleinen Rest bei 238° (korr. 243—244°) über und wurde bei 20° nicht fest. Die Stellung der Nitrogruppe wurde ermittelt durch Überführung des Nitroxylols in ein Xylenol; letzteres hatte die Struktur 1, 3, 4, denn es war daraus das Tribromxylenol vom Schmelzp. 178° zu erhalten; auch konnte das sehr charakteristische Baryumsalz der Sulfosäure daraus dargestellt werden. Danach entspricht das durch Einwirkung von Salpetersäure auf m-Xylol — und zwar, soweit beobachtet werden konnte, ohne jede Bildung von Isomeren — entstehende Nitroxylol der Formel CH_3, CH_3, NO_2 = 1, 3, 4.

Huisinga[2] wiederholte Harmsens Versuch; er erhielt die beste Ausbeute an Mononitroprodukt, als er Salpetersäure vom spez. Gew. 1,48 benutzte und bei 0° Xylol langsam hineinbrachte. Er erhielt aus 160 g m-Xylol 85 g mit Dampf überdestilliertes Nitroxylol. Nach Isomeren hat er nicht gesucht.

Noelting und Forel[3] nitrierten m-Xylol mit Salpeterschwefelsäure und bekamen dadurch wieder zwei Isomere. Sie befreiten zunächst käufliches m-Xylol von seinen Isomeren, indem sie 1600 g desselben während 4—5 Stunden mit 640 ccm Salpetersäure von 41 Bé. und 960 g Wasser am Rückflußkühler erwärmten. Inwieweit diese Operation zum Ziel führt, wird von ihnen nicht nachgewiesen. Sie erhielten so 1350 g „reines" m-Xylol, das etwa 5—10% Nitroxylol enthielt. Dasselbe wurde in zwei Portionen unter den gleichen Bedingungen wie

[1] B. **13**, 1558 (1880). [2] R. **27**, 268 (1908). [3] a. a. O.

das o-Xylol (s. oben) mit 1250 g Salpetersäure von 43° Bé. und 1420 g 100prozentiger Schwefelsäure nitriert, was 3 Tage in Anspruch nahm. Es wurden 926 g Mononitroxylol erhalten, also nur etwa die Hälfte der theoretischen Ausbeute: es waren 500 g Dinitroxylol entstanden, was wohl auf Rechnung der sehr langen Versuchsdauer zu setzen ist.

Da das gewöhnliche as-Nitro-m-xylol gegen 240° siedet, das feste symmetrische bei 263° und das dritte, damals noch unbekannte vizinale Isomer, der Analogie mit den Nitrotoluolen nach, eher einen niedrigeren Siedepunkt haben muß, wurden die niedriger siedenden Anteile (215—239°) sorgfältig fraktioniert. Die Bildung eines vizinalen Isomer neben dem asymmetrischen war ja am ehesten zu erwarten. In der Tat wurde eine bei 215—224° siedende Fraktion gewonnen, aus welcher ein Xylidin erhalten wurde, welches bei seiner Oxydation m-Xylochinon gab, welches mit dem aus symm.-m-Xylidin erhaltenen durch seinen Schmelzpunkt und denjenigen des entsprechenden Hydrochinons identifiziert wurde. Das mit Salpeterschwefelsäure dargestellte Nitro-m-Xylol enthält daher neben der Verbindung CH_3, CH_3, NO_2 = 1, 3, 4 auch das Isomer 1, 3, 2. Ob auch das Isomer 1, 3, 5 im Rohprodukt anwesend war, wurde nicht untersucht.

Einführung der Sulfogruppe. Die genauere Untersuchung der Sulfonierungsprodukte von o- und m-Xylol verdankt man auch wieder Jacobsen.[1] o-Xylol läßt sich sehr leicht sulfonieren, schon durch Schütteln mit gewöhnlicher, konzentrierter Schwefelsäure bei Zimmertemperatur. Es bildet sich hierbei immer nur eine einzige Sulfosäure; schon bei der Darstellung der kristallisierten Säure selbst oder eines ihrer ebenfalls prachtvoll kristallisierenden Salze bleibt darüber kein Zweifel. Es bilden sich in jedem Falle bis zum letzten Tropfen der Lösungen dieselben Kristalle. Da das Schmelzen des Kaliumsalzes mit Cyankalium oder Natriumformiat p-Xylylsäure (Schmelzp. 163°) gab, hat die o-Xylolsulfosäure die Struktur CH_3, CH_3, SO_3H = 1, 2, 4.

m-Xylol gibt bei Behandlung mit gewöhnlicher oder mit rauchender Schwefelsäure zwei Sulfosäuren; die dritte theoretisch mögliche wird nicht gebildet. Die beiden Säuren sind leicht trennbar; ihre Amide schmelzen bei 137° und 96°. In weitaus überwiegender Menge ent-

[1] B. **10**, 1015 (1877); **11**, 22 (1878).

steht immer diejenige Sulfosäure, welche das bei 137° schmelzende Amid liefert. Die Menge der zweiten Sulfosäure wird anscheinend relativ etwas größer, wenn man die Schwefelsäure unter Vermeidung stärkeren Erwärmens auf das Xylol einwirken läßt. Zur Bestimmung der Stelle der Sulfogruppe in diesen beiden Säuren wurden ihre Kaliumsalze einerseits mit Cyankalium, anderseits mit Natriumformiat geschmolzen. Aus der Säure mit dem Amid vom Schmelzpunkt 137° wurde nach jeder dieser beiden Methoden eine Säure gewonnen, welche nach Destillation im Dampfstrom bei 126° schmolz; es war die Xylylsäure, welche auch durch Oxydation von Pseudocumol erhalten werden kann. Durch Oxydation mit Permanganat gab sie die Xylidinsäure (Methylterephtalsäure), welche durch das charakteristische, in der Hitze fast unlösliche Zinksalz charakterisiert wurde. Damit ist für diese Sulfosäure die Stellung der Gruppen CH_3, CH_3, SO_3H = 1, 3, 4 ermittelt.

Die zweite Säure, mit dem bei 96° schmelzenden Amid, gab in dieser Weise eine bei 99° schmelzende Xylylsäure; durch Erhitzen mit überschüssigem Kalk entstand wieder m-Xylol. Von einer höher als Xylylsäure schmelzenden Säure (Mesitylensäure) entstand niemals die geringste Spur. Die bei 99° schmelzende Xylylsäure muß also die dritte (damals noch unbekannte) Säure CH_3, CH_3, CO_2H = 1, 3, 2 sein und die Sulfonsäure also ihre SO_3H-Gruppe auch auf der Stelle 2 haben.

Einführung der Sulfingruppe. Nach der Methode, welche auf S. 102 erwähnt ist, haben KNOEVENAGEL und KENNER[1] auch in die drei Xylole die Sulfingruppe eingeführt. Sowohl bei ortho- als bei meta-Xylol fielen die Sulfinsäuren zunächst ölig aus und schmolzen nach dem Erstarren unscharf. Dies ist wohl auf die gleichzeitige Bildung von Isomeren zurückzuführen. Eine Ortsbestimmung und eine Trennung derselben führten sie nicht aus.

Einführung von Methyl. ADOR und RILLIET,[2] welche die Einwirkung von Chlormethyl und $AlCl_3$ auf Toluol studierten (s. S. 102), erhielten dabei neben Xylolen auch höher siedende Kohlenwasserstoffe; dieselben bestanden wesentlich aus Pseudocumol und Mesitylen. Als sie nämlich dieselben der gebrochenen Destillation unterwarfen, er-

[1] B. **41**, 3318 (1908). [2] B. **12**, 329 (1879).

hielten sie eine Fraktion vom Siedep. 158—163,5° und eine zweite vom Siedep. 163,5—167°. Letztere war ungefähr dreimal größer als erstere. Beim Behandeln der niedriger siedenden Fraktion mit Salpetersäure erhielten sie Trinitropseudocumol (Schmelzp. 185°) und Trinitromesitylen (Schmelzp. 232°). Die höher siedende Fraktion lösten sie in Schwefelsäure und wandelten die erhaltenen Sulfosäuren in ihre Amide um, deren zwei erhalten wurden, mit den Schmelzpunkten 176° und 141°, welche demnach die Amide der Pseudocumol- und der Mesitylensulfosäuren sind. Das Verhältnis der beiden Kohlenwasserstoffe war ungefähr 15—20% Mesitylen, das übrige Pseudocumol.

Jacobsen[1] hat jedes der drei Xylole für sich nach der Methode von Friedel und Crafts methyliert. Aus ortho-Xylol erhielt er ausschließlich Pseudocumol CH_3, CH_3, CH_3 = 1, 2, 4. Die letzte Ausscheidung aus den alkoholischen Mutterlaugen des Pseudocumolsulfamids hatte zwar einen erheblich niedrigeren Schmelzpunkt als dieses, erwies sich aber bei näherer Untersuchung als ein mit etwas Pseudocumolsulfamid verunreinigtes ortho-Xylolsulfamid.

Für die Methylierung von meta-Xylol verwendete er ein aus völlig reinem α-Sulfamid durch Salzsäure abgespaltenes Xylol. Die Überführung der hier erhaltenen, zwischen 158° und 168° siedenden Kohlenwasserstoffe in Sulfonsäuren und in deren Amide gestattete die vollständige Zerlegung von ersteren in Pseudocumol und Mesitylen. Von dem Sulfamid eines dritten Trimethylbenzols war nicht die geringste Spur vorhanden. Das Verhältnis des entstandenen Mesitylens zum Pseudocumol, welches sich relativ genau ermitteln ließ, fand Jacobsen in einem Falle fast wie 1 : 4, im zweiten ungefähr wie 1 : 4,5. Diese Zahlen stimmen ziemlich gut mit den Angaben Adors und Rilliets überein.

Einführung der NH_2-Gruppe. Graebe[2] erwärmte 10 g Hydroxylaminchlorhydrat, 11—12 g Chloraluminium und 50 g o-Xylol während 5 Stunden auf dem Wasserbade und erhielt so 3 g Xylidin von der Struktur CH_3, CH_3, NH_2 = 1, 2, 4 (S. 106). Da dies aber bei 49° schmilzt, das erhaltene Produkt jedoch erst in einer Kältemischung erstarrte, so muß dieses Hauptprodukt eine isomere Verbindung beigemischt enthalten.

[1] B. **14**, 2628 (1881). [2] B. **34**, 1778 (1901).

Dieselbe Menge m-Xylol gab bei Anwendung von 10 g salzsaurem Hydroxylamin nur 1,1 g Xylidin CH_3, CH_3, NH_2 = 1, 3, 4.

Einführung der Cyangruppe. Diese gelingt mittels Knallquecksilber und Aluminiumoxychlorid (s. S. 106 und 107). Scholl und Kačer[1] erhielten hierbei aus o-Xylol die Isomere CH_3, CH_3, CN = 1, 2, 3 und = 1, 2, 4, aus m-Xylol die Isomere CH_3, CH_3, CN = 1, 3, 2 und = 1, 3, 4, wie sie durch Überführung in die entsprechenden Karbonsäuren bewiesen.

Einführung der CNOH-Gruppe. Neben den Nitrilen erhielten Scholl und Kačer[2] die Aldoxime aus Xylol, Knallquecksilber und Aluminiumoxychlorid. Es bildeten sich hier aber nur die Verbindungen CH_3, CH_3, CNOH = 1, 2, 4 und = 1, 3, 4, also nicht die vizinalen Isomere wie bei der Einführung von Cyan.

Einführung der Aldehydgruppe. Gattermann[3] behandelte nach seiner Kohlenoxydmethode (S. 106) ortho-Xylol, indem er 50 g desselben mit 8 g Kupferchlorür und 75 g $AlCl_3$ mischte und auf die Mischung Kohlenoxyd und Salzsäure einwirken ließ. Er erhielt so 35—40 g reinen Aldehyd, der durch Oxydation zur Dimethylbenzoesäure vom Schmelzp. 163° als von der Struktur CH_3, CH_3, CHO = 1, 2, 4 charakterisiert wurde.

Nach derselben Methode gab meta-Xylol den Aldehyd CH_3, CH_3, CHO = 1, 3, 4, wie durch dessen Oxydation zur Dimethylbenzoesäure vom Schmelzp. 126° dargetan wurde. Aus 30 g meta-Xylol erhielt Gattermann 18 g reinen Aldehyd. In meta-Xylol ist durch Dewar und Jones auch durch Nickelcarboxyl die Aldehydgruppe eingeführt worden (S. 107), wobei sie wieder $AlCl_3$ als Katalysator benutzten. Sie erhielten den Aldehyd in einer Ausbeute von 15—20%, siedend zwischen 215 und 220°. Das Produkt war identisch mit dem Aldehyd von Gattermann, wie durch Oxydation zur Säure vom Schmelzp. 126° bewiesen wurde.

Anwesend CH_3, CH_2NO_2.

Einführung einer Nitrogruppe.[4] Konowalow und Santschikowsky behandelten para-Tolylnitromethan CH_3, CH_2NO_2 = 1, 4 mit Salpeter-

[3] B. **36**, 322 (1903). [2] a. a. O. [3] A. **347**, 368 (1906).

[4] Die Nitrierung von Phenylnitromethan ist von Holleman [R. **14**, 123 (1895)] beschrieben worden. Es entsteht dabei das meta-Derivat, denn dasselbe gab bei seiner Oxydation meta-Nitrobenzoesäure.

säure vom spez. Gew. 1,505 bei -10^0. Sie erhielten hierbei ein Nitroprodukt von der Formel $CH_3, CH_2NO_2, NO_2 = 1, 4, 2$, Schmelzpunkt 72°; denn durch Oxydation gab es die Nitrotoluylsäure $CH_3, CO_2H, NO_2 = 1, 4, 2$.

Anwesend CH_3, CO_2H.

Einführung von Brom. Jacobsen und Wierss[1] lösten o-Toluylsäure in sehr überschüssigem Brom und dunsteten dasselbe nach mindestens 24stündiger Einwirkung, schließlich in der Wärme, ab. Sie erhielten so ein Gemenge von Monobromtoluylsäure und unveränderter Toluylsäure, welches sehr schwer zu trennen war. Die Monobromsäure schmolz bei 167°; sie gab beim Schmelzen mit Kali eine Oxytoluylsäure vom Schmelzp. 168°, die mit Eisenchloridlösung eine intensive Färbung gab, also OH und CO_2H in o-Stellung enthält. Sie muß daher die Struktur $CH_3, CO_2H, OH = 1, 2, 3$ haben, die Brom-o-Toluylsäure also auch von der Formel $CH_3, CO_2H, Br = 1, 2, 3$ sein. Dies wurde durch eine Untersuchung von Racine[2] bestätigt, welcher 2 Atome Brom mit etwas Wasser und 1 Mol. o-Toluylsäure auf 140° erhitzte, oder das Silbersalz dieser Säure unter einer Glocke den Dämpfen von Brom aussetzte und dabei dieselbe Brom-o-toluylsäure vom Schmelzp. 167° erhielt. Als er dieselbe oxydierte, bildete sich eine Bromphtalsäure, welche identisch war mit derjenigen, die durch Oxydation von α-Bromnaphtalin entsteht. Da diese Bromtoluylsäure sich aber in der gewöhnlichen Weise esterifizieren ließ, mutmaßte V. Meyer,[3] daß ihre Struktur, trotzdem sie auf zwei unabhängige Arten bewiesen war, unrichtig sein müsse. Er machte die sachgemäße Bemerkung, daß die Säure voraussichtlich die Struktur $CH_3, CO_2H, Br = 1, 2, 4$ haben werde, da die orientierende Wirkung, welche erfahrungsmäßig Karboxyl und Methyl ausüben, die Substitution an der Stelle 4 erwarten läßt. Er veranlaßte daher Geiringer, eine Säure von dieser Struktur synthetisch darzustellen, und zwar auf folgendem Wege: p-Toluidin, in schwefelsaurer Lösung nitriert, liefert die Base $CH_3, NO_2, NH_2 = 1, 2, 4$, welche durch Diazotieren usw. im Bromnitrotoluol $CH_3, NO_2, Br = 1, 2, 4$ übergeführt wird. Wird in diesem Körper die NO_2-Gruppe reduziert und dann nach Sandmeyer durch die Cyangruppe ersetzt, so resul-

---

[1] B. **16**, 1956 (1883). [2] A. **239**, 74 (1887). [3] B. **28**, 87 (1895).

tiert nach der Verseifung eine Säure der Formel $CH_3, CO_2H, Br = 1, 2, 4$. Dieselbe erwies sich völlig identisch mit dem Bromierungsprodukt von o-Toluylsäure.

m-Toluylsäure wurde von JACOBSEN[1] analog der o-Säure bromiert; es waren dabei zwei Monobromsäuren entstanden, zu deren Trennung die Baryumsalze sehr geeignet waren. Brom-m-toluylsäure vom Schmelzp. 209° bildete sich in sehr überwiegender Menge; beim Schmelzen mit Kali resultierte eine Oxytoluylsäure vom Schmelzp. 174°, die mit Eisenchlorid keine Färbung gab. JACOBSEN gab ihr die Formel $CH_3, CO_2H, Br = 1, 3, 6$, da die oben genannte Oxytoluylsäure auch aus o-Kresol mit Kohlendioxyd und Natrium darzustellen war. Dadurch ist die andere Oxy-m-Toluylsäure 1, 3, 5, die ebenfalls die Eisenreaktion nicht gibt, ausgeschlossen.

Die letzten Mutterlaugen vom Baryumsalz dieser gebromten Säure gaben in geringer Menge das sehr leicht lösliche Baryumsalz einer isomeren Säure vom Schmelzp. 140—145°, welche beim Schmelzen mit Kali eine Oxytoluylsäure vom Schmelzp. 147—150° mit Eisenreaktion lieferte. JACOBSEN gab ihr daher die Formel $CH_3, CO_2H, Br = 1, 3, 4$; denn da CO_2H und OH in der entsprechenden Oxysäure ortho-ständig sein müssen, kommt neben dieser Formel nur noch 1, 3, 2 in Betracht. Die Säure $CH_3, CO_2H, OH = 1, 3, 2$ entsteht aber aus o-Kresol mit Kohlendioxyd und Natron und schmilzt bei 164°, wodurch ihre Struktur feststeht, da sie ebenfalls die Eisenreaktion gibt. Somit bleibt für die Bromtoluylsäure vom Schmelzp. 140—145° nur die angegebene Struktur übrig.

Einführung der Nitrogruppe. Nach einer flüchtigen Untersuchung von AHRENS[2] und von FITTIG und RAMSAY[3] ist die Nitrierung der Toluylsäuren eingehend von JACOBSEN,[4] von JACOBSEN und WIERSS,[5] von VAN SCHERPENZEEL,[6] PANAOTOVIC und schließlich von FINDEKLEE studiert worden.

JACOBSEN und WIERSS trugen o-Toluylsäure in kalt gehaltene rauchende Salpetersäure, oder erhitzten erstere mit Salpetersäure (spez. Gew. 1, 4) auf dem Wasserbade bis zur Beendigung der Reaktion. Auf Wasserzusatz fiel ein Gemenge von 2 Nitrosäuren aus, deren Trennung

[1] B. **14**, 2351 (1881). [2] Z. **1869**, 102. [3] A. **168**, 250 (1873).
[4] B. **14**, 2353 (1881); **17**, 162 (1884).
[5] B. **16**, 1957 (1883). [6] R. **20**, 149 (1898).

ihnen nicht ganz gelang. Sie isolierten eine Säure vom Schmelzp. 179°, welche auch durch Oxydation von Nitro-o-xylol CH_3, CH_3, NO_2 = 1, 2, 4 zu gewinnen ist; für die zweite Säure fanden sie den Schmelzp. 145°.

van Scherpenzeel zeigte, daß letztere nicht einheitlich war. Er wandelte das Säuregemenge in Methylester um, welche durch fraktionierte Kristallisation zu trennen waren. Als er die reinen Methylester durch Salzsäure verseifte, erhielt er zwei Säuren, von welchen die eine (α) bei 178,5° schmolz und offenbar identisch war mit dem Hauptprodukt von Jacobsen und Wierss; die andere Säure (β) schmolz dagegen nicht bei 145°, sondern bei 184°. Wiewohl bei der Trennung ziemlich viel Verlust erlitten wurde, erhielt van Scherpenzeel aus 60 g o-Toluylsäure 30 g α-Ester und 16 g β-Ester. Die Nitrierung des Äthylesters der o-Toluylsäure gab dieselben Ester, wobei aus 2 g nahezu 1,5 g α- und 0,5 g β-Ester erhalten wurden, also ein wenig mehr vom Hauptprodukt, als bei der Nitrierung der freien Säure entsteht. Das Amid, das Mono- und das Dimethylamid gaben bei der Nitrierung auch Mononitroderivate, wobei das α-Derivat isoliert, die Gegenwart des β-Derivats nachgewiesen werden konnte; die Menge des α-Derivats war beim Amid sehr überwiegend, noch mehr im Nitrierungsprodukt des Mono- und Dimethylamids. Jacobsen erteilt der α-Säure die Struktur CH_3, CO_2H, NO_2 = 1, 2, 4, der β-Säure = 1, 2, 6, indem er dieselben reduzierte und die Amidotoluylsäuren in bekannte Oxytoluylsäuren überführte.

Jacobsen nitrierte die m-Toluylsäure, indem er dieselbe in kalt gehaltene, rauchende Salpetersäure eintrug, bis eine Ausscheidung von kristallisierter Nitrosäure begann; nach einiger Zeit fällte er letztere vollständig durch Wasserzusatz. Bei der Kristallisation des Baryumsalzes zeigte sich, daß zwei Nitrosäuren entstanden waren, von den Schmelzpunkten 219° und 182°. Zur Bestimmung der Lage ihrer Nitrogruppe wurden sie reduziert und NH_2 durch OH ersetzt. So lieferte die Säure mit dem höchsten Schmelzpunkt die oben erwähnte Oxytoluylsäure (S. 359) vom Schmelzp. 164°, deren Lösung die Eisenreaktion gab und welche sich beim Erhitzen mit Salzsäure auf 210° vollständig in Kohlendioxyd und o-Kresol (das in der Kalischmelze ganz reine Salicylsäure lieferte) spaltete. Diese Nitrosäure, das Hauptprodukt, hat daher die Struktur CH_3, CO_2H, NO_2 = 1, 3, 2. Da die Oxysäure (Schmelzp. 151°), aus der niedriger schmelzenden Nitrosäure erhalten, sich auch mit Eisenchlorid bläute, muß ihr die Formel CH_3, CO_2H, NO_2 = 1, 3, 4 zukommen.

van Scherpenzeel erhielt diese selben Nitrosäuren, als er die m-Toluylsäure mit reeller Salpetersäure in 3—4facher Menge bei 0° nitrierte; durch weitere Reinigung fand er aber deren Schmelzpunkt bei 223° bzw. 185°. Er erhielt von der höher schmelzenden Säure doppelt so viel als von der anderen. Der Methylester der m-Toluylsäure gab als Hauptprodukt seiner Nitrierung ebenfalls die bei 223° schmelzende Säure; so auch das Amid und Monomethylamid. Bei der Nitrierung des Dimethylamids fand van Scherpenzeel nur diese Säure.

Durch spätere Untersuchungen hat sich aber herausgestellt, daß die Säure vom Schmelzp. 182—185° ein Gemisch ist. Findeklee[1] erhielt durch Nitrieren von m-Cyantoluol die Verbindung CH_3, CN, NO_2 = 1, 3, 4, welche zweifellos diese Struktur hatte, da sie sich in Methylphtalsäure CH_3, CO_2H, CO_2H = 1, 3, 4 verwandeln ließ. Die aus dem Nitronitril durch Verseifung sich bildende Nitrotoluylsäure muß deshalb auch die Formel CH_3, CO_2H, NO_2 = 1, 3, 4 haben. Ihr Schmelzpunkt wurde bei 134° gefunden. Nun wird von Beilstein[2] für diese Nitrotoluylsäure der Schmelzp. 219° angegeben, während die Säure Jacobsens und van Scherpenzeels vom Schmelzp. 182—185° als CH_3, CO_2H, NO_2 = 1, 3, 2 bezeichnet wird, also gerade umgekehrt als in der ursprünglichen Abhandlung von Jacobsen. Dies wurde durch eine Untersuchung von Panaotowicz[3] veranlaßt, welcher die zwei Aminotoluylsäuren CH_3, NH_2, CO_2H = 1, 2, 3 und = 1, 3, 4 miteinander verwechselt hatte: Erstere hat den Schmelzp. 172°, letztere den Schmelzpunkt 175°. Als er für letztere Säure den zu niedrigen Schmelzpunkt von 172° beobachtete, glaubte er die Säure 1, 2, 3 anstatt die Säure 1, 3, 4 in Händen zu haben.

Eine erneute Untersuchung mußte geschehen, um dieser Verwirrung ein Ende zu machen. Zu dem Zwecke löste Findeklee[4] je 3 g m-Toluylsäure in 30 ccm kaltgehaltener rauchender Salpetersäure und erhielt als Hauptprodukt eine Säure vom Schmelzp. 219°; aus den Mutterlaugen ließ sich aber durch häufiges Umkristallisieren eine Säure vom Schmelzp. 134° isolieren. Auf folgende Weise konnte er zeigen,

---

[1] B. **38**, 3553 (1905).
[2] Handbuch II, 1337—1338.
[3] J. pr. (2) **33**, 62 (1886).
[4] a. a. O.

daß in beiden Säuren die Nitrogruppe an ortho-Stelle zu Karboxyl steht. Nach NIEMENTOWSKI[1] findet Ringschluß statt, wenn eine o-Aminosäure mit Formamid auf ca. 130° erhitzt wird:

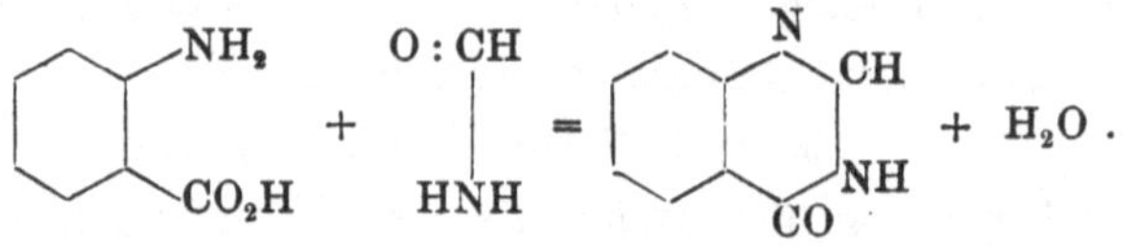

Es bildet sich ein Chinazolon. In der Tat war dies mit den Reduktionsprodukten von beiden Säuren zu verwirklichen. MÜLLER[2] gelang es dann schließlich, die Bildung einer dritten Nitro-m-toluylsäure nachzuweisen, als er 100 g m-Toluylsäure in Portionen von 5 g in 20 g gelbe, rauchende, gekühlte Salpetersäure so langsam eintrug, daß die Temperatur nicht über 10° stieg. Die Trennung der drei Säuren wurde durch fraktionierte Kristallisation und Überführung in Methylester durchgeführt. Er erhielt schließlich 68 g 2-Nitrosäure, 36 g 4-Nitrosäure und 27 g 6-Nitrosäureester = 25 g 6-Nitrosäure. Letztere Säure schmolz bei 216° und war nicht identisch mit dem Hauptprodukt, Schmelzp. 219°, wie der Schmelzpunkt einer Mischprobe zeigte. Da die Struktur der Säuren vom Schmelzp. 219° und 134° bereits feststand, blieben für die Säure vom Schmelzp. 216° noch die Formeln CH_3, CO_2H, NO_2 = 1, 3, 5 und 1, 3, 6 übrig. Letztere Struktur ist die richtige, weil das Reduktionsprodukt, mit Kalk destilliert, o-Toluidin gab (Schmelzpunkt Acetverbindung 110°). Auch wurde die symm. Nitro-m-toluylsäure dargestellt, welche bei 174° schmolz.

p-Toluylsäure gibt nach VAN SCHERPENZEEL[3] bei der Nitrierung mit der fünffachen Menge reeller Salpetersäure bei 0° eine Mononitrosäure vom Schmelzp. 189°. Der Methylester, das Amid, das Mono- und Dimethylamid gaben alle, in analoger Weise nitriert, ausschließlich diese Säure. Die Struktur derselben ist CH_3, CO_2H, NO_2 = 1, 4, 2, da die isomere Säure 1, 4, 3 von NIEMENTOWSKI[4] aus Nitro-p-toluidin CH_3, NH_2, NO_2 = 1, 4, 3 erhalten wurde; ihr Schmelzpunkt ist 101°.

[1] J. pr. (2) **51**, 564 (1895).
[2] B. **42**, 430 (1909); siehe auch JÜRGENS B. **40**, 4409 (1907).
[3] R. **20**, 149 (1898). [4] B. **21**, 1535 (1888).

Einführung der Sulfogruppe. JACOBSEN und WIERSS[1] erhitzten o-Toluylsäure mit der fünffachen Menge gewöhnlicher Schwefelsäure 2—3 Stunden lang auf 160°; die kaum gefärbte Lösung wurde dann durch Wasser nicht mehr gefällt. Beim Schmelzen mit Kali lieferte das Natriumsalz der so gebildeten Sulfosäure dieselbe Oxytoluylsäure, welche aus der α-Nitro-o-toluylsäure erhalten wurde (s. S. 360), so daß die Sulfo-o-toluylsäure die Struktur CH_3, CO_2H, SO_3H = 1, 2, 4 hat.

Die Sulfonierung von m-Toluylsäure gelang JACOBSEN,[2] als er dieselbe mit der vierfachen Menge Pyroschwefelsäure 3 Stunden lang auf 160°, schließlich bis auf 180° erhitzte. Es waren mindestens zwei Sulfosäuren gebildet; eine auch nur angenähert vollständige Trennung derselben ließ sich aber nicht durchführen. Er verzichtete somit auf die Isolierung der einzelnen Sulfosäuren und schmolz das Gemenge ihrer Natriumsalze mit Kali, um die dabei entstehenden Oxytoluylsäuren näher zu untersuchen. Aus der Kalischmelze erhielt er die Säuren CH_3, CO_2H, OH = 1, 3, 4 (Schmelzp. 151°) und = 1, 3, 5 (Schmelzp. 208°) in angenähert gleicher Menge. Der Strukturbeweis für erstere Säure ist bereits oben (S. 359) gegeben; die Struktur der letzteren Säure folgt daraus, daß sie beim Glühen mit Kalk in Kohlendioxyd und m-Kresol zerfällt.

FISCHLI[3] sulfonierte p-Toluylsäure; hierzu leitete er die Dämpfe von Schwefeltrioxyd über fein zerriebene p-Toluylsäure; dieselben wurden rasch absorbiert. Die Masse erwärmte sich und bildete zuletzt einen dickflüssigen Brei; in diesem Zustande goß er die Reaktionsmasse in Wasser. Er erhielt nur eine Säure, deren Diamid bei 228° schmolz; eine Ortsbestimmung der Sulfogruppe führte er nicht aus.

Anwesend CH_3, NH_2.

Einführung von Chlor. Zunächst seien einige Fälle von der Bildung von Chlortoluidinen bei der Reduktion von Nitrotoluolen mit Zinn und Salzsäure erwähnt; BEILSTEIN und KUHLBERG[4] beobachteten dieselbe bei der Reduktion von o- und von m-Nitrotoluol; BLANKSMA[5] hat die Sache näher studiert (s. S. 135). Er fand, daß o-Nitrotoluol, unter günstigen Bedingungen zur Bildung von Chlortoluidinen reduziert, die Verbindung CH_3, NH_2, Cl = 1, 2, 5 (Schmelzpunkt Acetverbin-

[1] B. **16**, 1959 (1883). [2] B. **14**, 2355 (1881). [3] B. **12**, 616 (1879).
[4] A. **156**, 81 (1870). [5] R. **25**, 369 (1906).

dung 140°) gibt; obwohl er es nicht isoliert hat, mutmaßt er auch die Gegenwart vom Isomer 1, 2, 3 im Reduktionsprodukt. Bei der Reduktion mit Zinn und Salzsäure erhielt er neben o-Toluidin 25,6%, bei Verwendung von Zinnchlorür und Salzsäure 44% Chlortoluidin.

m-Nitrotoluol gab die Verbindung $CH_3, NH_2, Cl = 1, 3, 6$ vom Schmelzp. 84° in einer Ausbeute von 13,5%, wenn er zur Reduktion Zinn und Salzsäure verwendete, und stieg auf 26% bei Gebrauch von Zinnchlorür und Salzsäure; p-Nitrotoluol endlich gab die Verbindung $CH_3, NH_2, Cl = 1, 4, 3$ in einer Ausbeute von 17,2% mit $Sn + HCl$; von 27% mit $SnCl_2 + HCl$.

Koch[1] fand, daß auch bei der Reduktion mit Zinkstaub und Salzsäure Chlor im Kern tritt; aus m-Nitrotoluol erhielt er so die Verbindung $CH_3, NH_2, Cl = 1, 3, 6$. Die Struktur dieses Chlor-m-toluidins ergab sich daraus, daß dasselbe auch durch Reduktion von Nitro-o-chlortoluol = 1, 3, 6 erhältlich war. In all diesen Fällen stellt sich also das Chloratom auf der p-Stelle zu NH_2, oder wenn dieselbe besetzt ist, auf der o-Stelle.

Hieran schließt sich eine Abhandlung von Bamberger[2] über die Einwirkungsprodukte von konzentrierter, unter 0° gesättigter Salzsäure auf m-Tolylhydroxylamin; letzteres wird hierdurch in ein Gemisch dreier stellungsisomerer Monochlortoluidine $CH_3, NH_2, Cl = 1, 3, 6$; = 1, 3, 2 und = 1, 3, 4 verwandelt, wobei anzunehmen ist, daß dieselben als Umlagerungsprodukte zunächst entstehenden Exochlor-m-toluidins $CH_3 \cdot C_6H_4 \cdot NHCl$ zu betrachten sind, dessen Isolierung allerdings nicht gelungen ist.

Von diesen drei Chlortoluidinen entsteht das Isomer 1, 3, 6 weitaus überwiegend; 1, 3, 2 und 1, 3, 4 treten so sehr zurück, daß ihre Konstitution bei kleinerem Versuchsmaßstab vermutlich kaum hätte aufgeklärt werden können.

Die Struktur des Hauptproduktes ergibt sich aus einer Untersuchung von Goldschmidt und Hönig,[3] welche diese Basis aus o-Toluidin nach folgendem Schema erhielten:

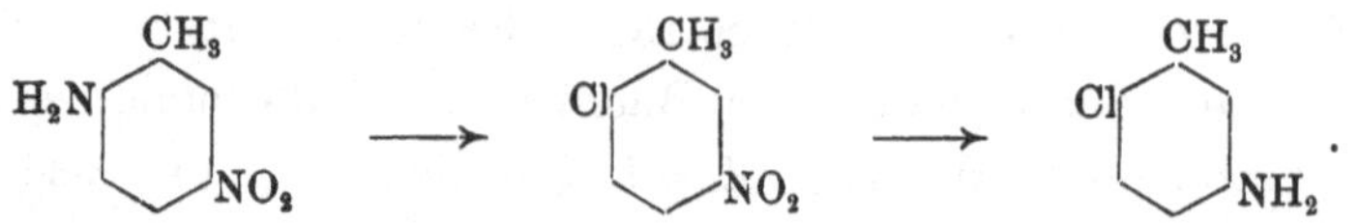

[1] B. **20**, 1567 (1887). [2] B. **35**, 3697 (1902). [3] B. **20**, 200 (1887).

Daß in der ersteren dieser Verbindungen die Nitro- und Aminogruppe in p-Stellung stehen, ergibt sich, wie BAMBERGER[1] feststellte, mit Sicherheit daraus, daß das Reduktionsprodukt dieses Nitrotoluidins sämtliche charakteristische Reaktionen der p-Diamine in typischer Weise zeigte.

Die Struktur CH_3, NH_2, Cl = 1, 3, 2 von einem der Nebenprodukte geht aus der Beziehung dieser Verbindung mit einer Chlornitrobenzoesäure hervor, welche als Nebenprodukt von HOLLEMAN[2] bei der Nitrierung von o-Chlorbenzoesäure erhalten wurde. Die Struktur endlich des dritten Chlortoluidins als CH_3, NH_2, Cl = 1, 3, 4 ist daraus ersichtlich, daß die entsprechende Nitrosäure durch Nitrieren von p-Chlorbenzoesäure erhalten werden kann.

HAFNER[3] chlorierte o- und p-Toluidin in schwefelsaurer Lösung, untersuchte aber nur das Reaktionsprodukt von der p-Verbindung näher. Er löste 30 g p-Toluidinsulfat in 400 g Schwefelsäure von 97 %, und leitete 24 Stunden lang trocknes Chlor in diese Lösung. Er gewann 9 g p-Toluidin unverändert zurück, 4 g von der Verbindung CH_3, Cl, NH_2 = 1, 3, 4 und 7 g Chlortoluidin 1, 2, 4. Konzentrierte Schwefelsäure hat also auf die Chlorierung in demselben Sinne orientierend gewirkt, wie bei Nitrierungen, d. h. daß im Hauptprodukt das Chlor an meta-Stelle zur NH_2-Gruppe getreten ist. Allerdings entsteht hier auch eine ansehnliche Menge der Verbindung 1, 3, 4. Wenn 30 g salzsaures p-Toluidin, in 450 g Salzsäure von 40 % gelöst, unter Eiskühlung chloriert wurden, entstanden auch diese zwei Monochlorverbindungen, deren Menge er aber nicht angibt; daneben aber auch andere Produkte.

Die weiteren Arbeiten über die Chlorierung der Toluidine beziehen sich alle auf die Acettoluide. o-Acettoluid wurde von LELLMANN und KLOTZ[4] chloriert, indem sie die Verbindung in Eisessig lösten, mit Eiswasser abkühlten und Chlor einleiteten. Die Reaktion verlief ohne Dunkelfärbung und anscheinend leichter und glatter, als bei der p-Verbindung (s. unten). Das erhaltene Chlor-o-acettoluid schmolz bei 140°. Zur Ermittlung seiner Struktur wurde es in Dichlortoluol übergeführt und dies in Dichlorbenzoesäure, welche beim

[1] B. **35**, 3715 (1902).
[2] R. **20**, 208 (1901).
[3] B. **22**, 2535 (1889).
[4] A. **231**, 309 (1885).

Erhitzen mit Schwefelsäure im Rohre auf 220° Kohlendioxyd abspaltete und p-Dichlorbenzol lieferte. Das Chlor-o-acettoluid muß daher die Formel CH_3, NH_2, Cl = 1, 2, 5 haben.

Claus und Stapelberg[1] erhielten dieselbe Verbindung, als sie 50 g o-Acettoluid in 100 g Eisessig lösten, unter sorgfältiger Kühlung mit Eis und unter lebhaftem Rühren 1 Liter 15 prozentiger Chlorkalklösung zugaben, und die Mischung dann noch ½ Stunde ruhig stehen ließen. Die Ausbeute betrug 46 g oder 74% der Theorie. Sie führten auf eine andere Weise als Lellmann und Klotz den Strukturbeweis: Die Amidogruppe wurde durch die Cyangruppe ersetzt; durch Verseifung erhielten sie die Chlortoluylsäure CH_3, CO_2H, Cl = 1, 2, 5, welche auch durch Einführung von Acetyl in m-Chlortoluol und Oxydation des so erhaltenen Ketons erhalten werden kann. Die Acetylgruppe stellt sich immer auf p-Stelle zum Chlor.

Chattaway und Orton,[2] auf die früher beschriebene Weise (S. 136 u. 251) o-Acettoluid chlorierend, erhielten auch hier primär ein Amidchlorid $C_6H_4 \cdot CH_3 \cdot NCl \cdot COCH_3$, welches sich im Chlor-o-acettoluid CH_3, NHac, Cl = 1, 2, 5 umlagerte. Da hierbei auch oft das Chlor in o-Stellung zur Acetamidgruppe tritt, suchten sie nach dem Isomer 1, 2, 3, konnten dasselbe aber nicht auffinden.

m-Acettoluid wurde von Reverdin und Crepieux,[3] ebenfalls in Eisessiglösung, chloriert. Sie lösten dazu 18 g dieses Toluids in 60 ccm Eisessig, fügten in kleinen Portionen 17 ccm reine Salzsäure zu, danach zu der kalt gewordenen Mischung eine Lösung von 5,2 g Natriumchlorat in 20 ccm Wasser und zwar so, daß die Temperatur 20° nicht überstieg. Das Ganze ließen sie 15—20 Stunden bei Zimmertemperatur stehen und versetzten dann die Lösung mit Wasser. Beim Verseifen des Reaktionsprodukts erhielten sie eine Basis vom Schmelzp. 83°; der Schmelzpunkt ihrer Acetylverbindung war 89°. Ihre Eigenschaften stimmen vollkommen mit denen des o-Chlor-m-toluidins CH_3, NH_2, Cl = 1, 3, 6 überein, wie sie von Wroblewsky[4] und von Goldschmidt und Hönig[5] angegeben worden sind; die genannten Forscher erhielten dieses Chlortoluidin durch Reduktion der entsprechenden Nitroverbindung (S. 236).

[1] A. **274**, 286 (1893). [2] Soc. **77**, 790 (1900).
[3] B. **33**, 2503 (1900). [4] A. **186**, 206 (1877).
[5] B. **19**, 2443 (1886); **20**, 200 (1887).

Wroblewsky[1] chlorierte p-Acettoluid in wäßriger Suspension, wobei sich ein Harz bildete. Mit kochendem Wasser zog er das entstandene Chlor-p-acettoluid aus, welches er vom Schmelzp. 99° erhielt; durch Verseifung erhielt er daraus ein flüssiges Chlor-p-toluidin vom Siedepunkt 222°. Als er es entamidierte, erhielt er m-Chlortoluol, welches näher identifiziert wurde durch Oxydation zu m-Chlorbenzoesäure, d. h. dieselbe Säure, welche beim Chlorieren von Benzoesäure erhalten wird. Das Chlortoluidin muß daher die Formel CH_3, NH_2, Cl = 1, 4, 3 haben. Lellmann[2] verbesserte die Darstellungsweise, indem er 50 g p-Acettoluid in 400 ccm Eisessig löste und Chlor, verdünnt mit etwa 2 Volumen Kohlendioxyd, einleitete. Es fand jetzt keine Verharzung statt; trotzdem erhielt er nur 40—42% der theoretischen Ausbeute, was er einer äußerlichen Ursache zuschreibt, namentlich der Schwerlöslichkeit des sich bildenden Produktes, wodurch sich das Zuleitungsrohr für das Chlor verstopfte. Durch Kristallisieren konnte er den Schmelzpunkt der Verbindung auf 118° erhöhen. Chattaway und Orton[3] lagerten p-Acettoluidchlorid $CH_3 \cdot C_6H_4 \cdot NCl \cdot COCH_3$ auf bekannte Weise in dasselbe m-Chlor-p-toluidin (CH_3, NH_2, Cl = 1, 4, 3) um.

Einführung von Brom. Fries[4] nahm die Bromierung von ortho-Toluidin unter gleichen Bedingungen als beim Anilin vor (S. 136). Die Reaktion verlief in allen Fällen ähnlich wie dort. Es bildeten sich die Mono- und die Dibromverbindung. In Eisessiglösung gaben 21,4 g ortho-Toluidin, mit 32 g Brom versetzt, 15 g Monobrom- und 14 g Dibrom-o-toluidin. Bromierte er das saure schwefelsaure Salz unter sonst gleichen Bedingungen, so erhielt er 23,5 g Monobrom- und 8 g Dibrom-o-toluidin. Das Monobromderivat hatte die Struktur CH_3, NH_2, Br = 1, 2, 5. Methyl-o-toluidin, in Eisessig bromiert, gab auch die para-Verbindung CH_3, $NHCH_3$, Br = 1, 2, 5. Die Substitution in Dimethyl-o-toluidin verlief wesentlich langsamer wie beim Dimethylanilin. Nahm er die Bromierung in Eisessiglösung vor, so war nach Zugabe der berechneten Menge Brom die Flüssigkeit braunrot gefärbt und es dauerte längere Zeit, bis sie farblos wurde. Die Ausbeute war quantitativ. Auch hier trat das Brom an para-Stelle zur Amidogruppe.

[1] A. **168**, 196 (1873). [2] B. **24**, 4111 (1891). [3] a. a. O.
[4] A. **346**, 164 (1906).

Über die direkte Einführung von Brom in p-Toluidin liegt eine Mitteilung von Hafner[1] vor, welcher — wie bei der von ihm ausgeführten Chlorierung (S. 365) — in stark schwefelsaurer Lösung arbeitete. Zu 30 g p-Toluidinsulfat in 400 g 97 prozentiger Schwefelsäure wurden langsam 125 g Brom gesetzt und dann das Gemisch unter öfterem Durchschütteln ca. 10 Tage sich selbst überlassen. Ein Teil des p-Toluidins war, trotz dem Überschuß an Brom, unverändert geblieben; von gebromten Toluidinen waren die beiden theoretisch möglichen Isomere gebildet, und zwar von der Verbindung CH_3, NH_2, Br = 1, 4, 3 (identifiziert durch den Schmelzpunkt der freien Base, des Nitrats und des Chlorhydrats) ca. 1 g; von der Verbindung 1, 4, 2 4,5 g. Letzteres gab mit Brom ein Tribromtoluidin vom Schmelzp. 83°, wie dieses für o-Brom-p-Toluidin bekannt ist.

Die konzentrierte Schwefelsäure vermittelt also wie bei der Nitrierung (s. unten) und der Chlorierung, so auch bei der Bromierung des p-Toluidins die Bildung als Hauptprodukt eines an meta-Stelle zur Amidogruppe substituierten Derivates, welches sonst nicht entsteht.

Fries[2] fand, daß bei der Bromierung von p-Toluidin in Eisessiglösung nur geringe Mengen Monobromprodukt entstanden, welche auch bei dem sauren Sulfat stark bei der Dibromverbindung zurückblieben. Äthyl-p-Toluidin dagegen war in Eisessiglösung leicht in das Monobromderivat CH_3, NHC_2H_5, Br = 1, 4, 3 überzuführen; und Dimethyl-p-Toluidin wurde in Eisessig oder Chloroform glatt in die Monobromverbindung CH_3, $N(CH_3)_2$, Br = 1, 4, 3 umgewandelt.

Die weiteren Studien über die Einführung von Brom in Toluidinen sind an den Acettoluiden ausgeführt. Wroblewsky[3] übergoß o-Acettoluid mit kaltem Wasser und fügte nach und nach 1 Mol. Brom hinzu; er erhielt ein Monobromacettoluid vom Schmelzp. 157°, welches beim Entamidieren m-Bromtoluol gab. m-Acettoluid, in ähnlicher Weise bromiert, lieferte ein Monobromderivat, aus welchem durch Entamidieren o-Bromtoluol entstand. Nevile und Winther[4] bemerkten, daß, wenn das Brom in diesen beiden Verbindungen an p-Stelle zur NH_2-Gruppe tritt, was nach den vorliegenden Literaturangaben sehr wahrscheinlich ist, das Brom-o-toluidin die Struktur CH_3, NH_2, Br = 1, 2, 5, das

[1] B. **22**, 2902 (1889). [2] a. a. O. [3] A. **168**, 153 (1873).
[4] B. **13**, 962 (1880).

Brom-m-toluidin die Struktur 1, 3, 6 haben würde, und daß bei Ersatz von NH_2 durch Brom beide Verbindungen dasselbe Dibromtoluol CH_3, Br, Br = 1, 2, 5 geben müßten. In der Tat konnten sie dies, entgegen einer Angabe WROBLEWSKYs, experimentell bestätigen. Die beiden Bromtoluidine, nach der Methode des letztgenannten dargestellt, gaben ihnen beim genannten Ersatz ein flüssiges Dibromtoluol, dessen Mononitroderivat bei 88,6° schmolz und das bei Oxydation in eine Dibrombenzoesäure vom Schmelzp. 153° umgewandelt wurde. Es ist demnach das Dibromtoluol von der angegebenen Struktur. Dadurch ist auch die Struktur der beiden Bromtoluidine aus o- und m-Acettoluid festgelegt.

In Eisessiglösung wurde die Bromierung von o-Acettoluid durch ALT,[1] sowie durch NIEMENTOWSKY[2] ausgeführt; ersterer verdünnte mit so viel Wasser, daß das Toluid noch gerade in Lösung blieb, und tröpfelte in Eisessig gelöstes Brom hinein, letzterer arbeitete in reiner Eisessiglösung und leitete einen mit Bromdampf beladenen Luftstrom so lange hinein, bis der Kolbeninhalt zu einer festen Kristallmasse weißer Nadeln erstarrte. Die Ausbeute an m-Brom-o-acettoluid (CH_3, NHac, Br = 1, 2, 5) betrug 150 g aus 200 g o-Acettoluid; die eisessigsauren Mutterlaugen enthielten aber noch bedeutende Mengen Bromtoluidin in Form seines bromwasserstoffsauren Salzes. Isomere wurden nicht gefunden. CHATTAWAY und ORTON[3] fanden bei der Umlagerung von o-Acettoluidbromid $CH_3 \cdot C_6H_4 \cdot NBr \cdot CO \cdot CH_3$ in Bromacettoluid ebenfalls nur das Isomer CH_3·NHac, Br = 1, 2, 5.

p-Acettoluid wurde von WROBLEWSKY[4] in der schon beschriebenen Weise bromiert, wobei er ohne Harzbildung und in fast theoretischer Ausbeute ein Brom-p-acettoluid erhielt, welches beim Entamidieren m-Bromtoluol gab. Letzteres identifizierte er durch Oxydation zu m-Brombenzoesäure. Das Bromacettoluid hatte daher die Struktur CH_3, NHac, Br = 1, 4, 3. Dasselbe Produkt erhielten CHATTAWAY und ORTON[5] bei der Umlagerung von p-Acettoluidbromid.

COHEN und DAKIN[6] zeigten, daß sich bei der Bromierung von Acylaminverbindungen in Eisessig primär ein Additionsprodukt bildet, welches sie beim p-Acettoluid fassen konnten. Brachten sie dasselbe

[1] A. **252**, 319 (1889). [2] B. **25**, 868 (1892). [3] Soc. **77**, 794 (1900).
[4] a. a. O. [5] a. a. O. [6] C.Bl. **1907** II, 1064.

in Wasser oder schüttelten es mit Pyridin, so spaltete sich HBr ab und das Bromacettoluid CH_3, NHac, Br = 1, 4, 3 bildete sich in quantitativer Ausbeute. Den Reaktionsverlauf stellten sie durch die Formeln

$$CH_3\cdot C_6H_4\cdot NHac + Br_2 = CH_3\cdot C_6H_4\cdot NHBr_2\cdot ac \longrightarrow$$
$$CH_3\cdot C_6H_4\cdot NBr\cdot ac \longrightarrow CH_3\cdot C_6H_3Br\cdot CHac$$

dar.

Einführung der Nitrogruppe. Die Nitrierung der Toluidine, wie ihrer Acetylderivate ist mehrmals Gegenstand von Untersuchungen gewesen. o-Toluidin wurde von Noelting und Collin,[1] in 10 Teilen Schwefelsäure mit der berechneten Menge Salpetersäure nitriert, wodurch sie ein Nitrotoluidin vom Schmelzp. 107° von der Konstitution CH_3, NH_2, NO_2 = 1, 2, 4 erhielten, da es durch Reduktion in m-Toluylendiamin vom Schmelzp. 99° umgewandelt werden konnte; die m-Stellung der zwei NH_2-Gruppen ergab sich auch durch die bekannten Farbreaktionen, wobei Toluylenblau, Chrysoidin u. a. m. entstanden. Weiter folgte seine Struktur daraus, daß es durch partielle Reduktion von gewöhnlichem Dinitrotoluol erhalten werden konnte (Graeff[2]). Bei Anwendung von weniger als 10 Teilen Schwefelsäure verläuft die Nitrierung nicht so glatt. Green und Lawson[3] zeigten, daß dieses Nitrotoluidin nicht das einzige Produkt ist, welches unter diesen Umständen entsteht, wiewohl es 75% von der Ausbeute darstellt. Sie haben außerdem noch 3—4% vom Isomer CH_3, NH_2, NO_2 = 1, 2, 5 und ca. 20% vom Isomer 1, 2, 6 aus dem Reaktionsgemisch isoliert. Die Struktur des letzteren wurde durch Entamidieren bewiesen, wodurch o-Nitrotoluol entstand, das durch Oxydation zu o-Nitrobenzoesäure identifiziert wurde. Der Strukturbeweis von ersterem war schon von Beilstein und Kuhlberg dadurch geführt worden, daß es bei der Entamidierung m-Nitrotoluol und beim Ersatz von NH_2 durch Brom das Bromnitrotoluol CH_3, Br, NO_2 = 1, 2, 5 lieferte.[4] Bamberger[5] konstatierte, daß o-Diazotoluolsäure, $CH_3\cdot C_6H_4\cdot NH\cdot NO_2$, welche (wie überhaupt die Diazosäuren) dargestellt werden kann durch Einwirkung von Salpetersäureanhydrid auf Toluidin, ersteres in CCl_4, letzteres in Äther gelöst, oder durch Einwirkung von Essigsäure-

[1] B. **17**, 263 (1884). [2] A. **229**, 243 (1885). [3] Soc. **59**, 1013 (1891).

[4] Oxydation zu Nitro-o-Brombenzoesäure CO_2H, Br, NO_2 = 1, 2, 5, wofür auf S. 283 der Strukturbeweis gegeben ist.

[5] B. **30**, 1259 (1897).

anhydrid auf das Nitrat (HOFF[1]) sich umlagert in ein Gemisch von den Nitrotoluidinen CH_3, NH_2, NO_2 = 1, 2, 3 und = 1, 2, 5; am empfehlenswertesten dafür ist die Behandlung der Diazosäure mit einer Mischung von Eisessig und englischer Schwefelsäure bei 0° bis − 10°. Über den Beweis der Struktur von der Verbindung 1, 2, 3 (Schmelzp. 97°) siehe unten. Je nach den Umständen können also alle vier theoretisch möglichen Nitro-o-toluidine bei der Nitrierung des o-Toluidins entstehen.

o-Acettoluid wurde von BEILSTEIN und KUHLBERG[2] in gut abgekühlter Salpetersäure von 45° B eingetragen; sie erhielten nur ein Nitro-o-acettoluid vom Schmelzp. 197° (Schmelzpunkt der freien Basis 128°), welches durch Entamidieren m-Nitrotoluol gab. LELLMANN und WÜRTHNER[3] zeigten, daß noch ein Isomer in nicht unerheblicher Menge entsteht, wenn 40 g o-Acettoluid in ein Gemisch von 150 g rauchender Salpetersäure und 50 g Eisessig unter Abkühlen mit Eis eingetragen wird. Sie ließen das Ganze einige Stunden bei Zimmertemperatur stehen, bevor es ausgegossen wurde. Die Acetverbindungen verseiften sie durch Kochen mit konzentrierter Salzsäure und erhielten so die Isomere CH_3, NH_2, NO_2 = 1, 2, 5 (Schmelzp. 129,5° anstatt 128°) und = 1, 2, 3 (Schmelzp. 97°). Die Struktur letzteren Nitrotoluidins wurde durch Entamidieren gefunden. Dabei entstand m-Nitrotoluol (identifiziert durch Oxydation zu m-Nitrobenzoesäure), welches auch aus dem bei 129,5° schmelzenden Nitro-o-toluidin beim Entamidieren gebildet wird. Da aber für letzteres die Struktur 1, 2, 5 feststeht, kann das andere nur die Formel 1, 2, 3 haben.

Als NOELTING und COLLIN[4] o-Acettoluid, in 4 Teilen Schwefelsäure gelöst, mit der berechneten Menge Salpetersäure nitrierten, erhielten sie nach dem Verseifen ein Gemisch von den Isomeren CH_3, NH_2, NO_2 = 1, 2, 4, und = 1, 2, 5; letzteres ließ sich auf diese Weise nicht rein erhalten. Mit 20 Teilen Schwefelsäure erhielten sie ausschließlich die Verbindung 1, 2, 4 (Schmelzp. 107°).

NOELTING und STÖCKLIN[5] befaßten sich mit der Nitrierung des m-Toluidins. 32 g desselben (0,3 Mol.) wurden in derselben Menge Eisessig gelöst, in 640 g Schwefelsäure von 66° Bé. eingegossen und im

[1] A. **311**, 95 (1899). [2] A. **158**, 345 (1871). [3] A. **228**, 240 (1885).
[4] a. a. O. [5] B. **24**, 564 (1891).

Kältegemisch mit 30 g Salpetersäure, gelöst in 60 g Schwefelsäure, nitriert. Nach einer halben Stunde wurde auf Eis gegossen und mit Soda neutralisiert. Im Reaktionsprodukt herrschte das Nitro-m-toluidin vom Schmelzp. 134° bei weitem vor. Da dasselbe mit Wasserdampf fast nicht flüchtig ist, während die Isomere sich dadurch übertreiben lassen, so wurde die Destillation mit Dampf zur Reinigung und Trennung benutzt. Der Schmelzpunkt des Hauptprodukts wurde so auf 138° gebracht. Bei seiner Reduktion erhielten sie p-Toluylendiamin, welches durch alle seine charakteristischen Reaktionen, wie Überführung in Toluchinon, Indamin, Safranin, dem LAUTHschen Farbstoff, identifiziert wurde. Dieses Nitrotoluidin hat demnach die Struktur $CH_3, NH_2, NO_2 = 1, 3, 6$. STAEDEL und KOLB[1] hatten dies kurz zuvor auch schon bewiesen (S. 384). Das mit Wasserdampf überdestillierte Produkt war noch ein Gemenge und konnte demnach noch die drei anderen theoretisch möglichen Isomere 1, 3, 2 (Schmelzp. 53°); 1, 3, 4 (Schmelzp. 109°) und 1, 3, 5 (Schmelzp. 98°) enthalten, da die Stickstoffbestimmung im Rohprodukt auf Mononitrotoluidine wies. Bei der Reduktion müssen die zwei erstgenannten o-Diamine, das letztgenannte ein m-Diamin geben; erstere müssen dann mit Phenanthrenchinon in Azine übergehen. Als diese Umwandlungen ausgeführt wurden, ergab sich, daß die Mutterlauge der tatsächlich erhaltenen Azine nur eine Spur organischer Substanz mehr enthielt, in welcher die Gegenwart eines m-Diamins, trotz der scharfen Reaktionen auf diesen Basen, nicht mit Sicherheit nachgewiesen werden konnte. Das mit Wasserdampf flüchtige Produkt besteht also aus einem Gemisch der beiden o-Nitroderivate. Es bildet sich also bei der Nitrierung von m-Toluidin in schwefelsaurer Lösung als Hauptprodukt das p-Derivat (in bezug auf NH_2) und die beiden o-Derivate als Nebenprodukt. Es verhält sich daher durchaus anders wie das o- und p-Toluidin, welche bei der Nitrierung unter ähnlichen Bedingungen ausschließlich die m-Nitroderivate liefern.

Das m-Acettoluid wurde von BEILSTEIN und KUHLBERG[2] mit gut abgekühlter Salpetersäure von 45° Bé. nitriert. Hierdurch erhielten sie ein Nitroprodukt vom Schmelzp. 102°, aus welchem durch Verseifung die oben bereits erwähnte Base vom Schmelzp. 134° ($CH_3, NH_2, NO_2 = 1, 3, 6$) hervorging. Durch Entamidieren derselben entstand

[1] A. **259**, 216 (1890). [2] A. **158**, 345 (1871).

o-Nitrotoluol. NIEMENTOWSKI,[1] welcher diesen Versuch wiederholte, erhielt dabei wenig erfreuliche Resultate. Aus 40 g m-Acettoluid gewann er kaum 25 g des Rohprodukts, trotzdem er genau nach der Vorschrift von BEILSTEIN und KUHLBERG verfahren war und die Maximaltemperatur von + 5° während der Nitrierung nicht überschritten hatte. Aus diesen 25 g erhielt er nach wiederholtem Umkristallisieren kaum 6 g des reinen o-Nitro-m-acettoluids vom Schmelzp. 102°; der Rest bestand, neben Nitro-m-kresol CH_3, OH_2, NO_2 = 1, 3, 6, aus öligen Produkten, die nicht näher untersucht wurden. Es ist demnach wohl wahrscheinlich, daß die öligen Produkte noch Isomere enthalten haben. Die Struktur des Nitro-m-acettoluids wurde durch Reduktion aufgeklärt, wobei ein Toluylendiamin entstand, welches sich quantitativ zu Toluchinon oxydieren ließ; also dasselbe Ergebnis, zu dem auch NOELTING und STÖCKLIN[2] kamen, wonach die Verbindung die Struktur CH_3, NH_2, NO_2 = 1, 3, 6 hat.

COHEN und DAKIN[3] bestätigten diese Struktur, indem sie die Verbindung im Chlornitrotoluol CH_3, Cl, NO_2 = 1, 3, 6 überführten. Durch fraktionierte Kristallisation aus Alkohol isolierten sie aus dem Rohprodukt auch noch die Verbindung CH_3, NHac, NO_2 = 1, 3, 4, deren Struktur daraus hervorging, daß bei ihrer Hydrolyse eine Base entstand, welche mit dem von STÄDEL und KOLB aus NH_3 und 4-Nitro-3-kresoläthyläther erhaltenen 4-Nitro-3-aminotoluol identisch war.

p-Toluidin wurde von NOELTING und COLLIN[4] in schwefelsaurer Lösung mit der berechneten Menge Salpetersäure nitriert. Betrug die Menge der Schwefelsäure das zehnfache vom Toluidin, so erhielten sie ein Gemisch von den Isomeren CH_3, NH_2, NO_2 = 1, 4, 3 (Schmelzpunkt 114°) und = 1, 4, 2 (Schmelzp. 78°), letzteres in vorherrschender Menge. Erhöhten sie die Menge der Schwefelsäure auf das 15 bis 20fache oder mehr, so erhielten sie nur die bei 78° schmelzende Base; bei 20facher Menge wurde in den Mutterlaugen nicht eine Spur des bei 116° schmelzenden Isomer gefunden. Die Temperatur darf bei der Nitrierung höchstens einige Grade über 0° steigen; je niedriger dieselbe gehalten wurde, um so reiner war das erhaltene Produkt. NOELTING und COLLIN bemerken, daß die Bildung des Nitrotoluidins

[1] B. **25**, 874 (1892). [2] a. a. O. [3] C.Bl. **1903** I, 232.
[4] B. **17**, 263 (1884).

$CH_3, NH_2, NO_2 = 1, 4, 2$ interessant ist, indem sie deutlich den Einfluß des Mediums auf den Eintritt der Nitrogruppe in das Toluidinmolekül zeigt.

Als sie nämlich p-Acettoluid durch rauchende Salpetersäure ohne Schwefelsäure nitrierten, bildete sich die Acetverbindung der bei 114° schmelzenden Base 1, 3, 4 ($CH_3 = 1$), welche auch erhalten wurde, wenn sie p-Acettoluid, in 4 Teilen Schwefelsäure gelöst, unter Eiskühlung mit der berechneten Menge Salpetersäure (im doppelten Gewicht Schwefelsäure gelöst) nitrierten. Vermehrten sie die Menge Schwefelsäure, so erhielten sie auch hier ein Gemenge der beiden Nitro-p-toluidine, jedoch gelang es nicht, wie beim p-Toluidin selbst, durch Erhöhung der Schwefelsäuremenge auf das 20fache und höher, ausschließlich das Isomer $CH_3, NHac, NO_2 = 1, 4, 2$ zu erhalten. GATTERMANN,[1] der p-Acettoluid mit der vierfachen Menge Salpetersäure vom spez. Gew. 1·45 unterhalb 40° nitrierte, erhielt 90—95% der theoretischen Ausbeute der Verbindung 1, 4, 3. NOYES[2] kam zu demselben Resultat, als er noch etwas Schwefelsäure zur Salpetersäure gab.

Bei der Umlagerung von p-Diazotoluolsäure $CH_3 \cdot C_6H_4 \cdot NH \cdot NO_2$ erhielt BAMBERGER[3] ausschließlich das Nitrotoluidin $CH_3, NH_2, NO_2 = 1, 4, 3$. Zu erwähnen ist hier noch, daß BEILSTEIN und KUHLBERG[4] bereits die Verbindung $CH_3, NHac, NO_2 = 1, 4, 3$ durch Nitrieren von p-Toluidin darstellten und deren Struktur durch Entamidieren bestimmten, weil sie hierbei m-Nitrotoluol bekamen, und daß HÜBNER[5] durch Nitrieren von Benz-p-toluid und Verseifen des erhaltenen Nitroproduktes ebenfalls das Nitro-p-toluidin 1, 4, 3 gewann.

FRANCIS[6] behandelte N-Methyl-p-toluidin $CH_3HN \cdot C_6H_4 \cdot CH_3$ mit Benzoylnitrat und erhielt hierbei das Nitramin $\genfrac{}{}{0pt}{}{CH_3}{NO_2}{>}N \cdot C_6H_4 \cdot CH_3$. Nahm er die Substanz in ein Gemisch von gleichen Teilen konzentrierter Schwefelsäure und Eisessig bei 0° auf und ließ er die Lösung 4 Stunden stehen, so fand eine vollständige Umwandlung in N-Methyl-m-nitro-p-toluidin $CH_3HN, NO_2, CH_3 = 1, 2, 4$ vom Schmelzp. 85° statt.

Einführung der Sulfogruppe. Als GERVER[7] 30 g reines o-Toluidin mit 60 g stark rauchender Schwefelsäure mehrere Stunden erhitzte,

---

[1] B. **18**, 1483 (1885). [2] Am. **10**, 475 (1888). [3] a. a. O.
[4] A. **155**, 23 (1870). [5] A. **208**, 311 (1881). [6] B. **39**, 3806 (1906).
[7] A. **169**, 374 (1873).

entstanden zwei Sulfosäuren, und zwar in einem Verhältnis, welches nach seinen Versuchen sich wenig mit der Temperatur änderte. Erhitzte er eine halbe Stunde auf 170—180° und dann noch eine Viertelstunde bis auf 220°, so resultierten 13,5 g schwer lösliche und 2,5 g leicht lösliche Säure. Wurde aber 4 Stunden auf 160—170° erhitzt, so bekam er 16,3 g der ersten, 4,5 g der zweiten Säure. Beide Versuche sind aber nicht vergleichbar, weil nicht nur die Temperatur, sondern auch die Zeitdauer des Erhitzens variiert hat und letzteres bisweilen von großem Einfluß auf das Verhältnis ist, in welchem isomere Sulfosäuren gleichzeitig gebildet werden (S. 81). Gerver untersuchte nur das Hauptprodukt näher, von welchem er angibt, daß es durch Entamidieren eine Toluolsulfosäure mit einem bei 148° schmelzendem Amid gibt; dies konnte das Amid der Toluol-o-sulfosäure gewesen sein, da dieses bei 154° schmilzt, während das m-Amid bei 107°, das p-Amid bei 137° schmilzt.

Die späteren Untersuchungen haben dieses Resultat nicht bestätigt. Allerdings wurde dabei unter anderen Umständen sulfoniert. Limpricht und Pagel[1] erhitzten sowohl o-Toluidin mit rauchender Schwefelsäure, als auch äthylschwefelsaures o-Toluidin auf 200° und erhielten dabei ein- und dieselbe Sulfosäure, die bei Ersatz von NH_2 durch Brom eine Bromtoluolsulfosäure gab, deren Chlorid bei 53° und deren Amid bei 137° schmolz. Bei ihrer Entbromung erhielten sie m-Toluolsulfosäure, kenntlich an ihrem bei 104° schmelzendem Amid. Die o-Toluidinsulfosäure kann demnach von der Struktur CH_3, NH_2, SO_3H = 1, 2, 3 oder = 1, 2, 5 gewesen sein.

Nevile und Winther[2] erhielten dieselbe Sulfosäure und zwar als einziges Produkt in nahezu theoretischer Ausbeute, als sie 1 Mol. o-Toluidin mit 1 Mol. Schwefelsäure auf 200—230° (Temperatur des Bades) erhitzten und die Operation erst beendeten, als die anfangs in der Hitze flüssige Masse völlig hart geworden war. Entamidierung führte zu m-Toluolsulfosäure (Schmelzpunkt des Amids 107,5°). Ihr Beweis, daß die Struktur der Säure CH_3, NH_2, SO_3H = 1, 2, 5 ist, verläuft folgendermaßen: Durch Einwirkung von Brom auf die o-Toluidin-m-sulfosäure entsteht eine Monobromtoluidinsulfosäure, welche beim Erhitzen mit Wasser oder Salzsäure wohl ihre Sulfogruppe abspaltet, dabei

[1] B. 7, 1392 (1874). [2] B. 13, 1941 (1880).

aber auch teilweise in ein Dibrom-o-toluidin verwandelt wird. Gerade dieselbe Zersetzung erleidet das Bromtoluidin CH_3, NH_2, Br = 1, 2, 3, während Gegenversuche mit dem Isomer 1, 2, 5 ergaben, daß dies unter denselben Umständen nicht verändert wird. Da also in der genannten Monobrom-o-toluidin-m-sulfosäure das Brom die Stelle 3 einnehmen muß, bleibt für die Sulfogruppe nur die Stelle 5 übrig.

Claus und Immel[1] erhielten bei der Sulfonierung von o-Toluidin zwei Sulfosäuren, also gerade wie Gerver; sie arbeiteten aber unter ganz anderen Bedingungen. 1 Teil kristallisiertes o-Toluidinsulfat wurde mit 2 Teilen unter 0° abgekühlter rauchender Schwefelsäure von 50% Anhydridgehalt gemischt und bei dieser Temperatur so lange erhalten, bis sich alles zu einer braunen dickflüssigen Masse vereinigt hatte. Aus der von Baryumsulfat filtrierten Lösung der Baryumsalze kristallisierte zuerst das Baryumsalz der Säure CH_3, NH_2, SO_3H = 1, 2, 5; die Menge dieser Säure war um so geringer, je sorgfältiger die niedere Temperatur während der Ausführung des Sulfonierungsprozesses eingehalten wurde. Führten sie die Sulfonierung in der Wärme aus, so entstand nur die Säure 1, 2, 5. Die isomere Säure, deren Baryumsalz bedeutend löslicher war wie das der Säure 1, 2, 5, hatte die Struktur 1, 2, 4. Denn bei Einführung von zwei Bromatomen und nachherigem Ersatz von NH_2 durch Brom entsteht eine Tribromtoluolsulfosäure, aus welcher durch stark überhitzten Wasserdampf die Sulfogruppe abzuspalten war, wodurch Tribromtoluol CH_3, Br, Br, Br = 1, 2, 3, 5 (Schmelzp. 53°) nahezu quantitativ erhalten wurde. Hieraus folgt für die o-Toluidinsulfosäure die Struktur CH_3, NH_2, SO_3H = 1, 2, 4 oder = 1, 2, 6. Letztere ist aber ausgeschlossen, da die Säure identisch war mit einer von Hayduck aus p-Toluolsulfosäure dargestellten Toluidinsulfosäure.

Wynne und Bruce[2] bestätigen die Resultate von Claus und Immel. Erstgenannte wandten aber eine Säure von 30% Anhydridgehalt an. Sie erhielten etwa 80% der theoretisch möglichen Ausbeute von der Säure CH_3, NH_2, SO_3H = 1, 2, 4, als sie bei niedriger Temperatur sulfonierten. Die Gegenwart der Säure 1, 2, 5 konnte im Sulfonierungsgemisch nicht nachgewiesen werden.

Mit der Sulfonierung von m-Toluidin hat sich Lorenz[3] beschäftigt.

---

[1] A. **265**, 67 (1891). [2] Soc. **73**, 744 (1898). [3] A. **172**, 185 (1874).

Er erhitzte 3 Teile rauchende Schwefelsäure und 1 Teil m-Toluidin 4 Stunden lang auf 160—175°. Beim Verdünnen mit Wasser schied sich eine Monosulfosäure ab, während eine Disulfosäure in Lösung blieb. Durch Entamidieren von ersterer erhielt er o-Toluolsulfosäure, identifiziert durch den Schmelzpunkt ihres Amids bei 154°, welcher sich durch Umkristallisieren aus Alkohol auf 161° erhöhen ließ. Die m-Toluidinsulfosäure kann daher von der Struktur CH_3, NH_2, SO_3H = 1, 3, 2 oder = 1, 3, 6 gewesen sein.

Daß bei der Sulfonierung von p-Toluidin zwei Sulfosäuren entstehen, ist bereits von SELL,[1] sowie von MALYSCHEFF[2] gefunden worden. VON PECHMANN[3] hat diesen Prozeß einer ausführlichen Untersuchung unterworfen. Er fand, daß die p-Amido-m-toluolsulfosäure beim Erhitzen von p-Toluidin mit Schwefelsäure, zugleich mit der p-Amido-o-toluolsulfosäure und einer Disulfosäure entsteht. Die Quantität, welche man von jeder Säure erhält, hängt von der Temperatur ab und zwar so, daß nicht nur das Verhältnis der Monosulfosäuren zur Disulfosäure ein anderes wird, sondern auch die Ausbeute an der einen oder anderen Monosulfosäure variiert.

Werden 20—30 g p-Toluidin mit dem doppelten Gewicht rauchender Schwefelsäure bis auf etwa 180° erhitzt, und wird die Einwirkung unterbrochen, wenn Schwefeldioxyd durch den Geruch anfängt, sich bemerkbar zu machen, so gewinnt man in reichlicher Menge die m-Säure, in geringer die o-Säure und die Disulfosäure; läßt man dagegen die Reaktion noch einige Zeit andauern, so treten diese letzten Säuren in vorherrschender Menge auf. Er zeigte dann weiter durch folgende Versuche, daß die o- und m-Säure ineinander umgewandelt werden können, so daß eine Art Gleichgewicht zwischen ihnen entsteht: 5 g m-Säure wurden mit dem doppelten Gewicht rauchender Schwefelsäure 20 Minuten lang auf 180—200° erhitzt; es wurden 3 g o-Säure, 1 g m-Säure und etwa ebensoviel Disulfosäure erhalten. Anderseits lieferte ein in ganz gleicher Weise angestellter Versuch mit 5 g o-Säure: 3 g o-Säure, 1 g m-Säure und etwa ebensoviel Disulfosäure. In höherer Temperatur ist die o-Säure CH_3, SO_3H, NH_2 = 1, 2, 4 die beständigere. NEVILE und WINTHER[4] haben dann noch mitgeteilt, daß beim Er-

[1] A. **126**, 155 (1863). [2] Z. **1869**, 212. [3] A. **173**, 195 (1874).
[4] B. **13**, 1947 (1880).

hitzen von 1 Mol. p-Toluidin mit 1 Mol. Schwefelsäure auf 210—230° die Säure CH_3, NH_2, SO_3H = 1, 4, 3 gebildet wird (welche von Pechmann die m-Säure nennt), da bei ihrer Entamidierung m-Toluolsulfosäure entsteht, identifiziert durch ihr bei 107,5° schmelzendes Amid. Dies steht also nicht in Einklang mit v. Pechmanns Befund. Wynne und Bruce[1] teilten mit, daß die Säure CH_3, SO_3H, NH_2 = 1, 3, 4 ausschließlich entsteht, wenn ein Gemisch von 1 Mol. p-Toluidin und 1 Mol. Schwefelsäure so lange erhitzt wird, bis die Masse ganz trocken und alle Reaktion beendet war. Herr Caland hat auf meine Veranlassung diesen Versuch wiederholt und bestätigt; er fand aber auch geringe Mengen vom Isomer.

Anwesend CH_3, OH.

Einführung von Chlor. Biedermann[2] ließ trockenes Chlor in der Hitze auf dampfförmiges „Kresol" einwirken, so lange, bis das Gefäß ungefähr die für die Bildung eines Monochlorproduktes berechnete Gewichtszunahme zeigte. Bei der Destillation erhielt er eine Fraktion, siedend bei 235—245°, welche, in eine Kältemischung gebracht, lange Kristallnadeln vom Schmelzp. 56° gab. Es ist nicht klar, welches Produkt er erhalten hat, da in der Literatur kein Monochlorkresol von diesem Schmelzpunkt angeführt wird.

Claus und Jackson[3] gingen von o-Kresol aus. Es wurde in gut gekühlter Eisessiglösung, der etwas Eisen zugegeben war, langsam mit der genau berechneten Menge Chlor behandelt. Sie erhielten das Monochlor-o-kresol nicht ganz rein; als Schmelzpunkt gaben sie 33° an. Das erhaltene Produkt muß aber der Hauptmenge nach das Chlor-o-kresol CH_3, OH, Cl = 1, 2, 5 gewesen sein; denn sie behandelten dasselbe mit Brom und erhielten aus dem so gewonnenen Bromchlorkresol durch Oxydation mit Chromsäure m-Bromtoluchinon

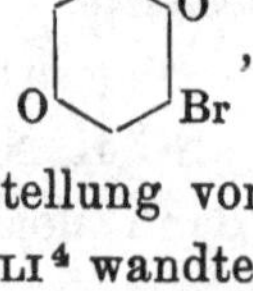

,

Schmelzp. 93°, woraus die p-Stellung von OH und Cl hervorgeht.

Peratoner und Condorelli[4] wandten zur Chlorierung von o-Kresol

[1] Soc. **73**, 738 (1898). [2] B. **6**, 325 (1873). [3] J. pr. (2) **38**, 328 (1888).
[4] G. **28** I, 311 (1898).

Sulfurylchlorid an. 10 g o-Kresol wurden mit 13 g davon zusammengebracht, wobei die Reaktion unter Wärmeentwicklung eintrat. Sie erhielten auch die Verbindung CH_3, OH, Cl = 1, 2, 5, wovon sie aber den Schmelzp. 49° angeben. Den Beweis für die Stellung des Chlors lieferten sie in der Weise, daß sie erst den Methyläther dieses Chlorkresols darstellten, diesen oxydierten und nachher wieder Methyl abspalteten. Sie erhielten so die Chlorsalicylsäure CO_2H, OH, Cl = 1, 2, 5 vom Schmelzp. 172,5°.

m-Kresol wurde von ihnen nach derselben Methode chloriert; es hatte sich die Verbindung CH_3, OH, Cl = 1, 3, 6 vom Schmelzp. 53° gebildet. Der Beweis dafür wurde wieder in analoger Weise geliefert; sie erhielten hier eine Chloroxybenzoesäure CO_2H, OH, Cl = 1, 3, 6. Durch Destillation mit Baryt gab dieselbe ein Chlorphenol, welches bei der Behandlung mit rauchender Salpetersäure die bei 86° schmelzenden Kristalle vom Chlornitrophenol OH, NO_2, Cl = 1, 2, 4 gab. Auch die Methyläther von o- und m-Kresol gaben mit Sulfurylchlorid leicht die entsprechenden Chlorderivate.

Schall und Dralle[1] suspendierten trockenes p-Kresolnatrium in Schwefelkohlenstoff und leiteten unter Kühlung Chlor ein. Sie erhielten 66—70% (anstatt 132%) rohes Monochlor-p-kresol und daneben ein Öl, welches in Natronlauge unlöslich war. Die Stellung der Gruppen im Chlorkresol war CH_3, OH, Cl = 1, 4, 3, denn beim Behandeln der Verbindung mit PCl_5 erhielten sie ein Dichlortoluol, welches bei der Oxydation die Dichlorbenzoesäure CO_2H, Cl, Cl = 1, 3, 4 vom Schmelzp. 202° gab. Peratoner und Condorelli[2] chlorierten auch p-Kresol mit SO_2Cl_2 und erhielten dabei dasselbe Chlor-p-kresol. Der Methyläther desselben gab bei der Oxydation mit Permanganat eine Chloranissäure vom Schmelzp. 214°, welche auch sonst alle Eigenschaften der Säure CO_2H, OCH_3, Cl = 1, 4, 3 zeigte.

Autenrieth und Mühlinghaus[3] behandelten p-Kresyläthyläther mit PCl_5 nach der bei Anisol beschriebenen Methode (S. 161) und erhielten dabei ein Gemenge von Mono- und Disubstitutionsprodukten, auch als die beiden Stoffe genau im Verhältnis gleicher Moleküle zur Einwirkung kamen. Das Monochlorprodukt (Siedep. 133—138° bei 26 mm) gab bei der Spaltung mit rauchender Salzsäure ein Chlorkresol vom

[1] B. **17**, 2528 (1884). [2] a. a. O. [3] B. **39**, 4102 (1906).

Siedep. 98—108° bei 24 mm, welches „höchstwahrscheinlich“ mit dem Chlorkresol CH_3, OH, Cl = 1, 4, 3 identisch war. Die weiten Siedepunktsgrenzen dieses Produktes lassen mutmaßen, daß ein Gemenge von Isomeren vorliegt.

Einführung von Brom. Claus und Jackson[1] haben ortho-Kresol bromiert, indem sie dasselbe in Chloroform lösten und dieser abgekühlten Lösung, nach Zusatz von etwa $^1/_{10}$ des Gewichts vom Kresol an Eisendraht, die genau berechnete Menge Brom, ebenfalls in Chloroform gelöst, vorsichtig tropfenweise zugaben. Das Produkt, vom Schmelzp. 64°, hatte die Formel CH_3, OH, Br = 1, 2, 5. Bei weiterer Bromierung entsteht nämlich ein Dibrom-o-kresol, welches bei Oxydation ein Bromtoluchinon gibt. Eins der beiden Bromatome muß daher in para-Stellung zum Hydroxyl stehen. Nun entsteht aber dasselbe Bromtoluchinon auch, wenn die ortho-Kresolsulfosäure CH_3, OH, SO_3H = 1, 2, 5 bromiert und dann oxydiert wird. Daraus folgt, daß es das Bromatom im Monobrom-ortho-kresol ist, welches in para-Stellung zum Hydroxyl steht. Zincke und Hedenström[2] bestätigten dieses Resultat.

Schall und Dralle[3] ließen Brom in derselben Weise auf trockenes para-Kresolnatrium einwirken, wie oben für Chlor angegeben ist. Sie erhielten so nur 27 % vom Ausgangsmaterial an reinem Monobrom-p-kresol. Nach Analogie ist anzunehmen, daß das Brom auch hier in m-Stellung zu Methyl eingetreten ist.

Autenrieth und Mühlinghaus[4] wandten ihre Bromierungsmethode mittels PBr_5 (S. 158) auf p-Kresyläthyläther an und erhielten einen Monobrom-p-Kresyläther vom Siedep. 239—240°; aus 10 g Äther erhielten sie 13 g reine bromierte Verbindung. Sehr wahrscheinlich, sagen sie, liegt der Bromkresyläthyläther CH_3, OC_2H_5, Br = 1, 4, 3 vor.

Einführung von Jod. Als Schall und Dralle[5] Jod in derselben Weise auf trockenes p-Kresol einwirken ließen wie Chlor und Brom (s. oben), bildete sich ein Jod-p-kresol, welches in der Kalischmelze Protokatechusäure gab, also wohl von der Struktur CH_3, OH, J = 1, 4, 3 war. Willgerodt und Kornblum[6] lösten m- und p-Kresol in konzentrierter wäßriger Ammoniaklösung unter Zufügung von Alkohol und versetzten mit Jod, wobei sie mono- und di-Jodkresole erhielten.

[1] J. pr. (2) **38**, 324 (1888).
[2] A. **350**, 273 (1906).
[3] B. **17**, 2530 (1884).
[4] B. **39**, 4102 (1906).
[5] B. **17**, 2533 (1884).
[6] J. pr. (2) **39**, 297 (1889).

o-Kresol gab unter diesen Umständen fast nur Dijodkresol. Die Konstitution der erhaltenen Verbindungen wurde nicht ermittelt.

Einführung der Nitrogruppe. HOFMANN und v. MILLER[1] haben sich zuerst mit der Nitrierung von ortho-Kresol beschäftigt. Sie benutzten ein käufliches Kresol, welches hauptsächlich o-Kresol war, aber auch p-Kresol enthielt. Die Nitrierung wurde so ausgeführt, daß sie in 3 Teile Salpetersäure vom spez. Gew. 1,4 + 6. Teile Eisessig eine Lösung von 2 Teilen Kresol in 2 Teilen Eisessig langsam unter starker Abkühlung zutropfen ließen. Es entstand eine Dinitroverbindung und 3 Mononitrokresole, wovon sich aber eine von p-Kresol ableitete. Durch Destillation des Rohproduktes mit Wasserdampf ging ein Öl über, aus dem eine bei 69,5° schmelzende Mononitroverbindung kristallisierte. Sie stammte von o-Kresol, weil sie auch durch Nitrieren von reinem o-Kresol erhalten werden konnte. Durch Reduktion entstand daraus ein Amidokresol, welches bei der Destillation seines salzsauren Salzes mit Natriumformiat eine Methenylverbindung $CH_3 \cdot C_6H_3 {<}^{N}_{O}{>} CH$ gab, wodurch bewiesen ist, daß OH und NH_2 in o-Stellung stehen; das bei 69,5° schmelzende Nitro-o-kresol muß daher die Struktur CH_3, OH, NO_2 = 1, 2, 3 haben. Das flüssig gebliebene Nitrokresol war auch eine Mononitroverbindung, welche ebenfalls aus o-Kresol gebildet war, wie ein direkter Versuch mit „absolut reinem" o-Kresol unzweifelhaft ergab. Durch Methylierung und Reduktion gab es einen Amidokresolmethyläther, welcher bei 53° schmolz. Was die Stellung der Nitrogruppe in diesem flüssigen Nitro-o-kresol anbelangt, so konnten HOFMANN und v. MILLER dafür keine bestimmten Anhaltspunkte finden. Nach Analogie sollte NO_2 zu OH in para-Stellung stehen, das Nitrokresol also die Struktur CH_3, OH, NO_2 = 1, 2, 5 haben. Es konnte dann davon keine Methenylverbindung entstehen. Beim Versuch wurde aber doch etwas von einer Methenylverbindung erhalten, welche bei 46° schmolz. Diese stammte aber von Nitro-p-kresol, wie die Nitrierung von reinem para-Kresol ergab.

Während nun alle weiteren Forscher bei der Nitrierung von o-Kresol auch die bei 69,5° (oder 70°) schmelzende Mononitroverbindung erhalten haben, hat niemand mehr die flüssige Mononitroverbindung

[1] B. **14**, 568 (1881).

beobachtet, trotzdem immer die Methode von HOFMANN und v. MILLER befolgt wurde.

STAEDEL[1] erhielt bei der Nitrierung nach dieser Methode eine honiggelbe Masse, welche der Destillation mit Wasserdampf unterworfen wurde. Aus dem wäßrigen Destillat schieden sich halbfeste kristallinische Massen aus, welche zwischen Papier gepreßt das Nitro-o-kresol vom Schmelzp. 69,5° gaben.

RAPP[2] nitrierte festes o-Kresol vom Schmelzp. 30°, also ein reines Präparat. Das Rohprodukt war fest und lieferte bei der Destillation mit Wasserdampf keine Spur eines Öles, sondern teilweise schon im Kühlrohre erstarrende gelbe Kristalle, denen bei fortgesetzter Destillation weiß gefärbte Blättchen folgten. Durch fraktionierte Kristallisation aus Alkohol waren beide Produkte leicht zu trennen. Die gelben Kristalle waren die Verbindung CH_3, OH, NO_2 = 1, 2, 3 vom Schmelzp. 70°. Die weißen Blättchen schmolzen bei 86° und waren die Dinitroverbindung OH, CH_3, NO_2, NO_2 = 1, 2, 4, 6.

Auch HIRSCH[3] konnte bei Wiederholung der Versuche von HOFMANN und v. MILLER auf keine Weise das flüssige Nitro-o-kresol erhalten. Er nitrierte Kresol bei − 5°, + 10° und + 25°. Das Reaktionsprodukt war in allen drei Fällen fest. Bei der Destillation mit Wasserdampf ging sofort reines Nitro-o-kresol vom Schmelzp. 70° über. Da nicht zu erwarten war, daß bei der Nitrierung von o-Kresol ausschließlich das vizinale Produkt entstehen würde, untersuchte HIRSCH die bei der Dampfdestillation zurückbleibenden halbfesten, schmierigen Öle. Durch Auskochen mit viel Wasser ließ sich hieraus in der Tat das Nitro-o-kresol CH_3, OH, NO_2 = 1, 2, 5 vom Schmelzp. 82—85° isolieren. Aus 220 g o-Kresol wurden 120 g reines 1, 2, 3, aber nur gegen 20 g ziemlich reines 1, 2, 5-Nitrokresol erhalten; HIRSCH bemerkt indessen, daß es durch sehr exaktes Arbeiten gelingen dürfte, die Ausbeute daran zu verdoppeln. Die Struktur dieser Verbindung ergab sich daraus, daß sie durch weiteres Nitrieren in ein Dinitrokresol überging, welche auch aus dem Mononitrokresol CH_3, OH, NO_2 = 1, 2, 3 durch weiteres Nitrieren erhältlich war. Für dieses Dinitrokresol haben aber NOELTING und SALIS[4] bewiesen, daß die beiden Nitrogruppen

[1] A. **217**, 50 (1882).
[2] A. **224**, 174 (1884).
[3] B. **18**, 1512 (1885).
[4] B. **14**, 987 (1881).

darin metaständig sind; denn das entsprechende Diamin gab die Chrysoidinreaktion. Es muß also die Struktur

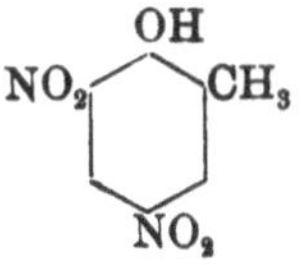

haben, woraus ohne weiteres die Struktur CH_3, OH, NO_2 = 1, 2, 5 des Nitrokresols vom Schmelzp. 82—85° hervorgeht.

Da das o-Kresol von HOFMANN und v. MILLER parahaltig war, ist es daher nur der Beimischung von Nitro-p-kresol zuzuschreiben, daß ihr Nitro-o-kresol CH_3, OH, NO_2 = 1, 2, 5 flüssig blieb. Allerdings muß dann der para-Gehalt vom o-Kresol ziemlich hoch gewesen sein, da die Verbindung 1, 2, 5 in reinem Zustand erst bei etwa 85° schmilzt. Vielleicht war aber auch Unterkühlung im Spiel.

STAEDEL[1] beobachtete, daß die Einwirkung von Salpetersäure vom spez. Gew. 1,48 auf o-Kresoläthyläther sehr heftig war. Als er das Reaktionsprodukt auf Eis goß, schied sich sofort ein dunkles Öl ab, das nur langsam und teilweise erstarrte. Diese Masse schüttelte er mit Sodalösung, wobei sie ein wenig daran abgab, die Lösung tief rot färbend. Das Unlösliche erstarrte nicht vollständig. Als er es in heißem Alkohol löste und dann die Lösung erkalten ließ, erhielt er schöne strohgelbe Nadeln, deren Mutterlauge beim Verdampfen einen nicht kristallisierenden Rückstand gab. Die Nadeln schmolzen nach Reinigung bei 71°. Es war ein Mononitro-o-kresoläthyläther. Der nicht kristallisierende Rückstand enthielt Dinitrokresoläthyläther.

Eine Nitrierung des o-Kresoläthyläthers in Eisessig hatte im wesentlichen das gleiche Resultat. Die Struktur des eben erwähnten Mononitro-o-kresoläthyläthers ergab sich daraus, daß er bei weiterer Nitrierung denselben Dinitroäther vom Schmelzp. 51° gab, welcher sich auch aus dem flüssigen Äthyläther des vizinalen m-Nitro-o-kresols CH_3, OH, NO_2 = 1, 2, 3 erhalten läßt. Wenn dieser Dinitroäther mit alkoholischem Ammoniak erhitzt wird, entsteht ein Dinitrotoluidin vom Schmelzp. 209°, welches beim Entamidieren s-Dinitrotoluol gibt:

[1] A. **217**, 153 (1882).

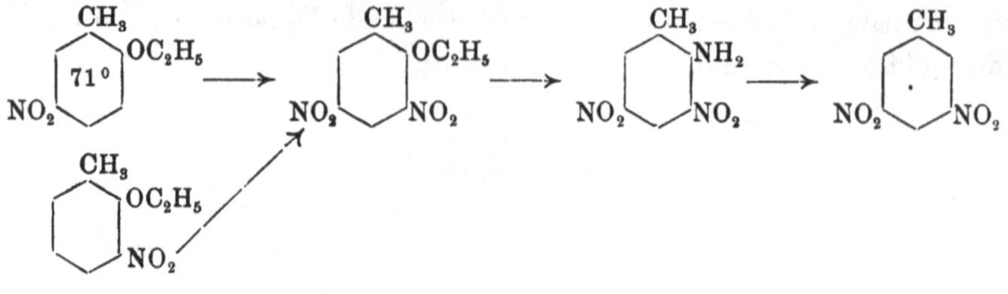

Hierdurch ist die Struktur des bei 71° schmelzenden Äthers bestimmt.

Es ist als wahrscheinlich anzunehmen, daß im flüssig gebliebenen Teil des Nitrierungsproduktes sich auch die vizinale Mononitroverbindung vorfand. Dagegen beobachtete Rapp,[1] daß der tri-o-kresylphosphorsaure Ester, trotz sorgfältiger Kühlung und langsamen Zusammenbringens einer Lösung desselben zu einer Lösung von Salpetersäure in Eisessig, immer nur ein Nitrierungsprodukt, und zwar das bei 70° schmelzende Mononitro-o-Kresol CH_3, OH, NO_2 = 1, 2, 3 gab.

Mit der Nitrierung des m-Kresols haben sich Staedel[2] und Staedel und Kolb[3] beschäftigt. 140 g m-Kresol, mit 140 g Eisessig gemischt und auf — 5° abgekühlt, wurden langsam in eine auf — 15° abgekühlte Mischung von 200 g Salpetersäure vom spez. Gew. 1,5 g mit 400 g Eisessig eingetragen. Dies währte etwa anderthalb Stunden; die Temperatur stieg nicht über — 1°. Es wurden zwei Mononitroprodukte erhalten, die durch Destillation mit Wasserdampf zu trennen waren. Vom nicht flüchtigen Körper (Schmelzp. 129°) entstand etwa die Hälfte, vom flüchtigen (Schmelzp. 56°) etwa der vierte Teil vom Gewicht des angewandten m-Kresols. Die Nitrierung verlief daher bei weitem nicht quantitativ. Die nicht flüchtige Verbindung hatte die Struktur CH_3, OH, NO_2 = 1, 3, 6, welches wie folgt bewiesen wurde: Der Äthyläther desselben gab beim Erhitzen mit konzentriertem wäßrigen Ammoniak (spez. Gew. 0,9) auf 140—150° ein Nitrotoluidin, welches durch Entamidieren o-Nitrotoluol lieferte. Das Nitro-m-kresol, wovon ausgegangen wurde, muß daher entweder von der Struktur CH_3, OH, NO_2 = 1, 3, 6 oder = 1, 3, 2 sein. Da aber durch Behandlung mit Chlorkalk vom entsprechenden Amido-m-kresol ein Methylchinonchlorimid entsteht, müssen OH und NO_2 in para-Stellung stehen. Das Nitrotoluidin aus Nitro-m-kresol ist unzweifelhaft identisch mit der von

---

[1] A. **224**, 174 (1884). [2] A. **217**, 51 (1882). [3] A. **259**, 210 (1890).

BEILSTEIN und KUHLBERG[1] erhaltenen Verbindung (S. 372), welche also ebenfalls die Struktur CH_3, NH_2, NO_2 = 1, 3, 6 haben muß.

Das flüchtige Nitro-m-kresol wurde denselben Einwirkungen unterworfen und lieferte hierbei p-Nitrotoluol, Schmelzp. 54°. Es hat demnach die Struktur CH_3, OH, NO_2 = 1, 3, 4.

KHOTINSKI und JACOPMANN[2] haben, nach der STAEDELschen Methode meta-Kresol nitrierend, noch ein drittes Nitrokresol aus dem Reaktionsgemisch isoliert. Es ist ebenfalls mit Wasserdampf flüchtig. Da es ein intensiv rotes Natriumsalz gibt, weist dies (nach ihnen) auf die ortho-Stellung der Hydroxyl- und Nitrogruppen hin. Die Verbindung muß dann die Formel CH_3, OH, NO_2 = 1, 3, 2 haben.

Die Nitrierung des m-Kresoläthyläthers, in Eisessig gelöst, wurde von STAEDEL[3] genau so ausgeführt wie die des isomeren o-Äthers. Neben einer nicht unbeträchtlichen Menge harziger Materien konnte er einen schön kristallisierenden Mononitro-m-kresoläthyläther erhalten, vom Schmelzp. 54°, den er aber nicht weiter untersuchte.

Die Nitrierung von para-Kresol hat immer zum Nitrokresol CH_3, OH, NO_2 = 1, 4, 3 vom Schmelzp. 33° geführt. ARMSTRONG und THORPE[4] haben dieselbe zum ersten Male ausgeführt. HOFMANN und v. MILLER[5] bestimmten die Struktur desselben durch Überführung in eine Methenylverbindung (s. o.), wodurch sie bewiesen, daß die Nitro- und Hydroxylgruppen ortho-ständig sein müssen. Sie nitrierten das para-Kresol in derselben Weise wie ortho-Kresol. STAEDEL,[6] der ebenso nitrierte, erhielt hierbei eine viel reichlichere Ausbeute als bei der Nitrierung von o-Kresol, namentlich wenn er gut kühlte. So erhielt er einmal aus 100 g reinem, kristallisierten p-Kresol 72 g reines, bei 33° schmelzendes Mono- und 14 g bei 85° schmelzendes Dinitroprodukt. Quantitativ verläuft die Nitrierung also auch hier nicht. FRISCHE,[7] welcher auch wieder nach dem Verfahren von HOFMANN und v. MILLER nitrierte, bemerkte, daß man um so mehr Nitrokresol bekommt, je langsamer die Nitrierung vollzogen wird. Er trennte Mono- und Dinitrokresol durch Wasserdampfdestillation, wodurch nur ersteres übergeht.

Nach einem Patent der Firma MEISTER, LUCIUS & BRÜNING[8] wird das isomere Nitro-para-kresol CH_3, OH, NO_2 = 1, 4, 2 in sehr guter

[1] A. **158**, 345 (1871). [2] B. **42**, 3098 (1909). [3] A. **217**, 153 (1882).
[4] J. **1876**, 452. [5] B. **14**, 568 (1881). [6] A. **217**, 51 (1882).
[7] A. **224**, 137 (1884). [8] C.Bl. **1909** I, 965.

Ausbeute erhalten, wenn man das aus Phosgen und para-Kresolkalium erhältliche para-Kresolkarbonat nitriert und sodann verseift.

Staedel[1] trug mit dem gleichen Gewicht Eisessig vermischten para-Kresoläthyläther in mit Eisessig verdünnter Salpetersäure vom spez. Gew. 1,5 unter guter Kühlung ein und verdünnte alsdann sofort mit eiskaltem Wasser, wobei sich ein dunkles Öl ausschied. Dasselbe war vollkommen unlöslich in Ammoniak, demnach ein Äther, und reagierte in der Kälte auch nicht mit alkoholischem Ammoniak; nach den Erfahrungen, die bei den Nitroprodukten des ortho-Kresoläthyläthers gemacht wurden, scheint also ein Mononitro-para-kresoläthyläther vorzuliegen. Staedel verzichtete auf die Reindarstellung dieses Körpers, konstatierte dagegen, daß sowohl der durch Nitrieren von p-Kresoläther, als auch der durch Ätherifizieren von m-Nitro-p-kresol CH_3, OH, NO_2 = 1, 4, 3 entstehende Äther ein- und denselben Monoamido-p-kresoläther liefern. Beim Nitrieren von p-Kresoläthyläther ohne Eisessigverdünnung entstanden Dinitro-p-kresol und der Äther desselben.

Einführung der Sulfogruppe. Die Sulfonierung von ortho-Kresol ist von Hantke[2] studiert, dessen Resultate aber, wie mir scheint, anders gedeutet werden müssen, als er selbst es tat. Er sulfonierte bei gewöhnlicher Temperatur und auf dem Wasserbad, wobei er verschiedene Säuren erhielt. Das (nicht analysierte) Ba-Salz der bei gewöhnlicher Temperatur dargestellten Säure kristallisierte in schönen großen weißen Blättchen; die letzten Mutterlaugen gaben dasselbe Salz, welches bei höherer Temperatur als Hauptprodukt erhalten wurde.

Die in der Kälte entstehende Sulfosäure hält Hantke für identisch mit einer von Nevile und Winther[3] aus der Toluidinsulfosäure CH_3, NH_2, SO_3H = 1, 2, 5 dargestellten Sulfosäure, weil sie wie diese leicht zerfließliche Kristalle bildet, sich schon bei Erhitzung über 100° zersetzt, und beim Kochen mit verdünnter Salpetersäure das Dinitrokresol vom Schmelzp. 86° (CH_3, OH, NO_2, NO_2 = 1, 2, 3, 5) gibt. Diese Eigenschaften stimmen aber gerade so gut für eine Kresylschwefelsäure $C_6H_4<^{CH_3}_{OSO_3H}$ und die weiter angegebenen sogar viel besser als für eine Sulfosäure.

[1] A. **217**, 153 (1882). [2] B. **20**, 3210 (1887). [3] B. **13**, 1946 (1880).

Denn beim Kochen mit Barytwasser entstand eine starke Abscheidung eines (nicht analysierten) „basischen Salzes“, und Bleiacetat gab mit der Lösung der Säure bei längerem Schütteln einen ebenfalls nicht näher untersuchten „amorphen Niederschlag“. Es liegt auf der Hand, zu mutmaßen, daß das „basische Salz“ $BaSO_4$, der „amorphe Niederschlag“ $PbSO_4$ gewesen ist. Außerdem lieferte die Kalischmelze der Säure in der Hauptsache Salizylsäure, Wurde die freie Säure aber 8 Stunden lang in möglichst konzentrierter wäßriger Lösung im Wasserbad erhitzt, so entstand ein Isomer, welches die obige Reaktion mit Barytwasser und Bleiacetat nicht mehr gab; offenbar war jetzt die Kresylschwefelsäure in Kresolsulfosäure umgelagert.

Die Säure, welche durch Sulfonieren von o-Kresol bei Wasserbadtemperatur erhalten wurde, hält Hantke für identisch mit einer Sulfosäure Hayducks von der Struktur CH_3, OH, SO_3H = 1, 2, 4.

Claus und Jackson[1] machten die sachgemäße Bemerkung, daß dies unwahrscheinlich sei, weil sich dann die Sulfogruppe auf meta-Stelle zu Hydroxyl hätte stellen müssen. Bei der Wiederholung von Hantkes Versuch kamen sie auch zu einem andern Ergebnis. Wenn sie o-Kresol mit dem anderthalbfachen Gewicht an Schwefelsäurehydrat, oder mit englischer Schwefelsäure 8—10 Stunden auf dem Wasserbad auf etwa 90° erhitzten, war die Sulfonierung eine vollständige. Da bei der Oxydation der gebildeten Sulfosäure in reichlicher Ausbeute Toluchinon (Schmelzp. 69°) entstand, muß die Sulfosäure die erwartete Struktur CH_3, OH, SO_3H = 1, 2, 5 haben. Bei der Behandlung von o-Kresol mit Schwefelsäure in der Kälte, unter möglichster Vermeidung einer jeden Temperaturerhöhung, erhielten sie eine andere Sulfosäure, die durch die Schwerlöslichkeit ihres Baryumsalzes von der ersteren leicht getrennt werden konnte. Indessen ist auch von diesen Untersuchern kein weiteres Studium dieser Säure gemacht worden. Die Möglichkeit ist daher nicht ausgeschlossen, daß dieses schwer lösliche Ba-Salz ebenfalls Baryumsulfat gewesen ist.

Die Sulfonierung von m-Kresol ist von Claus und Krauss[2] ausgeführt; sie fanden, daß dieselbe recht leicht erfolgt, wenn gleiche Gewichtsmengen reines Schwefelsäurehydrat und Kresol 3—4 Tage bei gewöhnlicher Temperatur vermischt gehalten werden; der größte Teil,

[1] J. pr. (2) **38**, 329 (1888).
[2] B. **20**, 3089 (1887).

wohl $^5/_8$ des Kresols, ist dann sulfoniert. Wurde ein solches Gemenge auf dem Dampfbad oder gar auf etwa 120° erhitzt, dann war die Sulfonierung nach einigen Stunden beendet. Ein größerer Überschuß von Schwefelsäure ist zu vermeiden, da sich sonst, in der Kälte sowohl wie in der Wärme, Disulfosäure bildet. Erhitzten sie die Sulfosäure in verdünnter Lösung mit Chromsäure, so wurde sie unter gleichzeitiger Bildung von Schwefelsäure direkt und glatt in Toluchinon übergeführt, woraus die Struktur CH_3, OH, SO_3H = 1, 3, 6 erhellt.

Über die Sulfonierung von p-Kresol liegt nur eine Mitteilung von ENGELHARDT und LATSCHINOFF[1] vor, welche beim Erwärmen von diesem Kresol mit Schwefelsäure nur eine Sulfosäure erhielten. Die Struktur dieser Säure ist CH_3, OH, SO_3H = 1, 4, 3, da sie nach v. PECHMANN[2] aus der Toluidinsulfosäure CH_3, NH_2, SO_3H = 1, 4, 3 durch Austausch von NH_2 gegen OH erhältlich ist.

BROMWELL[3] trug 40 g o-Methoxytoluol langsam in 120 g konzentrierte Schwefelsäure ein. Die Einwirkung begann sofort, wobei der Äther in Lösung ging. Das Gemisch wurde einige Minuten lang geschüttelt, danach in Wasser ausgegossen und in Baryumsalz verwandelt. Da er zwei Arten von Kristallen erhielt, verwandelte er die verschiedenen Fraktionen in Amid, wobei aber alle dasselbe, bei 137° schmelzende Amid ergaben. Es gelang ihm nicht, die Stellung der Sulfogruppe festzustellen.

Einführung von CH_2OH. MANASSE[4] erhielt in der bei Phenol (S. 173) beschriebenen Weise durch Kondensation von Formaldehyd mit p-Kresol Homosaligenin OH, CH_3, CH_2OH = 1, 4, 2; aus m-Kresol erhielt er zwei Alkohole, deren einer offenbar von der Struktur OH, CH_3, CH_2OH = 1, 3, 4 war und bei 118° schmolz, während der andere bei etwa 105° seinen Schmelzpunkt hatte.

Einführung von Acetyl. EYKMAN[5] ließ auf m-Kresolacetat, welches durch Mischung von m-Kresol mit der berechneten Menge Acetylchlorid (kleiner Überschuß) dargestellt war, ohne weitere Reinigung Zinkchlorid einwirken. Hierdurch trat eine Umwandlung ein, wobei Acetokresol entstand, und zwar bildete sich bei gewöhnlicher Temperatur, wenn die Einwirkung wochenlang fortgesetzt wurde, die Verbindung CH_3, OH,

---

[1] Z. **1869**, 619. [2] A. **173**, 203 (1874). [3] Am. **19**, 568 (1897).
[4] B. **27**, 2411 (1894). [5] Chem. Weekblad **1**, 453 (1904).

$COCH_3$ = 1, 3, 6, bei 140—160° in 6 Stunden das Acetokresol CH_3, OH, $COCH_3$ = 1, 3, 4. Die m-Stellung der Substituenten in Kresol scheint für diese Umwandlung notwendig zu sein, da nach EYKMANS vorläufige Versuche bei anderen Phenolen, die keine m-Derivate sind, keine oder nur in geringem Maße Acetophenone bei dieser Behandlung entstehen. Die Struktur der beiden Acetokresole wurde durch Oxydation ermittelt, nachdem die OH-Gruppe ätherifiziert war, wobei die entsprechenden bereits bekannten Methoxy- und Äthoxy-toluylsäuren und Phtalsäuren erhalten wurden.

Einführung von Hydroxyl. In der bei Phenol angegebenen Weise (s. S. 181) konnte die chem. Fabrik vorm. E. SCHERING[1] auch in p-Kresol mittels Kaliumpersulfat eine Hydroxylgruppe einführen, welche sich hier ebenfalls in o-Stellung zur bereits anwesenden OH-Gruppe stellte, so daß Homobrenzkatechin CH_3, OH, OH = 1, 3, 4 resultierte. Durch sein Verhalten gegen essigsaures Blei läßt es sich leicht als Brenzkatechin charakterisieren, weil es damit eine Fällung gibt. Aus o-Kresol bildet sich in dieser Weise Homohydrochinon CH_3, OH, OH = 1, 2, 5 und dieselbe Verbindung entsteht auch aus m-Kresol. Wenn in Phenolen überhaupt die para-Stelle zum Hydroxyl unbesetzt ist, so wird diese durch die neu eintretende OH-Gruppe eingenommen; aus Phenolen mit besetzter para-Stelle dagegen entstehen Brenzkatechinderivate.

Einführung von Karboxyl. ODDO und MAMELI[2] fanden, daß ortho-Kresol, gelöst in Toluol oder Petroleum, durch Behandlung mit Natrium und Kohlendioxyd eine kleine Ausbeute (5 %) an Kresotinsäure, Schmelzp. 164°, gab. Meta- und para-Kresol reagierten nicht.

BRUNNER,[3] der, wie auf S. 180 angegeben, in Glyzerinlösung Phenol in Oxybenzoesäuren überführte, wandte diese Reaktion auch auf o-Kresol an, wobei er in einer Ausbeute von 35 % β-Kresotinsäure CH_3, OH, CO_2H = 1, 2, 3 erhielt.

Einführung der Aldehydgruppe. Nach seiner Blausäuremethode (S. 183) hat GATTERMANN mit seinen Mitarbeitern in die drei Kresole die Aldehydgruppe eingeführt.[4] Ortho-Kresol gab einen Aldehyd, welcher sich mit dem von TIEMANN und REIMER erhaltenen Homo-oxy-

[1] Frdl. **IV**, 121 (1894). [2] G. **31** II, 245 (1901). [3] A. **351**, 320 (1906).
[4] B. 31, 1766 (1898); A. **357**, 322 (1907).

benzaldehyd OH, CH_3, CHO = 1, 2, 4 identisch erwies. Durch seinen Schmelzp. 110° zeigte sich das aus meta-Kresol dargestellte Aldehyd identisch mit dem Homo-p-oxybenzaldehyd OH, CH_3, CHO = 1, 3, 4. In beiden Fällen ist also die Aldehydgruppe an para-Stelle zum Hydroxyl getreten. Aus para-Kresol entstand ein mit Wasserdampf flüchtiges Aldehyd, welches also CHO und OH in ortho-Stellung haben muß. Die Ausbeute betrug dabei aber nur 5% der Theorie.

Auch die Kresylmethyl- und Kresyläthyläther sind mittels der Blausäuremethode in Aldehyde umgewandelt.[1] Bei den ortho- und meta-Verbindungen stellte sich die CHO-Gruppe auch wieder para zum Oxyalkyl, beim para-Kresylmethyl- und Äthyläther an ortho-Stelle. Die Ausbeute war hier viel größer als beim para-Kresol, nämlich 80% der Theorie.

Einführung von Quecksilber. Diese ist durch Dimroth[2] bei p-Kresol verwirklicht (s. S. 185). Bei der Wechselwirkung äquimolekularer Mengen von Merkuriacetat und p-Kresol in wäßriger Lösung erhielt er stets ein Mono- und ein Diquecksilbersubstitutionsprodukt und zwar in annähernd gleichen Mengen; hierbei war es gleichgültig, ob in der Kälte oder in der Wärme gearbeitet wurde. Die Monoverbindung hatte die Struktur CH_3, OH, HgCl = 1, 4, 3 (HgCl, weil sie durch Aussalzen mit Kochsalz aus der wäßrigen Lösung erhalten war). Die freie OH-Gruppe konnte in dieser Verbindung durch Benzoylieren nachgewiesen werden, die Stelle des Quecksilbers durch Behandlung mit Jod, wobei das Jodkresol CH_3, OH, J = 1, 4, 3 gebildet wurde.

Anwesend CH_3, CN.

Einführung der Nitrogruppe. Landsberger[3] fügte zu 6 g o-Tolunitril allmählich 30 ccm entröteter, rauchender, durch eine Kältemischung gekühlte Salpetersäure und goß die erhaltene gelbe Lösung auf zerstoßenes Eis. Er erhielt 7,5 g Rohprodukt, welches nach Umkristallisieren aus Alkohol bei 105° schmolz. Durch Verseifung gab dieses Nitrotolunitril die bei 179° schmelzende Nitro-o-toluylsäure CH_3, CO_2H, NO_2 = 1, 2, 4.

---

[1] A. **357**, 355 (1907) und B. **31**, 1150 (1898).

[2] B. **35**, 2856 (1902). [3] B. **31**, 2880 (1898).

Die Nitrierung von meta-Tolunitril wurde von FINDEKLEE[1] ausgeführt (S. 361). Er fügte 10 g dieses Nitrils bei 60 g konzentrierter Schwefelsäure, welche in Eis-Kochsalz abgekühlt war und fügte eine gekühlte Auflösung von 10 g Kaliumnitrat in 60 g Schwefelsäure so allmählich hinzu, daß die Temperatur nicht über + 5° stieg. Er erhielt so 40 bis 50% der Theorie an der Verbindung CH_3, CN, NO_2 = 1, 3, 4, wie er durch Überführen derselben in der Methylphtalsäure CH_3, CO_2H, CO_2H = 1, 3, 4 bewies, deren Struktur durch eine andere Synthese feststeht. Isomere werden nicht erwähnt.

BANSE[2] studierte die Nitrierung von p-Tolunitril, sowie den Einfluß, welche Änderungen an der Methylgruppe auf den Ort ausüben, wo die Nitrogruppe eintritt. Er erhielt folgende Resultate: 2 g p-Tolunitril wurden in 10 ccm entröteter, rauchender Salpetersäure unter Abkühlung gelöst und die erhaltene Lösung in kaltes Wasser gegossen. Nach Umkristallisieren aus Alkohol schmolz das Nitroprodukt bei 107°, welches beim Erhitzen mit Salzsäure die Nitrotoluylsäure CO_2H, CH_3, NO_2 = 1, 4, 3 gab.

Die Nitrierung des p-Cyanbenzylchlorids $CN \cdot C_6H_4 \cdot CH_2Cl$ wurde leider nicht unter denselben Bedingungen wie die des p-Tolunitrils ausgeführt, denn erstgenannte Verbindung (5 g) wurde in 40 g konzentrierter Schwefelsäure gelöst und zu dieser, in einer Kältemischung stehenden Lösung nach und nach die berechnete Menge (3,5 g) Kaliumnitrat, ebenfalls in konzentrierter Schwefelsäure gelöst und abgekühlt, hinzugegeben. Sobald eine Probe der rotbraun gewordenen Mischung auf Wasserzusatz sofort erstarrte, goß BANSE das Ganze in Eiswasser, wobei sich 4,59 g Nitroprodukt als gelblich weiße, feste Masse ausschied. Nach Umkristallisieren aus Alkohol schmolz sie bei 84°. Auch in dieser Verbindung steht die Nitrogruppe auf meta-Stelle in bezug auf die Cyangruppe, denn durch Reduktion bildete sich ein Amidotolunitril, welches durch Verseifen die Säure CO_2H, NH_2, CH_3 = 1, 3, 4 gab, welche von AHRENS[3] durch Reduktion der Nitrotoluylsäure CO_2H, NO_2, CH_3 = 1, 3, 4 dargestellt worden war.

p-Cyanbenzylalkohol nitrierte BANSE wieder in ganz analoger Weise wie p-Tolunitril selbst. Er erhielt so eine Nitroverbindung vom Schmelzp. 138°, welche die Struktur CN, NO_2, CH_2OH = 1, 2, 4 hatte,

[1] B. **38**, 3544 (1905). [2] B. **27**, 2162 (1894). [3] Z. **1869**, 114.

weil die Verbindung nicht identisch mit dem Alkohol war, welcher (über das Acetat) aus obigem Nitro-p-cyanbenzylchlorid dargestellt werden konnte. Die Gruppe CH_2OH bewirkt also, daß die Nitrogruppe an o-Stelle zu CN tritt, wogegen die Gruppen CH_3 und CH_2Cl nicht verhindern, daß sie — wie im unsubstituierten Benzonitril (S. 186) — an m-Stelle zu CN tritt.

Anwesend CH_3, CHO.

Einführung der Nitrogruppe. Die Nitrierung von m-Toluylaldehyd ist von MEISTER, LUCIUS & BRÜNING[1] behufs Darstellung von Methylindigo studiert worden. Sie lösten den Aldehyd in konzentrierter Schwefelsäure und nitrierten mit einer Mischung von Salpetersäure und Schwefelsäure bei einer 15° nicht übersteigenden Temperatur. Das Nitro-m-toluylaldehyd schied sich beim Eingießen in Wasser als Öl ab. Da es leicht in Methylindigo verwandelt werden konnte, mußte die Nitrogruppe in ortho-Stellung zur Aldehydgruppe stehen, wobei die Wahl zwischen den Formeln CH_3, CHO, NO_2 = 1, 3, 2 und 1, 3, 4 bleibt. BORNEMANN,[2] der das unverdünnte Toluylaldehyd in die Salpeterschwefelsäure tropfte, kam zum gleichen Resultat.

Nach einem Patent der „Société chimique des usines du Rhone"[3] enthält das von MEISTER, LUCIUS, BRÜNING dargestellte Nitroprodukt mindestens drei Nitro-m-toluylaldehyde, von denen zwei zur Indigobildung geeignet sind, bei denen sich also die Nitrogruppe in ortho-Stellung zur Aldehydgruppe befindet. Diese konnten durch fraktionierte Destillation des Rohproduktes im Vakuum gewonnen werden. Die ersten $^2/_3$ des bei 2 mm zwischen 135° und 145° übergehenden Öles wurden auf 0° abgekühlt, wodurch ein Nitrotoluylaldehyd vom Schmelzpunkt 64° auskristallisierte. Das letzte Drittel des Destillates gab, auf 0° abgekühlt, ein in gelben Nadeln kristallisierendes Aldehyd vom Schmelzp. 44°. Da die Nitrogruppe sich nicht so leicht zwischen zwei anderen Gruppen einschiebt, ist anzunehmen, daß das Hauptprodukt mit dem Schmelzp. 64° die Struktur CH_3, CHO, NO_2 = 1, 3, 4, das Nebenprodukt vom Schmelzp. 44° die Struktur 1, 3, 2 hat.

Zur Nitrierung von p-Toluylaldehyd lösten HANZLICK und BIANCHI[4]

---

[1] Frdl. I, 142 (1882); B. **16**, 817 (1883).
[2] B. **17**, 1473 (1884).
[3] C.Bl. **1900** II, 751.
[4] B. **32**, 1288 (1899).

11 g Kalisalpeter oder 10 g Salpetersäure von 63 % in 60 g konzentrierter Schwefelsäure und ließen in dieses Gemisch bei 0° 12 g des Aldehyds einfließen. Als sie auf Eis gossen, fiel nitrierter Aldehyd weiß und sofort analysenrein vom Schmelzp. 44° aus. Es bilden sich also keine Isomere. Die Analyse ergab die Zusammensetzung einer Mononitroverbindung. Da dieselbe mit Aceton in soda-alkalischer Lösung keine Indigofärbung gab, muß sie die Struktur CH_3, CHO, NO_2 = 1, 4, 2 haben. GATTERMANN,[1] welcher in nahezu gleicher Weise arbeitete, kam zu demselben Resultat. Auch er erwähnt nicht die Bildung des möglichen Isomers. Er fand den Schmelzpunkt der Verbindung bei 49°.

Anwesend CO_2H, CO_2H.

Einführung von Chlor. AUERBACH[2] leitete Chlor in eine kalte Lösung von Phtalsäure in überschüssigem Alkali; es schieden sich weiße Kristalle aus, welche nach dem Auswaschen mit kaltem Wasser und Zusatz von Schwefelsäure an Äther eine Monochlorphtalsäure nebst deren Anhydrid abgaben. Der Schmelzpunkt der ersteren war 150°. Demnach hat die Säure die Struktur CO_2H, CO_2H, Cl = 1, 2, 4, da dieselbe nach KRÜGER[3] auch durch Oxydation der Chlor-o-toluylsäuren CO_2H, CH_3, Cl = 1, 2, 4 und = 1, 2, 5 erhalten werden kann.

Einführung von Brom. Nachdem FAUST[4] konstatiert hatte, daß Brom nur schwierig in Phtalsäure eintritt, so daß selbst nach 24-stündigem Erhitzen von reiner Phtalsäure mit Brom, im Verhältnis von 4:5, und Wasser in zugeschmolzenen Röhren auf 180—200° noch ein großer Teil der Phtalsäure unverändert geblieben war, hat v. PECHMANN[5] das Produkt FAUSTS einer näheren Untersuchung unterzogen. Es zeigte sich als ein Gemenge zweier isomerer Bromphtalsäuren, deren Trennung nicht recht gelang. Die in größter Menge entstehende Säure ist die vizinale. Sie hat einen Schmelzpunkt von 138—140°, ihr Anhydrid von 60—65°. Der Strukturbeweis wurde in folgender Weise geliefert: Das daraus darstellbare Bromanthrachinon gab in der Kalischmelze ein Oxyanthrachinon, welches mit BAEYER und CAROS Erythrooxyanthrachinon identisch war. Letzteres erhielt LIEBERMANN aber

[1] A. **347**, 354 (1906). [2] J. **1880**, 862. [3] B. **18**, 1759 (1885).
[4] A. **160**, 62 (1870). [5] B. **12**, 2126 (1879).

als Reduktionsprodukt des Chinizarins; Chinizarin seinerseits entsteht aus Hydrochinon und Phtalsäureanhydrid durch Erhitzen mit Vitriolöl und muß daher die Struktur

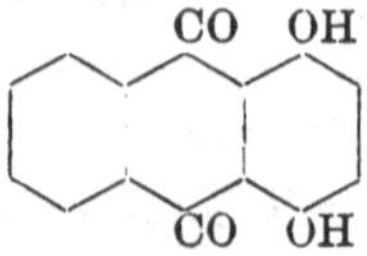

haben.

Einführung der Nitrogruppe. Bei der Nitrierung von Phtalsäure mit Salpeterschwefelsäure beobachtete FAUST[1] die Bildung von nur einer Mononitrosäure; es ist dieselbe Säure, welche von MARIGNAC und von LAURENT schon 1841 im Produkt der Einwirkung von Salpetersäure auf Naphtalin entdeckt wurde. MILLER,[2] welcher die Versuche FAUSTS wiederholte, fand, daß bei diesem Nitrierverfahren stets größere Mengen Phtalsäure unangegriffen bleiben, und arbeitete daher nach folgender Methode: 50 g Phtalsäure wurden mit 75 g Schwefelsäure von 66° Bé. und ebensoviel rauchender Salpetersäure übergossen und das Gemisch 2 Stunden lang im Wasserbade erhitzt. Die Reaktion verlief, nachdem alle Säure in Lösung gegangen war, unter Entwicklung von großen Mengen NO_2 und wenig CO_2. Es bildeten sich zwei Mononitrosäuren in fast gleichen Mengen. Da die β-Säure sich viel leichter mittels Salzsäure und Alkohol völlig esterifizieren läßt als die α-Säure, welche dabei eine Estersäure bildet, so sind der neutrale Ester und die Estersäure nunmehr durch Soda leicht zu trennen. Die β-Säure kristallisiert mit 1 H_2O und schmilzt bei 161°. Sie hat die Formel CO_2H, CO_2H, NO_2 = 1, 2, 4, denn die α-Säure (Schmelzp. 218°) hat die Formel CO_2H, CO_2H, NO_2 = 1, 2, 3, da sie auch durch Oxydation von α-Nitronaphtalin entsteht.

HUISINGA,[3] der eine eingehende Untersuchung über die Mengenverhältnisse, in welchen die beiden Säuren nebeneinander entstehen, ausführte, fand, daß sich Phtalsäure durch reelle Salpetersäure quantitativ nitrieren läßt, daß der Prozeß aber sehr langsam vor sich geht. Er brachte die Phtalsäure in die sechsfache Menge reeller Säure und arbeitete bei + 30°. Von Zeit zu Zeit wurde eine Probe der salpetersauren Lösung entnommen, die Salpetersäure auf die gleich

[1] A. **160**, 57 (1870). [2] A. **208**, 224 (1881). [3] R. **27**, 260 (1908).

anzugebende Weise entfernt und das erhaltene Produkt titriert, wodurch das Fortschreiten der Nitrierung verfolgt und konstatiert werden konnte, ob sich keine Dinitrosäuren bildeten. In dieser Weise wurde gefunden, daß die Nitrierung nach etwa drei Wochen quantitativ zu Mononitrosäure fortgeschritten war. Es wurde daher eine neue Portion Phtalsäure drei Wochen lang mit der sechsfachen Menge reeller Salpetersäure stehen gelassen und nun die Salpetersäure entfernt, entweder durch Stellen über Kalk im Exsikkator oder nach Verdünnung durch vorsichtiges Abdampfen auf dem Wasserbad. Beim Ausgießen in Wasser schied sich nämlich nichts ab. Die letzten Spuren Salpetersäure wurden durch Erhitzen des fein pulverisierten Produktes während längerer Zeit auf 110° entfernt. Es war dann schwach gelb gefärbt und gab keine Diphenylaminreaktion. Außer den beiden Nitrophtalsäuren enthielt es nur Spuren von gelb gefärbten Substanzen. Die Zusammensetzung des Nitrierungsproduktes wurde nach der Auslaugungsmethode bestimmt, wie sie auf S. 19 bereits als Beispiel dieser Methode beschrieben worden ist. So wurde festgestellt, daß das in obiger Weise gewonnene Nitrierungsprodukt aus 49,5 % α-Säure und 50,5 % β-Säure besteht. Wie oben erwähnt, fand Miller bei seinen Versuchen auch ungefähr gleiche Mengen der beiden Säuren; er arbeitete aber mit einem Gemisch von Salpetersäure und Schwefelsäure, so daß — wenn Millers Schätzung richtig ist — letztgenannte Säure hier wenig Einfluß auf die Zusammensetzung des Nitrierungsproduktes zu haben scheint.

Die Nitrierung der Isophtalsäure ist von Storrs und Fittig[1] zur Hand genommen. Sie fanden, daß rauchende Salpetersäure in der Kälte fast ohne Einwirkung auf Isophtalsäure ist; beim Erhitzen löste sie dieselbe allmählich auf, aber ohne sie sofort in Nitrosäure zu verwandeln; denn wenn die Flüssigkeit, sobald vollständige Lösung stattgefunden hatte, in Wasser gegossen wurde, schied sich ein reichlicher flockiger Niederschlag ab, welcher unveränderte Isophtalsäure war. Um die Nitrosäure zu erhalten, mußten sie die Lösung noch so lange zum gelinden Sieden erhitzen, bis eine in Wasser gegossene Probe keinen Niederschlag mehr abschied. In der Regel war dazu ein drei- bis vierstündiges Erwärmen erforderlich. Dann wurde die Lösung

[1] A. **153**, 285 (1869).

auf dem Wasserbade zur Trockne verdunstet und der Rückstand mehrmals aus kleinen Mengen heißen Wassers umkristallisiert. Die so gewonnene Mononitrosäure schmolz bei 249°; sie hat die Struktur CO_2H, CO_2H, NO_2 = 1, 3, 5. Neben dieser Säure entstand gleichzeitig eine kleine Menge einer anderen, in Wasser leichter löslichen Säure, welche ein viel leichter lösliches Ca-Salz hat. FITTIG und STORRS haben diese Substanz aber nur in sehr kleiner Menge erhalten und konnten deshalb über ihre Natur nichts Näheres angeben; möglicherweise (sagen sie) ist sie eine isomere Verbindung; ihr Schmelzpunkt liegt 10—15° niedriger als der der symmetrischen Nitro-isophtalsäure. Zu erwähnen ist noch, daß FITTIG und STORRS von sorgfältig über das Ba-Salz gereinigter Isophtalsäure ausgingen, so daß die Nebenprodukte nicht aus etwaigen Verunreinigungen des Ausgangsmateriales stammten.

BEYER[1] bestätigte diese Resultate und erweiterte sie insofern, daß er den Schmelzpunkt der isomeren Verbindung bei 260° bestimmte; eine nähere Untersuchung der Nebenprodukte hat aber auch er nicht ausgeführt. Hierzu wäre in erster Linie notwendig, die drei Nitroisophtalsäuren darzustellen, um ihre Eigenschaften feststellen zu können.

Dies hat HUISINGA[2] getan, als er das Studium der Nitrierung der Isophtalsäure wiederaufnahm. Das Hauptprodukt der Nitrierung, die symmetrische Säure, schmilzt nach HUISINGA bei 256° und enthält nur 1 Mol. Kristallwasser, während BEYER[3] 1 $^1/_2$ Mol. angibt. Die Säure CO_2H, CO_2H, NO_2 = 1, 3, 4 stellte er durch Oxydation vom entsprechenden Nitro-m-xylol (S. 353) dar; sie schmilzt bei 245°; die dritte vizinale Säure gewann er ebenfalls aus dem entsprechenden Nitro-m-xylol; ihr Schmelzpunkt liegt bei 300°. BEYERS Produkt vom Schmelzp. 260° war daher ein Gemenge.

Behufs der quantitativen Bestimmung der drei Säuren im Nitrierungsprodukt entwarf HUISINGA zunächst folgende Tabelle (S. 397).

Die Lösungen waren also in allen Fällen mit symmetrischer Säure gesättigt, wogegen die Mengen der anderen Säuren so bemessen waren, daß die Lösungen damit ungesättigt blieben.

Aus dieser Tabelle ergibt sich, daß der Einfluß der beiden Säuren 1, 3, 4 und 1, 3, 2, sowohl gesondert als zusammen, auf die Löslichkeit

[1] J. pr. (2) **22**, 352 (1880); **25**, 470 (1882).
[2] R. **27**, 260 (1908). [3] a. a. O.

Bodenkörper: CO_2H, CO_2H, NO_2 = 1, 3, 5. Temp. 25,0°.

Zugefügte Menge in mgr pro 100 ccm Lösung		Die Lösung enthält in % total Säure	% symm. Säure
I. Vizinale Säure . . .	0	0,157	—
	50	0,184	0,134
	100	0,226	0,126
	Überschuß	0,337	—
II. Asymm. Säure . . .	0	0,157	—
	50	0,184	0,134
	100	0,229	0,129
III. Viz. + asymm. Säure	0	0,157	—
	50 + 50	0,225	0,125
	100 + 100	0,319	0,119

des Hauptproduktes nahezu gleich ist. Auch ist die Gesamtmenge welche in Lösung geht, bei Gegenwart von gleichen Mengen der beiden Säuren, gesondert oder zusammen, dieselbe.

Die Nitrierung der Isophtalsäure (wozu ebenfalls sorgfältig, über das Ba-Salz, gereinigte Säure verwendet wurde) wurde in ganz derselben Weise wie die der Phtalsäure ausgeführt. Den langsamen Verlauf des Prozesses konnte auch Huisinga bestätigen. Als er nun 2 g des Nitrierungsproduktes mit 100 g Wasser bis zur Sättigung schüttelte, enthielt diese Lösung 0,196 % Säure, woraus sich, nach obiger Tabelle, ergibt, daß 3,1 % Nebenprodukte anwesend waren. Es galt aber jetzt, festzustellen, ob das Nebenprodukt aus der Säure 1, 3, 4, aus 1, 3, 2 oder aus beiden bestand. Die qualitative Untersuchung des Nitrierungsproduktes hatte ergeben, daß sich darin ohne Zweifel die Säure 1, 3, 4 befindet, denn Huisinga konnte daraus in kleiner Menge Kristalle vom Schmelzp. 245° isolieren, welche löslicher waren als die beiden anderen Säuren; in der Tat wurde für die Löslichkeit in Wasser in Prozenten bei 25° für die drei Säuren folgende Zahlen gefunden:

Bezeichnung der Säure	Löslichkeit	Schmelzp.	Krist. Wasser
symm. Nitroisophtalsäure	0,220	256°	ohne
„ „	0,157	—	mit
asymm. „	0,967	245	ohne
viz. „	0,216	300	ohne

Es erwiesen sich also diese Tatsachen als für die asymm. Säure zutreffend. Um festzustellen, ob auch die vizinale Säure im Nitrierungsprodukt zugegen war, wurde wie folgt verfahren: Besteht das Nebenprodukt nur aus asymm. Säure, so sind in 1 g Nitrierungsprodukt (gemäß obiger Bestimmung) davon 31 mg enthalten. Bringt man also 100 g Wasser in Berührung mit 1 g Nitrierungsprodukt + Überschuß an symmetrischer und an vizinaler Säure, so muß im ganzen gerade so viel in Lösung gehen, als wenn das eine Gramm Nitrierungsprodukt durch 31 mg asymmetrischer Säure ersetzt wird. In der Tat war dies innerhalb der Grenzen der Bestimmbarkeit der Fall:

1 g Nitrierungsprodukt + Überschuß an symm. und an vizinaler Säure gaben an 100 g H_2O bei 25°	0,361 g
31 mg asymm. Säure + Überschuß an symm. und an vizinaler Säure gaben an 100 g H_2O bei 25°	0,357 g.

Dadurch ist wenigstens bewiesen, daß das Nebenprodukt keine ansehnliche Mengen vizinaler Säure enthalten kann; nicht jedoch, daß letztere Säure darin überhaupt nicht vorkommt. Es trat nämlich bei diesen Löslichkeitsbestimmungen noch ein Umstand auf, welcher anfangs sehr verwirrend wirkte. Wie aus obiger Tabelle zu ersehen ist, ist die Löslichkeit der anhydrischen und der kristallwasserhaltigen symm. Säure sehr verschieden. Da im Nitrierungsprodukt durch die Weise seiner Darstellung offenbar die anhydrische Säure anwesend ist, so wurden anfangs sehr auseinander laufende Zahlen bei der Auslaugungsmethode erhalten, da die Säure sich in Berührung mit Wasser langsam hydratiert; die Löslichkeit verringerte sich dadurch bei längerem Schütteln fortwährend. Nachdem dies erkannt war, konnte dem durch Zufügung von kristallwasserhaltiger Säure abgeholfen werden; es wurden dann ganz konstante Löslichkeitszahlen erhalten.

Bei den letztgenannten Löslichkeitsbestimmungen scheint sich nun auch etwas Derartiges bemerklich zu machen. Die Löslichkeit eines Gemisches von kristallwasserhaltiger symm. und asymm. Säure erwies sich nämlichals nicht ganz konstant, sondern nahm, nachdem sich in einigen Stunden ein Maximum eingestellt hatte, langsam ab. Dieses Maximum war abhängig vom Überschuß, welcher von beiden Säuren anwesend war. Mutmaßlich hängt dies auch hier mit einer Hydratbildung, und zwar der asymm. Säure zusammen. Hierdurch bleibt noch etwas Unsicherheit übrig, ob sich dennoch nicht bestimmbare Mengen der vizinalen Säure bei der Nitrierung gebildet haben.

Daß die 3,1 % Nebenprodukt wirklich Nitroisophtalsäure war, bewies HUISINGA dadurch, daß eine Lösung, welche bei 25° an den drei Nitroisophtalsäuren gesättigt war, 1,555 % Säuren enthält, während eine Lösung, welche als Bodenkörper das Nitrierungsprodukt + vizinaler + asymm. Säure hatte, einen Gehalt von 1,558 % an Säuren hatte. Allerdings sind nichtsaure Nebenprodukte dadurch nicht ausgeschlossen, doch sind dieselben kaum zu erwarten.

Einführung der Sulfogruppe. Daß die Phtalsäure sich nicht nur schwierig nitrieren, sondern auch schwierig sulfonieren läßt, geht bereits aus einer Abhandlung LOEWS[1] hervor, welcher Phtalsäure mit überschüssigem Schwefeltrioxyd im zugeschmolzenen Rohre längere Zeit auf 100—105° erhitzte und hierdurch nur ein Zehntel der Säure in Sulfosäure verwandeln konnte. RÉE[2] ging dabei von Phtalsäureanhydrid aus, wovon er 100 g in 150 g rauchender Schwefelsäure von 20—25 % Anhydrid löste und unter fortwährendem Einleiten von SO_3-Dampf anfangs auf 190—200°, schließlich auf 210° erwärmte. Nach Verlauf von 6½ Stunde war die Umsetzung vollendet. Die gebildete Sulfosäure wurde über ihrem Baryumsalz isoliert und zwar 150 g derselben mit 1 Mol. Kristallwasser aus 100 g Phtalsäureanhydrid, also mehr als 80 % der theoretischen Ausbeute. Die Säure hat die β-Struktur CO_2H, CO_2H, SO_3H = 1, 2, 4, da sie beim Schmelzen mit Natriumformiat Trimellithsäure vom Schmelzp. 219° gab.

In der Mutterlauge, die beim Kristallisieren des sauren β-sulfophtalsauren Baryums erhalten wird, bleibt das Baryumsalz der gleichzeitig in geringer Menge entstehenden α-Sulfophtalsäure zurück. Obwohl es nach den veröffentlichten Angaben über α-sulfophtalsaurem Baryum nicht bestimmt nachgewiesen ist, daß dieses Salz hier vorlag, glaubt RÉE doch, daß dies sicher ist. Aus der gereinigten Sulfosäure, welche er aus Phtalsäure erhielt, bekam er bei der Natronschmelze nur β-Oxyphtalsäure neben Oxybenzoesäure; aus der ungereinigten Säure konnte er dagegen als Nebenprodukt α-Oxyphtalsäure und in einem Falle auch Salicylsäure erhalten.

Die Sulfonierung der Isophtalsäure ist fast gleichzeitig durch

[1] A. **143**, 257 (1867). [2] A. **233**, 219 (1886).

Heine[1] und durch Lönnies[2] untersucht worden. Beide erhielten als Hauptprodukt die symm. Säure, da ihr Kaliumsalz beim Erhitzen mit Kaliumformiat Trimesinsäure gab und beim Schmelzen mit Kali eine Oxyisophtalsäure entstand, welche mit den zwei bereits bekannten Oxyphtalsäuren CO_2H, CO_2H, OH = 1, 3, 2 und = 1, 3, 4 nicht identisch war. Trotzdem hat Heine bei gelinder Wärme mit Schwefeltrioxyd, Lönnies bei 200° mit der vierfachen Menge stark rauchender Schwefelsäure 6 Stunden lang sulfoniert. Letzterer fand eine viel bequemere Abscheidungsweise dieser Sulfosäure, indem er nach dem Erkalten mit der doppelten Menge Wasser zersetzte, wodurch sie mit 2 Mol. Wasser auskristallisierte. Lönnies bemerkt aber, daß sein Rohprodukt noch eine isomere Säure enthalten muß. Denn wenn er nicht das reine primäre Kaliumsalz des Hauptprodukts, sondern die rohe Sulfosäure mit Kali schmolz, so entstand eine Oxysäure, welche sich mit Eisenchlorid merklich kirschrot färbte. Diese Eigenschaft konzentrierte sich beim Umkristallisieren der rohen Oxysäure in der Mutterlauge. Da er auf die Reinigung der angewandten Isophtalsäure die äußerste Sorgfalt verwendet hatte, glaubt er annehmen zu müssen, daß eine der beiden andern Oxyphtalsäuren und zwar, nach der größeren Löslichkeit zu schließen, die β-Säure CO_2H, CO_2H, OH = 1, 3, 2 in geringer Menge entstanden ist.

Anwesend CO_2H, NH_2.

Einführung von Brom. Wheeler und Oates[3] lösten 25 g Anthranilsäure in ihrem zehnfachen Gewicht Eisessig und fügten 29,4 g Brom so langsam hinzu, daß die Temperatur auf 15—16° blieb. Sie erhielten so 95,3% der theoretischen Ausbeute an Rohprodukt, welches zum größten Teil aus der Bromanthranilsäure CO_2H, NH_2, Br = 1, 2, 5 bestand. Diese Säure war früher bereits durch Alt[4] aus ortho-Acettoluid und von Hübner und Petermann durch Reduktion der Bromnitrobenzoesäure CO_2H, NO_2, Br = 1, 2, 5 dargestellt.

Einführung der Nitrogruppe. Rupe[5] versuchte, die Anthranilsäure in schwefelsaurer Lösung zu nitrieren, was aber nicht gelang. Er griff daher zum Acetylderivat, welches zwar beim Arbeiten in der

[1] B. **13**, 493 (1880). [2] B. **13**, 703 (1880). [3] Am. Soc. **31**, 568 (1909).
[4] B. **22**, 1645 (1889). [5] B. **30**, 1097 (1897).

Kälte bei Anwendung von konzentrierter Schwefelsäure und stärkster Salpetersäure nicht angegriffen wurde, aber doch nach folgender Methode nitrierbar war: 20 g Acetylanthranilsäure wurden in 100 g konzentrierter Schwefelsäure gelöst und ganz langsam mit 11 g Salpetersäure vom spez. Gew. 1,44, gelöst in 20 g Schwefelsäure, versetzt, wobei die Temperatur des Gemisches auf ca. 40° gehalten wurde. Der Schmelzpunkt der so gewonnenen Säure lag bei 152°; da sie beim Entacetylieren auch leicht Kohlendioxyd verlor und sich so p-Nitranilin bildete, muß ihre Struktur $CO_2H, NH_2, NO_2 = 1, 2, 5$ sein. Nach Isomeren hat Rupe offenbar nicht gesucht.

Auch die meta- und die para-Amidobenzoesäure sind nur in Form ihrer Acetylverbindungen nitriert, beide durch Kaiser.[1] Je 25 g m-Acetamidobenzoesäure wurden in 70 g Salpetersäure vom spez. Gew. 1,54 eingetragen und die Temperatur der letzteren stets unter + 5° gehalten. Kaiser erhielt so zwei Säuren, welche durch ihre Baryumsalze getrennt werden konnten. Beim Erkalten der heißen Lösung schied sich das Baryumsalz einer bei 206° schmelzenden Säure aus; aus der eingeengten Mutterlauge erhielt er ein leicht lösliches Baryumsalz einer Säure, deren Schmelzpunkt bei 241° lag. Es ist nicht ersichtlich, welche das Hauptprodukt war. Die bei 206° schmelzende Säure gab bei der Reduktion eine Diamidosäure, welche einerseits bei der Destillation mit Ätzkalk o-Phenylendiamin gab; anderseits war die aus dieser Säure dargestellte Anhydrosäure identisch mit der Anhydrosäure, welche aus der Nitramidobenzoesäure $CO_2H, NHac, NO_2 = 1, 3, 4$ erhalten werden kann, so daß die vorliegende Nitroacetamidobenzoesäure die Struktur $CO_2H, NHac, NO_2 = 1, 3, 4$ haben muß.

Da die zweite Säure vom Schmelzp. 241° bei der Reduktion eine Diamidobenzoesäure gab, welche bei der Destillation mit Ätzkalk ebenfalls o-Phenylendiamin (Schmelzp. 102°) lieferte, muß dieselbe die Struktur $CO_2H, NHac, NO_2 = 1, 3, 2$ haben.

Zur Nitrierung von p-Acetamidobenzoesäure (Schmelzp. 251°) trug Kaiser 70 g derselben allmählich in etwa 280 g Salpetersäure vom spez. Gew. 1,54 ein, Sorge tragend, daß die Temperatur nicht über 10° stieg. Nach vollendeter Nitrierung ließ er die dunkelrote Lösung noch etwa eine halbe Stunde bei Zimmertemperatur stehen und goß

[1] B. 18, 2942 (1885).

sie dann auf nicht zuviel Eis. Die Nitrosäure schied sich sofort in hellgelben Flocken aus; ihr Schmelzpunkt lag bei 221°. Durch Reduktion in Eisessiglösung gab auch sie eine Anhydrosäure, wodurch also ihre Struktur CO_2H, NHac, NO_2 = 1, 4, 3 feststeht. Dies wurde von Kaiser auch noch so bewiesen, daß er die Anhydrosäure mit Ätzkalk destillierte, wodurch sie glatt Kohlendioxyd abspaltete und ein Anhydroacetdiamidobenzol lieferte, welches von Ladenburg[1] durch Kochen von o-Phenylendiamin mit Essigsäure erhalten ward.

Noelting und Demant[2] nitrierten die para-Dimethylaminobenzoesäure; sie lösten dazu 16,5 g derselben in 165 g konzentrierter Schwefelsäure und ließen langsam 8 g rauchende Salpetersäure, in 8 g konzentrierter Schwefelsäure gelöst, zutropfen. Es wird so nur eine Nitrogruppe eingeführt. Die erhaltene Säure vom Schmelzp. 215° hat die Struktur CO_2H, $N(CH_3)_2$, NO_2 = 1, 4, 3, da sie auch durch Oxydation des entsprechenden Aldehyds dargestellt werden kann und dieses Aldehyd nicht in Indigo verwandelbar ist. Baudisch[3] erhielt dieselbe Säure beim Behandeln von para-Dimethylaminobenzoesäure mit salpetriger Säure; und Steiner[4] stellte dieselbe sowohl durch Lösen der Dimethylaminobenzoesäure in ihrem dreifachen Gewicht 30 prozentiger Salpetersäure als mittels Salpeterschwefelsäure dar, wobei er aber erheblich weniger Schwefelsäure wie Noelting und Demant verwendete. Die Ausbeuten an Mononitrosäure betrugen nach diesen Methoden 56% bzw. 63% der Theorie. Steiner nahm auch die gleichzeitige Bildung vom Dinitrodimethylanilin $N(CH_3)_2$, NO_2, NO_2 = 1, 2, 4 wahr (durch Verdrängung von Karboxyl durch die Nitrogruppe) und leitete daraus die bereits erwähnte Struktur der Säure ab. Reverdin und Deletra[5] nitrierten den Methylester der Dimethyl-para-aminobenzoesäure, wobei sich die Nitrogruppe auch auf ortho-Stelle zu $N(CH_3)_2$ stellt; denn diesen Ester konnte Reverdin auch aus der nitrierten Säure darstellen.[6]

Bei der Nitrierung von para-Diäthylaminobenzoesäure sowie ihres Äthylesters unter verschiedenen Umständen, so durch 30 prozentige Salpetersäure, durch Lösen in Eisessig und Zufügen von Salpetersäure,

---

[1] B. **8**, 677 (1875). [2] B. **37**, 1031 (1904). [3] B. **39**, 4295 (1906).
[4] B. **40**, 2443 (1907). [5] B. **39**, 972 (1906). [6] B. **40**, 2444 (1907).

oder mit Salpeterschwefelsäure erhielten Reverdin und de Luc[1] stets die Mononitro-monoäthylaminobenzoesäure $CO_2H, NO_2, NHC_2H_5 = 1,3,4$, also unter Abstoßung einer Äthylgruppe. Der Ort, wo die Nitrogruppe zu stehen kommt, ergab sich auch hier aus der gleichzeitigen Bildung von Dinitrodiäthylanilin $N(C_2H_5)_2$, NO_2, $NO_2 = 1, 2, 4$.

Einführung der Sulfogruppe. Wenn man Anthranilsäure mit dem doppelten Gewicht an sehr stark rauchender Schwefelsäure 6 Stunden auf 180° erhitzt, so ist Einwirkung wohl eingetreten, wie van Dorssen[2] fand, aber unter Ausstoßung von Kohlendioxyd hat sich Sulfanilsäure gebildet. Bei kürzerer Einwirkungsdauer, bei niedrigerer Temperatur oder mit weniger konzentrierter Säure findet keine Einwirkung statt.

Nach einer Untersuchung von Griess[3] läßt sich dagegen m-Amidobenzoesäure sulfonieren, wenn man dieselbe mit rauchender Schwefelsäure auf beiläufig 170° erhitzt. Es bilden sich so zwei Amidosulfobenzoesäuren, wovon Griess die Stellung der Sulfogruppe nicht ermittelte. Durch van Dorssens Untersuchung[4] ist die Struktur dieser Säuren mit genügender Sicherheit bewiesen. Das Hauptprodukt, welches in Wasser sehr schwer löslich ist, hat die Struktur CO_2H, NH_2, $SO_3H = 1, 3, 4$. Denn bei der Nitrierung von p-Sulfobenzoesäure wurde eine Nitrosäure erhalten, welche bei der Reduktion eine Amidosulfobenzoesäure gab, welche mit der Säure aus m-Amidobenzoesäure identisch war. Schon Hart[5] hat dies gemutmaßt. Die zweite Säure, welche ein sehr schwer lösliches Baryumsalz bildet, hat die Struktur $CO_2H, NH_2, SO_3H = 1, 3, 6$, da van Dorssen dieselbe durch Nitrierung von ortho-Sulfobenzoesäure (aus Saccharin) und Reduzieren der so gebildeten Nitrosäure darstellen konnte. Diese Nitrosäure hatte die Struktur $CO_2H, NO_2, SO_3H =$ 1, 3, 6, weil Taverne[6] zeigte, daß sie beim Erhitzen mit PCl_5 die Chlornitrobenzoesäure CO_2H, NO_2, $Cl = 1, 3, 6$ gibt (S. 341).

Anwesend CO_2H, OH.

Einführung von Chlor. Lössner[7] ließ auf 1 Mol. Salicylsäure 3—4 Mol. Antimonchlorid einwirken, wobei er hauptsächlich Dichlor- und nur wenig einer Monochlorsalicylsäure vom Schmelzp. 163°

[1] B. **42**, 1725 (1909).
[2] Dissert. Amsterdam. 1909.
[3] J. pr. (2) **5**, 244 (1872).
[4] a. a. O.
[5] Am. **1**, 353 (1879).
[6] R. **25**, 64 (1906).
[7] J. pr. (2) **13**, 429 (1876).

(nach Beilstein 167,5°) erhielt. Mutmaßlich erhielten Hübner und Brenken[1] dieselbe Säure, als sie 40 g Salicylsäure mit sehr viel Schwefelkohlenstoff vermischten und in dieses Gemisch getrocknetes Chlor, aus der berechneten Menge Braunstein dargestellt, unter starker Abkühlung einleiteten. Ihre Säure schmolz aber bei 172,5°. Sie bewiesen für dieselbe die Struktur CO_2H, OH, Cl = 1, 2, 5, da sie auch aus der Nitrochlorbenzoesäure CO_2H, NO_2, Cl = 1, 2, 5 durch Reduktion und Ersatz von NH_2 durch OH darzustellen war.

Nach einem Patent der Badischen Anilin- und Sodafabrik[2] läßt sich Salicylsäure sehr leicht in Nitrobenzollösung chlorieren. 138 Teile der Säure werden in 700 Teilen Nitrobenzol suspendiert und bei 50—60° unter häufigem Umschütteln 71 Teile Chlor eingeleitet. Die gebildete Chlorsalicylsäure wird mit verdünnter Sodalösung vom Nitrobenzol getrennt und aus der alkalischen Lösung durch Mineralsäuren abgeschieden. Der Schmelzpunkt des rohen Produkts liegt zwischen 160° und 165°; es besteht zu ca. 95 % aus der Chlorsalicylsäure CO_2H, OH, Cl = 1, 2, 5.

Bei der Chlorierung von meta-Oxybenzoesäure verfährt Merck[3] wie folgt: 138 kg m-Oxybenzoesäure werden in der 3—4 fachen Menge Schwefelkohlenstoff suspendiert und dann unter Umrühren 75 kg Chlor eingeleitet. Zweckmäßig setzt man der Masse $^1/_2$ kg wasserfreies Eisenchlorür hinzu, welches die Chlorierung wesentlich beschleunigt. Durch Abdestillieren des Schwefelkohlenstoffs wird die para-Chlor-m-oxybenzoesäure direkt erhalten und kann dann durch Umkristallisieren aus der doppelten Menge heißen Wassers in feinen weißen Nadeln dargestellt werden. An Stelle von Schwefelkohlenstoff kann man Chloroform, oder besser Tetrachlorkohlenstoff, sowie auch Eisessig oder Schwefelsäure als Verteilungsmittel bzw. Lösungsmittel nehmen. Mit Vorteil läßt sich auch die gechlorte Säure mittels Chlor in Form von Schwefelchlorid SCl_2 herstellen. Die Bildung dieser Säure als Hauptprodukt wird daher unter ziemlich verschiedenen Bedingungen erreicht.

Die angegebene Struktur CO_2H, OH, Cl = 1, 3, 4 wird von Merck nur dadurch motiviert, daß die Säure zur Darstellung von Brenzkatechin benutzt werden kann. Allerdings wäre dann auch noch die Struktur CO_2H, OH, Cl = 1, 3, 2 möglich, welche aber weniger wahrscheinlich ist.

---

[1] B. 7, 174 (1873). [2] Frdl. VII, 127 (1901). [3] Frdl. III, 848 (1892).

Zur Chlorierung der para-Oxybenzoesäure (aus Anissäure durch Schmelzen mit Kali gewonnen) verwandelte Peltzer[1] dieselbe in ihr Silbersalz und behandelte dies in völlig trockenem Zustande mit Chlor im Dunkeln. Er erhielt so eine Monochlor-p-oxybenzoesäure vom Schmelzp. 188°. Lössner[2] bediente sich eines anderen Chlorierungsmittels; er erwärmte nämlich 1 Mol. p-Oxybenzoesäure mit 2 Mol. Antimonpentachlorid, bis sich die Säure aufgelöst hatte, wonach er das Gemisch noch einige Zeit auf ca. 70° hielt. Die so erhaltene Chlor-p-oxybenzoesäure stimmte in den Eigenschaften mit Peltzers Säure überein; nur den Schmelzpunkt fand er bei 170° anstatt bei 188°. Da nicht angegeben wird, inwieweit diese Übereinstimmung der Eigenschaften der beiden Säuren näher untersucht ist, auch von Lössner die Säure nicht nach Peltzers Methode dargestellt ist, ist Zweifel an der Identität der beiden Säuren berechtigt. Die Struktur von Lössners Säure ist CO_2H, OH, Cl = 1, 4, 3, da er sie durch Phosphorpentachlorid in die Dichlorbenzoesäure CO_2H, Cl, Cl = 1, 3, 4 vom Schmelzp. 201° verwandeln konnte.

von Heiden[3] erhielt dieselbe Säure (er gibt als Schmelzp. 169° an), als er p-Oxybenzoesäure in Eisessig löste und nun entweder Chlor in berechneter Menge einleitete oder nach Zusatz von konzentrierter Salzsäure Kaliumchlorat eintrug. Seine Ausbeute war nahezu die theoretische, so daß das mögliche zweite Isomer sich nicht zu bilden scheint. Die Struktur der Säure ergab sich auch noch daraus, daß aus derselben Brenzkatechin dargestellt werden konnte.

Mazzara und Roland[4] chlorierten den Methylester der p-Oxybenzoesäure mit Sulfurylchlorid. Als sie 10,5 g des ersteren mit 9,7 g des letzteren vermischten, löste sich der Ester im Chlorid unter Temperaturerhöhung und Entwicklung von SO_2 und HCl auf. Durch Verseifung des gechlorten Esters erhielten sie wiederum die Chlor-p-oxybenzoesäure vom Schmelzp. 170°, deren Strukturbeweis von ihnen nochmals gegeben wurde, indem sie den Chlor-p-oxybenzoesäuremethylester methylierten und nun durch Verseifen Chloranissäure CO_2H, OCH_3, Cl = 1, 4, 3 bekamen, welche auch durch Oxydation von Chloroxymethyltoluol CH_3, OCH_3, Cl = 1, 4, 3 dargestellt werden kann.

---

[1] A. **146**, 284 (1868).
[2] J. pr. (2) **13**, 429 (1876).
[3] Frdl. III, 847 (1892).
[4] G. **29** I, 386 (1899).

Laurent[1] und Cahours[2] haben bereits Chlor auf Anissäure einwirken lassen und dabei eine Chloranissäure vom Schmelzpunkt etwa 176° erhalten. Dieselbe ist später nicht mehr untersucht worden.

Einführung von Brom. Zur Gewinnung von Bromsalicylsäure trugen Hübner und Heinzerling[3] fein geriebene Salicylsäure in viel Schwefelkohlenstoff ein, in welchem etwas mehr als die nötige Menge Brom aufgelöst war. Nach 3—4 Stunden war die Substitution vollständig. Die so gebildete Bromsalicylsäure schmolz bei 165°. Dieselbe Säure konnte auch durch Nitrieren von m-Brombenzoesäure, und Ersatz von NO_2 durch OH gewonnen werden, hat daher die Struktur CO_2H, OH, Br = 1, 2, 5. Hand,[4] der nach dieser Vorschrift arbeitete, sowie Hewitt, Kenner und Silk,[5] welche in einer Eisessiglösung unter Zusatz von Schwefelsäure bromierten, erhielten dieselbe Säure. Letztere bekamen aus 13,8 g Salicylsäure 17,5 g Bromsalicylsäure, d. h. 80% der Theorie. Die Mutterlaugen lieferten noch 1,8 g Säure, deren Schmelzpunkt aber bei 147—150° lag.

Merck und Baum[6] bromierten meta-Oxybenzoesäure in ganz derselben Weise, wie sie dieselbe chlorierten (s. oben). Die gebildete Brom-m-oxybenzoesäure hatte die Struktur CO_2H, OH, Br = 1, 3, 4, da sie beim Schmelzen mit Natronlauge unter Druck vollständig schon bei 180—200° in Protokatechusäure überging.

Coppadoro[7] bromierte meta-Oxybenzoesäure in Eisessig mit der berechneten Menge Brom und erhielt eine Brom-meta-oxybenzoesäure vom Schmelzp. 221°, deren Struktur er nicht ermitteln konnte, aber auf Grund dessen, daß Brom in para-Stellung zu Hydroxyl tritt, für die Säure CO_2H, OH, Br = 1, 3, 6 erklärt. Merck hat keinen Schmelzpunkt seiner Säure mitgeteilt, so daß es unentschieden ist, ob beide Säuren identisch sind, was aber wohl anzunehmen ist, da Merck seine Säure auch durch Bromieren in Eisessig darstellen konnte.

Hähle[8] rührte para-Oxybenzoesäure bzw. ihren Alkylester mit Eisessig an und versetzte allmählich mit der 1 Mol. entsprechenden Menge Brom. Die gebromte Säure bzw. Ester ließ sich nach einigem Stehen durch Verdünnen mit Wasser abscheiden.

Als er para-Oxybenzoesäure bzw. ihren Ester in Natronlauge löste

[1] Berz. Jahrb. **23**, 421 (1843). [2] A. **56**, 312 (1845). [3] Z. **1871**, 710.
[4] A. **234**, 133 (1886). [5] Soc. **85**, 1228 (1904). [6] Frdl. **III**, 848 (1892).
[7] G. **32** II, 332 (1902). [8] Frdl. **III**, 846 (1891).

und dann wieder mit der theoretischen Menge Brom behandelte, entstand Dibrom- neben Monobrom-p-oxybenzoesäure. Die Struktur der letzteren ergab sich daraus, daß sie sich in Brenzkatechin umwandeln ließ, also die Substituenten an den Stellen CO_2H, OH, Br = 1, 4, 3 hat. Comanducci und Marcello[1] bestätigten Hähles Resultate.

Cahours,[2] sowie Salkowski[3] bromierten Anissäure, ersterer, indem er Brom auf gepulverte Anissäure goß; die Masse erhitzte sich dabei und er erhielt eine Säure vom Schmelzp. 204°. Salkowski dagegen bromierte durch Zufügen von Brom bei Anissäure unter heißem Wasser. Er fand den Schmelzp. 214°; beide Säuren dürften identisch sein.

Einführung von Jod. Die Jodierung der Salicylsäure ist oft mit sehr verschiedenem Resultat ausgeführt, bis durch eine Untersuchung von Miller Klarheit geschaffen wurde. Zunächst einiges über die früheren Versuche. Lautemann[4] schmolz Salicylsäure mit Jod zusammen, wodurch er in sehr geringer Ausbeute eine Jodsalicylsäure erhielt. Besser gelang ihm die Jodierung, als er die Säure mit ihrem gleichen Gewicht an Jod, in Weingeist von 80 °/₀ gelöst, 2—3 Stunden am Rückflußkühler kochte. Die so erhaltene Säure schmolz bei 196°. Kekulé[5] bewies, daß nicht durch das Zusammenschmelzen von Jod und Salicylsäure, sondern erst beim Aufarbeiten der braunen Schmelze mit Hilfe von Lauge die Jodsalicylsäure entsteht. Liechti[6] löste 1 Teil Salicylsäure in der 25fachen Menge fast siedenden Wassers und jodierte durch Eintragen von 1 Teil Jod und $^1/_3$ Teil Jodsäure. Er erhielt so aus 50 g Salicylsäure durchschnittlich 50 g Monojodsalicylsäure und 23—24 g Dijodsalicylsäure, während etwa 20 g Salicylsäure unangegriffen geblieben waren. Er gibt den Schmelzpunkt seiner Monojodsäure bei 184° an; unter siedendem Wasser schmolz sie. Beim Schmelzen derselben mit Kali bildete sich eine Oxysalicylsäure vom Schmelzp. 183°, welche sich, nach Lautemann, bei 210—212° spaltet in CO_2 und Brenzkatechin, wovon aber keine Identifizierung mitgeteilt wird. Weselsky[7] jodierte die Oxybenzoesäuren, indem er in deren alkoholische Lösung abwechselnd Jod und Quecksilberoxyd eintrug; er sagt, daß diese Jodierungsmethode, was Schnelligkeit der Operation, Menge und Reinheit des Produktes betrifft, bei weitem

[1] G. **33** I, 68 (1902). [2] A. **56**, 312 (1845). [3] B. **7**, 1013 (1874).
[4] A. **120**, 300 (1861). [5] A. **131**, 224 (1864). [6] A. Spl. **7**, 133 (1869).
[7] A. **174**, 102 (1874).

den anderen Methoden vorzuziehen ist. Aus Salicylsäure erhielt er so nur eine Monojodsäure, deren Schmelzpunkt er nicht angibt. DEMOLE,[1] der Salicylsäure nach LIECHTIs Methode jodierte, fand in Übereinstimmung mit dessen Angaben den Schmelzpunkt der Monojodsalicylsäure bei 184° und will den viel höheren Schmelzpunkt, welchen LAUTEMANN angibt, auf die Gegenwart von großen Mengen Dijodsalicylsäure in dessen Präparat zurückführen. BIRNBAUM und REINHERZ[2] dagegen, welche wieder eine andere Jodierungsmethode befolgten, nämlich die Erhitzung von gleichen Molekülen Silbersalicylat und Jod, erhielten in einer stürmisch verlaufenden Reaktion als Hauptprodukt wieder eine Säure vom Schmelzp. 194°, also sehr nahe denselben Schmelzpunkt wie LAUTEMANN. Als Nebenprodukte bekamen sie etwas Harz, ein wenig Dijodsalicylsäure und etwas unveränderte Salicylsäure.

MILLER[3] bewies nun, daß bei der Jodierung nach LAUTEMANNs Methode, d. h. durch Lösen von gleichen Mengen Jod und Salicylsäure in 80prozentigem Alkohol und Kochen bis zum Verschwinden der Farbe, zwei Monojodsalicylsäuren entstehen, deren Schmelzpunkte bei 197° und bei 198° liegen, so daß die angebliche Säure vom Schmelzpunkt 184° als ein Gemisch dieser zwei angesehen werden muß. Nachdem Entfärbung eingetreten war, verdunstete er auf dem Dampfbad, wobei er mehrmals Wasser zur Lösung hinzusetzte. Das Reaktionsprodukt enthielt neben unveränderter Salicylsäure und Monojodsalicylsäure auch Dijodsalicylsäure. Mittels der Baryumsalze gelang es leicht, beide von den Monojodsäuren zu trennen. Letztere konnten nur durch mehrmonatliche fraktionierte Kristallisation aus Wasser getrennt werden. Die Monojodsäure vom Schmelzp. 197° gab beim Schmelzen mit Kali eine Oxysalicylsäure vom Schmelzp. 200°, welche durch trockne Destillation Hydrochinon (Schmelzp. 169°; durch Oxydation Chinon) lieferte. Die Monojodsäure vom Schmelzp. 198° war leichter löslich und gab in der Kalischmelze eine Dioxybenzoesäure, bei 204° schmelzend; durch trockene Destillation spaltete sie sich in Kohlendioxyd und Brenzkatechin (Schmelzp. 103°). Hieraus geht also hervor, daß die Säuren die Struktur CO_2H, OH, J = 1, 2, 5 und = 1, 2, 3 haben müssen. Über das Mengenverhältnis, in welchem sie entstehen, befinden sich in der Abhandlung keine Angaben.

---

[1] B. 7, 1437 (1874). [2] B. **15**, 458 (1882). [3] A. **220**, 125 (1882).

WESELSKY,[1] welcher nach seiner oben beschriebenen Methode auch meta-Oxybenzoesäure jodierte, bekam dabei nur eine Säure.

Die Jodierung der para-Oxybenzoesäure wurde von PELTZER[2] nach der Gleichung

$$10C_7H_6O_3 + 3HJO_3 + 6J_2 = 5C_7H_5JO_3 + 5C_7H_4J_2O_3 + 9H_2O$$

ausgeführt; dazu wurde p-Oxybenzoesäure in kochendem Wasser gelöst, die nötigen Mengen fein gepulverten Jods und Jodsäure wurden zugegeben und umgeschüttelt; die violetten Dämpfe verschwanden fast augenblicklich. Er erhielt eine Monojodsäure vom Schmelzp. 160°. BARTH,[3] welcher diese Säure nicht rein in Händen hatte, fand, daß sie beim Schmelzen mit Kali Protokatechusäure gab; demnach wäre ihre Struktur CO_2H, OH, J = 1, 4, 3. WESELSKY[4] erhielt aus p-Oxybenzoesäure auch nur eine Monojodsäure.

Die Jodierung der Anissäure geht nach PELTZER[5] bei weitem nicht so leicht als die der p-Oxybenzoesäure vor sich und mußte deshalb in zugeschmolzenen Röhren, durch Erhitzung auf 145—150° während 6 Stunden, vorgenommen werden. Bei der Beschickung der Röhren wurde die Gleichung

$$5C_8H_8O_3 + HJO_3 + 2J_2 = 5C_8H_7JO_3 + 3H_2O$$

zugrunde gelegt, wenn auch der Prozeß ihr nicht gleich folgte; denn beim Öffnen der Röhren zeigte sich, daß darin starker Druck herrschte. Der Schmelzpunkt der gebildeten Monojodsäure war 234,5°.

Einführung der Nitrogruppe. Die Nitrierung der Salicylsäure ist sehr oft untersucht worden, so von FOURCROY, VAUQUELIN, CHEVREUL, BUFF, PIRIA, WERTHER, wobei immer eine Säure (α) vom Schmelzp. 228° erhalten wurde. Erst HÜBNER[6] zeigte, daß dabei noch eine zweite Mononitrosalicylsäure vom Schmelzp. 144° (wasserfrei) entsteht. Er trug in ein Gemisch von 10 g rauchender Salpetersäure und 10—12 g Eisessig, unter Abkühlung auf etwa + 6° langsam in kleinen Mengen 10 g Salicylsäure ein. Das so hergestellte Gemisch goß er dann in etwa 250 ccm möglichst kaltes Wasser; es schieden sich die beiden isomeren Mononitrosäuren fast vollständig ab. Durch Einengen der Lauge konnte noch eine kleine Menge, hauptsächlich der löslicheren

[1] A. **174**, 102 (1874). [2] A. **146**, 287 (1868). [3] Z. **1866**, 649.
[4] a. a. O. [5] a. a. O. [6] A. **195**, 6 (1879).

(β) Mononitrosäure gewonnen werden. Die beiden Säuren konnten auf verschiedene Weise getrennt werden, wobei der Umstand benutzt werden konnte, daß das Baryumsalz der β-Säure in Wasser sehr schwer löslich ist, wogegen die freie α-Säure in diesem Lösungsmittel sich weniger als die β-Säure auflöst. Über die Mengenverhältnisse, in welchen die Säuren entstehen, werden keine Angaben gemacht; wohl sagt Hübner, daß er die hochschmelzende Säure sehr vorherrschend und sehr rein erhielt, wenn er in eine kalt gesättigte Lösung von Salicylsäure in Eisessig die Dämpfe, welche beim Erhitzen von getrocknetem Bleinitrat entstehen, solange dieselben verschluckt werden, einleitete. Nach dem Verdünnen des Eisessigs mit Wasser fiel die Säure fast rein aus. Als dieselbe mit Kalkpulver (CaO) erhitzt wurde, spaltete sie Kohlendioxyd ab und gab p-Nitrophenol; ihre Struktur ist daher CO_2H, OH, NO_2 = 1, 2, 5. Sie wurde auch noch nach folgendem Schema bewiesen:

$$CO_2H, OH, NO_2 \longrightarrow CO_2H, OC_2H_5, NO_2 \longrightarrow$$
$$CO_2H, NH_2, NO_2 \longrightarrow \text{m-Nitrobenzoesäure.}$$

Die β-Säure kristallisiert mit 1 Mol. H_2O und schmilzt dann bei 125°, wasserfrei bei 144°. Da sie beim Erhitzen mit Kalk o-Nitrophenol, und nach obigem Schema behandelt, ebenfalls m-Nitrobenzoesäure gab, muß ihre Struktur CO_2H, OH, NO_2 = 1, 2, 3 sein.

Hübner und Schaumann[1] teilten in demselben Jahre noch mit, daß sie die β-Nitrosalicylsäure „besonders reichlich“ beim Nitrieren von Salicylsäure mit sehr starker und sehr kalter Salpetersäure erhielten. Deninger[2] dagegen erhielt dieselbe vorwiegend, als er bei höherer Temperatur arbeitete; die α-Säure vorwiegend bei niedriger Temperatur. Er arbeitete wie folgt: Er verrieb 100 g Salicylsäure mit 130 g Natriumnitrit und gab 1,2 Liter Schwefelsäure langsam dazu vom spez. Gew. 1,52, welche nicht über 15° warm war. Nach etwa 4 Stunden erwärmte er auf 50°, ließ dann noch einige Stunden stehen, bis keine nitrosen Dämpfe mehr entwichen und erhitzte dann auf dem Wasserbade. Nach zweimaligem Umkristallisieren des so dargestellten Produktes hatte er 85 g Säure vom Schmelzp. 220° bekommen, welcher Schmelzpunkt durch weitere Reinigung auf 228° stieg. Für den zweiten Versuch bei höherer Temperatur mischte er 100 g Salicylsäure

[1] B. **12**, 1346 (1879). [2] J. pr. (2) **42**, 550 (1890).

mit 170 g Natriumnitrit und 150 g Wasser. Hierzu gab er rasch 1 Liter Schwefelsäure vom spez. Gew. 1,52, welche auf 60° erwärmt war. Es trat eine überaus heftige Reaktion ein; war die Masse hierauf noch nicht rot geworden, so fügte er sofort noch ca. 100 ccm englische Schwefelsäure hinzu. Stieg die Temperatur nicht sehr rasch, so erhielt er größere Mengen α-Nitrosäure. War dies jedoch der Fall, was noch dadurch befördert werden konnte, daß er das Gefäß auf ein kochendes Wasserbad setzte, ehe er die Schwefelsäure zufügte, so erhielt er 70—80 g β-Nitrosalicylsäure vom Schmelzp. 144°.

Hirsch[1] nitrierte die Salicylsäure in schwefelsaurer Lösung bei einer 10° nicht übersteigenden Temperatur; obwohl er kein Mengenverhältnis angibt, in welchen die beiden Isomere entstehen, bekommt man doch den Eindruck, daß die α-Säure Hauptprodukt bei seiner Arbeitsweise war.

Die oben mitgeteilten Resultate geben noch durchaus kein befriedigendes Bild von der Nitrierung der Salicylsäure, ja stehen sogar miteinander in direktem Widerspruch, da die β-Säure einerseits bei niedriger Temperatur, anderseits bei höherer Temperatur reichlich entstehen soll. Da ein Temperatureinfluß auf das Verhältnis, in welcher Isomere bei Nitrierungen überhaupt entstehen, durch meine Versuche zwar konstatiert, aber stets ziemlich gering befunden worden ist, muß es sehr auffallen, daß bei der Salicylsäure dieser Einfluß so groß sein soll. Die Sache verdient jedenfalls nachgeprüft zu werden.

Für die Nitrierung der meta-Oxybenzoesäure befolgte Griess[2] anfangs ein Rezept von Gerland,[3] erhielt damit aber immer höher nitrierte Säuren. Er verfuhr dann folgendermaßen: 10 g m-Oxybenzoesäure wurden in möglichst wenig kochendem Wasser gelöst, die Lösung darauf mit 100 ccm Salpetersäure vom spez. Gew. 1,045 (6,8 %) versetzt und danach noch ungefähr $^1/_4$ Stunde in gelindem Sieden erhalten. Es entstanden so drei Mononitro-m-oxybenzoesäuren, deren Trennung etwas umständlich war. Über die relativen Mengen wird nichts mitgeteilt. Griess ermittelte aber wohl die Struktur seiner Säuren. Zwei derselben haben nämlich die Struktur CO_2H, OH, NO_2 = 1, 3, 4 und = 1, 3, 2, weil sie identisch waren mit Säuren, welche er früher aus den entsprechenden Nitramidobenzoesäuren durch Aus-

[1] B. **33**, 3239 (1900). [2] B. **20**, 403 (1887). [3] A. **91**, 192 (1854).

tausch von NH_2 gegen OH erhielt. Die eine dieser Nitramidobenzoesäuren gibt mit Äthylnitrit p-Nitrobenzoesäure, die andere o-Nitrobenzoesäure. Da letztere Nitramidobenzoesäure bei der Reduktion eine Diamidobenzoesäure liefert, welche bei der trocknen Destillation o-Phenylendiamin gibt, ist ihre Struktur eindeutig festgestellt.

Die dritte seiner Nitro-m-oxybenzoesäuren hielt GRIESS für die symmetrische, CO_2H, OH, NO_2 = 1, 3, 5. Sie kristallisiert mit 1 Mol. Wasser und schmilzt bei 167°. Es würde sehr auffallend sein, wenn diese Säure wirklich eine solche Struktur hätte; zu erwarten wäre vielmehr die Säure CO_2H, OH, NO_2 = 1, 3, 6. Nun hat diese Säure, welche GRIESS auch darstellte, den sehr nahe gelegenen Schmelzp. 169°, kristallisiert auch mit 1 H_2O und ist in Wasser auch leicht löslich. Die Möglichkeit liegt daher vor, daß die dritte Nitro-m-oxybenzoesäure doch diese Struktur hat.

Die Nitrierung von para-Oxybenzoesäure hat immer nur die Säure CO_2H, OH, NO_2 = 1, 4, 3 geliefert. Sie wurde zuerst von BARTH[1] mit verdünnter Salpetersäure ausgeführt; GRIESS[2] bestimmte die Struktur dieser bei 185° schmelzenden Säure dadurch, daß er dieselbe aus der entsprechenden Amidosäure durch Ersatz von NH_2 durch OH erhielt. DENINGER[3] nitrierte wieder (wie bei der Salicylsäure) mit Natriumnitrit und Schwefelsäure und erhielt 120 % vom Ausgangsmaterial (theoretische Ausbeute 132 %) an Mononitrosäure vom Schmelzp. 185°. Endlich erhielt REVERDIN,[4] welcher 3 g p-Oxybenzoesäure in 25 ccm Salpetersäure vom spez. Gew. 1,4 bei 30—40° löste und später noch bis 75° erhitzte, um alles in Lösung zu bringen, viel Dinitrosäure, eine kleine Menge Mononitrosäure 1, 4, 3 und ziemlich viel Dinitrophenol OH, NO_2, NO_2 = 1, 2, 4.

Auch bei der Nitrierung der Anissäure stellt sich die Nitrogruppe an ortho-Stelle in bezug auf Methoxyl. CAHOURS[5] stellte bereits die Nitranissäure durch Lösen von Anissäure in der Wärme in konzentrierter Salpetersäure dar; er fand für den Schmelzpunkt des Äthylesters 98—100°. SALKOWSKI und RUDOLPH[6] erhitzten die Nitranissäure 8—10 Stunden lang mit Wasser auf 220°, wobei sie ortho-Nitrophenol (Schmelzp. 45°) erhielten.

---

[1] Z. **1866**, 649. [2] B. **20**, 403 (1887). [3] J. pr. (2) **42**, 550 (1890).
[4] Bl. (4) **3**, 591 (1908). [5] A. **56**, 314 (1845). [6] B. **10**, 1256 (1877).

Einführung der Sulfogruppe. Wiewohl aus dem Sulfonierungsprodukt von Salicylsäure Kristalle von verschiedenem Habitus und Kristallwassergehalt erhalten sind, so bildet sich doch anscheinend nur eine Sulfosäure, in welcher die Stelle der Sulfogruppe noch nicht bekannt geworden ist. Man darf aber mit ziemlicher Wahrscheinlichkeit annehmen, daß die Säure die Struktur CO_2H, OH, SO_3H = 1, 2, 5 haben wird. Die Methoden der Sulfonierung sind folgende gewesen: MENDIUS[1] setzte Salicylsäure in einem mit Wasser abzukühlenden Kolben den Dämpfen von Schwefeltrioxyd aus; allmählich verwandelte sich die Säure in eine braune, gummiartige Masse. Er beobachtete drei äußerlich verschiedene Baryumsalze, welche aber nach den Analysen weder in chemischer Zusammensetzung, noch im Kristallwassergehalt voneinander abweichen. REMSEN[2] fand, daß Salicylsäure sich durch gelindes Erwärmen leicht in konzentrierter Schwefelsäure löst; er erhielt zwei Kaliumsalze von ganz verschiedenem Habitus: dicke Nadeln mit $2H_2O$ und größere und härtere Kristalle mit $1^1/_2 H_2O$. Beim Schmelzen mit Kali gaben aber beide nur Salicylsäure und Phenol. HIRSCH[3] verrieb 10 Teile Salicylsäure mit 50 Teilen konzentrierter Schwefelsäure und erhitzte im siedenden Wasserbade. Nach wenigen Minuten war alles gelöst und nach etwa einer halben Stunde erstarrte die Schmelze zu einem dicken Brei, wobei die Temperatur auf 108—109° stieg. Durch Abpressen und Absaugen ließ sich der größte Teil der überschüssigen Schwefelsäure entfernen; Sulfosäure war darin nicht in nennenswerter Menge enthalten. Das Kaliumsalz wurde aus seiner wäßrigen Lösung durch Alkohol fraktioniert gefällt; der Habitus der verschiedenen Kristallisationen war verschieden. Wurden sie aber für sich umkristallisiert, so ward immer wieder dasselbe Salz erhalten. HIRSCH glaubt daher, daß bei der von ihm angegebenen Weise der Sulfonierung nur eine Sulfosäure gebildet wird. Auch COHN[4] erwähnt nur die Bildung einer Sulfosäure bei der Einwirkung von Schwefelsäure auf Salol und auf Salicylsäure; nach seinem Befinden wird Salicylsäure in überraschend kurzer Zeit sulfoniert.

Meta-Oxybenzoesäure wurde von BARTH[5] und von SENHOFER[6] dadurch sulfoniert, daß sie in die Säure so lange die Dämpfe von

---

[1] A. **103**, 45 (1857). [2] A. **179**, 107 (1875). [3] B. **33**, 3238 (1900).
[4] J. pr. (2) **61**, 545 (1900). [5] A. **148**, 38 (1868). [6] A. **152**, 102 (1869).

Schwefeltrioxyd einleiteten, bis letzteres in großem Überschusse vorhanden war und der Kolben eine bräunliche, dickflüssige Masse enthielt. Eine Kühlung des Kolbens war überflüssig, ja sogar hinderlich. Die Temperatur stieg bis 100°. Beim Schmelzen der Sulfo-m-oxybenzoesäure mit Kali bildete sich Protokatechusäure, wonach erstere die Struktur CO_2H, OH, SO_3H = 1, 3, 4 haben soll.

Die para-Oxybenzoesäure wurde von KÖLLE[1] ebenfalls mit SO_3 nach BARTHs Methode sulfoniert. Es bildete sich nur eine Säure, welche bei der Kalischmelze Protokatechusäure gab, mithin die Struktur CO_2H, OH, SO_3H = 1, 4, 3 hat. Zu derselben Säure gelangte KLEPL,[2] als er die p-Oxybenzoesäure mit konzentrierter Schwefelsäure auf dem Wasserbade erwärmte; die erhaltene Sulfosäure ist charakterisiert durch ein in Wasser noch schwerer als Cremor tartari lösliches saures Kaliumsalz, mit $1\,H_2O$ kristallisierend. Beim Schmelzen mit Kali erhielt auch er Protokatechusäure.

Anissäure wurde von ZERVAS[3] sowohl mit rauchender Schwefelsäure auf dem Wasserbade, als mit gewöhnlicher Schwefelsäure auf 110° sulfoniert. Es wurde nur eine Sulfosäure beobachtet, in welcher die Stellung der Sulfogruppe nicht ermittelt ist; die Säure dürfte die Struktur CO_2H, OCH_3, SO_3H = 1, 4, 3 haben.

Einführung von Karboxyl. Da Salicylsäure und para-Oxybenzoesäure bei der Einwirkung von Kohlendioxyd auf Phenolnatrium und Phenolkalium entstehen, lag der Gedanke nahe, zu prüfen, ob sich auf diesem Wege auch zwei- und mehrbasische Oxykarbonsäuren synthetisieren lassen. OST[4] hat dies in der Tat verwirklichen können. Er leitete dazu Kohlendioxyd über erhitztes basisches salicylsaures Natrium; die günstigste Temperatur war 370—380°, wobei aber Phenoltrikarbonsäure Hauptprodukt war. Will man vorzugsweise Dikarbonsäure gewinnen, sagt OST, so muß man Sorge tragen, daß das Kohlendioxyd nur kurze Zeit energisch wirkt, was am besten bei nahezu 400° gelingt, wobei allerdings ein Teil der Substanz durch Verkohlung verloren geht. Es destillierte stets eine nicht unbeträchtliche Menge Phenol ab, so daß OST den Prozeß durch die Gleichung

$$3\,C_6H_4ONa\cdot CO_2Na + CO_2 = C_6H_5OH + 2\,C_6H_3ONa(CO_2Na)_2$$

darstellt.

[1] A. **164**, 150 (1872).

[2] J. pr. (2) **28**, 196 (1883).

[3] A. **103**, 339 (1857).

[4] J. pr. (2) **14**, 97 (1876); (2) **15**, 304 (1877).

Auch direkt aus den Phenolalkalien stellte OST Phenoldikarbonsäure dar, und zwar erhielt er dasselbe als Hauptprodukt, als er ein Gemenge von $^3/_4$ Mol. Phenolnatrium und $^1/_4$ Mol. Phenolkalium in Kohlendioxyd auf 300—320° erhitzte. Das Einleiten des Kohlendioxyds geschah zunächst bei 120—160°; allmählich steigerte er die Temperatur und erhitzte schließlich, jedoch nicht zu lange, auf der angegebenen Temperatur; bei Anwendung von 50 g Phenol etwa 2 Stunden. Fast $^2/_3$ des Phenols destillierte ab; aus 50 g Phenol erhielt er 10—12 g reine Phenoldikarbonsäure. Merkwürdig war die Beobachtung, daß Mischungen von Phenolnatrium und Phenolkalium mit Kohlendioxyd schon unter 250°, wobei jedes für sich allein nur Salicylsäure oder para-Oxybenzoesäure liefert, neben diesen einbasischen Säuren beträchtliche Mengen zweibasischer Säure, dagegen keine oder wenig dreibasische Säure geben; und daß ein Gemenge von salicylsaurem und para-oxybenzoesaurem Natrium bei gleicher Behandlung keine Dikarbonsäure gibt.

Die Struktur der erhaltenen Phenoldikarbonsäure ist CO_2H, OH, CO_2H = 1, 2, 5; denn erhitzt man das neutrale oder basische Kaliumsalz derselben im Wasserstoffstrome längere Zeit auf 280—300°, so finden sich große Mengen p-oxybenzoesaures Salz im Retorteninhalt. Dieser Übergang der Phenoldikarbonsäure in p-Oxybenzoesäure einerseits, anderseits ihre Entstehung aus Salicylsäure und ihre partielle Rückbildung in letztere beim Erhitzen für sich geben diese Struktur an. Dazu kommt noch ihre besonders leichte Bildung aus Phenol bei gleichzeitiger Gegenwart von Kali und Natron, von denen ersteres die Substitution des para-, letzteres des ortho-Wasserstoffatoms im Phenol bewirkt.

Analog der Bildung von Salicylaldehyd aus Phenol und Chloroform in alkalisch-alkoholischer Lösung hat HASSE[1] aus Tetrachlorkohlenstoff bei Einwirkung auf eine alkalische, schwach alkoholische Lösung von Salicylsäure, am besten bei 120—130°, Phenoldikarbonsäure erhalten. Er bekam die Säuren OH, CO_2H, CO_2H = 1, 2, 4 und = 1, 2, 6, erstere in weit geringerer Menge wie letztere; sie konnten mittels ihrer Baryumsalze getrennt werden. Anläßlich dieser Untersuchung, die in TIEMANNS Laboratorium ausgeführt wurde, bemerken TIEMANN und REIMER[2] folgendes: OST hat unter den Produkten der

[1] B. **10**, 2194 (1877). [2] B. **10**, 1575 (1877).

Einwirkung von Kohlendioxyd auf basisch-salicysaurem Natrium bis jetzt nur die Phenoldikarbonsäure OH, CO_2H, CO_2H = 1, 2, 4 und Oxytrimesinsäure nachgewiesen. HASSE hat bei der Einwirkung von Tetrachlorkohlenstoff auf Salicylsäure in alkalischer Lösung daneben auch die Säure OH, CO_2H, CO_2H = 1, 2, 6 erhalten. Der im allgemeinen analoge Verlauf der Kohlendioxyd- und der Tetrachlorkohlenstoffreaktion macht es wahrscheinlich, daß durch erstere unter geeigneten Bedingungen aus Salicylsäure ebenfalls die Säure 1, 2, 6 erhalten werden kann. Das nahezu gleiche Verhalten der Oxytrimesinsäure und der Säure 1, 2, 6 läßt es möglich erscheinen, daß kleine Mengen der letzteren Verbindung OST, dem die Eigenschaften derselben noch nicht bekannt waren, entgangen sind.

Einführung von Hydroxyl. Ebenso wie in Phenol (S. 181) läßt sich in Salicylsäure und in para-Oxybenzoesäure, nach SCHERINGS Patent[1] mittels Kaliumpersulfat direkt eine Hydroxylgruppe einführen, wobei ebenfalls als Zwischenprodukt zunächst ein schwefelsaures Estersalz entsteht. Aus Salicylsäure entstand so in guter Ausbeute Hydrochinonkarbonsäure vom Schmelzp. 197°, aus para-Oxybenzoesäure Protokatechusäure. Im allgemeinen erhält man Brenzkatechinderivate, wenn man Phenole mit besetzter para-Stellung dieser Reaktion unterwirft.

DAKIN und HERTER[2] führten die Oxybenzoesäuren mittels Wasserstoffperoxyd in Dioxybenzoesäuren über, allerdings mit sehr geringer Ausbeute. Sie lösten 1 Mol. para-Oxybenzoesäure in heißem Wasser und fügten Ammoniak zu, bis etwa $^5/_6$ Teile der Säure neutralisiert waren. Nun fügten sie 1,5 Mol. 3prozentiges Wasserstoffsuperoxyd zu und digerierten auf dem Wasserbade während einiger Stunden. Es entwickelte sich viel Kohlendioxyd. Von Dioxysäure waren etwa 5 $^0/_0$ gebildet; es war Protokatechusäure, Schmelzp. 200°, beim Schmelzen mit Kali Brenzkatechin gebend. Die isomere Säure konnte nicht nachgewiesen werden. Meta-Oxybenzoesäure gab in geringer Ausbeute ebenfalls Protokatechusäure; die drei anderen möglichen Isomere waren nicht nachzuweisen. Salicylsäure gab etwa 3 $^0/_0$ einer Dioxysäure, welche die Eigenschaften der Dioxybenzolkarbonsäure CO_2H, OH, OH = 1, 2, 3 besaß; sie wurde nämlich von Bleiacetat nicht

[1] Frdl. **IV**, 121 u. 126 (1895).
[2] Journ. of biol. chem. **3**, 431 (1907).

gefällt, schmolz bei 200—202°, reduzierte ammoniakalische Silberlösung und gab bei der trocknen Destillation Brenzkatechin.

Einführung der Aldehydgruppe. Ebenso wie in Phenol (S. 182) konnten Reimer und Tiemann[1] in Oxybenzoesäuren mittels Chloroform die Aldehydgruppe einführen, so in Salicylsäure und in para-Oxybenzoesäure. Auf 30 g Säure verbrauchten sie bei 4—5stündigem Erhitzen im ganzen 150 ccm Natronlauge vom spez. Gewicht 1,35 und 46 g Chloroform, welche beide nach und nach zugesetzt wurden. Aus para-Oxybenzoesäure erhielten sie so 20% derselben an Säure OH, CO_2H, CHO = 1, 4, 2. Aus Salicylsäure bildeten sich die Säuren OH, CO_2H, CHO = 1, 2, 4 und 1, 2, 6 in nicht angegebenem Verhältnis; immer stellte sich die COH-Gruppe auf ortho- oder para-Stelle zu Hydroxyl. Die Struktur der aus Salicylsäure und p-Oxybenzoesäure erhältlichen Oxyaldehydsäuren bewiesen sie durch Destillation mit Kalk, wobei para- bzw. ortho-Oxybenzaldehyd entstand.

Einführung von Quecksilber. Als Dimroth[2] Merkurisalicylat auf 120° erhitzte, wurde die Substanz ganz in Natronlauge löslich. Sie war dann in das Anhydrid der ortho-Oxymerkurisalicylsäure $C_6H_3 \cdot OH \cdot CO_2H \cdot HgOH$ umgewandelt, wie sich daraus ergab, daß sie in der Kälte durch Schwefelalkalien nicht zersetzt und mit Jodjodkaliumlösung in ortho-jodsalicylsaures Kalium umgewandelt wurde:

$$OH \cdot C_6H_3 \langle {}^{Hg}_{CO_2} \rangle + J_2 + KJ = OH \cdot C_6H_3 \cdot J \cdot CO_2H + HgJ_2 \cdot KJ.$$

Die Struktur dieser Jodsalicylsäure (CO_2H, OH, J = 1, 2, 3), welche bei 198° schmolz, wurde durch Kalischmelze bewiesen, wobei sie Brenzkatechinkarbonsäure, Schmelzp. 204°, lieferte.

Buroni[3] erhielt dieselbe Quecksilberverbindung, als er eine wäßrige Lösung von Salicylsäure und Hg-Acetat so lange erhitzte, bis der Niederschlag in Ätznatron völlig löslich war.

Anwesend CO_2H, CHO.

Einführung der Nitrogruppe. Wegscheider und Dubrav[4] nitrierten Phtalaldehydsäure, indem sie 10 g derselben in 120 g konzentrierter

[1] B. **9**, 1271 (1876); **10**, 1562 (1877).
[2] B. **35**, 2872 (1902).
[3] G. **32** II, 305 (1902).
[4] Akad. d. Wiss. in Wien **1903**, 639.

Schwefelsäure lösten und eine Lösung von 7,5 g KNO_3 in 22,5 g konzentrierter Schwefelsäure innerhalb einer Viertelstunde zusetzten. Dann wurde das Gemisch 1 $^3/_4$ Stunde bei Zimmertemperatur stehen gelassen. Durch ein umständliches Trennungsverfahren erhielten sie aus dem Nitrierungsprodukt etwa 6 g der Verbindung CO_2H, CHO, NO_2 = 1, 2, 5 und 1,25 g der Verbindung von der Struktur 1, 2, 3. Die Struktur dieser Säuren bewiesen sie durch trockne Destillation der Silbersalze, wodurch erstere para-, letztere ortho-Nitrobenzaldehyd gab; außerdem bildete sich hierbei die 4- bzw. die 3-Nitrophtalsäure.

Die genannten Forscher machen darauf aufmerksam, daß dieses Resultat auffallend ist.

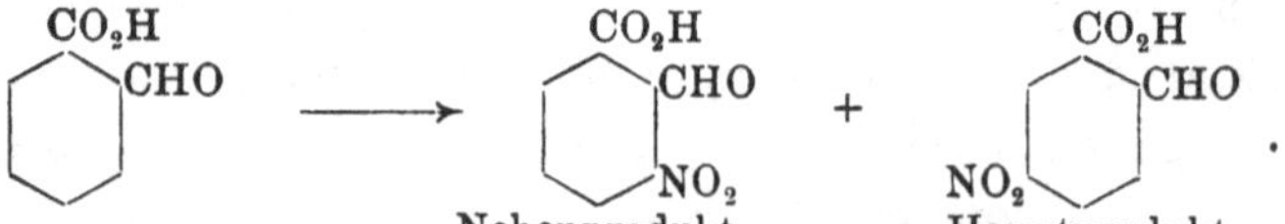

Nebenprodukt Hauptprodukt

Denn da die Aldehydgruppe auch nach meta-Stellungen orientiert, hätte eher die Bildung von der Säure CO_2H, CHO, NO_2 = 1, 2, 4 neben 1, 2, 3 erwartet werden können; die Bildung der Säure 1, 2, 5 als Hauptprodukt scheint abnormal, weil die Aldehydgruppe gar nicht nach der para-Stellung orientiert. Siehe hierüber weiter im sechsten Abschnitt.

Anwesend NH_2, NH_2.

Einführung der Nitrogruppe. Ebenso wie Anilin werden auch die Phenylendiamine selbst von Salpetersäure heftig angegriffen. Die Nitrierungsversuche sind hier deshalb immer mit Acylderivaten angestellt worden. Barbaglia[1] löste Diacetyl-m-Phenylendiamin in Eisessig und goß die Lösung allmählich in rauchende, abgekühlte Salpetersäure; nach einigen Minuten wurde mit Wasser gemischt. Es hatte sich eine Mononitroverbindung gebildet. Durch Verseifen erhielt er daraus ein Nitrophenylendiamin, isomer mit dem von Gottlieb[2] durch partielle Reduktion aus Dinitroanilin NH_2, NO_2, NO_2 = 1, 2, 4 erhaltenen Nitrophenylendiamin, wie dies ja nicht anders sein kann. Beim Sieden mit Lauge wurde in Barbaglias Verbindung eine Aminogruppe durch Hydroxyl ersetzt; da dies nur bei o- und p-Nitranilin

[1] B. 7, 1259 (1874). [2] A. 85, 27 (1853).

stattfindet, würde die Struktur dieser Verbindung NH_2, NH_2, NO_2 = 1, 3, 2 oder = 1, 3, 4 sein müssen, wobei letztere wahrscheinlicher ist. GALLINEK[1] erhielt beim Eintragen des Diacetyl-m-phenylendiamins in kalte, abgeblasene Salpetersäure vom spez. Gew. 1,48 dasselbe Produkt.

Beim para-Phenylendiamin sind Versuche angestellt worden über den Einfluß, welchen verschiedene Säurereste auf die Orientierung der Nitrogruppe ausüben. KOLLER[2] nitrierte dazu p-Acetamino-phenyloxaminsäure $NHac·C_6H_4·NH·CO·CO_2H$ und ihr Ester. Er fand, daß die Nitrierung je nach den Versuchsbedingungen verschieden verläuft. Als er 10 g dieser Säure in 100 g konzentrierter Schwefelsäure löste und bei — 5° bis — 10° mit einer Lösung von Kalisalpeter in konzentrierter Schwefelsäure behandelte, erhielt er einen Körper vom Schmelzp. 228°; der Ester, in gleicher Weise behandelt, gab eine Mononitroverbindung vom Schmelzp. 174°. Wurden dagegen 10 g Säure bzw. Ester bei — 5° bis — 10° in 40 ccm rauchende Salpetersäure vom spez. Gew. 1,5 gebracht, so hatten die Mononitroprodukte die Schmelzpunkte 209° bzw. 178°. Um die Stellung der Nitrogruppe in diesen Verbindungen nachzuweisen, zog KOLLER das Verhalten des Nitro-diacetylphenylendiamins gegen verseifende Agentien heran. BÜLOW und MANN[3] hatten nämlich nachgewiesen, daß beim Verseifen dieser Verbindung die in ortho-Stellung befindliche Acetamidogruppe ihren Azylrest sehr leicht abspaltet, eine Regel, welche indessen nicht ohne Ausnahme ist, wie sich unten zeigen wird. Nimmt man aber hier ein analoges Verhalten an, so kommt man zu dem Resultat, daß die durch Nitrieren in konzentrierter Schwefelsäure erhältlichen Verbindungen die Struktur NHac, NHox, NO_2 = 1, 4, 3 haben müssen, denn die partielle Verseifung des bei 228° schmelzenden Körpers führte zum Nitro-p-amidoacetanilid NHac, NH_2, NO_2 = 1, 4, 3 von BÜLOW und MANN, Schmelzp. 188°, welches beim Entamidieren und Abspalten der Acetylgruppe m-Nitranilin gibt. Die bei der Nitrierung in rauchender Salpetersäure entstandenen Körper lieferten beim partiellen Verseifen eine Nitro-p-amidophenyloxaminsäure vom Schmelzp. 215°, so daß die unverseifte Substanz die Formel NHac, NHox, NO_2 = 1, 4, 2 haben muß.

[1] B. 30, 1912 (1897).
[2] B. 36, 410 (1903).
[3] B. 30, 977 (1897).

CHAZEL[1] erweiterte diese Versuche durch Nitrierung des para-Acetamidophenylphtalimids $NH ac \cdot C_6H_4 \cdot N<\substack{CO\\CO}>C_6H_4$. Auch er nitrierte, wie KOLLER, sowohl in konzentrierter Schwefelsäure als mit Salpetersäure allein und erhielt dabei ebenfalls zwei isomere Produkte. Das in Schwefelsäure nitrierte Produkt gab bei der partiellen Verseifung die Verbindung NHac, NH_2, NO_2 = 1, 4, 3 von BÜLOW und MANN. Der isomere Nitrokörper, der durch Nitrieren in Salpetersäure allein dargestellt wurde, und welchem demnach die Struktur NHac, NHpht, NO_2 = 1, 4, 2 zukommen muß, spaltete aber bei der partiellen Verseifung, anstatt der zur Nitrogruppe ortho-ständigen Acetylgruppe den Phtalsäurerest ab und gab dadurch in der Tat ein isomeres Nitro-p-amidoacetanilid, welches demnach die Formel NHac, NH_2, NO_2 = 1, 4, 2 haben muß. Durch die Auffindung dieser Ausnahme wird natürlich die ganze Ortsbestimmung dieser Verbindungen etwas fraglich.

Einführung der Sulfogruppe. POST[2] sulfonierte ortho- und meta-Phenylendiamin, wobei sich letzteres viel schwieriger als ersteres in Sulfosäure verwandeln ließ. Er hat keine Ortsbestimmung der Sulfogruppe gemacht. Nur hat er konstatiert, daß die Nitranilinsulfosäure, welche er bei der Einwirkung von Schwefelsäure auf ortho- und meta-Nitranilin erhielt, bei ihrer Reduktion Diamidosulfosäuren gab, die identisch mit den hier erhaltenen sind.

Einführung der Aldehydgruppe. SACHS und APPENZELLER[3] bewirkten dies beim Tetramethyl-m-phenylendiamin nach der Methode von BOESSNECK (S. 153). 50 g derselben wurden mit 50 g anhydrischen Chlorals zusammengebracht, anfangs bei 0°; später wurde die Temperatur einige Tage auf 40° gehalten. Sie brachten dann das Reaktionsprodukt in 200 ccm kochende 30prozentige Natronlauge, wobei Chloroform entwich und sich die Verbindung $N(CH_3)_2$, $N(CH_3)_2$, CHO = 1, 3, 4 bildete. Da die Kondensation von Alkylanilinen (so sagen sie) mit Chloral in den vielen bisher untersuchten Fällen stets zur Einführung der Aldehydgruppe in para-Stellung zur Aminogruppe führte, so darf man dem neuen Aldehyd wohl mit Sicherheit die obige Formel zuschreiben.

---

[1] B. **40**, 3177 (1907). [2] A. **205**, 100 (1880).
[3] B. **41**, 93 (1908).

Anwesend NH_2, OH.

Einführung von Chlor. REVERDIN und DÜRING[1] chlorierten Phenacetin nach einer von HODUREK[2] für die Bromierung desselben angegebenen Methode. Sie lösten dazu 50 g Phenacetin in 500 ccm Eisessig und 130 ccm Salzsäure und versetzten die Lösung unter Abkühlung mit einer Chlorlauge, die durch Sättigen von 64 ccm 40 prozentiger heißer Natronlauge mit Chlor bereitet war. Das Chlorphenacetin schied sich sofort kristallinisch aus und wurde mit 500 ccm Wasser vollständig ausgefällt; es schmolz bei 132°. Da es auch aus o-Chlorphenetol durch Nitrieren, Reduzieren und Acetylieren zu erhalten ist, muß es die Struktur OC_2H_5, NHac, Cl = 1, 4, 2 haben.

Einführung von Brom. Auch dies wurde nur bei den Phenacetinen durchgeführt; REVERDIN und DÜRING[3] bromierten ortho-Phenacetin in ganz derselben Weise, wie sie Phenacetin chlorierten und erhielten ein Monobromprodukt vom Schmelzp. 133°, welchem die Struktur OC_2H_5, NHac, Br = 1, 2, 4 zukommt, da es auch aus p-Bromphenetol zu erhalten ist.

Die Bromierung vom gewöhnlichen p-Phenacetin ist von HODUREK[4] und von REVERDIN und DÜRING[5] nach der angegebenen Methode ausgeführt. Sie erhielten die Verbindung OC_2H_5, NHac, Br = 1, 4, 2, da sie beim Entamidieren o-Bromphenetol gab und aus o-Brom-p-nitrophenetol zu erhalten war.

Einführung der Nitrogruppe. Die Nitrierung von sehr verschiedenen Derivaten der Amidophenole ist ausgeführt worden; in tabellarischer Form gewinnt man am besten eine Übersicht (s. S. 422).

Zu dieser Tabelle ist folgendes zu bemerken. Von Derivaten des ortho-Amidophenols sind nur zwei nitriert; die eintretende Nitrogruppe stellt sich je nach den Umständen auf para- und auf meta-Stelle in bezug auf die Aminogruppe. MELDOLA, WOLCOTT und WRAY sowie die Fabrik de THANN et de MULHOUSE bewiesen diese Struktur durch Entamidieren, wobei meta- bzw. para-Nitrophenol entstand; auch war die Verbindung identisch mit einem Nitro-o-aminophenol, welches

[1] B. **32**, 152 (1899). [2] B. **30**, 478 (1897). [3] B. **32**, 159 (1899).
[4] a. a. O. [5] a. a. O.

Anwesende Gruppen	In Stellung	Nitrierungsprodukt Stellung	Nitrierungsprodukt Schmelzp.	Nitrierungsmethode	Untersucher	Literaturstelle
NHac, OCH_3	1, 2	1, 2, 4 (66—75 %) 1, 2, 5 (34—25 %	154° 132	In Eisessiglösung oder mit HNO_3 allein	Fabrik de Thann et de Mühlhausen	Frdl. **V**, 67 (1897)[1]
NHac, Oac	1, 2	1, 2, 4	187	HNO_3 1,42 und wenig rauchende Säure	Meldola Woolcott, Wray	Soc. **69**, 1325 (1896)
NHac, OCH_3	1, 2	1, 2, 5	132	in H_2SO_4 + HNO_3	Freyss	C.Bl. **1901** I, 738
NHac, OCH_3	1, 4	1, 4, 2	—	Sieden mit 11%iger HNO_3	Reverdin	B. **29**, 2595 (1896)
NHac, OCH_3	1, 4	1, 4, 2	117	mit HNO_3 1,07 kochen	Reverdin, Bucky	Bl.(3)**35**, 1109 (1906)
NHac, OCH_3	1, 4	1, 4, 3	149	HNO_3 1,34 + H_2SO_4	B. A. S. F.	ebenda
NHac, OC_2H_5	1, 4	1, 4, 2	103	Aufkochen mit 2 Mol. HNO_3 von 11%	Autenrieth, Hinsberg	Beilstein II, 732.
NHac, OC_2H_5	1, 4	1, 4, 3	101	In CCl_4 mit Benzoylnitrat	Butler	B. **39**, 3805 (1906)
NHac, OC_2H_5	1, 4	1, 4, 2	—	in wäßriger HNO_3	Meister, Lucius, Brüning	C.Bl. **99** I, 1175
NHac, OC_2H_5	1, 4	1, 4, 3	—	in Schwefelsäure	Dieselben	ebenda
NHac, Oac	1, 4	1, 4, 2	—	—	Reverdin, Dresel	B. **37**, 4452 (1904)
NHac, Oac	1, 4	1, 4, 2	147	1½ fache Menge rauchender HNO_3; Eiskühlung	Hähle	J. pr.(2)**43**, 63 (1891)
NHac, O benz	1, 4	1, 4, 2	184	HNO_3 1,4 + konz. H_2SO_4 im Verhältnis 45 : 55 Vol.	Reverdin, Cuisinier	B. **39**, 3793 (1906)
NHac, O benz	1, 4	1, 4, 2	184	HNO_3 1,5	Dieselben	ebenda
NH benz, O benz	1, 4	1, 4, 2	147	HNO_3 1,48 bei 0—10°	Reverdin, Dresel	B. **37**, 4452 (1904)
NH benz, O benz	1,4	1, 4, 2	147	Eisessig + H_2SO_4 bei 60°	Reverdin, Deletra	B. **39**, 129 (1906)
NH benz, $OSO_2C_7H_7$	1, 4	1, 4, 2	—	variierte Methoden	Reverdin, Dinner	B. **40**, 2848 (1907)
$NHSO_2C_7H_7$, $OSO_2C_7H_7$	1, 4	1, 4, 2	139	HNO_3 1,48 bei 10—15°	Reverdin, Dresel	B. **37**, 4452 (1904)
$NHSO_2C_7H_7$, O benz	1, 4	1, 4, 2	—	H_2SO_4 + Essigsäureanhydrid + HNO_3 1,52	Reverdin, Dinner	B. **40**, 2848 (1907

[1] Die Untersuchung von Mühlhauser, A. **207**, 242 (1880) erwies sich als unrichtig.

FRIEDLÄNDER und ZEITLIN[1] aus p-Nitrodiazobenzolimid durch Erhitzen mit verdünnter Schwefelsäure erhielten:

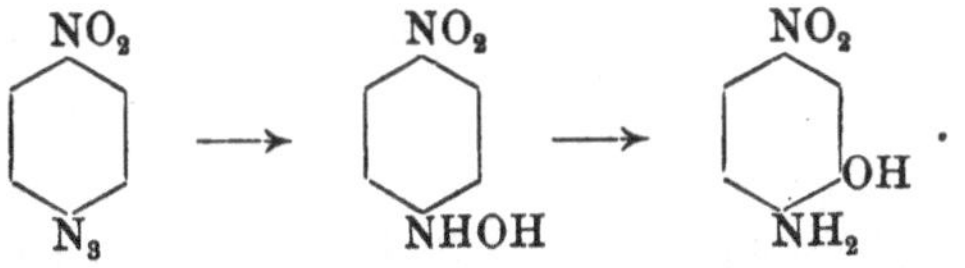

Bei den Derivaten des para-Aminophenols zeigt sich der Ort, wo die Nitrogruppe eintritt, in hohem Maße unabhängig von den Substitutionen, welche an der Amino- und an der Hydroxylgruppe stattgefunden haben; immer tritt die Nitrogruppe, da die para-Stelle zu NH_2 besetzt ist, an ortho-Stelle zur Aminogruppe. Daß die Nitrogruppe sich nicht an ortho-Stellung zu der alkylierten oder azylierten Hydroxylgruppe stellt, ist wohl darauf zurückzuführen, daß eine indirekte Substitution bei dieser Gruppe ausgeschlossen ist, während sie bei der substituierten Aminogruppe immer noch möglich ist. Nur in drei Fällen wird die meta-Stelle aufgesucht. Erstens bei der Nitrierung mittels Benzoylnitrat; zweitens, wenn in schwefelsaurer Lösung nitriert wurde. Man findet hier daher eine treue Widerspiegelung von dem, was die Nitrierung des Anilins ergeben hat, und dürfte daher die daselbst gegebene Erklärung auch auf diesen Fall passen. REVERDIN[2] hat noch Derivate von p-Amidophenol nitriert, in welchen Methyl und Toluolsulfonyl $CH_3 \cdot C_6H_4 \cdot SO_2$ entweder an Stickstoff oder an Sauerstoff gebunden waren. Bei den erhaltenen Mononitroderivaten stand die NO_2-Gruppe immer an ortho-Stelle zu der Amidogruppe.

Einführung der Sulfogruppe. POST[3] sulfonierte ortho-Amidophenol in gleicher Weise, wie unten für die para-Verbindung angegeben ist. Er erhielt nur eine Sulfosäure, welche identisch mit der Amidophenolsulfosäure, welche durch Reduktion der Verbindung $OH, SO_3H, NO_2 = 1, 4, 2$ darstellbar war, ist (durch Sulfonieren von o-Nitrophenol erhalten), wie aus einer genauen Vergleichung der Benzoylverbindungen und der Anilide hervorging.

OEHLER[4] erhitzte 1 Teil meta-Amidophenol mit 3 Teilen Schwefelsäure einige Stunden im Wasserbade und erhielt eine Monosulfosäure von der mutmaßlichen Struktur $NH_2, OH, SO_3H = 1, 3, 6$, die aber nicht näher bewiesen ist.

[1] B. **27**, 196 (1894). [2] B. **42**, 1523 (1909). [3] A. **205**, 49 (1880).
[4] Frdl. **III**, 59 (1892).

Nach Post[1] löst sich para-Amidophenol leicht und unter Erwärmung in rauchende Schwefelsäure; auch das salzsaure Salz kann zur Sulfonierung benutzt werden, wobei Chlorwasserstoff entweicht. Gießt man das Gemisch in Wasser, so scheidet sich sofort die Sulfosäure in glänzend weißen mikroskopischen Nadeln ab. Dieselbe Amidophenolsulfosäure läßt sich durch Reduktion von p-Nitro-o-phenolsulfosäure OH, SO_3H, NO_2 = 1, 2, 4 (aus p-Nitrophenol) darstellen, wobei auch hier zur Identifizierung die Benzoylverbindungen und die Anilide herangezogen wurden.

Cohn[2] konnte Phenacetin durch 1—2 stündiges Erhitzen mit der dreifachen Menge konzentrierter Schwefelsäure glatt sulfonieren. Die Struktur der erhaltenen Sulfosäure folgte daraus, daß dieselbe aus Bromphenacetin (siehe oben) mit Natriumsulfit darstellbar war; auch daraus, daß bei Verwendung von 80—90 prozentiger Schwefelsäure bei der Sulfonierung sich Essigester abspaltete und sich die Sulfosäure NH_2, OH, SO_3H = 1, 4, 3 bildete.

Bauer[3] löste 10 g para-Anisidin in 20 ccm kalter, reiner, konzentrierter Schwefelsäure. Nachdem alles gelöst war, fügte er 22 ccm rauchender Schwefelsäure von 20 % Anhydridgehalt hinzu und erwärmte das Ganze 15—20 Minuten lang auf 55°. Er erhielt so 13 g Anisidinsulfosäure OCH_3, NH_2, SO_3H = 1, 4, 2. Diese Struktur bewies er, indem er die Säure von Post (siehe oben) erst in eine Benzalverbindung verwandelte, danach mit Dimethylsulfat die OH-Gruppe methylierte und schließlich wieder die Benzalgruppe abspaltete; die so erhaltene Säure war identisch mit dem direkten Sulfonierungsprodukt von para-Anisidin.

Einführung der Nitrosogruppe. Möhlau[4] beschreibt die Einführung einer Nitrosogruppe in m-Dimethylamidophenol folgendermaßen: 10 Teile desselben wurden in 30 Teilen Salzsäure von 32 % und 10 Teilen Wasser gelöst. In die mit Eis gekühlte Lösung läßt man unter Umrühren eine gekühlte Lösung von 5,3 Teilen Natriumnitrit in 50 Teilen Wasser langsam einfließen. Alsbald scheidet sich aus der gelbroten Lösung das salzsaure Salz des Nitrosokörpers

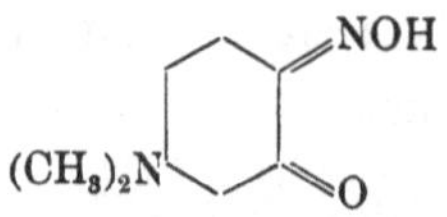

kristallisiert ab.

[1] a. a. O. [2] A. **309**, 233 (1899). [3] B. **42**, 2110 (1909). [4] B. **25**, 1058 (1892).

Die angegebene Struktur ging daraus hervor, daß die Verbindung sich zu asymmetrischen Dimethylamidochinoxazon

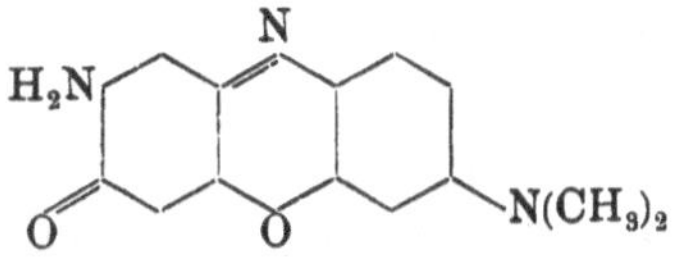

kondensieren ließ.

Anwesend OH, OH.

Einführung von Chlor. Wie auch in anderen Phenolen (s. S. 158) haben PERATONER und CONDORELLI[1] für die Chlorierung von Brenzkatechin und dessen Ester Sulfurylchlorid benutzt. Sie lösten Brenzkatechin in der zehnfachen Menge Äther und gaben in die eisgekühlte Lösung 1 Mol. Sulfurylchlorid langsam zu. Die bräunliche Reaktionsmasse reinigten sie durch Lösen in Benzol und fraktionierte Fällung mit Petroleumäther. Sie erhielten so ein Monochlorbrenzkatechin und zwar von der Formel OH, OH, Cl = 1, 2, 4, weil es in ein Dichlorbrenzkatechin verwandelt werden konnte, welches durch Erhitzen mit Phosphorpentachlorid symm. Tetrachlorbenzol gab. Durch Zusammenbringen von gleichen Molekülen Guajakol und Sulfurylchlorid bildete sich ein Monochlorguajakol vom Siedep. 239—241,5°; es konnte nicht festgestellt werden, ob dasselbe die Struktur OH, OCH_3, Cl = 1, 2, 4 oder = 1, 2, 5 hatte. Veratrol reagierte sofort und energisch mit Sulfurylchlorid; es bildete sich die Verbindung OCH_3, OCH_3, Cl = 1, 2, 4 vom Siedep. 242,4° (Bar. 763,3 mm); denn diese Verbindung war auch durch Methylieren von Chlorbrenzkatechin und von Chlorguajakol darstellbar.

REINHARD[2] löste Resorzin in dem 3—4fachen Gewicht alkoholfreien Äthers und ließ eine äquivalente Menge Sulfurylchlorid vorsichtig zufließen. Das Produkt war ein Monochlorresorzin vom Schmelzp. 89° und vom Siedep. 255—256°.

Einführung von Brom. HOFFMANN-LA ROCHE[3] erhielten Bromguajakol OH, OCH_3, Br = 1, 2, 4 vom Schmelzp. 46° durch Bromieren von Guajakol in der Kälte; die Strukturformel ist von ihnen nicht bewiesen. GASPARI[4] löste 10 g Veratrol in 50 g Eisessig und sog

[1] G. **28** I, 221 (1898). [2] J. pr. (2) **17**, 322 (1878). [3] C.Bl. **1899** II, 1079.
[4] G. **26** II, 230 (1896); Bl. (3) **17**, 114 (1897).

1 Mol. Brom in Dampfform durch diese Lösung. Es bildete sich so in einer Ausbeute von 85% Monobromveratrol vom Schmelzp. 92° und vom Siedep. 254,5—256°; auch ein wenig Dibromveratrol hatte sich gebildet. Die Struktur des ersteren ist OCH_3, OCH_3, Br = 1, 2, 4, denn dieses Bromveratrol ist auch aus einem Veratrylamin darstellbar, dessen Aminogruppe auf 4 steht, da der Ersatz dieser Gruppe durch Karboxyl zu Veratrumsäure OCH_3, OCH_3, CO_2H = 1, 2, 4 führt.

Zur Gewinnung von Monobromdipropylresorzin verdünnte Kariof[1] Dipropylresorzin mit Eisessig und versetzte die Lösung mit einer solchen von Brom in Eisessig. Anfänglich verschwand das Brom schon in der Kälte rasch, später nur beim Erwärmen. Der Schmelzpunkt der erhaltenen Bromverbindung war 71°. Es muß bemerkt werden, daß Kariof den Beweis schuldig geblieben ist, daß das Brom im Kern eingetreten ist.

Einführung von Jod. Tassilly und Leroide[2] haben gefunden, daß die Jodierung von Guajakol in Gegenwart von Essigsäureanhydrid durchzuführen ist. Sie brachten 500 g Tetrachlorkohlenstoff, 100 g Acetylguajakol und 50 g des genannten Anhydrids zusammen und fügten allmählich 200 g Jod und 100 g Quecksilberoxyd hinzu. Es mußte ein Überschuß von Jod angewandt werden, weil sich ein Acetojodid von Quecksilber bildete. Das erhaltene Monojodacetylguajakol schmolz bei 74°, das durch Verseifung daraus gewonnene Jodguajakol bei 88°. Benzoylguajakol ließ sich in derselben Weise jodieren und lieferte nach Verseifung dasselbe Jodguajakol. Die Struktur dieser Verbindung ist OH, OCH_3, J = 1, 2, 5, da sie aus dem Nitroguajakol von Carius und von Paul (s. u.) durch Reduzieren und Diazotieren gewonnen werden konnte.

Stenhouse[3] löste 10 Teile Resorzin und 24 Teile Jod in 60 Teilen Äther und versetzte die Lösung nach und nach mit ungefähr 110 Teilen Bleioxyd. Er erhielt so ein Monojodresorzin vom Schmelzp. 67°.

Einführung der Nitrogruppe. Die Nitrierung von Brenzkatechin ist von Benedikt[4] und von Weselsky und Benedikt[5] untersucht worden. Benedikt löste je 4 g Brenzkatechin und 20 g käufliches Kaliumnitrit in 150 ccm Wasser auf und fügte so lange verdünnte

---

[1] B. **13**, 1679 (1880). [2] Bl. (4) **1**, 929 (1907). [3] A. **171**, 311 (1873).
[4] B. **13**, 362 (1880). [5] M. **3**, 386 (1882).

Schwefelsäure hinzu, bis kein Aufbrausen mehr stattfand; die Flüssigkeit färbte sich dabei dunkelbraunrot. Sie wurde nun möglichst rasch mit dem gleichen Volum Äther ausgeschüttelt. Es wurde so ein Mononitrobrenzkatechin vom Schmelzp. 157° erhalten. Ein zweites Nitrobrenzkatechin konnte er nur in geringer Menge durch die Einwirkung von salpetriger Säure auf eine ätherische Brenzkatechinlösung darstellen; dieses war mit Wasserdämpfen flüchtig.

Benedikt und Weselsky[1] verbesserten die Darstellungsweise der Nitrobrenzkatechine hauptsächlich dadurch, daß sie in ätherischer Lösung nitrierten. Sie lösten 10 g Brenzkatechin in 500 ccm Äther und fügten 4 ccm rote, rauchende Salpetersäure hinzu. Nach 24 Stunden schüttelten sie die braune Flüssigkeit wiederholt mit Wasser aus und destillierten den Äther ab. Den Rückstand destillierten sie im Dampfstrom, wodurch sie ein bei 86° schmelzendes, flüchtiges Nitrobrenzkatechin bekamen. Ein nichtflüchtiges Nitrobrenzkatechin fand sich in beträchtlicher Menge in der Flüssigkeit, aus welcher das flüchtige Produkt abdestilliert wurde. Für den Schmelzpunkt des ersteren fanden sie jetzt 168°. Nach Analogie mit den Nitrophenolen gaben sie dem flüchtigen Nitrobrenzkatechin die Formel OH, OH, NO_2 = 1, 2, 3, dem nicht-flüchtigen also die Formel 1, 2, 4.

Cousin[2] bewies, daß das mit Wasserdämpfen nichtflüchtige β-Nitrobrenzkatechin in der Tat die Struktur OH, OH, NO_2 = 1, 2, 4 hat. Dazu reduzierte er die Verbindung, ersetzte NH_2 durch CN und erhielt so ein Dioxybenzonitril, welches bei der Verseifung und Methylierung Veratrumsäure gab. Das flüchtige α-Nitrobrenzkatechin muß dann die Struktur OH, OH, NO_2 = 1, 2, 3 haben.

Die Darstellung dieser letzten Verbindung war recht mangelhaft. Vermeulen[3] hat dieselbe beträchtlich verbessert und dadurch auch das Mengenverhältnis, in welchem α- und β-Nitrobrenzkatechin entstehen, etwas näher kennen gelernt, wiewohl er keine eigentlich quantitativen Versuche angestellt hat. Er befolgte die Nitrierungsmethode von Weselsky und Benedikt; anstatt aber das Rohprodukt mit Wasserdampf zu behandeln, kochte er dasselbe mit Petroläther aus, wodurch das flüchtige Nitrobrenzkatechin in Lösung ging und sofort in einer Ausbeute von 2 g rein (Schmelzp. 86°) auskristallisierte (ebenfalls von 10 g

[1] a. a. O. [2] A. ch. (7) **13**, 497 (1898). [3] R. **25**, 23 (1905).

Brenzkatechin ausgehend), während die Methode von WESELSKY und BENEDIKT[1] nur 1 g rohes Produkt, nach VERMEULENS Erfahrungen, liefert. Das Hauptprodukt der Nitrierung war die Verbindung OH, OH, $NO_2 = 1, 2, 4$.

COUSIN[2] nitrierte 10 g Acetylguajakol, welches in 10 ccm Eisessig gelöst war, mit einer Mischung, aus 10 ccm rauchender Salpetersäure und 10 ccm Eisessig bestehend. Es stellte sich eine lebhafte Reaktion ein. Aus dem abgekühlten Reaktionsprodukt wurde durch Wasser ein Mononitroacetylguajakol vom Schmelzp. 101° gefällt, welches beim Verseifen (durch Lösen in konzentrierter Schwefelsäure) Mononitroguajakol vom Schmelzp. 104° gab. REVERDIN und CREPIEUX[3] nitrierten Acetylguajakol mit und ohne Kühlung mit Eiswasser, bekamen aber in beiden Fällen die bei 101° schmelzende Mononitroverbindung. PAUL[4] hat ihre Struktur bewiesen. Das durch Verseifen daraus darstellbare Nitroguajakol konnte er auch aus Dinitroanisol $OCH_3, NO_2, NO_2 = 1, 2, 4$ durch partielle Reduktion und Ersatz von NH_2 durch OH erhalten:

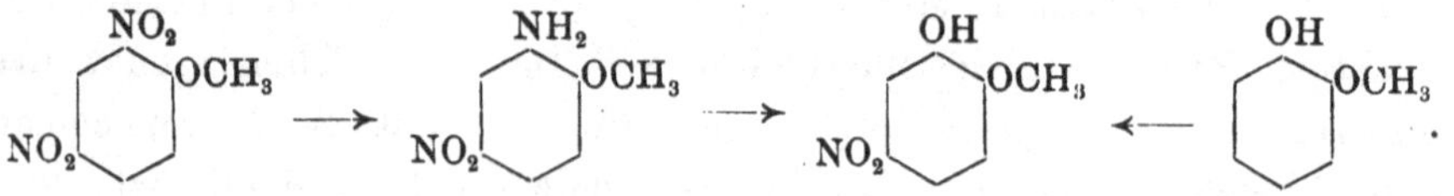

Veratrol ist von MOUREU[5] nitriert worden. Er goß allmählich 50 g Veratrol, gelöst in 50 g Eisessig, in 200 ccm Salpetersäure; auch ohne Anwendung von Eisessig und mit verdünnter Salpetersäure erhielt er ein Mononitroveratrol. Die Ausbeute betrug 65 g vom Schmelzp. 95—98°. Es enthielt etwas Dinitroveratrol. Durch Reduktion entstand ein Veratrylamin, welches beim Ersatz von NH_2 durch CN, durch nachherige Verseifung Veratrumsäure gab; die Struktur des Nitroveratrols ist daher $OCH_3, OCH_3, NO_2 = 1, 2, 4$.

VERMEULEN[6] nitrierte Veratrol, indem er zu der Lösung von 13,8 g dieser Verbindung in 25 ccm Eisessig 16 ccm Salpetersäure vom spez. Gew. 1,2 fügte. Die Temperatur erhöhte sich ein wenig und die Flüssigkeit färbte sich gelb. Die Ausbeute an Nitroveratrol $OCH_3, OCH_3, NO_2 = 1, 2, 4$ vom Schmelzp. 96° ist bei dieser Arbeitsweise quantitativ; das Isomer 1, 2, 3 wurde von VERMEULEN niemals beobachtet. Nun haben aber PSCHORR und SILBERBACH[7] eine Verbindung als Nitro-

[1] a. a. O. [2] C.Bl. **1899** I, 878. [3] B. **36**, 2258 (1903). [4] B. **39**, 2779 (1906). [5] Bl. (3) **15**, 362 (1877). [6] a. a. O. [7] B. **37**, 2151 (1904).

veratrol 1, 2, 4 angesehen, welche sie durch Nitrieren von Veratrol mit Salpetersäure vom spez. Gew. 1,4 bei 0° erhielten; sie schmilzt bei 99° und kristallisiert in verfilzten Nadeln. VERMEULEN wiederholte diesen Versuch, nitrierte aber bei gewöhnlicher Temperatur und bekam neben Dinitroveratrol vom Schmelzp. 96° auch die verfilzten Nadeln vom Schmelzp. 99°; letztere ließ sich durch Umkristallisieren auf 102° bringen. Er fand, daß die Nadeln sich auch durch weitere Behandlung von 1, 2, 4 Nitroveratrol mit Salpetersäure darstellen lassen; nach der Analyse von PSCHORR und SILBERBACH bestehen sie aber aus einer Mononitroverbindung. Es ist also nicht recht klar, ob man es hier mit dem Mononitroveratrol 1, 2, 3 oder mit einem Dinitroveratrol zu tun hat. FRANCIS[1] beobachtete auch eine Nitroverbindung vom Schmelzp. 99°, als er Veratrol bei niedriger Temperatur in Tetrachlorkohlenstofflösung mit Benzoylnitrat behandelte; die Ausbeute an dieser Verbindung war quantitativ.

WISINGER[2] versetzte 50 g Brenzkatechindiäthyläther mit der 4—5 fachen Menge Eisessig und setzte der zur Einführung einer Nitrogruppe ausreichenden Menge 75 prozentige Salpetersäure zu, welche mit der 3—4 fachen Menge Eisessig verdünnt war. Der Eintritt der Reaktion war an der heftigen Erhitzung und dem Auftreten einer tief dunkelroten Färbung kenntlich. Die Ausbeute an Mononitroprodukt vom Schmelzp. 75° betrug 92% der Theorie, wenn zum richtigen Zeitpunkt in Wasser gegossen wurde. Die Nitrierung des Brenzkatechinmethyläthyläthers führte er auf genau die gleiche Weise aus und die Reaktion zeigte denselben Verlauf. Nur beobachtete er in diesem Falle das Auftreten zweier stellungsisomerer Körper; vom β-Körper, der bei 102° schmolz und in Alkohol schwer löslich war, entstanden nur etwa 10% bei einer Gesamtausbeute des Nitroprodukts von 81%. Das Hauptprodukt α schmolz bei 67°. Da in beiden Fällen die Nitrierung, unter denselben Bedingungen eingeleitet, ganz gleichartig verläuft, glaubt WISINGER, daß die Nitrogruppe (abgesehen vom Nebenprodukt) bei beiden Äthern an dieselbe Stelle tritt. Um diese zu bestimmen, reduzierte er den Mononitrodiäthyläther und ersetzte die Aminogruppe durch Hydroxyl. Der so gewonnene Trioxybenzoldiäthyläther wurde in den Triäther übergeführt, welcher bei 33° schmolz.

[1] B. **39**, 3802 (1906). [2] M. **21**, 1008 (1900).

Er war identisch mit Oxyhydrochinontriäthyläther, denn dieser schmilzt bei 34°. Zur endgültigen Entscheidung wurde der Äther bromiert, wodurch ein Monobromderivat vom Schmelzp. 52° erhalten wurde; das Monobromderivat von Oxyhydrochinontriäthyläther hat denselben Schmelzpunkt. Der Nitrobrenzkatechindiäthyläther hat also die Struktur OC_2H_5, OC_2H_5, NO_2 = 1, 2, 4.

Die Nitrierung von Resorzin ist nur sehr dürftig untersucht. Weselsky[1] teilt mit, daß bei der Einwirkung von salpetrige-Säure-haltiger Salpetersäure auf diese Verbindung in ätherischer Lösung sich als Nebenprodukt des hauptsächlich entstehenden Diazoresorzins ein Mononitroresorcin vom Schmelzp. 115° bildet.

Einführung der Sulfogruppe. Cousin[2] brachte 10 g Brenzkatechin mit 20 g gewöhnlicher Schwefelsäure während etwa 10 Tage in Berührung; alles war dann fest geworden. Es hatte sich nur eine Sulfosäure gebildet, welche die Struktur OH, OH, SO_3H = 1, 2, 3 hatte, denn die Säure und ihre Salze waren verschieden von einer Brenzkatechinmonosulfosäure, welche Barth und Schmidt[3] durch Kalischmelze aus der Phenoldisulfosäure OH, SO_3H, SO_3H = 1, 2, 4 erhielten. Wurde die Säure mit Natronlauge geschmolzen, so bildete sich eine gewisse Menge Protokatechusäure.

Die Sulfonierung von Guajakol ist oft ausgeführt; bald wurde dabei nur eine, bald wurden zwei Sulfosäuren beobachtet. Nur eine Sulfosäure erhielten Hoffmann-La Roche,[4] als sie molekulare Mengen von geschmolzenem Guajakol und konzentrierter Schwefelsäure langsam mischten und darauf achteten, daß die Temperatur nicht über 70 bis 80° hinausging; als wahrscheinliche Struktur geben sie OH, OCH_3, SO_3H = 1, 2, 6 an. Auch Lumière und Perrin[5] fanden nur eine Sulfosäure, als sie Guajakol in Chloroformlösung mit Eis-Kochsalzgemisch abkühlten und Chlorsulfonsäure (SO_3HCl) zufügten. Anfangs bildete sich hierbei der schwefelsaure Ester, denn das Baryumsalz schied beim Erwärmen Baryumsulfat ab. Ließen sie aber die Lösung nach dem Zufügen der Chlorsulfonsäure einige Minuten stehen, so kristallisierte Guajakolsulfosäure aus und nach einer Viertelstunde war die Umwandlung vollständig. Tiemann und Koppe[6] beobachteten aber

---

[1] A. **164**, 1 (1872). [2] A. ch. (7) **13**, 508 (1898). [3] B. **19**, 1260 (1886).
[4] C.Bl. **1900** II, 459. [5] Bl. (3) **29**, 1228 (1903). [6] B. **14**, 2019 (1881).

zwei Sulfosäuren, als sie gleiche Moleküle Guajakol und konzentrierter Schwefelsäure erhitzten, bis die Flüssigkeit sich ohne Abscheidung von Öltropfen in Wasser klar löste. Die Kaliumsalze dieser Säuren trennten sie durch Alkohol. Das darin lösliche Salz wurde nur als Sirup erhalten; das andere Salz erwies sich durch Analyse als guajakolsulfosaures Kalium.

Die Frage nach der Struktur dieser beiden Guajakolsulfosäuren wurde durch die Untersuchungen von BARELL,[1] HERZIG und POLLAK[2] und v. HEYDEN[3] nicht aufgeklärt. PAUL[4] machte die Bemerkung, daß man erwarten sollte, aus Guajakol die Sulfosäuren CH_3O, OH, SO_3H = 1, 2, 4 und = 1, 2, 5 zu erhalten, weil sowohl OCH_3 als OH nach para-Stelle dirigieren. Falls die zwei Säuren von TIEMANN und KOPPE wirklich diese Struktur haben, so müssen die beiden Veratrolsulfosäuren, welche durch Methylierung aus ihnen zu erhalten sind, identisch sein; PAUL bewies, daß dies in der Tat zutrifft. Es blieb also noch die Frage zu beantworten, welche Struktur jeder Säure zuerkannt werden muß. PAUL führte die weitere Untersuchung wie folgt aus. Er nitrierte Guajakol und erhielt dabei die Verbindung OH, OCH_3, NO_2 = 1, 2, 5. Diese wurde äthyliert, reduziert und durch GATTERMANNS Sulfinmethode NH_2 durch SO_2H ersetzt. Durch Oxydation wurde so die Säure OC_2H_5, OCH_3, SO_3H = 1, 2, 5 erhalten. Nun hatte VON HEYDEN durch Sulfonieren von Guajakol bei 30—60° zwei Sulfosäuren dargestellt, welche er als ortho- und para-Sulfosäure bezeichnete. Als PAUL diese ortho-Sulfosäure äthylierte, bekam er eine Äthylguajakolsulfosäure, welche identisch war mit der aus Nitroguajakol dargestellten gleichnamigen Säure, woraus sich also die Struktur OH, OCH_3, SO_3H = 1, 2, 5 für die ortho-Guajakolsulfosäure ergibt. Die para-Sulfosäure muß dann die Struktur OH, OCH_3, SO_3H = 1, 2, 4 haben, da auch diese beiden Säuren (welche mit denen von TIEMANN und KOPPE identisch sein müssen) bei der Methylierung ein- und dieselbe Veratrolsulfosäure geben, welche auch bereits von GASPARI[5] durch Sulfonieren von Veratrol dargestellt worden war.

Einführung der Gruppe CH_2OH. MANASSE[6] kondensierte auf die

[1] Frdl. **V**, 738. [2] M. **25**, 808 (1896).
[3] Patentanmeldung C. 13820 Kl. 12q.
[4] B. **39**, 2773 (1906). [5] G. **26** II, 232 (1896). [6] B. **27**, 2411 (1894).

bei Phenol beschriebene Weise (S. 173) Formaldehyd mit Guajakol und erhielt so vorzugsweise Vanillinalkohol OH, OCH_3, CH_2OH = 1, 2, 4.

Einführung von Karboxyl. Bekanntlich wird in den höherwertigen Phenolen die Karboxylgruppe sehr leicht eingeführt. Beim Brenzkatechin verwirklichte dies Miller,[1] indem er 1 Teil desselben mit 4 Teilen Ammoniumkarbonat und 5 Teilen Wasser etwa 16 Stunden lang auf 130—140° erhitzte. Etwa ein Drittel des in die Reaktion eingeführten Brenzkatechins wurde als Säure erhalten. Beim Umkristallisieren aus Wasser zeigte sich sofort, daß ein Gemisch von zwei Säuren vorlag; weitaus die Hauptmasse war Protokatechusäure OH, OH, CO_2H = 1, 2, 4. Die in kleiner Menge entstehende, viel leichter in Wasser lösliche Säure hatte ebenfalls die Zusammensetzung einer Dioxybenzoesäure, kann deshalb nur die vizinale Struktur OH, OH, CO_2H = 1, 2, 3 gehabt haben; ihr Schmelzpunkt lag bei 198°.

Brunner[2] fand, daß die Einführung von Karboxyl in mehrwertige Phenole in Glyzerinlösung sich leicht verwirklichen läßt. Er mischte 10 g der Phenole mit 20 g Glyzerin vom spez. Gew. 1,26 und 20 g Kaliumbikarbonat und leitete Kohlendioxyd ein. Brenzkatechin, in dieser Weise 12 Stunden auf 180° erhitzt, lieferte gegen 50% einer Brenzkatechinkarbonsäure, die jedoch keine Protokatechusäure enthielt. Es hat also den Anschein, als ob die Stelle, wo das Karboxyl in Brenzkatechin eintritt, stark von den Versuchsbedingungen beeinflußt wird.

Praxmarer[3] konnte Millers Resultate nicht bestätigen. Bei Wiederholung der Versuche des letzteren konnte er keine Protokatechusäure mit Hilfe der Eisenreaktion auffinden; er erhielt immer bei Prüfung verschiedener, durch Umkristallisieren gewonnener Fraktionen eine rein blaue Eisenreaktion, die nach Miller der Brenzkatechinorthokarbonsäure zukommt. Auch in Glyzerinlösung bildete sich keine Protokatechusäure, wodurch also Brunners Versuch bestätigt wurde.

Senhofer und Brunner[4] entdeckten die leichte Einführung von Karboxyl in Resorzin. Sie überließen 1 Teil Resorzin, 4 Teile kohlensaures Ammon und 5 Teile Wasser an einer sonnigen Stelle mehrere Tage sich selbst, wobei sich etwa 5% einer Dioxybenzoesäure bildeten, welche nach den qualitativen Reaktionen identisch mit der α-Resorcyl-

[1] A. **220**, 116 (1882). [2] A. **351**, 313 (1906).
[3] Sitzungsber. Kais. Akad. d. Wiss. Wien **1906**, 1003.
[4] Wien. Akad. d. Wiss. **80**, 504 (1879).

säure (OH, OH, CO_2H = 1, 3, 5) war. Eine bessere Ausbeute an Dioxysäure erhielten sie, wenn sie das angegebene Mengenverhältnis der Substanzen in einem Digestor in siedender Kochsalzlösung erhitzten; dabei wurden aber auch andere Produkte gebildet. Das Erhitzen wurde 12—14 Stunden lang fortgesetzt. Die so gewonnenen Säuren waren eine Dioxydikarbonsäure (10—12 %₀ vom verwendeten Resorzin) und auch β-Resorzylsäure OH, OH, CO_2H = 1, 3, 4. Die Struktur der letzteren geht daraus hervor, daß sie auch aus der Toluoldisulfosäure SO_3H, SO_3H, CH_3 = 1, 3, 4 dargestellt werden kann. — In kleiner Menge bildete sich noch eine zweite Dioxybenzoesäure, welche die Struktur OH, OH, CO_2H = 1, 3, 2 haben muß, da die dritte mögliche Säure, die symmetrische, aus einer Disulfobenzoesäure erhalten ist, welche beim Schmelzen mit Natriumformiat in Isophtalsäure überging. Tiemann und Parrisius,[1] welche diese (nicht ganz einwandfreie) Ortsbestimmung angegeben haben, entgegen der ursprünglichen von Senhofer und Brunner, halten die bei gewöhnlicher Temperatur erhaltene Dioxybenzoesäure ebenfalls für die Säure OH, OH, CO_2H = 1, 3, 4.

Zehenter,[2] welcher die Versuche von Senhofer und Brunner wiederholte, erhielt dabei sehr wechselnde Ausbeuten von den beiden Säuren, ohne daß er die Ursache dafür ermitteln konnte. So wurden einmal gegen 50 $^0/_0$ des ursprünglich angewandten Resorzins als 1, 3, 4 Säure erhalten, während die Menge der 1, 3, 2-Säure kaum 1 $^0/_0$ betrug. Senhofer und Brunner erhielten nur 30—35 $^0/_0$ von der ersteren Säure, von der letzteren 3 $^0/_0$. Bei anderen Versuchen steigerte sich mitunter die Ausbeute an 1, 3, 2-Säure auf 6—10 $^0/_0$ während anderseits die Säure 1, 3, 4 in bedeutend geringerer Menge erhalten war.

Wie sehr die Ausbeuten an den verschiedenen Dioxysäuren durch die Versuchsbedingungen beeinflußt werden, geht noch aus zwei weiteren Mitteilungen hervor. Als Bistrzycki und Kostanecki[3] 20 g rohes Resorzin mit 100 g Kaliumbikarbonat und 200 g Wasser in einem Kolben mit Rückflußkühler etwa 1 $^1/_2$ Stunde lang erwärmten und zum Schluß rasch aufkochten, betrug die Ausbeute an β-Resorcylsäure etwa 80 $^0/_0$ des angewandten Resorzins; anstatt des Kaliumsalzes ließ sich auch das entsprechende Natriumsalz verwenden; von Nebenprodukten erwähnen sie nichts. Bei der Karboxylierung in Glyzerinlösung (s. oben) bekam

[1] B. **13**, 2356 (1880).
[2] Wien. Akad. d. Wiss. **84**, 341 (1881).
[3] B. **18**, 1984 (1885).

Brunner,[1] als er 18 Stunden auf 210° erhitzte, eine vollständige Überführung in Karbonsäure, welche neben β-Resorcylsäure und wenig γ-Resorcylsäure (1, 3, 2) viel Resodikarbonsäure enthielt. Wurde dagegen 1 Teil Resorzin mit 2 Teilen Natriumbikarbonat und 2 Teilen Glyzerin 6 Stunden hindurch auf 135° erhitzt, so lieferte es 40% einer fast ausschließlich aus γ-Resorcylsäure bestehenden Karbonsäure.

Der Mechanismus dieser Einführung von Karboxyl ist noch unklar. Da phenylkohlensaures Natrium sich mit Wasser rasch zersetzt, so kann die Bildung von Di- und Trioxykarbonsäuren aus den entsprechenden mehrwertigen Phenolen und Ammoniumkarbonat oder Natriumbikarbonat nicht analog der Salicylsäure sein; es sei denn, daß hier die phenylkohlensauren Salze viel beständiger wären. Die Bildung von Phenolat muß aber nach Brunner wohl angenommen werden, da nach seinen Untersuchungen aus Alkalikarbonaten und Phenolen Phenolate entstehen.

Einführung der Nitrosogruppe. Pfob[2] und fast gleichzeitig Rupe[3] haben Guajakol nitrosiert; ersterer in Eisessig-Alkohol-Lösung mit Kaliumnitrit, wobei aber die Ausbeute weit hinter der theoretischen zurückblieb (aus 100 g Guajakol nur 40 g reine Nitrosoverbindung); letzterer nach einer Methode, welche ihm eine theoretische Ausbeute gab. Dazu löste er 6 g Guajakol in 3 ccm wasserfreiem Methylalkohol und versetzte zunächst mit einer Lösung von 1 Mol. Natrium in 15 Teilen Methylalkohol. Dann wurde 1 Mol. Äthylnitrit (oder richtiger 1—2 g mehr als die Theorie verlangt) in einem Reagenzglas eingeschmolzen, mit dem Guajakolgemisch in ein Einschmelzrohr gebracht, dies darauf zugeschmolzen und nun das Reagenzglas zertrümmert. Die erhaltene Nitrosoverbindung hatte die Struktur OH, OCH_3, NO = 1, 2, 4, denn durch Reduktion entstand daraus ein Amidoguajakol, das, beim Ersatz der Amidogruppe durch Cyan, ein Cyanguajakol gab, welches auch aus Vanillinoxim (Markus[4]) dargestellt werden konnte. Pfobs Nitrosoguajakol hatte dieselbe Struktur, da es durch Behandlung mit Wasser unter hohem Druck eine kleine Menge des Monomethyläthers von 1, 2, 4 Trioxybenzol gab; d. h., der Schmelzpunkt der Verbindung wurde von Pfob bei 79—81° gefunden, während Will den Schmelzp. 84° angibt.

[1] a. a. O. [2] M. **18**, 469 (1897). [3] B. **30**, 2444 (1897).
[4] B. **24**, 3654 (1891).

FÈVRE[1] nitrosierte Resorzin mittels Natriumalkoholat und Amylnitrit; seine Methode wurde von WALKER[2] verbessert. Letzterer mischte konzentrierte alkoholische Lösungen von 1 Mol. Resorzin und 1 Mol. Natriumalkoholat und goß in diese Lösung 1 Mol. Amylnitrit; nach wenigen Augenblicken erstarrte die ganze Masse. Durch Zinnchlorür ließ sich die Nitrosoverbindung zu einem Amidoresorcin reduzieren, welches mit dem von WESELSKY beschriebenen p-Amidoresorzin identisch zu sein schien.

KIETAIBL[3] fand, daß die Einwirkung von salpetriger Säure auf Resorzinmonoäthyläther außerordentlich leicht erfolgt und vier Produkte liefert. Er trug in die Lösung von je 15 g dieses Äthers in 28 g Alkohol, nach Zusatz von 25 g Eisessig, 10 g Natriumnitrit (gelöst in 20 ccm Wasser) mit der Vorsicht ein, daß die Temperatur nie über — 1° stieg. Sehr bald stellte sich die Ausscheidung einer roten Kristallmasse (*A*) ein, welche nach beendetem Eintragen der Nitritlösung sofort durch Absaugen von der Flüssigkeit befreit wurde. Weiter konnten noch zwei Kristallisationen *B* und *C* gewonnen werden, in welchen eine bei 176° schmelzende Substanz anwesend war, die nicht recht gedeutet werden konnte. Die Kristallmasse *A* enthielt drei Nitrosoresorzinmonoäthyläther, die auch noch teilweise in *B* und *C* anwesend waren. Bei Verarbeitung von 75 g Resorzinmonoäthyläther erhielt KIETAIBL 32 g reinen α-ortho-, 18 g reinen β-ortho-, 9 g reinen para-Nitrosoresorzinmonoäthyläther und 8 g der bei 176° schmelzenden Substanz. Die drei Nitrosoverbindungen konnten durch kochendes Benzol getrennt werden. Die α- und β-Verbindung wurden als ortho-Derivate dadurch erkannt, daß die ihnen entsprechenden Amidoverbindungen, mit Harnstoff geschmolzen, unter Ammoniakentwicklung die Karbonylverbindungen

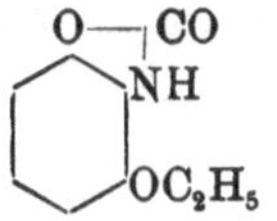

und

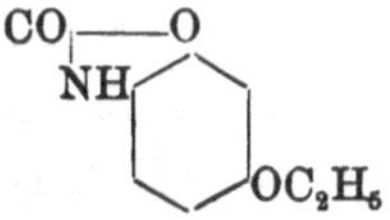

gaben. Es konnte aber nicht entschieden werden, welche dieser Formeln zu der α- und welche zu der β-Verbindung gehört. Die para-Nitrosoverbindung wurde als solche dadurch erkannt, daß die ent-

[1] B. **16**, 1101 (1883). [2] B. **17**, 401 (1884). [3] M. **19**, 540 (1898).

sprechende Amidoverbindung bei der Oxydation Äthoxychinon gab; sie muß daher die Struktur OH, OC_2H_5, NO = 1, 3, 4 gehabt haben.

Henrich und Eisenach[1] haben durch Einwirkung von salpetriger Säure auf Resorzinmonomethyläther zwei Nitrosoverbindungen von den Formeln CH_3O, OH, NO = 1, 3, 6 und = 1, 3, 4 erhalten. Diese Struktur bewiesen sie durch Reduktion zu den entsprechenden Aminoverbindungen. Eine von diesen ging durch Oxydation mit Chromsäure leicht in Methoxychinon über, muß also die Struktur 1, 3, 6 haben. Die zweite gab beim Ersatz von Methoxyl durch Hydroxyl dasselbe Amidoresorzin, welches durch dieselbe Einwirkung sich auch aus dem Isomer 1, 3, 6 bildete. Daher muß die Struktur der anderen Nitrosoverbindung durch 1, 3, 4 ausgedrückt werden:

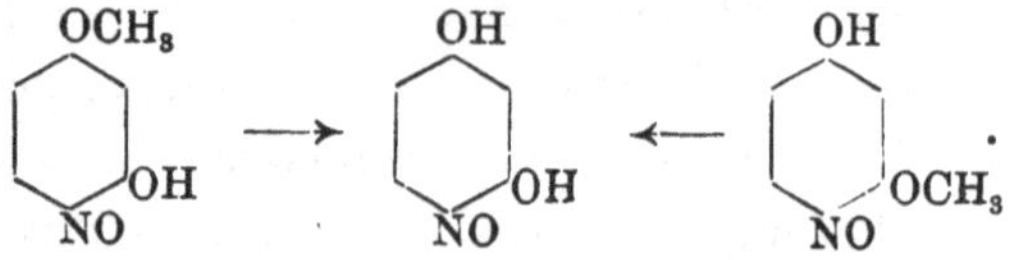

Da Kietaibl drei Nitrosoresorzinmonoäthyläther bei der Einwirkung von salpetriger Säure auf Resorzinmonoäthyläther erhielt, meinten Henrich und Eisenach anfangs, auch drei Nitrosoverbindungen aus Resorzinmonomethyläther isoliert zu haben; sie wiederholten Kietaibls Untersuchung, konnten dabei aber seine β-Nitrosoverbindung nie in ganz reinem Zustand erhalten.

Einführung der Aldehydgruppe. Gattermann[2] führte mittels seiner Blausäuremethode (S. 183) in Veratrol die Aldehydgruppe ein, indem er 25 g desselben mit 20 g Benzol, 30 g wasserfreier Blausäure und 25 g Aluminiumchlorid zusammenbrachte und 7 Stunden lang auf 35 bis 40° hielt. Das Aldehyd hatte den Schmelzp. 44° und bildete sich in 60% der theoretischen Ausbeute. Dasselbe Aldehyd stellte Tiemann durch Methylieren von Vanillin dar; er gibt aber den Schmelzp. 42° an. Demnach hat die Verbindung die Struktur OCH_3, OCH_3, CHO = 1, 2, 4. Brenzkatechindiäthyläther gab nach derselben Methode ein Aldehyd (Siedep. 278—280°) in einer Ausbeute von 75% der Theorie, welches ebenfalls die Struktur 1, 2, 4 hatte, da es durch Oxydation die bekannte Diäthylätherprotokatechusäure vom Schmelzpunkt 165° gab.

[1] J. pr. (2) **70**, 332 (1904). [2] A. **357**, 367 (1907).

Nach einer Untersuchung von GATTERMANN und KÖBNER[1] läßt sich in Resorzin mittels der Blausäuremethode die Aldehydgruppe so leicht einführen, daß ein Kondensationsmittel nicht angewandt zu werden braucht. In eine Lösung von 10 g Resorzin in 30 g Äther, die mit 3,5 g Blausäure versetzt war, leiteten sie ohne äußere Kühlung so lange Chlorwasserstoff ein, bis dieses aus der oberen Kühleröffnung unabsorbiert entwich, wobei sich das salzsaure Aldimid absetzte. Das Produkt wurde mit etwa 400 g kochendem Wasser behandelt, wobei vollkommene Lösung eintrat. Beim Erkalten der Flüssigkeit schied sich das Resorcylaldehyd OH, OH, CHO = 1, 3, 4 vom Schmelzp. 134° in fast quantitativer Ausbeute ab.

Nach einer ganz anderen Methode stellten DIMROTH und ZOEPPRITZ[2] dasselbe Aldehyd aus Resorzin dar. Sie fanden nämlich, daß sich Formanilid nach folgenden Gleichungen damit kondensieren läßt:

$$3\,C_6H_5NH\cdot CHO + POCl_3 = 3\,C_6H_5N:CHCl + H_3PO_4 + H_2O;$$
$$C_6H_4(OH)_2 + ClCH:N\cdot C_6H_5 = C_6H_3(OH)_2\cdot CH:NC_6H_5 + HCl;$$
$$C_6H_3(OH)_2\cdot CH:NC_6H_5 + H_2O = C_6H_3(OH)_2\cdot CHO + H_2NC_6H_5.$$

Das Zwischenprodukt scheidet sich, mit $1\,H_2O$ und $1\,HCl$ vereinigt, zu $C_6H_3(OH)_2\cdot CHOH\cdot NH\cdot C_6H_5\cdot HCl$, aus der Reaktionsmasse aus.

Zur Durchführung dieses Prozesses wurden 22 g Resorzin und 24 g Formanilid (d. h. molekulare Mengen) in absolutem Äther gelöst und mit 10,2 g ($^1/_3$ Mol.) Phosphoroxychlorid vermischt. Nach kurzer Zeit trat unter leichter Erwärmung Reaktion ein, wobei die Lösung sich intensiv gelb färbte. Zur Darstellung des Resorcylaldehyds kochte man das rohe Kondensationsgemenge, das noch Phosphorsäure und Äther enthielt, mit etwa 20 Teilen 3 prozentiger Natronlauge; die Ausbeute betrug 80 % der theoretischen. Der Schmelzpunkt des Resorcylaldehyds OH, OH, CHO = 1, 3, 4 wurde bei 135° gefunden.

Mittels der Chloroformmethode haben TIEMANN und PARRISIUS[3] in Monomethylresorzin die Aldehydgruppe eingeführt. Eine Auflösung von 5 Teilen desselben und 80 Teilen Natronhydrat in 500 Teilen Wasser wurde unter allmählichem Hinzufügen von 80 Teilen Chloroform $4\,^1/_2$ bis 5 Stunden am Rückflußkühler gekocht. Es entstanden so vier verschiedene aldehydartige Verbindungen. Um dieselben zu

[1] B. **32**, 278 (1899). [2] B. **35**, 993 (1902). [3] B. **13**, 2365 (1880).

trennen, unterwarfen sie die aus dem ätherischen Auszug erhaltenen Kristallkrusten der Destillation im Dampfstrom. Drei von den vier gingen dabei in das Destillat über. Die mit Wasserdampf nicht flüchtige Verbindung vom Schmelzp. 153° hatte die Struktur OH, OCH_3, CHO = 1, 3, 4, denn durch Methylierung gab sie Dimethyl-β-resorcylaldehyd OCH_3, OCH_3, CHO = 1, 3, 4; auch zeigte sie die Eigenschaften des p-Oxybenzaldehyds, da sie mit Eisenchlorid keine oder nur schwache Farbenreaktion gab, durch Ammoniak oder Natronlauge nicht gefärbt wurde und mit Wasserdampf nicht flüchtig war; OH und CHO müssen also in p-Stellung zueinander stehen. Dieses Aldehyd wurde in vorwiegender Menge gebildet; die Ausbeute an demselben betrug etwa 25 % von dem Gewicht des angewandten Monomethylresorzins. Unter den mit Wasserdampf verflüchtigten Verbindungen befand sich das Aldehyd von der Struktur OH, OCH_3, CHO = 1, 3, 6 vom Schmelzp. 64°, weil es die Eigenschaften des Salicylaldehyds zeigte: durch Alkalilauge und durch Ammoniak wurde es tiefgelb; in verdünntem Alkohol gelöst, gab es eine intensive Eisenreaktion. Seine Struktur ergab sich weiter daraus, daß es durch Methylierung von β-Resorcylaldehyd OH, OH, CHO = 1, 3, 6 darstellbar war. Es bildete sich nur in geringer Menge. Die beiden anderen, mit Wasserdampf flüchtigen Aldehyde waren Dialdehyde.

Resorzindimethyläther gibt nach GATTERMANNS Blausäuremethode[1] ein Aldehyd vom Schmelzp. 71° in fast quantitativer Ausbeute, welches bei der Oxydation in die Dimethoxybenzoesäure CO_2H, OCH_3, OCH_3 = 1, 2, 4 vom Schmelzp. 110° übergeht.

In Monomethylhydrochinon haben TIEMANN und MÜLLER[2] die Aldehydgruppe eingeführt, indem sie 7,5 g dieser Substanz, 750 ccm 18 prozentige Natronlauge und 75 g Chloroform 6—8 Stunden auf dem Wasserbad erhitzten. Die CHO-Gruppe stellte sich neben der freien Hydroxylgruppe, denn das Produkt zeigte alle Eigenschaften des Salicylaldehyds, auch die Gelbfärbung der Haut.

Einführung der Aldoximgruppe C:NOH. Mittels Knallquecksilber ist es SCHOLL und BERTSCH[3] geglückt, wie auch in anderen Verbindungen (S. 181) die Aldoximgruppe in Resorzin einzuführen. Sie verfuhren hierbei wie folgt: Eine Lösung von 10 g Resorzin in 80 ccm

[1] A. **357**, 367 (1907). [2] B. **14**, 1986 (1881). [3] B. **34**, 1441 (1901).

absoluten Äther, in welcher 21 g ätherfeuchtes Knallquecksilber suspendiert waren, wurde unter beständigem Schütteln in eine Kältemischung von Eis und Kochsalz mit trocknem Chlorwasserstoff gesättigt. Das Knallquecksilber wurde ziemlich rasch zersetzt und an seine Stelle trat ein Kristallbrei von salzsaurem Resorcylaldoxim; die Ausbeute am gereinigten Produkt betrug 6,2 g; den Schmelzpunkt des freien Resorcylaldoxims fanden sie bei 197° statt bei 191°, wie durch Marcus[1] angegeben war. Die Struktur des Aldoxims ging daraus hervor, daß durch Behandlung mit verdünnter Schwefelsäure β-Resorcylaldehyd OH, OH, CHO = 1, 3, 4 daraus gewonnen wurde. Scholl und Bertsch fanden in ihren weiteren Versuchen, daß Knallquecksilber in der angegebenen Weise auf einwertige Phenole nicht einwirkt; von den mehrwertigen werden alle jene, welche meta-ständige Hydroxylgruppen und dazu eine freie para-Stelle haben, schon bei 0° in Aldoxim umgewandelt.

Einführung von Acetyl. Auf die bei Kresol beschriebene Weise (S. 388) konnte Eykman[2] auch in Resorzin eine Acetylgruppe einführen. Er gibt am so dargestellten Resacetophenon die Formel OH, OH, COCH$_3$ = 1, 3, 4.

Einführung von Benzoyl. Ebenso wie in Phenol (S. 185) konnte Doebner[3] in Brenzkatechin und in Resorzin mittels Benzoylchlorid und Chlorzink die Benzoylgruppe einführen. Aus 50 g Resorzin und 250 g Benzoylchlorid gewann er nach etwa 15 stündiger Einwirkung bei 100—120° etwa 30 g Benzoresorzin und 10 g Dibenzoresorzin. Eine Ortsbestimmung der Benzoylgruppe hat er nicht gegeben.

Einführung von Quecksilber. Diese ist von Dimroth[4] für Resorzin nicht so vollständig als in anderen Fällen der Einführung dieses Metalles studiert. Er konstatierte, daß sich mittels Quecksilberacetat leicht ein oder zwei Quecksilberatome einführen lassen. Die Verbindungen wurden in Form ihrer Chloride durch Ausgießen des Rohproduktes in Kochsalzlösung gewonnen. Der Monoverbindung schreibt Dimroth die Formel $C_6H_3(OH)_2 \cdot HgCl$ zu, welche er aber nicht näher bewiesen hat. Das Quecksilber war leichter als bei anderen analogen

[1] B. **24**, 3651 (1891).
[2] Chem. Weekblad **1**, 454 (1904).
[3] A. **210**, 256 (1881).
[4] B. **35**, 2865 (1902).

Verbindungen, so mittels Natronlauge oder Schwefelammon, aus dem Molekül zu nehmen. Eine Ortsbestimmung des Quecksilbers hat er nicht gemacht.

Anwesend OH, CHO.

Einführung von Chlor. Die Chlorierung von Salicylaldehyd ist oft ausgeführt; so von Piria[1] und von Löwig[2] durch Einleiten von Chlor. Schiff[3] ließ über die Kupferverbindung von Salicylaldehyd, welche auf 100—120° erhitzt war, Chlorcyan streichen; es wurde vollständig absorbiert, wobei sich Cyankupfer neben einer harzigen Substanz bildete. Es destillierte ein Öl, welches beim Erkalten zu seidenglänzenden Nadeln erstarrte. Diese Substanz erwies sich als Chlorsalicylaldehyd. Schiff bemerkt sachgemäß, daß die Reaktion nach der Gleichung

$$C_6H_4{<}^{OM}_{CHO} + CyCl = MCy + C_6H_4{<}^{OCl}_{CHO}$$

erfolgen sollte. Da aber dem Chlorsalicylaldehyd die Formel

$$C_6H_3Cl{<}^{OH}_{CHO}$$

beizulegen ist, so müssen entweder Chlor und Wasserstoff ihre Plätze gewechselt oder es müssen anderweitige sekundäre Reaktionen stattgefunden haben, etwa diejenige der wenig stabilen primären Chlorverbindung mit freigewordenem Aldehyd:

$$C_6H_4{<}^{OCl}_{CHO} + C_6H_4{<}^{OH}_{CHO} = C_6H_3Cl{<}^{OH}_{CHO} + C_6H_4{<}^{OH}_{CHO}.$$

Für letzteren Reaktionsverlauf sprach, daß die Kristalle des Chloraldehyds in der Tat mit etwas Salicylaldehyd durchfeuchtet waren.

Bradley und Dains[4] erhielten eine Monochlorverbindung vom Schmelzp. 99,5° durch vorsichtige Chlorierung einer essigsauren Lösung von Salicylaldehyd. Biltz und Stapf[5] kehrten zum älteren Verfahren zurück, indem sie Chlor in unverdünntes Salicylaldehyd leiteten. Zum Nachweis der Struktur des gewonnenen Chlorsalicylaldehyds stellten

---

[1] A. **30**, 169 (1839). [2] Berz. Jahrb. **20**, 311 (1841). [3] A. **150**, 199 (1869).
[4] Am. **14**, 295 (1892). [5] B. **37**, 4031 (1904).

sie dessen Oxim dar, welches sich durch Essigsäureanhydrid in das entsprechende Nitril (mit acylierter OH-Gruppe) überführen ließ; und letzteres gab bei der Verseifung die Chloroxybenzoesäure CO_2H, OH, Cl = 1, 2, 5, welche Stellung den Gruppen im Salicylaldehyd daher auch zukommt.

Para-Oxybenzaldehyd ist von BILTZ[1] in eine Monochlorverbindung übergeführt, indem er in eine 1 prozentige Lösung in Chloroform unter Abkühlung mit Eis langsam nicht ganz die zur Einführung eines Chloratoms nötige Menge Chlor einleitete. Der Schmelzpunkt des Produktes lag bei 139°. Zur Bestimmung der Stelle, wo das Chlor eingetreten ist, führte er das Aldehyd in der eben beschriebenen Weise in eine Chloroxybenzoesäure vom Schmelzp. 169° über, welche demnach die Struktur CO_2H, OH, Cl = 1, 4, 3 hat.

Einführung der Nitrogruppe. Als FRANCIS[2] Salicylaldehyd in Tetrachlorkohlenstofflösung mit Benzoylnitrat vermischte, erhielt er kleinere Quantitäten von bei 106° schmelzendem 3-Nitrosalicylaldehyd.

[1] B. **37**, 4031 (1904). [2] B. **39**, 3802 (1906).

Sechster Abschnitt.

Besprechung der Resultate.

I. Qualitative Beziehungen.

Bei der Einführung eines dritten Substituenten im bereits disubstituierten Benzol hat man die Frage zu beantworten, in welcher Weise die beiden anwesenden Substituenten den Ort, wo der dritte eintritt, bestimmen. Man hat sich von Anfang an auf verschiedene Weise davon Rechenschaft zu geben versucht, wodurch eine Anzahl Substitutionsregeln aufgestellt worden sind. Sie sind alle qualitativer Art.

Eine weitere Frage erhebt sich dann bezüglich der quantitativen Verhältnisse. Dieselbe läßt sich wie folgt formulieren: Kann man aus dem Verhältnis, in welchem die Isomere C_6H_3AC und C_6H_4BC bei Einführung von C in C_6H_5A und in C_6H_5B entstehen, ableiten, welche und in welchem Verhältnis die Isomere entstehen werden, wenn C in C_6H_4AB eingeführt wird.

Um nun die früheren qualitativen Regeln zu prüfen und womöglich zu einer scharfen, zunächst qualitativen, Umschreibung der Resultate zu gelangen, habe ich dieselben in folgenden Tabellen I bis XII zusammengefaßt. In denselben stehen die Hauptprodukte zuerst, dann die Nebenprodukte in abnehmender Menge, soweit dies überhaupt bekannt ist. Dabei ist zu bemerken, daß in manchen Fällen über die Reihenfolge Zweifel bestehen kann. Ist in der Literatur gar keine Andeutung über die relativen Mengen der Isomere zu finden, so habe ich die Zahlen übereinander gestellt. In einer Anzahl von Fällen sind gewisse Substituenten wohl eingeführt, aber ihre Stelle ist nicht ermittelt. Dies habe ich mit einem Fragezeichen angedeutet.

Tabelle I. F auf 1.

Anwesend in Stellungen	F	Cl	Br	J	NO_2	SO_3H
	eingeführt in Stellungen					
F, NO_2 = 1, 4	—	—	—	—	2	—
F, SO_3H = 1, 4	—	—	—	—	2	—
F, CH_3 = 1, 4	—	—	—	—	—	3
F, CO_2H = ?	?	—	—	—	—	—
F, NH_2 = 1, 4	—	—	—	—	2[1]	—

[1] In schwefelsaurer Lösung.

Tabelle II. Cl auf 1.

Anwesend in Stellungen	Cl	Br	NO_2	SO_3H	CO_2H	OH	CHO	$COCH_3$
	eingeführt in Stellungen							
Cl, Cl = 1, 2	4	—	4, 3	?	—	—	—	—
Cl, Cl = 1, 3	4, 5?, 2?	—	4, 2	?	—	—	—	—
Cl, Br = 1, 4	—	—	2	2	—	—	—	—
Cl, J = 1, 3	—	—	2? 6?	—	—	—	—	—
Cl, J = 1, 4	—	—	2	—	—	—	—	—
Cl, NO_2 = 1, 2	4, 5 4, 6	—	4, 6	4	—	—	—	—
Cl, NO_2 = 1, 3	4, 2	—	4, ?	5, 2	—	—	—	—
Cl, NO_2 = 1, 4	2	—	2	2	—	—	—	—
Cl, SO_3H = 1, 4	—	—	2	—	—	—	—	—
Cl, CH_3 = 1, 2	6, 3, 5, 4 [1]	5, 3	4, ?	4	—	—	—	4
Cl, CH_3 = 1, 3	4, 6	—	4 6	?	—	—	—	4
Cl, CH_3 = 1, 4	2 3	3	2, 3	3, 2	—	—	—	2, ?
Cl, CO_2H = 1, 2	6?	?	4, 6	—	—	—	—	—
Cl, CO_2H = 1, 3	6, 2?	?	4, 2	?	—	—	—	—
Cl, CO_2H = 1, 4	2	?	2	2	—	—	—	—
Cl, NHac = 1, 2	5	—	5 [2], 4	—	—	—	—	—
Cl, NHac = 1, 3	4, 6	6	4 6	4 6 (2?)	—	—	—	—
Cl, NHac = 1, 4	3	3	3 2	3 2	—	—	—	—
Cl, OH = 1, 2	3 5	—	3 5	?	5 3	—	5	—
Cl, OH = 1, 3	—	—	4	—	4	—	6	—
Cl, OH = 1, 4	3	—	3	?	3	3	—	—
Cl, CHO = 1, 2	4	—	4	4 (od. 6)	—	—	—	—
Cl, CHO = 1, 3	6	—	4 (2?)	—	—	—	—	—
Cl, CHO = 1, 4	—	—	2	—	—	—	—	—

[1] Die Reihenfolge der Ziffern bedeutet hier nicht abnehmende Mengen. Von derselben ist nichts bekannt.

[2] Direkte Substitution (in H_2SO_4); siehe S. 196.

Tabelle III. Br auf 1.

Anwesend in Stellungen	Cl	Br	NO_2	SO_3H	OH	CHO	$COCH_3$
	eingeführt in Stellungen						
Br, Cl = 1, 4	—	—	3	3	—	—	—
Br, Br = 1, 2	—	4	4, 3	—	—	—	—
Br, Br = 1, 3	—	4	4, 2	—	—	—	—
Br, J = 1, 2	—	—	5	—	—	—	—
Br, J = 1, 3	—	—	6	—	—	—	—
Br, NO_2 = 1, 2	—	4, 6	4	4	—	—	—
Br, NO_2 = 1, 3	—	4	4	—	—	—	—
Br, NO_2 = 1, 4	—	2	2	?	—	—	—
Br, SO_3H = 1, 2	—	4, ?	4, ?	—	—	—	—
Br, SO_3H = 1, 3	—	4, 6	4	—	—	—	—
Br, SO_3H = 1, 4	—	2	2	2	—	—	—
Br, CH_3 = 1, 2	?	4, 5	?	4, 3	—	—	4
Br, CH_3 = 1, 3	—	—	4	4, 2, ?	—	—	4
Br, CH_3 = 1, 4	2, 3	2, 3	2 3	3, 2	—	—	2
Br, CO_2H = 1, 2	—	4	4, 6	—	—	—	—
Br, CO_2H = 1, 3	—	6	4, 2	5?	—	—	—
Br, CO_2H = 1, 4	—	2	2	?	—	—	—
Br, NH_2 = 1, 2	—	5	—	4	—	—	—
Br, NH_2 = 1, 3	4, 6	6	—	?	—	—	—
Br, NH_2 = 1, 4	3	3	2 3	2 3	—	—	—
Br, OH = 1, 2	—	—	5, 3	—	—	—	—
Br, OH = 1, 3	—	—	—	—	—	6	—
Br, OH = 1, 4	—	3	3	—	3	—	—
Br, CN = 1, 2	—	—	4	—	—	—	—
Br, CN = 1, 4	—	—	2	—	—	—	—
Br, CHO = 1, 3	—	—	4 (2 ?)	—	—	—	—
Br, CHO = 1, 4	—	—	2?	2	—	—	—

Tabelle IV. J auf 1.

Anwesend in Stellungen	Cl	Br	J	NO_2	SO_3H
	eingeführt in Stellungen				
J, Cl = 1, 3	—	—	—	2? 4?	—
J, Cl = 1, 4	—	—	—	3	—
J, Br = 1, 2	—	—	—	4	—
J, Br = 1, 3	—	—	—	4	—

Tabelle IV. J auf 1 (Fortsetzung.)

Anwesend in Stellungen	Cl	Br	J	NO_2	SO_3H
	eingeführt in Stellungen				
J, J = 1, 2	—	—	—	4?	—
J, J = 1, 3	—	—	—	4	—
J, NO_2 = 1, 2	—	—	—	4, 6	—
J, NO_2 = 1, 3	—	—	—	4?	—
J, NO_2 = 1, 4	—	—	—	2	—
J, CH_3 = 1, 2	—	5?	(5)[1]	4	?
J, CH_3 = 1, 3	—	?	—	—	—
J, CH_3 = 1, 4	—	3	—	3	?, ?
J, CO_2H = 1, 2	—	4	—	?	—
J, CO_2H = 1, 3	—	—	—	?	—
J, CO_2H = 1, 4	—	—	—	2?	—
J, NH_2 = 1, 3	—	6	—	—	—
J, NH_2 = 1, 4	—	—	—	?	—
J, OH = 1, 2	4?	5	5	5, 3	—
J, OH = 1, 3	—	?	—	—	—
J, OH = 1, 4	—	3	3	3	—

Tabelle V. NO_2 auf 1.

Anwesend in Stellungen	Cl	Br	J	NO_2	SO_3H	CO_2H	NH_2	OH	CHO
	eingeführt in Stellungen								
NO_2, F = 1, 4	—	—	—	3	—	—	—	—	—
NO_2, Cl = 1, 2	3, 4 / 3, 5	—	—	5, 3	5	—	—	—	—
NO_2, Cl = 1, 3	6, 2	—	—	6, ?	5, 2	—	—	—	—
NO_2, Cl = 1, 4	3	—	—	3	3	—	—	—	—
NO_2, Br = 1, 2	—	3, 5	—	5	5	—	—	—	—
NO_2, Br = 1, 3	—	6	—	6	—	—	—	—	—
NO_2, Br = 1, 4	—	3	—	3	?	—	—	—	—
NO_2, J = 1, 2	—	—	—	3, 5	—	—	—	—	—
NO_2, J = 1, 3	—	—	—	6, ?	—	—	—	—	—
NO_2, J = 1, 4	—	—	—	3	—	—	—	—	—
NO_2, NO_2 = 1, 3	5	—	—	5, 4	—	—	2, 4	4, 2	—
NO_2, SO_3H = 1, 3	—	—	—	5	—	—	—	—	—
NO_2, CH_3 = 1, 2	5, 3	—	—	—	?	—	—	—	—
NO_2, CH_3 = 1, 3	—	4, 6	—	6, 2, 4	?, 5	—	—	—	—
NO_2, CH_3 = 1, 4	3	3	—	—	3	—	—	—	—
NO_2, CO_2H = 1, 2	—	—	—	3 / 4 / 5	—	—	—	—	—

[1] Auf indirekte Weise angeführt, s. S. 299.

Tabelle V. NO_2 auf 1. (Fortsetzung.)

Anwesend in Stellungen	Cl	Br	J	NO_2	SO_3H	CO_2H	NH_2	OH	CHO
	eingeführt in Stellungen								
NO_2, CO_2H = 1, 3	—	—	—	5	—	—	—	—	—
NO_2, CO_2H = 1, 4	—	—	—	3 2	—	—	—	—	—
NO_2, NH_2[1] = 1, 2	5	5	5	3	5	—	—	—	—
NO_2, NH_2[1] = 1, 3	6, 4	6, 4	4 6	2 6, 4	?	—	—	—	—
NO_2, NH_2[1] = 1, 4	3	—	?	3	—	—	—	—	—
NO_2, OH = 1, 2	—	5	3 5	5, 3	?	3; 5?	—	5	—
NO_2, OH = 1, 3	2 od. 4	?	?	2, 4, 6[2]	—	—	—	4 2, 6?	—
NO_2, OH = 1, 4	3	3	?	3	3	3	—	3	3

Tabelle VI. SO_3H auf 1.

Anwesend in Stellungen	Cl	Br	NO_2	SO_3H
	eingeführt in Stellungen			
SO_3H, F = 1, 4	—	—	3	—
SO_3H, Cl = 1, 4	—	—	3	—
SO_3H, Br = 1, 2	—	5, ?	5, ?	—
SO_3H, Br = 1, 3	—	6, 4	6	—
SO_3H, Br = 1, 4	—	3	3	3
SO_3H, NO_2 = 1, 3	—	—	5	—
SO_3H, SO_3H = 1, 3	—	—	5 4	5
SO_3H, CH_3 = 1, 2	—	—	—	5
SO_3H, CH_3 = 1, 3	—	—	—	4, 5 ?
SO_3H, CH_3 = 1, 4	3	—	—	3
SO_3H, CO_2H = 1, 2	—	—	4	—
SO_3H, CO_2H = 1, 3	—	—	5	5?
SO_3H, CO_2H = 1, 4	—	—	2	—
SO_3H, NH_2 = 1, 2	—	5	—	5
SO_3H, NH_2 = 1, 3	—	4	6	2 od. 6
SO_3H, NH_2 = 1, 4	—	—	3	3
SO_3H, OH = 1, 2	—	—	5	5
SO_3H, OH = 1, 3	—	?	—	—
SO_3H, OH = 1, 4	3	?	3	3

[1] Teilweise an den Acetverbindungen studiert.

[2] Beim Nitrieren von m-Nitroanisol ist 6 Hauptprodukt.

Tabelle VII. CH_3 auf 1.

Anwesend in Stellungen	Cl	Br	J	NO_2	SO_3H	SO_2H	CH_3	CH_2OH	CO_2H	NH_2	OH	CN	CHO	$COCH_3$	Hg	CNOH
	eingeführt in Stellungen															
CH_3, F = 1, 4	—	—	—	—	2	—	—	—	—	—	—	—	—	—	—	—
CH_3, Cl = 1, 2	3, 6, 4, 5[1]	4, 6	—	5, ?	5	—	—	—	—	—	—	—	—	5	—	—
CH_3, Cl = 1, 3	6, 4	—	—	6 4	?	—	—	—	—	—	—	—	—	6	—	—
CH_3, Cl = 1, 4	2 3	2	—	3, 2	2, 3	—	—	—	—	—	—	—	—	3, ?	—	—
CH_3, Br = 1, 2	?	5, 4	—	?	5, 6	—	—	—	—	—	—	—	—	5	—	—
CH_3, Br = 1, 3	—	—	—	6	6, 2, ?	—	—	—	—	—	—	—	—	6	—	—
CH_3, Br = 1, 4	3, 2	3, 2	—	3 2	2, 3	—	—	—	—	—	—	—	—	3	—	—
CH_3, J = 1, 2	—	4?	(4)	5	?	—	—	—	—	—	—	—	—	—	—	—
CH_3, J = 1, 3	—	?	—	—	—	—	—	—	—	—	—	—	—	—	—	—
CH_3, J = 1, 4	—	2	—	2	?	—	—	—	—	—	—	—	—	—	—	—
CH_3, NO_2 = 1, 2	4, 6	—	—	—	?	—	—	—	—	—	—	—	—	—	—	—
CH_3, NO_2 = 1, 3	—	6, 4	—	4, 2, 6	?, 5	—	—	—	—	—	—	—	—	—	—	—
CH_3, NO_2 = 1, 4	2	2	—	—	2	—	—	—	—	—	—	—	—	—	—	—
CH_3, SO_3H = 1, 2	—	—	—	—	4	—	—	—	—	—	—	—	—	—	—	—
CH_3, SO_3H = 1, 3	—	—	—	—	6, 5?	—	—	—	—	—	—	—	—	—	—	—
CH_3, SO_3H = 1, 4	2	—	—	—	2	—	—	—	—	—	—	—	—	—	—	—
CH_3, CH_3 = 1, 2	3 4	4	4	3, 4	4	?	4	—	—	4, ?	—	4 3	4	—	—	4
CH_3 CH_2NO_2 = 1, 4	—	—	—	2	—	—	—	—	—	—	—	—	—	—	—	—
CH_3, CH_3 = 1, 3	4	4	4	4, 2	4, 2	?	4, 5	—	—	4	—	4 2	4	—	—	4
CH_3, CO_2H = 1, 2	—	4	—	4, 6	4	—	—	—	—	—	—	—	—	—	—	—
CH_3, CO_2H = 1, 3	—	6, 4	—	2, 4, 6	4 5	—	—	—	—	—	—	—	—	—	—	—
CH_3, CO_2H = 1, 4	—	—	—	2	?	—	—	—	—	—	—	—	—	—	—	—
CH_3, NH_2 = 1, 2	5 (3?)	5	—	5, 3[2]	5[3] 4	—	—	—	—	—	—	—	—	—	—	—
CH_3, NH_2 = 1, 3	6, 2 4	6	—	6, 2 4	6 od. 2	—	—	—	—	—	—	—	—	—	—	—
CH_3, NH_2 = 1, 4	3[4]	3[4]	—	3[5]	3[3] 2	—	—	—	—	—	—	—	—	—	—	—
CH_3, OH = 1, 2	5	5	—	3, 5	5	—	—	—	3	—	5	—	5	—	—	—
CH_3, OH = 1, 3	6	—	?	6, 4 2	6	—	—	6; ?	—	—	6	—	6	6 4	—	—
CH_3, OH = 1, 4	3	3	3	3 2[6]	3	—	—	3	—	—	3	—	3	—	3	—
CH_3, CN = 1, 2	—	—	—	4	—	—	—	—	—	—	—	—	—	—	—	—
CH_3, CN = 1, 3	—	—	—	4	—	—	—	—	—	—	—	—	—	—	—	—
CH_3, CN = 1, 4	—	—	—	2	—	—	—	—	—	—	—	—	—	—	—	—
CH_3, CHO = 1, 3	—	—	—	4, 2	—	—	—	—	—	—	—	—	—	—	—	—
CH_3, CHO = 1, 4	—	—	—	2	—	—	—	—	—	—	—	—	—	—	—	—

[1] Reihenfolge unbekannt. [2] In schwefelsaurer Lösung nitriert: 4, 6, 5.
[3] Abhängig von der Sulfonierungstemperatur, welche Säure das Hauptprodukt ist.
[4] In schwefelsaurer Lösung: 2, 3. [5] In schwefelsaurer Lösung: 2.
[6] Nitrierung von p-Kresolkarbonat.

Tabelle VIII. CO_2H auf 1.

Anwesend in Stellungen	Cl	Br	J	NO_2	SO_3H	CO_2H	OH	CHO	Hg
	eingeführt in Stellungen								
CO_2H, Cl = 1, 2	5?	?	—	5, 3	—	—	—	—	—
CO_2H, Cl = 1, 3	4, 2?	?	—	6, 2	?	—	—	—	—
CO_2H, Cl = 1, 4	3	?	—	3	3	—	—	—	—
CO_2H, Br = 1, 2	—	5	—	5, 3	—	—	—	—	—
CO_2H, Br = 1, 3	—	4	—	6, 2	5?	—	—	—	—
CO_2H, Br = 1, 4	—	3	—	3	?	—	—	—	—
CO_2H, J = 1, 2	—	5	—	?	—	—	—	—	—
CO_2H, J = 1, 3	—	—	—	?	—	—	—	—	—
CO_2H, J = 1, 4	—	—	—	3?	—	—	—	—	—
CO_2H, NO_2 = 1, 2	—	—	—	4 5 6	—	—	—	—	—
CO_2H, NO_2 = 1, 3	—	—	—	5	—	—	—	—	—
CO_2H, NO_2 = 1, 4	—	—	—	2 3	—	—	—	—	—
CO_2H, SO_3H = 1, 2	—	—	—	5	—	—	—	—	—
CO_2H, SO_3H = 1, 3	—	—	—	5	5?	—	—	—	—
CO_2H, SO_3H = 1, 4	—	—	—	3	—	—	—	—	—
CO_2H, CH_3 = 1, 2	—	5	—	5, 3	5	—	—	—	—
CO_2H, CH_3 = 1, 3	—	4, 6	—	2, 6, 4	6 5	—	—	—	—
CO_2H, CH_3 = 1, 4	—	—	—	3	?	—	—	—	—
CO_2H, CO_2H = 1, 2	4	3; ?	—	4 3	4, 3	—	—	—	—
CO_2H, CO_2H = 1, 3	—	—	—	5, 4	5, 2?	—	—	—	—
CO_2H, NH_2 = 1, 2	—	5	—	5	—	—	—	—	—
CO_2H, NH_2 = 1, 3	—	—	—	2 4	4, 6	—	—	—	—
CO_2H, NH_2 = 1, 4	—	—	—	3	—	—	—	—	—
CO_2H, OH = 1, 2	5	5	5 3	5 3	5?	5, 3	5, 3	5 3	3
CO_2H, OH = 1, 3	4	4 (6?)	?	2 4 5?	4	—	4	—	—
CO_2H, OH = 1, 4	3	3	3?	3	3	—	3	3	—
CO_2H, CHO = 1, 2	—	—	—	5, 3	—	—	—	—	—

Tabelle IX. NH_2 auf 1.

Anwesend in Stellungen	Cl	Br	J	NO_2	SO_3H	NO	CHO
	eingeführt in Stellungen						
NH_2, F = 1, 4	—	—	—	3[1]	—	—	—
NHac, Cl = 1, 2	4	—	—	4[1]	—	—	—
NHac, Cl = 1, 3	6, 4	4	—	6 4	6 4 (2?)	—	—
NHac, Cl = 1, 4	2	2	—	2[2]	2 3	—	—
NH_2, Br = 1, 2	—	4	—	—	5	—	—
NH_2, Br = 1, 3	6, 4	4	—	—	?	—	—
NH_2, Br = 1, 4	2	2	—	2 3	2 3	—	—
NH_2, J = 1, 3	—	4	—	—	—	—	—
NH_2, J = 1, 4	—	—	—	?	—	—	—
NH_2, NO_2[3] = 1, 2	4	4	4	6	4	—	—
NH_2, NO_2[3] = 1, 3	4, 6	4, 6	4 6	2 4, 6	?	—	—
NH_2, NO_2 = 1, 4	2	—	?	2	—	—	—
NH_2, SO_3H = 1, 2	—	4	—	—	4	—	—
NH_2, SO_3H = 1, 3	—	6	—	4	2 od. 4	—	—
NH_2, SO_3H = 1, 4	—	—	—	2	2	—	—
NH_2, CH_3 = 1, 2	4 (6?)	4	—	4[4], 6	4[5] 5	—	—
NH_2, CH_3 = 1, 3	4, 2 6	4	—	4, 2 6	4 od. 2	—	—
NH_2, CH_3 = 1, 4	2	2[6]	—	2	2 3	—	—
NH_2, CO_2H = 1, 2	—	4	—	4	—	—	—
NH_2, CO_2H = 1, 3	—	—	—	2, 6	6, 4	—	—
NH_2, CO_2H = 1, 4	—	—	—	2	—	—	—
NH_2, NH_2 = 1, 2	—	—	—	—	?	—	—
NH_2, NH_2 = 1, 3	—	—	—	2 od. 4	?	—	4
NHac, NHox = 1, 4	—	—	—	2[2]	—	—	—
NH_2, OH = 1, 2	—	5[7]	—	4[8]	5	—	—
NH_2, OH = 1, 3	—	—	—	—	6?	4	—
NH_2, OH = 1, 4	3[7]	3[7]	—	2, 3[8]	3	—	—

[1] In schwefelsaurer Lösung: 5.
[2] In schwefelsaurer Lösung: 3.
[3] Teilweise an den Acetverbindungen studiert.
[4] In schwefelsaurer Lösung: 5, 3.
[5] Abhängig von der Temperatur, welche Säure das Hauptprodukt ist.
[6] In schwefelsaurer Lösung: 3, 2.
[7] Bei Phenacetin.
[8] Untersucht an verschiedenen Derivaten NHac, Oac.

Tabelle X. OH auf 1.

Anwesend in Stellungen	Cl	Br	J	NO_2	SO_3H	CH_2OH	CO_2H	OH	C(NOH)	NO	CHO	$COCH_3$	C_6H_5CO	Hg
	eingeführt in Stellungen													
OH, Cl = 1, 2	4 6	—	—	6 •4	?	—	4 6	—	—	—	4	—	—	—
OH, Cl = 1, 3	—	—	—	6	—	—	6	—	—	—	4	—	—	—
OH, Cl = 1, 4	2	—	—	2	?	—	2	2	—	—	—	—	—	—
OH, Br = 1, 2	—	—	—	4, 6	—	—	—	—	—	—	—	—	—	—
OH, Br = 1, 3	—	—	—	—	—	—	—	—	—	—	4	—	—	—
OH, Br = 1, 4	—	2	—	2	—	—	—	2	—	—	—	—	—	—
OH, J = 1, 2	5?	4	6	4, 6	—	—	—	—	—	—	—	—	—	—
OH, J = 1, 3	—	?	—	—	—	—	—	—	—	—	—	—	—	—
OH, J = 1, 4	—	2	2	2	—	—	—	—	—	—	—	—	—	—
OH, NO_2 = 1, 2	—	4	6 4	4, 6	?	—	3; 4?	4	—	—	—	—	—	—
OH, NO_2 = 1, 3	2 od. 6	?	?	2, 6, 4[1]	—	—	—	6 2 4?	—	—	—	—	—	—
OH, NO_2 = 1, 4	2	2	?	2	2	—	2	2	—	—	2	—	—	—
OH, SO_3H = 1, 2	—	—	—	4	4	—	—	—	—	—	—	—	—	—
OH, SO_3H = 1, 3	—	?	—	—	—	—	—	—	—	—	—	—	—	—
OH, SO_3H = 1, 4	2	?	—	2	2	—	—	—	—	—	—	—	—	—
OH, CH_3 = 1, 2	4	4	—	6, 4	4	—	6	4	—	—	4	—	—	—
OH, CH_3 = 1, 3	4	—	?	4, 6 2	4	4; ?	—	4	—	—	4	4 6	—	—
OH, CH_3 = 1, 4	2	2	2	2 3[2]	2	2	—	2	—	—	2	—	—	2
OH, CO_2H = 1, 2	4	4	4 6	4 6	4?	—	4, 6	4, 6	—	—	4 6	—	—	6
OH, CO_2H = 1, 3	6	6 (4?)	?	6, 2,[3] 5?	6	—	—	6	—	—	—	—	—	—
OH, CO_2H = 1, 4	2	2	2?	2	2	—	—	2	—	—	2	—	—	—
OH, NH_2 = 1, 2	—	4[4]	—	5[5]	4	—	—	—	—	—	—	—	—	—
OH, NH_2 = 1, 3	—	—	—	—	4?	—	—	—	—	6	—	—	—	—
OH, NH_2 = 1, 4	2[4]	2[4]	—	3[5] 2	2	—	—	—	—	—	—	—	—	—
OH, OH = 1, 2	4	4	4	4, 3	3[6]	4	4?; 3	—	—	4	4	—	?	—
OH, OH = 1, 3	?	—	?	?	—	—	4, 2	—	4	4, 2	4, 6	4	?	?
OH, CHO = 1, 2	4	4?	—	6	—	—	—	—	—	—	—	—	—	—
OH, CHO = 1, 4	2	—	—	—	—	—	—	—	—	—	—	—	—	—

[1] Beim unsubstituierten OH, NO_2 ist 4 Hauptprodukt. Die Reihenfolge 2, 6, 4 gilt für m-Nitranisol.

[2] Nitrierung von p-Kresolkarbonat.

[3] Reihenfolge nicht bekannt.

[4] Bei Phenacetin.

[5] Untersucht an verschiedenen Derivaten NHac, Oac.

[6] Bei Guajakol: 4, 5.

Tabelle XI. CN auf 1.

Anwesend in Stellungen	NO_2 eingeführt in Stellung
CN, Br = 1, 2	5
CN, Br = 1, 4	3
CN, CH_3 = 1, 2	5
CN, CH_3 = 1, 3	6
CN, CH_3 = 1, 4	3

Tabelle XII. CHO auf 1.

Anwesend in Stellungen	Cl	Br	NO_2	SO_3H
	eingeführt in Stellungen			
CHO, Cl = 1, 2	5	—	5	5 (od. 3?)
CHO, Cl = 1, 3	4	—	6 (2?)	—
CHO, Cl = 1, 4	—	—	3	—
CHO, Br = 1, 3	—	—	6 (2?)	—
CHO, Br = 1, 4	—	—	3?	3
CHO, CH_3 = 1, 3	—	—	6, 2	—
CHO, CH_3 = 1, 4	—	—	3	—
CHO, CO_2H = 1, 2	—	—	4, 6	—
CHO, OH = 1, 2	5	5?	3	—
CHO, OH = 1, 4	3	—	—	—

Für vorstehende Tabellen gelten teilweise dieselben Bemerkungen, wie für die Tabelle der bisubstituierten Benzolderivate (S. 192). So in betreff der Anzahl von Isomeren, die aufgefunden sind; bei einer Wiederholung der experimentellen Arbeiten werden in manchen Fällen noch wohl neue Isomere entdeckt werden. Weiter in betreff der Lücken dieser Tabellen; im allgemeinen sind in den disubstituierten Benzolen nur die Halogene, die Nitrogruppe und die Sulfogruppe als dritter Substituent direkt eingeführt worden. Mit anderen Gruppen, so z. B. mit Karboxyl, Alkyl, Hydroxyl, ist dies nur in sehr einzelnen Fällen gelungen.

Die Nitrierungen sind am zahlreichsten; da beim Einführen von Halogen Chlor und Brom sich ganz analog verhalten und auch Jod in den wenigen bis jetzt untersuchten Fällen dieselbe Stelle wie die beiden andern Halogene einnimmt, kann man die Halogenierungen zusammenfassen und bekommt dann von ihrer Einführung ein ziemlich vollständiges Bild. Die Sulfonierungen bleiben in den meisten Tabellen der Zahl nach etwas zurück.

Bei der Einführung eines zweiten Substituenten im monosubstituierten Benzolkern sahen wir, daß dieser unabhängig von seiner Natur entweder an ortho- und para- oder hauptsächlich an meta-Stelle im Benzolkern eintritt. Wenn zwei Substituenten im Benzolkerne anwesend sind, werden wir dieselbe Gesetzmäßigkeit wiederfinden müssen, falls der eine Substituent nicht störend auf das Orientierungsvermögen des anderen einwirkt. In der Tat findet man, bei Betrachtung der horizontalen Reihen der Tabellen, daß dieselben entweder die Ziffer 2, 4, 6 oder 3, 5 enthalten. Hieraus würde sich also ergeben, daß die genannte Störung, wenn sie eintritt, nicht so eingreifend ist, um den ganzen Typus der Substitution zu ändern. Zwar kommen in den Tabellen hier und dort Ausnahmen von dem eben Gesagten vor; doch ist es sehr fraglich, ob dieselben auf wirkliche Störungen zurückzuführen sind, da die meisten anders gedeutet werden müssen, oder auch wohl ungenügend untersucht worden sind. In den Tabellen sind diese Ausnahmen teilweise mit einem Fragezeichen versehen. Weiter findet man Ausnahmen bei der Sulfonierung, welche meistens bei höherer Temperatur ausgeführt wird; gerade bei Sulfonierungen aber ist die Stelle, wo die Sulfogruppe eintritt, oft stark von der Temperatur abhängig.

Betrachten wir jedoch diese Ausnahmen näher. Sie sind folgende:

1. Bei der Chlorierung von meta-Dichlorbenzol will Mouneyrat neben der Verbindung 1, 3, 4 auch das Isomer 1, 3, 5 beobachtet haben, während die Nitrierung an den Stellen 4 und 2 stattfindet. Cohen und Dakin haben aber das symmetrische Trichlorbenzol bei dieser Reaktion nicht erhalten. Auch hat Mouneyrat sein angebliches Trichlorbenzol, soweit ersichtlich, nur durch dessen Schmelzpunkt identifiziert.

2. Bei der Chlorierung von o-Chlornitrobenzol fanden Cohen und Bennet als Nebenprodukt auch die Verbindung Cl, NO_2, Cl = 1, 2, 5, während sonst die Substitution auf der Stelle 5 bei dieser Verbindung nicht beobachtet wurde. Die Verbindung ist aber bloß durch ihren Schmelzpunkt nachgewiesen. Bei meinen Untersuchungen habe ich dieselbe nicht gefunden.

3. In meta-Chlornitrobenzol tritt Chlor an die Stellen 6, 2 (Cl = 1), SO_3H auf 5, 2. Das Mengenverhältnis der isomeren Sulfosäuren ist hier aber stark von den Versuchsbedingungen abhängig.

4. In o-Chlortoluol soll Brom auf meta-, NO_2 und SO_3H auf para-Stelle in bezug auf Chlor treten. Durch die ausgezeichnete Untersuchung von COHEN und DAKIN (S. 231) hat sich ergeben, daß bei der Chlorierung von o-Chlortoluol alle vier möglichen Isomere entstehen. Es ist daher wohl wahrscheinlich, daß bei der Bromierung auch vier Isomere sich bilden werden; bei der Untersuchung von WILLGERODT und SALZMANN (S. 233) wurden nur zwei Isomere nachgewiesen, doch durch ihre Arbeitsweise ist es sehr gut möglich, daß sie die zwei andern übersehen haben. Die Nitrierung von o-Chlortoluol gibt nach VAN DEN ARENDS Untersuchung (S. 236) Veranlassung zur Bildung von mehreren Isomeren; was endlich die Sulfonierung anbelangt, so wurde diese bei höherer Temperatur vorgenommen. Der Widerspruch dürfte sich bei näherer Untersuchung wohl lösen. Man hat hier jedenfalls einen der wenigen Fälle, bei dem alle theoretisch möglichen Isomere beobachtet worden sind.

5. Bei der Chlorierung und Bromierung von para-Bromtoluol entsteht als Hauptprodukt Br, CH_3, Cl(Br) = 1, 4, 2, während die Sulfonierung als Hauptprodukt die Verbindung Br, CH_3, SO_3H = 1, 4, 3 gibt. Das Resultat der Sulfonierung wird auch hier wieder stark durch die Temperatur beeinflußt. Auch wird angegeben, daß bei der Bromierung von para-Bromtoluol sich das andere Isomer in ansehnlicher Menge bildet, so daß die Möglichkeit vorliegt, daß beide Verbindungen in nahezu gleichen Mengen entstehen; es ist also unbestimmt, welches das Hauptprodukt ist.

6. Daß die Sulfonierung der meta-Brombenzoesäure die symmetrische Bromsulfobenzoesäure liefert, die Sulfogruppe also auf 5 tritt, ist ganz ungenügend bewiesen. Die Bromierung und Nitrierung erstgenannter Säure gibt Substitution nach para-ortho-Stellen in bezug auf Brom.

7. Im ortho-Bromanilin tritt Brom auf die Stelle 5 (Br = 1); die Sulfogruppe auf die Stelle 4. Hierbei ist aber zu bemerken, daß diese Einführung des zweiten Bromatoms bei der Reduktion von ortho-Bromnitrobenzol mittels Zinn und Bromwasserstoff geschah, also durch indirekte Substitution, wobei sich das eintretende Bromatom, wie immer an para-Stelle zur Amidogruppe begab. Die Sulfonierung geschah mit überschüssiger Pyroschwefelsäure; man kann daher hier eine direkte Sulfonierung (nach meta) erwarten.

8. In o-Jodtoluol soll Brom auf meta, NO_2 auf para-Stelle in bezug auf Jod treten. Nun ist aber die Struktur des Brom-o-jodtoluols nicht wirklich bestimmt, sondern dieselbe ist „nach Analogie“ angegeben worden. Eine erneute Untersuchung ist notwendig. Daß bei der Behandlung mit Schwefelsäure aus o-Jodtoluol ein Dijodtoluol entsteht, in welcher die beiden J-Atome in meta-Stellung zueinander stehen, ist ein komplizierter Prozeß, aber keine direkte Jodeinführung.

9. In o-Jodanisol soll Chlor auf para-Stelle, Brom auf meta-Stelle in bezug auf Jod treten. Von dem Chlorjodanisol aber, welches Jannasch und Hinterskirch (S. 303) aus dem entsprechenden Jodidchlorid erhielten, haben sie die Struktur nicht bewiesen; es ist aber nach allen Analogien sehr wahrscheinlich, das aus dem Jodidchlorid sich die Verbindung OCH_3, J, Cl = 1, 2, 5 bildet, weil eine indirekte Substitution vorliegt. Die Einführung von Brom wäre dann als eine direkte Substitution anzusehen.

10. Die Chlorierung und Nitrierung von meta-Dinitrobenzol führt zu symmetrischen Produkten, die Einführung von OH und NH_2 zu Substitution nach den Stellen 2 und 4. Für die Einführung der NH_2-Gruppe steht fest, daß dieselbe auf indirekte Weise geschieht. Da die Einführung von OH durch Oxydation in alkalischer Lösung stattfindet, ist auch dabei indirekte Substitution anzunehmen.

11. Bei der Einführung von Karboxyl in ortho-Nitrophenol entsteht die Säure OH, NO_2, CO_2H = 1, 2, 3 als Hauptprodukt. Die übrigen Substituenten treten in ortho-Nitrophenol an die Stelle 4 in bezug auf OH. Bei ihrer Synthese erhielten Reimer und Tiemann jedoch nur etwa 1% Ausbeute, so daß sich hieraus über das Verhältnis, in welchem sich die Isomere bei einer glatt verlaufenden Reaktion bilden würden, nichts sagen läßt.

12. In meta-Nitrotoluol treten Brom und die Nitrogruppe an ortho-para-Stelle (CH_3 = 1), die Sulfogruppe auf 5. Hier ist aber das Mengenverhältnis der isomeren Sulfosäuren stark abhängig von der Konzentration der verwendeten Schwefelsäure, so daß diese Sulfonierung näher studiert werden muß. Nach van Dorssens Untersuchung (S. 313) ist die Sulfosäure CH_3, NO_2, SO_3H = 1, 3, 5 jedenfalls nicht das Hauptprodukt, obgleich es die einzige Sulfosäure ist, welche er aus dem Sulfonierungsgemisch isolieren konnte.

13. Bei der Nitrierung von ortho-Xylol ist CH_3, CH_3, NO_2 = 1, 2, 3 Hauptprodukt; bei der Chlorierung entstehen beide möglichen Isomere in etwa gleichen Mengen; bei der Einführung der übrigen Substituenten ist 1, 2, 4 Hauptprodukt. Da aber bei der Nitrierung von Toluol auch ortho-Nitrotoluol Hauptprodukt ist, muß die Nitrierung von o-Xylol auch hauptsächlich die vizinale Verbindung geben (S. 97).

14. Bei der Sulfonierung der meta-Toluylsäure entstehen etwa gleiche Mengen der Säuren CH_3, CO_2H, SO_3H = 1, 3, 4 und = 1, 3, 5, während die anderen Substituenten immer auf 2, 4, 6 treten. Der Strukturbeweis der Sulfotoluylsäuren ist aber nur auf einer Kalischmelze basiert.

15. Bei der Bromierung von Phtalsäure entsteht hauptsächlich die Verbindung CO_2H, CO_2H, Br = 1, 2, 3, bei der Chlorierung die Verbindung CO_2H, CO_2H, Cl = 1, 2, 4. v. Pechmann, welcher die Bromierung der Phtalsäure studierte, bekam dabei ein Säuregemisch, dessen Trennung ihm nicht recht gelingen wollte. Welches von den beiden isomeren Bromphtalsäuren Hauptprodukt gewesen ist, ist deshalb noch zweifelhaft.

16. Bei der Nitrierung der meta-Oxybenzoesäure soll nach Griess auch die Säure CO_2H, OH, NO_2 = 1, 3, 5 entstehen; die anderen Substituenten treten immer an die Stellen 2, 4, 6. Die Möglichkeit ist nicht ausgeschlossen, daß genannte Säure die Struktur 1, 3, 6 hat (S. 412).

17. Daß bei der Bromierung und bei der Nitrierung von verschiedenen Derivaten des ortho-Amidophenols die eingeführten Substituenten an verschiedenen Stellen im Kern eintreten, muß gewiß auf Rechnung der verschiedenen Gruppen geschoben werden, die an OH und NH_2 gebunden sind. Siehe übrigens auch S. 423.

18. Bei der Sulfonierung von Brenzkatechin bildet sich die Sulfosäure OH, OH, SO_3H = 1, 2, 3; bei der Einführung von anderen Gruppen tritt der Substituent auf die Stelle 4. Der Beweis für die Stelle der Sulfogruppe ist aber nur auf einer Kalischmelze gegründet.

Man sieht also, daß die Zahl der Ausnahmen, gegenüber der großen Anzahl von untersuchten Substitutionen, sehr gering ist; dabei sind die meisten von ihnen noch anfechtbar. Man muß natürlich auch hier wohl unterscheiden zwischen direkter und indirekter Substitution, im Sinne von S. 196. In vorstehenden Tabellen sind

386 Fälle von Substitutionen verzeichnet; bei 342 von ihnen ist die Stelle angegeben, wo der dritte Substituent eintritt. Die Zahl der Ausnahmen von der Regel, daß die Substituenten, unabhängig von ihrer Art, in ein gegebenes Diderivat an denselben Stellen treten, würde deshalb nur ca. 5 % betragen, falls alle genau bewiesen sein würden, was durchaus nicht der Fall ist. Man darf daher behaupten, daß die Regel allgemein gültig ist.

Nehmen wir also als festgestellt an, daß auch bei der Einführung eines dritten Substituenten der Ort, wo derselbe eintritt, nur von den bereits anwesenden Substituenten bedingt wird, also unabhängig ist von der Natur des eingeführten dritten Substituenten, so lassen sich obige Tabellen in die folgenden umwandeln, weil nunmehr die Substitutionen für alle Substituenten in einer Ziffer zusammengefaßt werden können.

Tabelle XIII.

F = 1	Anwesend in Stellungen o	m	p
	neuer Substituent tritt auf:		
F, NO_2	—	—	2
F, SO_3H	—	—	2
F, CH_3	—	—	3
F, NH_2	—	—	2

Tabelle XIV.

Cl = 1	Anwesend in Stellungen o	m	p
	neuer Substituent tritt auf:		
Cl, Cl	4, 3	4, 2	—
Cl, Br	—	—	2
Cl, J	—	2? 6?	2
Cl, NO_2	4, 6	4, 2	2
Cl, SO_3H	—	—	2
Cl, CH_3	4, 6	4, 6	2, 3
Cl, CO_2H	4, 6	4, 6, 2	2
Cl, NH_2	5	4, 6	3
Cl, OH	5, 3	4, 6	3
Cl, CHO	4	6, 4 (2?)	2

Tabelle XV.

Br = 1	Anwesend in Stellungen o	m	p
	neuer Substituent tritt auf:		
Br, Cl	—	—	3
Br, Br	4, 3	4, 2	—
Br, J	5	6	—
Br, NO_2	4, 6	4	2
Br, SO_3H	4, ?	4, 6	2
Br, CH_3	4, 5, 3	4, 2, ?	2, 3
Br, CO_2H	4, 6	6, 4, 2	2
Br, NH_2	5	4, 6	3, 2
Br, OH	5, 3	6	3
Br, CN	4	—	2
Br, CHO	—	4 (2?)	2

Tabelle XVI.

J = 1	Anwesend in Stellungen o	m	p
	neuer Substituent tritt auf:		
J, Cl	—	2? 4?	3
J, Br	4	4	—
J, J	4?	4	—
J, NO_2	4, 6	4?	2
J, CH_3	4 (5?)	?	3
J, CO_2H	4	?	2?
J, NH_2	—	6	?
J, OH	5, 3	?	3

Tabelle XVII.

NO_2 = 1	Anwesend in Stellungen o	m	p
	neuer Substituent tritt auf:		
NO_2, F	—	—	3
NO_2, Cl	3, 5	6, 2	3
NO_2, Br	3, 5	6	3
NO_2, J	3, 5	6?	3
NO_2, NO_2	—	5, 4, 2	—
NO_2, SO_3H	—	5	—
NO_2, CH_3	5, 3	4, 6, 2	3
NO_2, CO_2H	4, 5, 3	5	3, 2
NO_2, NH_2	5, 3	6, 4, 2	3
NO_2, OH	5, 3	4, 2, 6	3

Tabelle XVIII.

SO_3H = 1	Anwesend in Stellungen o	m	p
	neuer Substit. tritt auf:		
SO_3H, F	—	—	3
SO_3H, Cl	—	—	3
SO_3H, Br	5, ?	6, 4	3
SO_3H, NO_2	—	5	—
SO_3H, SO_3H	—	5, 4	—
SO_3H, CH_3	5	4, 5?	3
SO_3H, CO_2H	4	5	2
SO_3H, NH_2	5	4, 6	3
SO_3H, OH	5	?	3

Tabelle XIX.

CH_3 = 1	Anwesend in Stellungen o	m	p
	neuer Substituent tritt auf:		
CH_3, F	—	—	2
CH_3, Cl	3, 5	6, 4	3, 2
CH_3, Br	5	6	3, 2
CH_3, J	5 (4?)	?	2
CH_3, NO_2	4, 6	4, 6, 2	2
CH_3, SO_3H	4	6, 5?	2
CH_3, CH_3	4, 3	4, 2	—
CH_3, CO_2H	4, 6	6, 4, 2	2
CH_3, NH_2	5, 3	6, 2, 4	3, 2
CH_3, OH	5, 3	6, 4	3
CH_3, CN	4	4	2
CH_3, CHO	—	4, 2	2

Tabelle XX.

CO_2H = 1	Anwesend in Stellungen o	m	p
	neuer Substit. tritt auf:		
CO_2H, Cl	5, 3	4, 6, 2	3
CO_2H, Br	5, 3	4, 6, 2	3
CO_2H, J	5	?	2?
CO_2H, NO_2	4, 5, 6	5	2, 3
CO_2H, SO_2H	5	5	3
CO_2H, CH_3	5, 3	4, 6, 2	3
CO_2H, CO_2H	3, 4	5, 4	—
CO_2H, NH_2	5	2, 4, 6	3
CO_2H, OH	5, 3	4, 2	3
CO_2H, CHO	5, 3	—	—

Tabelle XXI.

NH_2 = 1	Anwesend in Stellungen o	m	p
	neuer Substit. tritt auf:		
NH_2, F	—	—	3
NH_2, Cl	4	6, 4	2
NH_2, Br	4	4, 6	2, 3
NH_2, J	—	4	?
NH_2, NO_2	4, 6	4, 6, 2	2
NH_2, SO_3H	4	6, 4	2
NH_2, CH_3	4, 6	4, 2, 6	2
NH_2, CO_2H	4	2, 4, 6	2
NH_2, NH_2	?	2, 4	—
NH_2, OH	5	4, 6?	3

Tabelle XXII.

OH = 1	Anwesend in Stellungen o	m	p
	neuer Substituent tritt auf:		
OH, Cl	4, 6	6, 4	2
OH, Br	4, 6	4	2
OH, J	4, 6	?	2
OH, NO_2	4, 6	2, 4, 6	2
OH, SO_3H	4	?	2
OH, CH_3	4, 6	4, 6, 2	2
OH, CO_2H	4, 6	6, 2	2
OH, NH_2	4	4?, 6	2
OH, OH	4	2, 4, 6	—
OH, CHO	4, 6	—	2

Tabelle XXIII.

CN = 1	Anwesend in Stellungen o	m	p
	neuer Substituent tritt auf:		
CN, Br	5	—	3
CN, CH_3	5	6	3

Tabelle XXIV.

CHO = 1	Anwesend in Stellungen o	m	p
	neuer Substit. tritt auf:		
CHO, Cl	5	4, 6 (2?)	3
CHO, Br	—	6	3
CHO, CH_3	—	6, 2	3
CHO, OH	5, 3	—	3
CHO, CO_2H	4, 6	—	—

Soviel wie möglich, wird in diesen Tabellen durch die Reihenfolge der Ziffern auch die Verminderung der entstehenden Produkte angezeigt. Sind drei Ziffern angeführt, so ist dies meistens nicht der Fall.

In den Tabellen XIII—XXIV ist nur die indirekte Substitution in Anilinderivaten berücksichtigt, welche zu p-o-Derivaten (NH_2 = 1) führt.

In dieser Form sind die Tabellen geeignet, den Einfluß der beiden schon anwesenden Gruppen auf den Ort, wo ein dritter Substituent in den Benzolkern eintritt, zu erläutern. Über diesen Einfluß finden sich in der Literatur mehrfach gelegentliche Andeutungen, ohne denselben aber näher zu präzisieren. Es sind aber auch einige Substitutionsregeln formuliert. So bemerkt Noelting,[1] daß sich ein meta-substituiertes

[1] B. 8, 1093 (1875).

Anilin bei weiterer Substitution geradeso verhält wie ein gar nicht substituiertes, was also darauf hinauskommt, daß in diesem Falle der meta-Substituent keinen Einfluß ausübt. Da die NH_2-Gruppe nach para-ortho orientiert (sei es denn auch durch indirekte Substitution), würde also ein meta-substituiertes Anilin bei weiterer Substitution nur ortho-para-Derivate in bezug auf NH_2 geben müssen. Wie aus obiger Tabelle XXI zu entnehmen ist, gilt auch noch heute diese Regel. Die Regel von LANGER (S. 288) ist als ein Spezialfall von NOELTINGS Regel zu betrachten.

Eine andere Regel, ebenfalls ein beschränktes Gebiet umfassend, hat HÜBNER[1] aufgestellt. Sie lautet: „Nitrogruppen vertreten im „mono-nitrierten Benzol hauptsächlich Wasserstoffatome, welche zur „Nitrogruppe in meta-Beziehung stehen, und zwar unbekümmert um „vorhandene Karboxyl-, Amido- und Methylgruppen, wenn die meta-„Wasserstoffatome noch nicht ersetzt sind.“ Aus den Kolumnen ortho und para der Tabelle XVII ergibt sich, daß diese Regel auch jetzt noch zutrifft.

KEHRMANN[2] will den Ort, wo ein Substituent eintritt, auf die Größe (das Gewicht) der bereits vorhandenen Substituenten zurückführen. ortho-Derivate bilden sich um so leichter, je kleiner der orientierende Substituent ist. Er weist aber mit Recht darauf hin, daß das Material zur Prüfung einer solchen Regel recht dürftig ist. Die seit 1890 publizierten Untersuchungen rechtfertigen dieselbe keineswegs. Von den vier Halogenbenzolen bildet gerade das Fluorbenzol bei der Nitrierung die kleinste Menge ortho-Verbindung. Dagegen entsteht bei der Nitrierung des Toluols als Hauptprodukt die ortho-Verbindung, wiewohl das Gewicht von F und von CH_3 fast gleich ist ($F = 19$, $CH_3 = 15$). Karboxyl und Nitro sind ebenfalls fast von gleichem Gewicht (44 bzw. 46); dennoch gibt die Nitrierung von Benzoesäure fast 20%, diejenige von Nitrobenzol nur etwa 7% ortho-Verbindung. Man muß also, angesichts dieser Tatsachen, zum Entschluß kommen, daß keine Beziehung zwischen dem Gewicht des anwesenden Substituenten und der Stellung einer eintretenden Gruppe besteht. Wenn nun KEHRMANN anführt, daß in einigen Fällen in dialkylierten und in dihalogenierten Benzolen mit

[1] A. **222**, 67 (1883). [2] B. **23**, 130 (1890).

ungleichen Substituenten der neu eintretende Substituent sich in ortho-Stellung zum kleinsten (leichtesten) vorhandenen der zwei Substituenten begibt, so ist dies, die Erfahrungen bei der Einführung eines zweiten Substituenten im monosubstituierten Benzol berücksichtigend, wohl auf andere Ursachen als auf das Gewicht dieser Substituenten zurückzuführen (s. unten).

Beilstein[1] faßt die Substitutionserscheinungen im folgenden, mehr allgemeinen Satz zusammen: „Tritt in ein Diderivat C_6H_4AB ein „Körper C ein, so betätigen sowohl A wie B ihren Einfluß, diejenige „Gruppe (A oder B), deren Einfluß prädominierend ist, wird C seine Stelle anweisen.“ In dieser allgemeinen Fassung ist die Regel aber ebensowenig zur Umschreibung der bekannten Tatsachen, als zur Prognose, wo der dritte Substituent eintreten wird, brauchbar, weil man nicht anzugeben vermag, welche der beiden anwesenden Gruppen in jedem konkreten Falle „prädominierend“ ist.

Obenstehenden Regeln ist gemeinsam, daß man den Einfluß des einen der anwesenden Substituenten vorherrschen lassen, denjenigen des anderen dagegen auf null reduzieren will. Dies ist auch noch der Fall in einer Abhandlung von Cloez,[2] welcher die Erscheinungen der Substitution im disubstituierten Benzol in einigen Thesen zusammenzufassen versucht, die aber viele Ausnahmen zeigen.

Viel rationeller ist es natürlich, den Einfluß von beiden Substituenten in Rechnung zu ziehen; hierbei kann man sich auf folgenden Standpunkt stellen. Bei der Einführung von C in C_6H_5A wird die gesamte Reaktion mit einer gewissen Geschwindigkeit vor sich gehen, welche sich über die drei Isomere in dem Verhältnis verteilt, in welchem sie entstehen (S. 72). Wird C in C_6H_5B eingeführt, so ist die Geschwindigkeit dieser gesamten Reaktion im allgemeinen eine andere. Wenn man annimmt, daß bei der Einführung von C in C_6H_4AB die beiden Substituenten sich in ihrer Wirkung nicht stören, so wird man folgende Voraussetzungen machen können. Willkürlich ist hierbei angenommen, daß A eine größere Geschwindigkeit der Substitution als B verursacht.

---

1 Handb. II, S. 10 (3. Aufl.).
2 C. r. **131**, 899 (1900).

I. Beide anwesenden Substituenten orientieren nach para-ortho-Stellen.

1. Dieselben stehen auf ortho-Stellen zueinander:

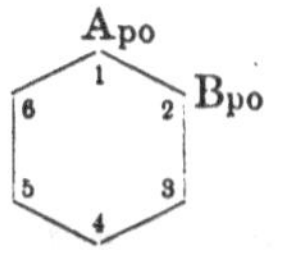

In diesem Falle stehen die übrigen Stellen 3 bis 6 alle an meta-Stelle zu A oder zu B, und an ortho-para-Stellen zu ihnen. Es wird also von der Reaktionsgeschwindigkeit, welche die Gruppen A und B veranlassen, abhängen, wo die Substitution hier hauptsächlich stattfinden wird. In weitaus den meisten Fällen der Einführung eines zweiten Substituenten entsteht die para-Verbindung in vorherrschender Menge. Dann wird, da ja A die größere Reaktionsgeschwindigkeit veranlaßt, A, B, C = 1, 2, 4 Hauptprodukt, 1, 2, 6 Nebenprodukt sein. Besteht keine erhebliche Differenz in der Substitutionsgeschwindigkeit zwischen C_6H_5A und C_6H_5B, so werden auch die beiden anderen Isomere 1, 2, 3 und 1, 2, 5 entstehen können. A und B unterstützen sich in dieser Stellung nicht in ihrer Wirkung.

2. A und B stehen auf meta-Stelle zueinander:

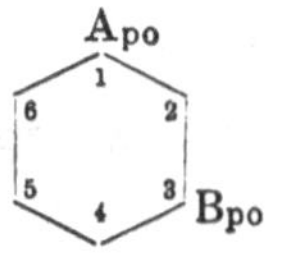

In diesem Falle wird die Stelle 4 bevorzugt sein, wenn beim Eintritt von C in C_6H_5A die para-Verbindung Hauptprodukt ist. Die Substitution an der Stelle 4 wird hier auch durch B begünstigt. Neben dem Hauptprodukt A, B, C = 1, 3, 4 ist hier aber auch die Bildung der Isomeren 1, 3, 2 und 1, 3, 6 zu erwarten, wogegen 1, 3, 5 ausgeschlossen ist, wenn weder A noch B (sei es auch in geringem Maße) nach meta orientieren.

3. A und B stehen auf para-Stellungen zueinander:

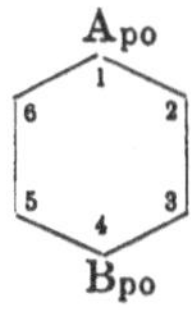

Die beiden Substituenten unterstützen sich dann nicht in ihrer Wirkung. Als Hauptprodukt ist 1, 2, 4 zu erwarten, aber vielleicht A, B, C = 1, 4, 3 als Nebenprodukt. Dies wird auch davon abhängen, in welchem Verhältnis die ortho- und para-Isomeren C_6H_4AC und C_6H_4BC entstehen.

II. Beide anwesenden Gruppen orientieren nach meta-Stellen.

1. A und B stehen auf ortho-Stellen zueinander:

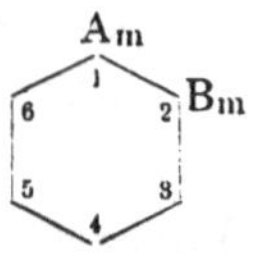

Die beiden Substituenten unterstützen sich teilweise in ihrer Wirkung, da außer meta-Derivat als Hauptprodukt auch immer ortho- oder para-Körper aus C_6H_5A und aus C_6H_5B bei Einführung von C entstehen. Hauptprodukt wird A, B, C = 1, 2, 3 sein, wenn B als Nebenprodukt auch die ortho-Verbindung entstehen läßt; 1, 2, 5 dagegen, wenn die para-Verbindung Nebenprodukt bei der Einführung einer zweiten Gruppe in C_6H_5B ist. Als weitere Nebenprodukte sind die Isomere 1, 2, 4 und 1, 2, 6 in untergeordneter Menge zu erwarten.

2. A und B stehen auf meta-Stellen zueinander:

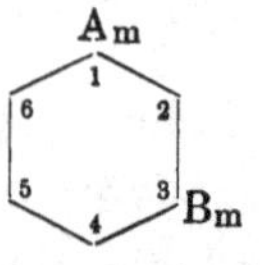

Alsdann wird die Stelle 5 stark begünstigt sein. Ob, und an welchen der anderen Stellen noch Substitution stattfindet, wird von den Nebenprodukten abhängen, welche bei der Einführung von C in C_6H_5A und in C_6H_5B entstehen.

3. A und B stehen auf para-Stellen zueinander:

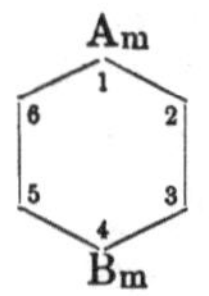

Eine teilweise Unterstützung wird stattfinden, wenn B auch nach der ortho-Stelle orientiert. Dann wird A, B, C = 1, 4, 3 Hauptprodukt sein; aber 1, 4, 2 ist als Nebenprodukt zu erwarten, wenn A auch nach der ortho-Stelle orientiert.

III. Eine der anwesenden Gruppen (A) orientiert nach para-ortho-Stellen, die andere (B) nach der meta-Stelle.

1. A und B stehen auf ortho-Stellen zueinander:

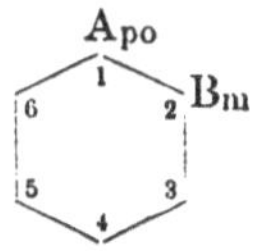

A und B unterstützen sich hier in ihrer Wirkung. Die Stellen 4 und 6 sind dadurch die begünstigten, und zwar 4 mehr als 6, wenn para-C_6H_4AC Hauptprodukt bei der Einführung von C in C_6H_5A ist. Vielleicht wird in untergeordneten Mengen auch Substitution an Stelle 3 auftreten, wenn B auch nach der ortho-Stelle orientiert. Orientiert B dagegen auch nach der para-Stelle, so wäre A, B, C = 1, 2, 5 anstatt 1, 2, 3 in geringer Menge zu erwarten.

2. A und B stehen auf meta-Stellen zueinander:

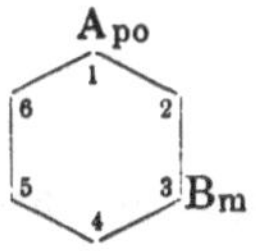

Da A nach den Stellen 4, 6, 2 dirigiert, B nach den Stellen 5 und 4 (oder 6), würden in diesem Falle alle vier möglichen Isomere zu erwarten sein.

3. A und B stehen auf para-Stellen zueinander:

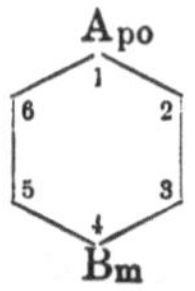

Beide Substituenten unterstützen sich in ihrer Wirkung. Hier wird die Stelle 2 begünstigt sein. Substituiert B außer nach der meta- auch nach der ortho-Stelle, so ist als Nebenprodukt A, B, C = 1, 4, 3 zu erwarten.

Tabellarisch läßt sich obiges in folgender Weise zusammenfassen:

A = 1. A verursacht die größere Geschwindigkeit.

Anwesende Substituenten				
A	B	befinden sich in Stellungen		
digerieren nach		o	m	p
		neuer Substituent tritt auf:		
o—p	o—p	4, 6	4, 6, 2	2, 3
m	m	{ 3 5	5	3, 2
o—p	m	4, 6	4, 6, 2	2

Auch hier deutet wieder die Reihenfolge der Ziffern die relative Abnahme der sich bildenden Isomere an.

Aus dem Vorhergehenden ergibt sich, daß nur in drei Fällen die beiden Substituenten sich in ihrer Wirkung ganz unterstützen und deshalb mit großer Wahrscheinlichkeit erwartet werden darf, daß die Einführung einer dritten Gruppe im angegebenen Sinne stattfinden wird. In allen sechs übrigen Fällen wird man für jeden konkreten Fall nur dann einige Gewißheit über den Verlauf der Substitution erhalten, wenn man die Geschwindigkeiten der Substitution in C_6H_5A und in C_6H_5B kennt; immer in der Voraussetzung, daß keine Störungen eintreten.

Nun sind aber Geschwindigkeitsmessungen der Substitution, zumal in monosubstituiertem Benzol, nur in sehr beschränktem Umfange ausgeführt worden; dieselben werden auch in manchen Fällen, wegen der großen Geschwindigkeit der Reaktionen, unausführbar sein. Mit Hilfe der vorstehenden Tabellen läßt sich jedoch über die Größenordnung dieser Geschwindigkeiten und über ihre Reihenfolge soviel ableiten, als zur Vorhersage des qualitativen Verlaufes der Substitution genügend ist.

Erstens in bezug zum Größenverhältnis, in welchem die Substitutionsgeschwindigkeiten nach para-ortho-Stellen einerseits, nach der meta-Stelle anderseits stehen. Im allgemeinen läßt sich behaupten, daß meta-Substitutionen langsamer als para-ortho-Substitutionen verlaufen. Nitrobenzol z. B. wird langsam, Chlorbenzol momentan nitriert; Phenol wird rasch, Benzoesäure unter gleichen Versuchsbedingungen langsam sulfoniert. Aus den Tabellen läßt sich entlehnen, daß die para-ortho-Substitutionen im allgemeinen viel rascher als die meta-Substitutionen verlaufen müssen. Dies ergibt sich namentlich aus dem Fall III, 2, wobei A_{po} auf 1, B_m auf 3 steht, und wobei alle vier möglichen Isomeren zu erwarten wären. Die Erfahrung lehrt aber, daß das Isomer 1, 3, 5, welches unter dem Einfluß von B_m sich würde bilden müssen, in Wirklichkeit niemals entsteht. Dies wird aber der Fall sein, wenn die meta-Substitution sehr viel langsamer als die para-ortho-Substitution verläuft; denn alsdann ist letztere bereits ganz bis zum Ende verlaufen, wenn erstere nur noch in so geringem Umfang stattgefunden hat, daß die gebildete Menge des meta-Produktes unterhalb der Grenze seiner Bestimmbarkeit liegt.

Wir haben jetzt noch die Reihenfolge der Substitutionsgeschwindigkeiten für die meta-dirigierenden Substituenten einerseits, für die para-ortho-dirigierenden Substituenten anderseits festzustellen. Was letztere anbelangt, liefern vorstehende Tabellen dafür die folgenden Daten.

Wir nehmen an, daß im Benzol zwei ungleiche Substituenten anwesend sind, beide nach para-ortho-Stellen dirigierend und zueinander auf ortho- und auf para-Stellen stehend, also die Fälle I, 1 und I, 3.

Fall I, 1: 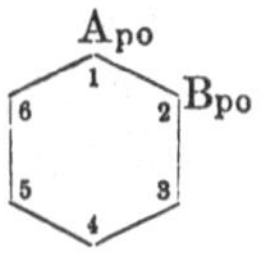

Fall I, 3: 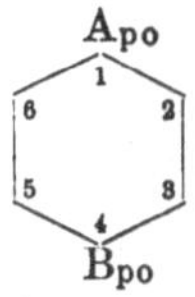

Die Einführung eines dritten Substituenten in diese Diderivate ist in den Fällen untersucht, welche in nachstehender Tabelle zusammengestellt sind:

Anwesend auf → A_{op} B_{op}	o	p	Anwesend auf → A_{op} B_{op}	o	p
	3. Substit.	tritt auf		3. Substit.	tritt auf
F, CH_3 . . .	—	3	Br, NH_2 . . .	5	3, 2
Cl, Br	—	2	Br, OH . . .	5, 3	3
Cl, J	—	2	J, CH_3	4 (5?)	3
Cl, CH_3 . . .	4, 6	2, 3	J, OH	5	3
Cl, NH_2 . . .	5	3	CH_3, NH_2 . .	5, 3	3, 2
Cl, OH . . .	3, 5	3	CH_3, OH . . .	5, 3	3
Br, J	5	—	NH_2, OH . . .	5	3
Br, CH_3 . . .	4, 5, 3	2, 3			

Das Hauptprodukt ist, wie immer, durch die erste Ziffer angegeben. Wie oben auseinander gesetzt ist, wird es von der Reaktionsgeschwindigkeit, welche durch A und durch B veranlaßt wird, abhängen, ob in (I, 1) als Hauptprodukt 4 oder 5, in (I, 3) als Hauptprodukt 2 oder 3 entstehen wird. Wenn also in vorstehender Tabelle hinter Cl, Br in der para-Kolumne die Ziffer 2 steht, so bedeutet dies, daß Chlor eine größere Substitutionsgeschwindigkeit als Brom verursacht. Hinter Cl, CH_3 steht in der ortho-Kolumne 4, 6, in der para-Kolumne 2, 3. Beide geben an, daß Chlor auch hier die größere Geschwindigkeit bewirkt, weil 4 bzw. 2 die Hauptprodukte sind. Man kann dies kurz ausdrücken durch Cl > Br und Cl > CH_3. In der Kombination Br, CH_3 ist in der ortho-Reihe 4, in der para-Reihe 2 das Hauptprodukt; also Br > CH_3. Dagegen ist bei den Kombinationen Br, NH_2 und Br, OH das Hauptprodukt in der ortho-Reihe 5, in der para-Reihe 3. Also muß NH_2 > Br und auch OH > Br sein. Um zu entscheiden, welche der beiden Gruppen OH und NH_2 die größere Reaktionsgeschwindigkeit veranlaßt, hat man die Ziffern, welche hinter der Kombination NH_2, OH stehen, zu Rate zu ziehen. Man findet hier in der ortho-Reihe 5, in der para-Reihe 3 stehen, also ist OH > NH_2. Aus der Tabelle geht weiter hervor, daß die Ziffern 5 und 3 in der ortho-Kolumne stets zusammengehen mit der Ziffer 3 in der para-Kolumne. Wird jedoch die Ziffer für das Hauptprodukt in der ortho-Kolumne 4, wie bei den Kombinationen Cl, CH_3 und Br, CH_3, so verwandelt sich gleichzeitig die Ziffer 3 der para-Kolumne in 2, wie dies nach den oben entwickelten Gesichtspunkten der Fall sein muß.

In gleicher Weise lassen sich nun die wichtigsten, nach para-ortho orientierenden Substituenten nach der Größe der durch sie veranlaßten Substitutionsgeschwindigkeiten ordnen, wodurch man die Reihenfolge

$$OH > NH_2 > Cl > J > Br > CH_3$$

erhält. Martinsen,[1] der die Nitrierungsgeschwindigkeit einiger Verbindungen in konzentrierter Schwefelsäure gemessen hat, kommt dadurch auch zum Resultat, daß die Geschwindigkeitskonstante bei Anwesenheit von Hydroxyl größer ist, als bei Anwesenheit von Methyl.

Etwas unsicher ist, nach den bis jetzt vorliegenden Tatsachen, ob J vor oder hinter CH_3 gestellt werden muß. Denn bei der Nitrierung von ortho-Jodtoluol entsteht die Verbindung CH_3, J, NO_2 = 1, 2, 5; bei der Nitrierung von para-Jodtoluol dagegen das Jodnitrotoluol CH_3, J,

[1] Z. ph. Ch. **59**, 605 (1907).

$NO_2 = 1, 4, 2$. Beide entstehen bei der Reaktion als Hauptprodukt, wiewohl das para-Jodtoluol hierbei teilweise, durch Ersatz von J durch NO_2, para-Nitrotoluol gibt. Aus ersterer Reaktion würde man schließen auf $J > CH_3$, aus letzterer auf $CH_3 > J$. Immerhin scheint die Differenz der Substitutionsgeschwindigkeiten, welche durch Methyl, Brom und Jod veranlaßt werden, ziemlich klein zu sein, so daß auch Zweifel bestehen kann, ob $J <$ oder $>$ Br geschrieben werden soll.

Obenstehende Reihenfolge der Substitutionsgeschwindigkeiten wird bestätigt durch die Erscheinungen bei der Substitution in meta-Diderivaten des Benzols. Sind zwei verschiedene Substituenten an meta-Stelle vorhanden, die beide nach para-ortho-Stellen dirigieren (Fall I, 2), so muß man nach S. 461 haben:

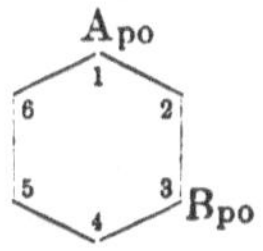

Wenn $A > B$: Hauptprodukt 4.
" $B > A$: " 6.

In der Tat trifft dies zu, wie aus nachstehender Tabelle zu ersehen ist:

Anwesend in m-Stellung	3. Substit. tritt auf	Anwesend in m-Stellung	3. Substit. tritt auf
1 3		1 3	
Cl, CH_3 . .	4, 6	J, NH_2 . . .	6
Cl, NH_2 . .	6	CH_3, NH_2 . .	6
Cl, OH . . . {	4 6	CH_3, OH . .	6
Br, J . . .	6?	NH_2, OH . . {	6? 4
Br, CH_3 . .	4		
Br, NH_2 . . {	4 6		
Br, OH . . .	6		

Zu dieser Tabelle ist folgendes zu bemerken:

Bei der Einführung eines dritten Substituenten im m-Chlorphenol würde man Besetzung der Stelle 6 erwarten, da ja $OH > Cl$ ist. Nun ist diese Einführung untersucht für die Nitrogruppe, die Karboxyl- und die Aldehydgruppe. Letztere stellt sich wirklich auf 6. Daß bei der Einführung von Karboxyl eine Chlorsalicylsäure und nicht eine Chlor-p-oxybenzoesäure entsteht, wird wohl nur durch die Temperatur, bei welcher gearbeitet wurde, bedingt sein. Bei der Nitrierung von m-Chlorphenol wurde das Reaktionsprodukt mit Wasserdampf übergeblasen, wobei natürlich das flüchtige Chlor-o-nitrophenol überging, dagegen wurde nicht untersucht, ob der Destillationsrest das Chlor-p-nitrophenol enthielt. Die Tatsachen sind also nicht ausreichend, um eine Entscheidung zu treffen (S. 259).

Bezüglich des meta-Bromanilins, bei welchem die Einführung eines dritten Substituenten auf 6 zu erwarten war, muß bemerkt werden, daß die Einführung für Chlor und für Brom studiert worden ist. Das Brom stellt sich in der Tat auf 6. Die Einführung von Chlor ist mittels des Dichloracetanilidchlorids geschehen (S. 287), wobei als Hauptprodukt Br, NH_2, Cl = 1, 3, 4, als Nebenprodukt 1, 3, 6 entstand. Nun gibt aber die Behandlung von Anilin auf diese Weise nahezu gleiche Mengen o- und p-Chloranilin (S. 134); da aber bei der Chlorierung von Brombenzol para-Chlorbrombenzol ohne Zweifel das Hauptprodukt

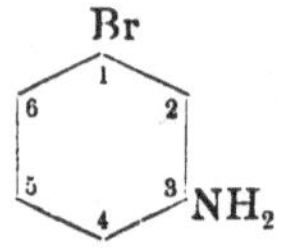

sein wird, das Bromatom also die Substitution nach 4 im m-Bromanilin stark unterstützt, kann es nicht befremden, daß bei der Chlorierung dieser Verbindung in angegebener Weise der „größere Teil" des Reaktionsproduktes die Verbindung Br, NH_2, Cl = 1, 3, 4 ist. Was endlich die Einführung einer dritten Gruppe in m-Amidophenol angeht, so ist diese noch ungenügend studiert.

Es gibt im allgemeinen noch einen Fall, in dem die Einführung eines dritten Substituenten nicht so verläuft, als man auf Grund der oben abgeleiteten Reihenfolge der Substitutionsgeschwindigkeiten erwarten würde. Dies kann nämlich vorkommen, wenn die Mengenverhältnisse, in welchen die Isomere C_6H_4AC und C_6H_4BC entstehen, ungünstig liegen, wie z. B. bei der Sulfonierung von p-Chlor- und p-Bromtoluol. Hierbei bilden sich nämlich die Sulfosäuren von der Struktur X, CH_3, SO_3H = 1, 4, 3 (X = Cl oder Br), während doch X > CH_3 ist, man also vielmehr die isomeren Säuren 1, 4, 2 erwarten würde. Nun bildet sich aber bei der Sulfonierung von Toluol eine ansehnliche Menge ortho-Verbindung, bei der Sulfonierung von Chlor- und Brombenzol aber keine Spur davon. Es erscheint daher ganz natürlich, daß bei der Sulfonierung dieser Halogentoluole die Sulfogruppe sich im Hauptprodukt neben die Methylgruppe und nicht neben das Halogen stellt; es ist sogar als eine Störung zu betrachten, daß die Verbindung 1, 4, 2 überhaupt sich bildet.

Auf dieselbe Ursache ist zurückzuführen, daß bei der Sulfonierung von p-Fluortoluol die Fluortoluolsulfosäure CH_3, F, SO_3H = 1, 4, 2 sich bildet, anstatt des Isomers 1, 4, 3.

Man ersieht hieraus, daß zur richtigen Vorhersagung, welche Trisubstitutionsverbindungen C_6H_3ABC sich bei Einführung eines dritten Substituenten C in C_6H_4AB bilden werden, auch die Kenntnis der Mengenverhältnisse, in welchen die Isomere C_6H_4AB und C_6H_4BC entstehen, notwendig ist. Wir werden hierauf im letzten Kapitel dieses Abschnittes näher zurückzukommen haben.

Zur Beurteilung der Reihenfolge der Substitutionsgeschwindigkeiten, die durch nach meta-Stellen dirigierende Gruppen verursacht sind, bieten die Tabellen nur ein sehr sparsames Material. Die einzigen, gut konstatierten Tatsachen sind eigentlich nur der Nitrierung von ortho- und para-Sulfobenzoesäure zu entnehmen. Bei ersterer entsteht die Verbindung CO_2H, SO_3H, NO_2 = 1, 2, 5, bei letzterer die Verbindung 1, 4, 3:

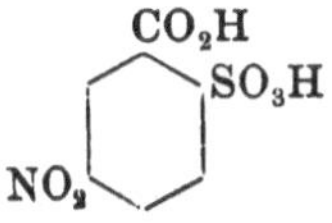

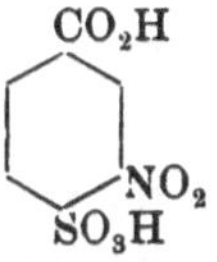

Beide geben also an, daß die Karboxylgruppe eine größere Geschwindigkeit als die Sulfogruppe veranlaßt. Dies wird auch wieder durch die Untersuchungen von Martinsen[1] bestätigt, welcher für die Nitrierungsgeschwindigkeit in konzentrierter Schwefelsäure bei 25° folgende Konstanten fand:

	K
Nitrobenzol	1,5
Benzolsulfosäure	26,0
Benzoesäure	100,0

Man wird also die Reihenfolge $CO_2H > SO_3H > NO_2$ haben. Aus der Untersuchung von Wegscheider und Dubrav (S. 417) würde sich auch noch ergeben, daß $CO_2H >$ CHO, weil bei der Nitrierung der Phtalaldehydsäure die NO_2-Gruppe nur auf meta-Stelle in bezug auf Karboxyl eingeführt wird. Weiter läßt sich sonst über den Platz von CHO in der Reihe nichts sagen.

Aus dem Vorstehenden ergibt sich also: 1. die Substitutionsgeschwindigkeit nach para-ortho-Stellen ist viel größer als die nach meta-Stellen; 2. die Reihenfolge dieser Geschwindigkeiten für die nach

[1] a. a. O.

para-ortho-Stellen dirigierenden Substituenten ist $OH > NH_2 > Cl > J > Br > CH_3$; 3. diese Reihenfolge für die nach meta-Stellen dirigierenden Substituenten ist $CO_2H > SO_3H > NO_2$. Es muß jetzt möglich sein, wenn die Hypothese, von der wir ausgegangen sind, richtig ist, mit Hilfe dieser Sätze vorherzusagen, welche Isomere bei Einführung eines Substituenten C in einer gegebenen Verbindung C_6H_4AB entstehen werden, und welches das Hauptprodukt sein wird. Aus nachstehenden Tabellen geht hervor, daß dies in der Tat weitgehend der Fall ist. Bemerkt muß noch werden, daß bei der Angabe der theoretisch zu erwartenden Stellen in den Fällen III, 1, 2 und 3 die Isomere, welche den dritten Substituenten bei Fall III, 1 auf 3 und 5, bei Fall III, 2 auf 5 und bei Fall III, 3 auf 3 haben, nicht angeführt sind, weil hier Satz 1 Anwendung findet. Die genannten Stellen werden nämlich nur unter dem Einfluß des nach meta dirigierenden Substituenten B_m ein-

Fall I, 1:

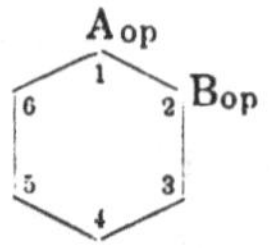

Anwesend A B	3. Subst. tritt auf Exp.	Theor.	Anwesend A B	3. Subst. tritt auf Exp.	Theor.
Cl, Cl . . .	4, 3	4, 3	J, J	4?	4, 3
Cl, CH_3 . . .	4, 6	4, 6	J, CH_3 . . .	4	4
Cl, NH_2 . . .	5	5	J, OH . . .	5[1], 3	5
Cl, OH . . .	5, 3	5	CH_3, CH_3 . .	4[2], 3	4, 3
Br, Br . . .	4, 3	4, 3	CH_3, NH_2 . .	5, 3	5
Br, CH_3 . . .	4, 5, 3	4, 5	CH_3, OH . .	3 5	5
Br, NH_2 . . .	5	5			
Br, OH . . .	5, 3	5	NH_2, OH . .	5	5
			OH, OH . . .	4	4, 3

[1] ortho-Anisoljodidchlorid $CH_3O \cdot C_6H_4 \cdot JCl_2$ verwandelt sich spontan in J, OCH_3, Cl = 1, 2, 4 (wovon die Struktur aber nicht bewiesen, sondern nur nach Analogie angegeben ist). Bei der Einführung von Brom entsteht aber die Verbindung J, OCH_3, Br = 1, 2, 5. Ist die Struktur des Chlorjodanisols richtig, so muß das Eintreten des Chlors auf para-Stelle zum Jod der indirekten Substitution zugeschrieben werden.

[2] Bei der Nitrierung von ortho-Xylol bildet sich hauptsächlich die Verbindung CH_3, CH_3, NO_2 = 1, 2, 3; bei der Einführung von anderen Substituenten die Verbindungen CH_3, CH_3, X = 1, 2, 4. Wenn aber Toluol nitriert wird, bildet sich auch hauptsächlich ortho-Nitrotoluol (S. 97).

Fall I, 2:

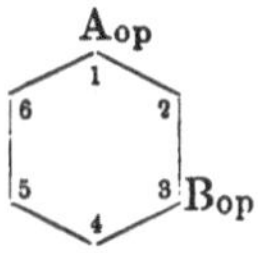

Anwesend A B	3. Subst. tritt auf Exp.	Theor.	Anwesend A B	3. Subst. tritt auf Exp.	Theor.
Cl, Cl . . .	4, 2	4, 2	J, J	4	4, 2
Cl, J	2 od. 6	4, 6, 2	J, NH_2 . . .	6	6, 4, 2
Cl, CH_3 . . .	4, 6	4, 6, 2	CH_3, CH_3 . .	4, 2	4, 2
Cl, NH_2 . . .	4 / 6 2(?)	6, 4, 2	CH_3, NH_2 . .	6, 2, 4	6, 4, 2
Cl, OH . . .	4	6, 4, 2	CH_3, OH . .	6, 4, 2	6, 4, 2
Br, Br . . .	4, 2,?	4, 2	NH_2, NH_2 . .	4 (2)	4, 2
Br, CH_3 . . .	4, 2	4, 6, 2	NH_2, OH . .	4, 6?	6, 4, 2
Br, NH_2 . . .	4, 6	6, 4, 2	OH, OH . .	2, 4, 6	4, 2

genommen, sofern derselbe Veranlassung zu der Bildung von Nebenprodukten gibt. Diese werden also viel langsamer gebildet als die Substitutionsprodukte, welche unter dem Einfluß der nach para-ortho-Stellen dirigierenden Substituenten A_{po} gebildet werden. Wie man aus den Tabellen sehen kann, stimmt dann die Theorie mit den beobachteten Tatsachen auch in diesen Fällen befriedigend überein.

Aus der Tabelle für Fall I, 2 sieht man, daß, wie die Theorie verlangt, sich nie die Verbindung A, B, C = 1, 3, 5 bildet.

Fall I, 3:

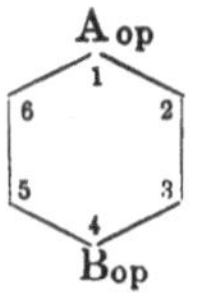

Anwesend A B	3. Subst. tritt auf Exp.	Theorie	Anwesend A B	3. Subst. tritt auf Exp.	Theorie
Cl, Br . . .	2	2	CH_3, J . . .	2	2
Cl, J	2	2	J, OH . . .	3	3
Cl, CH_3 . . .	2, 3	2	CH_3, NH_2 . .	3, 2	3
Cl, NH_2 . . .	3	3	CH_3, OH . .	3	3
Cl, OH . . .	3	3	NH_2, OH . .	3	3
Br, CH_3 . . .	2, 3	2			
Br, NH_2 . . .	3, 2	3			
Br, OH . . .	3	3			

Unter Theorie ist nur das Hauptprodukt angeführt. Bezüglich der Ausnahme bei J, CH_3 siehe S. 454.

Fall II, 1:

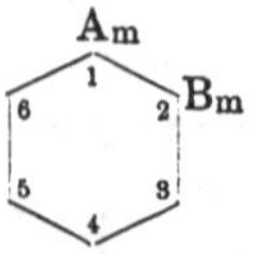

Anwesend A B	3. Subst. tritt auf Exp.	Theorie
NO_2, CO_2H	4 5 3	4, 6
SO_3H, CO_2H . . .	4	4, 6
CO_2H, CO_2H . . .	3 4	3 4

Fall II, 2:

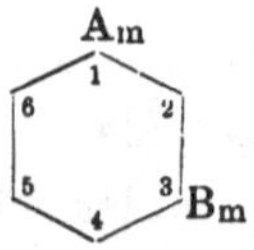

Anwesend A B	3. Subst. tritt auf Exp.	Theorie
NO_2, SO_3H	5	5
NO_2, CO_2H	5	5
SO_3H, SO_3H . . .	5	5
SO_3H, CO_2H . . .	5	5
CO_2H, CO_2H . . .	5	5

Fall II, 3:

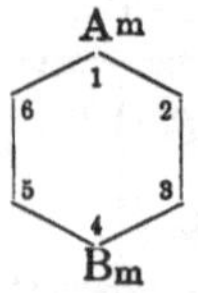

Anwesend A B	3. Subst. tritt auf Exp.	Theorie
SO_3H, CO_2H . . .	2	2
NO_2, CO_2H	3 2	2

Bezüglich der Nitrierung von p-Nitrobenzoesäure siehe S. 316.

Fall III, 1:

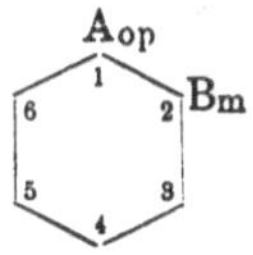

Anwesend A B	3. Subst. tritt auf Exp.	Theorie	Anwesend A B	3. Subst. tritt auf Exp.	Theorie
Cl, NO_2 . . .	4, 6	4, 6	CH_3, NO_2 . .	4, 6	4, 6
Cl, CO_2H . .	4, 6	4, 6	CH_3, SO_3H . .	4	4, 6
Cl, CHO . .	4	4, 6	CH_3, CO_2H . .	4, 6	4, 6
Br, NO_2 . . .	4, 6	4, 6	CH_3, CN . . .	4	4, 6
Br, SO_3H . .	4, ?	4, 6	NH_2, NO_2 . .	4, 6	4, 6
Br, CO_2H . .	4, 6	4, 6	NH_2, SO_3H . .	4	4, 6
Br, CN . . .	4	4, 6	NH_2, CO_2H . .	4	4, 6
J, NO_2 . . .	4, 6	4, 6	OH, NO_2 . . .	4, 6	4, 6
J, CO_2H . . .	4	4, 6	OH, SO_3H . .	4	4, 6
			OH, CO_2H . .	4, 6	4, 6
			OH, CHO . .	4, 6	4, 6

Fall III, 2:

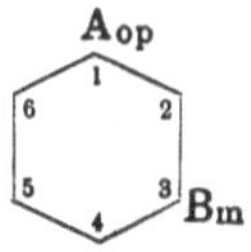

Anwesend A B	3. Subst. tritt auf Exp.	Theorie	Anwesend A B	3. Subst. tritt auf Exp.	Theorie
Cl, NO_2 . . .	4, 2	4, 6, 2	CH_3, NO_2 . .	4, 6, 2	4, 6, 2
Cl, CO_2H . .	4, 6, 2	4, 6, 2	CH_3, SO_3H . .	6, 5?	4, 6, 2
Cl, CHO . . .	4, 6, (2?)	4, 6, 2	CH_3, CO_2H . .	6, 4, 2	4, 6, 2
Br, NO_2 . . .	4	4, 6, 2	CH_3, CHO . .	4, 2	4, 6, 2
Br, SO_3H . .	4, 6	4, 6, 2	NH_2, NO_2 . .	4, 6, 2	4, 6, 2
Br, CO_2H . .	6, 4, 2	4, 6, 2	NH_2, SO_3H . .	6, 4	4, 6, 2
Br, CHO . .	4 (2?)	4, 6, 2	NH_2, CO_2H . .	2, 4, 6	4, 6, 2
J, NO_2 . . .	4?	4, 6, 2	OH, NO_2 . . .	2, 6, 4	4, 6, 2
			OH, SO_3H . .	?	4, 6, 2
			OH, CO_2H . .	6, 2	4, 6, 2

Fall III, 3: 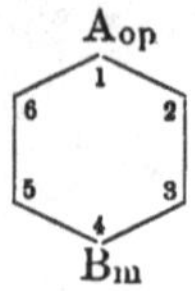

Anwesend A B	3. Subst. tritt auf Exp.	Theorie	Anwesend A B	3. Subst. tritt auf Exp.	Theorie
Cl, NO_2 . . .	2	2	CH_3, NO_2 . .	2	2
Cl, SO_3H . .	2	2	CH_3, SO_3H . .	2	2
Cl, CO_2H . .	2	2	CH_3, CO_2H . .	2	2
Cl, CHO . . .	2	2	CH_3, CN . . .	2	2
Br, NO_2 . . .	2	2	CH_3, CHO . .	2	2
Br, SO_3H . .	2	2	NH_2, NO_2 . .	2	2
Br, CO_2H . .	2	2	NH_2, SO_3H . .	2	2
Br, CN . . .	2	2	NH_2, CO_2H . .	2	2
Br, CHO . .	2	2	OH, NO_2 . .	2	2
J, NO_2 . . .	2	2	OH, SO_3H . .	2	2
			OH, CO_2H . .	2	2
			OH, CHO . .	2	2

Schließlich möge noch auf folgendes die Aufmerksamkeit gelenkt werden. Wir sahen, daß die Stelle, an welcher ein willkürlicher Substituent C in C_6H_4AB eintritt, weitgehend unabhängig von der Natur von C ist. Wenn nun wirklich das ganze Resultat der Substitution beherrscht wird durch die Geschwindigkeit, womit dieselbe unter dem Einfluß von A und von B verläuft, so muß, wenn ein gewisser Substituent C_1 in C_6H_5A mit größerer Geschwindigkeit als in C_6H_5B eintritt, dasselbe auch der Fall sein mit allen anderen Substituenten C_2, C_3 . . . C_n. Ob diese Beziehung besteht, wird erst durch Geschwindigkeitsmessungen bei Substitutionen mit Gewißheit festgestellt werden können. Vorläufig läßt sich aber aus einigen Tatsachen entnehmen, daß die Beziehung in der Tat vorhanden zu sein scheint. Vergleichen wir z. B. Phenol und Toluol, deren Substituenten (OH und CH_3) beide nach para-ortho-Stellen dirigieren. Oben haben wir abgeleitet, daß OH $>$ CH_3 ist. Nun sieht man wirklich nicht nur eine, sondern alle Substitutionen in Phenol rascher verlaufen als in Toluol. Die Chlorierung und Bromierung von Toluol im Dunkeln ist ein langsam verlaufender Prozeß; bei Phenol verläuft derselbe momentan. Phenol ist bereits bei gewöhnlicher Temperatur mit konzentrierter

Schwefelsäure sulfonierbar, Toluol unter diesen Umständen nicht oder sehr langsam. Toluol wird zwar rasch nitriert; aber die Einwirkung von gleich konzentrierter Salpetersäure auf Phenol ist ungleich heftiger.

Bezüglich der nach meta-Stellen dirigierenden Gruppen sei auf die Nitro- und die Karboxylgruppe hingewiesen. Nach Martinsen[1] verläuft die Nitrierung von Nitrobenzol langsamer als von Benzoesäure. Mutmaßlich wird auch die Chlorierung und Bromierung von erstgenannter Verbindung langsamer als von letztgenannter vor sich gehen, denn Benzoesäure ist, obwohl schwierig, doch direkt halogenierbar, während dies bei Nitrobenzol ohne Katalysator nicht gelingt. Auch fand Martinsen, daß Benzolsulfosäure langsamer als Benzoesäure nitriert wird. So ist es auch bei der Sulfonierung; denn für die Sulfonierung von Benzoesäure ist Erhitzung auf 200° während einer Stunde genügend, um die Reaktion vollständig verlaufen zu lassen (S. 128), während bei Benzolsulfosäure mit einem viel größeren Überschuß an Schwefelsäure auf 200—220° drei Stunden lang erhitzt werden mußte, um dazu zu gelangen (S. 81).

Stellt es sich heraus, daß diese Beziehung wirklich besteht, so würde man dieselbe benutzen können zur Feststellung der Reihenfolge der Geschwindigkeiten von sehr rasch verlaufenden Substitutionen, die direkt nicht meßbar sind. Ob z. B. die Nitrierung von Brombenzol rascher als die von Toluol vor sich geht, würde dann abgeleitet werden können aus der Messung von der Geschwindigkeit der Sulfonierung dieser beiden Verbindungen, da Sulfonierungen meistens langsam verlaufende Prozesse sind.

II. Über den Gegensatz zwischen der Substitution nach para-ortho-Stellen und nach der meta-Stelle im Benzolkern.

Wir wissen aus den theoretischen Betrachtungen auf S. 203 u. f., daß es bis jetzt weder gelungen ist, eine Erklärung des in der Überschrift genannten Gegensatzes zu geben, noch vorauszusagen, wohin ein anwesender Substituent einen zweiten dirigieren wird. Die nunmehr gewonnene Einsicht erlaubt, hierüber einige Aufklärungen zu geben.[2]

[1] Z. ph. Ch. **59**, 605 (1907).

[2] Boeseken und Holleman, Verslagen kon. Acad. v. Wetenschappen, Amsterdam, Sitzung vom 24. Dezember 1909.

Als Grundlage wird dabei die Benzolformel KEKULÉS angenommen. In jeder Verbindung C_6H_5X steht dann X an ein doppelt gebundenes Kohlenstoffatom. Es ist bekannt, daß die unmittelbare Nähe einer

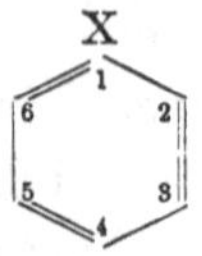

doppelten Bindung großen Einfluß hat auf das Verhalten der daran gebundenen Gruppen oder Atome. Man denke z. B. an die geringe Fähigkeit zu doppelten Umsetzungen, welche das Chloratom in β-Chlorpropylen $CH_2{=}CCl{-}CH_3$ hat, im Gegensatz zum Halogenatom im Allylchlorid $CH_2{=}CH \cdot CH_2Cl$, wo die doppelte Bindung nicht an dem Kohlenstoffatom vorkommt, welches das Chloratom trägt. Man wird daher auch umgekehrt annehmen dürfen, daß X die doppelte Bindung beeinflußt, da eine solche Wechselwirkung zwischen verschiedenen in demselben Molekül anwesenden Atomgruppen allgemein beobachtet wird.

Wir stellen nun die Hypothese auf, daß die Wirkung von X auf die doppelte Bindung, an welcher dieser Substituent steht, darin besteht, daß X entweder die Addition erleichtert, oder dieselbe erschwert. Nach den Untersuchungen von THIELE über konjugierte doppelte Bindungen erscheint es dann nicht zu gewagt, anzunehmen, daß auch die Addition an den Stellen 1, 4 in gleicher Weise beeinflußt wird. Dagegen kann das Additionsvermögen an der doppelten Bindung 2, 3 durch X keine ansehnliche Änderung erleiden, weil X nicht direkt an dieser doppelten Bindung steht. Mit anderen Worten läuft diese Hypothese darauf hinaus, daß die Additionsgeschwindigkeit unter dem Einfluß von X an den Stellen 1, 6 und 1, 4 vergrößert oder verkleinert wird, an den Stellen 2, 3 aber nur wenig Veränderung erleidet.

Es darf für sehr wahrscheinlich gehalten werden, daß einer Substitution im Benzolkern eine Addition vorausgeht. Wird z. B. C_6H_5X nitriert, so ist primär eine Addition nach nachstehenden Formeln

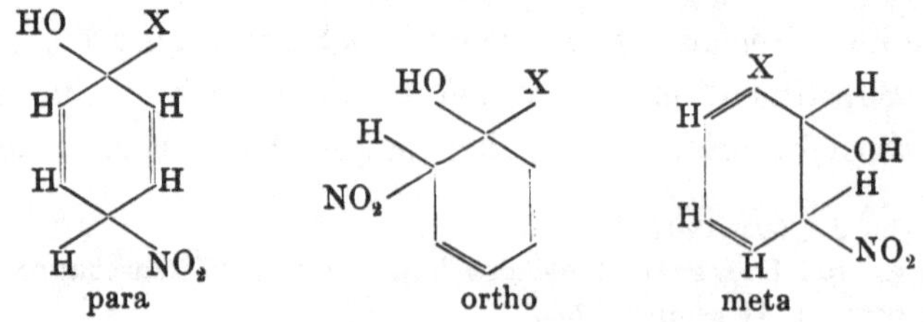

anzunehmen, gefolgt durch Abspaltung von Wasser, wodurch der weniger stabile Sechsring mit zwei doppelten Bindungen wieder zum stabilen Benzolring zurückkehrt. Welches dieser drei Additionsschemata mit darauffolgender Abspaltung, d. h. welcher Typus der Substitution auftritt, das muß durch die Geschwindigkeit dieser Reaktionen beherrscht werden.

Beschleunigt X die Reaktion, so findet Substitution nach para-ortho-Stellen statt, und zwar ausschließlich, wenn X einen großen beschleunigenden Einfluß hat. Denn in diesem Falle wird die Menge des meta-Derivates, welche sich gleichzeitig bilden kann, so gering, daß dieselbe nicht mehr bestimmbar ist (S. 460). Beschleunigt aber X die Reaktion nicht so ansehnlich, dann werden sich auch noch gewisse Mengen der meta-Verbindung bilden können. Beispiele dafür geben Phenol und Toluol. Bei ersterer Verbindung ist die Substitutionsgeschwindigkeit am größten, bei letztgenannter am kleinsten unter den nach para-ortho-Stellen dirigierenden Substituenten (S. 466). Nun gibt die Nitrierung von Phenol nur para- und ortho-Nitrophenol, während bei der Nitrierung von Toluol auch einige Prozente der meta-Verbindung entstehen.

Hat X dagegen eine verzögernde Wirkung, dann steht die Addition an der doppelten Bindung 2, 3 im Vordergrund; diese verläuft jetzt rascher als die am konjugierten System; die Folge davon ist, daß jetzt die meta-Verbindung das Hauptprodukt wird. Die Langsamkeit der Reaktionen, bei welchen meta-Derivate entstehen, wird so auch verständlich, da Substitutionen im unsubstituierten Benzol ebenfalls meistens ziemlich langsam vor sich gehen.

Ebenso wie bei Additionen am konjugierten System neben der Bildung von 1,4-Produkten auch oft 1,2-Produkte entstehen, ist dies bei den Substitutionen auf para-ortho-Stellen der Fall. Die relativen Mengen, in welchen die ortho- und die para-Verbindungen entstehen, wechseln zwischen sehr weiten Grenzen und sind abhängig von der Natur des anwesenden Substituenten X, des eingeführten Substituenten, von der Temperatur und vom Milieu. Man wird deshalb anzunehmen haben, daß alle diese Umstände zwar nicht imstande sind, die beschleunigende Wirkung von X zu vernichten, daß sie jedoch von erheblichem Einfluß sind auf die Geschwindigkeit, womit einerseits die doppelte Bindung, anderseits das konjugierte System reagiert. Aus der Tatsache, daß in den meisten Fällen bei Substitution nach para-ortho-Stellen das para-Derivat Hauptprodukt ist, muß man ableiten, daß X im allgemeinen einen neuen Substituenten so weit wie möglich von sich zu entfernen sucht.

Ist das meta-Derivat Hauptprodukt, so bildet sich daneben häufig das ortho-Derivat. Dies läßt sich aus dem Vorhergehenden sofort verstehen. Denn die primäre Addition findet in diesem Falle an den Kohlenstoffatomen 2 und 3 statt. Nun kann sich aber hierbei der Substituent (NO_2, Halogen usf.) sowohl am Kohlenstoffatom 3 wie an 2 binden. In den bis jetzt studierten Fällen ist das meta-Produkt stets Hauptprodukt gewesen; vielleicht ist dies auf dieselbe Ursache zurückzuführen, welche bewirkt, daß bei para-ortho-Substitutionen die para-Verbindung Hauptprodukt ist.

In anderen Fällen entsteht aber neben der meta-Verbindung als Hauptprodukt die para-Verbindung. Man wird dann anzunehmen haben, daß die verzögernde Wirkung von X noch nicht so ansehnlich ist, daß auch Addition am konjugierten System stattfinden kann. Ein Beispiel hiervon gibt die Benzoesäure einerseits, die Benzolsulfosäure anderseits. Nach Martinsen[1] ist die Nitrierungsgeschwindigkeit in schwefelsaurer Lösung für Benzoesäure ca. viermal größer als für Benzolsulfosäure. Der verzögernde Einfluß der Sulfogruppe ist also größer als der der Karboxylgruppe. Daraus muß gemäß obiger Entwicklungen folgen, daß bei der Substitution in Benzoesäure, neben meta-Verbindungen als Hauptprodukt, mehr para-Verbindung entstehen muß als bei der Substitution in Benzolsulfosäure. Obwohl quantitative Bestimmungen hierüber nicht vorliegen, ist es doch unzweifelhaft, daß, wenn man beide Reaktionen unter denselben Versuchsbedingungen ausführt, bei der Sulfonierung von Benzoesäure viel mehr para-Sulfobenzoesäure entsteht, als bei der Sulfonierung von Benzolsulfosäure Benzol-para-disulfosäure gebildet wird.

Gibt nun auch das Vorhergehende einigen Einblick in die Ursache, weshalb bei der Einführung eines zweiten Substituenten in monosubstituierten Benzol entweder para-ortho-Derivate oder hauptsächlich das meta-Derivat sich bildet, so ist damit für die Vorhersage, wohin ein gegebener Substituent einen zweiten dirigieren wird, noch nichts gewonnen. Denn ebensowenig wie man bis jetzt im allgemeinen sagen

[1] Z. ph. Ch. 59, 605 (1907).

kann, weshalb gewisse Katalysatoren beschleunigend, andere verzögernd wirken, oder weshalb bei Anwesenheit gewisser Substituenten Reaktionen eintreten, die sonst ausbleiben, ebensowenig läßt sich im Spezialfall der Substitution im Benzolkern ein Merkmal angeben, woran man im voraus erkennen kann, ob ein anwesender Substituent beschleunigend oder verzögernd auf die Addition am konjugierten System einwirken wird, mit anderen Worten, ob die Substitution nach para-ortho- oder nach der meta-Stelle stattfinden wird. Man wird vorläufig nur als Tatsache zu registrieren haben, daß die Halogene, die Amido-, Hydroxyl- und Alkylgruppe nach para-ortho-Stellen, die Karboxyl-, Sulfo-, Nitro- und Acetylgruppe nach der meta-Stelle orientieren, um nur die wichtigsten zu nennen.

Wohl aber scheint es möglich zu sein, aus dem Verhalten dieser Substituenten abzuleiten, wie andere von ihnen derivierende Substituenten orientieren werden. Dabei sind zwei Fälle zu unterscheiden: 1. die einfachen Substituenten, welche in einem mehr komplexen Substituenten anwesend sind, orientieren in demselben Sinne; 2. sie orientieren im entgegengesetzten Sinne.

Im ersten Fall darf man erwarten, daß der Komplex nach denselben Stellen wie seine Komponenten dirigiert wird. In der Tat ist dies in Übereinstimmung mit den Experimenten. Wenn in Phenol oder in Anilin die Seitenkette alkyliert wird, sieht man, daß diese Derivate die Substitution gerade in demselben Sinne erleiden wie Phenol selbst. Wird in Toluol in die Seitenkette Halogen eingeführt, so bleibt die Substitution nach para-ortho-Stellen bestehen (S. 110—114).

In der Karboxylgruppe ist die stark beschleunigende Hydroxylgruppe enthalten. Daß Karboxyl trotzdem nach meta orientiert, muß also an der Gruppe CO liegen. Verbindet man sie mit anderen, nach para-ortho-Stellen orientierenden Resten, so ist zu erwarten, daß immer noch Substitution nach meta stattfinden wird, da all diese Reste einen geringeren beschleunigenden Einfluß als Hydroxyl haben. In der Tat gibt die Einführung eines zweiten Substituenten in Benzoeester, Benzamid, Benzoylchlorid, Acetophenon, Benzaldehyd immer, wie die Benzoesäure selbst, meta-Derivate. Durch die Untersuchungen von Montagne (S. 248) und von van Scherpenzeel (S. 361) hat sich auch ergeben, daß bei der Nitrierung von Amiden, Mono- und Dimethylamiden der Chlorbenzoesäuren und der Toluylsäuren die Nitrogruppe an dieselben Stelle tritt als in den genannten Säuren selbst.

Sind in einer Gruppe zwei entgegengesetzt orientierende Bestandteile enthalten, so wird im allgemeinen die Vorhersage, wie die Gruppe orientieren wird, unsicher. Auch hier scheint aber die Reihenfolge der Geschwindigkeiten, wie sie oben abgeleitet wurde, eine gewisse Rolle zu spielen. Dies geht aus der Substitution in Toluol, Phenylessigsäure, Benzylsulfosäure $C_6H_5 \cdot CH_2 \cdot SO_3H$ und Phenylnitromethan hervor. Indem nämlich die verzögernde Wirkung der Karboxyl- und der Sulfogruppe nicht genügt, um die beschleunigende Wirkung der Methylgruppe ganz aufzuheben, wie dadurch bewiesen wird, daß in der Phenylessigsäure und in der Benzylsulfosäure die Substitution (wie in Toluol selbst) nach para-ortho-Stellen stattfindet, ist im Phenylnitromethan die Wirkung der Nitrogruppe, welche am stärksten verzögernd wirkt, überwiegend, denn bei der Nitrierung von letztgenannter Verbindung bildet sich meta-Nitrophenylnitromethan als Hauptprodukt.

III. Quantitative Beziehungen.

Nachdem im ersten Abschnitt dieses Kapitels gezeigt worden ist, in welcher Weise das Problem von der Einführung eines dritten Substituenten in disubstituiertem Benzol nach der qualitativen Seite hin gelöst werden kann, handelt es sich jetzt darum, die Sache von der quantitativen Seite zu beleuchten, also die Frage zu beantworten: Läßt sich aus den Verhältniszahlen, in welchen die Isomere entstehen, wenn in C_6H_5A und in C_6H_5B eine Gruppe C eingeführt wird, ableiten, in welchem Verhältnis die Isomere C_6H_3ABC entstehen werden, wenn C in C_6H_4AB eingeführt wird? Wir haben die Erscheinungen der Substitution qualitativ aus der verschiedenen Geschwindigkeit erklären können, mit welcher die Substituenten im monosubstituierten Benzol eintreten; für die Deutung der quantitativen Erscheinungen muß man sich vor allem darüber klar sein, wie man das Zusammenwirken von zwei Substituenten mathematisch formulieren muß.

Huisinga[1] hat dafür eine Summierung vorgeschlagen. Da es in C_6H_5A aber nur eine para-Stelle, dagegen je zwei ortho- und meta-Stellen gibt, halbiert er die Verhältniszahlen, welche angeben, wieviel

[1] Dissertation, Amsterdam 1906; auch Verslagen Kon. Acad. v. Wetenschappen, Sitzung vom 29. September 1906.

von der ortho- und von der meta-Verbindung entsteht. Wenn also diese Zahlen für die Einführung von C in C_6H_5A durch k_o, k_m, k_p dargestellt werden, für die Einführung von C in C_6H_5B durch k'_o, k'_m, k'_p, so würden die relativen Mengen der Isomere, welche bei der Einführung von C in C_6H_4AB entstehen, folgendermaßen dargestellt werden:

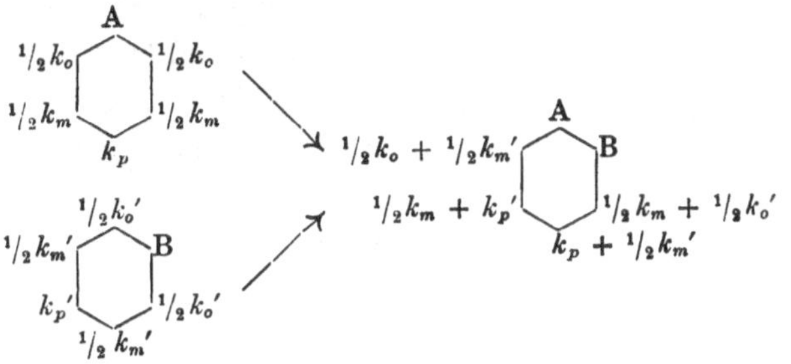

Nun ist aber die Geschwindigkeit der Substitution, welche durch die Gruppen A und B veranlaßt wird, nicht gleich. Wenn dieselbe für A x-mal größer wie für B ist, würde man zur Erhaltung der richtigen Verhältniszahlen für die Isomere C_6H_3ABC die k'-Zahlen noch mit x multiplizieren müssen. Dies scheitert aber daran, daß x unbekannt ist. Daher wandte Huisinga diese Rechenweise nur auf Verbindungen $C_6H_4A_2$, also mit zwei gleichen Substituenten, an.

Vergleicht man jedoch die Verhältniszahlen, welche sich in dieser Weise berechnen lassen, mit den experimentell gefundenen, so weichen diese letzteren von den ersteren in nahezu allen bis jetzt untersuchten Fällen ganz erheblich ab:

Einführung einer NO_2-Gruppe in	Verhältnis der Isomeren gefunden	Verhältnis der Isomeren nach Huisinga berechnet
Cl : Cl, ortho	7 : 93	17,0 : 82,3
Cl : Cl, meta	4 : 96	15,0 : 85
Br : Br, ortho	16 : 84	23,3 : 76,7
Br : Br, meta	4,6 : 95,4	19,0 : 81
CO_2H : CO_2H, ortho .	49,5 : 50,5	55,6 : 44,4
CO_2H : CO_2H, meta . .	3,1[1] : 96,9	38,0[1] : 62

Die gefundenen Zahlen beziehen sich auf Nitrierungen, welche bei 0° ausgeführt worden sind. Bei anderen Temperaturen wird übrigens das-

[1] Gesamtmenge der Nebenprodukte.

selbe Bild erhalten. Diese Methode scheint daher nicht geeignet zu sein. Dies ergibt sich auch noch daraus, daß sie in gewissen Fällen für x zu einem unmöglichen Wert führt, wenn man diese Verhältniszahl der Geschwindigkeiten mit ihr zu berechnen versucht. Wenn z. B. die ortho-Chlorbenzoesäure nitriert wird, entstehen die Isomere CO_2H, Cl, NO_2 = 1, 2, 3 und = 1, 2, 5 im Verhältnis 84 : 16. Da bei der Nitrierung von Chlorbenzol rund 70 % para- und 30 % ortho-Nitrochlorbenzol entsteht, bei der Nitrierung der Benzoesäure 18,5 % ortho-, 80,2 % meta- und 1,3 % para-Nitrobenzoesäure, würde man haben müssen:

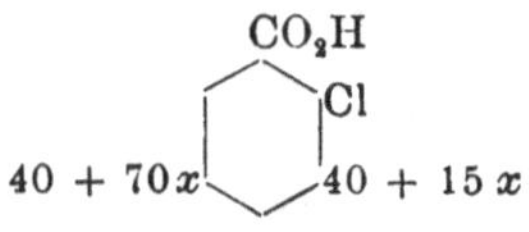

daher $70x + 40 : 15x + 40 = 84 : 16$.

Aus dieser Gleichung bekommt man aber einen negativen Wert für x, was chemisch keinen Sinn hat. Also ist auch in dieser Beziehung HUISINGAs Grundgedanke nicht anwendbar.

Wenn man die Verhältniszahlen für ortho- und meta-Verbindungen halbiert und dieselben dann multipliziert, also die Berechnung nach nachstehendem Schema macht

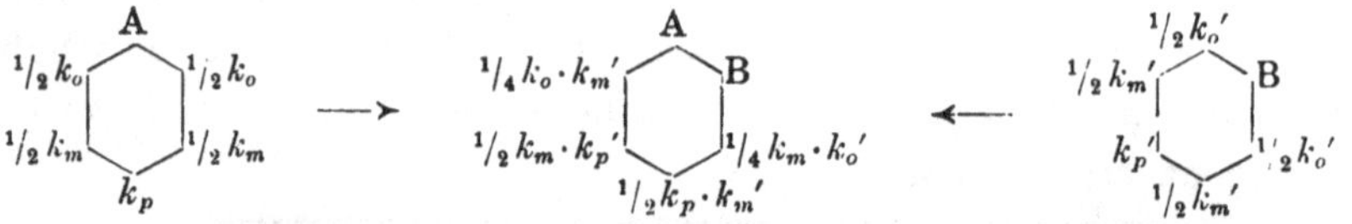

so erreicht man zunächst den großen Vorteil, daß der unbekannte Faktor x aus dem Verhältnis $o : m : p$ herausfällt. Auch schließt sich diese Rechenweise dadurch an die Erfahrung an, daß sie voraussehen läßt, daß gewisse Isomere sich nicht bilden werden. So z. B. in der Klasse III, 2

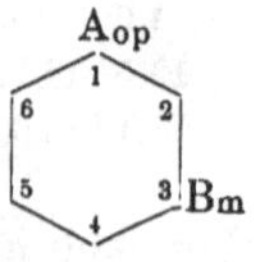

der disubstituierten Benzole.

Bei den Verbindungen, welche in diese Klasse gehören, entsteht, in allen bis jetzt untersuchten Fällen, nichts vom Isomer 1, 3, 5 bei der Einführung eines dritten Substituenten. Da A_{op} keine meta-Verbindung entstehen läßt (oder doch nur sehr wenig), wird hier $^1/_2\, k_m$ nahezu Null, also auch das Produkt $^1/_4\, k_m \cdot k_m'$.

Berechnet man aber in dieser Weise das Verhältnis der Isomere, so bekommt man zwar in einigen Fällen eine bessere Übereinstimmung zwischen Beobachtung und Rechnung, in anderen Fällen dagegen ebenso große Abweichungen wie bei der Summierung, wie aus nachstehender Tabelle hervorgeht. Da — wie bereits bemerkt — der Faktor x hier wegfällt, ist die Rechenweise auch für disubstituierte Benzolderivate mit ungleichen Substituenten durchführbar.

Einführung von NO_2 in	Gefunden	Nach Produkt berechnet
Cl : Cl, ortho	7 : 93	17,7 : 82,3
Cl : Cl, meta	4 : 96	9,0 : 91,0
Br : Br, ortho	16 : 84	23,3 : 76,7
Br : Br, meta	4,6 : 95,4	13,0 : 87,0
CO_2H : CO_2H, ortho .	49,5 : 50,5	82,0 : 18,0
CO_2H : CO_2H, meta .	3,1[1] : 96,9	10,6[1] : 89,4
CO_2H : Cl, ortho . .	16 : 84	17,7 : 82,3
CO_2H : Cl, meta . . .	8 : 92	17,7 : 82,3
CO_2H : Br, ortho . .	19,7 : 80,3	23,3 : 76,7
CO_2H : Br, meta . . .	13 : 87	23,3 : 76,7
CH_3 : Cl, para . . .	58 : 42	17,0 : 83,0

Diese Diskrepitanz zwischen Rechnung und Experiment kann durch drei Ursachen bedingt sein:

1. Die beiden anwesenden Substituenten stören sich gegenseitig in ihrer Wirkung.

2. Die benutzten Rechenmethoden sind nicht richtig.

3. Die Rechenmethoden sind zwar richtig, aber sie sind nicht in allen Fällen anwendbar.

Daß Störungen vorkommen, muß ganz gewiß angenommen werden. Dies geht bereits aus den qualitativen Beziehungen hervor. Wenn z. B. Brombenzol sulfoniert wird, entsteht nur die para-Verbindung. Wird nun die para-Stelle besetzt, wie im para-Bromtoluol, so bildet sich bei dessen Sulfonierung die Verbindung Br, CH_3, SO_3H = 1, 4, 3 in einer

[1] Gesamtmenge der Nebenprodukte.

gewissen Menge, wiewohl Brom auch nach para-ortho-Stellen dirigiert, die Substitution nach der Stelle 3 daher nicht begünstigt. Es wäre leicht, eine ganze Reihe derartiger Fälle von Störungen anzuführen. Dieselben erschweren natürlich sehr die Beurteilung der benutzten Rechenmethoden; denn wenn dieselben auch prinzipiell richtig wären, so müßten an denselben doch Korrektionen angebracht werden, um zu richtigen Resultaten zu gelangen; aber bezüglich dieser Korrektionen läßt sich vorderhand sehr wenig sagen. Auch ist die Zahl der bisher ausgeführten quantitativen Bestimmungen noch zu gering, um aus denselben über diese Störungen etwas abzuleiten.

Wohl ist aber zu erwarten, daß ein- und dieselbe Rechenweise nicht auf alle Fälle anwendbar sein wird. Wenn wir uns die 9 Klassen von Benzolderivaten (S. 461—463) vergegenwärtigen, so sehen wir, daß in einigen derselben die beiden anwesenden Substituenten sich in ihrer Wirkung ganz unterstützen, in anderen dagegen gar nicht. Es scheint nun auf der Hand liegend, daß zur Berechnung vom Verhältnis, in welchem sich die Isomere C_6H_7ABC bilden, in diesen Fällen auch ein anderes Rechenverfahren angewandt werden muß. Anschließend an die qualitativen Beziehungen kommt man so, unter Berücksichtigung der bis jetzt vorliegenden quantitativen Bestimmungen, zu folgendem Ergebnis für die obengenannten neun Klassen.

Fall I, 1:

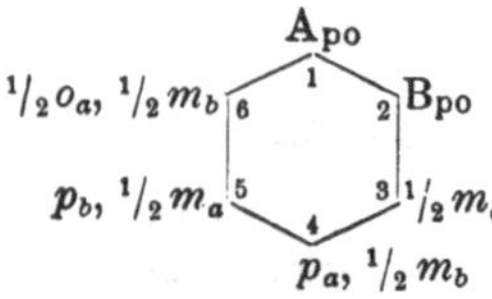

Die Berechnung nach den Produkten wird hier sehr unsicher, da m_a und m_b sehr ungenau bekannt sind. Sind die Substituenten A und B aneinander gleich, also auch $m_a = m_b$, so fallen beide aus der Proportion fort. Alsdann sind weiter die Stellen 3 und 6, sowie 4 und 5 aneinander gleich, so daß die Berechnung für beide möglichen Isomere die Proportion $^1/_2\, o : p$ angibt; mit anderen Worten, es wird sich vom ortho-Derivat nur die Hälfte bilden von der Menge, welche bei der Einführung der Substituenten in C_6H_5A entsteht, da die eine ortho-Stelle jetzt durch A=B besetzt ist.

Bei der Berechnung durch Summierung gelangt man zum gleichen

Resultat, da wegen der Kleinheit von m $\frac{1}{2}o + \frac{1}{2}m : p + \frac{1}{2}m$ sehr nahe gleich $\frac{1}{2}o : p$ sein wird.

Beispiele hiervon sind die Nitrierung von ortho-Dichlorbenzol und von ortho-Dibrombenzol. Aus obigen Tabellen ersieht man, daß die gefundene Zahl für das Hauptprodukt etwa 10% höher als die berechnete Zahl ist.

Fall I, 2:

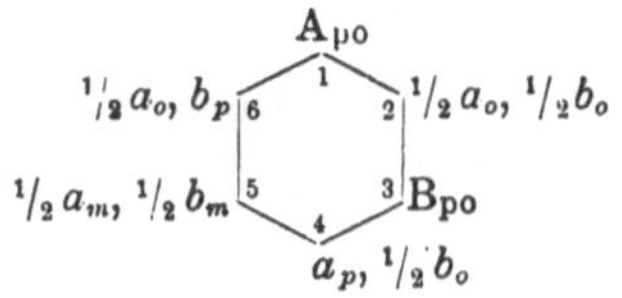

Die Menge des Isomers 5 ist hier zu vernachlässigen; die Berechnung der Mengen der anderen Isomere gibt hier ein verschiedenes Resultat, wenn man summiert oder multipliziert. Dieser Fall ist an der Nitrierung von meta-Dichlor- und meta-Dibrombenzol studiert worden. Da dann $a = b$ ist, bekommt man für das Verhältnis, in welchem die Isomere entstehen, bei der Multiplizierung $a_p \times a_o : \frac{1}{4}a_o^2$, bei der Summierung $2a_p + a_o : a_o$. Der gefundene Wert schließt sich hier viel besser beim Produkt, als bei der Summe an. In diesem Falle unterstützen sich A und B in ihrer Wirkung.

Fall I, 3:

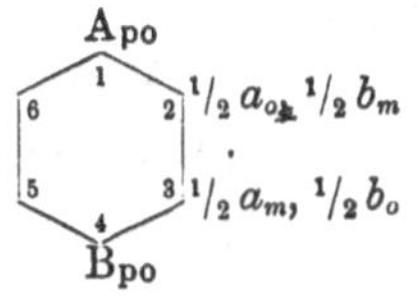

In diesem Fall wird die Berechnung nach dem Produkt wieder sehr unsicher durch den kleinen und ungenügend bekannten Wert von a_m und b_m. Wenn B z. B. Chlor ist, so ist die Bildung von m-Chlornitrobenzol bei der Nitrierung von Chlorbenzol nicht einmal sicher konstatiert. Bei der Summierung wird für das Verhältnis der Isomere sehr nahe $a_o : b_o$ gefunden, indem b_m und a_m sehr klein sind. Hier ist dann aber a oder b mit der Verhältniszahl x der Geschwindigkeiten zu multiplizieren, welche Zahl unbekannt ist. Dieser Fall ist für die Nitrierung von para-Chlortoluol studiert worden. In der Tabelle ist das Produkt berechnet unter der Annahme, daß bei der Nitrierung von Chlorbenzol 0,3% meta-Verbindung entsteht. Wie gesagt, ist diese Zahl recht unsicher. Jedoch ist es ausgeschlossen, daß der Gehalt an dieser Verbindung im Nitrierungsprodukt von Chlorbenzol so groß ist, daß durch Multiplizierung eine viel bessere Annäherung zur experimentell bestimmten Proportion von 58 : 42 erreicht wird.

Annehmend, daß x nahe eins ist, würde sich bei der Summierung ergeben (für die Nitrierung bei 0°):

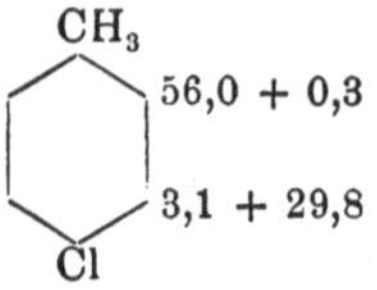

oder
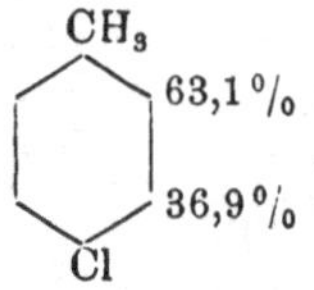

, während gefunden ist:
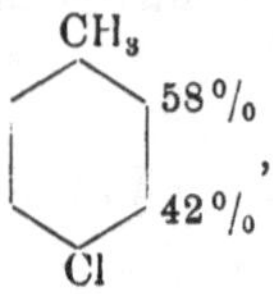

,

so daß hier, wo beide anwesenden Substituenten sich in ihrer Wirkung nicht unterstützen, die Summierung ein ziemlich befriedigendes Resultat gibt.

Fall II, 1:
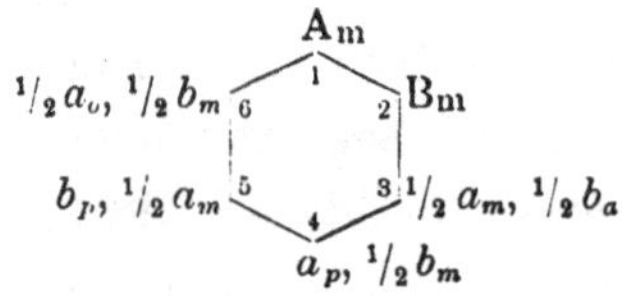

.

Dieser Fall ist an der Nitrierung der Phtalsäure studiert worden; wie man aus den Tabellen sieht, stimmt das Produkt hier gar nicht, die Summe dagegen recht befriedigend mit dem experimentellen Wert überein. Es ist der sehr kleine Wert für a_p, welcher beim Produkt die Werte für die Stellen 4 und 5 sehr stark herunter drückt. Dennoch unterstützen sich A und B, wenigstens teilweise in ihrer Wirkung, wie in Fall I, 2, wo das Produkt die kleinere Abweichung vom Experimente zeigte.

Fall. II, 2:
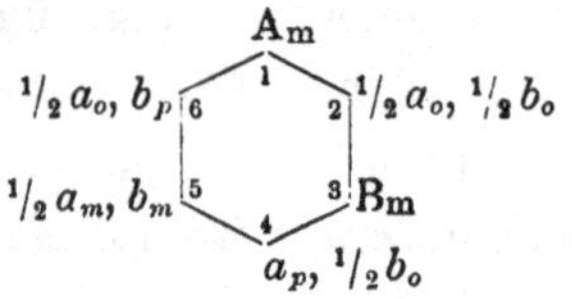

.

Hier unterstützen sich A und B voll in ihrer Wirkung, welche dahin zielt, den dritten Substituenten an die Stelle 5 zu bringen. Dieser Fall ist an der Nitrierung der Isophtalsäure studiert. Wie man aus den Tabellen ersieht, stimmt hier die Summierung gar nicht mit dem Versuch, das Produkt ziemlich befriedigend, indem der Wert des Hauptproduktes nur etwa 7 % höher liegt als die Rechnung angibt.

Fall II, 3:

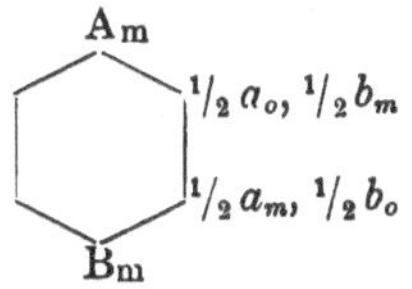

In diesem Falle findet teilweise Unterstützung statt, wenn A oder B außer nach der meta-Stelle, auch noch nach der ortho-Stelle dirigieren. Dieser Fall ist in quantitativer Hinsicht noch nicht experimentell untersucht.

Fall III, 1:

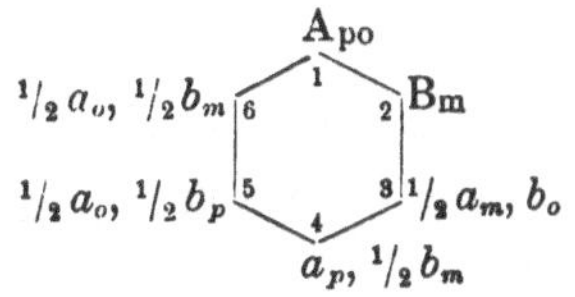

Hier unterstützen sich A und B wieder voll in ihrer Wirkung und sind dadurch die Stellen 4 und 6 sehr begünstigt, speziell die Stelle 4, wenn C_6H_5A bei der Einführung von C das para-Isomer als Hauptprodukt liefert. Dieser Fall ist an der Nitrierung der ortho-Chlor- und ortho-Brombenzoesäure experimentell studiert. Wie man aus den Tabellen sieht, stimmt hier das Produkt recht befriedigend mit dem Experiment überein, während die Summierung durch die große Differenz in der Geschwindigkeit zwischen p-o- und m-Substitution zu ganz unbrauchbaren Werten führt.

Fall III, 2:

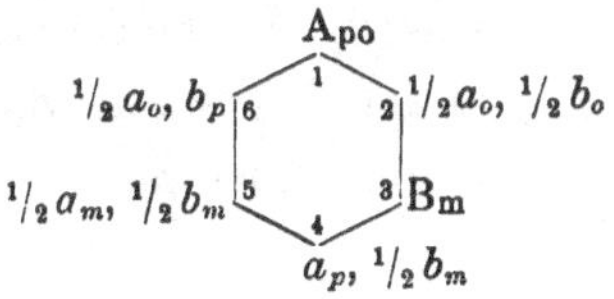

A und B unterstützen sich hier nicht so vollständig in ihrer Wirkung wie im vorigen Falle, weil hier die meta-orientierende Wirkung von B nicht zur Äußerung kommen kann und B deshalb nur dadurch die Wirkung von A unterstützt, als B auch nach ortho-Stellen orientiert. Dieser Fall ist experimentell an der Nitrierung der meta-Chlor- und meta-Brombenzoesäure studiert worden. Aus der Tabelle sieht man, daß die Produkte, bei dieser teilweisen Unterstützung, nicht so gut mit den experimentellen Werten übereinstimmen als im vorigen Falle bei der vollen Unterstützung.

Fall III, 3:

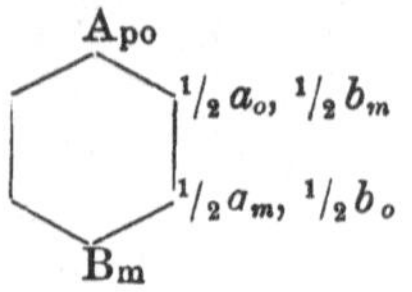

Dieser Fall ist quantitativ noch nicht experimentell untersucht worden. Zwar ist hier die quantitative Nitrierung von para-Nitro-anisol zu erwähnen; aber die quantitative Nitrierung von Anisol selbst fehlt. Es ergab sich, daß bei der Nitrierung vom genannten para-Derivat ausschließlich die Verbindung $OCH_3, NO_2, NO_2 = 1, 2, 4$ entsteht. Dies würde auch die Berechnung nach dem Produkt ergeben, da bei der Nitrierung von Anisol (und Phenol) keine meta-Verbindung entsteht, a_m daher $= 0$ ist, also auch das Produkt $a_m\, b_o$.

Man kann die bisherige Erfahrung, welche sich allerdings noch auf zu wenig quantitative Daten stützt, dahin zusammenfassen, daß in den Fällen, wo die beiden vorhandenen Gruppen nach denselben Stellen einen neu eintretenden Substituenten zu dirigieren versuchen, die Annäherung des mehrgenannten Produktes am Experiment ziemlich befriedigend ist. Unterstützen sich die beiden vorhandenen Gruppen nicht in ihrer Wirkung, so gibt die Summierung eine bessere Übereinstimmung mit den experimentell erhaltenen Zahlen. Jedoch ist nicht zweifelhaft, daß die beiden anwesenden Gruppen sich in ihrer Wirkung mehr oder weniger stark stören. Weitere Experimente werden lehren müssen, ob die hier angegebenen Rechenweisen die richtigen sind, und wenn dies der Fall ist, in welcher Weise dann diese Störungen in die Rechnungen eingeführt werden müssen.

Siebenter Abschnitt.

Schmelzkurven binärer Gemische.

In den vorangehenden Abschnitten ist oft mitgeteilt, daß die Zusammensetzung eines Gemisches von Isomeren durch die Beobachtung seines Anfangs- und Enderstarrungspunktes bestimmt worden ist. Ich gebe nun hier sämtliche von meinen Schülern und mir konstruierten Schmelzkurven, aus welchen die Zusammensetzung der Gemische abgelesen werden konnte, und auf welche in den vorhergehenden Abschnitten verwiesen ist.

I. ortho + para-Nitrofluorbenzol.[1]

Erstarrungspunkt von ortho-Nitrofluorbenzol — 8°,
" " para " + 26,4°.

% ortho bei para	Erstarrungspunkt	Erniedrigung des Erstarrungspunktes
0	26,4°	—
4,9	23,5	2,9°
13,0	18,1	8,3

II. para-Nitrofluorbenzol + Dinitrofluorbenzol Fl, NO_2, NO_2 = 1, 2, 4.[2]

Erstarrungspunkt von para-Nitrofluorbenzol + 26,4°,
" " Dinitrofluorbenzol + 24,3°.

% dinitro bei para	Erstarrungspunkt
0	26,4°
3	24,7
6	23,0
9	21,0

[1] R. **24**, 143 (1905). [2] R. **24**, 143 (1905).

III. ortho- + para-Chlornitrobenzol.[1]

Erstarrungspunkt von ortho-Chlornitrobenzol 32,09°,
„ „ para „ 82,15°.
Eutektikum 14,65°. Zusammensetzung 66,9% ortho + 33,1 para.

% para bei ortho	Erstarrungspunkt	% para bei ortho	Erstarrungspunkt
0	32,09°	35,43	18,43°
1,05	31,06	37,53	21,9
4,60	29,92	39,96	26,10
6,54	29,00	41,67	28,50
8,88	27,89	45,86	33,98
12,61	26,10	48,94	37,65
16,26	24,19	60,18	50,1
19,22	22,65	64,66	54,32
22,91	20,75	68,54	57,83
26,89	18,30	70,02	59,22
30,26	16,29	71,93	60,80
32,39	15,35	75,48	63,97
32,71	14,94	81,93	69,10
32,90	14,85	86,70	72,77
33,07	14,77	90,30	75,40
33,1	14,65	95,57	79,13
34,09	16,73	100	82,15
34,94	17,47		

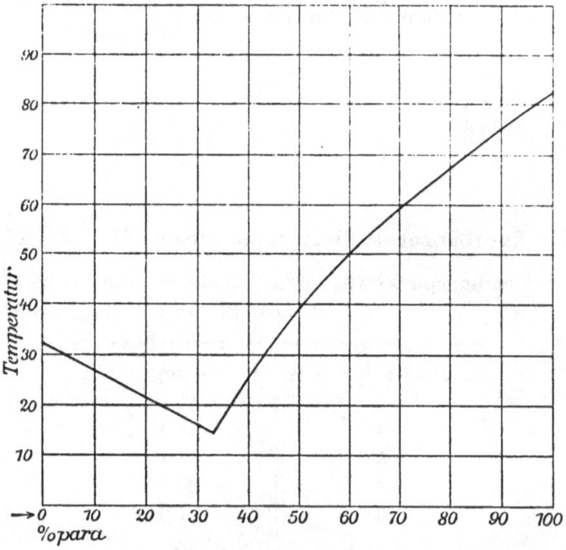

Fig. 19. Schmelzkurve von ortho + para-Chlornitrobenzol.

[1] R. 19, 191 (1900).

IV. ortho + para-Bromnitrobenol.[1]

Erstarrungspunkt von ortho-Bromnitrobenzol 38,0°,
" " para " 123,3°.
Eutektikum 33,5°. Zusammensetzung 89,7 % ortho + 10,3 % para.

% para	Erstarrungspunkt	% para	Erstarrungspunkt
0	38,0°	12,61	39,1°
3,64	36,0	25,71	61,8
8,19	34,3	29,24	66,2
9,52	33,9	32,40	69,8
10,60	34,0	60,91	97,7
11,19	35,5	64,08	99,6
11,55	36,2	67,79	102,3
12,43	38,4	100,0	123,3

V. ortho- + para-Jodnitrobenol.[2]

Erstarrungspunkt von ortho-Jodnitrobenzol 54°,
" " para " 173,1°.
Eutektikum 45,2°.

% ortho bei para	Erstarrungspunkt
0	173,1°
12,4	165,5
27,3	155,5
32,7	151,5
33,8	150,5

VI. meta- + para-Benzoldisulfochlorid.[3]

Erstarrungspunkt meta-Disulfochlorid 60,0°,
" para- " 140,8°.
Eutektikum 47,0°. Zusammensetzung 75,3 % meta + 24,7 % para.

% para bei meta	Anfangs-erstarrungspunkt	End-erstarrungspunkt	Umwandlungs-punkt
0	60,0°	—	—
4,3	57,3	—	—
10,8	53,8	47,0°	—
19,0	49,6	47,0	—
27,6	51,1	46,8	—
41,4	69,2	—	—
55,4	89,2	46,2	71,6°
66,2	103,2	—	—
76,3	116,2	—	71,2
86,8	127,4	—	—
92,1	132,4	—	—
100,0	140,8	—	—

[1] R. **19**, 367 (1900). [2] R. **20**, 355 (1901).
[3] Versl. Kon. Acad. van Wetensch. Amsterdam 1908. p. 573.

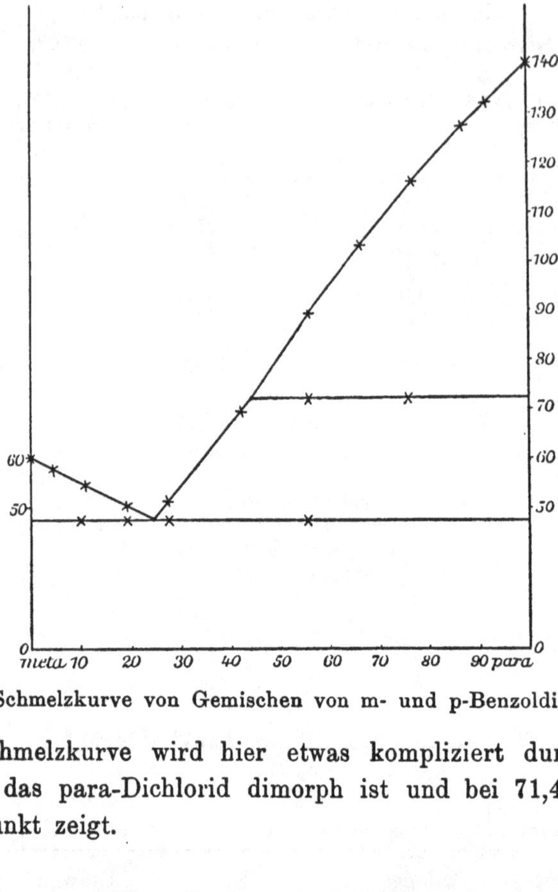

Fig. 20. Schmelzkurve von Gemischen von m- und p-Benzoldisulfochlorid.

Die Schmelzkurve wird hier etwas kompliziert durch den Umstand, daß das para-Dichlorid dimorph ist und bei 71,4° einen Umwandlungspunkt zeigt.

VII. ortho- + para-Bromtoluol.[1]

Erstarrungspunkt von ortho-Bromtoluol − 25,75°,
" " para- " + 26,7°.
Eutektikum − 38,3°. Zusammensetzung 76% ortho + 24% para.

% ortho bei para	Erstarrungspunkt	% ortho bei para	Erstarrungspunkt
0	+ 26,7°	65,1	− 19,8°
11,1	20,7	73,7	− 34,9
18,7	16,3	74,3	− 35,3
29,1	9,7	75,3	− 38,2
35,5	5,5	76,8	− 38,3
47,0	− 2,7	88,8	− 32,00
55,7	− 9,7	100,0	− 25,75

[1] R. **26**, 29 (1907).

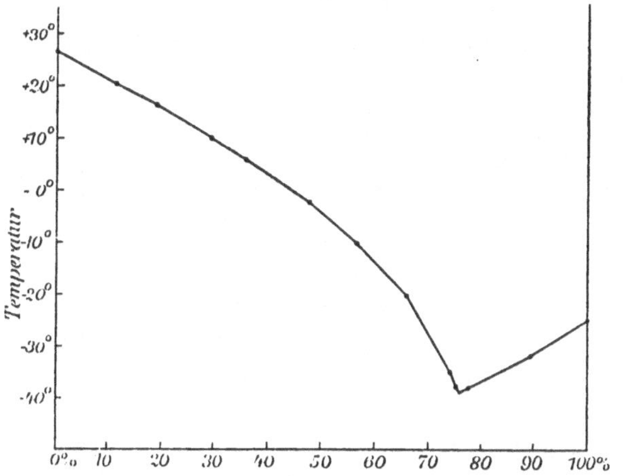

Fig. 21. Schmelzkurve von Gemischen von ortho- und para-Bromtoluol.

VIII. ortho + para-Nitrotoluol.[1]

Erstarrungspunkt von ortho-Nitrotoluol − 9,4°,
„ „ para „ + 54,4°.
Eutektikum − 15,2°. Zusammensetzung 69,5% ortho + 30,5% para.

% para-Nitrotoluol	Anfangs-erstarrungs-punkt	End-erstarrungs-punkt	% para-Nitrotoluol	Anfangs-erstarrungs-punkt	End-erstarrungs-punkt
100,0	+ 54,4°	—	39,8	1,8°	15,7°
97,5	50,0	—	37,2	− 1,2	14,6
91,6	46,2	—	33,5	6,8	—
79,0	38,5	—	30,6	14,8	—
72,9	33,8	—	24,9	14,4	15,6
67,5	30,4	—	16,3	12,1	—
60,5	24,4	—	11,2	11,3	—
46,6	11,6	− 15,0°	0,0	9,4	—
42,3	5,4	15,2			

Da o-Nitrotoluol dimorph ist und in seiner instabilen Form den Schmelzpunkt − 3,7° hat, muß die Figur noch an der ortho-Seite eine zweite Schmelzkurve haben, um ein vollständiges Bild des Systems ortho- + para-Nitrotoluol zu geben. Für die Untersuchung nach der Zusammensetzung des Nitrierungsproduktes von Toluol genügt aber die

[1] Versl. Kon. Acad. van Wetsch. Amsterdam 1908; R. **28**, 408 (1909).

obenstehende unvollständige Tabelle und Figur, da die Erstarrungspunkte der Nitrierungsprodukte alle über – 3,7° liegen.

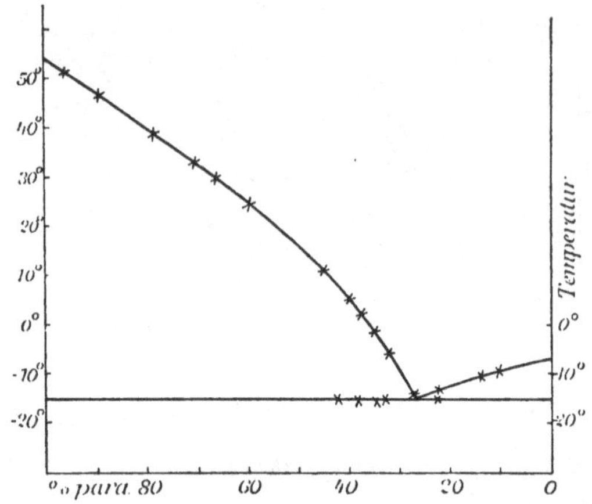

Fig. 22. Schmelzkurve von o- und p-Nitrotoluol.

IX. ortho- + para-Acettoluid.[1]

Erstarrungspunkt von ortho-Acettoluid 109,15°.
„ „ para- „ 147°.

% para bei ortho	Erstarrungspunkt
0	109,15°
1,12	108,45
2,42	107,75
9,58	103,2
13,6	100,8

X. Dinitracetanilid (NHac, NO_2, NO_2 = 1, 2, 4) + p-Nitracetanilid.[2]

Erstarrungspunkt von Dinitracetanilid 118,0°,
„ „ p-Nitracetanilid 214°.

% para bei Dinitro	Erstarrungspunkt	% para bei Dinitro	Erstarrungspunkt
0	118,0°	28,5	148,0°
2,1	116,8	32,4	156,2
5,4	115,2	42,4	167,0
14,2	119,0	62,1	189,0
22,0	135,2	74,3	199,4

[1] R. **27**, 459 (1908). [2] R. **25**, 212 (1906).

XI. Dichlornitrobenzol Cl, Cl, NO_2 = 1, 2, 4 + 1, 2, 3.[1]

Erstarrungspunkt von 1, 2, 4 40,5°,
" " 1, 2, 3 59,9°.

% 1, 2, 3 bei 1, 2, 4	Erstarrungs-punkt	Erniedrigung	Erniedrigung pro 1%
0	40,5°	—	—
7,63	35,9	4,6	0,603
12,76	32,8	7,7	0,603

XII. Dichlornitrobenzol Cl, Cl, NO_2 = 1, 3, 4 + 1, 3, 2.[2]

Erstarrungspunkt von 1, 3, 4 30,45°,
" " 1, 3, 2 70,05°.

% 1, 3, 2 bei 1, 3, 4	Erstarrungs-punkt	Erniedrigung	Erniedrigung für 1%
0	30,45°	—	—
2,53	29,27	1,18	0,466
5,37	27,95	2,50	0,466
7,86	26,72	3,73	0,474
10,48	25,49	4,96	0,473

XIII. Dichlornitrobenzol Cl, Cl, NO_2 = 1, 3, 4 + 1, 3, 5.[2]

Erstarrungspunkt von 1, 3, 4 30,45°,
" " 1, 3, 5 63,15°.

% 1, 3, 5 bei 1, 3, 4	Erstarrungs-punkt	Erniedrigung	Erniedrigung für 1%
0	30,45°	—	—
3,06	29,03	1,42	0,464
5,66	27,80	2,65	0,468
8,07	26,57	3,88	0,480

Aus den Tabellen XI, XII und XIII ersieht man, daß die Erniedrigung des Erstarrungspunktes für 1% bei den Nitro-m-dichlorbenzolen nahezu zusammenfällt, dagegen ziemlich verschieden ist von der Erniedrigung, welche bei den Nitro-o-dichlorbenzolen beobachtet wird.

[1] R. **23**, 371 (1904). [2] R. **23**, 372 (1904).

XIV. Dibromnitrobenzol Br, Br, NO_2 = 1, 2, 4 + 1, 2, 3.[1]

Erstarrungspunkt von 1, 2, 4 56,8°,
" " 1, 2, 3 84°.
Eutektikum 30,5°.

% 1, 2, 3 bei 1, 2, 4	Erstarrungs-punkt	% 1, 2, 3 bei 1, 2, 4	Erstarrungs-punkt
0	56,8°	15,6	45,2°
4,2	53,8	24,2	40,0
8,2	50,8	36,0	34,6
13,1	47,2		

XV. Dibromnitrobenzol Br, Br, NO_2 = 1, 3, 4 + 1, 3, 2.[2]

Erstarrungspunkt von 1, 3, 4 60,45°.
" " 1, 3, 2 82,6°.

% 1, 3, 2, bei 1, 3, 4	Erstarrungspunkt
0	60,45°
0,95	60,0°
2,74	59,1°
6,16	57,4°
8,76	56,2°

XVI. Chlornitrotoluol CH_3, Cl, NO_2 = 1, 4, 2 + 1, 4, 3.[3]

Erstarrungspunkt von 1, 4, 2 38,2°,
" " 1, 4, 3 5,8°.
Eutektikum – 8,1°. Zusammensetzung 32% 1, 4, 2 + 68% 1, 4, 3.

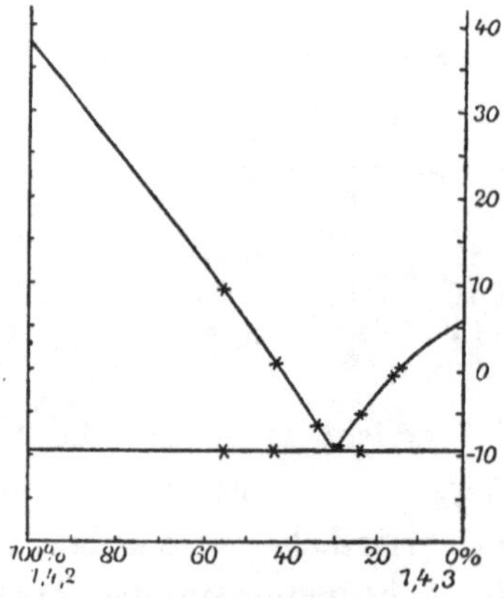

Fig. 23. Schmelzkurve
CH_3, Cl, NO_2 = 1, 4, 2 + 1, 4, 3.

% 1, 4, 2	Erstarrungs-punkt	Eutektikum
100,0	+ 38,2°	—
57,0	+ 9,7°	– 7,9°
44,7	+ 1,4°	– 8,2°
34,8	– 6,3°	—
29,8	– 7,2°	—
24,1	– 4,1°	– 8,2°
17,5	– 0,5°	—
14,1	+ 0,4°	—
6,6	+ 4,5°	—
0,0 (100% 3-NO_2-4-Cl-toluol)	+ 5,8°	—

[1] R. **27**, 156 (1908). [2] R. **25**, 200 (1906).
[3] Versl. Kon. Acad. v. W. Amsterdam 1908, 257; R. **28**, 408 (1909).

XVII. Chlornitrobenzoesäure CO_2H, Cl, NO_2 = 1, 2, 5 + 1, 2, 3.[1]

Erstarrungspunkt von CO_2H, Cl, NO_2 = 1, 2, 5 164°,
" " " = 1, 2, 3 185°.

Eutektikum 130,5°.

% 1, 3, 2 bei 1, 2, 5	Erstarrungspunkt
8,0	159,7°
12,7	157,0°
17,0	154,4°

XVIII. Chlornitrobenzoesäure CO_2H, Cl, NO_2 = 1, 3, 6 + 1, 3, 2.[2]

Erstarrungspunkt von CO_2H, Cl, NO_2 = 1, 3, 6 139°,
" " " = 1, 3, 2 235°.

Eutektikum 130,5°.

% 1, 3, 2 bei 1, 3, 6	Erstarrungspunkt
16,7	141,5°
21,4	151,5°

XIX. Bromnitrobenzoesäure CO_2H, Br, NO_2 = 1, 2, 5 + 1, 2, 3.[3]

Erstarrungspunkt von CO_2H, Br, NO_2 = 1, 2, 5 180°,
" " = 1, 2, 3 191°.

Eutektikum 140,5°.

% 1, 2, 3 bei 1, 2, 5	Erstarrungspunkt
10,7	172,5°
15,2	169,5°
19,0	166,5°

XX. Bromnitrobenzoesäure CO_2H, Br, NO_2 = 1, 3, 6 + 1, 3, 2.[4]

Erstarrungspunkt von CO_2H, Br, NO_2 = 1, 3, 6 140°,
" " " = 1, 3, 2 250°.

% 1, 3, 2 bei 1, 3, 6	Erstarrungspunkt
14,7	149,0°
19,1	162,5°

[1] R. **20**, 222 (1901).
[2] R. **20**, 223 (1901).
[3] R. **20**, 223 (1901).
[4] R. **20**, 225 (1901).

XXI. Dinitroanisol OCH_3, NO_2, NO_2 = 1, 2, 4 + 1, 2, 6.[1]

Erstarrungspunkt von OCH_3, NO_2, NO_2 = 1, 2, 4 86,0°,
" " " = 1, 2, 6 117,5°.

Eutektikum 61,8.

% 1, 2, 6 bei 1, 2, 4	Erstarrungspunkt
0,0	86,0°
6,27	82,0°
11,77	78,05°
17,21	73,7°
18,98	72,7°
25,16	67,4°

[1] R. **22**, 267 (1903).

Nachtrag.

Über die quantitative Analyse willkürlicher Gemische von drei Isomeren mittels der ternären Schmelzfigur.

Auf S. 34 und folgende wurde eine Methode beschrieben zur quantitativen Bestimmung von drei Isomeren in ihrem Gemisch für den Spezialfall, daß eines der Isomere nur in geringer Menge anwesend ist. Es war aber sehr erwünscht, eine Methode zu besitzen, die immer eine solche Bestimmung erlaubt, wie auch die Zusammensetzung des ternären Gemisches sein mag. Dies wurde sogar zur Notwendigkeit, als Herr van der Linden, welcher sich in meinem Laboratorium mit der weiteren Halogenierung der Monohalogenbenzole beschäftigte, dabei ternäre Mischungen erhielt, bei welchen die Vereinfachungen nicht mehr zulässig waren, die van der Arend[1] anbringen konnte. Herrn van der Linden gelang es, eine Methode auszuarbeiten, wodurch es möglich ist, mittels zweier Erstarrungspunkte, und zwar entweder mittels zweier zweiten Erstarrungspunkte, oder eines ersten und eines zweiten, die Zusammensetzung eines willkürlichen ternären Gemisches zu bestimmen, ohne erst die ganze ternäre Schmelzfläche konstruieren zu müssen.

Gleichzeitig veranlaßte ich Herrn Valeton, die ternäre Schmelzfigur der drei Nitraniline zu konstruieren. Derselbe brachte an van der Lindens Methode noch eine Modifizierung an, welche in einer Anzahl von Fällen mit Erfolg angewandt werden kann. Es scheint mir angemessen, beide Methoden hier noch kurz zu beschreiben. Bei beiden ist vorausgesetzt, daß die drei Komponenten weder Mischkristalle noch Verbindungen geben und eine homogene Schmelze bilden. Bei den ternären Mischungen, um welches es sich hier handelt, wird dies fast immer der Fall sein (S. 27).

[1] a. a. O.

I. Methode VAN DER LINDEN.[1]

Unter obigen Voraussetzungen hat die ternäre Schmelzfläche ihre möglichst einfache Form (Fig. 24). Wir wollen die drei Komponenten para, ortho, meta nennen; es können natürlich gerade so gut drei willkürliche Substanzen sein.

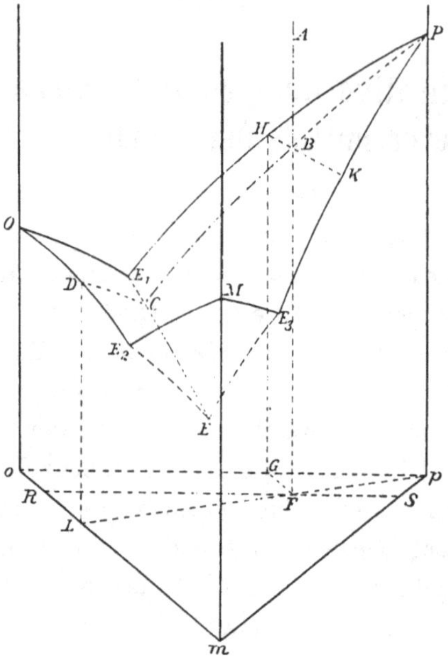

Fig. 24.

Der Punkt A in dieser Figur stellt ein homogenes flüssiges Gemisch der drei Komponenten dar. Bei Abkühlung setzt sich in B festes para ab. B ist der erste oder Anfangserstarrungspunkt. Bei weiterer Abkühlung setzt sich immer mehr para ab und die Zusammensetzung der dazu gehörigen Flüssigkeit verschiebt sich längs BC, da die relativen Mengen von ortho und meta in der Flüssigkeit dieselben bleiben. BC ist ein Teil vom Durchschnitt der ternären Schmelzfigur mit der Fläche $PCDLp$, in welchem Durchschnitt das Verhältnis ortho : meta konstant ist. In C setzt sich ein Gemisch von para und ortho ab, wodurch gerade so wie in B wieder ein Knick in der Abkühlungskurve entsteht; C ist der zweite Erstarrungspunkt. Bei noch weiterer

[1] Verslagen Kon. Acad. van Wetenschappen, Amsterdam. Sitzung vom 26. Februar 1910.

Abkühlung verschiebt sich die Zusammensetzung der Flüssigkeit längs *CE*, bis in *E*, dem ternären Eutektikum oder Enderstarrungspunkt, alles fest wird. Es ist klar, daß alle Gemische, deren Anfangserstarrungspunkt auf der Linie *PC* liegt, in welchen also das Verhältnis von ortho zu meta das gleiche ist, die Quantitäten para jedoch stark wechseln können, denselben zweiten Erstarrungspunkt *C* haben müssen. Letzterer Punkt ist also unabhängig von der Menge des Komponenten, welcher sich beim ersten Erstarrungspunkt absetzt; er hängt nur ab vom Verhältnis, in welchem die beiden anderen Komponenten anwesend sind.

Bestimmt man nun die zweiten Erstarrungspunkte, welche bei verschiedenen Verhältnissen von ortho zu meta gehören, vorausgesetzt, daß para sich beim ersten Erstarrungspunkt ausscheidet, und bringt man dieselben in Zeichnung, wobei die Prozente ortho und meta auf der Abszisse, die zweiten Erstarrungspunkte auf der Ordinate abgesetzt werden, so bekommt man eine Kurve wie in Fig. 25, welche

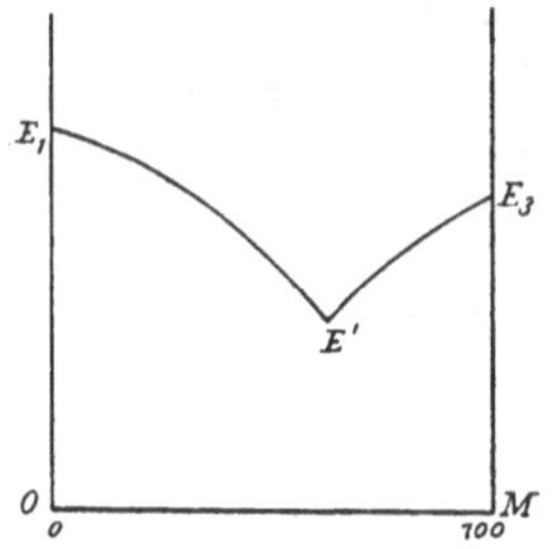

Fig. 25.

also die Form einer gewöhnlichen binären Schmelzkurve besitzt. In dieser Figur gehört zu 100 % ortho der Punkt E_1, d. h. das Eutektikum von para-ortho; zu 100 % meta E_3 das Eutektikum von para-meta. E' gibt die Temperatur und das Verhältnis von ortho zu meta im ternären Eutektikum an. Wenn ortho oder meta die beim ersten Erstarrungspunkt sich absetzende Komponente ist, bekommt man natürlich für beide Fälle je eine derartige Kurve. Hat man nun für einen bestimmten Fall künstlicher Mischungen von ortho, meta und para zwei derartige Erstarrungskurven bestimmt, so kann man mit ihrer Hilfe die Zusammensetzung von jedem willkürlichen Gemisch der drei Komponenten ableiten.

Dazu nehme man zwei Quantitäten des Gemisches. Bei der ersten füge man soviel von einer der Komponenten zu, z. B. para (welche, das regelt sich natürlich nach den Umständen), daß diese sich beim Anfangserstarrungspunkt absetzt; aus dem zweiten Erstarrungspunkt findet man mit Hilfe der dafür geltenden Kurve das Verhältnis ortho: meta. Bei der zweiten Quantität wird soviel ortho (meta) zugefügt, daß dieses beim Anfangserstarrungspunkt ausfriert; der zweite Erstarrungspunkt gibt jetzt das Verhältnis von para zu meta (ortho). Hiermit ist also die Zusammensetzung des Gemisches gefunden.

Bei vielen ternären Systemen, wie dieselben bei der Einführung eines zweiten Substituenten im monosubstituierten Benzol entstehen, läßt sich obenstehende Methode noch vereinfachen. Betrachten wir ein Substitutionsgemisch, in welchem para Hauptprodukt, ortho- und meta Nebenprodukte sind. Gesetzt, was oft zutrifft, daß para beim Anfangserstarrungspunkt ausfriert. Ein Gemisch mit einem Anfangserstarrungspunkt wie in B muß eine Zusammensetzung haben, welche durch einen der Punkte der Linie HK dargestellt wird, d. h. des Durchschnittes von der ternären Schmelzfläche mit einer durch B angebrachten horizontalen Fläche. Gesetzt, daß B das in Frage stehende Gemisch darstellt; die Zusammensetzung desselben wird dann durch die Linien oG, pG und FG angegeben. In gewissen Fällen darf man nun zur Berechnung der Menge von para den wirklich beobachteten Punkt B durch H ersetzen, d. h. gerade so verfahren, als ob die Quantität ortho + meta nur aus ortho bestände; dann kann man aus der binären Schmelzkurve von para-ortho sofort den Prozentgehalt an para ablesen. Aus dem zweiten Erstarrungspunkt, welcher nun an demselben Gemisch beobachtet wird, findet man das Verhältnis ortho: meta. Die Zusammensetzung des ternären Gemisches ist dadurch bekannt.

Man darf diese Vereinfachung stets anwenden, wenn folgende Bedingung erfüllt ist: Die Schnittlinie BH (welche in Fig. 24 als eine Gerade gezeichnet ist, weil sie bei den hier behandelten Fällen entweder wirklich eine Gerade ist oder nur sehr wenig davon abweicht) muß parallel an der Fläche $OomM$ laufen, denn nur in diesem Fall fällt der mit H korrespondierende Punkt G zusammen mit dem mit F korrespondierenden Punkt, welcher die Quantität para im Gemisch angibt. Wird die Methode angewandt, wenn BH einen Winkel mit dieser Fläche macht, so bekommt man eine Abweichung vom richtigen Wert. Es ist klar, daß diese Abweichung um so geringer sein wird, wenn erstens der Winkel, zweitens der Abstand BH kleiner ist. Von diesem

Winkel und von diesem Abstand wird also in einem gegebenen Fall die Genauigkeit der Methode abhängen.

Obengenannte Bedingung wird wohl meistens erfüllt sein, wenn die para-Zweige der Schmelzkurven para-ortho und para-meta, bei Einzeichnung in dasselbe Koordinatensystem, zusammenfallen. Dies ist stets der Fall, wenn man es mit sogenannten idealen Schmelzkurven zu tun hat. Jedoch, wenn diese Zweige nur teilweise zusammenfallen, so ist die Methode noch brauchbar, wenn man nur darauf achtet, daß der Anfangserstarrungspunkt in diesem Teil des para-Zweiges liegt. Das ganze oder partielle Zusammenfallen der Schmelzkurven findet man oft bei Isomeren.

Die Bestimmung der Zusammensetzung ternärer Gemische nach dieser Methode verlangt also die Bestimmung von zwei zweiten Erstarrungspunkten, oder, da meistens die angegebene Vereinfachung zu benutzen sein wird, von einem ersten und einem zweiten Erstarrungspunkt. Die Bestimmung des letzteren hat bisweilen praktische Schwierigkeiten, wenn dieser Punkt sehr niedrig liegt, oder dadurch, daß der erste Komponent in großen Mengen auskristallisiert, wodurch Rühren in der Masse unmöglich wird. Zwar wird man sich oft helfen können durch Zufügen einer bekannten Menge von einem der Komponenten; doch wäre eine Methode angenehmer, welche gestatten würde, die Zusammensetzung des Gemisches aus zwei Anfangserstarrungspunkten zu bestimmen, da dieselben meistens auch schärfer zu beobachten sind. Eine solche Methode hat nun Herr Valeton ausgearbeitet.

II. Methode Valeton.[1]

Diese Methode ist nur anwendbar, wenn man es mit idealen Schmelzflächen zu tun hat. Da dies einerseits bei Mischungen von Isomeren oft der Fall sein wird, anderseits es aber leicht ist, sich davon zu überzeugen, ob man es mit Schmelzflächen zu tun hat, welche sich genügend der idealen Form nähern, so wird man jedenfalls versuchsweise anfangen können, die Methode zu benutzen.

Wenn man ideale Schmelzflächen hat, ist die Erniedrigung des Erstarrungspunktes, welche z. B. para zeigt, durch Zufügung einer

[1] Verslagen Kon. Acad. van Wetenschappen, Amsterdam. Sitzung vom 26. Februar 1910.

gewissen Menge ortho ebenso groß wie die Erniedrigung, welche durch Zufügen von ortho + meta entsteht, falls ortho + meta zusammen ebenso viel Prozente betragen wie erst ortho allein.

Die Analyse wird dadurch sehr einfach. Man bestimmt dann nämlich erst den Anfangserstarrungspunkt des Gemisches, an welchem soviel para z. B. zugefügt ist, daß sich dies beim genannten Punkt ausscheidet. Aus den Schmelzkurven para-ortho oder para-meta (die ja zusammenfallen müssen) ist dann die Quantität des para im ternären Gemisch zu finden. Bei einem anderen Teil des ternären Gemisches fügt man so viel ortho z. B., daß dieses Isomer beim Anfangserstarrungspunkt auskristallisiert. Die Bestimmung letztgenannten Punktes führt sofort zur Kenntnis der Quantität ortho, welche im ternären Gemisch anwesend ist, womit seine Zusammensetzung gefunden ist.

Zur Anwendung dieser Methode ist es keineswegs notwendig, die ganze ternäre Schmelzfläche erst zu konstruieren, um zu bestimmen, ob man es mit Schmelzflächen zu tun hat, welche den idealen genügend nahekommen. Es wird genügen, einige Anfangserstarrungspunkte von Gemischen zu bestimmen, deren Hauptbestandteil eines der drei Isomere ist, an welchem die zwei anderen Isomere in solcher Menge zugefügt sind, daß die Summe ihrer Prozentzahlen im ternären Gemisch dieselbe bleibt. Sind die Anfangserstarrungspunkte dann stets dieselben, so kann die Methode angewandt werden.

Welche dieser beiden Methoden in jedem konkreten Falle am besten angewandt werden kann, muß in jedem Falle für sich entschieden werden; es hängt mit der Leichtigkeit zusammen, womit die Erstarrungspunkte bestimmbar sind, mit der Lage der Eutektika, sowie mit anderen Umständen.

Autorenregister.

Kolibri 360 GmbH
Ferdinand-Jühlke-Straße 7
99095 Erfurt, Deutschland
produktsicherheit@kolibri360.de